KB073120

2025 완전개정

핵심이론과 기출문제 &
CBT 대비 실전문제 해설

가구제작 & 목공예

기능사 필기

DIY시험연구회 엮음

일진사

머리말

본 교재는 가구제작 및 목공예 분야에서 유일한 수험서로, 저자의 풍부한 출제 경험을 바탕으로 광범위한 내용을 체계적으로 정리하여 수험생들이 최소의 시간으로 최대의 효과를 거둘 수 있도록 하였다.

최근 출제 기준이 개정됨에 따라 이러한 변화에 맞추어 가구제작 및 목공예기능사 자격을 목표로 하는 수험생들에게 확실한 길잡이가 되기 위해 수년간의 기출문제를 분석하여 다음과 같은 특징으로 책을 구성하였다.

첫째, 한국산업인력공단의 개정된 출제 기준에 맞추어 핵심 이론을 알기 쉽고 명확하게 정리하였다.

둘째, 기출 문제를 철저히 분석하여 자주 출제되는 문제를 예상 문제로 수록함으로써 수험생들이 스스로 출제 경향을 파악하고 자신의 학습 수준을 점검할 수 있도록 하였다.

셋째, 문제마다 상세한 해설을 제공하여 이해를 돕고, 효율적인 학습이 이루어질 수 있도록 하였다.

넷째, CBT 대비 실전문제를 수록하여 실제 시험과 같이 최종 마무리 학습을 할 수 있도록 하였다.

이 교재를 준비하면서 심혈을 기울였기 때문에 수험생 여러분들이 끈기 있게 학습한다면 좋은 결과를 얻을 수 있을 것이라 확신한다. 또한, 이 교재로 시험을 준비한 수험생 여러분들이 국가기술자격시험에 합격하여 가구제작 및 목공예 분야에서 그 실력을 발휘하는 활기찬 모습을 기대한다.

앞으로도 더욱 연구하고 보완하여 최고의 수험서가 되도록 노력할 것을 약속드리며, 이 교재가 출판되기까지 관심과 도움을 아끼지 않은 도서출판 일진사의 임직원 여러분께 깊은 감사를 드린다.

저자 일동

출제기준 가구제작기능사

직무 분야	인쇄 · 목재 · 가구 · 공예	중직무 분야	목재 · 가구 · 공예	자격 종목	가구제작기능사	적용 기간	2024.1.1.~2028.12.31.
○ 직무내용 : 목재와 기타 재료를 사용해 제작 도면에 따라 다양한 공구와 장비로 가공 · 조립하여 가구를 제작하는 직무이다.							

필기검정방법	객관식	문제 수	60	시험시간	1시간

과목명	문제수	주요항목	세부항목	세세항목
가구 설계, 재료, 제작 및 안전관리	60	1. 가구 설계	■ 부자재 도면 그리기	• 제도 용구 및 재료 • 제도의 요소 • 도면 종류 및 작도법 • 투상도 및 투시도 • 가구의 구조와 결합상태 • 치수 기입 지식 • 부자재별 적용법 • 조형의 요소와 원리
			■ 제품시방서 작성	• 가구의 개요 • 부속품의 설치 방법과 품질 • 운송 및 보관, 취급 시 유의사항 • 적용 자재의 규격, 색상, 물성 • 시공순서, 표면처리, 부착물 고정 방법
			■ 2D 설계 프로그램 사용	• CAD 프로그램 사용법
		2. 가구 재료 수립	■ 가구 원자재	• 원목의 구조와 조직 • 목재 수종별 가공 특성 • 목재 변형요인과 함수량의 관계 • 목재 공학 • 목질재료의 표면처리(LPM, 무늬목, HPM 등)
			■ 가구 부자재	• 부자재의 개념 • 원자재와 부자재의 차이점 • 원자재에 맞는 부자재 선정
			■ 용도별 가구 재료 선정	• 용도에 따른 재료 선정 • 기능에 따른 재료 선정
			■ 날물 준비	• 날물의 종류 • 날물의 연마 방법 • 날물의 교체 방법 • 날물의 유지 관리 방법

과목명	문제수	주요항목	세부항목	세세항목
			■ 기타 재료	• 목질 재료 • 금속재 및 비철금속 • 합성수지재 • 도료의 종류 • 접착제 종류
		3. 가구 제작 작업 안전관리	■ 공구 관리	• 공구별 특성 및 안전사항 • 보호구 적격품 선정기준
			■ 작업자 안전관리	• 산업안전보건법 • 산업재해조사에 관한 지식 • 작업별 표준 작업지침의 구성항목과 작성 방법 • 보호구 지급 및 관리현황에 관한 지식 • 작업공정과 응급처치에 관한 지식
			■ 작업장 안전관리	• 목공기계별 전기, 공압, 화재, 안전수칙 • 작업장 안전수칙 • 작업장 공기정화 안전수칙 • 작업장 장비배치 및 작업동선 도면 • 유해 · 위험, 안전 경고 표시 방법 • 작업 전, 후 안전점검 및 정리 정돈 매뉴얼
		4. 가구 제작 작업 준비	■ 수공구 준비	• 측정기 종류, 특성, 사용법 • 수공구의 연마 방법 • 수공구의 날물 교체법 • 수공구의 유지관리
			■ 전동 공구 준비	• 전동 공구 종류, 특성, 사용법 • 전동 공구의 사용 적합성 여부 • 전동 공구의 날물 교체법 • 전동 공구의 유지관리
			■ 목공기계 준비	• 목공기계 종류, 특성, 사용법 • 목공기계의 사용 적합성 여부 • 목공기계의 날물 교체법 • 목공기계의 유지관리
		5. 가구 하드웨어 작업	■ 경첩 조립	• 경첩의 종류와 특성 • 경첩의 조립순서 • 경첩의 조립도구
			■ 수대 조립	• 수대의 종류와 특성 • 수대의 조립순서 • 수대의 조립도구
			■ 서랍런너 조립	• 서랍런너의 종류와 특성 • 서랍런너의 조립순서 • 서랍런너의 조립도구

과목명	문제수	주요항목	세부항목	세세항목
			■ 미니픽스 조립	• 미니픽스의 종류와 특성 • 미니픽스의 조립순서 • 미니픽스의 조립도구
		6. 짜임과 이음 작업	■ 사개맞춤 작업	• 사개맞춤 도면 이해 • 사개맞춤 형태와 특성 • 사개맞춤 가공법 • 사개맞춤의 지그 제작 방법 • 사개맞춤에 사용되는 수공구의 종류와 활용법
			■ 연귀맞춤 작업	• 연귀맞춤 도면 이해 • 연귀맞춤 형태와 특성 • 연귀맞춤 가공법 • 연귀맞춤의 지그 제작 방법 • 연귀맞춤에 사용되는 수공구의 종류와 활용법
			■ 주먹장맞춤 작업	• 주먹장맞춤 도면 이해 • 주먹장맞춤 형태와 특성 • 주먹장맞춤 가공법 • 주먹장맞춤의 지그 제작 방법 • 주먹장맞춤에 사용되는 수공구의 종류와 활용법
			■ 장부 가공 작업	• 장부 도면 이해 • 장부 형태와 특성 • 장부 가공법 • 장부의 지그 제작 방법 • 장부에 사용되는 수공구의 종류와 활용법
			■ 이음 작업	• 이음 도면 이해 • 이음 형태와 특성 • 이음 가공법 • 이음의 지그 제작 방법 • 이음에 사용되는 수공구의 종류와 활용법
		7. 가구 가공 작업	■ 재단 작업	• 재단기계 종류별 사용법 • 소재에 따른 날물의 종류와 가공 방법 • 도면 해독 지식 • 재료별 특성
			■ 라우터 작업	• 라우터기계의 종류와 특성 • 날물의 종류와 특성 • 목재의 결에 따른 가공법

과목명	문제수	주요항목	세부항목	세세항목
			■ 보링 작업	• 보링기계 종류별 사용법 및 특성
			■ 에지 벤더 작업	• 에지 벤더의 종류 • 가구 가공 기계류에 대한 제원과 특성
		8. 가구 세공 작업	■ 목상감	• 목상감의 종류 및 특성 • 목상감 공구 사용법 • 세공면에 따른 마무리 방법
			■ 조각 작업	• 목조각의 종류 및 특성 • 목조각 공구 사용법 • 조각기법에 따른 마무리 방법 • 목재의 결에 따른 조각법
			■ 접목 작업	• 접목의 종류 및 특성 • 접목 공구 사용법 • 접목면에 따른 마무리 방법
		9. CNC 가공 작업	■ CNC 작업	• CNC 기계 종류와 특성 • CNC 보링 작업 • CNC 재단 작업 • CNC 세공 작업 • 설계도면용 소프트웨어 • G 코드 해독
		10. 가구 연마 작업	■ 눈메움	• 재료에 따른 눈메움제 제작 방법
			■ 면취 작업	• 면취기계 종류별 사용법
			■ 연마기계 작업	• 연마기계 종류별 사용법 • 연마지의 종류별 특성
		11. 가구 도장 작업	■ 도료	• 도료의 종류에 따른 도장 방법 • 도장 도구와 장비 • 도장 공정 순서
		12. 가구 조립 작업	■ 가구 구조	• 가구 구조에 따른 조립 방법 • 가구 구성요소별 부분 명칭
			■ 가구 조립	• 가구 조립 순서 및 방법 • 가구 조립 도구의 종류 • 가구 조립을 위한 지그 사용법 • 조립 불량 현상에 대한 조치법
			■ 접착제 사용	• 접착기계의 종류와 특성 • 접착제의 종류에 따른 사용법 • 접착 불량 현상에 대한 보수법

출제기준 목공예 기능사

직무 분야	인쇄 · 목재 · 가구 · 공예	중직무 분야	목재 · 가구 · 공예	자격 종목	목공예기능사	적용 기간	2024.1.1.~2028.12.31.

○ 직무내용 : 목재 및 목재질 재료와 목공예용 기계 · 공구를 이용하여 맞춤, 조각 및 상감 작업 등을 통해 생활 목공예품을 제작하는 직무이다.

필기검정방법	객관식	문제 수	60	시험시간	1시간

과목명	문제수	주요항목	세부항목	세세항목
목제품 디자인, 목공예 재료, 목공예	60	1. 목공예 재료 수립	■ 목재 일반	• 목재의 분류 및 종류 • 목재의 특성 및 성질 • 목재의 제재 • 목재의 사용량 계산
			■ 목재질 재료	• 목재질 재료의 종류 • 목재질 재료의 특성 및 성질 • 제작 방법 및 용도 • 목재질 재료의 사용량 계산식
			■ 목재 건조	• 목재의 건조 특성 • 목재의 건조 방법
			■ 기타 재료	• 연마제의 종류 및 특성 • 표백제의 종류 및 특성 • 착색제의 종류 및 특성 • 접착제의 종류 및 특성 • 도장재의 종류 및 특성 • 부자재의 종류 및 특성 • 죽재, 등나무재의 종류 및 특성
		2. 목공예 공구 준비	■ 수공구 및 측정 공구 준비	• 수공구 및 측정 공구의 종류, 특성, 사용법 • 수공구 연마 방법 • 수공구 날물 교체법 • 수공구 및 측정 공구의 유지 관리법
			■ 전동 공구 준비	• 전동 공구의 종류, 특성, 사용법 • 전동 공구의 사용 적합성 여부 • 전동 공구의 유지 관리 • 전동 공구의 날물 교체 방법
			■ 목공기계 준비	• 목공기계의 종류, 특성, 사용법 • 목공기계의 사용 적합성 여부 • 목공기계의 유지 관리 • 목공기계의 각종 날물 교체 방법

과목명	문제수	주요항목	세부항목	세세항목
		3. 목공예 재단 기계 작업	■ 재단기계 준비 및 조정	• 재단기계 사용법 • 보조 도구 및 지그 사용법 • 용도별 날물 특성
			■ 재단기계 사용	• 재단기계 작동여부 확인 • 자르기, 켜기, 오려내기 등의 재단 작업 • 보조 도구 및 지그 사용법
		4. 목공예 절삭 기계 작업	■ 절삭기계 준비 및 조정	• 절삭기계 사용법 • 보조 도구 및 지그 사용법 • 용도별 날물 특성
			■ 절삭기계 사용	• 절삭기계 작동여부 확인 • 면 가공, 두께 가공, 성형 등의 절삭 작업 • 보조 도구 및 지그 사용법
		5. 목공예 세공 기계 작업	■ 세공기계 준비 및 조정	• 세공기계 사용법 • 보조 도구 및 지그 사용법 • 용도별 날물 특성
			■ 세공기계 사용	• 세공기계 작동여부 확인 • 맞춤, 보링, 장부 가공, 조각 등의 세공 작업 • 보조 도구 및 지그 사용법
		6. 부조 작업	■ 부조 작업 준비	• 수공구 및 전동 공구 준비 • 부조에 대한 지식 • 정밀묘사 방법에 대한 지식 • 밑그림 그리는 방법
			■ 문양 조각	• 선 표현 • 문양 표현 • 높낮이 표현 • 원근감 표현 • 마감 및 완성도 점검
		7. 투조 작업	■ 투조 작업 준비	• 수공구 및 전동 공구 준비 • 투조에 대한 지식 • 정밀묘사 방법에 대한 지식 • 밑그림 그리는 방법
			■ 문양 조각	• 선 표현 • 문양 표현 • 높낮이 표현 • 원근감 표현 • 마감 및 완성도 점검
		8. 목공예 직선 상감 작업	■ 직선 상감 작업 준비	• 바탕재 및 상감재 준비 • 전동 공구 및 수공구 준비

과목명	문제수	주요항목	세부항목	세세항목
			■ 직선 상감 작업	• 문양 표현 • 홈 가공 • 상감 및 상감재 가공 • 마감 및 완성도 점검
		9. 목공예 판재 맞춤작업	■ 판재맞춤 작업 준비	• 맞춤선 표시 작업
			■ 판재맞춤 가공 및 조립	• 수공구 및 목공기계로 부재 가공 • 가공된 부재의 홈, 턱, 장부 등의 가공 및 가조립 · 조립 • 결과물의 직각도 확인 • 마감 및 완성도 확인
		10. 목공예품 도장 작업	■ 착색 작업	• 착색제 도구 및 도장 방법
			■ 도장 작업	• 천연도료 도구 및 도장 방법 • 화학도료 도구 및 도장 방법
		11. 목공예품 도면 그리기	■ 도면 작도	• 제도의 기본 • 제도의 표시 • 평면도법 • 투상도 및 투시도법 • 상세도
			■ 디자인과 공예	• 디자인 일반 • 디자인 요소 • 디자인 원리 • 한국 공예사
			■ 색채 계획	• 색의 기본 • 색의 혼합 • 색의 표시 방법 • 색의 효과 • 색채의 조화
			■ 제품시방서 작성	• 제품품질 규정 • 시공순서의 이해 • 제품시방서 작성 방법
		12. 목공예 작업 계획수립	■ 시제품 검토 수정	• 시제품 생산 공정 • 시제품 분석 방법 • 시제품 수정
			■ 작업 공정 계획	• 작업 공정표 작성 방법 • 공정별 예상 소요시간 산출 방법 • 원 · 부자재 소요량 산출 방법
			■ 안전	• 목공예 및 목공기계 작업 안전 • 일반안전에 관한 사항
			■ 작업 이상 발생 조치	• 작업 공정별 조치에 대한 사항

차 례 CONTENTS

제 1 편 가구와 목공예 설계

가구제작 및 목공예 ◀

제 2 편 목재 재료

가구제작 및 목공예 ◀

제 3 편 목재 가공

제 4 편 맞춤과 이음

제 5 편 세공과 수공구

가구제작 및 목공예 ◀

제 6 편 도장과 접착제

가구제작 및 목공예 ◀

제7편 가구 조립 작업

가구제작 및 목공예 ◀

부록 CBT 대비 실전문제/실기 공개 도면

가구제작 및 목공예 ◀

가구제작 및
목공예기능사

제 1 편

가구와 목공예 설계

출제기준 세부항목	
가구제작기능사	목공예기능사
1. 가구 설계 ■ 부자재 도면 그리기 ■ 제품시방서 작성 ■ 2D 설계 프로그램 사용	11. 목공예품 도면 그리기 ■ 도면 작도 ■ 디자인과 공예 ■ 색채 계획 ■ 제품시방서 작성 12. 목공예 작업계획 수립 ■ 시제품 검토 수정 ■ 작업 공정 계획

제 1 장 제도 용구 및 도형 작도법

1-1 제도 용구

1 제도판

① 제도용지 아래에 받치는 직사각형의 평평한 널빤지로, 높이 및 각도 조절이 가능한 제도대와 함께 구성되어 있다.

② 합판으로 만든 제도판의 울거미 재료는 춘양목, 전나무, 백송, 나왕, 벚나무 등이 적합하다. * 울거미 : 가장자리를 이루는 뼈대

③ 컴퓨터와 CAD의 보편화로 최근에는 거의 사용하지 않는다.

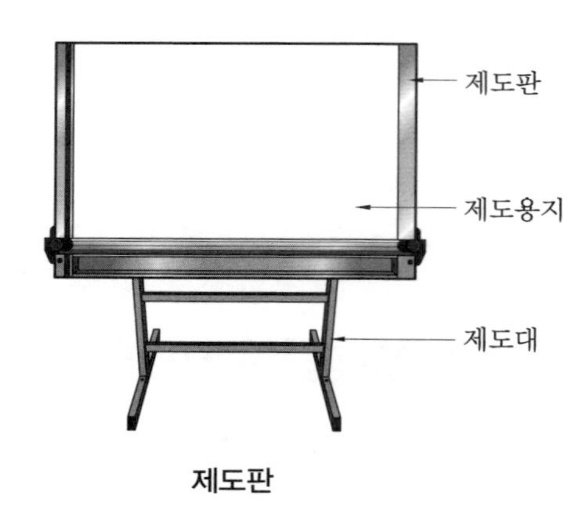

제도판

제도판의 규격

- 특대판(A0용) : 1200×900mm
- 대판 : 1060×760mm
- 중판(학생용) : 900×600mm
- 소판 : 600×450mm

2 제도용 필기도구

① **제도용 연필 :** 가는 선과 트레이싱용으로 4H~9H를, 선이나 문자용으로 B~3H를, 스케치용으로 2B~6B를 사용한다.

② **제도용 샤프 :** 연필에 비해 선 굵기를 일정하게 그릴 수 있으며 0.3, 0.5, 0.7, 0.9, 2mm 굵기를 많이 사용한다.

③ **제도용 펜 :** 수성과 유성이 있으며, 펜촉의 굵기에 따라 0.1에서 2mm까지 다양하다. 자를 대고 사용할 때 잉크가 번지지 않도록 주의한다.

3 제도기

① **컴퍼스** : 원이나 호를 그릴 때 사용한다.

② **디바이더** : 치수를 옮기거나 선과 원둘레를 같은 길이로 등분할 때 사용한다.

③ **각도기** : 각도를 잴 때 사용한다.

④ **먹줄펜** : 제도 잉크를 찍어 선을 그릴 때 사용하는 기구로, 최근에는 대체용품이 많이 나와서 거의 사용하지 않는다.

디바이더

4 자

① **삼각자**

(가) 두 각이 30°와 60°, 두 각 모두 45°인 삼각형 모양의 2종류가 있다.

(나) 삼각자를 조합하여 15°, 75°, 105° 등의 각을 만들 수 있다.

② **운형자** : 컴퍼스로 그리기 어려운 복잡한 모양의 호, 타원, 나사선의 곡선 등을 그릴 수 있다.

③ **자유곡선자** : 자유로운 형태로 구부릴 수 있어서 여러 가지 곡선을 그릴 때 사용한다.

④ **템플릿(형판)** : 작은 원이나 각종 도형, 문자 기호 등 특정 모양을 쉽고 정확하게 그릴 수 있다.

⑤ **삼각스케일(축척자)** : 길이를 재거나 도면을 일정 비율로 줄여서 그릴 때 사용한다.

5 T자

① T자의 몸체 끝부분에 머리 부분이 직각으로 붙어 있으며 평행선을 그릴 때, 삼각자와 함께 수직선이나 수평선을 그릴 때, 여러 각도의 빗금을 그릴 때 사용한다.

② 수평선은 T자의 길이 방향 윗날을 이용하여 그리고, 수직선은 윗날에 삼각자를 대고 90°인 부분을 따라 그린다.

③ 컴퓨터의 발달로 제도판과 마찬가지로 최근에는 거의 사용하지 않는다.

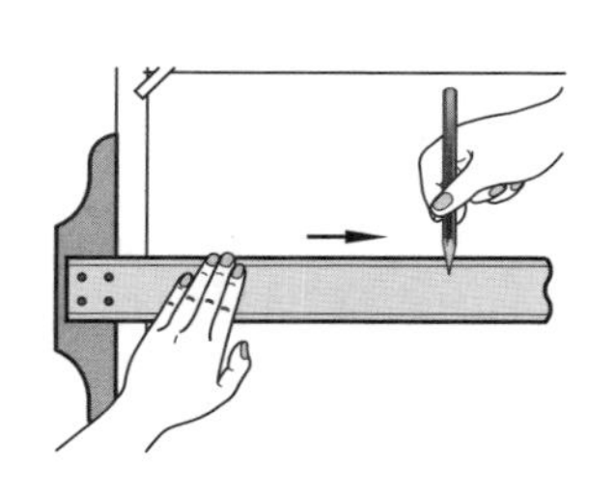
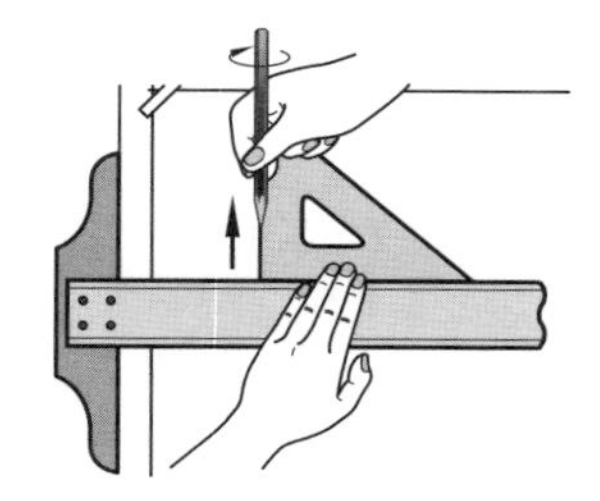
T자 사용법

6 만능 제도기(드래프터)

① 제도판에 T자, 삼각자, 축척자, 각도기 등의 기능을 갖춘 제도 용구이다.

② 제도판에 장착된 자 자체가 축척자로 되어 있어 정확한 치수를 읽는 동시에 평행선, 수직선, 정확한 각도의 사선을 그릴 수 있다.

③ 최근에는 컴퓨터로 대부분 대체하여 사용한다.

7 제도용지

① 원도지

(가) 두껍고 불투명한 종이이다.

(나) 제도용 연필로 그리는 켄트지와 채색용으로 사용하는 와트만지가 있다.

② 트레이싱지

(가) 청사진을 만들 때 사용하는 용지이다.

(나) 원도를 베낄 수 있도록 얇고 반투명한 종이나 기름종이를 사용한다.

③ 트레팔지

(가) 반투명한 특징이 있어 밑그림을 대고 그릴 수 있는 종이이다.

(나) 트레이싱지보다 덜 투명하고 쉽게 찢어지지 않는 비닐 재질이다.

예 | 상 | 문 | 제

제도 용구 ◀

1. 디바이더의 사용법 중 틀린 것은?

① 치수를 도면에 옮길 때
② 작은 원을 그릴 때
③ 선을 일정한 간격으로 분할할 때
④ 도면의 길이를 다른 도면에 옮길 때

해설 원을 그릴 때는 컴퍼스를 사용한다.

2. 컴퍼스를 사용하여 원을 그리는 방향은?

① 시계 방향
② 반시계 방향
③ 앞 오른쪽에서 시계 반대 방향
④ 방향에 무관

해설 컴퍼스 바늘은 연필 끝보다 약간 길게 사용하며, 원을 그릴 때는 시계 방향으로 돌린다.

3. 축척 눈금을 제도용지에 옮기거나 도면 위의 선을 등분할 때 사용하는 제도 용구는?

① 빔 컴퍼스 ② 디바이더
③ 삼각자 ④ 먹줄펜

해설 빔 컴퍼스는 큰 원을 그릴 때, 먹줄펜은 제도 잉크를 찍어 선을 그릴 때 사용한다.

4. 가장 큰 원을 그릴 수 있는 컴퍼스는?

① 대형 컴퍼스 ② 중형 컴퍼스
③ 빔 컴퍼스 ④ 스프링 컴퍼스

해설 빔 컴퍼스(가장 큰 원), 대형 컴퍼스, 중형 컴퍼스(반지름 20mm 이상), 스프링 컴퍼스(반지름 10mm 이상), 드롭 컴퍼스(가장 작은 원)의 순서로 크기에 따라 원을 그릴 수 있다.

5. 먹줄펜의 종류에 속하지 않는 것은?

① 보통 먹줄펜
② 점선 먹줄펜
③ 양머리 곡선 먹줄펜
④ 채석 먹줄펜

해설
- 먹줄 펜에는 보통 먹줄펜, 점선 먹줄펜, 곡선 먹줄펜, 양머리 곡선 먹줄펜이 있다.
- 최근에는 마르스 펜, 로트링 펜과 같은 만년필형 펜이 많이 보급되고 있다.

6. 다음 중 디바이더를 사용하기에 적합한 경우는?

① 직선을 그을 때
② 선을 등분할 때
③ 줄여서 그릴 때
④ 곡선을 그릴 때

해설 디바이더는 치수를 옮기거나 선과 원둘레를 등분할 때 사용한다.

7. 그림에서 각 Ⓐ는 몇 도인가?

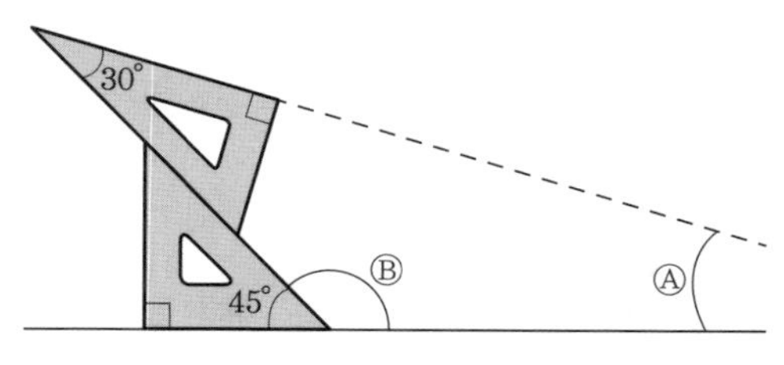

① 15° ② 30°
③ 45° ④ 60°

해설 각 Ⓑ$=180°-45°=135°$
∴ 각 Ⓐ$=180°-135°-30°$
$=15°$

정답 1. ② 2. ① 3. ② 4. ③ 5. ④ 6. ② 7. ①

8. 여러 가지 곡선을 자유롭게 그릴 때 사용하는 제도 용구로, 납과 고무로 만들어져 자유롭게 구부릴 수 있는 것은?

① 운형자 ② 축척자
③ 형판 ④ 자유곡선자

해설 자유곡선자는 여러 가지 곡선을 자유롭게 그릴 때 사용하며, 커브가 급하지 않은 큰 곡선을 그리기에 좋다.

9. 삼각스케일에 대한 설명으로 틀린 것은?

① 임의의 축척으로 도면을 그릴 때 사용한다.
② 1/100, 1/200, 1/300, 1/400, 1/500, 1/600의 6가지 축척 눈금이 있다.
③ 1/10, 1/20, 1/30 등의 도면을 작도할 때도 사용한다.
④ 길이를 재거나 길이를 줄여 그릴 때 사용한다.

해설 축척자는 삼각기둥의 모양이며, 각 면에 1/100, 1/200, 1/300, 1/400, 1/500, 1/600의 6가지 축척 눈금이 있다.

10. 축척자(scale ruler)의 축척 눈금에 해당하지 않는 것은?

① 1/300 ② 1/500
③ 1/600 ④ 1/700

해설 축척자의 축척 눈금 : 1/100, 1/200, 1/300, 1/400, 1/500, 1/600

11. 삼각자의 크기는 어느 부분을 기준으로 하는가?

① 45° 자의 빗변과 60° 자의 수선 길이
② 45° 자의 빗변과 60° 자의 빗변 길이
③ 45° 자의 수선 길이와 60° 자의 빗변 길이
④ 45° 자의 수선 길이와 60° 자의 수선 길이

12. T자와 삼각자의 사용법에 대하여 바르게 설명한 것은?

① 수평선은 우측에서 좌측으로 선을 긋는다.
② 수직선은 위에서 아래로 긋는다.
③ 경사선은 T자를 경사로 놓고 긋는다.
④ 수평선과 수직선을 긋는 데 사용한다.

해설 수평선은 왼쪽에서 오른쪽으로, 수직선은 아래에서 위로 긋는다.

13. 다음 중 디바이더의 용도가 아닌 것은?

① 제도용지에 호를 그린다.
② 직선을 일정한 치수로 나눈다.
③ 도면 위의 길이를 재어 다른 곳에 옮긴다.
④ 원둘레를 등분한다.

해설 디바이더는 치수를 옮기거나 선과 원둘레를 같은 길이로 등분할 때 사용한다.

14. 다음과 같은 그림을 그리기 위한 제도 용구가 아닌 것은?

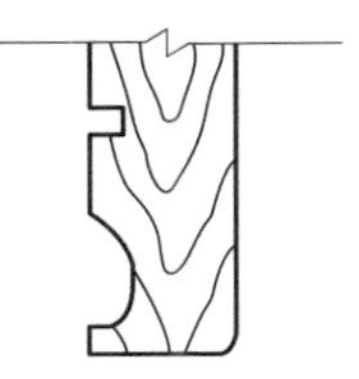

① T자 ② 삼각자
③ 운형자 ④ 디바이더

15. 다음 연필 중 경도가 가장 낮은 것은?

① H ② F
③ HB ④ B

해설 • H(hardness)는 연필 심의 강도를, B(blackness)는 진하기를 나타낸다.
• H 앞의 숫자가 크면 심의 강도가 단단하고 흐린 연필, B 앞의 숫자가 크면 심의 강도가 무르고 진한 연필을 의미한다.

정답 8. ④ 9. ① 10. ④ 11. ① 12. ④ 13. ① 14. ④ 15. ④

16. 제도판에 있어서 중판의 규격으로 알맞은 것은?

① 600×450mm
② 900×600mm
③ 1000×750mm
④ 1200×900mm

해설 • 특대판 : 1200×900mm
• 대판 : 1060×760mm
• 중판 : 900×600mm(학생용)
• 소판 : 600×450mm

17. 합판으로 만든 제도판의 울거미 재료로 적합하지 않은 것은?

① 춘양목
② 나왕
③ 벚나무
④ 낙엽송

해설 제도판의 울거미 재료로 적합한 나무 : 춘양목, 전나무, 백송, 나왕, 벚나무

18. 제도판에 대한 설명으로 옳지 않은 것은?

① 뒤틀림이 없어야 한다.
② 두께는 두꺼울수록 좋다.
③ 표면이 평평해야 한다.
④ 크기는 특대판, 대판, 중판, 소판으로 구분한다.

해설 제도판은 뒤틀림이나 변형이 없고 표면이 평평한 것이 좋으며, 울거미 합판의 두께가 3cm 정도인 것이 좋다.

19. 다음 중 만능 제도기의 기능에 해당하지 않는 것은?

① 삼각자 기능
② T자 기능
③ 운형자 기능
④ 각도기 기능

해설 만능 제도기는 제도판에 T자, 삼각자, 축척자, 각도기 등의 기능을 갖춘 제도 용구이다.

정답 16. ② 17. ④ 18. ② 19. ③

1-2 도형의 작도와 각도 분할법

1 선분의 수직 2등분

① 점 A를 중심으로 선분 AB의 절반보다 긴 반지름 r인 호를 그린다.
② 점 B를 중심으로 반지름 r인 호를 그려 만나는 점을 C, D라 한다.
③ 점 C와 D를 연결하면 선분 AB, CD의 교점 e는 선분 AB의 2등분점이 된다.

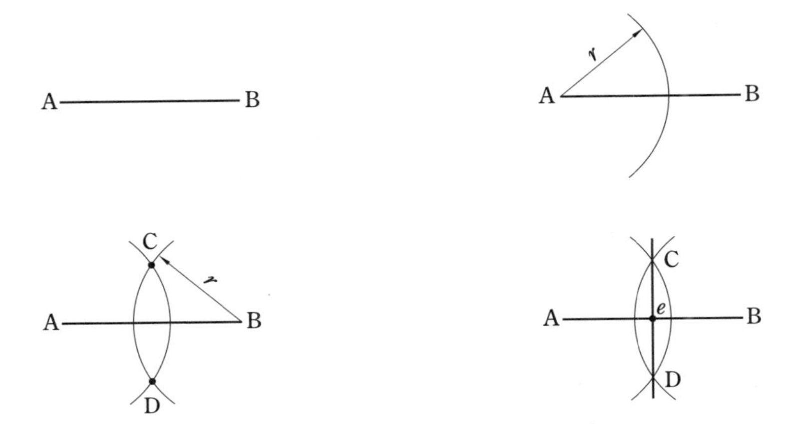

선분의 수직 2등분

2 선분의 5등분

① 점 A에서 60°보다 작게 보조선을 긋는다.
② 디바이더를 사용하여 보조선을 5등분한다.
③ 보조선의 5등분점과 점 B를 직선으로 연결한 후 나머지 점을 선분 5B와 평행하게 긋는다.

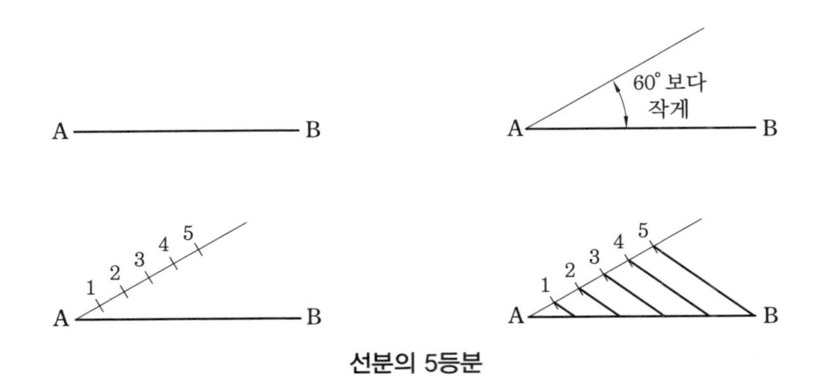

선분의 5등분

3 한 변이 주어진 정사각형

① 주어진 선분 AB의 점 A, B에서 각각 수직으로 직선을 그린다.
② 각 점 A, B를 중심으로 선분 AB를 반지름으로 하는 호를 그려 직선과 만나는 점을 C, D라 한다.
③ 점 C, D를 직선으로 연결하면 선분 AB를 한 변으로 하는 정사각형이 된다.

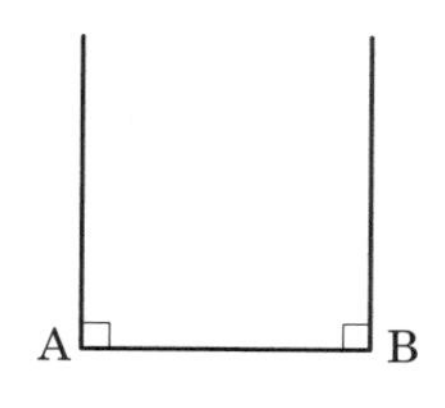

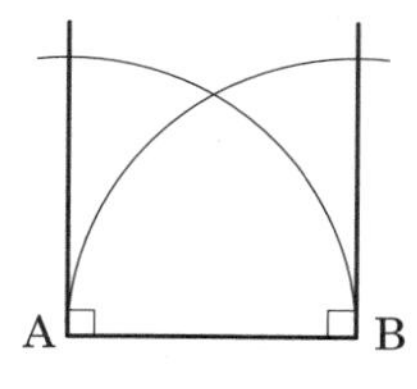

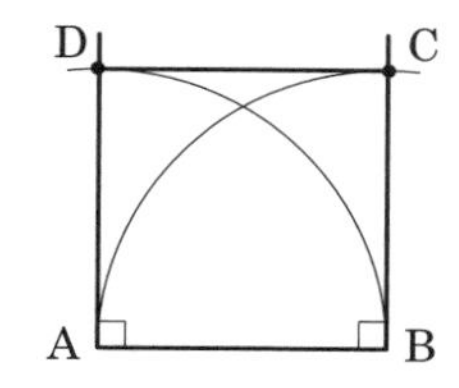

한 변이 주어진 정사각형

4 각의 이동

① 점 O에서 반지름 r인 호를 그려 만나는 점을 A, B라 한다.
② 선분 CD를 그린 후 점 O′를 잡고 반지름 r인 호를 그려 만나는 점을 B′라 한다.
③ 선분 AB와 A′B′가 같도록 점 B′에서 호를 그려 만나는 점을 A′라 한다.
④ 점 O′와 A′를 연결한다.

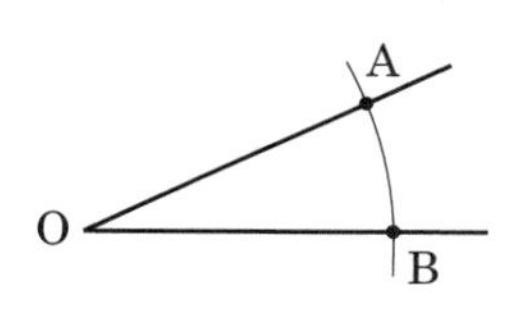

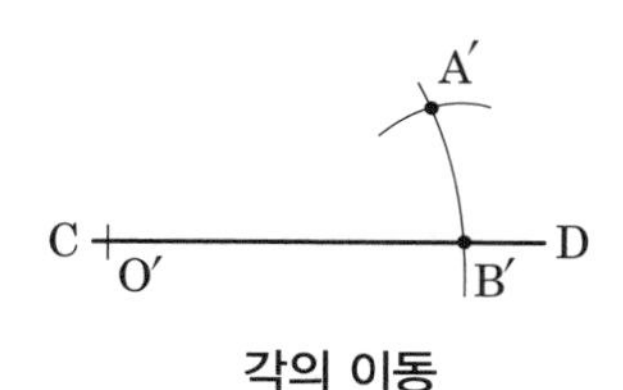

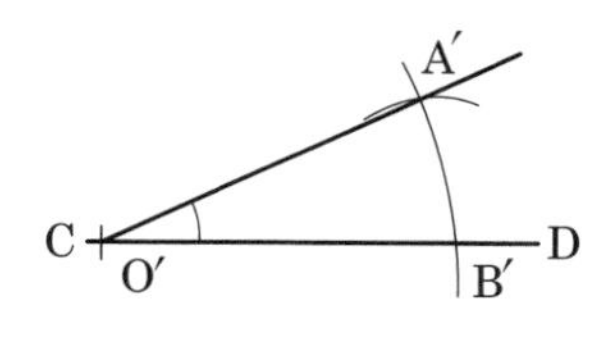

각의 이동

5 각의 2등분

① 점 O를 중심으로 반지름 r인 호를 그려 만나는 점을 A, B라 한다.
② 각 점 A, B를 중심으로 반지름 r인 호를 그려 만나는 점을 C라 한다.
③ 점 O와 C를 연결하면 선분 OC는 주어진 각을 2등분한다.

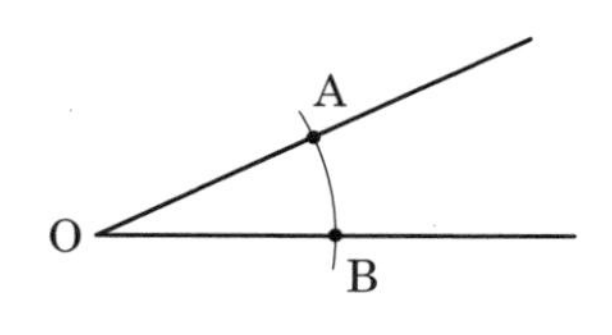

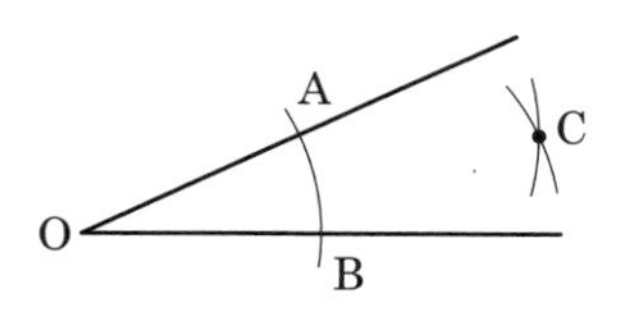

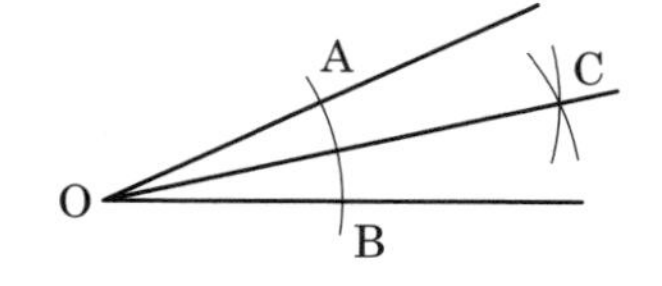

각의 2등분

6 직각의 3등분

① 점 O를 중심으로 반지름 r인 호를 그려 만나는 점을 A, B라 한다.

② 각 점 A, B를 중심으로 반지름 r인 호를 그려 만나는 점을 C, D라 한다.

③ 점 C, D와 O를 각각 연결하면 선분 OC, OD는 직각을 3등분한다.

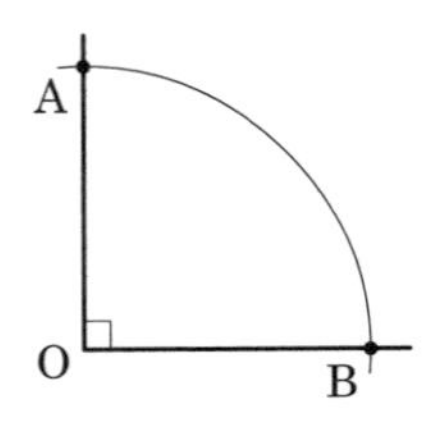

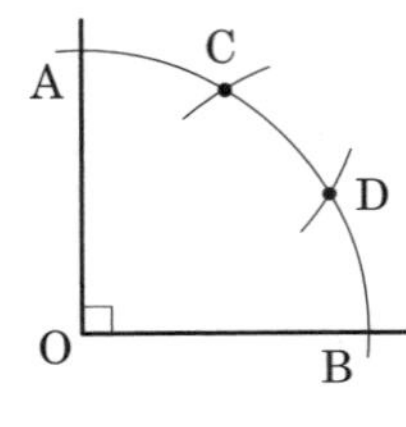

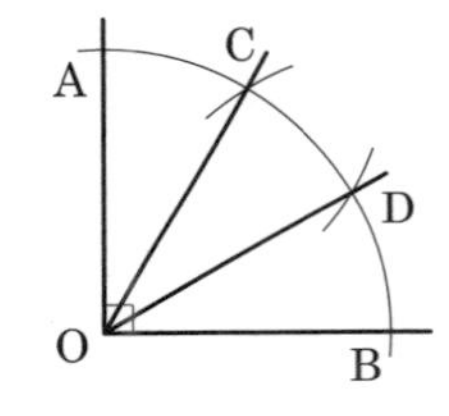

직각의 3등분

7 정삼각형의 내접원

① 세 꼭짓점에서 수선을 그린다.

② 세 수선이 만나는 점을 O라 하고, 점 O를 중심으로 내접원을 그린다.

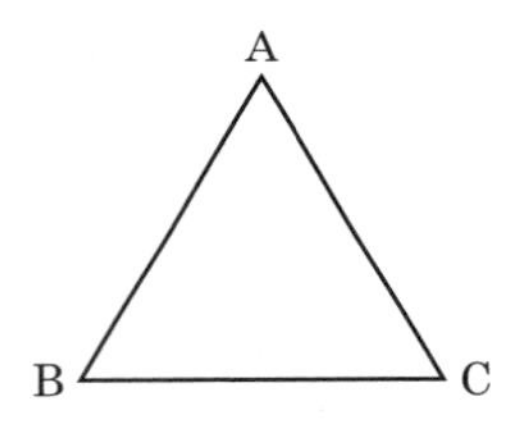

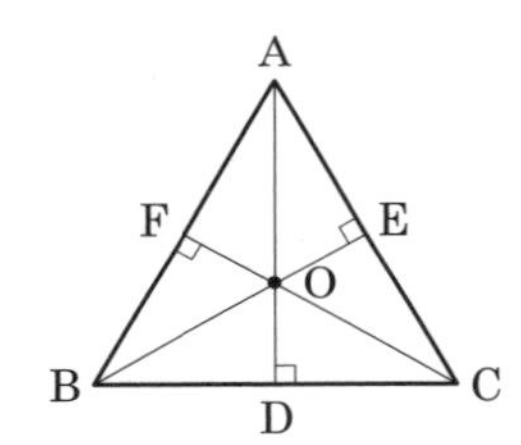

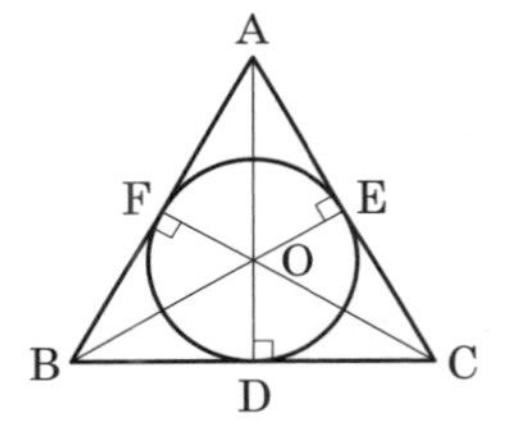

정삼각형의 내접원

8 정삼각형의 외접원

① 세 꼭짓점에서 수선을 그린다.

② 수선이 만나는 점을 O라 하고, 점 O를 중심으로 외접원을 그린다.

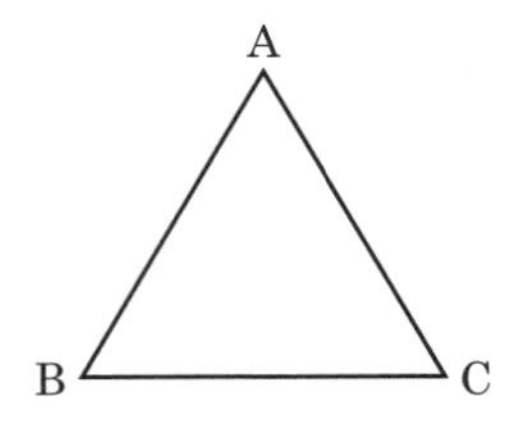

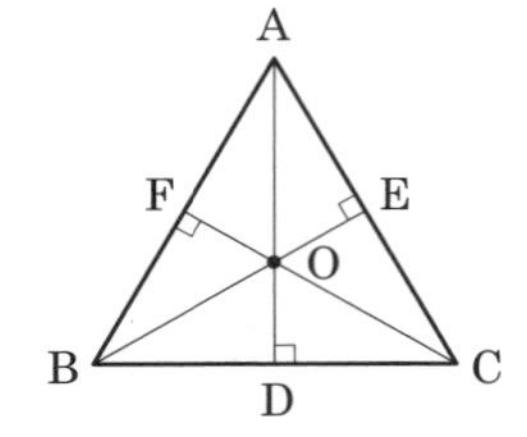

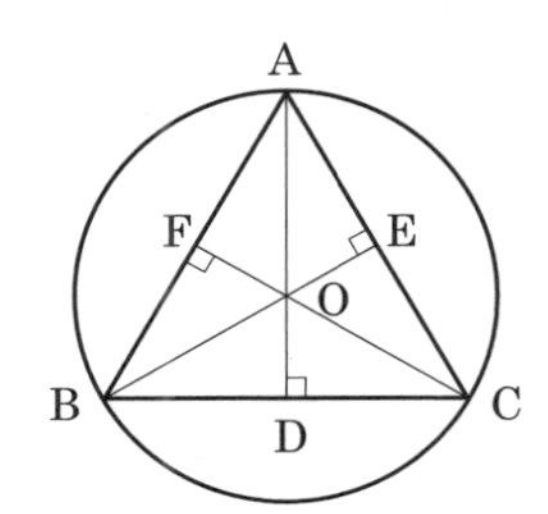

정삼각형의 외접원

9 원에 내접하는 정5각형

① 중심 O를 지나는 선분 AB를 그린다.
② 선분 AB의 수직 2등분선을 그려 교점 C, D를 구한다.
③ 선분 OB의 수직 2등분점 E를 구한다.
④ 점 E를 중심으로 CE를 반지름으로 하는 호를 그려 점 F를 구한다.
⑤ 점 C를 중심으로 CF를 반지름으로 하는 호를 그려 꼭짓점으로 G, J를 구한다.
⑥ 선분 CJ는 원에 내접하는 정5각형의 한 변의 길이가 된다.

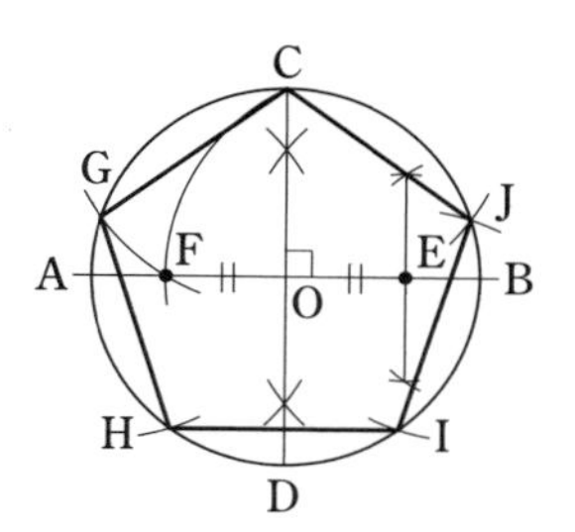

원에 내접하는 정5각형

10 원에 내접하는 정6각형

① 중심 O를 지나는 선분 AB를 그리고 선분 AB의 수직 2등분선을 그린다.
② 각 점 A, B를 중심으로 선분 AO(=BO)를 반지름으로 하는 호를 그려 만나는 점을 D, E, F, C라 한다.
③ 점 A, E, F, B, C, D를 연결하면 원에 내접하는 정6각형이 된다.

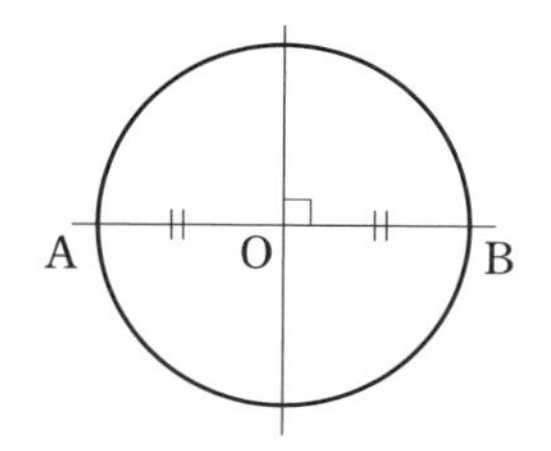

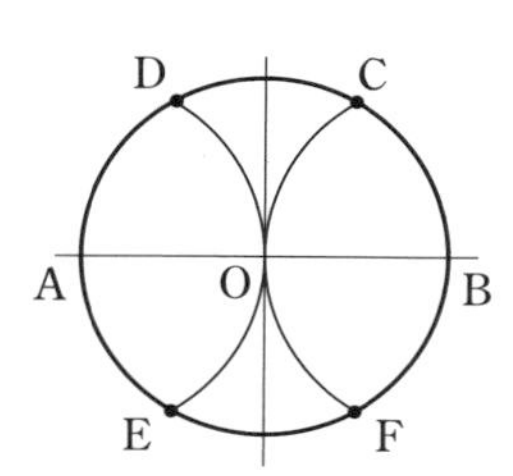

원에 내접하는 정6각형

11 정삼각형과 같은 넓이의 직사각형

① 꼭짓점 A에서 선분 BC에 수선을 그려 만나는 점을 D라 한다.
② 선분 BC의 양 끝에서 수선을 그리고 선분 AD의 수직 2등분선과의 교점을 F, G라 하면 △ABC=□BCGF가 성립한다.

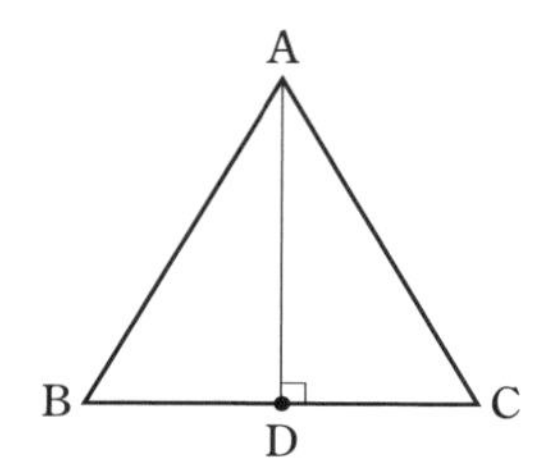

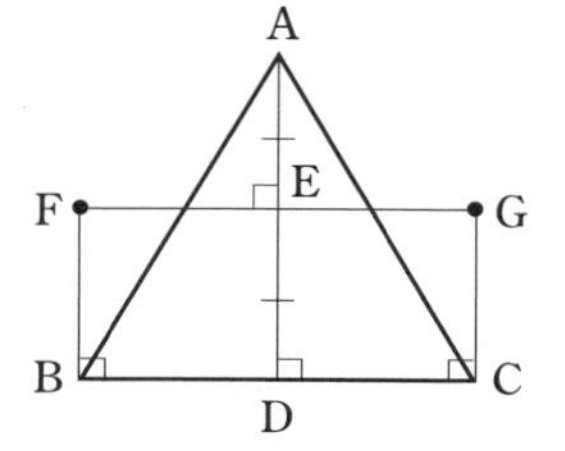

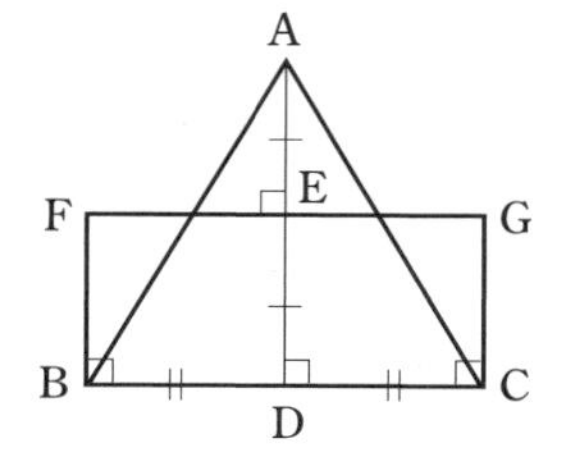

정삼각형과 같은 넓이의 직사각형

12 한 변의 길이가 주어진 정5각형

① 주어진 선분 AB의 수직 2등분선을 그려 만나는 점을 C라 한다.
② 선분 AB와 CD가 같도록 점 D를 구한다.
③ 점 A에서 D를 지나는 연장선을 그린다.
④ 선분 AC와 DE가 같도록 AD의 연장선상에 있는 점 E를 구한다.
⑤ 점 A를 중심으로 AE를 반지름으로 하는 호를 그리고, 수직 2등분선인 CD의 연장선과 만나는 점을 F라 한다.
⑥ 점 F는 한 변의 길이를 AB로 하는 정5각형의 한 꼭짓점이 된다.
⑦ 각 점 A, B, F를 중심으로 AB를 반지름으로 하는 호를 좌우로 그려 점 G, H를 구한다.
⑧ 점 A, B, H, F, G를 연결하면 선분 AB를 한변으로 하는 정5각형이 된다.

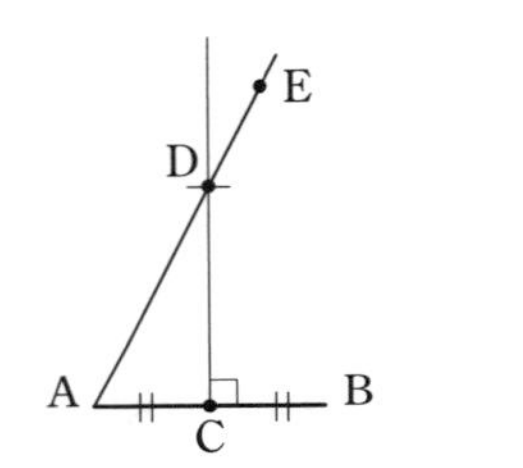

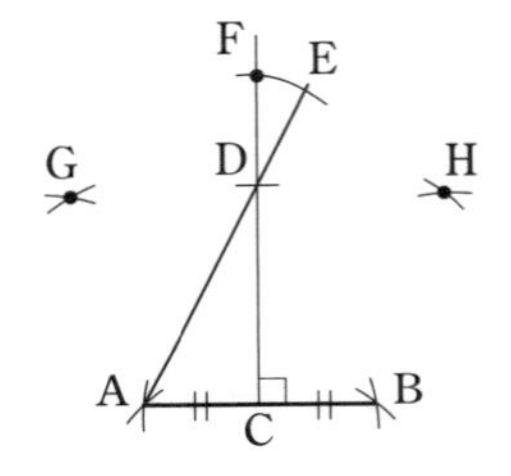

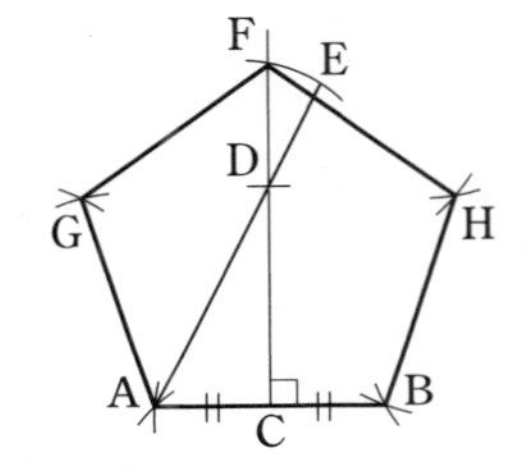

한 변의 길이가 주어진 5각형

13 한 변의 길이가 주어진 정6각형

① 주어진 선분 AB에서 각 점 A, B를 중심으로 선분 AB를 반지름으로 하는 호를 그려 만나는 점을 O라 한다.
② 점 O를 중심으로 선분 OA(=OB)를 반지름으로 하는 원을 그린다.
③ 점 B에서 선분 AB의 길이로 원둘레를 분할하여 점 C, D, E, F를 구한다.
④ 점 A, B, C, D, E, F를 연결하면 선분 AB를 한 변으로 하는 정6각형이 된다.

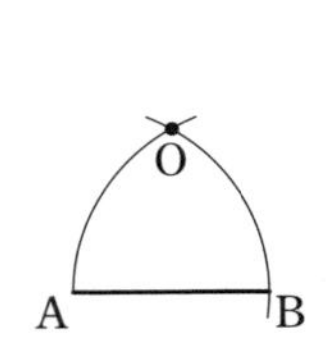

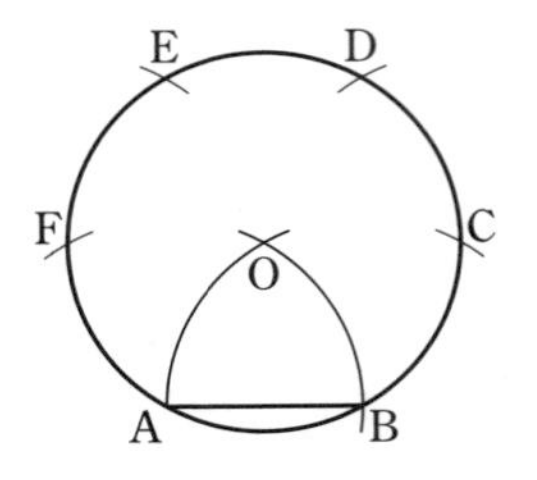

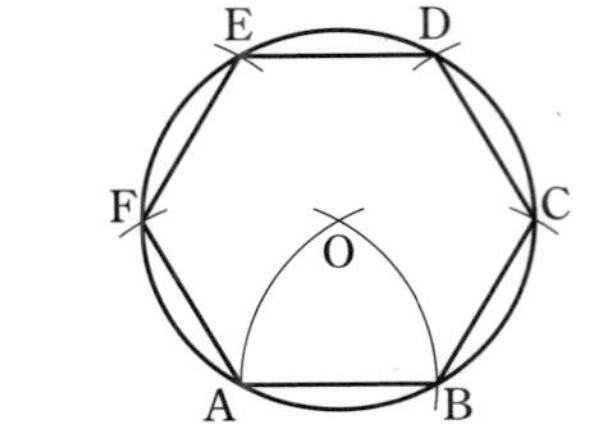

한변의 길이가 주어진 정6각형

14 한 변의 길이가 주어진 정N각형(정7각형)

① 주어진 선분 AB의 연장선을 그리고, 점 B를 중심으로 AB를 반지름으로 하는 호를 그려 만나는 점을 C라 한다.
② 각 점 A, C를 중심으로 AC를 반지름으로 하는 호를 그려 교점 M을 구한다.
③ 선분 AC를 N등분한다.
④ '2'의 점과 M를 연결하여 호 AC상에 있는 점 D를 구한다.
⑤ 각 선분 AB, BD의 수직 2등분선의 교점 O를 구한다.
⑥ 점 O를 중심으로 OA(=OB=OH)를 반지름으로 하는 원을 그리면 점 O는 정N각형의 외접원의 중심이다.
⑦ 한 변의 길이인 AB로 원둘레를 분할하여 연결하면 선분 AB를 한 변으로 하는 정N각형이 된다.

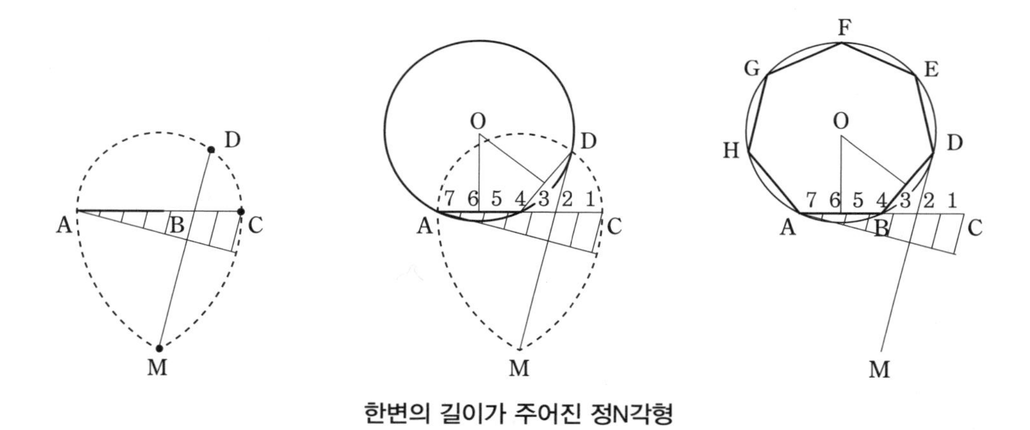

한변의 길이가 주어진 정N각형

15 각의 N등분(5등분)

① 각 ABC에서 점 B를 중심으로 반지름이 BC보다 작은 호를 그려 만나는 점을 C′, A′, D라 한다.
② 각 점 C′, D를 중심으로 C′D를 반지름으로 하는 호를 그려 만나는 점을 E라 하고, E와 A′를 연결하여 점 F를 구한다.
③ 선분 C′F를 N등분한다.
④ 점 E에서 등분점 1, 2, 3, …을 연결하여 연장한다.
⑤ 호와의 교점 1′, 2′, 3′…을 점 B와 각각 연결하면 각 ABC는 N등분된다.

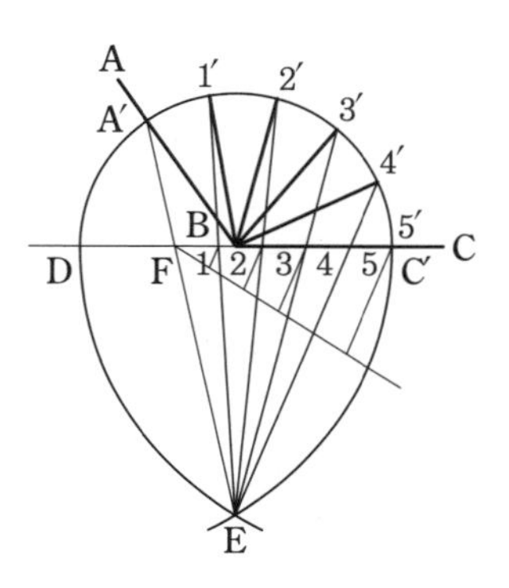

각의 N등분

예 | 상 | 문 | 제

도형의 작도와 각도 분할법 ◀

1. 직선 A, B에서 점 B에 수선을 긋는 방법으로 옳지 않은 것은?

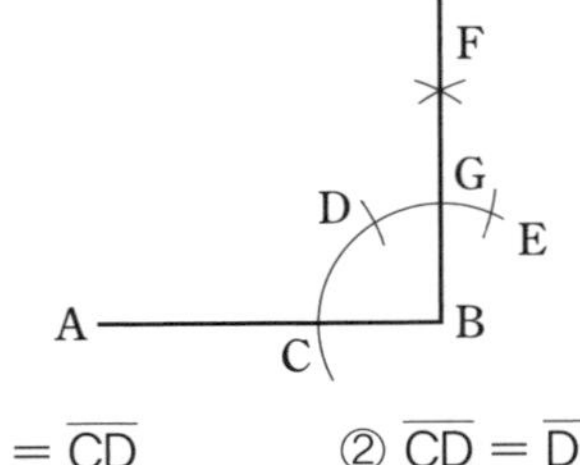

① $\overline{CB} = \overline{CD}$ ② $\overline{CD} = \overline{DE}$
③ $\overline{DF} = \overline{EF}$ ④ $\overline{BG} = \overline{FG}$

2. 다음 그림과 같이 주어진 직선 AB를 수직 2등분할 때 옳지 않은 것은?

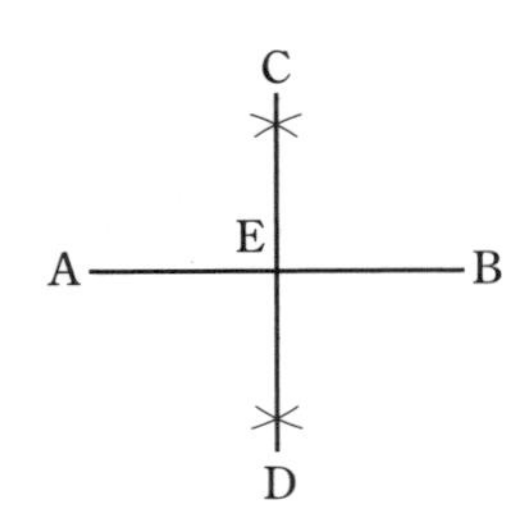

① $\overline{AE} = \overline{BE}$ ② $\overline{AC} = \overline{BC}$
③ $\overline{AE} = \overline{CE}$ ④ $\overline{CD} \perp \overline{AB}$

3. 선분 AB를 다음 그림과 같이 나타낸 것은 어떤 기하학적 원리를 의미하는가?

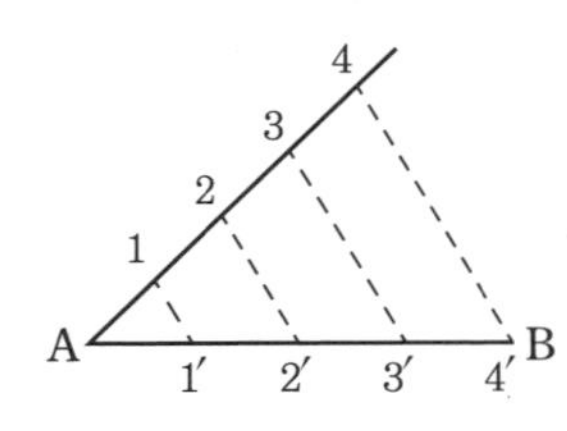

① 평행 ② 대칭
③ 합동 ④ 균형

4. 다음은 직각을 3등분한 그림이다. 길이에 관한 설명으로 틀린 것은?

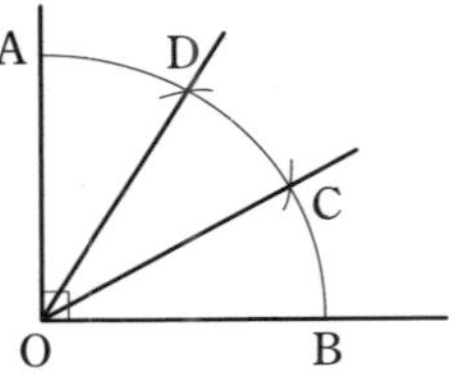

① $\overset{\frown}{AD} = \overset{\frown}{DC}$ ② $\overline{OA} = \overset{\frown}{AD}$
③ $\overset{\frown}{AD} = \overset{\frown}{BC}$ ④ $\overset{\frown}{DC} = \overset{\frown}{BC}$

해설 • $\overset{\frown}{AD} = \overset{\frown}{DC} = \overset{\frown}{BC}$
• $\overline{OA} = \overline{OD} = \overline{OC} = \overline{OB}$

5. 직사각형과 같은 넓이의 정사각형 그리기에서 옳은 것은?

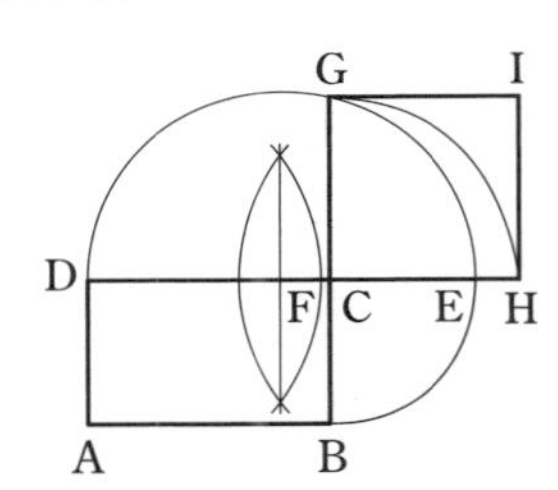

① $\overline{DF} = \overline{FE}$ ② $\overline{BC} = \overline{CG}$
③ $\overline{CE} = \overline{CG}$ ④ $\overline{DF} = \overline{FH}$

6. 원과 같은 넓이의 정사각형을 작도할 때, 각각 어느 점을 중심으로 하여 AB를 반지름으로 호를 그리면 되는가?

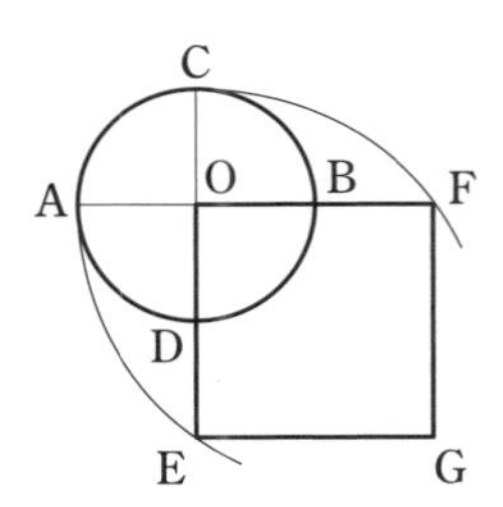

정답 1. ④ 2. ③ 3. ① 4. ② 5. ① 6. ④

① A, B ② C, D
③ E, F ④ B, D

7. 원의 반지름으로 원주를 끊고, 그 끊은 점과 점을 연결하여 만들어진 원에 접하는 다각형은?

① 정사각형 ② 정오각형
③ 정육각형 ④ 정팔각형

8. 원에 내접하는 정오각형을 그리는 방법이 아닌 것은?

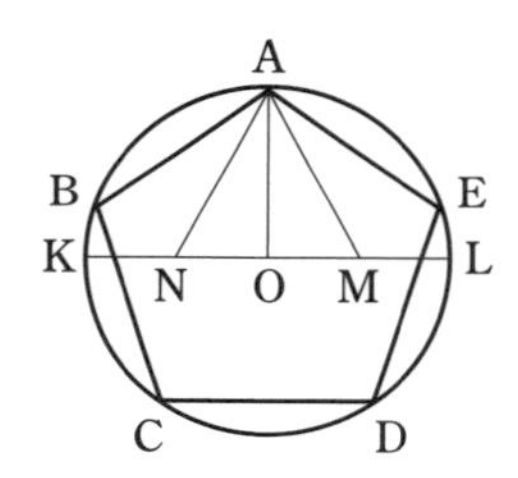

① $\overline{AO} \perp \overline{KL}$ ② $\overline{OM} = \overline{ML}$
③ $\overline{AM} = \overline{MN}$ ④ $\overline{AM} = \overline{AB}$

9. 한 변이 주어진 정오각형 작도 그림에서 $\overline{DE}$의 길이는?

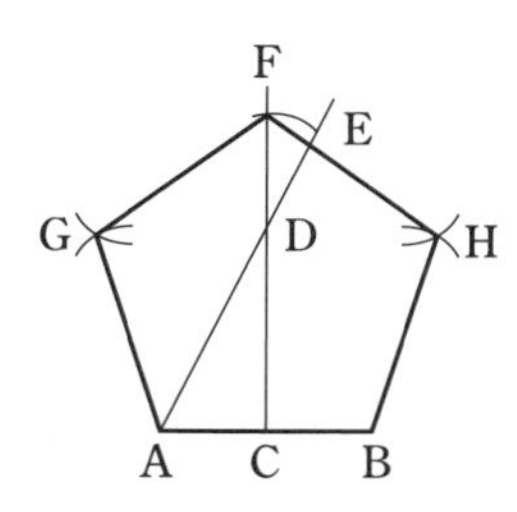

① $\overline{AD}/2$ ② $\overline{AD}/3$
③ $\overline{AB}/2$ ④ $\overline{CF}/4$

해설 • $\overline{AB}=\overline{CD}=\overline{AG}=\overline{GF}=\overline{FH}=\overline{HB} \neq \overline{AD}$
• $\overline{AC}=\overline{CB}=\overline{DE} \neq \overline{DF}$
• $\overline{AE}=\overline{AF} \neq \overline{CF}$

10. 다음은 $\overline{AB}$를 한 변으로 하는 정육각형을 그리는 작도이다. 순서상 가장 먼저 구해야 할 점은?

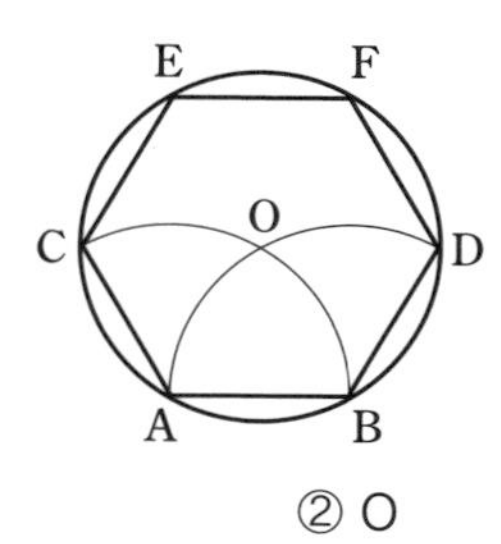

① C ② O
③ D ④ E

11. 장축과 단축이 주어진 타원을 그릴 때의 작도 조건이 아닌 것은?

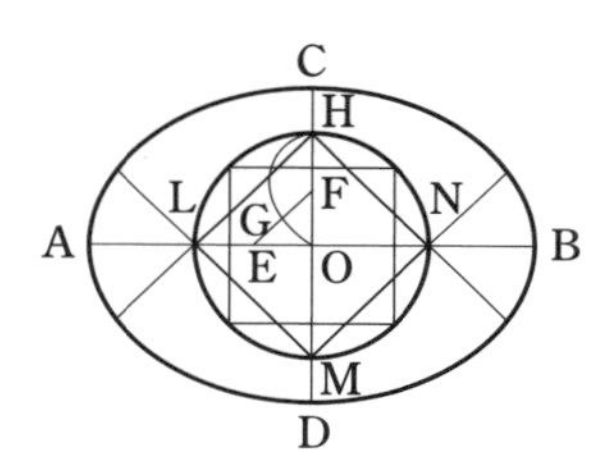

① $\frac{1}{2}\overline{EF} = G$ ② $\overline{FH} = \overline{OF}$
③ $\overline{AE} = \overline{CO}$ ④ $\overline{OE} = \overline{OF}$

12. 다음 그림과 같은 표준 난형 작도에서 $\overset{\frown}{CE}$의 중심은?

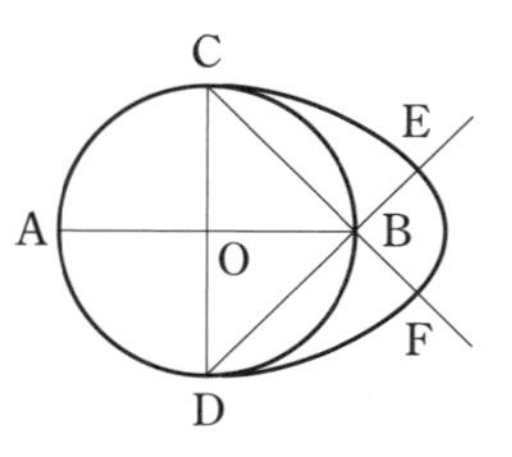

① A ② B
③ C ④ D

정답 7. ③ 8. ④ 9. ③ 10. ② 11. ② 12. ④

제 2 장 제 도

2-1 제도의 규격

1 표준 규격

(1) 여러 나라의 표준 규격

각국의 공업 규격 및 국제기구

국가 및 기구	규격 기호	제정연도
국제표준화기구	ISO (international organization for standardization)	1947
한국산업표준	KS (Korean industrial standards)	1961
영국 규격	BS (British standards)	1901
독일 규격	DIN (Deutsche industrie normen)	1917
미국 규격	ANSI (American national standards institute)	1918
스위스 규격	SNV (Schweizerish normen des vereinigung)	1918
프랑스 규격	NF (norme Francaise)	1918
일본 규격	JIS (Japanese industrial standards)	1952

(2) 우리나라의 (산업)표준 규격

KS의 부문별 기호

분류 기호	부 문	분류 기호	부 문	분류 기호	부 문
KSA	기본	KSH	식품	KSQ	품질경영
KSB	기계	KSI	환경	KSR	수송기계
KSC	전기전자	KSJ	생물	KSS	서비스
KSD	금속	KSK	섬유	KST	물류
KSE	광산	KSL	요업	KSV	조선
KSF	건설	KSM	화학	KSW	항공우주
KSG	일용품	KSP	의료	KSX	정보

2 도면의 종류(방향에 따른 분류)

① **평면도**

(가) 수평으로 절단한 면을 위에서 보고 그린 도면이다.

(나) 건축 도면 중 가장 기본이 되는 도면으로 각 실의 크기나 위치를 나타낸다.

② **입면도**

(가) 건축물의 외형을 각 면에 직각으로 투사하여 그린 도면이다.

(나) 보통 동서남북의 네 면을 나타낸다.

(다) 건물의 전체 높이, 처마 높이, 창호의 형상, 외벽, 지붕 등의 마감 재료를 나타낸다.

③ **단면도**

(가) 대상물의 내부 형상을 나타내기 위해 수직으로 절단하고, 절단면의 앞쪽 부분을 제거하여 수평 방향에서 보고 그린 도면이다.

(나) 건물의 높이, 처마, 거실 각 부분의 높이, 계단 치수, 지붕 물매(경사도) 등을 나타낸다.

3 도면의 종류(사용 목적, 용도에 따른 분류)

① **계획도** : 제품의 계획 단계에서 사용되는 도면

② **주문도** : 주문서에 첨부하여 주문자의 요구사항을 제시하는 도면

③ **견적도** : 견적서에 첨부하여 주문 제품의 내용을 설명하는 도면

④ **제작도** : 제품을 제작할 때 사용하는 도면으로 제품의 모양, 치수, 재질, 가공 방법 등이 기입되어 있다. 예 조립도, 부품도

⑤ **승인도** : 주문자의 승인을 받기 위한 도면

⑥ **설명도** : 제품의 구조나 기능, 사용 방법 등을 설명하기 위한 도면 예 카탈로그

⑦ **공정도** : 제조 과정에서 지켜야 할 공정의 가공 방법, 사용 공구 및 치수 등을 상세하게 나타낸 도면 예 공작 공정도, 제조 공정도, 설비 공정도

⑧ **상세도** : 필요한 부분을 확대하여 상세하게 나타낸 도면

4 도면의 종류(내용에 따른 분류)

① **조립도** : 제품의 전체 조립상태나 구조를 나타낸 도면

② **부품도** : 각 부품에 대하여 제작에 필요한 모든 정보를 상세하게 나타낸 도면

③ **부분 조립도** : 구조가 복잡하거나 크기가 큰 대상물을 몇 개의 부분으로 나누어 나타낸 도면

5 도면의 종류(표현 형식에 따른 분류)

① **외관도** : 제품의 외형 및 최소한으로 필요한 치수를 나타낸 도면

② **전개도**

㈎ 제품의 구성을 하나의 평면에 전개한 형식으로 표현한 도면

㈏ 건물 내부의 입면을 정면에서 바라보며 그리는 내부 입면도

㈐ 각 실의 내부 의장을 명시하기 위해 작성하는 도면

㈑ 전개도에는 개구부, 벽의 마감재, 가구, 벽체의 설치물 등을 나타낸다.

③ **플랜트 공정도** : 제품의 제조 과정에서 기계설비와 흐름의 상태(공정)를 나타낸 계통도

④ **계통도**

㈎ 물, 기름, 가스, 전기 등의 접속과 작동 계통을 나타낸 도면

㈏ 각종 설비에 있어 작동 계통이 표시되어 있는 도면

㈐ 보통 단선으로 배관을 표시하고 관련 기기는 기호로 표시하여 계획도 및 설명도로 사용한다.

예 | 상 | 문 | 제

제도의 규격 ◀

1. 단면 상세도를 그릴 때 표시하지 않아도 되는 것은?

① 각 실의 면적
② 1층 바닥의 높이
③ 지붕 물매
④ 창의 높이

해설 • 단면도는 대상물의 내부 형상을 나타내기 위해 대상물을 절단하고, 절단면의 앞쪽 부분을 제거하여 그린 투상도이다.
• 각 실의 크기나 위치를 나타내는 것은 평면도이다.
• 물매는 수평을 기준으로 한 경사도이다.

2. 평면도를 작도할 때 고려하지 않아도 되는 것은?

① 개구부의 위치와 크기
② 실의 배치와 넓이
③ 기둥이나 벽의 위치
④ 처마 높이 및 지붕 재료

해설 처마 높이 및 지붕 재료를 표시하는 것은 입면도이다.

3. 건물의 외관을 나타내는 입면도 중 정면도를 가장 잘 표현한 것은?

① 개구부가 많이 있는 쪽
② 복잡한 입면이 있는 쪽
③ 현관이 있는 쪽
④ 도로에 면한 쪽

해설 • 입면도는 건축물의 외형을 각 면에 직각으로 투사하여 그린 도면으로, 보통은 동서남북의 네 면을 나타낸다.
• 입면도에는 건물의 전체 높이, 처마 높이, 창호의 형상, 외벽, 지붕 등의 마감 재료 등을 표시한다.

4. 절단면의 실제 모양을 나타내는 도면은?

① 절단선 ② 보조 투상면
③ 단면도 ④ 정투상도

5. 건축 도면에서 각 실의 크기, 위치 등을 표시하는 도면은?

① 평면도 ② 입면도
③ 단면도 ④ 투시도

해설 평면도는 건축 도면 중 가장 기본이 되는 도면으로, 각 실의 크기나 위치를 표시한다.

6. 건축 도면 중 바닥으로부터 1~1.5m 정도 윗부분을 수평으로 절단한 것을 상상하여 그린 것으로, 건축 도면의 기본이라 할 수 있는 것은?

① 평면도 ② 입면도
③ 부분 단면도 ④ 투시도

해설 평면도는 건축물 창의 중간 정도(바닥면에서 약 1~1.5m)에서 수평으로 절단했을 때의 수평 투상도이다.

7. 입체의 각 면을 한 면 위에 펴서 그린 도면을 무엇이라 하는가?

① 투시도 ② 상관체
③ 전개도 ④ 음영도

해설 • 전개도는 각 실의 내부 의장을 명시하기 위해 작성한 도면이다.
• 전개도에는 개구부, 벽의 마감재, 가구, 벽체의 설치물 등을 표시한다.

정답 1. ① 2. ④ 3. ③ 4. ③ 5. ① 6. ① 7. ③

8. 다음 그림과 같은 전개도의 입체는?

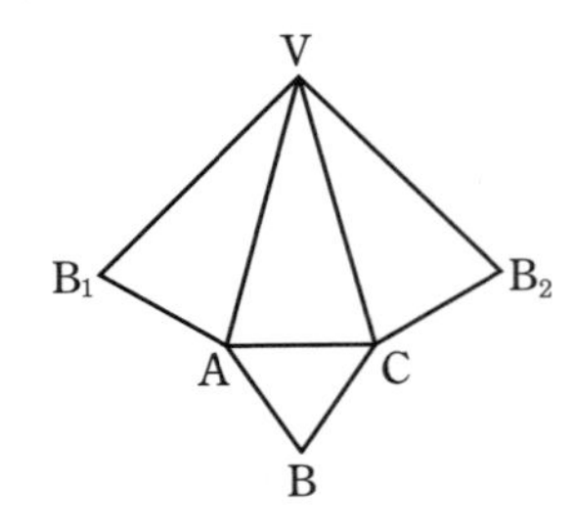

① 정사면체 ② 정사각뿔
③ 정삼각뿔 ④ 삼각뿔

해설 • 정사면체 : 각 면이 정삼각형인 사면체
• 정사각뿔 : 밑면이 정사각형이고 옆면이 이등변삼각형인 각뿔
• 정삼각뿔 : 밑면이 정삼각형이고 옆면이 이등변삼각형인 각뿔
• 삼각뿔 : 밑면이 삼각형인 각뿔

9. 정삼각형으로만 구성되어 있는 입체는?

① 정사면체
② 정육면체
③ 정십면체
④ 정십이면체

해설 정삼각형으로만 구성되어 있는 입체는 정사면체, 정팔면체, 정이십면체이다.

10. 도면에서 평면도, 배치도 등은 원칙적으로 어느 방향을 위로 하여 제도하는가?

① 동 ② 서
③ 남 ④ 북

11. 다음 그림은 어떤 입체의 전개도인가?

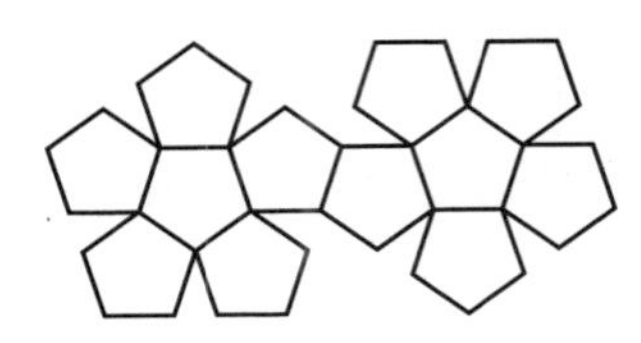

① 정6각형
② 정12면체
③ 정10면체
④ 정6면체

12. 다음 중 국제표준규격을 나타내는 것은?

① ISO
② BS
③ KS
④ ASA

13. 건물 내부의 입면을 정면에서 바라보고 그리는 내부 입면도를 나타내는 것은?

① 투시도
② 단면도
③ 전개도
④ 음영도

해설 각 실의 내부 의장을 명시하기 위해 작성하는 도면으로, 실내에서 바라본 벽체의 입면을 정면에서 바라보고 그리는 내부 입면도는 전개도이다.

정답 8. ③ 9. ① 10. ④ 11. ② 12. ① 13. ③

2-2 도면의 크기, 양식, 척도

1 도면의 크기(KS B ISO 5457)

① 도면의 크기는 폭과 길이로 나타내는데, 그 비는 $1:\sqrt{2}$가 되며 A0~A4를 사용한다.

② 도면은 길이 방향을 좌, 우로 놓고 그리는 것이 바른 위치이다.

③ A4 도면은 세로 방향으로 놓고 그려도 좋다.

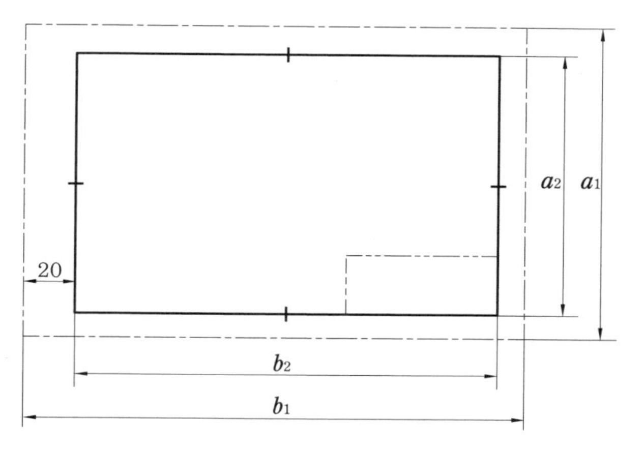

A4에서 A0까지의 크기

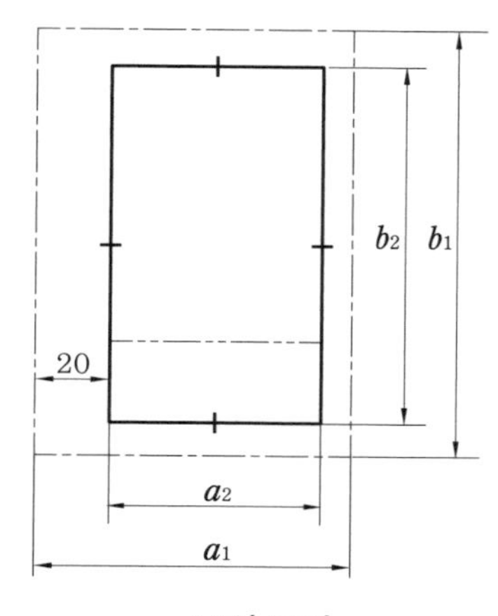

A4의 크기

도면 크기의 종류 및 윤곽의 치수

용지의 호칭	재단한 용지 크기		제도 공간(윤곽선)	
	a_1	b_1	a_2	b_2
A0	841	1189	821	1159
A1	594	841	574	811
A2	420	594	400	564
A3	297	420	277	390
A4	210	297	180	277

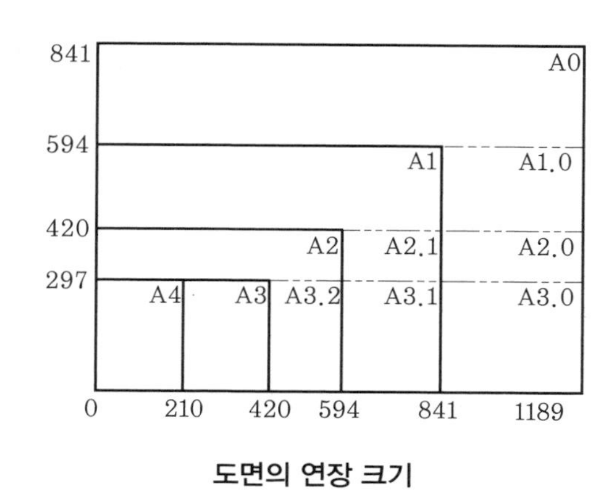

도면의 연장 크기

2 도면의 양식(KS B ISO 5457)

도면에 마련해야 할 양식에는 윤곽선, 표제란, 중심 마크 등이 있다. 도면에서는 윤곽선을 긋고 그 안에 표제란과 부품란을 그려 넣는다.

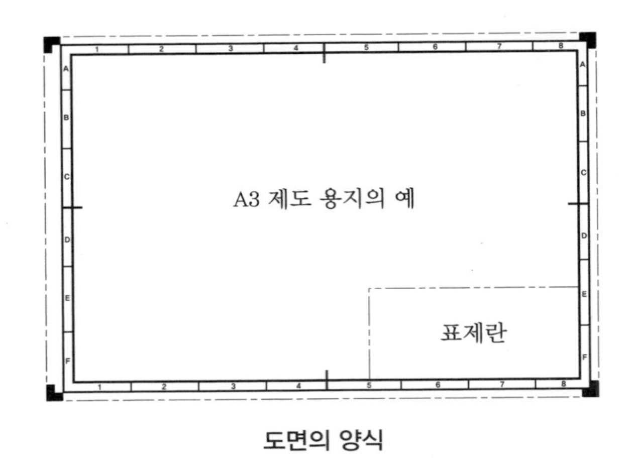

도면의 양식

(1) 윤곽 및 윤곽선

① 도면에 그려진 내용 영역을 명확히 구분할 수 있도록 하고, 또 용지의 가장자리에서 생기는 손상으로 기재한 사항을 해치지 않도록 하기 위해 사용한다.

② 제도용지 내의 제도 영역을 4개의 변으로 둘러싸는 윤곽은 0.7mm 굵기의 실선으로 그린다.

③ 철할 때의 여백을 위해 왼쪽의 윤곽은 20mm로 하고, 다른 쪽 여백은 10mm의 폭으로 한다.

(2) 표제란

① 제도 영역의 오른쪽 아래 구석에 도면 번호, 도면 명칭, 기업(단체)명, 책임자 서명(도장), 도면 작성 연월일, 척도 및 투상법 등을 기입한다.

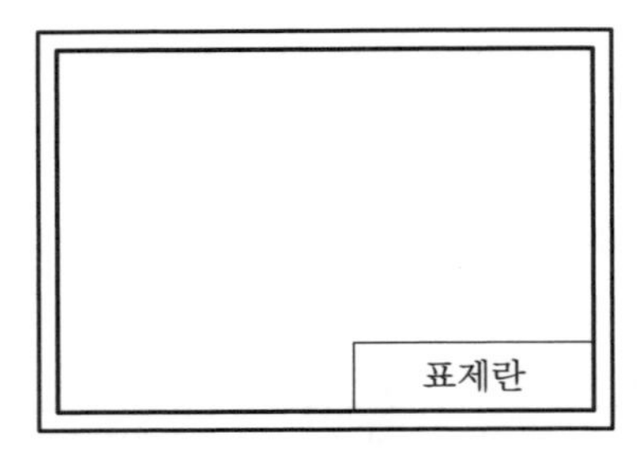

<table>
<tr><td>2</td><td colspan="2"></td><td></td><td></td><td></td><td></td></tr>
<tr><td>1</td><td colspan="2"></td><td></td><td></td><td></td><td></td></tr>
<tr><td>품번</td><td colspan="2">품명</td><td>재질</td><td>수량</td><td>무게</td><td>비고</td></tr>
<tr><td>소속</td><td colspan="2"></td><td></td><td></td><td></td><td></td></tr>
<tr><td>척도</td><td></td><td>투상</td><td></td><td>제도자</td><td></td><td>검도</td></tr>
<tr><td rowspan="2">도명</td><td colspan="3" rowspan="2"></td><td>제도일</td><td></td><td></td></tr>
<tr><td>도번</td><td></td><td></td></tr>
</table>

<table>
<tr><td>담당</td><td>과장</td><td>차장</td><td>부장</td><td colspan="2">공사명</td></tr>
<tr><td></td><td></td><td></td><td></td><td colspan="2"></td></tr>
<tr><td>설계</td><td>제도</td><td>검도</td><td>척도</td><td>각법</td><td>도명</td></tr>
<tr><td></td><td></td><td></td><td></td><td></td><td></td></tr>
<tr><td colspan="3">업체명</td><td colspan="2">제도일</td><td>도번</td></tr>
<tr><td colspan="3"></td><td colspan="2"></td><td></td></tr>
</table>

표제란

② 표제란은 KS A ISO 7200의 기준에 따라 작성한다.
③ 용지에서 왼쪽 여백 20mm, 오른쪽 여백 10mm, 표제란 너비는 180mm이며, 동일한 표제란이 모든 용지 크기에 사용된다.
④ A4용지 이상의 크기에서 표제란은 제도 영역의 오른쪽 아래에 그린다.

(3) 부품란

① 도면에 나타낸 대상 또는 구성하는 부품의 세부 내용을 기입하기 위해 도면의 오른쪽 아래의 표제란 위, 또는 도면의 오른쪽 위에 마련한다.
② 부품란에는 부품 번호(품번), 부품 명칭(품명), 재질, 수량, 무게, 공정, 비고 등을 기입한다.
③ 부품 번호는 부품란이 오른쪽 위에 위치할 때는 위에서 아래로, 오른쪽 아래에 위치할 때는 아래에서 위로 나열하여 기록한다.

(4) 중심 마크

① 도면을 다시 만들거나 마이크로필름을 만들 때, 도면의 위치를 잘 잡기 위해 4개의 중심 마크를 표시한다.
② 중심 마크는 구역 표시의 경계에서 시작하여 도면의 윤곽을 지나 10mm까지 0.7mm 굵기의 실선으로 그린다.
③ 중심 마크는 1mm의 대칭 공차를 가지고 재단된 용지의 두 대칭축 끝에 표시한다.
④ 중심 마크의 형식은 자유롭게 선택할 수 있으며, A0보다 더 큰 크기에서는 마이크로필름으로 만들 영역의 가운데에 중심 마크를 추가로 표시한다.

(5) 비교 눈금

① 비교 눈금은 도면을 축소 또는 확대했을 경우, 그 정도를 알기 위해 도면의 아래쪽에 중심 마크를 중심으로 하여 마련한다.
② 비교 눈금은 눈금의 간격을 10mm, 길이를 100mm 이상으로 하고, 눈금선의 굵기는 0.5mm, 폭은 5mm 이하로 한다.

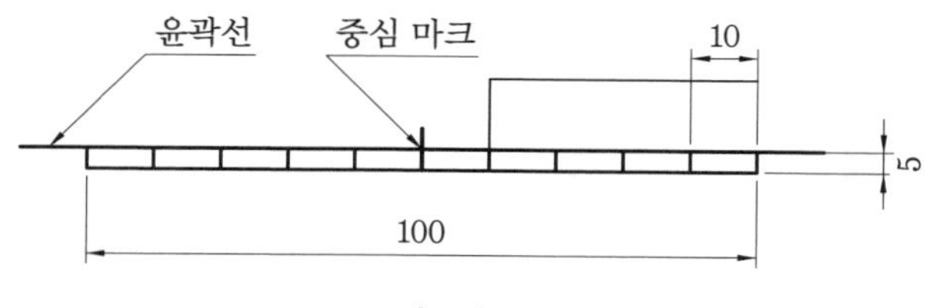

비교 눈금

(6) 재단 마크

① 재단 마크는 수동이나 자동으로 용지를 잘라내는 데 편리하도록 재단된 용지의 4변의 경계에 표시한다.

② 재단 마크는 10×5mm의 두 직사각형이 합쳐진 형태로 표시한다.

(7) 도면의 구역

① 도면의 구역은 도면에서 상세, 추가, 수정 등의 위치를 알기 쉽도록 여러 구역으로 나눈 것이다.

② 각 구역은 용지의 위쪽에서 아래쪽으로는 대문자(I와 O는 사용금지)로 수직으로 써서 표시하고, 왼쪽에서 오른쪽으로는 숫자로 표시한다.

③ A4용지에서는 위쪽과 오른쪽에만 표시한다.

④ 한 구역의 길이는 중심 마크에서 시작하여 50mm이다.

⑤ 구역의 개수는 용지의 크기에 따라 다르다.

⑥ 구역 표시는 0.35mm 굵기의 실선으로, 문자와 숫자의 크기는 3.5mm로 한다.

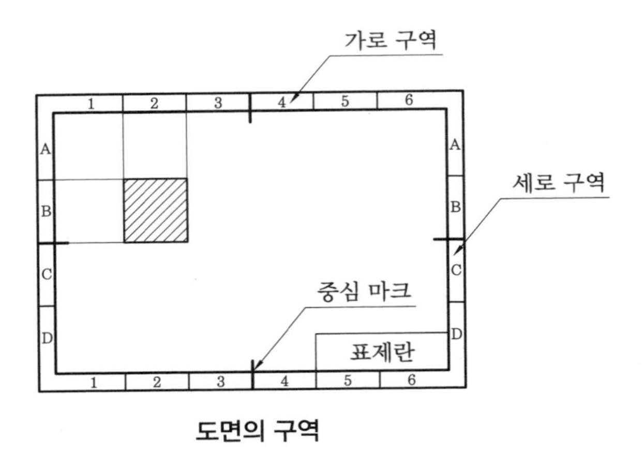

도면의 구역

(8) 내력란

내력란은 도면의 내용 변경 등의 내력을 기록하기 위해 마련한다.

3 도면에 사용되는 척도

도면에 사용되는 척도는 도면에서 그려진 길이와 물체의 실제 길이와의 비율로 나타낸다.

(1) 척도의 종류

도면에 그려진 길이와 물체의 실제 길이가 같은 현척, 실물보다 축소하여 그린 축척, 실물보다 확대하여 그린 배척이 있다. 현척이 가장 보편적으로 사용된다.

현척, 배척 및 축척의 값

종 류	권장 척도		
현척	1 : 1		
배척	50 : 1 5 : 1	20 : 1 2 : 1	10 : 1
축척	1 : 2 1 : 20 1 : 200 1 : 2000	1 : 5 1 : 50 1 : 500 1 : 5000	1 : 10 1 : 100 1 : 1000 1 : 10000

(2) 척도의 표시 방법

척도의 표시 방법은 다음과 같다.

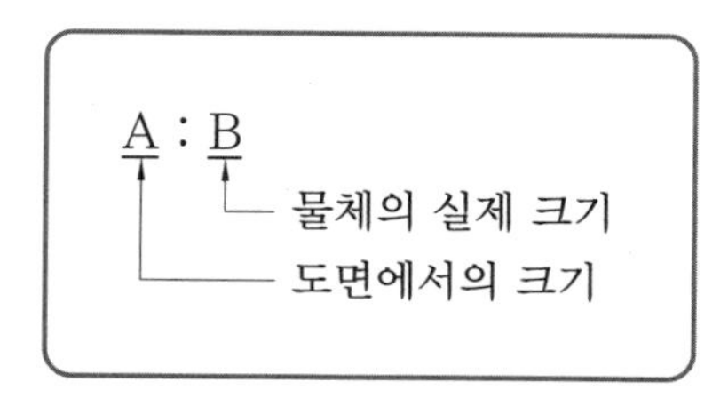

① 현척의 경우 A, B 모두를 1로 나타낸다.
② 축척의 경우에는 A를 1로 나타낸다.
③ 배척의 경우에는 B를 1로 나타낸다.

(3) 척도의 기입 방법

① 척도는 표제란에 기입하는 것이 원칙이다.
② 표제란이 없는 경우에는 도명이나 품번의 가까운 곳에 기입한다.
③ 같은 도면에서 서로 다른 척도를 사용할 경우 각 그림 옆에 척도를 기입한다.
④ 그림의 형태가 치수와 비례하는 경우에는 치수 밑에 밑줄을 긋거나 '비례가 아님' 또는 'NS(not to scale)'를 기입한다.

예 | 상 | 문 | 제

도면의 크기, 양식, 척도 ◀

1. 도면 제작 시 도면에 반드시 마련해야 할 사항으로 짝지어진 것은?

① 도면의 윤곽, 표제란, 중심 마크
② 도면의 윤곽, 표제란, 비교 눈금
③ 도면의 구역, 재단 마크, 비교 눈금
④ 도면의 구역, 재단 마크, 중심 마크

2. 도면에서 도면의 관리상 필요한 사항(도면 번호, 도명, 책임자, 척도, 투상법 등)과 도면 내에 있는 내용에 관한 사항을 모아서 기입한 것은?

① 주서란
② 요목표
③ 표제란
④ 부품란

해설 표제란은 도면 관리에 필요한 사항과 도면 내용에 대한 중요한 사항을 기입한 것으로, 도면의 오른쪽 아래에 마련한다.

3. 도면 관리에서 다른 도면과 구별하고, 도면 내용을 직접 보지 않고도 제품의 종류 및 형식 등 도면의 내용을 알 수 있게 하기 위해 기입하는 것은?

① 도면 번호 ② 도면 척도
③ 도면 양식 ④ 부품 번호

4. 도면에 반드시 마련해야 하는 양식에 관한 설명 중 틀린 것은?

① 윤곽선은 도면의 크기에 따라 0.7mm 이상의 굵은 실선으로 그린다.
② 표제란은 도면의 오른쪽 아래 구석에 그린다.
③ 도면을 마이크로필름으로 촬영하거나 복사할 때 편의를 위해서 중심 마크를 표시한다.
④ 부품란에는 도면 번호, 도면 명칭, 척도, 투상법 등을 기입한다.

해설 • 표제란에는 도면 번호, 도면 명칭, 척도, 투상법 등을 기입한다.
• 부품란에는 부품 번호, 부품 명칭, 재질, 수량, 무게, 공정 등을 기입한다.

5. 도면에 마련하는 양식 중에서 마이크로필름 등으로 촬영하거나 복사 및 철할 때의 편의를 위해 마련하는 것은?

① 윤곽선
② 표제란
③ 중심 마크
④ 구역 표시

해설 도면을 다시 만들거나 마이크로필름을 만들 때, 복사 및 철할 때의 편의를 위해 4개의 중심 마크를 표시한다.

6. 기계 제도 도면에 사용되는 척도의 설명이 틀린 것은?

① 도면에 그려지는 길이와 대상물의 실제 길이와의 비율로 나타낸다.
② 한 도면에서 공통적으로 사용되는 척도는 표제란에 기입한다.
③ 같은 도면에서 다른 척도를 사용할 때는 필요에 따라 그림 근처에 기입한다.
④ 배척은 대상물보다 크게 그리는 것으로 2 : 1, 3 : 1, 4 : 1, 10 : 1 등 제도자가 임의로 비율을 만들어 사용한다.

정답 1. ① 2. ③ 3. ① 4. ④ 5. ③ 6. ④

7. 다음 그림과 같은 도면 양식에 관한 설명 중 틀린 것은?

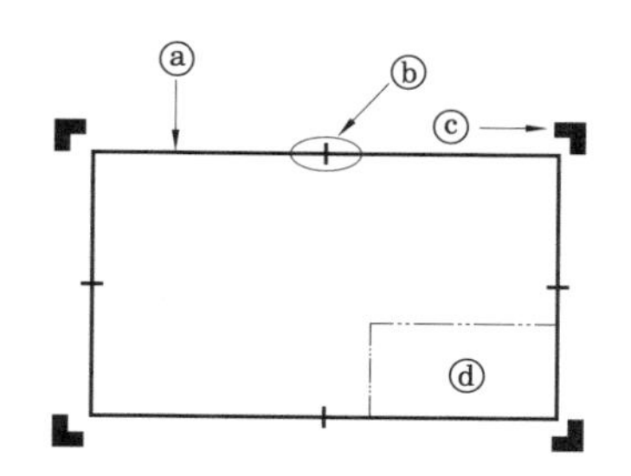

① ⓐ는 0.7mm 이상의 굵은 실선으로 긋고 도면의 윤곽을 나타내는 선이다.
② ⓑ는 0.7mm 이상의 굵은 실선으로 긋고 마이크로필름으로 촬영할 때 편의를 위해 사용한다.
③ ⓒ는 도면에서 상세, 추가, 수정 등의 위치를 알기 쉽도록 용지를 여러 구역으로 나누는 데 사용된다.
④ ⓓ는 표제란으로 척도, 투상법, 도번, 도명, 설계자, 기업명 등 도면에 관한 정보를 표시한다.

해설 ⓒ는 재단 마크로, 수동이나 자동으로 용지를 잘라내는 데 편리하도록 재단된 용지의 4변의 경계에 표시한다.

8. 다음 중 부품란에 기입해야 할 사항이 아닌 것은?

① 품번 ② 품명
③ 재질 ④ 투상법

해설 투상법은 표제란에 기입한다.

9. 우선적으로 사용하는 배척의 종류가 아닌 것은?

① 50 : 1 ② 25 : 1
③ 5 : 1 ④ 2 : 1

해설 우선적으로 사용하는 배척의 권장 척도는 2:1, 5:1, 10:1, 20:1, 50:1이다.

10. 도면을 그릴 때 척도 결정의 기준이 되는 것은 어느 것인가?

① 물체의 재질
② 물체의 무게
③ 물체의 크기
④ 물체의 체적

11. 다음 중 현척의 의미(뜻)는?

① 실물보다 축소하여 그린 것
② 실물보다 확대하여 그린 것
③ 실물과 관계없이 그린 것
④ 실물과 같은 크기로 그린 것

12. 다음 축척의 종류 중 우선적으로 사용되는 척도가 아닌 것은?

① 1 : 2 ② 1 : 3
③ 1 : 5 ④ 1 : 10

13. 다음 중 척도의 표시법 A : B의 설명으로 맞는 것은?

① A는 물체의 실제 크기이다.
② B는 도면에서의 크기이다.
③ 배척일 때 B를 1로 나타낸다.
④ 현척일 때 A만을 1로 나타낸다.

해설 • A : 도면에서의 크기
• B : 물체의 실제 크기
• 현척의 경우 A, B 모두를 1로 나타낸다.

14. 도면의 표제란에 척도가 1 : 2로 기입되어 있다면 이 도면에서 사용된 척도의 종류로 알맞은 것은?

정답 7. ③ 8. ④ 9. ② 10. ③ 11. ④ 12. ② 13. ③ 14. ③

① 현척 ② 배척
③ 축척 ④ 실척

15. **도면에서 100mm를 2 : 1 척도로 그릴 때 도면에 기입되는 치수는?**

① 10 ② 200
③ 50 ④ 100

해설 도면에 기입하는 치수는 모두 실제 치수로 기입한다.

16. **제도용지 전지를 그림과 같이 등분했을 때 빗금친 부분의 크기는?**

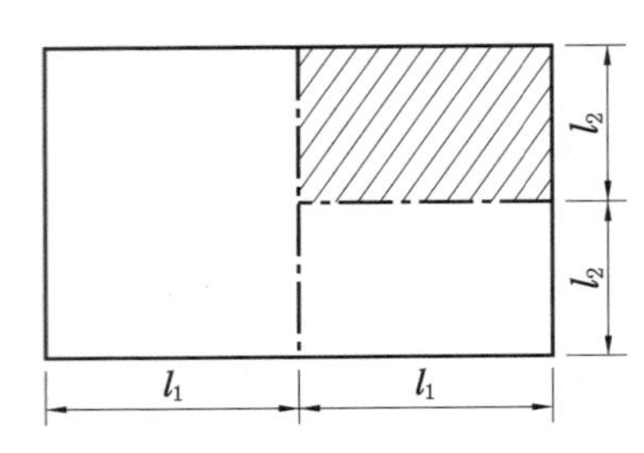

① A1 ② A2
③ A3 ④ A4

해설 A계열 제도용지

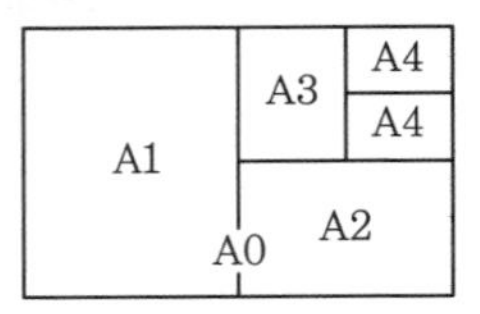

17. **도면에서 세로와 가로의 비는?**

① $1 : \sqrt{2}$ ② $1 : \sqrt{3}$
③ $1 : \sqrt{5}$ ④ $1 : \sqrt{8}$

해설 도면의 크기는 폭과 길이로 나타내는데, 그 비는 $1 : \sqrt{2}$가 된다.

18. **A0 제도용지의 크기는? (단, 단위는 mm)**

① 210×297
② 297×420
③ 594×841
④ 841×1189

19. **도면을 접을 때 표준 크기로 옳은 것은?**

① A0 ② A1
③ A2 ④ A4

해설 큰 도면을 접을 때는 A4 크기로 접는 것을 원칙으로 한다.

20. **도면을 접을 때 겉으로 드러나게 정리해야 하는 부분은?**

① 조립도가 있는 부분
② 표제란이 있는 부분
③ 재료표가 있는 부분
④ 부품도가 있는 부분

21. **도면에서 표제란이 위치하는 곳은 다음 중 어디인가?**

① 도면의 오른쪽 위
② 도면의 오른쪽 아래
③ 도면의 왼쪽 아래
④ 도면의 왼쪽 위

해설 표제란은 일반적으로 도면의 오른쪽 아래에 마련한다.

22. **다음 중 도면의 표제란에 표기하지 않아도 되는 것은?**

① 재료 명칭 ② 도면 번호
③ 도면 이름 ④ 작성 연월일

해설 표제란에는 도면 번호, 도면 이름, 공사 명칭, 축척, 책임자의 서명, 설계자의 서명, 도면 작성 연월일 등을 기입한다.

정답 15. ④ 16. ② 17. ① 18. ④ 19. ④ 20. ② 21. ② 22. ①

23. 제도를 할 때의 주의사항으로 옳지 않은 것은?

① 축척에 맞추어 그린 것이 아닐 때는 NS를 기입한다.
② 도면은 제3각법으로 그리는 것을 원칙으로 한다.
③ 복잡한 부분의 제도에서는 실척을 사용할 수 있다.
④ 축척의 종류에는 3가지가 있다.

해설 척도의 종류에는 현척, 배척, 축척의 3가지가 있다.

24. 다음 중 축척의 척도는 어느 것인가?

① 1/2　② 1/1
③ 2/1　④ 4/1

해설 축척 : 지도나 설계도 등을 실물보다 축소해서 그릴 때 축소한 비를 말한다.

25. 500×100의 넓이를 가진 널빤지를 제작하기 위해 10 : 1의 비로 도면을 그렸다. 기입해야 할 치수는?

① 5×1　② 50×10
③ 500×100　④ 5000×1000

해설 척도는 표제란에 기입하며, 도면에 기입하는 치수는 모두 실제 치수로 기입한다.

26. 일정한 척도로 그리지 않아서 그림이 치수에 비례하지 않을 때 표제란에는 어떻게 표시하는가?

① A : B
② NS
③ 0 : 0
④ 1 : 0

해설 전체 도면이 정해진 척도를 적용하지 않을 경우에는 치수 밑에 밑줄을 그려 표시하거나 '비례가 아님' 또는 'NS'를 기입한다.

27. 실제 길이 32m를 축척 1/200으로 계산한 값은?

① 8cm
② 12cm
③ 16cm
④ 64cm

해설 32m=3200cm
∴ 3200÷200=16cm

정답 23. ④　24. ①　25. ③　26. ②　27. ③

2-3 선의 종류와 용도

1 선의 종류

(1) 모양에 따른 선의 종류

① **실선** ——— : 연속적으로 그어진 선

② **파선** --------- : 일정한 길이로 반복되게 그어진 선(선의 길이 3～5mm, 선과 선의 간격 0.5～1mm 정도)

③ **1점 쇄선** —·— : 긴 길이, 짧은 길이로 반복되게 그어진 선(긴 선의 길이 10～30mm, 짧은 선의 길이 1～3mm, 선과 선의 간격 0.5～1mm)

④ **2점 쇄선** —··— : 긴 길이, 짧은 길이 2개가 반복되게 그어진 선(긴 선의 길이 10～30mm, 짧은 선의 길이 1～3mm, 선과 선의 간격 0.5～1mm)

(2) 굵기에 따른 선의 종류

① **가는 선** —— : 굵기가 0.18～0.5mm인 선

② **굵은 선** —— : 굵기가 0.35～1mm인 선(가는 선의 2배 정도)

③ **아주 굵은 선** —— : 굵기가 0.7～2mm인 선(가는 선의 4배 정도)

참고

- 선 굵기의 비율은 1 : 2 : 4이다. 선 굵기의 기준은 0.18, 0.25, 0.35, 0.5, 0.7, 1mm로 한다.

2 선의 용도

선의 명칭	선의 종류		선의 용도
외형선	굵은 실선	———	대상물이 보이는 부분의 모양을 표시하는 데 쓰인다.
치수선	가는 실선	———	치수를 기입하기 위해 쓰인다.
치수 보조선			치수를 기입하기 위해 도형으로부터 끌어내는 데 쓰인다.
지시선			기술 · 기호 등을 표시하기 위해 끌어내는 데 쓰인다.

선의 명칭	선의 종류		선의 용도
회전 단면선	가는 실선		도형 내에 그 부분의 끊은 곳을 90° 회전하여 표시하는 데 쓰인다.
중심선			도형의 중심선을 간략하게 표시하는 데 쓰인다.
수준면선[a]			수면, 유면 등의 위치를 표시하는 데 쓰인다.
숨은선	가는 파선 또는 굵은 파선		대상물의 보이지 않는 부분의 모양을 표시하는 데 쓰인다.
중심선	가는 1점 쇄선		• 도형의 중심을 표시하는 데 쓰인다. • 중심이 이동한 중심 궤적을 표시하는 데 쓰인다.
기준선			위치 결정의 근거가 되는 것을 명시할 때 쓰인다.
피치선			되풀이하는 도형의 피치를 취하는 기준을 표시하는 데 쓰인다.
특수 지정선	굵은 1점 쇄선		특수한 가공을 하는 부분 등 특별한 요구사항을 적용할 수 있는 범위를 표시하는 데 쓰인다.
가상선[b]	가는 2점 쇄선		• 인접 부분을 참고로 표시하는 데 쓰인다. • 공구, 지그 등의 위치를 참고로 나타내는 데 쓰인다. • 가동 부분을 이동 중의 특정한 위치 또는 이동 한계의 위치로 표시하는 데 쓰인다. • 가공 전 또는 가공 후의 모양을 표시하는 데 쓰인다. • 되풀이하는 것을 나타내는 데 쓰인다. • 도시된 단면의 앞쪽에 있는 부분을 표시하는 데 쓰인다.
무게중심선			단면의 무게중심을 연결한 선을 표시하는 데 쓰인다.
파단선	불규칙한 파형의 가는 실선 또는 지그재그선		대상물의 일부를 파단한 경계 또는 일부를 떼어낸 경계를 표시하는 데 쓰인다.
절단선	가는 1점 쇄선으로 끝부분 및 방향이 변하는 부분을 굵게 한 것[c]		단면도를 그리는 경우, 그 절단 위치를 대응하는 그림에 표시하는 데 쓰인다.

선의 명칭	선의 종류		선의 용도
해칭	가는 실선으로 규칙적으로 줄을 늘어놓은 것		도형의 한정된 특정 부분을 다른 부분과 구별하는 데 사용한다. 예를 들면 단면도의 절단된 부분을 나타낸다.
특수한 용도의 선	가는 실선		• 외형선 및 숨은선의 연장을 표시하는 데 쓰인다. • 평면이란 것을 나타내는 데 쓰인다. • 위치를 명시하는 데 쓰인다.
	아주 굵은 실선		얇은 부분의 단면을 도시하는 데 쓰인다.

주 (a) KS A ISO 128에는 규정되어 있지 않다.
(b) 가상선은 투상법에서는 도형에 나타나지 않지만, 편의상 필요한 모양을 나타내는 데 사용한다. 기능상, 공작상 이해를 돕기 위해 도형을 보조적으로 나타내기 위해서도 사용한다.
(c) 다른 용도와 혼용할 염려가 없을 때는 끝부분 및 방향이 변하는 부분을 굵게 할 필요가 없다.

3 선 그리기

(1) 선의 우선 순위

도면에서 두 종류 이상의 선이 같은 장소에 겹치는 경우에는 다음에 나타낸 순위에 따라 상위 순위의 선을 표시하고, 하위 순위의 선은 잘라서 표시한다.

① 외형선
② 숨은선
③ 절단선
④ 중심선
⑤ 무게중심선
⑥ 치수 보조선

(2) 은선 그리기

① 은선이 외형선인 곳에서 끝날 때는 여유를 두지 않는다[그림 (a)].
② 은선이 외형선에 접촉할 때는 여유를 둔다[그림 (b)].
③ 은선과 다른 은선과의 교점에서는 여유를 두지 않는다[그림 (c)].
④ 은선이 다른 은선에서 끝날 때는 여유를 두지 않는다[그림 (d)].
⑤ 은선이 실선과 교차할 때는 여유를 둔다[그림 (e)의 왼쪽].
⑥ 은선이 다른 은선과 교차할 때는 한 쪽 선만 여유를 두고 교차한다[그림 (e)의 오른쪽].
⑦ 근접하는 평행한 은선은 여유의 위치를 서로 교체하며 바꾼다[그림 (f)].
⑧ 두 선 사이의 거리가 좁은 곳에 은선을 그릴 때는 은선의 비율을 바꾼다[그림 (g, h)].

⑨ 모서리 부분 등의 은선은 그림과 같이 긋는다[그림 (i, j)].

⑩ 은선의 호에 직선 또는 호가 접촉할 때는 여유를 둔다[그림 (k, l)].

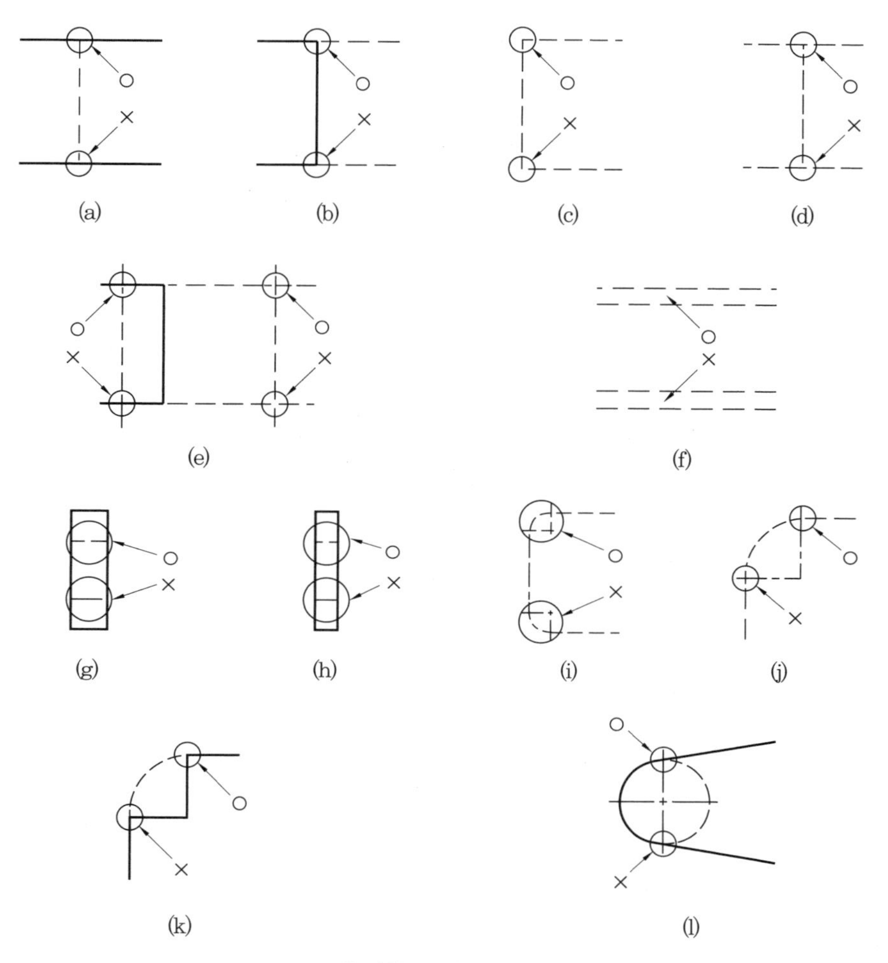

은선을 그리는 방법

(3) 중심선 그리기

① 중심선은 원, 원통, 원뿔, 구 등의 대칭축을 나타낸다.

② 대칭축을 갖는 물체의 그림에는 반드시 중심선을 넣는다.

③ 원과 구는 직교하는 두 중심선의 교점을 중심으로 하여 긋는다.

④ 중심선은 외형선에서 2~3mm 밖으로 연장하여 긋는다.

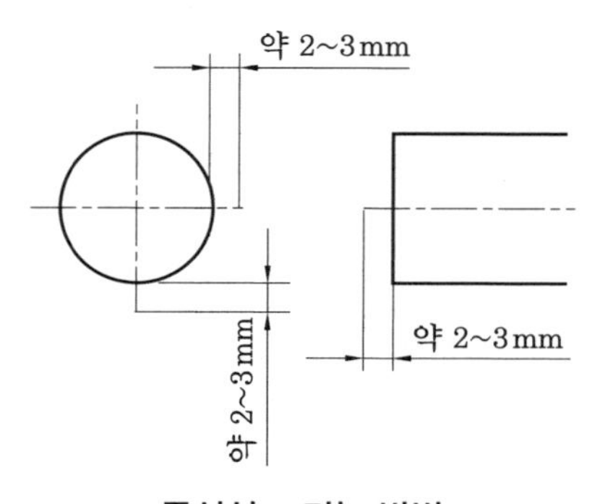

중심선 그리는 방법

예 | 상 | 문 | 제

선의 종류와 용도 ◀

1. 물체의 보이지 않는 부분의 모양을 표시하는 선은?

① 실선 ② 파선
③ 일점 쇄선 ④ 선

해설 숨은선은 대상물의 보이지 않는 부분을 표시하며, 가는 파선 또는 굵은 파선으로 그린다.

2. 다음 중 해칭(hatching)선에 대한 설명으로 옳은 것은?

① 기본 중심선 또는 기선(분기선)에 대하여 30°의 가는 실선을 긋는다.
② 같은 부품의 단면은 떨어져 있어도 해칭 방향과 간격을 같게 한다.
③ 서로 인접하는 단면의 해칭은 각도 및 간격을 같게 해서는 안 된다.
④ 해칭선은 45°의 굵은 직선을 사용한다.

해설 • 해칭선은 같은 간격으로 세밀하게 그린 가는 실선으로, 도면에서 대상의 단면을 이해하기 쉽도록 빗금을 그어 표시한다.
• 수직 또는 수평 중심선에 대하여 45°로 경사지게 긋는다.

3. 다음 선의 명칭 중에서 가장 굵게 그려야 하는 것은?

① 단면선 ② 치수선
③ 절단선 ④ 해칭선

해설 • 외형선, 단면선 : 0.3~0.8mm
• 파선 : 가는 선보다 굵게
• 중심선 : 0.2mm 이하
• 치수선, 치수 보조선, 절단선, 해칭선 : 가는 선, 0.18~0.35mm

4. 다음 파단선의 표시 기호 중 파단되어 있는 것이 명백할 때 나타낸 기호는?

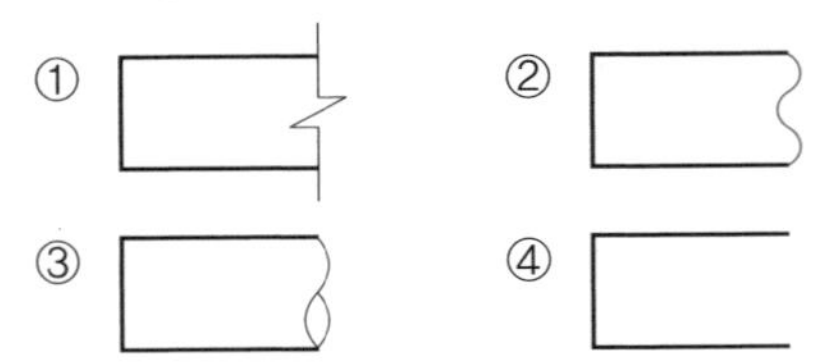

해설 파단선은 대상물의 일부를 떼어낸 경계를 표시한다.

5. 다음 중 트레이싱할 때 일반적으로 가장 먼저 긋는 선은?

① 치수선 ② 지시선
③ 파선 ④ 수평선

해설 수평선, 수직선, 빗금 순으로 실선을 그린 후 파선을 긋는다.

6. 그림에서 선 Ⓐ의 명칭으로 옳은 것은?

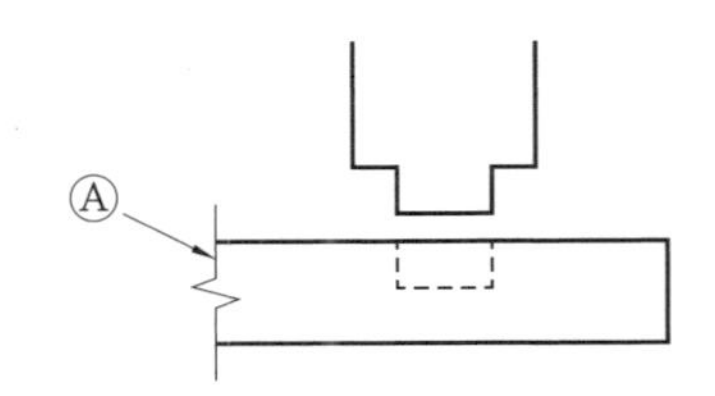

① 파단선 ② 단면선
③ 절단선 ④ 가상선

7. 선의 용도에 따른 명칭 중 90° 정도 회전하는 물체를 회전시킨 후의 위치를 나타내는 선은?

① 외형선 ② 파단선
③ 가상선 ④ 은선

정답 1. ② 2. ② 3. ① 4. ④ 5. ④ 6. ① 7. ③

8. 다음 중 실선의 용도로 알맞은 것은?

① 경계선 ② 숨은선
③ 상상선 ④ 단면선

9. 도면에서 치수 보조선의 표시에 사용되는 선은?

① 파선
② 굵은 실선
③ 1점 쇄선
④ 가는 실선

해설 치수 보조선은 치수선을 2~3mm 지날 때까지 치수선에 직각이 되도록 가는 실선으로 그린다.

10. 단면의 윤곽을 나타내는 선으로 가장 알맞은 선은?

① 가는 실선
② 파선
③ 이점 쇄선
④ 굵은 실선

11. 중심선, 절단선, 기준선, 경계선 등에 사용하는 선은?

① 실선
② 파선
③ 1점 쇄선
④ 2점 쇄선

12. 가는 실선의 용도에 대한 설명으로 틀린 것은?

① 특수한 가공을 하는 부분을 나타낸다.
② 인출선, 각도 설명 등을 나타내는 지시선으로 사용한다.
③ 도형의 중심을 표시한다.
④ 치수선으로 사용한다.

해설 가는 실선의 용도
- 치수를 기입하기 위해 도형으로부터 끌어내는 데 사용한다.
- 기술, 기호 등을 표시하기 위해 끌어내는 데 사용한다.
- 도형의 중심선을 간략하게 표시하는 데 사용한다.

13. 선을 긋는 방법으로 옳지 않은 것은?

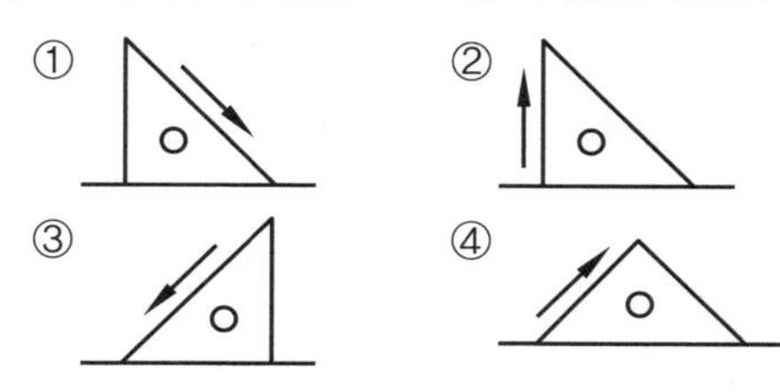

해설 일반적으로 선은 왼쪽에서 오른쪽으로, 아래에서 위로 긋는다.

14. 그림에서 표시선 Ⓐ가 나타내는 것은?

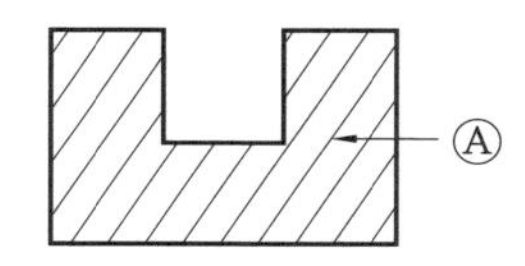

① 파단선 ② 경계선
③ 해칭선 ④ 가상선

해설 해칭선은 도면에서 대상의 단면을 이해하기 쉽도록 빗금을 그어 표시한 선으로, 수직 또는 수평 중심선에 대하여 45°로 경사지게 긋는다.

15. 제도에 사용되는 선에 대한 설명 중 옳지 않은 것은?

① 실선은 물체의 보이는 부분을 나타내는 데 사용한다.
② 파선은 물체의 보이지 않는 부분의 모양을 표시하는 데 사용한다.

정답 8. ④ 9. ④ 10. ④ 11. ③ 12. ① 13. ③ 14. ③ 15. ④

③ 중심선은 물체의 중심축, 대칭축을 표시하는 데 사용한다.
④ 절단선은 물체가 있는 것으로 가상되는 부분을 표시하는 데 사용한다.

해설 절단선은 단면도의 절단 위치를 대응하는 그림에 표시하는 데 사용한다.

16. 다음 중 선의 굵기가 가장 굵은 것은?
① 도형의 중심을 나타내는 선
② 지시 기호 등을 나타내기 위하여 사용한 선
③ 대상물의 보이는 부분의 윤곽을 표시한 선
④ 대상물의 보이지 않는 부분의 윤곽을 나타내는 선

해설 중심선, 지시선, 숨은선은 가는 실선으로 그리고, 대상물이 보이는 부분의 윤곽을 표시하는 데 사용되는 외형선은 굵은 실선으로 그린다.

17. 기계 제도에서 가는 실선으로 나타내는 것이 아닌 것은?
① 치수선
② 회전 단면선
③ 외형선
④ 해칭선

18. 다음 선의 용도에 의한 명칭 중 선의 굵기가 다른 것은?
① 치수선
② 지시선
③ 외형선
④ 치수 보조선

해설 • 치수선, 지시선, 치수 보조선 : 가는 실선
• 외형선 : 굵은 실선

19. 도형이 이동한 중심 궤적을 표시할 때 사용하는 선은?
① 가는 실선
② 굵은 실선
③ 가는 2점 쇄선
④ 가는 1점 쇄선

20. 반복 도형의 피치를 잡는 기준이 되는 피치선의 선 종류는?
① 가는 실선
② 굵은 실선
③ 가는 1점 쇄선
④ 굵은 1점 쇄선

해설 반복 도형의 피치를 잡는 기준이 되는 피치선은 가는 1점 쇄선으로 나타낸다.

21. 도형의 중심을 표시하는 데 사용되는 선의 종류는?
① 굵은 실선
② 가는 실선
③ 가는 1점 쇄선
④ 가는 2점 쇄선

22. 대상면의 일부에 특수한 가공을 하는 부분의 범위를 표시할 때 사용하는 선은?
① 굵은 1점 쇄선
② 굵은 실선
③ 파선
④ 가는 2점 쇄선

23. 부품도에서 일부분만 부분적으로 열처리를 하도록 지시해야 한다면 열처리 범위를 나타내기 위해 사용하는 특수 지정선은?
① 굵은 1점 쇄선
② 파선
③ 가는 1점 쇄선
④ 가는 실선

정답 16. ③ 17. ③ 18. ③ 19. ④ 20. ③ 21. ③ 22. ① 23. ①

24. 그림에서 ①번 부위에 표시한 굵은 1점 쇄선이 의미하는 뜻은 무엇인가?

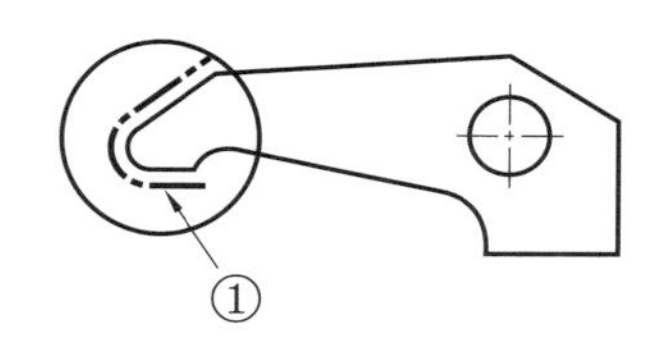

① 연삭 가공 부분
② 열처리 부분
③ 다듬질 부분
④ 원형 가공 부분

25. 다음 그림에서 A 부분을 침탄 열처리를 하려고 할 때 표시하는 선으로 옳은 것은?

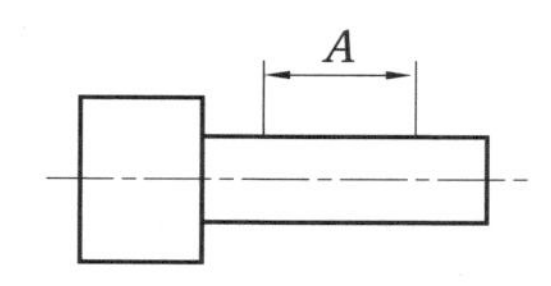

① 굵은 1점 쇄선
② 가는 파선
③ 가는 실선
④ 가는 2점 쇄선

해설 특수한 가공을 하는 부분 등 특별한 요구사항을 적용할 수 있는 범위를 표시하는 데 사용하는 특수 지정선은 굵은 1점 쇄선으로 나타낸다.

26. 물체의 가공 전이나 가공 후의 모양을 나타낼 때 사용되는 선의 종류는?

① 가는 2점 쇄선
② 굵은 2점 쇄선
③ 가는 1점 쇄선
④ 굵은 1점 쇄선

해설 가상선은 물체의 가공 전이나 가공 후의 모양을 나타낼 때 사용되는 선으로, 가는 2점 쇄선으로 나타낸다.

27. 도면에서 사용되는 선 중에서 가는 2점 쇄선을 사용하는 것은?

① 치수를 기입하기 위한 선
② 해칭선
③ 평면이란 것을 나타내는 선
④ 인접 부분을 참고로 표시하는 선

28. 선의 용도에 대한 설명으로 틀린 것은?

① 외형선 : 대상물의 보이는 부분의 겉모양을 표시하는 데 사용
② 숨은선 : 대상물의 보이지 않는 부분의 모양을 표시하는 데 사용
③ 파단선 : 단면도를 그리기 위해 절단 위치를 나타내는 데 사용
④ 해칭선 : 단면도의 절단된 부분을 표시하는 데 사용

해설 파단선은 대상물의 일부를 파단한 경계 또는 일부를 떼어 낸 경계를 표시하는 데 사용한다.

29. 둥근(원형)면에서 어느 부분의 면이 평면인 것을 나타낼 필요가 있을 경우 대각선을 그려 사용하는데 이때 사용되는 선으로 옳은 것은?

① 굵은 실선
② 가는 실선
③ 굵은 1점 쇄선
④ 가는 1점 쇄선

정답 24. ② 25. ① 26. ① 27. ④ 28. ③ 29. ②

2-4 투상법

1 투상법의 종류

공간에 있는 입체물의 위치, 크기, 모양 등을 평면 위에 나타내는 것을 투상법이라 한다. 이때 평면을 투상면이라 하고 투상면에 투상된 물체의 모양을 투상도라 한다.

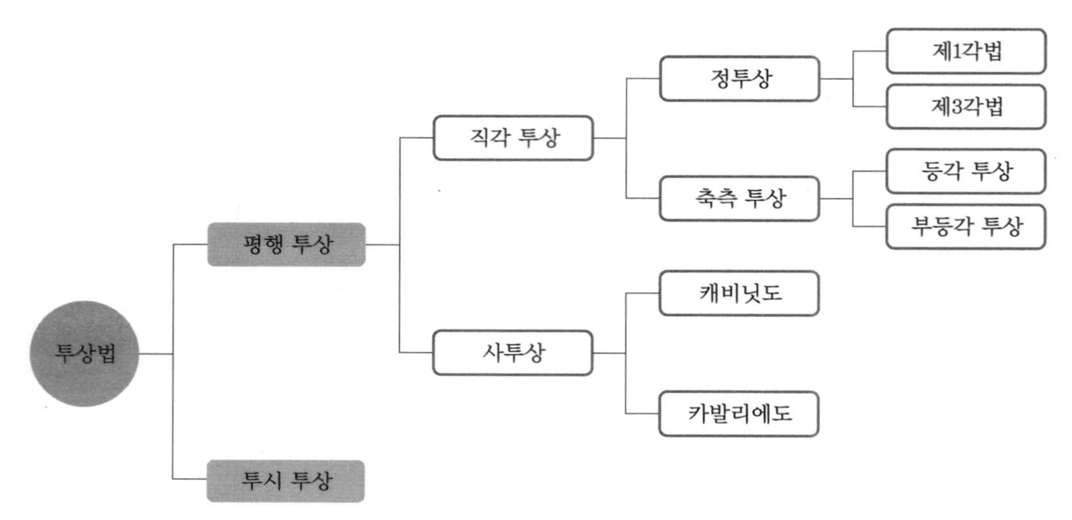

투상법의 종류

(1) 정투상법

① 물체를 네모난 유리 상자 속에 넣고 바깥에서 물체를 유리판에 투상하여 보는 것과 같다.
② 이때 투상선이 투상면에 대해 수직으로 되어 투상하는 것을 정투상법이라 한다.
③ 물체를 정면에서 투상하여 그린 그림을 정면도, 위에서 투상하여 그린 그림을 평면도, 옆에서 투상하여 그린 그림을 측면도라 한다.

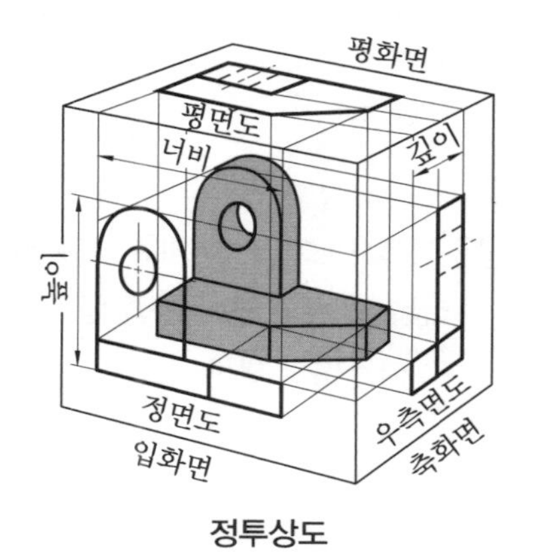

정투상도

(2) 축측 투상법

① 정투상법은 평행 광선에 의해 투상되므로 이해하기 어려울 때가 있다. 이를 보완하기 위해 경사진 광선에 의해 투상하는 것을 축측 투상법이라 한다.
② 축측 투상법의 종류에는 등각 투상도, 부등각 투상도가 있다.

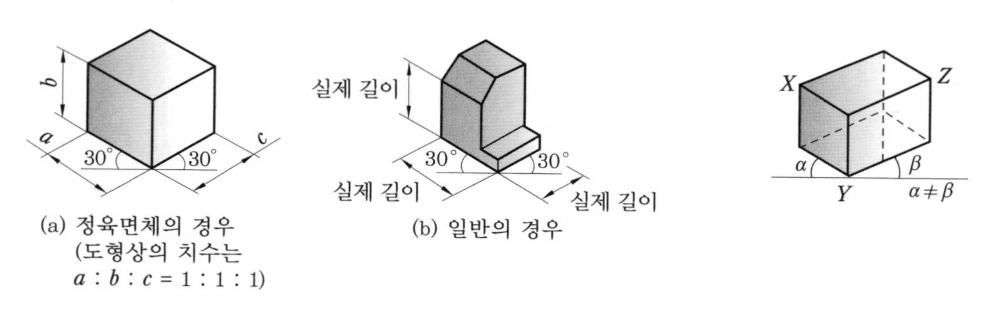

(a) 정육면체의 경우 (도형상의 치수는 $a:b:c=1:1:1$)

(b) 일반의 경우

등각 투상도

부등각 투상도

(3) 사투상법

① 정투상도에서 정면도의 크기와 모양은 그대로 사용하고, 평면도와 우측면도를 경사시켜 그리는 투상법을 사투상법이라 한다.

② 이때 경사각은 임의의 각도로 그릴 수 있지만 보통 30°, 45°, 60°로 그린다.

③ 사투상법의 종류에는 카발리에도와 캐비닛도가 있다.

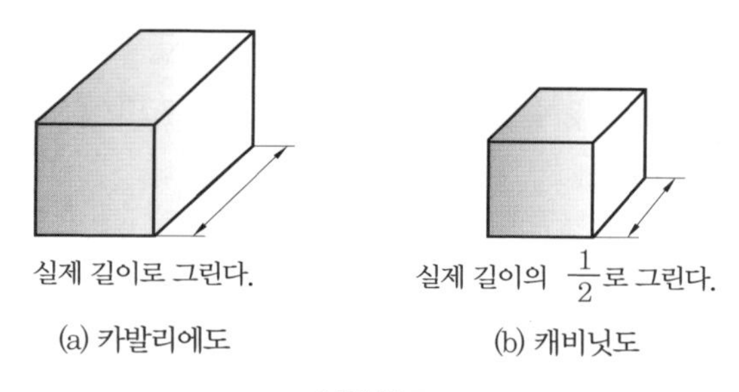

(a) 카발리에도 (b) 캐비닛도

사투상도

(4) 투시도법(투시 투상법)

① 투시도법은 시점과 물체의 각 점을 연결하는 방사선에 의해 그리는 방법이다.

② 원근감이 있어 건축 조감도 등 건축 제도에 많이 사용된다.

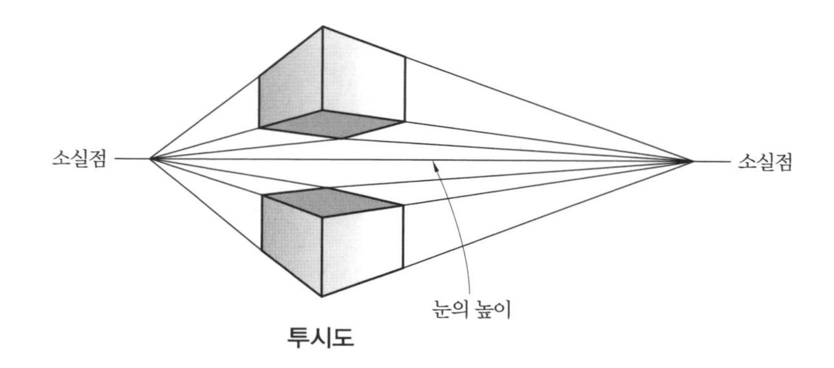

투시도

2 투시도의 종류

(1) 1점 투시 투상도(평행 투시도)

① 화면에 물체의 한 면이 평행하게 놓인 경우로, 인접한 두 면이 각각 화면과 지면에 평행한 투시도이다.

② 소실점이 1개이며 한쪽 면에 특징이 집중되어 있는 물체를 표현하기에 좋다.

예 긴 복도, 길게 뻗은 철길, 가로수, 기념물, 실내 투시

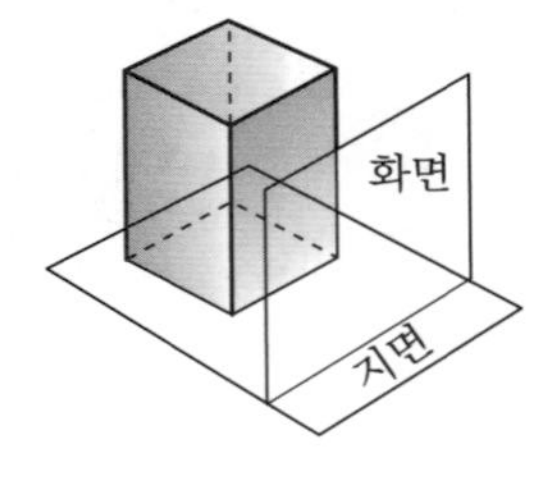

평행 투시도

(2) 2점 투시 투상도(유각 투시도, 성각 투시도)

① 화면에 물체와 수직인 면이 일정한 각도를 가진 투시도로, 소실점이 2개이다.

② 단독 건물의 투시 및 일반적인 투시도에 많이 이용된다.

③ 인접한 두 면 중 윗면은 지면에 평행하고, 측면은 화면에 경사지게 표현한다. 예 건물이나 가구를 비스듬히 볼 때

④ **(화면 경사) 45° 투시법** : 2개의 측면을 똑같이 강조되어 보이게 하는 투시도이다.

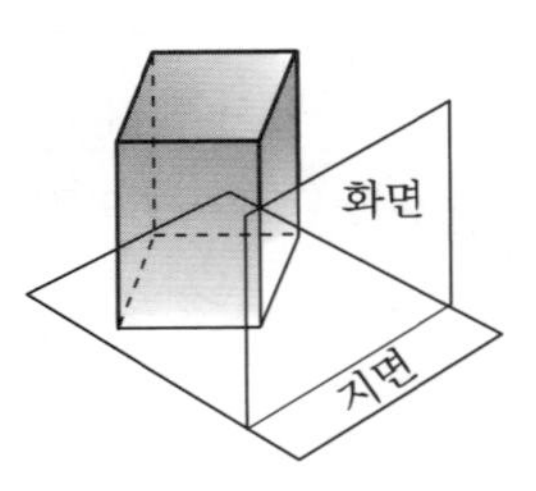

유각 투시도

(3) 3점 투시 투상도(경사 투시도)

① 화면과 지면에 대해 물체의 각 면이 경사가 있는 투시도이다.

② 3점 투시 투상도는 제품 디자인의 랜더링과 건축물의 조감도에 많이 이용된다.

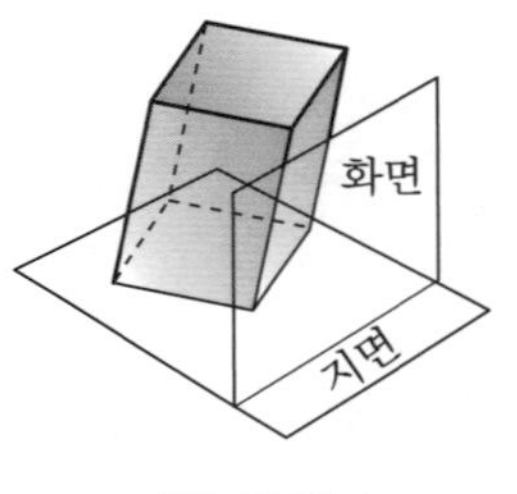

경사 투시도

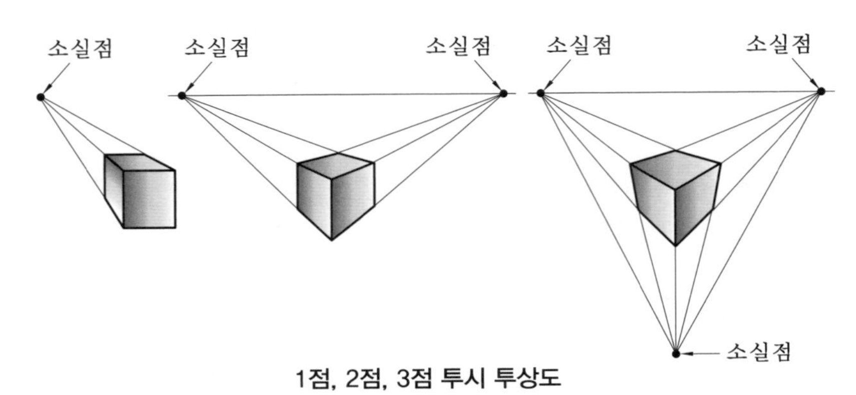

1점, 2점, 3점 투시 투상도

예 | 상 | 문 | 제

투상법 ◀

1. 평화면에 수직인 직선은 입화면에 어떻게 나타나는가?

① 축소되어 나타난다.
② 점으로 나타난다.
③ 수직으로 나타난다.
④ 실제 길이로 나타난다.

2. 등각 투상도에 대한 설명으로 틀린 것은?

① 등각 투상도는 정면도, 평면도, 측면도가 필요하다.
② 정면, 평면, 측면을 하나의 투상도에서 동시에 볼 수 있다.
③ 직육면체에서 직각으로 만나는 3개의 모서리는 120°를 이룬다.
④ 한 축이 수직일 때 나머지 두 축은 수평선과 30°를 이룬다.

해설 등각 투상도는 정면, 평면, 측면을 하나의 투상도에서 동시에 볼 수 있으므로 정면도, 평면도, 측면도가 모두 필요하지 않다.

3. 다음 중 물체를 입체적으로 나타낸 도면이 아닌 것은?

① 투시도
② 등각도
③ 캐비닛도
④ 정투상도

4. 원을 등각 투상법으로 투상하면 어떻게 나타나는가?

① 진원
② 타원
③ 마름모
④ 직사각형

5. 등각 투상도에 대한 설명으로 틀린 것은?

① 원근감을 느낄 수 있도록 하나의 시점과 물체의 각 점을 방사선으로 이어서 그린다.
② 한 축이 수직일 때 나머지 두 축은 수평선과 30°를 이룬다.
③ 직육면체에서 직각으로 만나는 3개의 모서리는 120°를 이룬다.
④ 정면, 평면, 측면을 하나의 투상도에서 동시에 볼 수 있다.

해설 원근감을 느낄 수 있도록 하나의 시점과 물체의 각 점을 방사선으로 이어서 그리는 방법은 투시도법이다.

6. 정면, 평면, 측면을 하나의 투상면 위에서 동시에 볼 수 있도록 그린 투상법은? (단, 인접한 두 축 사이의 각은 120°이다.)

① 보조 투상도
② 단면도
③ 등각 투상도
④ 전개도

7. 다음 설명과 관련된 투상법은?

- 하나의 그림으로 대상물의 한 면(정면)만을 중점적으로 엄밀하고 정확하게 표시할 수 있다.
- 물체를 투상면에 대하여 한쪽으로 경사지게 투상하여 입체적으로 나타낸 것이다.

① 사투상법
② 등각 투상법
③ 투시 투상법
④ 부등각 투상법

정답 1. ④ 2. ① 3. ④ 4. ② 5. ① 6. ③ 7. ①

해설 사투상법

- 정투상도에서 정면도의 크기와 모양은 그대로 사용하고, 평면도와 우측면도를 경사시켜 그리는 투상법이다.
- 경사각은 임의의 각도로 그릴 수 있으나 통상 30°, 45°, 60°로 그린다.

8. 다음 그림과 같은 투상도는?

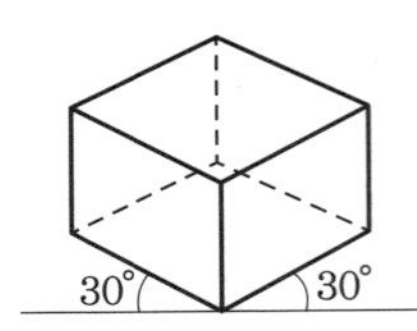

① 투상도
② 사투상도
③ 등각 투상도
④ 부등각 투상도

해설 밑면의 경사가 지면과 30°가 되도록 물체의 세 모서리가 120°의 등각을 이루면서 세 면이 동시에 보이도록 그린 투상도이므로 등각 투상도이다.

9. 3개의 축선이 서로 만나서 이루는 세 각 중에서 두 각은 같고 나머지 한 각은 다르게 그린 투상도는?

① 등각 투상도
② 부등각 투상도
③ 사투상도
④ 정투상도

해설 부등각 투상도 : 3개의 축선 중 2개는 같은 척도로 그리고, 나머지 1개는 3/4, 1/2, 1/3로 줄여서 그린 투상도이다.

10. 정육면체의 등각 투상도에서 3개의 축선 상호 간의 각도는 몇 도인가?

① 120°　　② 90°
③ 60°　　④ 45°

해설 등각 투상도는 수평선과의 경사가 좌우 각각 30°가 되도록 하여 물체의 세 모서리가 항상 120°의 등각을 이루면서 세 면이 동시에 보이도록 그린 투상도이다.

11. 다음 그림과 같은 투상도는?

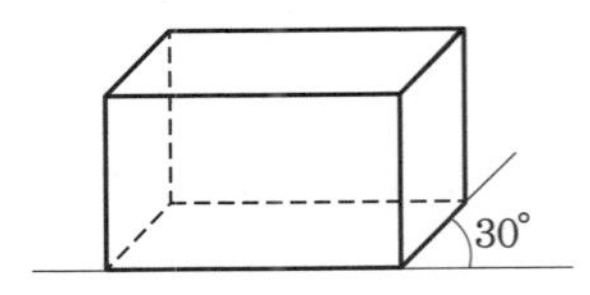

① 사투상도
② 1점 투시도
③ 등각 투상도
④ 부등각 투상도

해설 사투상도에서 정면은 정투상도의 정면도와 같은 크기로 그리고, 윗면과 옆면은 수평선과 30°, 45°, 60° 경사지게 그린다.

12. 다음 중 사투상도에 대한 설명으로 알맞지 않은 것은?

① 정면 모서리 길이와 경사축의 길이의 비가 1:1인 사투상도는 중세 때 축성 제도에 이용되었다.
② 정면 모서리 길이와 경사축의 길이의 비가 1:1/2인 사투상도는 주로 가구 제작에 이용된다.
③ 사투상도에서 경사축의 경사각은 보통 수평선에 대하여 30°, 45°, 60°이다.
④ 길이가 긴 물체의 사투상도는 짧은 축을 수평으로 놓고 그리는 것이 좋다.

해설 사투상도

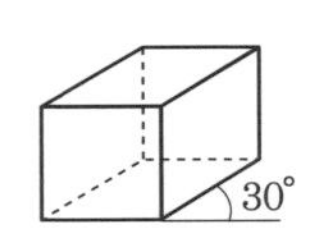

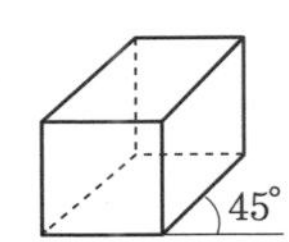

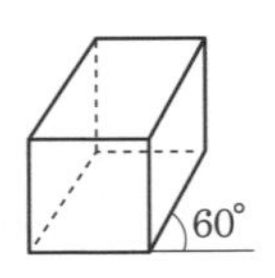

정답 8. ③ 9. ② 10. ① 11. ① 12. ④

13. **정투상도의 정면도를 이용하여 직접 작도할 수 있는 투상법은?**

① 사투상도
② 투시도
③ 등각 투상도
④ 부등각 투상도

해설 사투상도는 정면을 실제 모습과 같도록 정투상도의 정면도와 같은 크기로 그린다.

14. **입체의 직립축과 수평축이 직각을 이루도록 한 면을 화면에 평행하게 놓고, 측면의 변을 기울어지게 그리는 투상도는?**

① 투시도
② 사투상도
③ 등축 투상도
④ 2축 투상도

해설 • 사투상도는 정면도를 실제 모습대로 그린 후 평면도와 측면도를 한쪽 방향으로 경사지게 투상하여 입체적으로 나타낸 투상도이다.
• 경사면의 길이는 입체감을 주기 위해 정면의 길이에 대하여 1, 3/4, 1/2의 비율로 그린다.

15. **멀고 가까운 거리감을 느낄 수 있도록 하나의 시점과 물체의 각 점을 방사선으로 이어서 그리는 도법은?**

① 등각 투상도
② 부등각 투상도
③ 사투상도
④ 투시 투상도

16. **투시도의 작성법 중 구도를 결정할 때 시선의 각도는 몇 도 이내로 하는 것이 가장 자연스러운가?**

① 15°　　② 30°
③ 45°　　④ 60°

해설 투시법상 시점을 정점으로 하고 시중심선을 축으로 하여 시선이 꼭지각 60°의 시야에 들어가는 것이 가장 자연스럽다.

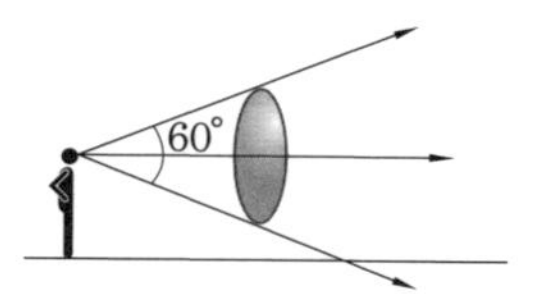

17. **다음 중 투시도를 그릴 때 불필요한 도면은 어느 것인가?**

① 상세도
② 정면도
③ 측면도
④ 평면도

18. **다음 중 투시법이 투상법과 다른 점이 아닌 것은?**

① 투상도는 복잡하다.
② 투시도는 원근감이 있다.
③ 투시도는 실제 치수가 정확히 나타나지 않는다.
④ 투상도는 등각일 경우 치수대로 그릴 수 있다.

19. **다음 중 입체도법에 속하지 않는 것은?**

① 평면도법
② 투시 투상법
③ 등각 투상법
④ 정투상법

해설 평면도법은 제도 용구를 사용하여 평면 위에 여러 가지 도형을 그리는 것으로, 이를 통해 도형을 보는 방법과 그리는 방법을 알 수 있다.

정답 13. ① 14. ② 15. ④ 16. ④ 17. ① 18. ① 19. ①

20. 다음 ( ) 안에 알맞은 투상법은?

물체를 네모난 유리 상자 속에 넣고 밖에서 들여다보면 물체를 유리판에 투상하여 보는 것과 같다. 이때 투상선이 투상면에 대해 수직으로 투상하는 것을 ( )이라 한다.

① 투시법
② 등각 투상법
③ 사투상법
④ 정투상법

해설 정투상법 : 정면도를 기점으로 위, 아래, 오른쪽, 왼쪽, 뒤를 본 모습을 투상하는 방법이다.

21. 다음 중 원근감을 갖도록 나타낸 그림은?

① 투시도
② 등각 투상도
③ 부등각 투상도
④ 정투상도

해설 투시도 : 화면을 물체의 앞뒤에 놓고 시점에서 물체를 본 시선이 화면과 만나는 점을 방사선으로 연결하여 원근감을 느낄 수 있도록 그린 그림이다.

22. 투시도에서 물체를 보는 사람이 서 있는 위치를 칭하는 용어는?

① SP
② VP
③ PP
④ HL

해설
- 정점(SP : standing point, 입점) : 관찰자가 서 있는 위치
- 소실점(VP : vanishing point) : 평행인 직선을 투시도상에서 멀리 연장했을 때 물체의 각 점이 수평선상에 하나로 만나는 점
- 화면(PP : picture plane) : 물체와 시점 사이에 지면(기면)과 수직인 평면으로, 지면에서 수직으로 세운 면(투시도가 그려지는 면)
- 수평선(HL : horizontal line) : 눈높이(EL : eye level)와 같은 화면상의 지평선

23. 투시법에서 사용되는 용어 중에서 화면(picture plane)이란?

① 사람이 서 있는 면
② 물체와 시점 사이에 지면과 수직인 평면
③ 눈높이에 수평인 면
④ 사람이 서 있는 곳

24. 투시도의 용어와 그 의미가 바르게 짝지어지지 않은 것은?

① PP : 화면
② HL : 수평선
③ VL : 시선
④ CV : 기선

해설
- 시선(VL : visual line) : 물체와 시점 간의 연결선
- 시중심(CV : center of vision) : 시점의 화면상의 중심

25. 투시도와 관련된 용어 설명 중 틀린 것은?

① SP : 입점 또는 정점
② PP : 물체와 시점 사이에 지면과 수직인 평면
③ GL : 턱선의 높이와 수직선상의 정점
④ VP : 물체의 각 점이 수평선상에 모이는 점

해설 기선(GL : ground line) : 화면과 지면이 만나는 선, 물체와 관찰자가 놓이는 바닥선

정답 20. ④ 21. ① 22. ① 23. ② 24. ④ 25. ③

26. 평행 투시도에서 소실점의 수는?

① 1개 ② 2개
③ 3개 ④ 없음

해설 평행 투시도는 화면에 육면체의 한 면이 평행하게 놓인 경우로 소실점이 1개이다.

27. 기념물, 실내 투시도에 가장 많이 이용되는 투시도는?

① 1점 투시도
② 2점 투시도
③ 3점 투시도
④ 유각 투시도

해설 • 1점 투시도는 한쪽 면에 특징이 집중되어 있는 물체를 표현하기에 좋다.
• 기념물, 실내 투시도 등 실내 디자인에 1점 투시도가 가장 많이 이용된다.

28. 유각 투시도는 소실점이 몇 개인가?

① 1개 ② 2개
③ 3개 ④ 4개

해설 유각 투시도는 화면에 물체와 수직인 면들이 일정한 각도를 유지하고 위아래 면이 수평인 투시도로, 소실점이 2개이다.

29. 유각 투시도의 족선법에서 족선이란?

① 눈의 높이와 같은 화면상의 수평선
② 화면과 지평면이 만나는 선
③ 입점에서 물체와 시점 간의 연결선
④ 지평면에서 물체와 입점 간의 연결선

해설 • 유각 투시도 : 인접한 두 면의 가운데 윗면은 기면에 평행하고, 측면은 화면에 경사진 투시도이다.
• 족선(FL) : 지면에서 물체와 입점 간의 연결선, 즉 시선의 수평 투상을 의미한다.

30. 2점 투시도에서 소실점이 아주 낮은 경우 나타날 수 있는 현상은?

① 조감도에 가깝게 보인다.
② 건물이 길게 보인다.
③ 건물이 작게 보인다.
④ 건물이 웅장해 보인다.

해설 2점 투시도에서 시점의 거리를 멀게 하면 건물의 가까운 부분과 먼 부분의 대조가 적어지므로 건물이 웅장해 보인다.

31. 시점이 가장 높은 투시도는?

① 평행 투시도 ② 조감 투시도
③ 유각 투시도 ④ 입체 투시도

해설 조감 투시도는 위에서 내려다보듯이 눈높이를 대상물보다 높게 정하여 그린 투시도이다.

정답 26. ① 27. ① 28. ② 29. ④ 30. ④ 31. ②

2-5 제1각법과 제3각법

1 투상각

서로 직교하는 투상면의 공간을 그림과 같이 4등분한 것을 투상각이라 한다. 기계 제도에서는 제3각법에 의한 정투상법을 사용함을 원칙으로 하며 필요한 경우 제1각법에 따를 수도 있다. 이때 투상법의 기호를 표제란 또는 그 근처에 나타낸다.

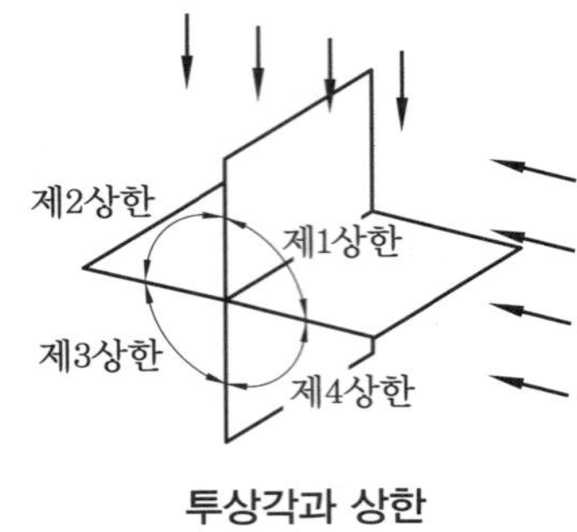

투상각과 상한

① **제1각법** : 물체를 제1상한에 놓고 투상하며, 투상면의 앞에 물체를 놓는다. 즉, 눈 → 물체 → 화면의 순서이다.

② **제3각법** : 물체를 제3상한에 놓고 투상하며, 투상면의 뒤에 물체를 놓는다. 즉, 눈 → 화면 → 물체의 순서이다.

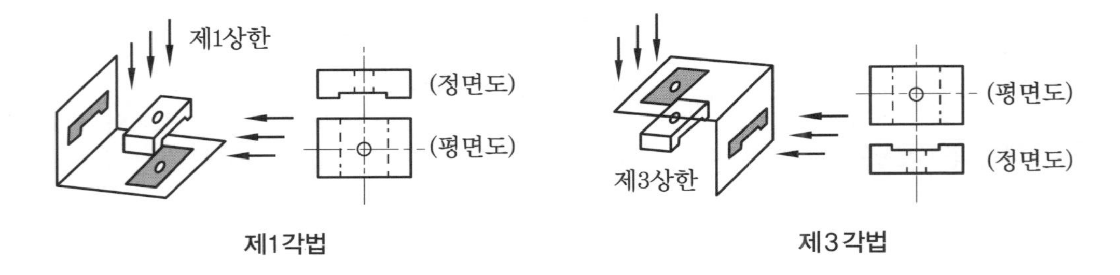

제1각법　　제3각법

2 투상각법의 기호

제1각법, 제3각법을 특별히 명시해야 할 경우에는 표제란 또는 그 근처에 1각법 또는 3각법이라 기입하고, 문자 대신 [그림]과 같은 기호를 사용한다.

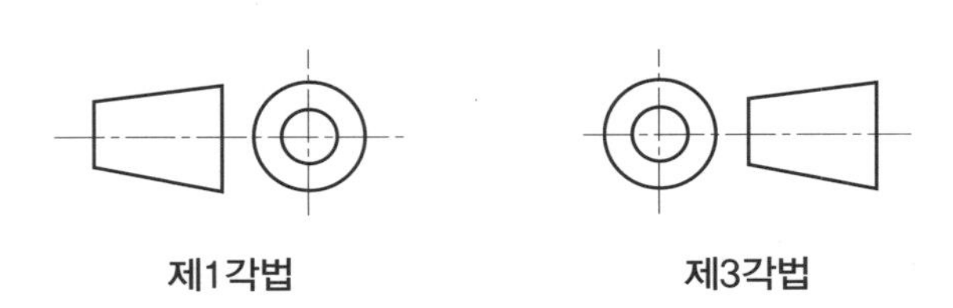

제1각법　　제3각법

3 투상면의 배치

① 제1각법에서 평면도는 정면도의 바로 아래에 그리고, 측면도는 물체를 왼쪽에서 보고 오른쪽에 그린다.

② 제3각법은 평면도를 정면도 바로 위에 그리고, 측면도는 물체를 오른쪽에서 보고 정면도의 오른쪽에 그리므로 비교 · 대조하기 편리하다.

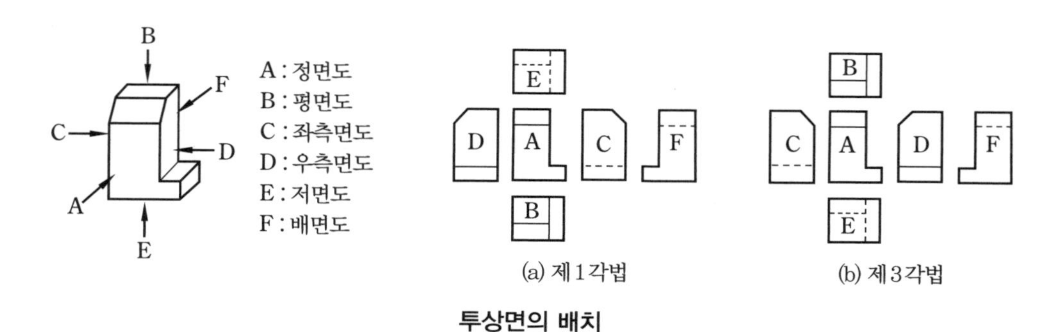

투상면의 배치

4 투상도의 선택

① 정면도에는 물체의 모양과 기능을 가장 명확하게 표시하는 면을 그린다. 물체를 도시하는 상태는 도면의 목적에 따라 다음 중 하나에 따른다.

(가) 조립도와 같이 기능을 표시하는 도면에서는 물체를 사용하는 상태

(나) 부품도와 같이 가공하기 위한 도면에서는 가공에 있어서 도면을 가장 많이 이용하는 공정에서 물체를 놓는 상태

(다) 특별한 이유가 없는 경우에는 물체를 가로 길이로 놓는 상태

② 주투상도를 보충하는 다른 투상도는 되도록 적게 하고, 주투상도만으로 표시할 수 있는 것에 대해서는 다른 투상도를 그리지 않는다.

③ 서로 관련된 그림을 배치할 때는 되도록 숨은선을 쓰지 않도록 한다[그림 (a)]. 단, 비교 · 대조하기 불편할 경우는 예외로 한다[그림 (b)].

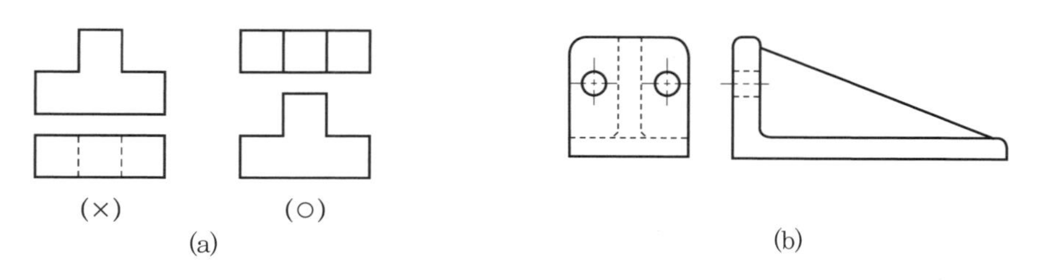

관계도의 배치

예 | 상 | 문 | 제

제1각법과 제3각법 ◀

1. 다음 물체의 정면도를 바르게 나타낸 것은? (단, 화살표 방향은 정면)

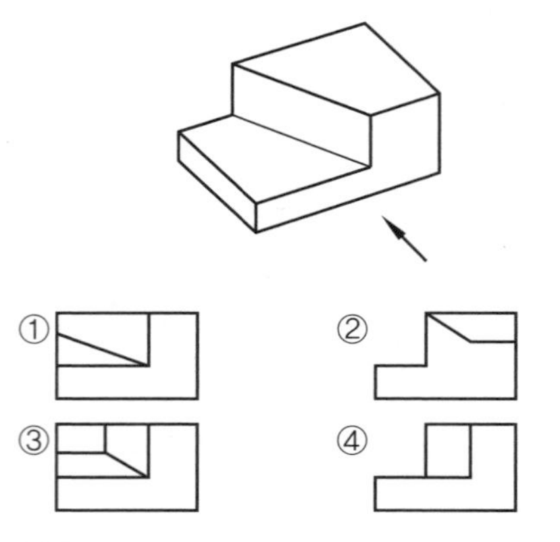

해설 정면도 : 물체의 가장 주된 면으로, 화살표 방향에서 보고 그린 그림이다.

2. 정투상법 중 제3각법의 표현은 기준이 눈으로부터 어떤 순서로 위치하는가?

① 화면 – 눈 – 물체
② 눈 – 물체 – 화면
③ 눈 – 화면 – 물체
④ 물체 – 눈 – 화면

해설 제3각법

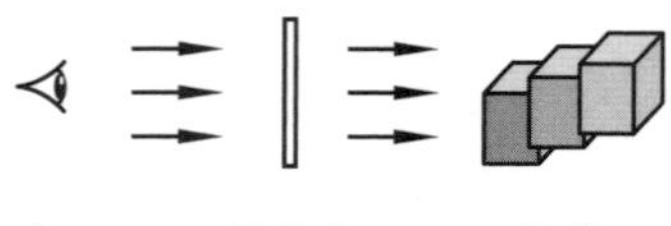

눈 → 투상면 → 물체

3. 정투상법에서 물체를 위에서 수직으로 내려다본 상태의 그림을 무엇이라 하는가?

① 정면도
② 평면도
③ 배면도
④ 측면도

4. 다음은 제3각법으로 정투상한 도면이다. 정투상도의 실제 입체로 알맞은 것은?

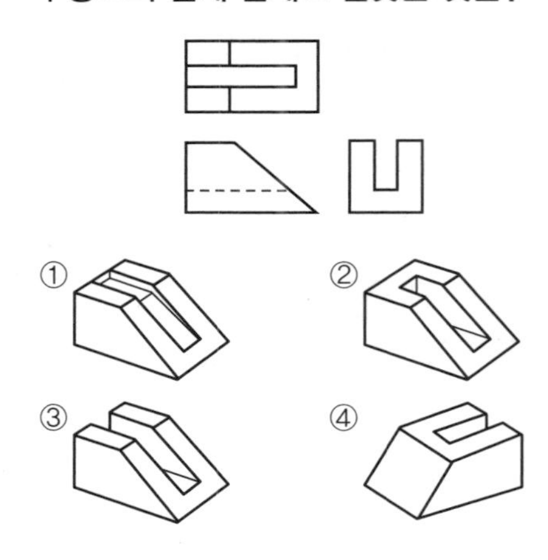

5. 다음 그림과 같은 원리의 투상법은?

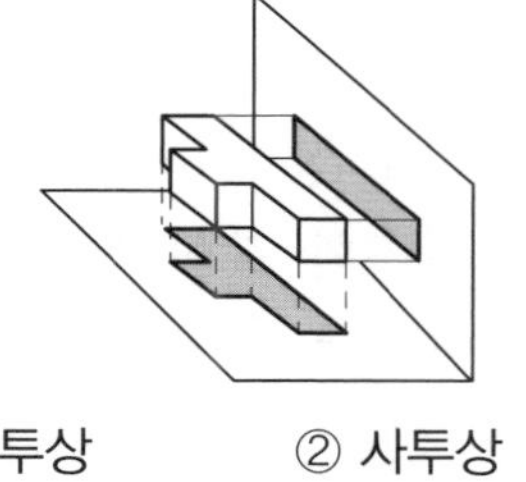

① 축측 투상 ② 사투상
③ 정투상 ④ 단면 투상

6. 시점이 물체로부터 무한대의 거리에 있는 것으로 생각하고 투상하는 투상법은?

① 투시법 ② 등각 투상법
③ 사투상법 ④ 정투상법

해설 정투상법 : 물체를 각 면과 평행한 위치에서 바라보며 투상하는 방법으로, 투상선이 모두 평행하고 투상면과 직각으로 교차하는 평행 투상법이다.

정답 1. ④ 2. ③ 3. ② 4. ③ 5. ③ 6. ④

7. 다음 입체의 제3각법에 따른 우측면도를 바르게 나타낸 것은? (단, 화살표 방향이 정면이다.)

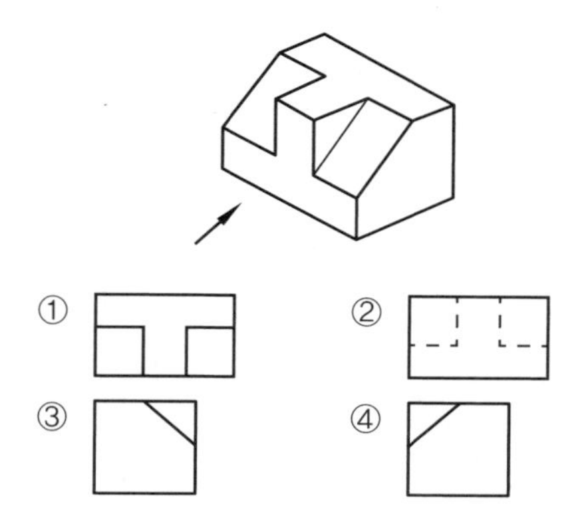

8. 직선의 투상에 관한 설명 중 틀린 것은?

① 직선이 평화면에 수직일 때 평화면 위의 투상도는 직선이 된다.
② 직선이 입화면에 수직일 때 입화면 위의 투상도는 점이 된다.
③ 직선이 한 화면에 평행이고 다른 화면에 기울어지면 다른 투상도는 기선에 평행하고 길이가 짧아 보인다.
④ 직선이 두 화면과 모두 평행이 아니라면 투상도는 실제 길이 또는 각을 나타내지 않는다.

해설 • 직선이 평화면에 수직일 때 평화면 위의 투상도는 점이 되고, 투상면에 수직인 직선은 점이 된다.
• 투상면에 나란한 직선은 실제 길이를 표시하며, 투상면에 경사된 직선은 실제 길이보다 짧게 표시한다.

9. 정투상도로 나타낼 수 없는 도면은?

① 정면도　② 평면도
③ 배면도　④ 단면도

해설 정투상도로 나타낼 수 있는 도면은 정면도, 평면도, 저면도, 좌측면도, 우측면도, 배면도이다.

10. 정투상법에 관한 설명 중 틀린 것은?

① 한국산업표준에서는 제3각법으로 도면을 작성하는 것을 원칙으로 한다.
② 한 도면에서 제1각법과 제3각법을 혼용하여 사용해도 좋다.
③ 제3각법은 눈 → 투상면 → 물체의 순서로 놓고 투상한다.
④ 제1각법에서 평면도는 정면도 아래에, 우측면도는 정면도 왼쪽에 배치한다.

해설 한 도면에서 제1각법과 제3각법을 혼용하여 사용하지 않는다.

11. 보기와 같은 도형의 평면도를 나타낸 것으로 옳은 것은?

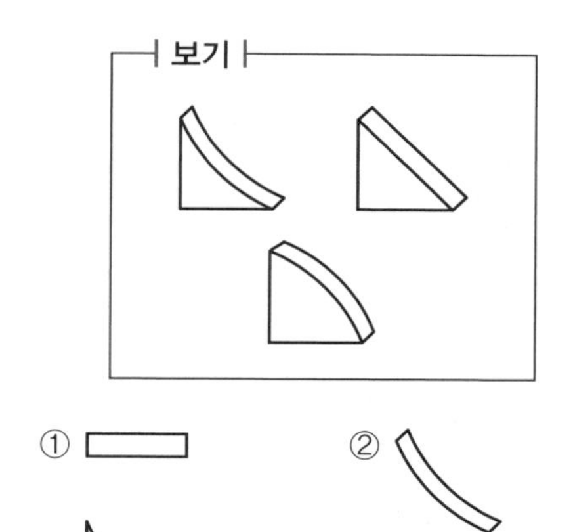

12. 다음 그림에서 화살표 방향이 정면도일 때 평면도를 올바르게 표시한 것은?

정답 7. ④ 8. ① 9. ④ 10. ② 11. ① 12. ②

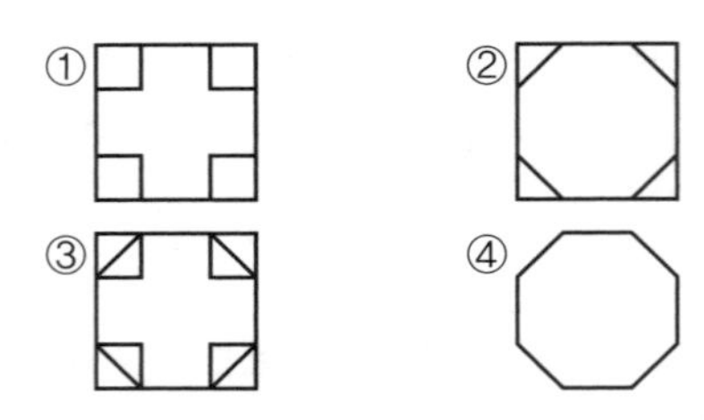

13. 다음 그림은 제3각법에 의한 투상도이다. 실제 물체의 모양으로 옳은 것은?

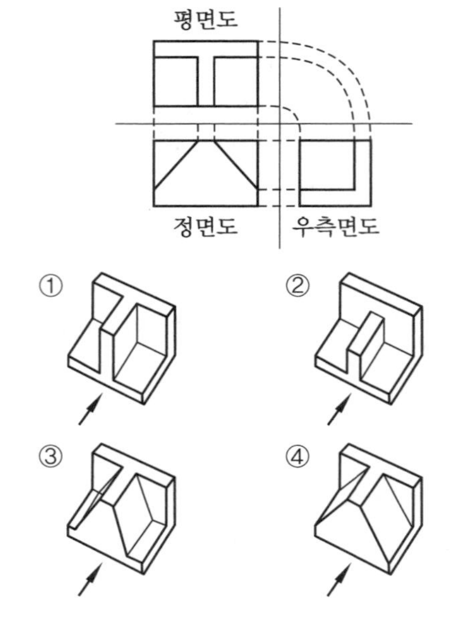

14. 다음은 제3각법으로 정투상한 도면이다. 등각 투상도로 적합한 것은?

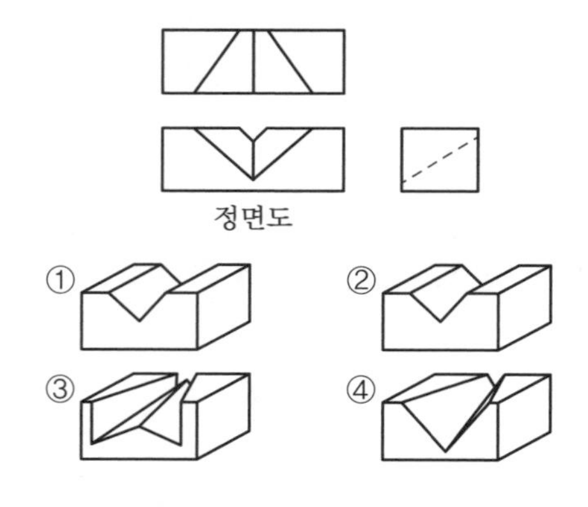

15. 다음의 등각 투상도에서 화살표 방향을 정면도로 하여 제3각법으로 투상하였을 때 옳은 것은?

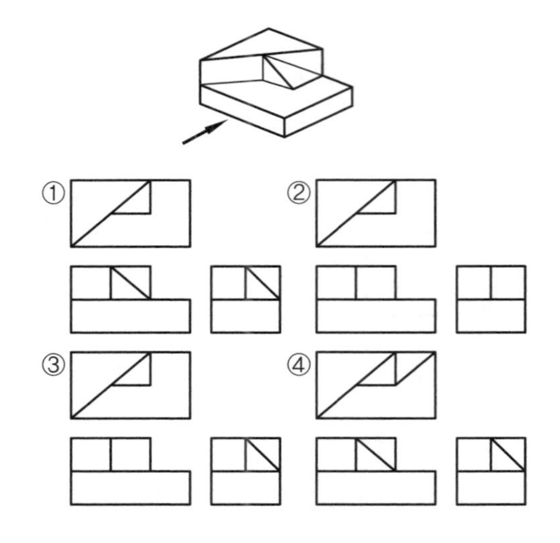

16. 다음은 어떤 물체를 제3각법으로 투상하여 정면도와 우측면도를 나타낸 것이다. 평면도로 옳은 것은?

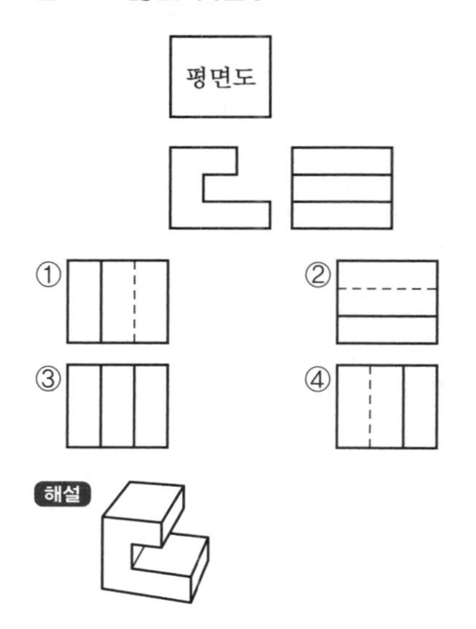

17. 다음 도면은 제3각법에 의한 정면도와 평면도이다. 우측면도를 완성한 것은?

정답 13. ④ 14. ④ 15. ① 16. ④ 17. ①

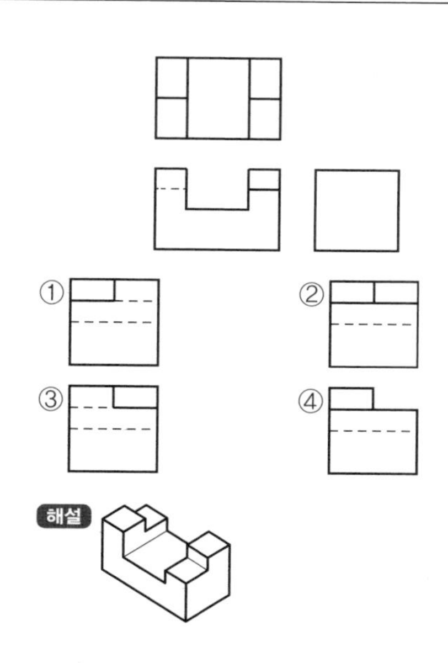

18. 다음의 정면도에 해당되는 것을 고르면?

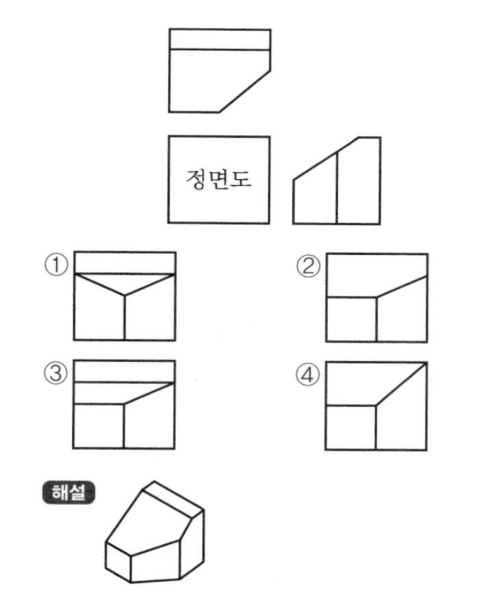

19. 어떤 물체를 제3각법으로 투상하여 나타낸 것이다. 정면도로 옳은 것은?

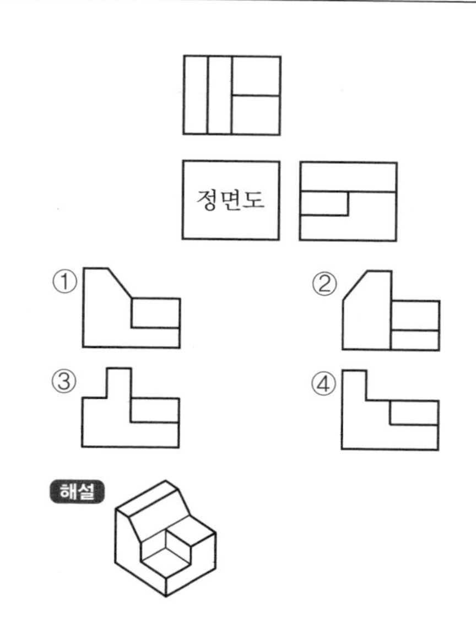

20. 다음은 제3각법으로 정면도와 우측면도를 나타낸 것이다. ㉮에 들어갈 평면도로 알맞은 것은?

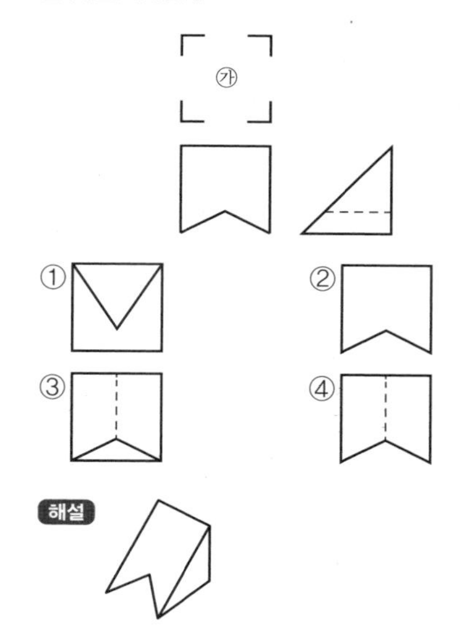

정답 18. ② 19. ① 20. ④

2-6 여러 가지 특수 투상도

1 보조 투상도

경사면이 있는 물체를 정투상도로 그리면 실제 형체의 크기를 나타낼 수 없기 때문에 [그림]과 같이 경사면과 마주 보는 위치에 보조 투상도를 그려 실제 크기를 나타낸다. 이것을 보조 투상도라 한다.

보조 투상도

(1) 보조 투상도의 표시 방법

① 보조 투상도를 경사면과 마주 보는 위치에 배치할 수 없는 경우에는 그 의미를 화살표와 알파벳 대문자로 나타낸다[그림 (a)].

② [그림 (b)]와 같이 구부린 중심선으로 연결하여 투상 관계를 나타내도 좋다.

③ 보조 투상도(필요 부분의 투상도 포함)의 배치 관계가 명확하지 않을 경우에는 [그림 (c)]와 같이 각각에 상대 위치의 도면 구역의 구분 기호를 써넣는다.

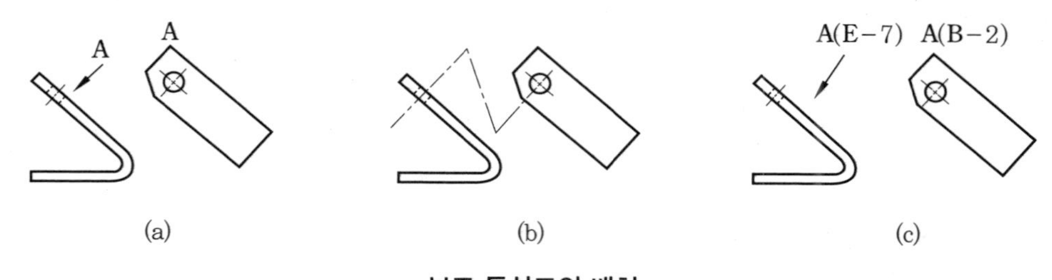

보조 투상도의 배치

2 회전 투상도

① 투상면이 각도를 가지고 있어 실제 형체를 나타내지 못할 경우에는 회전시켜 실제 형체를 나타낼 수 있다.

② 잘못 볼 우려가 있을 경우에는 작도에 사용한 선을 남긴다.

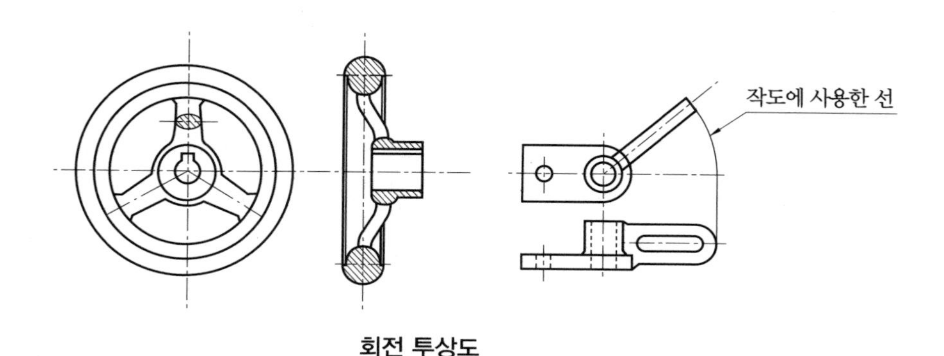

회전 투상도

3 부분 투상도

① 그림의 일부를 도시하는 것으로 충분할 경우에는 필요한 부분만 부분 투상도로 나타낸다.

② 생략한 부분과의 경계는 파단선으로 나타내며, 명확한 경우에는 파단선을 생략해도 좋다.

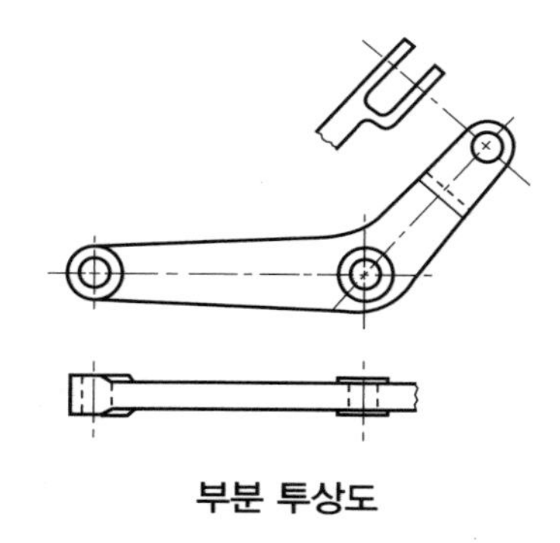

부분 투상도

4 국부 투상도

① 대상물의 구멍, 홈 등 어느 한 국부만의 모양을 도시하는 것으로 충분할 경우에는 필요한 부분을 국부 투상도로 나타낸다.

② 투상 관계를 나타내기 위해 주된 그림에 중심선, 기준선, 치수 보조선 등으로 연결한다.

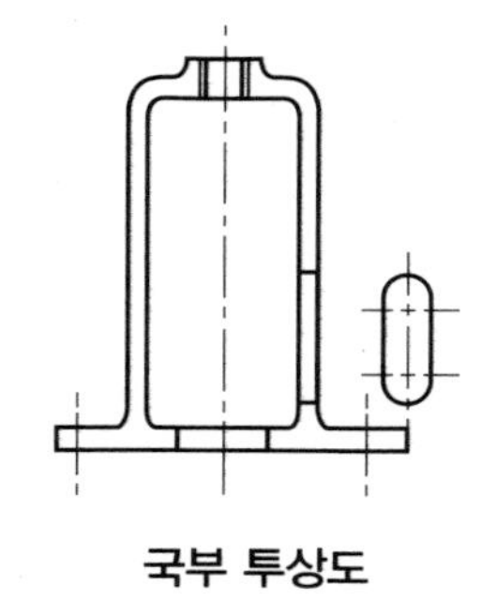

국부 투상도

5 부분 확대도

① 특정 부분의 도형이 작아서 그 부분의 상세한 도시나 치수 기입을 할 수 없을 경우에는 해당하는 부분을 가는 실선으로 에워싸고 알파벳 대문자로 표시한다.

② 그와 동시에 해당 부분을 다른 위치에 확대하여 그리고, 문자 기호와 척도를 기입한다.

③ 확대한 그림의 척도를 나타낼 필요가 없을 경우에는 척도 대신 '확대도'라고 표기해도 좋다.

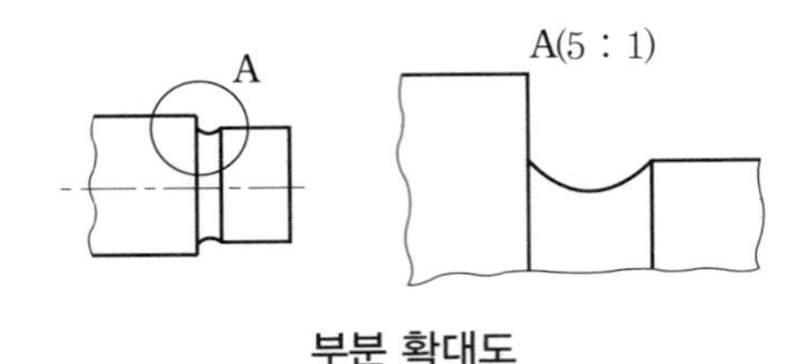

부분 확대도

6 전개 투상도

구부러진 판재를 만들 경우에는 공작상 불편하므로 실제 형체를 정면도에 그리고, 평면도에 전개도를 그린다.

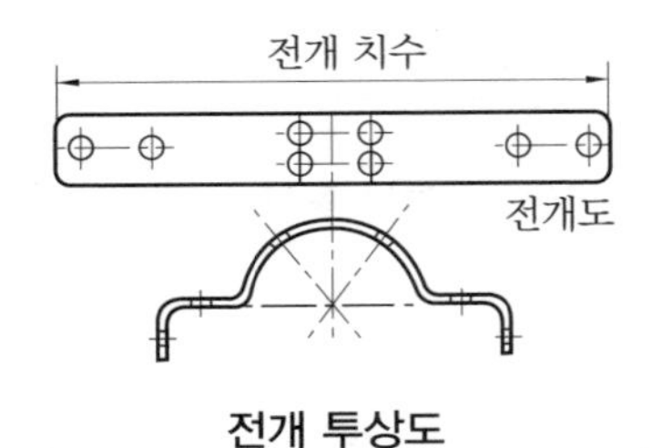

전개 투상도

예 | 상 | 문 | 제

여러 가지 특수 투상도 ◀

1. 다음 그림과 같은 투상도의 명칭은?

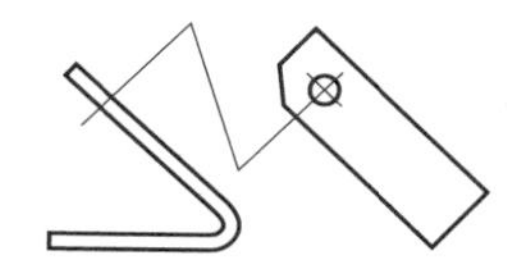

① 부분 투상도 ② 보조 투상도
③ 국부 투상도 ④ 회전 투상도

해설 경사면이 있는 물체는 정투상도로 그리면 실제 형체의 크기를 나타낼 수 없으므로 경사면과 마주 보는 위치에 보조 투상도를 그려 실제 크기를 나타낸다.

2. 투상도 표시에 대한 설명으로 틀린 것은?

① 주투상도는 대상물의 모양, 기능을 가장 명확하게 나타낼 수 있는 면을 선정하여 그린다.
② 서로 관련된 그림을 배치할 때는 되도록 숨은선을 쓰지 않도록 한다.
③ 보조 투상도는 대상물의 구멍, 홈 등 일부 모양을 확대하여 도시한 것이다.
④ 주투상도를 보충하는 다른 투상도는 되도록 적게 한다.

해설 대상물의 구멍, 홈 등 일부 모양을 도시하는 것으로 충분한 경우에는 필요 부분을 국부 투상도로 나타낸다.

3. 보스에서 어느 각도만큼 암이 나와 있는 물체 등을 정투상도에 의해 나타내면 제도하기 어렵다. 이때 그 부분을 투상면에 평행한 위치까지 회전시켜 실제 길이가 나타날 수 있도록 그린 투상도는?

① 회전 투상도 ② 국부 투상도
③ 보조 투상도 ④ 부분 투상도

4. 부품의 일부를 도시하는 것으로 충분한 경우 그 필요 부분만 도시하는 투상도는?

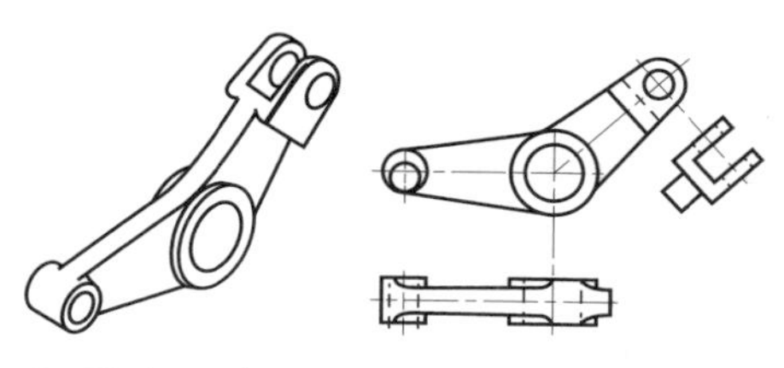

① 회전 투상도 ② 부분 투상도
③ 국부 투상도 ④ 부분 확대도

해설 부분 투상도로 나타낼 경우 생략한 부분과의 경계를 파단선으로 나타내며, 명확한 경우에는 파단선을 생략해도 좋다.

5. 국부 투상도의 설명에 해당하는 것은?

① 대상물의 구멍, 홈 등과 같이 한 부분의 모양을 도시하는 것으로 충분한 경우의 투상도
② 그림의 특정 부분만을 확대하여 그린 그림
③ 복잡한 물체를 절단하여 투상한 것
④ 물체의 경사면에 맞서는 위치에 그린 투상도

6. 부분 확대도의 도시 방법으로 틀린 것은?

① 특정한 부분의 도형이 작아서 그 부분을 확대하여 나타내는 표현 방법이다.
② 확대할 부분을 굵은 실선으로 에워싸고 알파벳 대문자로 표시한다.
③ 확대도에는 치수 기입과 표면 거칠기를 표시할 수 있다.
④ 확대한 투상도 위에 확대를 표시하는 문자 기호와 척도를 기입한다.

해설 확대할 부분을 가는 실선으로 에워싸고 알파벳 대문자로 표시한다.

정답 1. ② 2. ③ 3. ① 4. ② 5. ① 6. ②

2-7 단면도

1 단면도의 표시 방법

물체의 내부와 같이 볼 수 없는 것을 도시할 경우 숨은선으로 나타내면 복잡하므로 절단하여 내부가 보이도록 하면 대부분의 숨은선이 없어지고 필요한 부분을 뚜렷하게 나타낼 수 있다. 이와 같이 나타낸 도면을 단면도라 하며, 다음 규칙에 따른다.

① 단면도와 다른 도면과의 관계는 정투상법에 따른다.
② 절단면은 기본 중심선을 지나고 투상면에 평행한 면을 선택하되, 같은 직선상에 있지 않아도 된다.
③ 투상도는 전부 또는 일부를 단면으로 도시할 수 있다.
④ 단면에는 절단하지 않은 면과 구별하기 위해 해칭이나 스머징을 한다. 또한, 단면도에 재료 등을 표시하기 위해 특수한 해칭 또는 스머징을 할 수도 있다.
⑤ 단면 뒤에 있는 숨은선은 물체가 이해되는 범위 내에서 되도록 생략한다.
⑥ 절단면의 위치는 다른 관계도에 절단선으로 나타내며, 절단 위치가 명백할 경우 생략해도 좋다.

2 단면도의 종류

(1) 온 단면도

① 물체를 기본 중심선에서 모두 절단하여 도시한 단면도를 말한다. 원칙적으로 절단면은 기본 중심선을 지나도록 한다.
② 또한, 기본 중심선이 아닌 곳에서 물체를 절단하여 필요한 부분을 단면으로 도시할 경우에는 절단선으로 절단 위치를 나타내며, 단면을 보는 방향을 확실히 하기 위해 화살표로 표시한다.

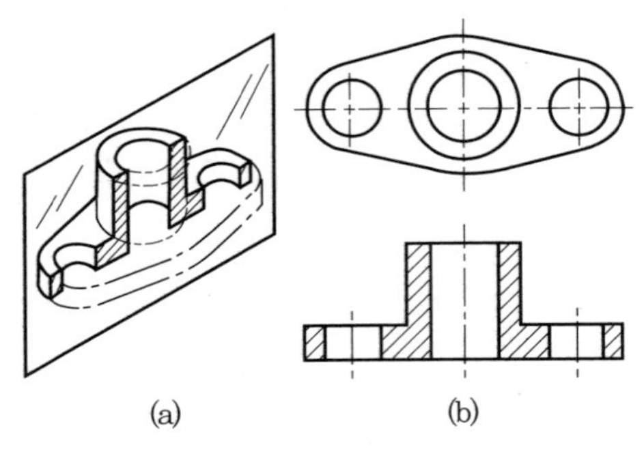

온 단면도

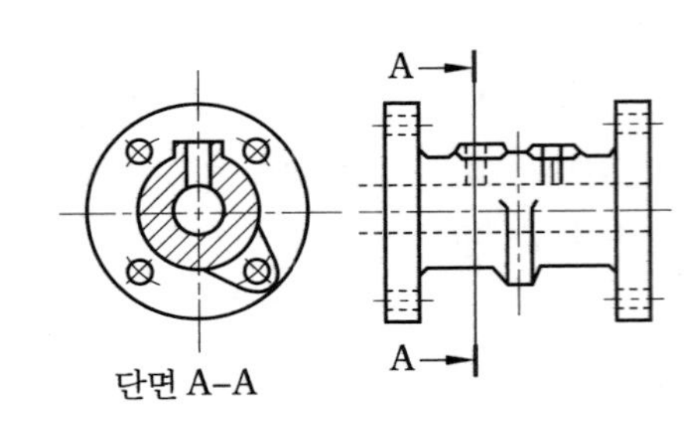

기본 중심선이 아닌 곳에서의 단면도

(2) 한쪽 단면도

① 기본 중심선에 대칭인 물체의 1/4만 잘라내어 절반은 단면도로, 다른 절반은 외형도로 나타내는 단면도이다.

② 한쪽 단면도는 물체의 외형과 내부를 동시에 나타낼 수 있으며, 절단선은 기입하지 않는다.

(3) 부분 단면도

① 외형도에 있어서 필요로 하는 요소의 일부분만 도시한 단면도를 말한다.

② 이 경우 파단선으로 그 경계를 나타낸다.

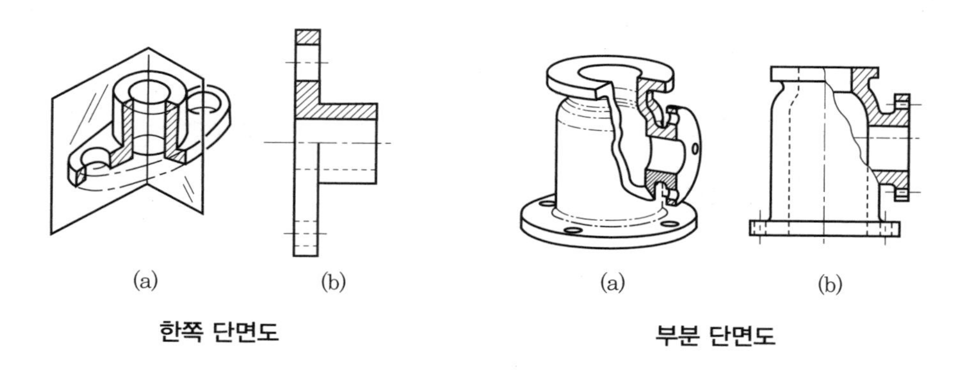

(a) (b) (a) (b)

한쪽 단면도 부분 단면도

(4) 회전 도시 단면도

핸들이나 바퀴 등의 암 및 림, 리브, 훅, 축, 구조물의 부재 등의 절단면은 다음에 따라 90° 회전하여 도시한다.

① 절단할 곳의 전후를 끊어서 그 사이에 그린다[그림 (a)].

② 절단선의 연장선 위에 그린다[그림 (b)].

③ 도형 내의 절단한 곳에 겹쳐서 가는 실선을 사용하여 그린다[그림 (c)].

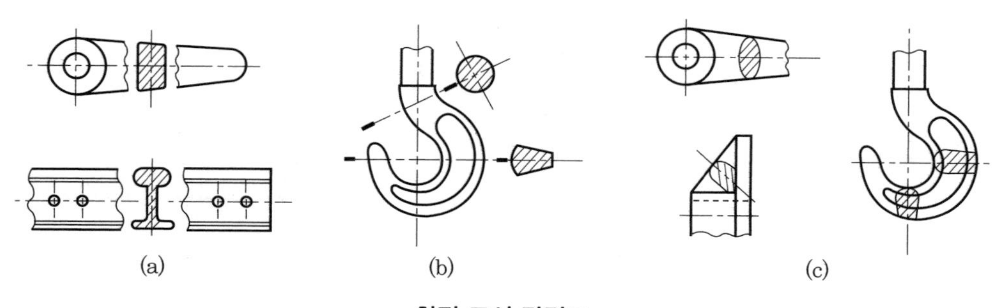

(a) (b) (c)

회전 도시 단면도

(5) 계단 단면

① 2개 이상의 평면을 계단 모양으로 절단한 단면을 말한다.
② 계단 단면에서 절단선은 가는 1점 쇄선으로 그리고, 양 끝과 중요 부분은 굵은 실선으로 나타낸다.
③ 단면은 단면도에서 요철(凹凸)이 없는 것으로 가정하여 한 평면상에 나타내며, 필요에 따라 단면을 보는 방향을 나타내는 화살표와 문자 기호를 붙인다.

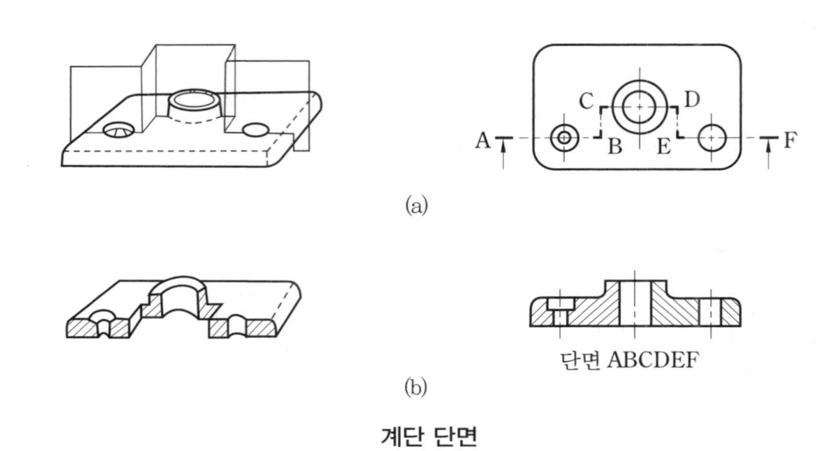

계단 단면

(6) 얇은 두께 부분의 단면도

① 개스킷, 박판, 형강 등과 같이 절단면이 얇은 경우에는 [그림 (a), (b)]와 같이 절단면을 검게 칠하여 표시한다.
② [그림 (c), (d)]와 같은 실제 치수와 관계없이 1개의 아주 굵은 실선으로 표시한다.
③ 절단면의 뚫린 구멍은 [그림 (d)]와 같이 나타낸다.
④ 어떤 경우에도 이들의 단면이 인접하여 있을 경우에는 그것을 표시하는 도형 사이에 0.7mm 이상의 간격을 두어 구별한다.

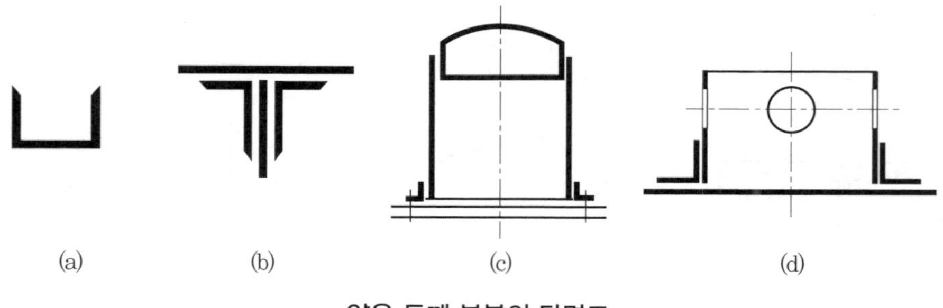

얇은 두께 부분의 단면도

3 도형의 생략 및 단축 도시

도형의 일부를 생략하더라도 도면을 이해할 수 있는 경우는 도형의 일부를 생략한다.

(1) 대칭 도형의 생략

① 도형이 대칭인 경우에는 대칭 중심선의 한쪽을 생략할 수 있다.
② [그림-대칭 도형의 생략]과 같이 대칭 중심선의 한쪽 도형만을 그리고 대칭 중심선의 양 끝부분에 2개의 나란한 짧은 가는 선(대칭 도시 기호)을 그린다.

(2) 반복 도형의 생략

① 같은 종류, 같은 크기의 리벳 구멍, 볼트 구멍, 파이프 구멍 등과 같은 것은 모두 표시하지 않는다.
② 양단부 또는 주요 요소만 표시하고, 나머지는 중심선 또는 중심선의 교차점으로 표시한다.

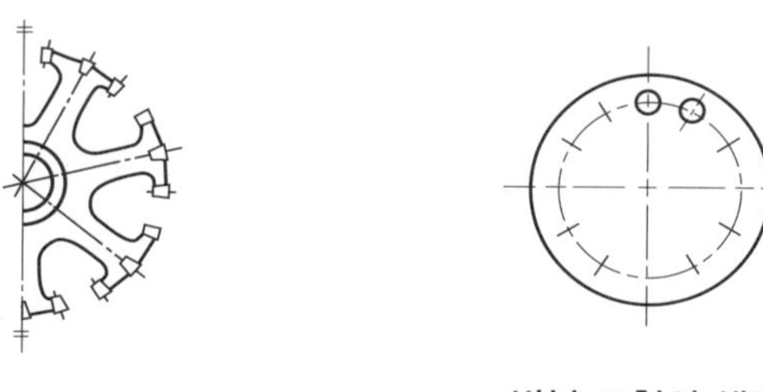

대칭 도형의 생략　　　　반복 도형의 생략

(3) 중간 부분의 단축

① 단면형이 동일한 부분(축, 막대, 파이프, 형강), 같은 모양이 규칙적으로 줄지어 있는 부분(랙, 공작 기계의 어미 나사, 교량의 난간, 사다리), 긴 테이퍼 등의 부분(테이퍼 축)은 지면을 생략하기 위해 중간 부분을 잘라내고 긴요한 부분만 가까이 도시할 수 있다.
② 이 경우 잘라낸 끝부분은 파단선으로 나타낸다.
③ 긴 테이퍼 부분 또는 기울기 부분을 잘라낸 도시에서 경사가 완만한 것은 실제 각도로 도시하지 않아도 좋다.

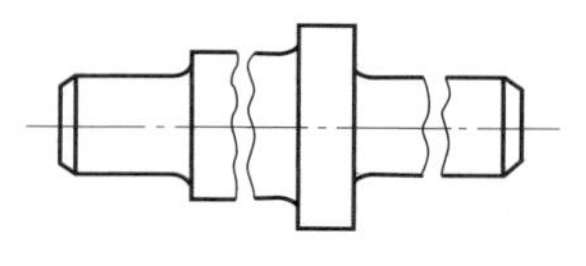

중간 부분의 단축

4 해칭과 스머징

(1) 해칭

① 해칭은 단면 부분에 가는 실선으로 빗금을 긋는 방법을 말한다.
② 중심선 또는 주요 외형선에 45° 경사지게 긋는 것이 원칙이나, 부득이한 경우에는 다른 각도(30°, 60°)로 표시한다.
③ 해칭선의 간격은 도면의 크기에 따라 다르나 보통 2～3mm의 간격으로 하는 것이 좋다.
④ 2개 이상의 부품이 인접할 경우에는 해칭의 방향과 간격을 다르게 하거나 각도를 다르게 한다.
⑤ 간단한 도면에서 단면을 쉽게 알 수 있는 것은 해칭을 생략할 수 있다.
⑥ 동일 부품의 절단면은 동일한 모양으로 해칭해야 한다.

(2) 스머징

스머징은 단면 주위를 색연필로 엷게 칠하는 방법을 말한다.

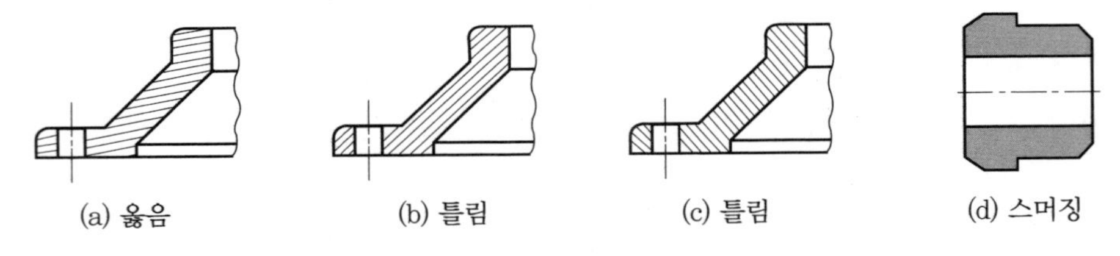

경사단면의 해칭과 스머징 방법

(3) 해칭과 스머징의 중단

해칭 또는 스머징을 하는 부분 안에 문자, 기호 등을 기입하기 위해 해칭 또는 스머징을 중단할 수 있다.

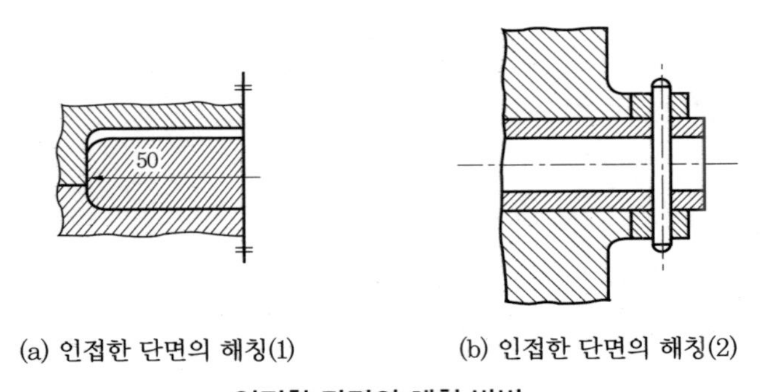

(a) 인접한 단면의 해칭(1) (b) 인접한 단면의 해칭(2)

인접한 단면의 해칭 방법

5 길이 방향으로 절단하지 않는 부품

① 리브의 중심을 통해 길이 방향으로 절단 평면이 통과하면 그 물체가 마치 원뿔형 물체와 같이 오해될 수 있다.

② 이 경우 절단 평면이 리브의 바로 앞을 통과하는 것처럼 그리고, 리브에는 해칭을 하지 않는다.

③ 이와 같이 길이 방향으로 도시하면 이해하기에 지장이 있는 것 또는 절단해도 의미가 없는 것은 길이 방향으로 절단하여 도시하지 않는다.

(가) 길이 방향으로 도시하면 이해하기에 지장이 있는 것 : 리브, 바퀴의 암, 기어의 이

(나) 길이 방향으로 절단하여 도시하지 않는 것 : 축, 핀, 볼트, 너트, 와셔, 작은 나사, 키, 강구, 원통 롤러

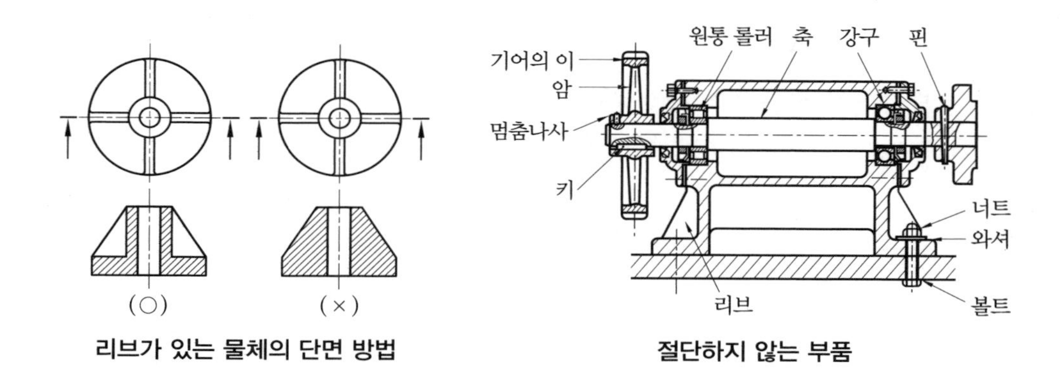

리브가 있는 물체의 단면 방법　　절단하지 않는 부품

6 두 개의 면이 만나는 모양 그리기

(1) 상관선의 관용 투상

① 도면을 이해하기 쉽도록 2개 이상의 입체면이 만나는 상관선을 정투상 원칙에 구속되지 않고 간단하게 도시한 것을 관용 투상도라 한다.

② 일반적으로 굵기가 2배 이상인 두 입체가 교차할 때 관용 투상을 적용한다.

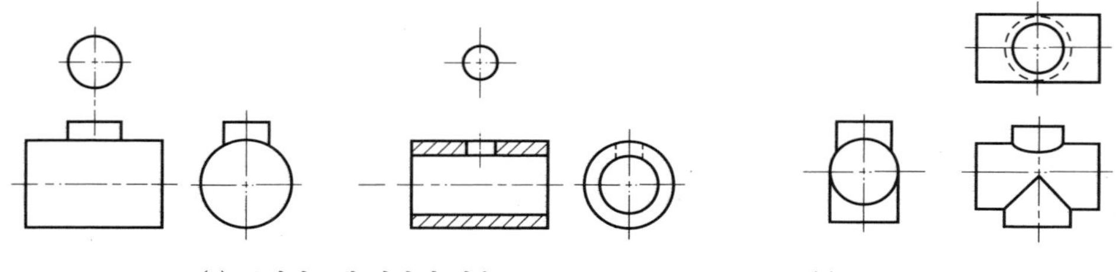

(a) 굵기가 2배 이상인 경우　　(b) 굵기가 2배 미만인 경우

상관선의 관용 투상

(2) 2개 면의 교차 부분의 표시

교차 부분에 둥글기가 있는 경우에는 둥글기 부분을 도형에 표시할 필요가 있을 때 교차선 위치에 굵은 실선으로 표시한다.

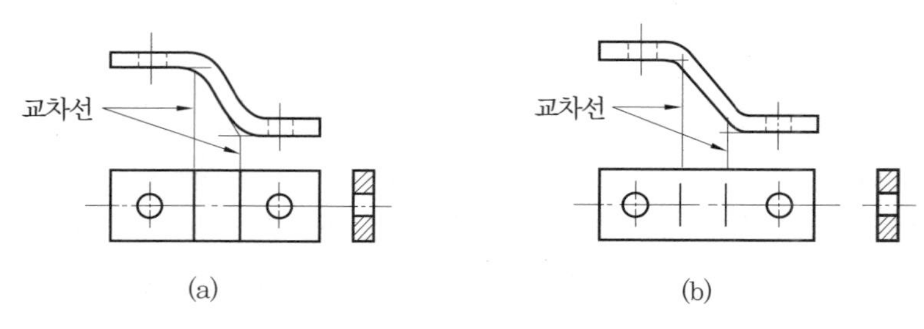

2개 면의 교차 부분의 표시

(3) 리브의 교차 부분의 표시

① 리브를 표시하는 선의 끝부분은 [그림 (a)]와 같이 직선 그대로 멈추게 한다.
② 관계있는 둥글기의 반지름이 아주 다를 경우에는 [그림 (b), (c)]와 같이 끝부분을 안쪽 또는 바깥쪽으로 구부려서 멈추게 해도 좋다.

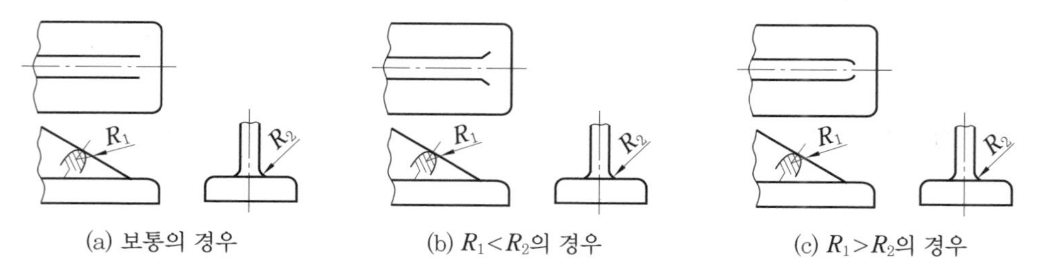

리브의 교차 부분의 표시

(4) 특수한 부분의 표시

① 일부분에 특정한 모양을 가진 경우에는 그 부분이 그림 위쪽에 나타나도록 그리는 것이 좋다. 예를 들면, 키 홈이 있는 보스 구멍, 벽에 구멍 또는 홈이 있는 관이나 실린더, 쪼개짐을 가진 링 등을 도시할 때는 아래 [그림]에 따르는 것이 좋다.
② 도형 내의 특정한 부분이 평면이라는 것을 표시할 경우에는 가는 실선으로 대각선을 그린다.

일부분에 특정한 모양을 가진 경우　　평면의 표시

예 | 상 | 문 | 제

단면도 ◀

1. 대칭형 물체를 기본 중심에서 $\frac{1}{2}$ 절단하여 그림과 같이 단면한 것은?

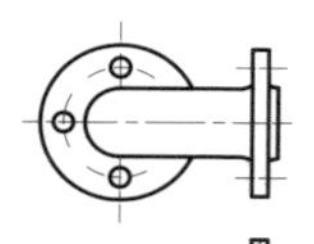

① 한쪽 단면도
② 온 단면도
③ 부분 단면도
④ 회전 단면도

2. 한쪽 단면도는 대칭 모양의 물체를 중심선을 기준으로 얼마나 절단하여 나타내는가?

① 전체　② 1/2
③ 1/4　④ 1/3

해설 한쪽 단면도 : 기본 중심선에 대칭인 물체의 1/4만 잘라내어 절반은 단면도로, 다른 절반은 외형도로 나타내는 단면도이다.

3. 다음 그림은 어떤 단면도에 해당하는가?

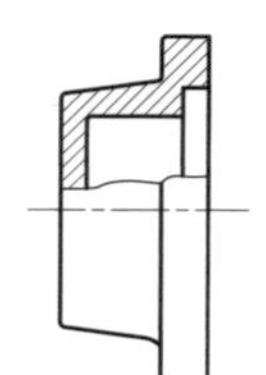

① 온 단면도
② 한쪽 단면도
③ 회전 단면도
④ 부분 단면도

4. 단면도의 해칭 방법 중 틀린 것은?

① 조립도에서 인접하는 부품의 해칭은 선의 방향 또는 각도를 바꾸어 구별한다.
② 절단 면적이 넓을 경우에는 외형선을 따라 적절히 해칭을 한다.
③ 해칭면에 문자, 기호 등을 기입할 경우 해칭을 중단해서는 안 된다.
④ KS 규격에 제시된 재료의 단면 표시 기호를 사용할 수 있다.

해설 해칭 또는 스머징을 하는 부분 안에 문자, 기호 등을 기입하기 위해 해칭 또는 스머징을 중단할 수 있다.

5. 도형의 생략에 관한 설명 중 틀린 것은?

① 대칭의 경우에는 대칭 중심선의 한쪽 도형만 그리고, 대칭 중심선의 양 끝부분에 짧은 2개의 나란한 가는 실선을 그린다.
② 도면을 이해할 수 있더라도 숨은선은 생략해서는 안 된다.
③ 같은 종류, 같은 모양의 것이 다수 줄지어 있는 경우에는 지시선을 사용하여 기술할 수 있다.
④ 물체가 긴 경우 도면의 여백을 활용하기 위해 파단선이나 지그재그선을 사용하여 투상도를 단축할 수 있다.

6. 기계요소 중 원칙적으로 길이 방향으로 절단하여 단면하지 않는 것으로 틀린 것은?

① 축, 키　② 리벳, 핀
③ 볼트, 작은 나사　④ 베어링, 너트

해설 다음은 길이 방향으로 절단하여 도시하지 않는다.

- 길이 방향으로 도시하면 이해하기에 지장이 있는 것 : 리브, 바퀴의 암, 기어의 이
- 절단해도 의미가 없는 것 : 축, 핀, 볼트, 너트, 와셔, 작은 나사, 키, 강구, 원통 롤러

7. 단면도를 나타낼 때 긴 쪽 방향으로 절단하여 도시할 수 있는 것은?

① 볼트, 너트, 와셔　② 축, 핀, 리브
③ 리벳, 강구, 키　④ 기어의 보스

정답 1. ② 2. ③ 3. ④ 4. ③ 5. ② 6. ④ 7. ④

2-8 치수 기입법

1 치수의 종류

치수에는 재료 치수, 소재 치수, 마무리 치수 등이 있으며, 도면에 표시되는 치수는 특별히 명시하지 않는 한 마무리 치수를 기입한다.

① **재료 치수** : 압력 용기, 철골 구조물 등을 만들 때 사용하는 재료가 되는 강판, 형강, 관 등의 치수로서 톱날로 전달되고 다듬어지는 부분을 모두 포함한 치수이다.

② **소재 치수** : 주물 공장에서 주조한 그대로의 치수로서 기계로 다듬기 전 미완성된 치수이다.

③ **마무리 치수** : 마지막 다듬질을 한 완성품 치수로서의 완성 치수이며 다듬질 치수라고도 한다.

2 치수 기입의 주요 원칙

(1) 치수 기입의 원칙

① 대상물의 기능, 제작, 조립 등을 고려하여 필요하다고 생각되는 치수를 도면에 명확하게 지시한다.

② 치수는 대상물의 크기, 자세 및 위치를 가장 명확하게 표시하는 데 필요하며 충분한 것을 기입한다.

③ 도면에 나타내는 치수는 특별히 명시하지 않는 한, 그 도면에 도시한 대상물의 마무리 치수를 기입한다.

④ 치수에는 기능상 필요한 경우 치수의 허용 한계를 기입한다. 단, 이론적으로 정확한 치수는 제외한다.

⑤ 치수는 되도록 주투상도에 기입한다.

⑥ 치수는 중복 기입을 피한다.

⑦ 치수는 되도록 계산해서 구할 필요가 없도록 기입한다.

⑧ 치수는 필요에 따라 기준으로 하는 점, 선 또는 면을 기준으로 하여 기입한다.

⑨ 관련된 치수는 되도록 한 곳에 모아서 기입한다.

⑩ 치수는 되도록 공정마다 배열을 분리하여 기입한다.

⑪ 치수 중 참고 치수에 대해서는 치수 수치에 괄호를 붙인다.

(2) 치수의 단위

① 길이의 치수 수치는 원칙적으로 mm의 단위로 기입하며 단위 기호는 붙이지 않는다.

② 각도의 치수 수치는 일반적으로 도의 단위로 기입하며, 필요한 경우 분 및 초를 병용할 수 있다. 도, 분, 초를 표시하기 위해 숫자의 오른쪽 어깨에 각각 °, ′, ″를 기입한다.

> **보기**
>
> 90°　　22.5°　　6°21′5″(또는 6°21′05″)　　8°0′12″(또는 8°00′12″)　　3′21″

③ 각도의 치수 수치를 라디안의 단위로 기입하는 경우에는 단위 기호 rad을 기입한다.

> **보기**
>
> 0.52rad　　$\frac{\pi}{3}$rad

④ 치수 수치의 소수점은 아래쪽 점으로 표시한다. 또한, 치수 수치의 자릿수가 많은 경우에는 세 자리마다 숫자 사이를 적당히 띄우고, 쉼표는 찍지 않는다.

> **보기**
>
> 123.25　　22 320

3 치수 기입에 사용되는 요소

치수 기입에는 치수선, 치수 보조선, 지시선, 화살표, 치수 숫자, 치수 보조 기호 등이 사용된다.

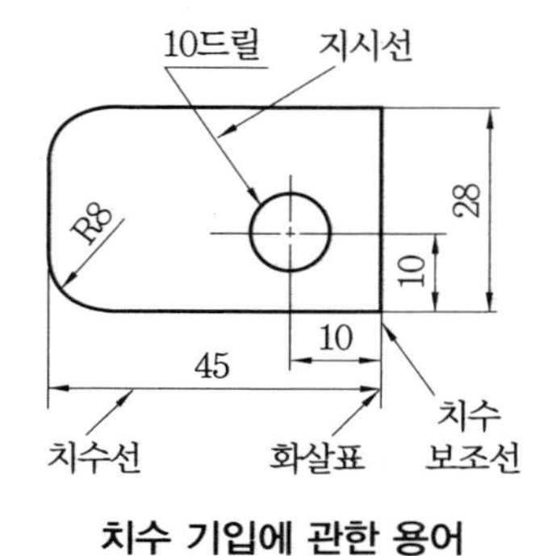

치수 기입에 관한 용어

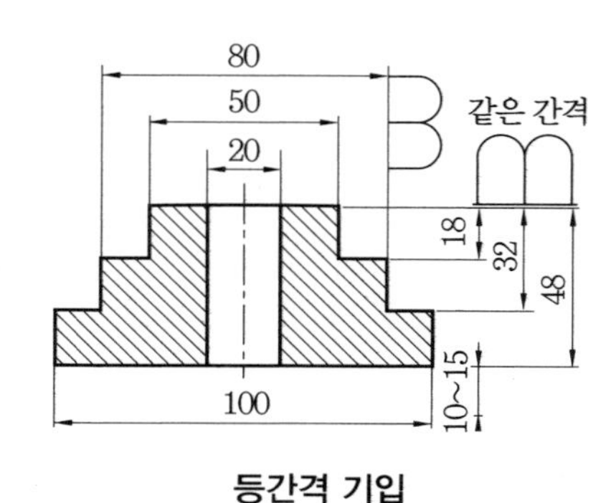

등간격 기입

(1) 치수선

① 치수선은 0.25mm 이하의 가는 실선으로 그어 외형선과 구별하고, 양 끝에는 끝부분 기호를 붙인다.
② 외형선으로부터 약 10～15mm 띄어서 긋고, 계속될 때는 같은 간격으로 긋는다.
③ 원호를 나타내는 치수선은 호 쪽에만 화살표를 붙인다.
④ 원호의 지름을 나타내는 치수선은 수평선에 대해 45°의 직선으로 한다.

(2) 치수 보조선

① 치수 보조선은 0.25mm 이하의 가는 실선으로 치수선에 직각이 되게 긋고, 치수선의 위치보다 약간 길게 긋는다.
② 치수 보조선이 외형선과 근접하여 선의 구별이 어려울 경우에는 [그림 (b)]와 같이 치수선과 적당한 각도(60° 방향)를 가지게 한다.
③ 치수 보조선이 한 중심선에서 다른 중심선까지의 거리를 나타낼 경우에는 [그림 (c)]와 같이 중심선으로 치수 보조선을 대신한다.
④ 치수 보조선이 다른 선과 교차되어 복잡하게 될 경우, 치수를 도형 안에 기입하는 것이 더 명확할 경우에는 [그림 (d)]와 같이 외형선을 치수 보조선으로 사용할 수 있다.

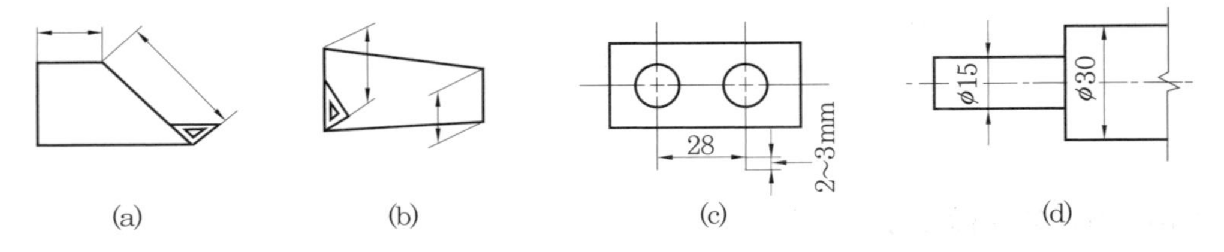

치수 보조선을 긋는 방법

(3) 지시선

① 지시선은 구멍의 치수, 가공법 또는 품번 등을 기입하는 데 사용한다.

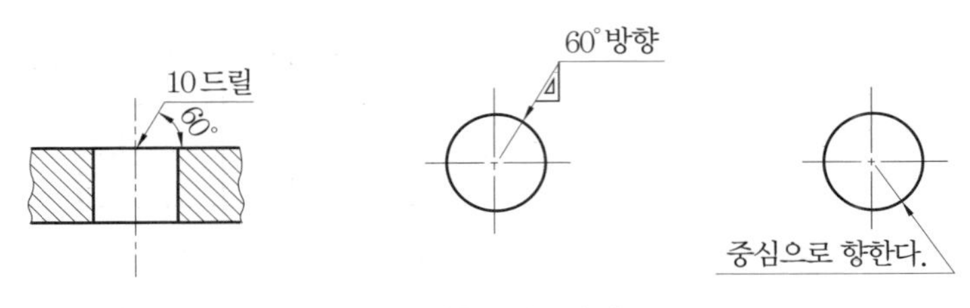

지시선을 긋는 방법

② 지시선은 일반적으로 수평선에 60°가 되도록 그으며, 지시되는 쪽에 화살표를 하고, 반대쪽은 수평으로 꺾어서 그 위에 지시사항이나 치수를 기입한다.

(4) 화살표

① 치수나 각도를 기입하는 치수선의 끝에 화살표를 붙여 그 한계를 표시한다.
② 한계를 표시하는 기호에는 [그림 – 치수선의 양단을 표시하는 방법]과 같이 나타내며, 화살표를 그릴 때는 길이와 폭의 비율이 조화를 이루게 한다.
③ 한 도면에서는 되도록 화살표의 크기를 같게 한다.

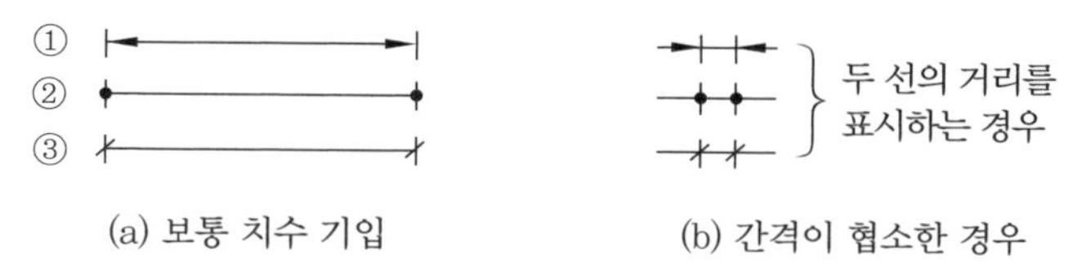

치수선의 양단을 표시하는 방법

(5) 치수 숫자

① 수평 방향의 치수선에서는 도면의 아랫변 쪽에서 보고 읽을 수 있도록 기입하고, 수직 방향의 치수선에는 오른쪽에서 보고 읽을 수 있도록 기입한다[그림 (a)].
② 경사 방향의 [그림 (b)]의 치수선에서도 ①과 같으나 수직선에서 반시계 방향으로 30° 범위 내에서는 가능한 한 치수 기입을 피한다[그림 (c)].

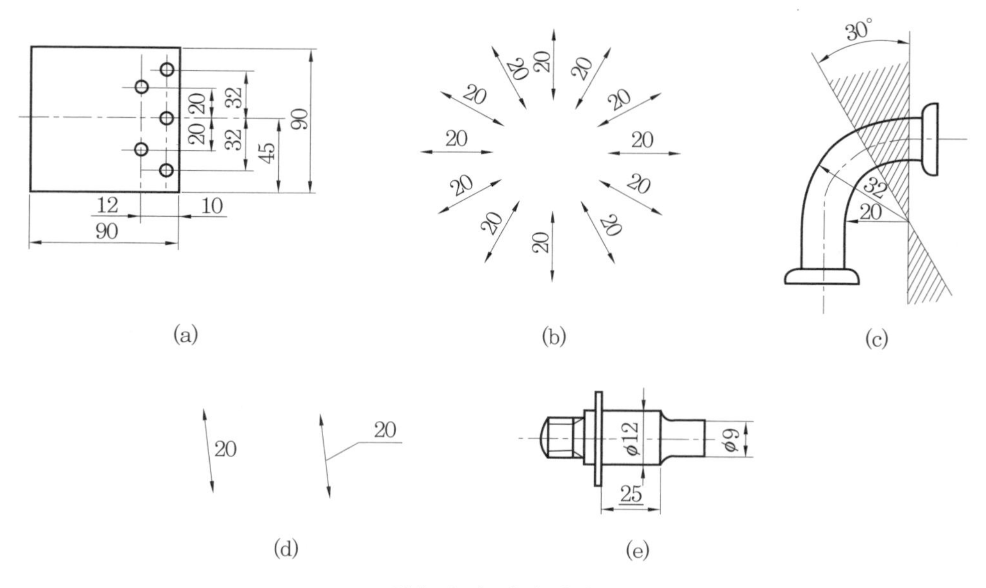

치수 숫자 기입 방법

③ 경사 방향의 금지된 구역에 치수 기입이 꼭 필요한 경우는 [그림 (d)]와 같이 한다.

④ 도형이 치수 비례대로 그려져 있지 않을 때는 [그림 (e)]와 같이 치수 밑에 밑줄을 긋는다.

(6) 치수 보조 기호

치수 보조 기호의 종류

기호	설명	기호	설명	기호	설명
ϕ	지름	$S\phi$	구의 지름	⌒	호의 길이
□	정육면체의 변	C	45° 모따기	R	반지름
$t=$	두께	⊔	카운터 보어	SR	구의 반지름
⌵	카운터 싱크(접시 자리파기)	CR	제어 반지름	↧	깊이

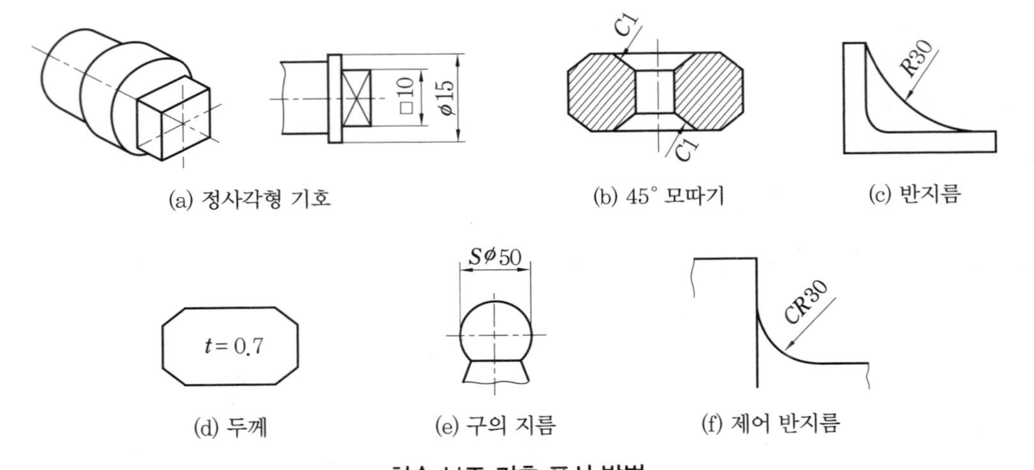

(a) 정사각형 기호 (b) 45° 모따기 (c) 반지름 (d) 두께 (e) 구의 지름 (f) 제어 반지름

치수 보조 기호 표시 방법

4 치수의 기입

(1) 지름의 치수 기입

① 지름 기호 ϕ는 형체의 단면이 원임을 나타낸다. 도면에서 지름을 지시할 경우에는 ϕ를 치수 수치 앞에 기입한다[그림 (a)].

② 180°를 넘는 호 또는 원형 도형인 치수 수치 앞에 지름 기호 ϕ를 기입한다[그림 (b)].

③ 180°보다 큰 호에는 보통 지름 치수로 표시한다. 지름을 지시하는 치수선을 하나의 화살표로 나타낼 때는 치수선이 중심을 통과하고 초과해야 한다[그림 (b)].

④ 지시선을 이용하여 지름을 표시할 수 있다[그림 (c)].

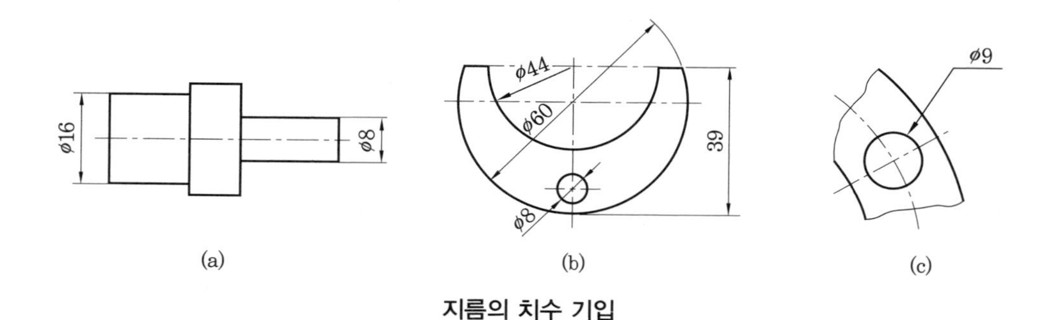

지름의 치수 기입

(2) 반지름의 치수 기입

① 반지름의 치수는 반지름 기호 *R*을 치수 수치 앞에 기입한다. 단, 반지름을 표시하는 치수선을 원호의 중심까지 긋는 경우에는 *R*을 생략해도 좋다.

② 호의 반지름을 표시하는 치수선에는 호 쪽에만 화살표를 붙인다. 또한, 화살표나 치수 수치를 기입할 여유가 없을 경우에는 [그림－반지름이 작은 경우]에 따른다.

③ 호의 중심 위치를 표시할 필요가 있을 경우에는 ＋자 또는 검은 둥근 점으로 표시한다.

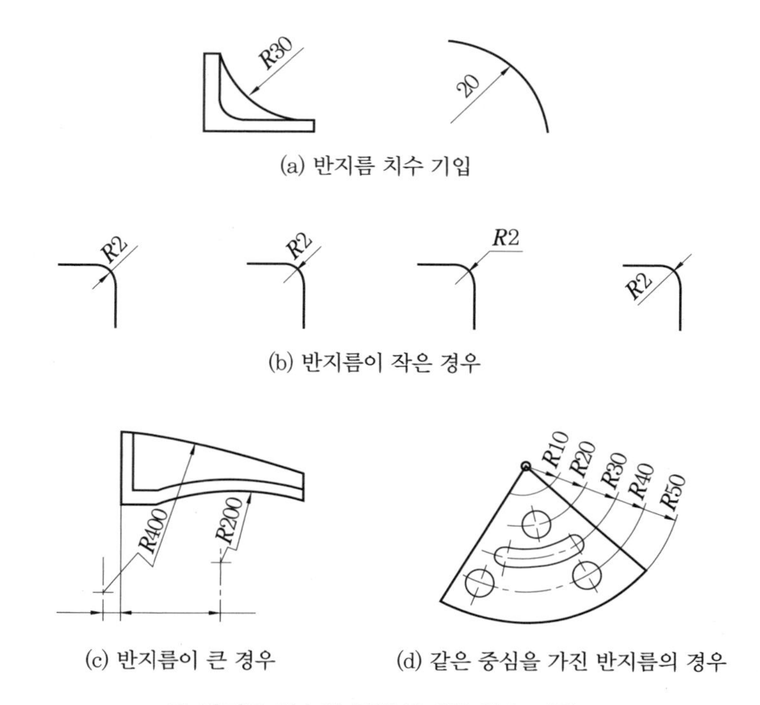

(a) 반지름 치수 기입

(b) 반지름이 작은 경우

(c) 반지름이 큰 경우

(d) 같은 중심을 가진 반지름의 경우

큰 반지름 치수와 동일 반지름 치수 기입

④ 호의 반지름이 클 때는 중심을 옮겨 [그림－반지름이 큰 경우]와 같이 치수선을 꺾어 표시해도 좋다. 이때 화살표가 붙은 치수선은 본래 중심 위치로 향해야 한다.
⑤ 같은 중심을 가진 반지름은 누진 치수 기입법을 사용하여 표시할 수 있다.

(3) 현, 호, 각도의 치수 기입

① 현의 길이는 현에서 수직으로 치수 보조선을 긋고, 현에 평행한 치수선을 사용하여 표시한다.
② 호의 길이는 현과 같은 치수 보조선을 긋고 그 호와 같은 중심의 호를 치수선으로 한다. 치수 수치 위에 호를 나타내는 기호(⌒)를 붙인다.
③ 각도를 기입하는 치수선은 그 각을 구성하는 두 변 또는 연장선 사이에 호로 나타낸다.

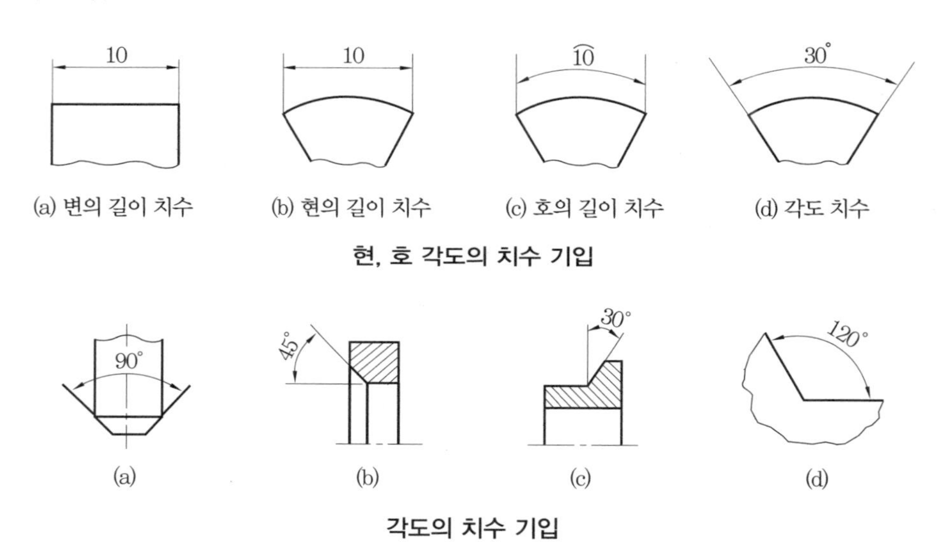

각도의 치수 기입

(4) 곡선의 치수 기입

곡선의 치수는 [그림－곡선의 치수 기입]과 같이 나타낸다.

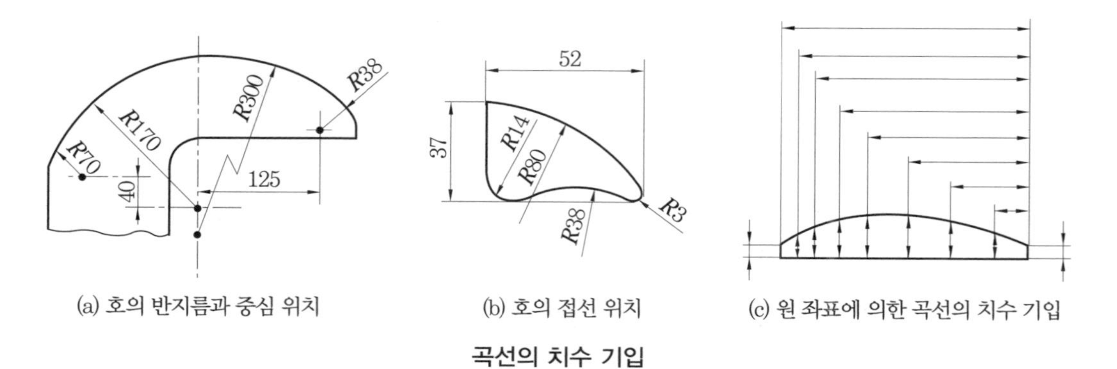

곡선의 치수 기입

(5) 테이퍼, 기울기의 치수 기입

① **테이퍼 :** 중심선에 대하여 대칭으로 된 원뿔선의 경사를 테이퍼라 하며, 치수는 [그림 – 테이퍼]와 같이 나타낸다.

② **기울기 :** 기준면에 대한 경사면의 경사를 기울기(물매 또는 구배)라 하며, 치수는 [그림 – 기울기]와 같이 나타낸다.

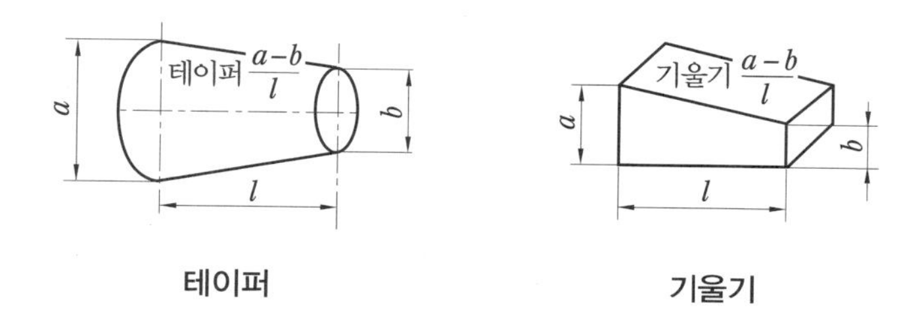

테이퍼 기울기

③ 테이퍼와 기울기의 치수 기입 방법은 다음 [그림]과 같이 나타낸다.

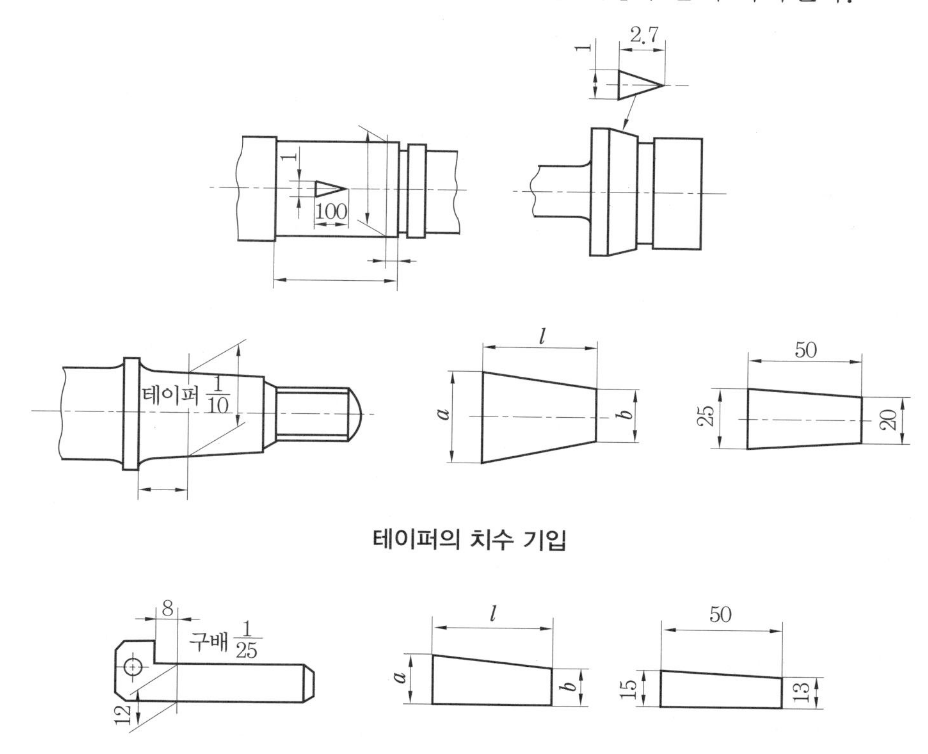

테이퍼의 치수 기입

기울기의 치수 기입

(6) 구멍의 치수 기입

① 드릴 구멍, 펀칭 구멍, 코어 구멍 등 구멍의 가공 방법을 표시할 필요가 있을 경우에는 치수 수치 뒤에 가공 방법의 용어를 기입한다.

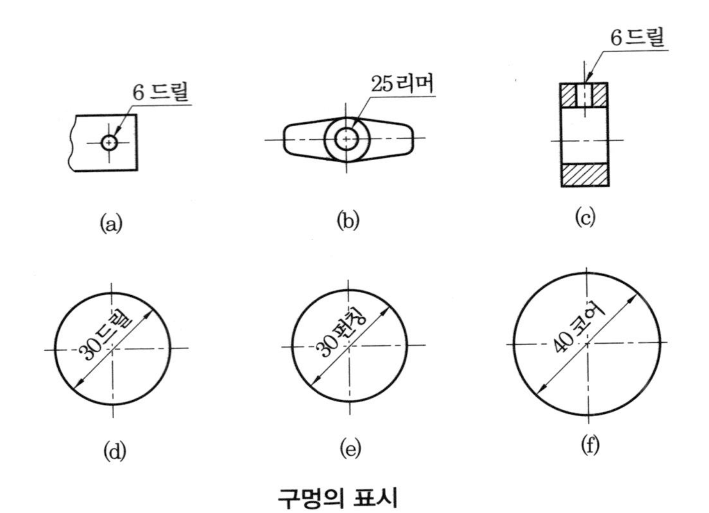

구멍의 표시

② **구멍의 깊이 표시**

(가) 구멍의 지름을 나타내는 치수 다음에 구멍의 깊이를 나타내는 기호 ↧를 표기하고 구멍의 깊이 수치를 기입한다[그림 (a)].

(나) 관통 구멍일 경우에는 구멍의 깊이를 기입하지 않는다[그림 (b)].

(다) [그림 (c)]의 구멍의 깊이는 드릴의 앞 끝의 모따기부 등을 포함하지 않는 원통부의 깊이이다.

(라) 경사진 구멍의 깊이는 구멍의 중심축 선상의 길이 치수로 나타낸다[그림 (d)].

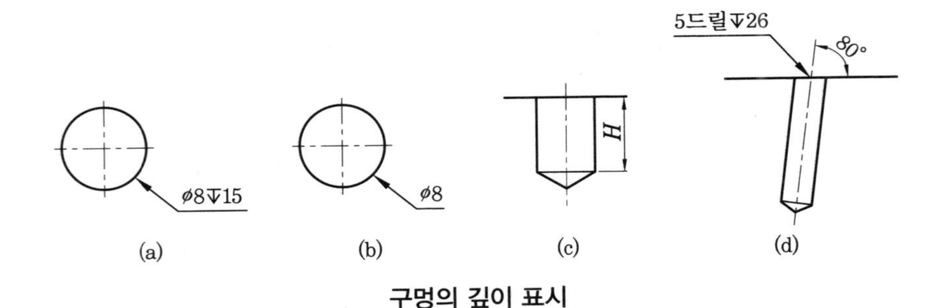

구멍의 깊이 표시

(7) 카운터 보어의 표시

① 카운터 보어 지름 앞에 카운터 보어를 나타내는 기호 ⌴를 표기한다[그림 (a), (b)].

② 주조품, 단조품 등의 표면을 깎아내어 평면을 확보하기 위한 경우에도 그 깊이를 지시한다[그림 (c)].

③ 깊은 카운터 보어의 바닥 위치를 반대쪽 면에서 치수를 규제할 필요가 있는 경우에는 그 치수를 지시한다[그림 (d)].

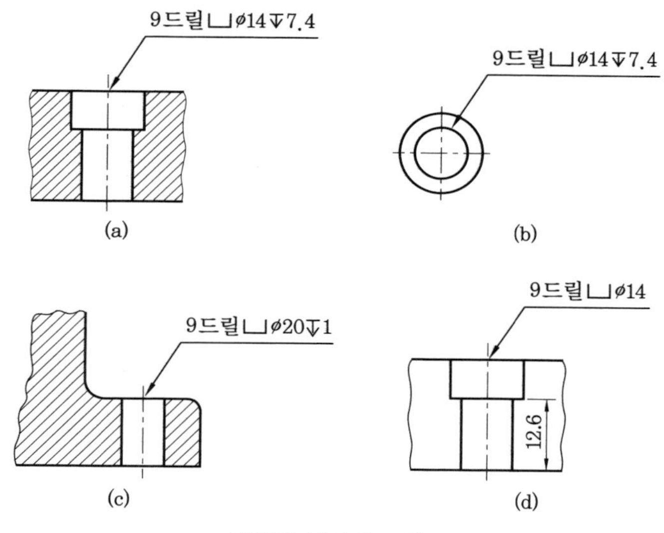

카운터 보어의 표시

(8) 카운터 싱크의 표시

① 카운터 싱크를 나타내는 기호 ∨를 표기하고, 그 뒤에 카운터 싱크 구멍 입구의 지름 치수를 기입한다[그림 (a)].

② 카운터 싱크 구멍의 깊이 수치를 규제할 필요가 있을 경우에는 개구각 및 카운터 싱크 구멍의 깊이 수치를 기입한다[그림 (b)].

③ 원형에 표시할 경우에는 지시선을 끌어내고 참조선 상단에 기입한다[그림 (c)].

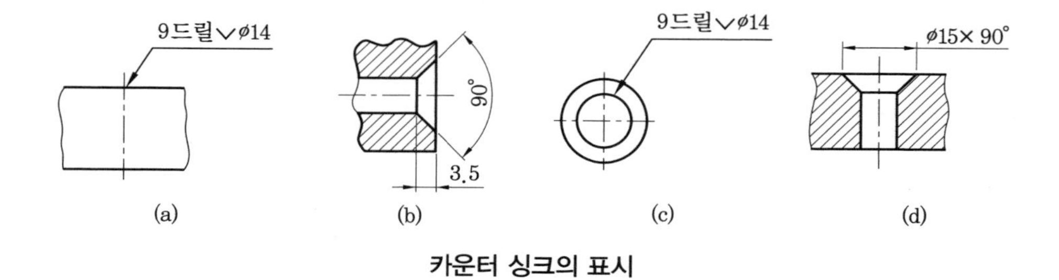

카운터 싱크의 표시

④ 간단한 지시 방법으로는 카운터 싱크 구멍 입구의 지름과 카운터 싱크 구멍이 뚫린 각도 사이에 ×를 사용하여 나타낸다[그림 (d)].

(9) 여러 개의 동일한 구멍 표시

① 하나의 피치선, 피치원 상에 배치되는 1군의 동일 치수의 볼트 구멍, 작은 나사 구멍, 핀 구멍, 리벳 구멍 등의 치수에 적용한다.

② 치수는 구멍에서 지시선을 끌어내어 전체 수를 나타내는 숫자 뒤에 ×를 사용하여 치수선 상단에 나타낸다.

③ 이 경우 구멍의 전체 수는 동일 개소에서 1군의 구멍의 전체 수를 말한다.

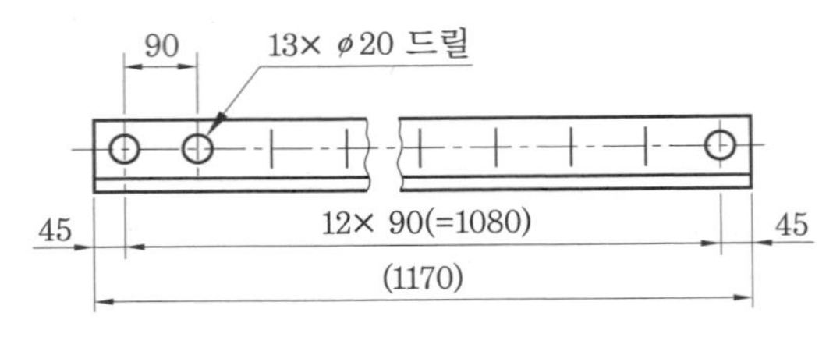

여러 개의 동일한 구멍 표시

(10) 모따기의 치수 기입

① 일반적인 모따기는 보통 치수 기입 방법에 따라 표시한다.

② 45° 모따기의 경우에는 모따기의 치수 수치×45° 또는 모따기의 기호 C를 치수 수치 앞에 기입한다.

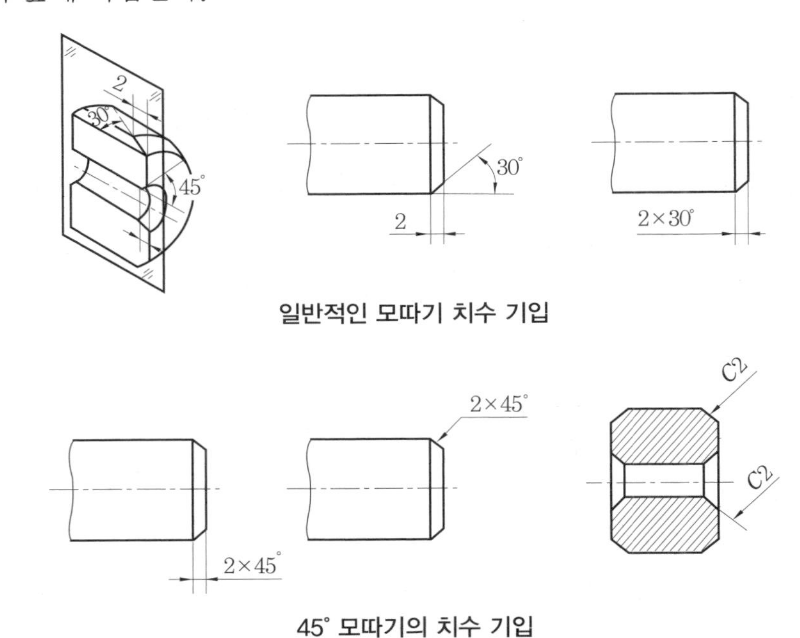

일반적인 모따기 치수 기입

45° 모따기의 치수 기입

5 치수선의 배치

① **직렬 치수 기입법** : 직렬로 나란히 연결된 각각의 치수에 주어진 공차가 누적되어도 관계없는 경우에 사용한다.

② **병렬 치수 기입법** : 각각의 치수 공차는 다른 치수의 공차에 영향을 주지 않으며, 기준이 되는 치수 보조선의 위치는 기능, 가공 등의 조건을 고려하여 선택한다.

③ **누진 치수 기입법**

(가) 치수 공차에 대해서는 병렬 치수 기입법과 같은 의미를 가지며, 한 개의 연속된 치수선으로 간단히 나타낼 수 있다.

(나) 이 경우 치수의 기준이 되는 위치는 기호(○)로 표시하고, 치수선의 다른 쪽 끝은 화살표를 그린다.

(다) 치수 수치는 치수 보조선에 나란히 기입하거나 화살표 가까운 곳의 치수선 위쪽에 기입한다.

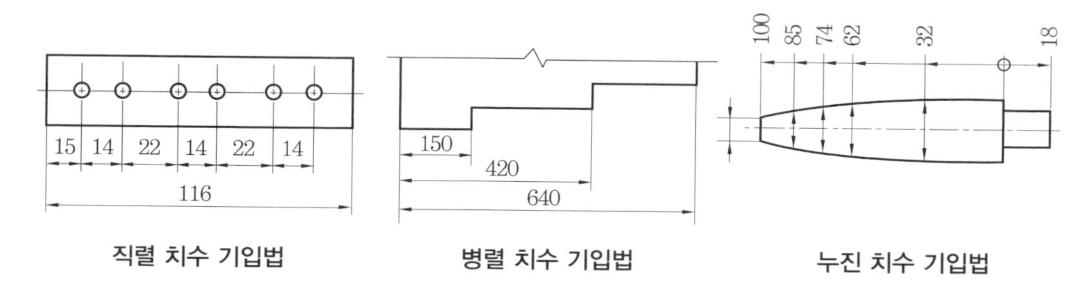

직렬 치수 기입법　　병렬 치수 기입법　　누진 치수 기입법

④ **좌표 치수 기입법** : 구멍의 위치나 크기 등의 치수는 좌표를 사용하여 표로 기입해도 좋다. 표에서 X, Y의 수치는 기준점에서의 수치이며, 기준점은 기능 또는 가공 조건을 고려하여 적절히 선택한다.

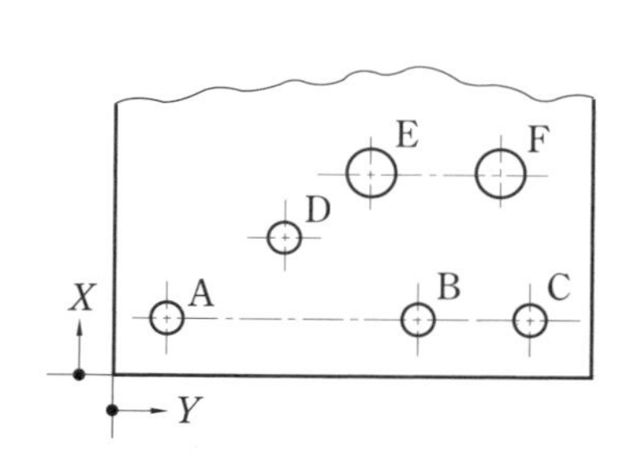

구분	X	Y	ϕ
A	20	20	13.5
B	140	20	13.5
C	200	20	13.5
D	60	60	13.5
E	100	90	26
F	180	90	26

좌표 치수 기입법

6 치수 기입 시 유의사항

① 치수 수치는 도면에 그린 선에 의해 분할되지 않는 위치에 기입하는 것이 좋다.

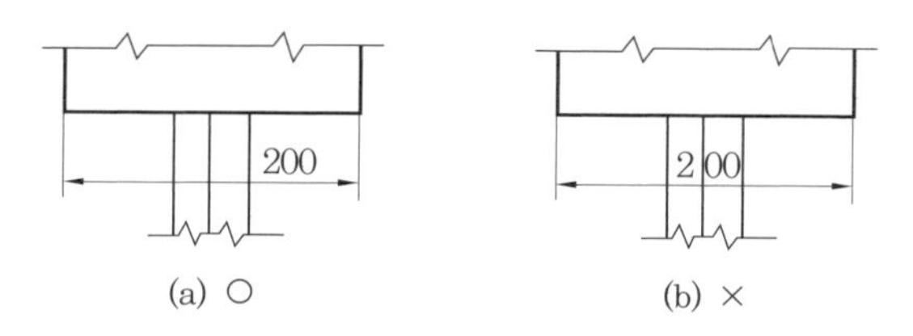

선에 의해 분할되지 않게 기입한다.

② 치수 수치는 선에 겹쳐서 기입하지 않는다. 그릴 수 없는 경우에는 겹쳐지는 선의 일부를 중단하고 치수 수치를 기입한다.

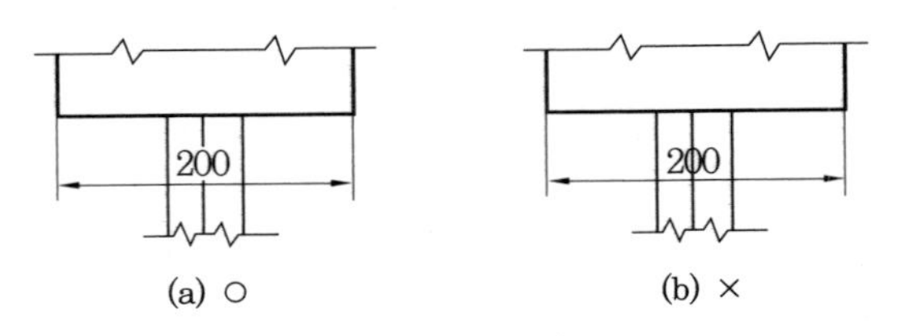

선을 일부를 중단하고 기입한다.

③ 치수가 인접하여 연속될 경우에는 되도록 치수선이 일직선이 되게 한다.

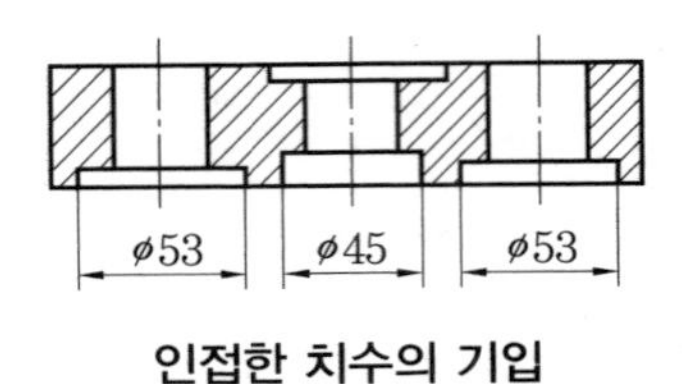

인접한 치수의 기입

④ 치수선이 길어서 그 중앙에 치수 수치를 기입하면 알아보기 어려울 경우에는 한쪽 끝부분 화살표 기호 가까이에 기입한다.

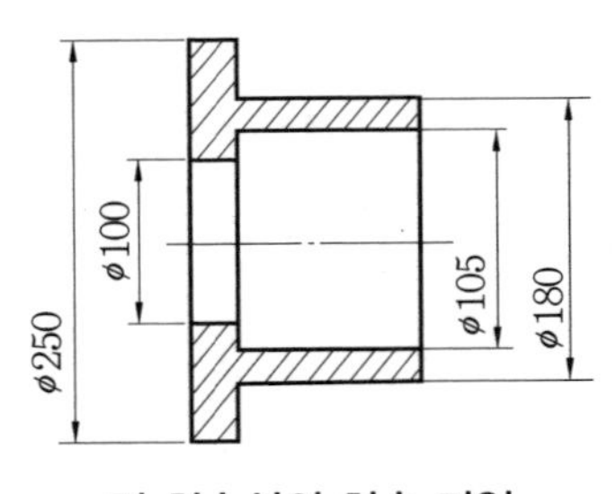

긴 치수선의 치수 기입

⑤ 경사진 두 면의 만나는 부분이 둥글거나 모따기가 되어 있는 경우에는 두 면이 만나는 위치를 표시할 때 외형선에서 그은 연장선이 만나는 점을 기준으로 한다.

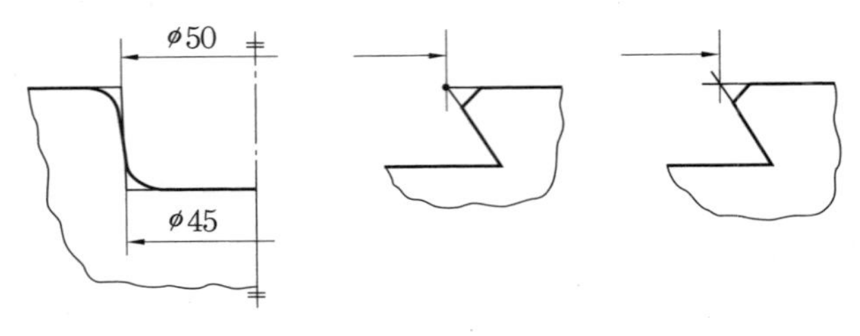

경사면의 치수 기입

⑥ **좁은 곳에서의 치수 기입 방법** : 부분 확대도를 그려서 기입하거나 다음 중 하나에 따른다.

㈎ 지시선을 끌어내어 그 위 쪽에 치수를 기입하고, 지시선 끝에는 아무것도 붙이지 않는다.

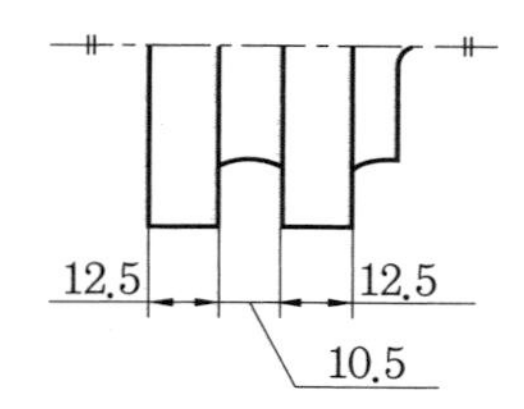

지시선을 사용한 치수 기입

㈏ 치수선을 연장하여 그 위쪽 또는 바깥쪽에 기입해도 좋고, 치수 보조선의 간격이 좁을 경우에는 화살표 대신 검은 둥근 점이나 경사선을 사용해도 좋다.

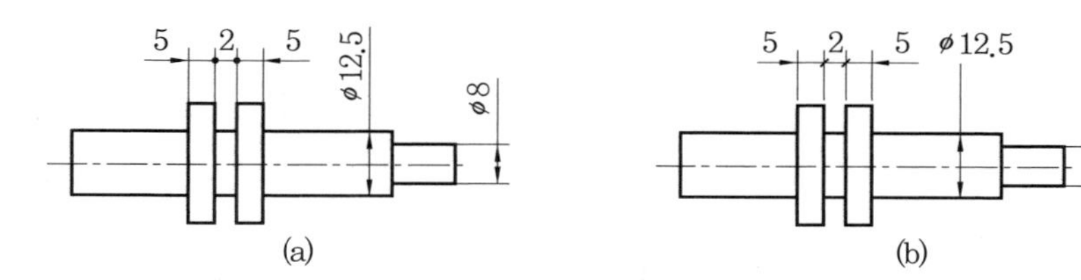

좁은 곳의 치수 기입

예 | 상 | 문 | 제

치수 기입법 ◀

1. 치수 기입에서 (20)으로 표기된 것은 무엇을 뜻하는가?

① 기준 치수
② 완성 치수
③ 참고 치수
④ 비례척이 아닌 치수

해설 치수 기입을 할 때 참고 치수는 치수 수치에 괄호를 붙인다.

2. 다음 중 치수 기입의 원칙에 대한 설명으로 틀린 것은?

① 관련된 치수는 되도록 한 곳에 모아서 기입한다.
② 치수는 중복 기입을 할 수 있으며, 각 투상도에 고르게 치수를 기입한다.
③ 치수는 되도록 주투상도에 집중한다.
④ 치수는 되도록 공정마다 배열을 분리하여 기입한다.

해설 치수는 중복 기입을 피하며, 되도록 주투상도에 기입한다.

3. 다음 중 치수 기입 방법에 대한 설명으로 틀린 것은?

① 치수의 자릿수가 많을 경우에는 세 자리 숫자마다 쉼표를 붙인다.
② 길이 치수는 원칙적으로는 밀리미터(mm)의 단위로 기입하고, 단위 기호는 붙이지 않는다.
③ 각도 치수를 라디안의 단위로 기입하는 경우에는 단위 기호 rad를 기입한다.
④ 각도 치수는 일반적으로 도의 단위를 기입하고, 필요한 경우에는 분과 초를 같이 사용할 수 있다.

해설 치수의 자릿수가 많을 경우에는 세 자리마다 숫자의 사이를 적당히 띄우고, 쉼표는 찍지 않는다.

4. 치수 기입의 요소가 아닌 것은?

① 치수선
② 치수 보조선
③ 치수 숫자
④ 해칭선

해설 치수 기입의 요소에는 치수선, 치수 보조선, 지시선, 화살표, 치수 숫자, 치수 보조 기호 등이 있다.

5. 치수선과 치수 보조선에 대한 설명으로 틀린 것은?

① 치수선과 치수 보조선은 가는 실선을 사용한다.
② 치수 보조선은 치수를 기입하는 형상에 대해 평행하게 그린다.
③ 외형선, 중심선, 기준선 및 이들의 연장선을 치수선으로 사용하지 않는다.
④ 치수 보조선과 치수선의 교차는 피해야 하나 불가피한 경우에는 끊김 없이 그린다.

해설 치수 보조선은 0.25mm 이하의 가는 실선으로 치수선에 직각이 되게 긋고, 치수선의 위치보다 약간 길게 긋는다.

6. 치수선 끝에 붙는 화살표의 길이와 너비의 비율은 어떻게 되는가?

① 2 : 1
② 3 : 1
③ 4 : 1
④ 5 : 1

정답 1. ③ 2. ② 3. ① 4. ④ 5. ② 6. ②

7. 그림과 같이 여러 각도로 기울어진 면의 치수를 기입할 때 잘못 기입한 치수 방향은?

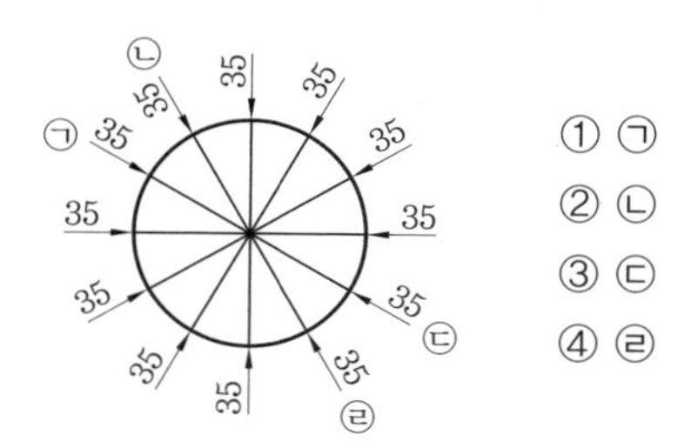

① ㉠
② ㉡
③ ㉢
④ ㉣

8. 치수 기입에 관한 설명으로 틀린 것은?

① 수직 방향의 치수선에 대해서는 투상도의 오른쪽에서 읽을 수 있도록 기입한다.
② 치수는 치수선 중앙의 위에 약간 띄어서 쓴다.
③ 비례척이 아닌 경우는 치수 위에 선을 긋는다.
④ 한 도면 내의 치수는 일정한 크기로 쓴다.

해설 비례척이 아닌 경우에는 치수 밑에 밑줄을 긋는다.

9. 가구 제도 시 치수 기입에 대한 설명으로 옳지 않은 것은?

① 치수는 특별히 명시하지 않는 한 마무리 치수를 표시한다.
② 치수는 치수선 중앙 상부에 기입하는 것이 원칙이다.
③ 협소한 간격이 연속될 때는 지시선을 그어 치수를 기입한다.
④ 치수의 단위는 cm를 사용함을 원칙으로 하고, 단위기호를 표시한다.

해설 치수의 단위는 mm를 사용함을 원칙으로 하고, 단위기호는 표시하지 않는다.

10. 치수 기입법에 대한 설명으로 틀린 것은?

① 치수는 되도록 주투상도에 집중해서 지시한다.
② 치수선에 평행하게 기입하며 치수선 위 중앙 부분에 기입한다.
③ 치수는 계산해서 구할 수 있도록 간단히 기입한다.
④ 치수의 단위는 mm를 기본으로 한다.

해설 치수는 되도록 계산해서 구할 필요가 없도록 기입한다.

11. 치수선 및 치수 보조선에 대한 설명으로 옳지 않은 것은?

① 도면에 방해가 되지 않는 적당한 위치에 긋는다.
② 치수 보조선은 가는 실선으로 치수선에 직각으로 긋고, 치수선을 15~20mm 넘게 연장한다.
③ 치수 보조선은 도면에서 2~3mm 정도 떨어져 긋기 시작한다.
④ 화살표 크기는 선의 굵기와 조화를 이루어야 한다.

해설 치수 보조선은 치수를 나타내는 양 끝에 치수선과 직각이 되도록 2~3mm를 띄우고, 치수선 너머로 약 3mm 더 나오게 긋는다.

12. 도면에 사용되는 기호의 예로 옳은 것은?

① 두께 : t
② 45° 모따기 : B
③ 반지름 : p
④ 지름 : R

해설
- 45° 모따기 : C
  (45° 모따기의 경우 모따기 치수 수치×45° 또는 기호 C를 치수 수치 앞에 숫자와 동일한 크기로 기입한다.)
- 반지름 : R
- 지름 : ϕ

정답 7. ② 8. ③ 9. ④ 10. ③ 11. ② 12. ①

13. 다음 투상도에 표시된 "SR"이 의미하는 것은?

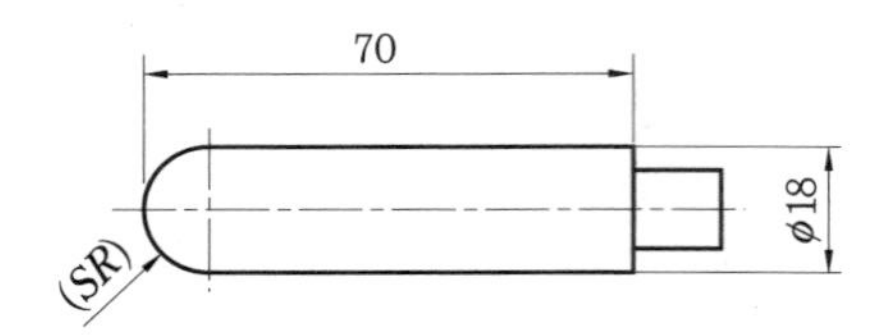

① 호의 반지름　　② 호의 지름
③ 구의 반지름　　④ 구의 지름

14. 45° 모따기(chamfering)의 기호로 사용되는 것은?

① H　　② F
③ M　　④ C

15. 다음 중 치수 보조 기호의 사용 방법이 옳은 것은?

① ϕ : 구의 지름 치수 앞에 붙인다.
② R : 원통의 지름 치수 앞에 붙인다.
③ □ : 정육면체의 변의 치수 수치 앞에 붙인다.
④ SR : 원형의 지름 치수 앞에 붙인다.

해설 • R : 원의 반지름　• SR : 구의 반지름
• ϕ : 원의 지름　• $S\phi$: 구의 지름

16. 호의 반지름을 기입하는 방법으로 틀린 것은 어느 것인가?

① 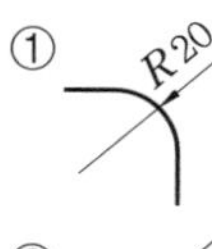

② 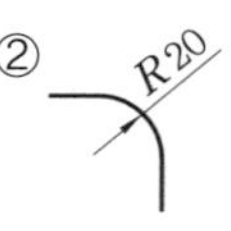

③ 

④ 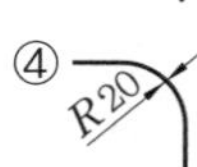

17. 원호의 길이를 나타내는 치수선과 치수 보조선의 도시 방법으로 옳은 것은?

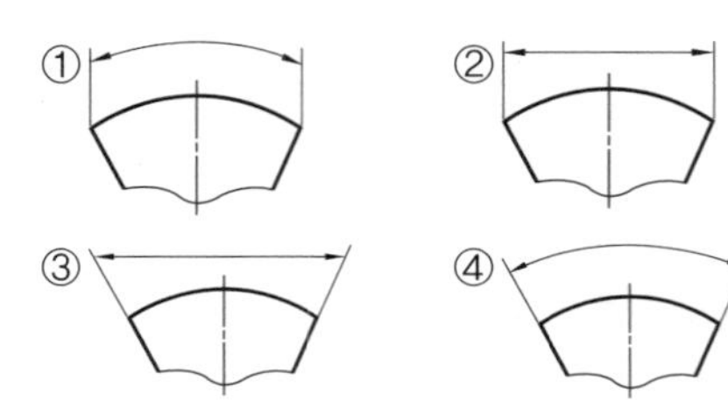

18. 다음 중 각도 치수가 잘못 기입된 것은?

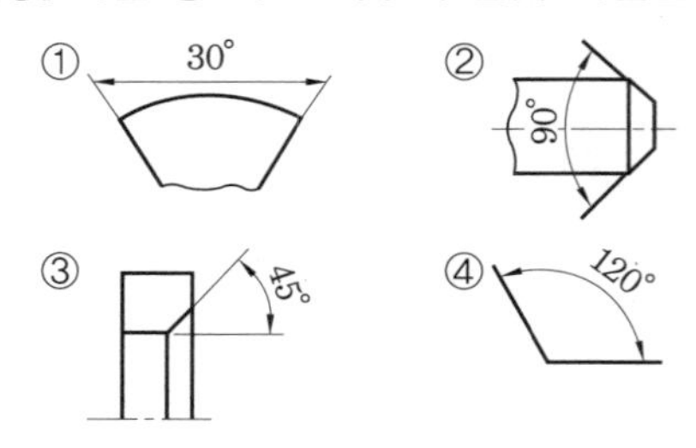

19. 다음 그림과 같이 테이퍼 $\frac{1}{200}$로 표시되어 있는 경우 X 부분의 치수는?

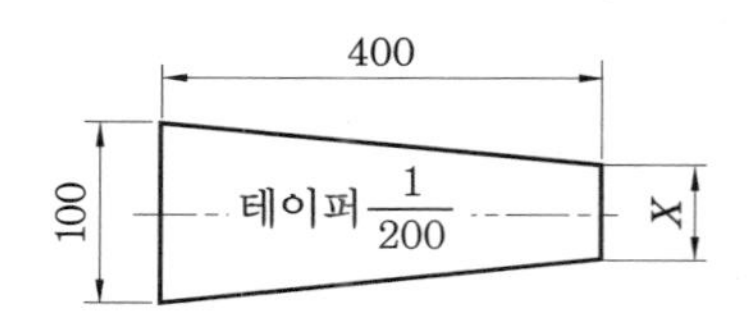

① 89　　② 92
③ 96　　④ 98

해설 $\frac{100-X}{400}=\frac{1}{200}$, $\frac{100-X}{2}=1$

$100-X=2$　$\therefore X=98$

20. 다음 그림에서 ϕ20 구멍의 개수와 A 부분의 길이는?

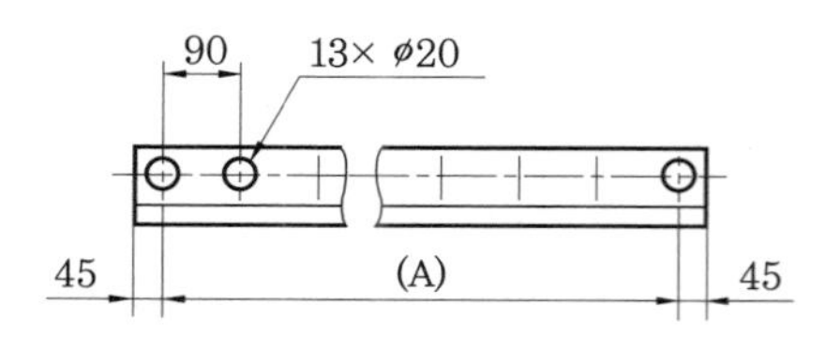

정답 13. ③ 14. ④ 15. ③ 16. ④ 17. ① 18. ① 19. ④ 20. ③

① 13, 1170mm　　② 20, 1170mm
③ 13, 1080mm　　④ 20, 1080mm

해설 • ϕ20 구멍의 개수 : 13
• A 부분의 길이=12×90
=1080mm

21. 다음 도면에서 전체 길이 A는?

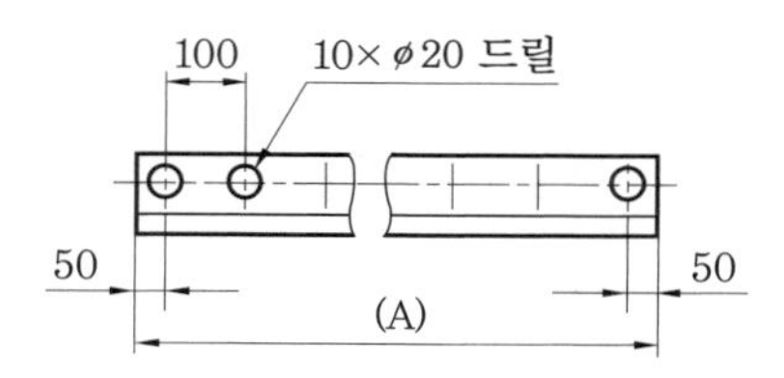

① 700mm　　② 800mm
③ 900mm　　④ 1000mm

해설 (9×100)+100=1000mm

22. 다음 테이퍼 표기법 중 표기 방법이 틀린 것은?

①
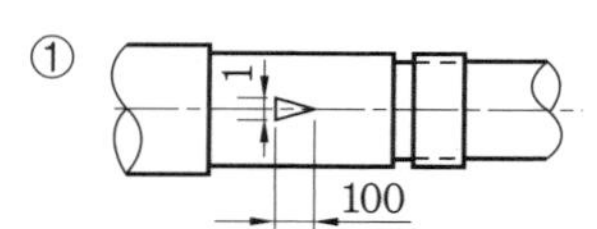

②
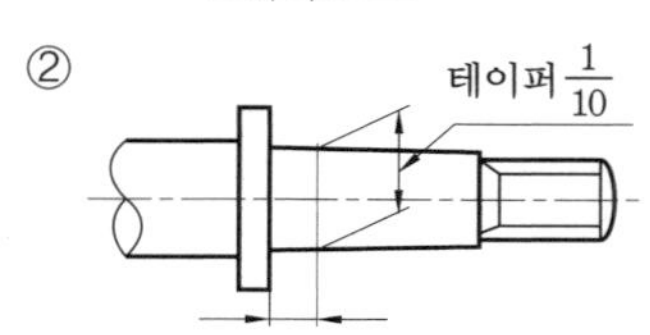

③
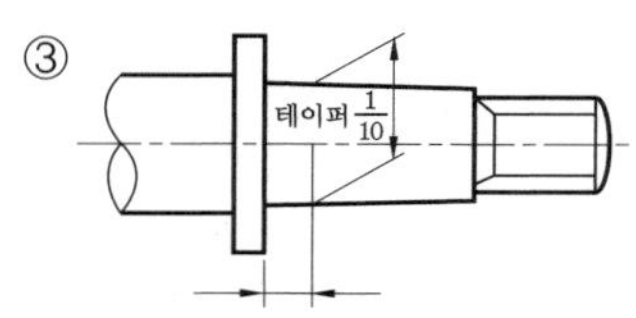

④
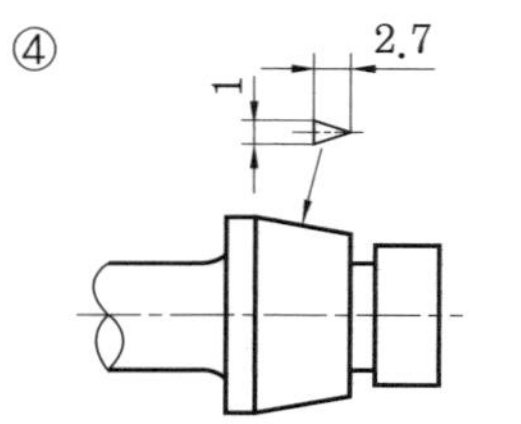

23. 다음 그림에서 모따기가 $C2$일 때 모따기의 각도는?

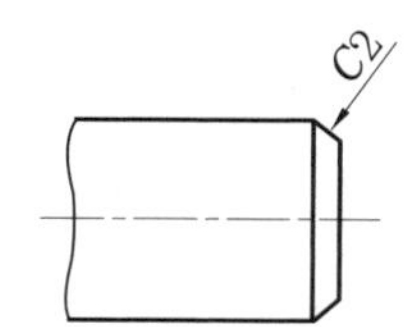

① 15°
② 30°
③ 45°
④ 60°

24. 다음은 축의 도시에 대한 설명이다. 옳은 것은?

① 긴 축은 중간 부분을 파단하여 짧게 그리며, 그림의 80은 짧게 줄인 치수이다.

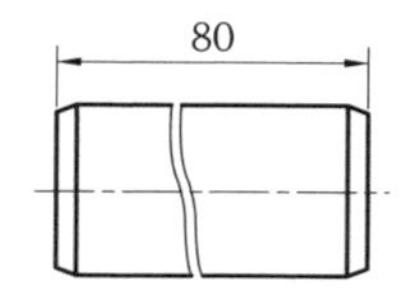

② 축의 끝에는 모따기를 하고 모따기 치수는 그림과 같이 기입할 수 있다.

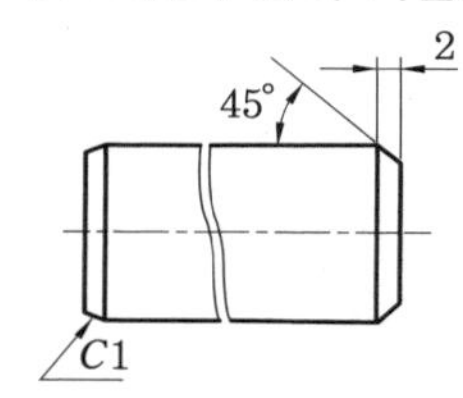

③ 그림은 축에 단을 주는 치수 기입으로, 홈의 너비가 12mm, 홈의 지름이 2mm이다.

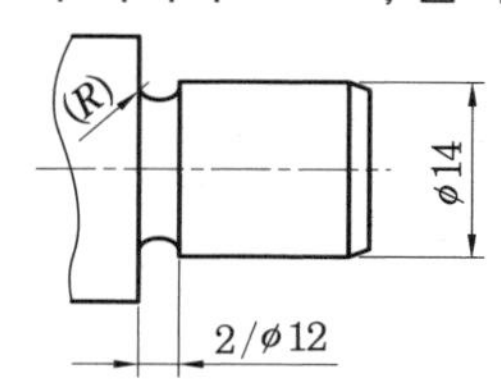

④ 그림은 빗줄 널링에 대한 도시이며, 축선에 대하여 45° 엇갈리게 그린다.

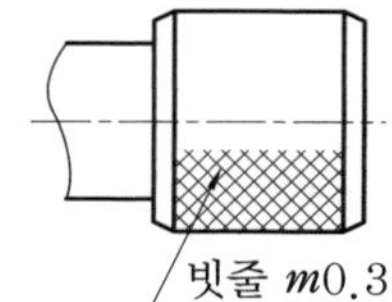

정답 21. ④ 22. ② 23. ③ 24. ②

해설 축의 도시 방법
- 긴 축은 중간 부분을 파단하여 짧게 그리고 실제 치수를 기입한다.
- 축의 끝은 모따기를 하고 모따기 치수를 기입한다.
- 널링을 도시할 때 빗줄인 경우 축선에 대해 30°로 엇갈리게 그린다.

25. 다음 치수 기입법 중 틀린 것은?

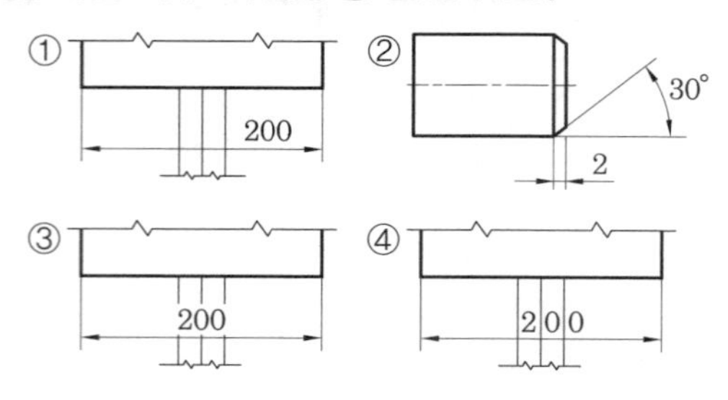

해설 치수 숫자는 선에 의해 분할되지 않는 위치에 기입하며, 그럴 수 없는 경우 숫자와 겹쳐지는 선의 일부분을 중단하여 기입한다.

26. 치수 기입 시 유의사항으로 틀린 것은?

① 치수 숫자는 선에 겹쳐서 기입하지 않는다.
② 인접한 치수는 치수선이 일직선상에 있도록 한다.
③ 치수 숫자와 선이 겹칠 때는 선이 겹치는 부분을 중단하고 치수를 기입한다.
④ 치수선이 길어서 치수를 알아보기 어렵더라도 치수 숫자를 한쪽 끝에 기입하지 않는다.

해설 치수선이 길어서 치수를 알아보기 어려울 경우에는 한쪽 끝부분의 화살표 기호 가까이에 기입한다.

27. 경사진 두 면의 만나는 부분이 둥글게 되었을 때의 치수 기입 방법으로 가장 적당한 것은?

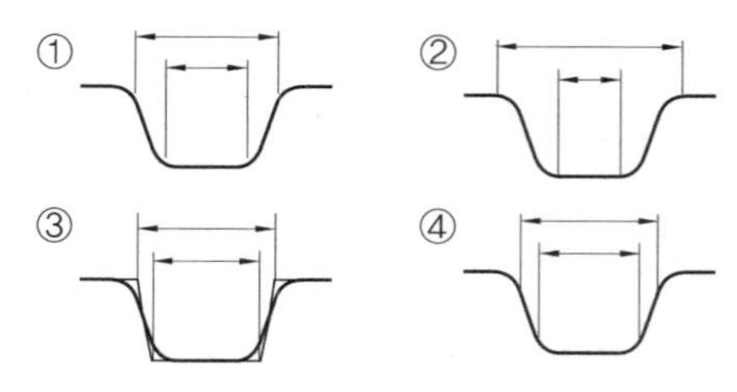

해설 경사진 두 면의 만나는 부분이 둥글거나 모따기가 되어 있을 경우에는 외형선으로부터 그은 연장선이 만나는 점을 기준으로 한다.

28. 좁은 곳에서의 치수 기입 방법으로 잘못된 것은?

① 부분 확대도를 그려서 기입한다.
② 지시선을 끌어내어 치수를 기입한다.
③ 치수선을 연장하여 바깥쪽에 기입한다.
④ 치수 보조선의 간격이 좁을 때는 화살표를 겹쳐서 그린다.

해설 치수 보조선의 간격이 좁을 경우에는 화살표 대신 검은 둥근 점이나 경사선을 사용한다.

정답 25. ④ 26. ④ 27. ③ 28. ④

2-9 도면 및 재료 표시 기호

도면의 요소를 표시할 경우에는 무엇을 나타내는지 쉽게 연상할 수 있는 약호, 기호, 심벌, 부호 등으로 나타내며, 공통 규격이 아닌 기호는 도면 옆에 범례를 붙여 이해할 수 있도록 한다. 가구제작 도면이나 목공예 도면 그리기에서는 목재 이외의 특별한 재료를 많이 사용하지 않는 편이다.

1 도면 표시 기호

도면 표시 기호는 축척과 도면의 크기에 맞춰 정확한 크기로 그리며, 재료 표시 기호와 평면 표시 기호를 구분하여 그린다.

도면 표시 기호

기 호	표시 사항	기 호	표시 사항	기 호	표시 사항
L	길이	THK	두께	V	용적
H	높이	Wt	두께	D, ϕ	지름
W	폭	A	면적	R	반지름

2 일반 표시 기호

① 방위

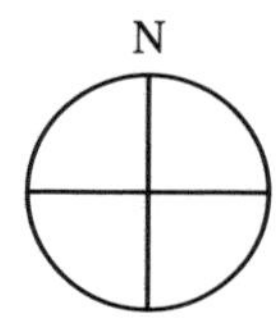

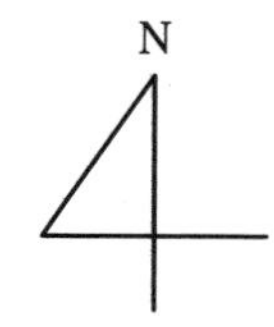

② 입면 방향

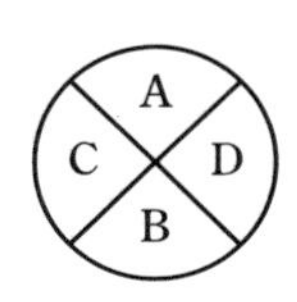

③ 도면 이름(도면명)

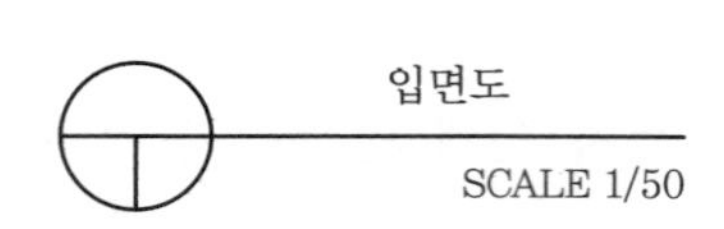

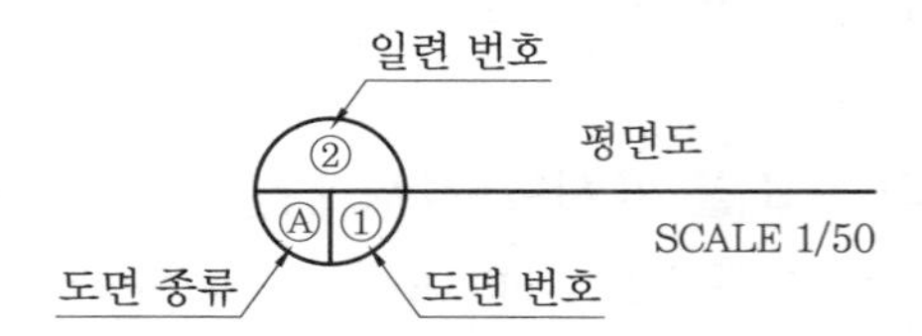

④ 절단면

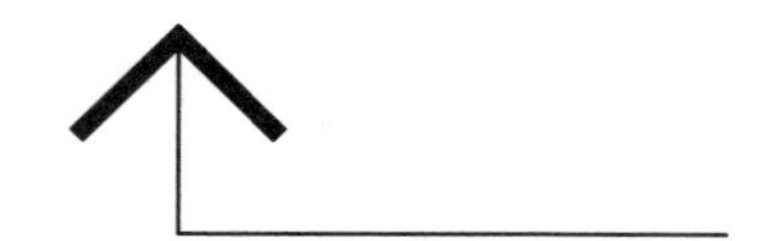

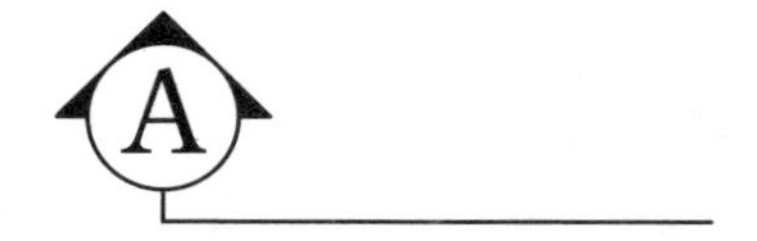

⑤ 출입구 및 방향

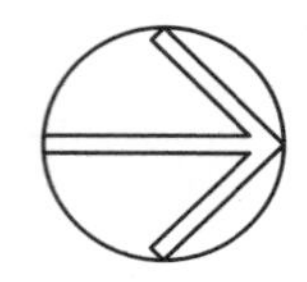

3 재료 표시 기호

① 구조 각재

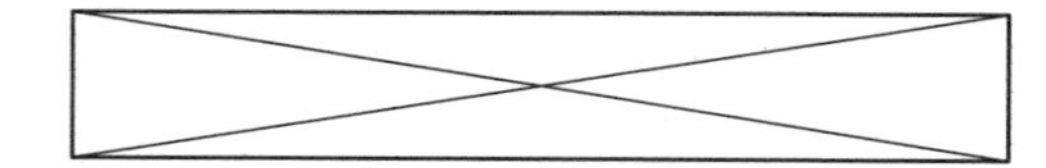

② 치장 판재

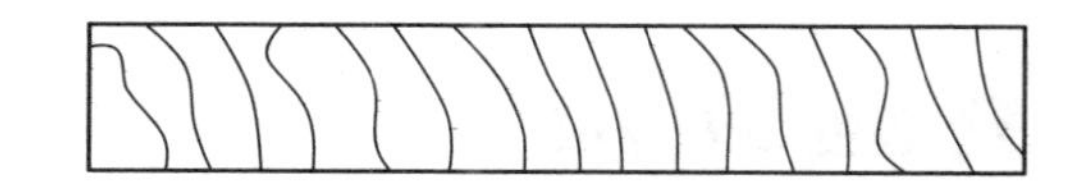

③ 합판

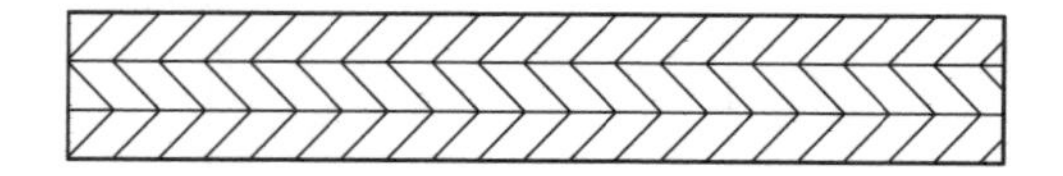

④ 집성 목재

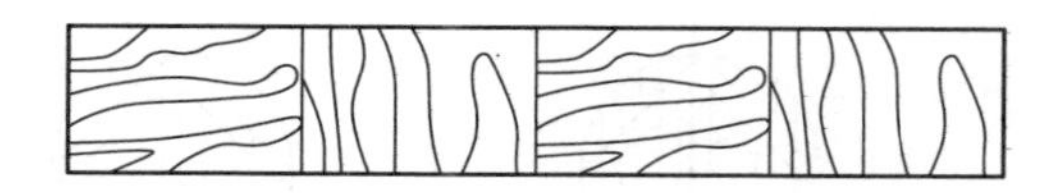

⑤ 치장 합판

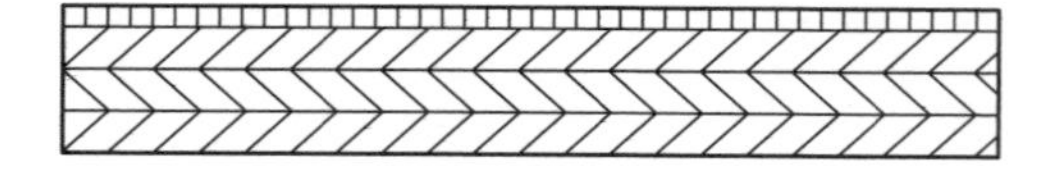

⑥ 하드보드

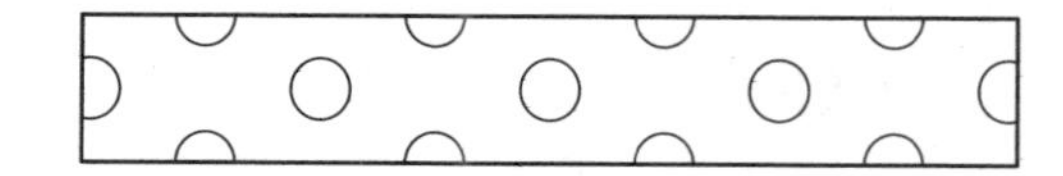

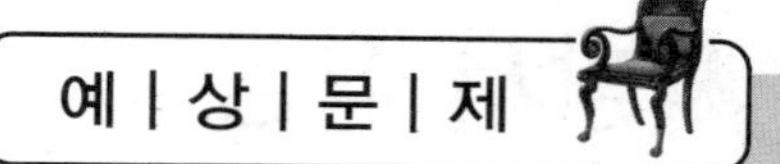

도면 및 재료 표시 기호 ◀

1. 창호 기호 중 철재창을 표시한 것은?

① 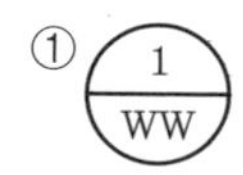

② 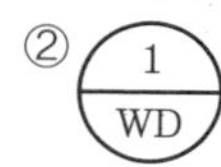

③ 1 / SW

④ 1 / SD

해설 • 재료 기호 – A : 알루미늄, G : 유리, P : 플라스틱, S : 철재, Ss : 스테인리스강, W : 목재
• 창문 기호 – D : 문, W : 창, S : 셔터

2. 다음 중 방위 표시 기호가 아닌 것은?

① 

② 

③ 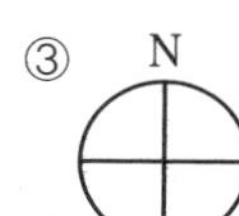

④ 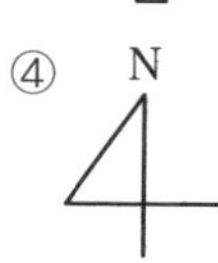

3. 입면 방향 표시 기호가 아닌 것은?

① 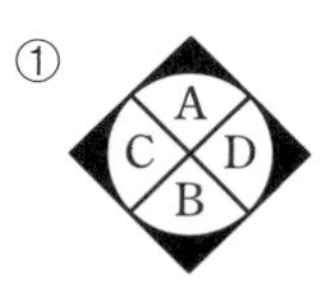

② 

③ 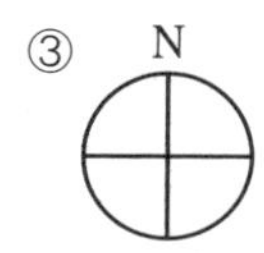

④ 

해설 ③ 방위 표시 기호

4. 도면 표시 기호가 잘못 연결된 것은?

① H–높이 ② THK–두께
③ ϕ–반지름 ④ Wt–두께

해설 ϕ : 지름, R : 반지름

5. 다음 창호 표시 기호가 나타내는 것은?

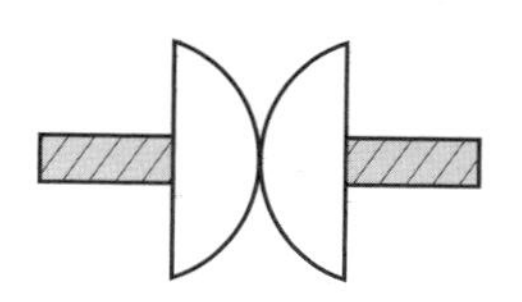

① 회전문 ② 쌍여닫이문
③ 자재문 ④ 빈지문

해설 문 표시 기호

6. 치장 합판 표시 기호는 어느 것인가?

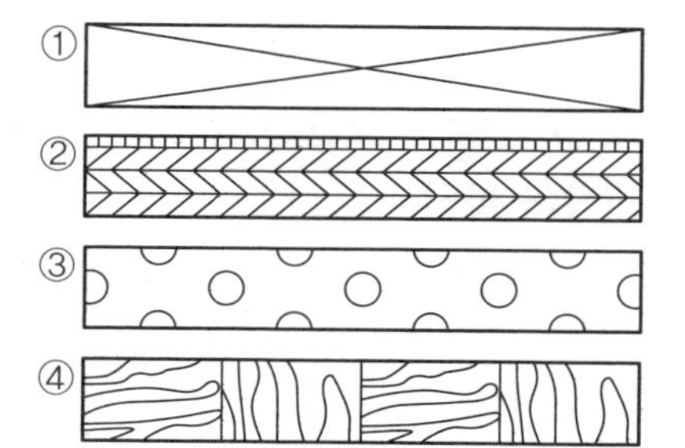

해설 ① 구조 각재
③ 하드보드
④ 집성 목재

7. 다음 중 하드보드 표시 기호는?

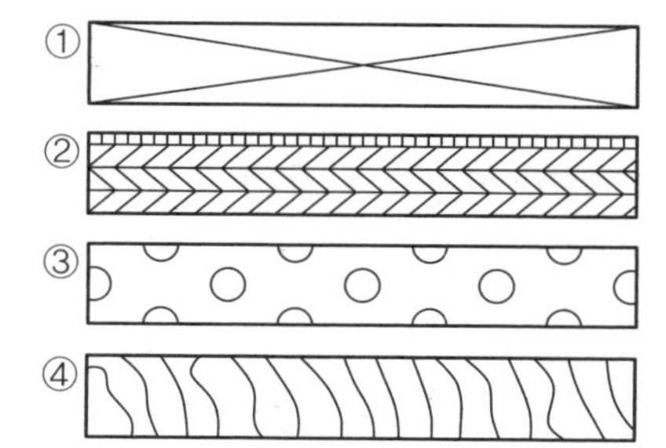

정답 1. ③ 2. ② 3. ③ 4. ③ 5. ③ 6. ② 7. ③

가구제작 및 목공예기능사

제 3 장 재료원가 산출과 시방서 작성

3-1 재료원가 산출

1 제조원가 산출

(1) 도면의 해독

① **작성된 도면의 내용 확인**

(가) 목취도(절단 방법을 작도한 도면), 원자재 및 부자재 리스트, 부재 명칭도, 부재별 작업 도면, 포장 도면 등의 내용 검토

(나) 도면에 누락된 사항이나 불명확한 부분 검토

② **제작처 확인**

(가) 공장의 자체 제작 품목 및 외주 제작 품목 확인

(나) 외주 제작업체의 품목별, 부재별 계약 단가 확인

(2) 제조원가 산출 항목

① **재료비** : 제작에 필요한 원자재 및 부자재 비용

② **노무비** : 생산라인에서 제작에 투입한 인력의 인건비

③ **일반 관리비** : 직접 생산과 관련되지 않는 간접 비용, 사무직 급여, 감가상각비, 공과금, 복리 후생비, 사무용품비, 월세, 보험료, 접대비, 홍보비 등

(3) 제조원가 산출

* 제조원가=재료비+노무비+일반 관리비

① **재료비 산출** : 원자재 소요량과 단가 파악, 부자재 소요량과 단가 산출

② **노무비 산출**

(가) 공정별 장비의 작업사양 확인

(나) 작업 공정별 내용 작성 : 작업 공정, 작업자 경력수준, 작업 인원, 분당 작업 시간

(다) 노무비 산출 : 작업자 임금 기준표, 공정별 노무비

③ **일반 관리비 산출**

(가) 지방자치단체를 당사자로 하는 경우 : 9%를 초과하지 못한다.

(나) 일반 기업과 소비자를 당사자로 하는 경우 : 기업별로 비율이 다르며 특별히 정해진 비율은 없다.

④ **제조원가 산출표 작성**

(가) 재료비, 노무비, 일반 관리비 합산

(나) 재료비 항목 고정, 노무비와 일반 관리비 비율을 달리하면서 제조원가 조정

2 제품가 산출

(1) 경쟁회사 제품가 조사

① **품목별 제품 가격 조사**

(가) 소비자 가격 파악

(나) 대리점 이윤 35%, 부가가치세(VAT) 10%를 역으로 환산하여 제품가 환산

② **품목별 판매 추이 분석**

③ **리베이트 조건 조사**

(가) 대리점별로 월별 매출 목표 설정

(나) 목표 달성 시 매출액의 1~5% 환급

④ **품목별 할인율 조사 및 비교표 작성**

⑤ **제품가 결정을 위한 이윤의 비율 파악 및 조정**

(2) 대리점 공급 제품가 결정

① **제품원가 분석**

(가) 경쟁회사의 제품가와 비교하여 제조원가 항목의 비율을 조정하거나 원가 절감을 통해 제품가에 반영한다.

(나) 제조원가는 제품가에서 부가가치세 10%와 기업 이윤 35%를 역으로 환산한다.

② **일반 관리비 분석** : 일반 관리비에서의 모든 항목을 수시로 검토하여 가격에 반영한다.

③ **대리점 공급가 결정**

(가) 제조원가에 기업 이윤의 비율을 결정한 것이 제품가, 즉 대리점 공급가이다.

(나) 기업 이윤은 일반적으로 35%를 기준으로 결정하며, 경쟁사와의 가격 경쟁, 기획 상품 등 다양한 목적에 의해 제품별로 다르게 결정한다.

(다) 기업 이윤이 포함된 제품가에 부가가치세 10%가 포함된 가격이 출고가이다.

(3) 온라인 업체 공급 제품가 결정

① 온라인 업체 현황을 조사한다.
② 경쟁업체와 자사 간 온라인 가격 구조를 확인한다.
③ 경쟁업체의 유사 품목에 대한 판매량을 분석한다.
④ 온라인 제품가를 산출한다.

(4) 특판 제품가 결정

① 계약 수량과 인도 조건 등을 확인한다.
② 제품가를 비교한다.
③ 공급 이윤을 산출한다.

(5) 제품가 결정

① 유사 제품의 가격을 비교한다.
② 주문 가구의 수량과 각종 계약 조건을 파악한다.
③ 공급 이윤을 산출한다.

3 소비자가 산출

(1) 경쟁회사 소비자가 조사

① 유사 품목에 대한 소비자가를 조사한다.
② 유사 품목의 판매 추이를 분석한다.
③ 소비자가 대비 할인율을 조사한다.

(2) 소비자가 결정

① 대리점 일반 경비를 산출한다.
② 대리점 이윤을 산출한다.
③ 대리점 소비자가를 산출한다.

(3) 온라인 업체의 소비자가 결정

① 직영 온라인(자체 쇼핑몰) 판매

㈎ 온라인상의 일반 경비를 산출하고 타사 소비자를 분석한다.
㈏ 자사 대리점 간의 가격 구조를 확인한다.
㈐ 온라인상의 소비자가를 산출한다.

② **위탁 온라인(포털 사이트 쇼핑몰, 홈쇼핑) 판매**

(가) 위탁 온라인 업체의 계약 조건을 확인한다.

(나) 위탁 온라인 업체의 지급 경비 및 판매 수량을 산출한다.

(다) 온 · 오프라인 매장의 가격 구조를 확인한다.

(라) 온라인상의 소비자가를 산출한다.

(4) 특판 소비자가 결정

① **본사 특판 :** 시중 제품이면서 구매 물량이 많고 본사와 직거래를 원하는 경우

(가) 계약 수량과 인도 조건 등을 확인한 후 대리점 소비자가를 비교한다.

(나) 판매 이윤을 산출한다.

② **대리점 특판 :** 대리점에서 영업을 했지만 발주자가 본사와 계약을 원할 경우

(가) 계약 수량과 인도 조건 등을 확인한 후 대리점 리베이트를 산출한다.

(나) 판매 이윤을 산출한다.

(5) 소비자가 결정

① 유사 제품의 가격을 비교한다.

② 주문 가구의 수량과 각종 계약 조건을 파악한다.

③ 이윤을 결정한다.

예 | 상 | 문 | 제

재료원가 산출 ◀

1. 다음의 원가 구성에 해당하는 것은?

재료비 + 노무비 + 일반 관리비

① 판매가
② 간접원가
③ 제조원가
④ 총원가

해설 제조원가=재료비+노무비+일반 관리비

2. 온라인 업체의 공급 제품가를 결정하는 과정에 대한 설명으로 옳지 않은 것은?

① 온라인 업체의 현황을 조사한다.
② 소비자가 대비 할인율을 조사한다.
③ 경쟁업체의 유사 품목에 대한 판매량을 분석한다.
④ 경쟁업체와 자사 간 온라인 가격 구조를 확인한다.

해설 온라인 제품가를 산출한다.

정답 1. ③ 2. ②

3-2 시방서 작성

1 시방서의 개요

(1) 제품 시방서의 정의

① 제품 제작에 필요한 재료의 종류와 품질, 사용처, 시공 방법, 제품의 납기 등 설계 도면에 나타내기 어려운 사항을 명확하게 기록한 것을 말한다.
② 제품 설명서 또는 사양서라고도 한다.

(2) 제품 시방서의 목적

제품 시방서는 제품의 도면으로 알 수 없는 것을 구체적으로 설명한 것이므로 제품에 관한 내용을 명확하게 하는 데 목적이 있다.

2 시방서의 종류

(1) 내용에 따른 분류

① **표준 시방서 :** 모든 공사의 공통적인 사항을 규정하는 시방서
② **일반 시방서 :** 비기술적인 사항을 규정하는 시방서
③ **기술 시방서 :** 공사 전반에 걸친 기술적인 사항을 규정하는 시방서
④ **특기 시방서 :** 공사의 특징에 따라 특기사항 등을 규정하는 시방서
⑤ **공사 시방서 :** 특정 공사를 위해 작성하는 시방서

(2) 작성 방법에 따른 분류

① **서술 시방서 :** 자재의 성능이나 설치 방법을 규정하는 시방서
② **성능 시방서 :** 제품 자체보다는 제품의 성능을 설명하는 시방서
③ **참조 시방서 :** 자재 및 시공 방법에 대한 표준 규격으로 시방서 작성 시 활용할 수 있는 시방서

(3) 사용 목적에 따른 분류

① **개요 시방서 :** 설계자가 사업주에게 설명용으로 작성하는 시방서
② **가이드 시방서 :** 공사 시방서를 작성하는 데 지침을 주는 시방서
③ **자재 생산업자 시방서 :** 자재업자가 자재 사용 및 정보를 제공하는 시방서

(4) 명세 제한에 따른 분류

① **폐쇄형 시방서** : 재료, 공법, 공정에 대하여 제한된 항목을 기술하는 시방서
② **개방형 시방서** : 일정한 요구사항을 만족하면 허용하는 방식의 시방서

3 표준 시방서 작성 방법

① 도면에 요구되는 내용을 정확히 파악한다.
(가) 공법, 재료, 재질, 규격 등을 정확히 파악한다.
(나) 제작 범위, 타작업과의 관계 등을 파악한다.
(다) 누락된 도면, 잘못 표기된 시방 등이 있는지 파악한다.
② 표준 시방서의 내용을 검토하고 도면에 제시된 요구사항을 정리한다.
(가) 도면에서 제시한 내용을 기준으로 표준 시방서에서 기술한 내용을 정리한다.
(나) 정리된 내용을 기준으로 시방서 작성을 준비한다.
(다) 제품 시방서에 포함되어야 할 다음 주요 사항을 검토한다.

- 표준 시방서와 전문 시방서의 내용을 바탕으로 작성한다.
- 기술적 요건을 규정하는 사항을 작성한다. 설계 도면에 표시(구조, 위치, 기술적 요구사항, 동작에 관한 사항 등)한 내용 외에 요구되는 기자재, 허용 오차, 시공 방법 및 상태, 이행 절차 등을 포함한다.
- 설계 도면에 나타내기 어려운 공사의 범위, 규모, 배치 등을 보완하는 사항을 포함한다.
- 도면에 표시한 것만으로 불충분한 부분은 보완할 내용을 포함한다.
- 현행 표준 시방서에서 특기 시방서에 위임한 사항을 포함한다.
  예 가구 설치 공사 표준 시방서의 '……'은 특기 시방에 따른다.
- 표준 시방서의 기준만으로 성능이 충족되지 않거나 표준 시방서의 기준이 요구되는 성능보다 불필요하게 과도할 경우에는 표준 시방서의 내용을 추가 변경하는 사항을 포함한다.
- 표준 시방서 등에서 제시된 다수의 제품, 설치 방법 중 해당 공사에 적용되는 사항만 선택하여 기술한다. 다수의 제품 또는 설치 방법을 제시했을 경우에는 수급인에게 선택권이 주어질 수 있다.
- 각 공정별 표준 시방서(예 인테리어 공사 표준 일반 시방서, 건축 설비 공사 표준 시방서 등)의 기술 기준 중 서로 상이한 내용은 공사의 특성, 지역 여건에 따라 선택 적용한다.
- 행정상의 요구사항 및 조건, 의사 전달 방법, 품질 보증, 물품 계약 범위 등과 같은 일반 조건을 포함한다.

- 수급인이 제품의 진행 단계별로 작성할 상세 도면의 목록 등에 관한 사항을 포함한다.
- 해당 기준에 합당한 시험 검사에 관한 사항을 포함한다.
- 동작이나 사용에 필요한 허용오차(공법상 정밀도와 마무리의 정밀도)를 포함한다.
- 발주자가 특별히 요구하는 사항을 포함한다.
- 필요시 관련 기관의 요구사항을 포함한다.

4 특기 시방서 작성 방법

① 표준 시방서에서 언급되지 않는 특기 시방 여부를 확인하고 정리한다.

② 시방서에 포함되어야 할 다음 기술 방법을 검토한다.

㈎ 도면에 나타내기 어려운 내용을 기술하고, 치수는 가능한 한 도면에 표시한다. 어떤 제품이나 부품은 설계 도면상에 여러 번 표기될 때도 있는데, 기록 과정을 줄이고 일치시키기 위해 제품이나 부품을 규정하는 포괄적 주기를 사용하기도 한다. 설계 도면에서는 '시방서 참조'를 표기하여 설계 도면과 시방을 상호 참조하도록 할 필요가 있다.

㈏ 사용할 제품의 성능, 규격, 시험 및 검증에 관하여 기술한다.

㈐ 디자인이나 외형적인 면보다는 성능에 의해 작성한다. 제품 또는 시스템의 요구 성능만 만족되면 제품의 종류 및 설치 방법은 수급인이 선택할 수 있도록 성능 시방(성능 검사 방법 포함)을 제시한다.

㈑ 설계 도면으로 성능을 만족시키려 하기 보다는 공사 시방서가 성능을 만족시키도록 작성한다.

㈒ 설계 도면과 일치되도록 작성하고 설계 도면과 일치된 용어를 사용한다.

㈓ 설계 도면에 표시된 내용과 중복되지 않게 작성한다. 시방서, 설계 도면, 내역서 등 모든 서류는 누락이나 중복, 혼돈을 배제하기 위해 상호 비교 · 검토할 충분한 시간이 필요하다.

㈔ 설계 도면과 공사의 수준에 적합하게 작성한다.

㈕ 소규모 공사를 위한 설계 도면에는 소규모 공사에 알맞은 시방을 작성한다.

㈖ 특정 상표나 상호, 특허, 디자인, 특정 원산지, 생산자 또는 공급자를 지정하지 않는다.

㈗ 표준 규격을 인용할 때는 국제 입찰 공사가 아닌 경우 국내 KS 규격을 우선 인용하고, 해당 KS가 있거나 없더라도 강화된 기준이 외국 규격에 있어서 이것을 인용하고자 하는 경우에는 외국 규격(규격명)을 인용한다.

㈎ 국제 입찰 대상 공사인 경우 국제 표준이 있을 때는 국제 표준을 기준으로 하고, 국제 표준이 없을 때는 국내 기술 법령의 공인 표준 또는 건축 규정을 기준으로 한다.

㈏ 외국 규격을 인용할 때는 내용이 서로 상충되지 않도록 한다.

㈐ KS 규격 등을 인용할 때는 기준이 공란으로 남아 있는 것을 그대로 인용하지 않도록 한다.

㈑ 참고 문헌을 인용할 때는 가능한 한 참고 문헌의 장, 절, 항목까지 구체적으로 인용한다. 예 "……에 대해서는 정보통신공사 표준 시방서의 제5장 '구내 방송 시설 공사'에 따른다."

㈒ 건축물의 전기/정보 통신 설비 공사의 경우 미리 건축 분야의 설계 도면을 검토한 다음, 이 설계 도면에 근거하여 공사 시방서를 작성한다.

㈓ 설계 기준은 설계 도면에 반영해야 할 경우가 많기 때문에 공사 시방서와 설계 도면의 내용이 달라질 수 있으므로 설계 기준은 포함하지 않는다.

㈔ 설계 도면에 꼭 표기하도록 인지시킬 필요가 있을 경우에는 이 사실을 분명히 밝히고 표기한다. 예 설치 방법은 설계 도면에 따른다.

5 제품 시방서의 작성 방법

(1) 제품 시방서의 작성

① **기술적 요건 :** 가구의 구조, 제작 시 기술적 요구사항, 가구의 작동에 관한 사항, 동작이나 사용에 필요한 허용 오차, 제작 방법, 제작 절차 등을 기입한다.

② **행정상의 요구사항 :** 사용처, 시공 방법, 제품의 납기, 품질 보증, 물품 계약 범위 등의 일반 조건 내용을 기술한다.

③ **기타 :** 발주자가 특별히 요구하는 사항, 해당 기준에 합당한 시험 검사에 관한 사항 등을 작성한다.

(2) 가구 제품 시방서에 포함해야 할 사항

① **재료 :** 가구 제작에 필요한 원자재, 부자재를 비롯하여 표면처리, 도료 및 접착제에 관한 모든 재료를 나열하고 상세하게 설명한다. 경우에 따라 재료의 샘플을 제시한다.

② **조립 :** 가구의 조립 순서 및 방법을 자세히 설명한다.

③ **도장 :** 도장의 재료, 방법 및 기준을 상세히 설명한다.

④ **기타 :** 도면과 앞에서 제시하지 못한 일반 사항 등을 모아 기술한다.

(3) 제품 시방서 작성 시 고려할 사항

① 재료의 구체적인 내용
② 가구 조립의 상세 내용
③ 도장 방법과 순서 작성
④ 품질 및 납기 방법
⑤ 파손 등의 책임 규명에 관한 사항
⑥ 기타 사항

(4) 제품 시방서 작성 시 유의사항

① 문장은 불필요한 낱말이나 구절을 피하고 간결하게 한다.
② 긍정문으로 알기 쉽게 기술한다.
③ 정확한 문법으로 직설적으로 기술한다.
④ 이해하기 쉽고 혼동이 발생하지 않도록 쉼표를 사용한다.
⑤ 필요한 모든 사항을 기재하며 반복하지 않는다.
⑥ 시방서 내용은 정확하고 통일된 용어를 사용한다.
⑦ 불가능한 사항은 기재하지 않는다. 제시된 작업을 완수할 수 없는 요인은 다음과 같다.
  ㈎ 시방서가 실행 불가능한 공사를 요구하는 것
  ㈏ 수급인이 공정한 시방서의 판독을 통해서도 문제를 알 수 없는 것
⑧ 모순된 항목은 기재하지 않는다.
⑨ 수급인과 발주의 책임 규명을 명확하게 작성한다.
⑩ KS와 같은 표준 규격의 참고사항을 기술할 때는 먼저 규격의 내용을 숙지한 후 인용한다.
⑪ 상투적인 표현을 반복 사용하거나 틀에 박힌 문구는 피한다.
⑫ 신기술을 포함하여 발주된 공사에 대해서는 특별한 사유가 없는 한 설계 변경을 통해 신기술을 일반 기술로 변경하지 못하도록 명시한다.
⑬ 공사 시방서, 도면, 내역서 간에 통일된 용어를 사용한다. 시방 용어는 다음 순서에 따라 적용할 것을 권한다.
  ㈎ 관련 법규 또는 법률 용어 사전에 정의되었거나 법규 내용 중 사용된 용어
  ㈏ 한국산업표준에 정의된 용어
  ㈐ 각 전문 분야별 기술 용어 사전에 정의된 용어
  ㈑ 한글맞춤법과 외래어맞춤법(교육부), 외래어용어집(국립국어연구원), 국어대사전(법제처), 쉬운말 사전(한글학회)에 정의된 용어

(5) 시방서 내용 서술 방법

① 주어와 목적어와 술어가 일치해야 한다.
② 목적어가 빠진 문구는 사용을 삼가한다.
③ 문장은 가능한 간결하면서도 의사 전달이 명확하도록 서술형 또는 명령형으로 쓴다.
④ 정확한 용어를 사용하며, 누구나 쉽게 이해할 수 있도록 쉽고 평이한 문장으로 쓴다.
⑤ 두 가지 이상의 뜻으로 해석되지 않도록 한다.
⑥ 한글의 사용을 원칙으로 하며 한문, 영어, 기타 언어의 표기가 필요한 경우에는 (　　　)를 사용하여 용어의 바로 옆에 표기한다.

예 | 상 | 문 | 제

시방서 작성 ◀

1. 다음 중 가구 제품 시방서 포함 사항이 아닌 것은?

① 재료 관련 사항
② 조립 관련 사항
③ 도장 관련 사항
④ 견적서 제출 장소

해설 가구 제품 시방서에 포함해야 할 사항
- 재료, 조립, 도장에 관련된 사항
- 도면과 앞에서 제시하지 못한 일반 사항

2. 다음 중 내용에 따른 시방서의 종류와 관련 없는 것은?

① 표준 시방서
② 일반 시방서
③ 서술 시방서
④ 특기 시방서

해설 서술 시방서는 작성 방법에 따른 분류에 해당한다.

3. 작성 방법에 따른 시방서 종류에 해당하지 않는 것은?

① 서술 시방서
② 성능 시방서
③ 참조 시방서
④ 개요 시방서

해설 개요 시방서는 사용 목적에 따른 분류에 해당한다.

4. 사용 목적에 따라 시방서를 분류했을 때 해당사항이 없는 것은?

① 참조 시방서
② 개요 시방서
③ 가이드 시방서
④ 자재 생산업자 시방서

해설 참조 시방서
- 자재 및 시공 방법에 대한 표준 규격으로 시방서를 작성할 때 활용할 수 있는 시방서이다.
- 참조 시방서는 작성 방법에 따른 분류에 해당한다.

5. 제품 시방서 작성 시 고려할 사항이 아닌 것은?

① 재료의 구체적인 내용
② 가구 조립의 상세 내용
③ 사용 부자재의 시중 가격에 관한 사항
④ 파손 등의 책임 규명에 관한 사항

해설 제품 시방서 작성 시 고려할 사항
- 재료의 구체적인 내용
- 가구 조립의 상세 내용
- 도장 방법과 순서 작성
- 품질 및 납기 방법
- 파손 등의 책임 규명에 관한 사항

정답 1. ④ 2. ③ 3. ④ 4. ① 5. ③

3-3 제품 시방서 작성 실무

1 가구 제작을 위한 제품 시방서 작성(예시-사업일반)

(1) 적용 범위

본 시방서는 ○○○회사 ○○실 ○○용 가구 제작 · 구매에 적용하며, 항목별 작업 내용을 준수하여 작업을 진행한다.

(2) 사용 용어 정의

① **표준 시방서 :** 국토교통부 제정 건축작업의 표준이 되는 시방서
② **발주자 :** 작업을 관리 및 검수하는 ○○사 관리부
③ **수급자 :** 작업을 맡아 제작하는 자
④ **공정표 :** 작업 추진을 위해 작업 순서 등을 기록한 시행 세부 공정표
⑤ **시공도 :** 작업 시 필요한 공작도로, 수급자가 작성 및 제출하는 도면
⑥ **사양서 :** 회의용 가구 제품별 제작 사양이 담긴 자료

(3) 공정 및 시공 계획서

① 수급자는 착공 전에 공정표 및 시공 계획서(시공도 포함)를 작성하여 본사 관리부의 승인을 받는다.
② 시방서와 시공도의 내용은 상호 보완되어야 하며, 서로 다를 경우 본사 관리부의 지시에 따른다.
③ 작업에 사용되는 자재는 품질 기준에 적합한 신품을 사용해야 하며, 시방서에 명시된 규격과 동등 이상의 품질을 가진 제품 및 자재를 사용해야 한다.
④ 현장 마무리 맞춤 등의 이유로 재료의 설치 위치, 공법의 사소한 변경 또는 이에 수반하는 약간의 수량 증감 등 경미한 변경은 본사 관리부의 지시에 의한다. 이때 도급액의 증감은 없다.

(4) 품질 검사

가구 제작 및 납품 단계마다 사업단의 품질 검사를 받고 진행한다.

(5) 가구 납품

① 제작 완료된 가구는 정해진 기일에 맞춰 설치 장소에 납품해야 한다.
② 기존에 배치된 가구의 폐기가 필요할 경우에는 회수하여 폐기해야 한다.

2 가구 제작을 위한 재료 시방서 작성(예시)

(1) 일반 사항

본 시방서는 사무용 가구 제작을 위한 재료, 규격, 제작 사양, 설치에 적용한다.

(2) 재료(공통 사항)

① 목재

㈎ 국산, 외국산에 관계없이 거심이나 마디와 흠이 없고 비틀림, 찍힘, 썩음, 해충에 대한 해가 없는 양재를 사용한다.

㈏ 화장재는 목리, 색조가 균등한 우량재로 견본과 같은 것을 사용한다.

㈐ 함수율은 천연 건조에 의해 25% 이하로 한 다음, 인공 건조에 의해 10% 이내인 것으로 한다.

㈑ 살충 처리된 것을 2주 이상 실내에 자연 방치하여 12~13%로 안정하게 한 것을 사용한다.

② 무늬목

㈎ 재질, 목리, 색조 등은 특히 엄선하여 사용하고, 건조에 의해 품질이 손상되지 않도록 주름 없애기를 해서 함수율 5% 정도로 건조한 것을 사용한다.

㈏ 나뭇결의 상태는 곧은 나뭇결을 원칙으로 하고, 이음 방법은 시방서에 의하거나 사업단과 협의하여 결정한다.

㈐ 무늬목의 폭은 곧은결의 경우 100~200mm로, 엇결의 경우 150mm 이상으로 한다.

③ 합판

㈎ 마디 갈라짐, 썩음 등이 없는 양질의 것으로, 따로 지정하지 않으면 6mm 두께 이상의 합판을 사용한다.

㈏ 보이는 곳에 사용하는 합판은 양면을 합친 합판 1급으로 하고, 보이지 않는 곳에 사용하는 합판은 양면을 합친 합판 2급 이상의 것을 사용한다.

④ 성형 합판

성형 합판의 심재는 두께 12mm 정도에 함수율 5% 정도의 것을 사용한다.

⑤ 적층재

㈎ 두께와 폭의 비율은 2 : 3 이하로 한다.

㈏ 보강재 위에 직접 무늬목을 접착하지 않고 양면에 나왕 6mm 이상의 합판을 압축하여 부착한다.

⑥ **플러시재**

(가) 심재는 앞서 기술한 함수율까지 건조한 양질의 동등한 물건을 사용한다.

(나) 틀은 부착 철물의 위치를 확인한 다음, 상의 간격을 갑판류는 90mm 이내, 다른 것은 180mm 이내로 한다. 규격은 9mm 이상, 기타는 6mm 이상의 합판을 양면에 압접하고 지정 마감재로 마감한다.

⑦ **강철재**

(가) 앵글 플레이트, 봉, 관 등은 KS 규격 중 일반 구조용 규격에 적합한 것으로, 스프링은 경인 강선 또는 스프링 강재의 규격에 적합한 것으로 하며, 방청을 위해 에나멜 칠을 한다.

(나) 나사, 목나사, 볼트류도 KS 규격에 적합한 것으로 하며, 방청을 위해 아연 도금한 것으로 한다.

⑧ **비철금속**

동, 황동, 알루미늄 등 비철금속 및 이러한 제품은 모두 KS 규격품으로 한다.

⑨ **기타 금속**

(가) 바닥면, 선반대, 천장 등에 설치하는 경우는 현장을 조사하고 인서트, 앵커 볼트류는 사용 목적에 따른 형상, 재질, 지지력 등을 고려하여 설치할 때 지지력이 충분한 부재를 선택한다.

(나) 하중을 받는 것은 실제 하중의 3배 이상의 지지력을 갖는 것으로 한다.

⑩ **기성 금속 제품** : 파이프, 앵글, 알루미늄 주름관, 의자용 각종 부품류, 핸들, 손잡이, 경첩, 자물쇠류 등 기타 기계 부품은 미리 견본품을 협의하여 선택하고 설치한다.

⑪ **피혁**

(가) 흠이 없는 피혁을 사용한다.

(나) 염색 시에는 특히 유의하여 변색이나 퇴색, 얼룩이 없도록 정교하게 염색한다.

⑫ **의자재 표면 마감** : 일반 얼룩이나 염색 얼룩이 없는 것, 퇴색 우려가 없는 것을 사용한다.

3 가구 제작을 위한 제품 시방서의 예시 1

사무용 3단 이동 서랍장 시방서 사례

제품명	규격	색상	수량	비고
힘멜 3단 이동 서랍장	394×600×631	WH	5EA	기성 제품
제품 코드(모델명) : FDP0303				
정품 공급 확인서 제출 필요				
시공 및 설치 포함 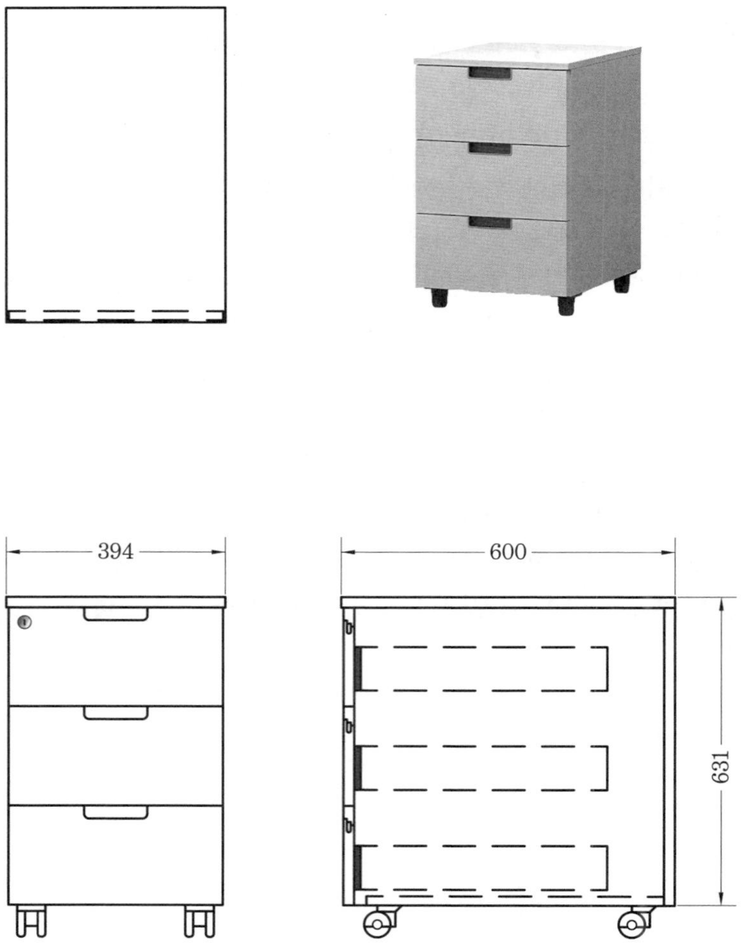				

394
600
631

4 가구 제작을 위한 제품 시방서의 예시 2

사무용 3단 이동 서랍장 시방서 사례

제품명	퍼시스 3단 이동 서랍장
규격	350×445×565
서랍 안지름 W260×D330×H50 (2칸 사이즈 동일) 서랍 안지름 W260×D330×H100	12, 120, 120, 210, 565, 350, 445
상판	28mm 파티클 보드[E1] 위에 윗면 LPM 접착, 밑면은 backer(점착용) 접착한 상태에서 테두리 에지를 열압 접착하여 마감
측판	15mm 파티클 보드[E1] 위에 양면 LPM 접착 후 에지를 열압 접착하여 마감
하판	18mm 파티클 보드[E1] 위에 양면 LPM 접착 후 에지를 열압 접착하여 마감
후판	3mm MDF 위에 양면 종이를 접착하여 마감
서랍 전판	18mm 파티클 보드[E1] 위에 양면 LPM 접착 후 에지를 열압 접착하여 마감
서랍 내부	간단한 필기도구를 정리할 수 있는 기능의 펜 서랍과 A4 서류를 가로, 세로로 보관할 수 있는 규격의 디바인더를 내장할 수 있는 기능의 성형 사출 마감
레일	서랍 몸통이 완전히 빠지는 풀 익스텐션형으로, 상하에 볼 베어링을 내장한 3단 레일 구조
손잡이	알루미늄 재질의 일자형 손잡이
잠금장치	금속 재질의 성형물로, 코어가 다른 200종류 이상의 것을 사용
조절용 다리	성형 사출물
캐스터	성형 사출물

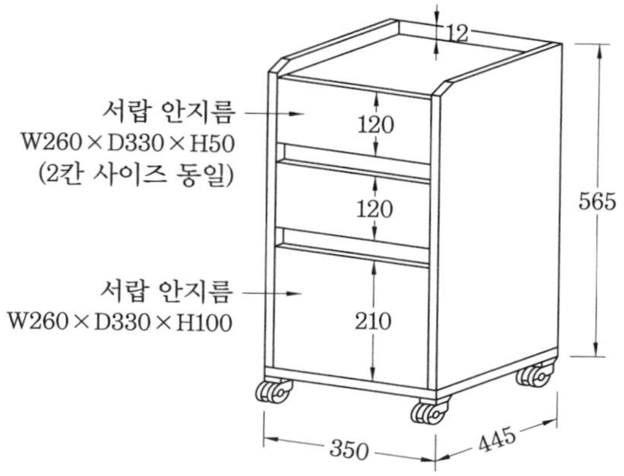

제 4 장 2D CAD 프로그램의 사용

4-1 개요(OVERVIEW)

1 초기 화면

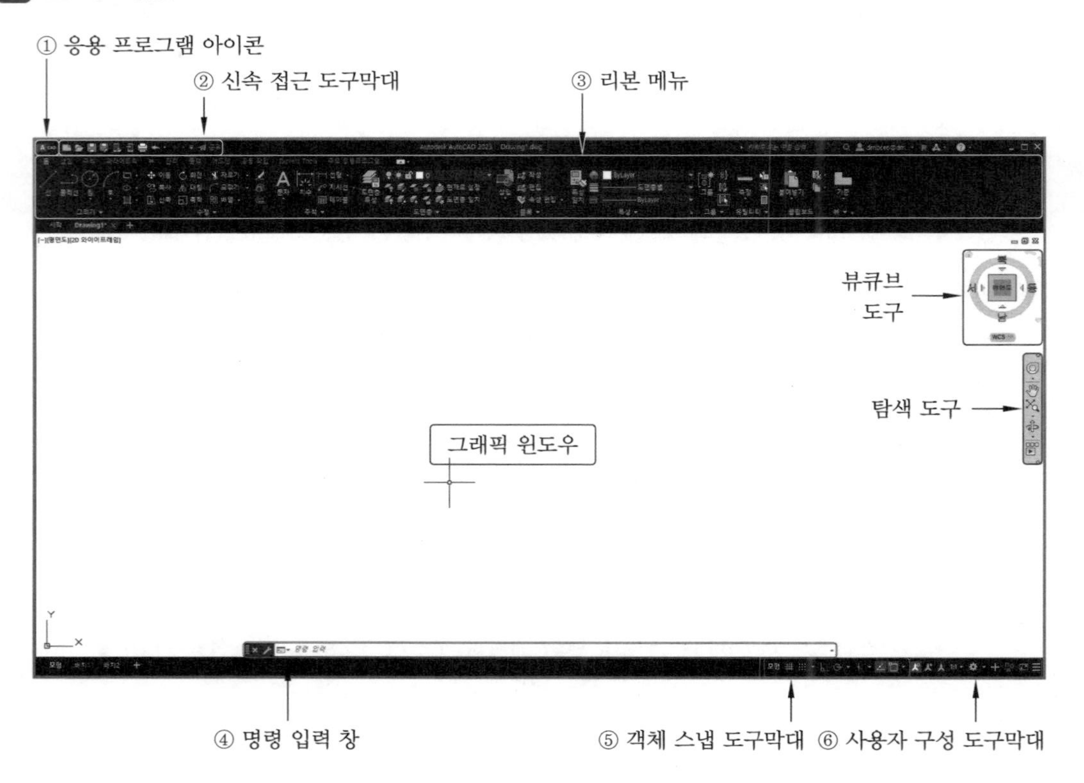

2 AutoCAD 명령 실행 방식

① 응용 프로그램 아이콘

(가) 새로 만들기(새 도면 작성), 열기, 저장, 게시, 인쇄 등 파일 작업 명령이 표시된다.

(나) 최근 작업한 도면 리스트를 정렬 조건을 부여하여 나열할 수 있다.

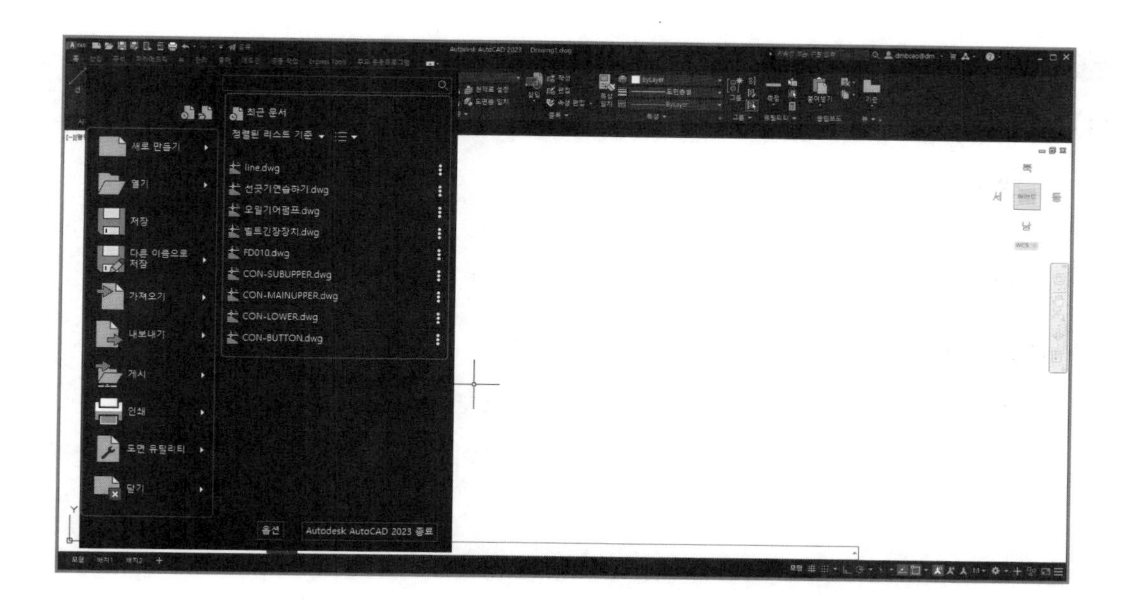

② 신속 접근 도구막대

③ 리본 메뉴

④ 명령 입력 창

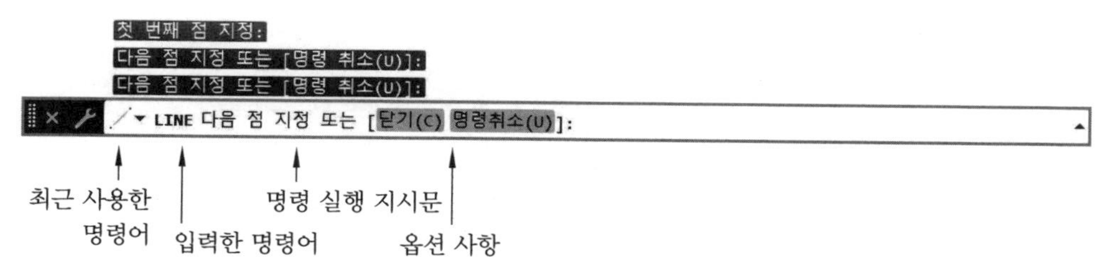

⑤ 객체 스냅 도구막대

⑦ 탐색도구

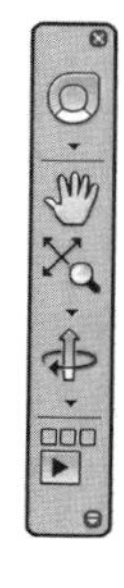

⑥ 사용자 구성 도구막대

2 파일 관리

(1) 열기

① **명령** : OPEN
② 신속 접근 도구막대에서 열기
③ 응용 프로그램에서 열기

(2) 저장 및 다른 이름으로 저장

① 응용 프로그램 아이콘 → 저장, 다른 이름으로 저장
② 같은 DWG 확장자라도 다양한 버전이 존재하므로 추후 작업의 용이성을 고려하여 확장자를 결정한다.

참고

- 최신 버전의 확장자를 사용하면 이전 버전에서는 파일이 열리지 않을 수 있다.
- 단축키 Ctrl+S를 더 많이 사용한다.

3 객체 스냅

① 도면 작업에서 가장 많이 사용하는 기능으로, 정점을 찾을 때 도움이 된다.
② 객체 스냅 모드에서 객체 스냅 켜기에 ☑ 체크하면 객체를 편리하게 선택할 수 있다.
③ 객체 스냅 도구막대에서 객체 스냅 켜기를 On/Off시킬 수도 있다.

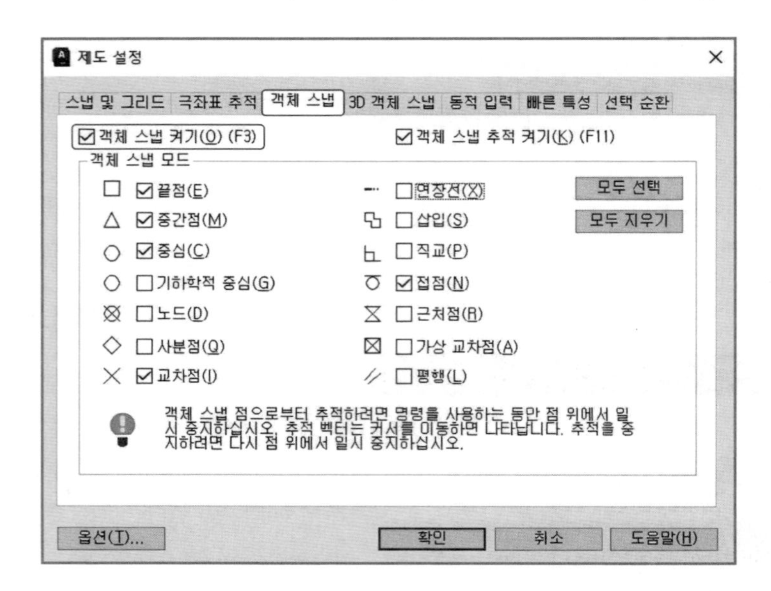

4 한계 영역 설정과 윤곽선 설정

(1) 한계 영역 설정

① **명령** : LIMITS

② 왼쪽 아래 좌표와 오른쪽 위 좌표를 입력하여 작업 한계 영역 치수를 기입한다.

③ Limits 기능이 On 상태이면 설정된 영역 밖에서는 어떤 형상도 그릴 수 없다.

예 도면 영역을 A2(594×420)로 설정하기

- 명령 : LIMITS
- 왼쪽 아래 구석점 지정 또는 [켜기(On)/끄기(Off)] : 0, 0
- 오른쪽 위 구석점 지정 : 594, 420

(2) 윤곽선 작도

① 사각형 명령(REC)을 이용하여 왼쪽 선은 20mm의 폭을, 다른 윤곽은 10mm의 폭을 설정한다.

② 윤곽선은 0.7mm 굵기의 실선으로 그린다.

(3) 중심 마크의 작도

① 중심 마크는 구역 표시의 경계에서 시작하여 도면의 윤곽선을 지나 10mm까지 그린다.

② 중심 마크는 0.7mm 굵기의 실선으로 그린다.

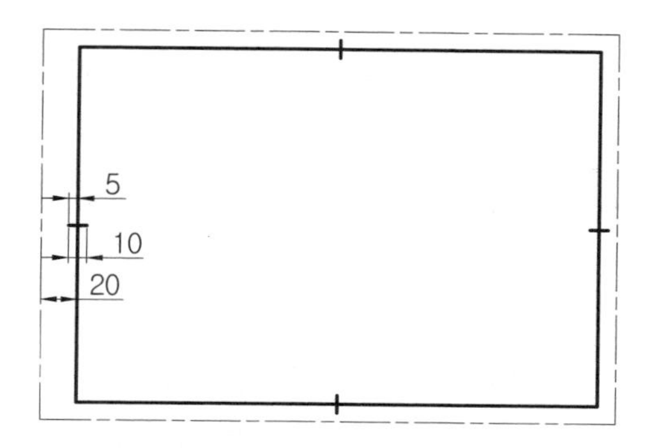

(4) 저장

응용 프로그램 아이콘 → 다른 이름으로 저장 → 파일명 입력 → 확인

4-2 도면 작성(DRAWING)

1 선 그리기

● **명령 : LINE, 단축명령 : L,**

① **절대좌표 :** X축과 Y축이 이루는 평면에서 두 축이 만나는 교차점을 원점(0, 0)으로 지정하고, 원점으로부터의 거리값을 좌표로 표시한다.

② **상대좌표**

(가) 마지막으로 입력한 점을 원점으로 하여 X축과 Y축의 변위를 좌표로 표시한다.

(나) @ : 마지막으로 입력한 점을 원점으로 상대좌표를 표시한다.

③ **절대극좌표 :** X축과 Y축이 이루는 평면에서 두 축이 만나는 교차점을 원점으로 하여 원점으로부터 거리와 X축과 이루는 각도를 좌표로 표시한다.

④ **상대극좌표 :** 마지막에 입력한 점을 시작점(0, 0)으로 하여 X축과 Y축의 변위를 좌표로 표시한다.

2 원 그리기

● **명령 : CIRCLE, 단축명령 : C,** 

① **반지름 입력**

(가) 반지름(R)을 입력하여 원을 그린다.

(나) 원의 중심점 지정 : 원의 중심점(P1)을 클릭하거나 좌푯값을 입력한다.

(다) 원의 반지름 지정 : 원의 반지름(P2)을 클릭하거나 반지름을 입력한다.

② **지름 입력**

(가) 지름(D)을 입력하여 원을 그린다.

(나) 원의 중심점 지정 : 원의 중심점(P1)을 클릭하거나 좌푯값을 입력한다.

(다) 원의 지름 지정 : 원의 지름(P2)을 클릭하거나 지름을 입력한다.

③ **3점(3P) 입력 :** 세 점 P1, P2, P3를 입력하여 세 점을 지나는 원을 그린다.

④ **2점(2P) 입력 :** 두 점 P1, P2를 입력하여 두 점을 지나는 원을 그린다.

⑤ **TTR(접선 접선 반지름) 입력 :** 반지름을 입력하여 두 선과 교차하는 원을 그린다.

⑥ **TTT(접선 접선 접선) 입력**

(가) 세 점을 지나는 원을 그린다.

(나) 세 접선(L1, L2, L3)을 이용한 원을 그린다.

3 호 그리기

- **명령 : ARC, 단축명령 : A,**

① **3점(3P) :** 세 점을 지나는 호
② **시작점, 중심점, 끝점 :** 시작점, 중심점, 끝점이 있는 호
③ **시작점, 중심점, 각도 :** 시작점, 중심점, 각도가 있는 호
④ **시작점, 중심점, 길이 :** 시작점, 중심점, 호의 길이가 있는 호
⑤ **시작점, 끝점, 각도 :** 시작점, 끝점, 사잇각이 있는 호
⑥ **시작점, 끝점, 방향 :** 시작점, 끝점, 시작점에서 접선의 방향이 있는 호
⑦ **시작점, 끝점, 반지름 :** 시작점, 끝점, 반지름이 있는 호
⑧ **중심점, 시작점, 끝점 :** 중심점, 시작점, 끝점이 있는 호
⑨ **중심점, 시작점, 각도 :** 중심점, 시작점, 사잇각이 있는 호
⑩ **중심점, 시작점, 길이 :** 중심점, 시작점, 현의 길이가 있는 호

4 사각형 그리기

- **명령 : RECTANG, 단축명령 : REC,**

① 대각선 방향의 두 점을 이용하여 사각형을 그리는 명령이다.
② Line 명령보다 효율적으로 그릴 수 있다.

- **옵션**

① **모따기(C) :** 모서리가 모따기된 형태로 사각형을 그린다.
② **고도(E) :** 레벨을 지정하여 사각형을 그린다.
③ **모깎기(F) :** 모서리가 라운딩된 형태로 사각형을 그린다.
④ **두께(T) :** 두께가 있는 사각형을 그린다.
⑤ **폭(W) :** 지정된 폭을 가진 사각형을 그린다.
⑥ **회전(R) :** 입력한 각도를 가진 사각형을 그린다.

5 다각형 그리기

- **명령 : POLYGON, 단축명령 : POL,**

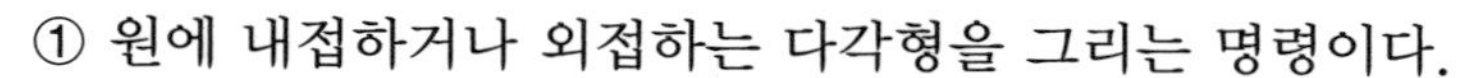
① 원에 내접하거나 외접하는 다각형을 그리는 명령이다.
② 3각형~1024각형까지 다각형을 그릴 수 있다.

6 타원 그리기

- **명령 : ELLIPSE, 단축명령 : EL,**

① 장축과 단축으로 정의된 타원을 그리는 명령이다.
② 시작 각도와 끝 각도까지 정의하여 타원형 호를 그릴 수 있다.

4-3 편집(EDIT)

1 지우기

- **명령 : ERASE, 단축명령 : E,** 

① 도면에서 선택적으로 객체를 삭제할 때 사용하는 명령이다.
② 삭제하고자 하는 객체를 먼저 선택한 후 Del 키를 사용한다.
③ 옵션을 이용하지 않고 마우스로 객체를 하나씩 선택하여 삭제한다.

- **옵션**

① **모두(ALL)** : 객체를 모두 선택하여 삭제한다.
② **울타리(F)** : 울타리 선에 걸친 객체만 선택하여 삭제한다.
③ **윈도우(W)** : 선택 상자 안으로 완전히 포위된 객체만 선택하여 삭제한다.
④ **걸치기(C)** : 윈도우(W)와 울타리(F)를 동시에 사용하는 결과와 같다.

2 자르기

- **명령 : TRIM, 단축명령 : TR,** 

① 경계선을 기준으로 객체를 자를 때 사용하는 명령이다.
② 경계선을 지정하고 객체를 선택하여 자른다.

- **옵션**

① **울타리(F)** : 선택한 기준선에 교차하는 모든 객체를 자른다.
② **걸치기(C)** : 두 개의 점에 의해 정의된 직사각형에 포함되거나 교차하는 객체를 자른다.
③ **프로젝트(P)** : 3차원으로 자른다.

④ **모서리(E)** : 경계선을 연장하여 자른다.
⑤ **지우기(R)** : 선택한 객체를 삭제한다.
⑥ **명령 취소(U)** : 자른 객체를 원상 복구시킨다.

- **Trim 명령 실행 중 객체 연장하기**
① 객체 선택 시 [Shift] 키를 누른 상태에서 선택하면 Trim하는 대신 연장이 된다.
② 명령 : TR [Enter↵]
③ 객체 선택 또는 〈모두 선택〉 : 경계선 클릭 [Enter↵]

3 연장하기

- **명령 : EXTEND, 단축명령 : EX,**

① 선택한 객체의 길이를 연장할 때 사용하는 명령이다.
② 경계선(기준선)을 지정하지 않고 [Enter↵]를 두 번하면 모든 선이 경계선이 되어 쉽게 연장할 수 있다.

4 모깎기

- **명령 : FILLET, 단축명령 : F,**

교차하는 두 선, 원, 호에 반지름을 지정하여 모서리를 둥글게 해주는 명령이다.

- **옵션**
① **명령 취소(U)** : 명령 이전의 동작으로 전환한다.
② **폴리선(P)** : 2D 폴리선의 모깎기를 적용한다.
③ **반지름(R)** : 반지름을 지정한다.
④ **자르기(T)** : 모서리 절단 여부를 설정한다. 자르기(T), 자르지 않기(N)
⑤ **다중(M)** : 두 세트 이상의 객체 모서리를 둥글게 한다.

5 모따기

- **명령 : CHAMFER, 단축명령 : CHA,**

교차하는 두 선의 교차점을 기준으로 잘라낼 때 사용하는 명령이다.

6 간격 띄우기

● **명령 : OFFSET, 단축명령 : O,**

① 지정된 간격 또는 점을 통과하는 평행한 객체를 생성할 때 사용하는 명령이다.
② 간격을 주고 객체를 선택한 후 그려지는 방향을 클릭한다.
③ 원이나 호에서는 원이나 호의 외부 또는 내부를 클릭하면 된다.

● **옵션**

① **통과점(T)** : 지정한 스냅점까지 간격을 띄운다.
② **지우기(E)** : 지정된 원본 객체를 보존할 것인지 지울 것인지 설정한다.
③ **도면층(L)** : 오프셋한 사본 객체를 원본 객체의 Layer층에 종속시키거나 현재 활성화된 Layer층에 종속시킨다.
④ **종료(E)** : 오프셋 명령을 종료한다.
⑤ **명령 취소(U)** : 잘못 오프셋한 객체를 오프셋 이전으로 되돌린다.
⑥ **다중(M)** : 반복적으로 지정된 1개의 거리값이나 여러 개의 통과점을 사용하여 오프셋한다.

7 복사하기

● **명령 : COPY, 단축명령 : CO 또는 CP,**

작도된 객체를 원래의 객체와 같은 형상 및 척도를 유지하면서 복사하는 명령이다.

8 이동하기

● **명령 : MOVE, 단축키 : M,**

① 선택한 객체의 위치를 이동할 때 사용하는 명령이다.
② 현재 위치에서 방향과 크기의 변화 없이 원하는 위치로 이동한다.

9 대칭 이동하기

● **명령 : MIRROR, 단축명령 : MI,**

① 객체를 기준 축 중심으로 대칭 이동시킬 때 사용하는 명령이다.
② 두 점으로 이루어지는 축을 지정한다.

10 배열하기

- **명령 : ARRAY, 단축명령 : AR,**

① 객체를 일정 간격으로 배열할 때 사용하는 명령이다.

② 가로, 세로로 배열하는 직사각형 배열과 기준 축을 중심으로 회전시켜 배열하는 원형 배열이 있다.

- **명령 : ARRAYCLASSIC**

① AutoCAD에서 객체 배열 시 나타나는 작업 창을 생성하는 명령이다(2012버전 이후).

② 기본으로 사용하는 배열하기(Array)보다 편리하여 더 많이 사용한다.

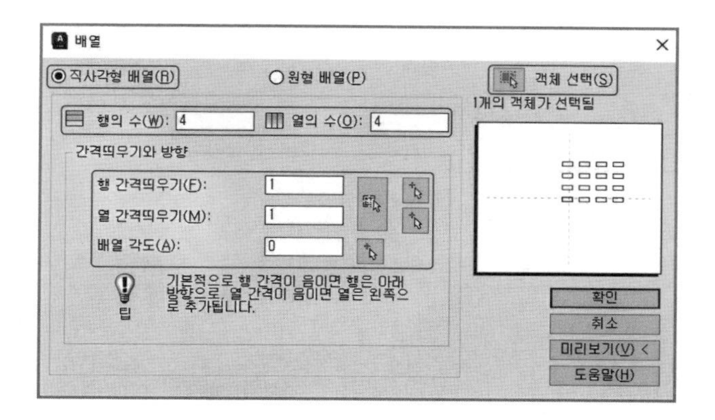

4-4 해칭(HACHING)

1 해칭하기

- **명령 : HATCH, 단축명령 : H,**

① 닫힌 형태(폐구간)인 객체 또는 영역 내를 선택하여 세 가지 방법(해치 패턴, 솔리드, 그라데이션)으로 그 안을 채우는 명령이다.

② **내부 점 선택(K)** : 닫힌 영역 안에 임의의 한 점을 지정하면 영역을 둘러싸는 해치를 채울 경계가 결정된다.

③ **객체 선택(S)** : 닫힌 형태로 객체를 하나하나 선택하여 해치를 채울 경계를 결정한다.

- **옵션**

① **경계** : 해치 영역의 선택 방법은 내부 점 선택, 객체 선택 중 하나를 지정하여 영역을 둘러싸는 해치 경계를 결정한다.

② **패턴** : 90가지 이상의 해치 패턴이 들어있는 라이브러리 항목으로 ANSI 및 ISO 또는 기타 업종 표준 패턴 등을 선택할 수 있다.

③ **특성** : 해치 패턴은 패턴, 솔리드, 그라데이션 중 하나를 지정하여 해치 색상, 배경색, 해치 투명도, 각도, 해치 패턴 축척(간격) 등의 특성을 설정한다.

④ **원점** : 해치 패턴 삽입 시 적용되는 시작 위치를 설정한다.

⑤ **옵션** : 해치 영역이 삽입된 해치와 연관되도록 지정할 때, 해치가 주석이 되도록 지정할 때, 미리 삽입된 해치로 특성을 일치시키고자 할 때 사용한다.

2 해칭 수정하기

- **명령 : HATCHEDIT, 단축명령 : HE,** 

이미 작성된 기존 해치의 조건을 수정할 수 있는 명령이다.

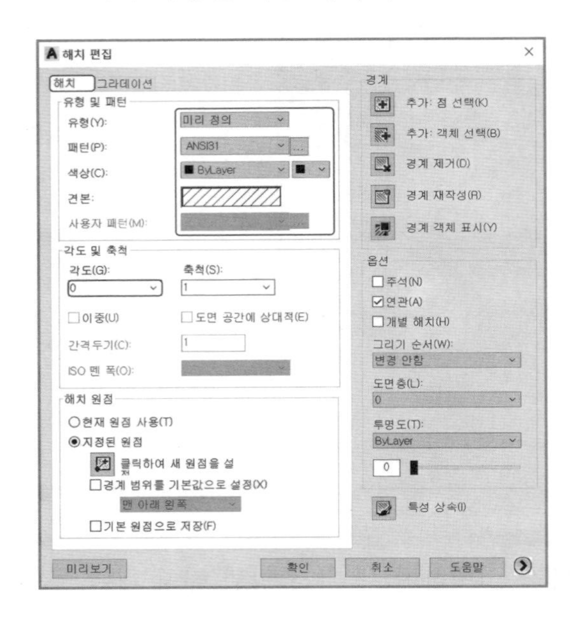

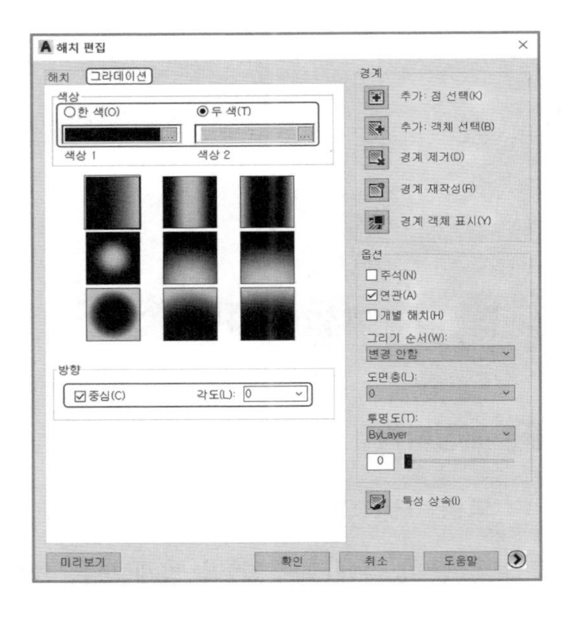

4-5 도면층(LAYER)

1 레이어 만들기

- **명령 : LAYER, 단축명령 : LA,** 

도면층을 사용하여 객체의 색상과 선 종류 등의 특성을 지정하고, 화면상에서 객체의 표시 여부를 결정하는 명령이다.

2 레이어 설정

① **색상 :** 색상의 [흰색]을 클릭하면 색상 변경이 가능하다.
② **선 종류 :** 선 종류의 [Continuous]를 클릭하여 선 종류 대화상자에서 원하는 선을 선택한다. 원하는 선이 없을 경우 [로드]를 클릭하여 선택한다.
③ **선 가중치 :** 선 가중치의 [기본값]을 클릭하여 원하는 굵기를 선택한다.

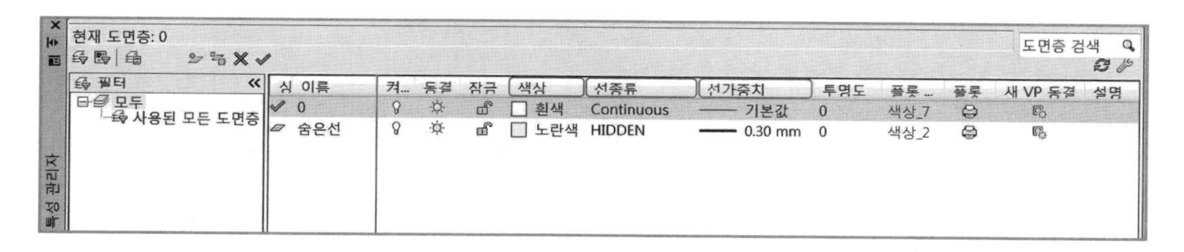

4-6 치수 기입(DIMENSION)

1 치수 스타일 만들기

- **명령 : DIMSTYLE, 단축명령 : D,** 

(1) 치수 스타일 관리자

① **현재로 설정 :** 작성된 유형 하나를 선택하여 활성화한다.
② **새로 만들기 :** 새로운 치수 유형을 만든다.
③ **수정 :** 작성된 유형을 선택하여 수정한다.
④ **재지정 :** 특정 치수 유형을 임시로 재지정하여 사용한다.

(2) 치수선, 치수 보조선 설정

① 색상, 선 종류, 선 가중치를 별도 지정하는 것보다 ByLayer로 지정하면 도면층 설정과 연동되므로 편리하다.

② 기준선 간격은 10mm로 설정한다.

③ 치수 보조선은 치수선 너머로 2mm 길게 연장하여 설정한다.

④ 원점에서 간격 띄우기는 외형선에서 치수 보조선까지의 간격이 1mm 떨어지게 설정하여 외형선과 치수 보조선을 혼돈하지 않도록 한다.

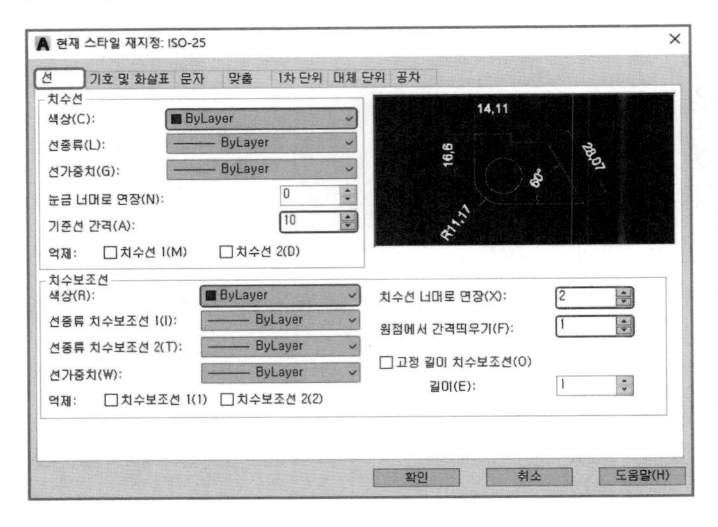

(3) 기호 및 화살표 설정

① 화살촉과 지시선은 [닫고 채움]을 선택하고 화살표의 크기는 3mm로 설정한다.

② 중심 표식은 [표식(M)]에 체크한 다음 2.5mm로 설정한다.

③ 치수 끊기에서 끊기 크기는 [3.75]로 설정한다.

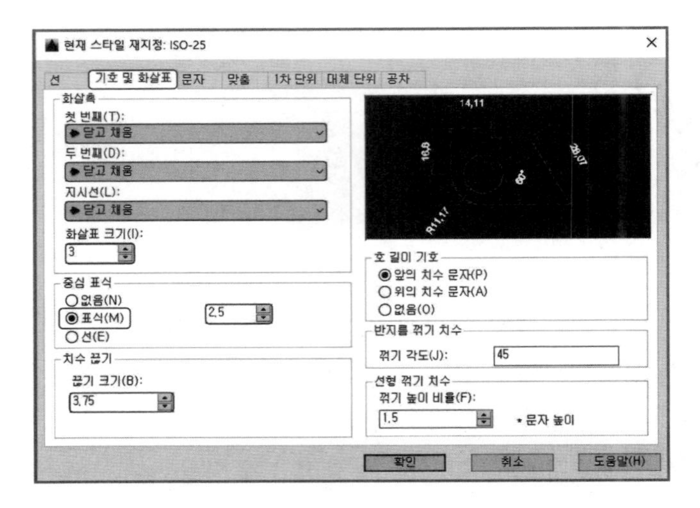

(4) 문자 설정

① 문자 스타일은 [굴림]을 선택한다.
② 문자 색상은 [노란색]을 선택한다.
③ 문자 높이는 3.5mm로 설정한다.
④ 문자 배치에서 [수직(V) : 위, 수평(Z) : 중심, 뷰 방향(D) : 왼쪽에서 오른쪽으로]를 설정한다.
⑤ 치수선과 문자 사이의 간격은 0.5mm로 설정한다.

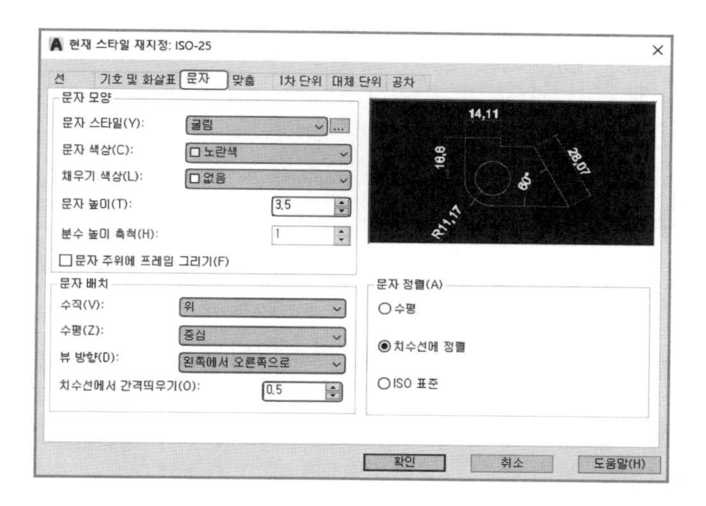

(5) 1차 단위

① 선형 치수에서 단위 형식은 [십진]으로 설정한다.
② 소수 구분 기호는 ['.'(마침표)]로 설정한다.
③ 각도 치수에서 단위 형식은 [십진 도수]로 설정한다.

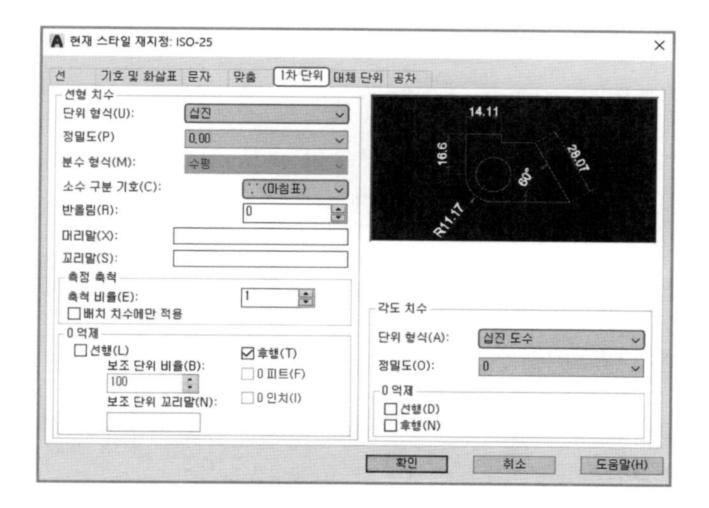

2 지름 치수 기입하기

● **명령 : DIMDIAMETER, 단축명령 : DIMDIA, DDI,**

원이나 호 객체에 지름(ϕ) 치수를 기입하는 명령이다.

3 반지름 치수 기입하기

● **명령 : DIMRADIUS, 단축명령 : DIMRAD, DRA,**

원이나 호 객체에 반지름(R) 치수를 기입하는 명령이다.

4 호의 길이 치수 기입하기

● **명령 : DIMARC, 단축명령 : DAR,**

일반 호나 폴리선 호의 치수를 기입하는 명령이다.

5 각도 치수 기입하기

● **명령 : DIMANGULAR, 단축명령 : DIMANG, DAN,**

직선이나 원, 호 객체에 각도(°) 치수를 기입하는 명령이다.

6 빠른 치수 기입하기

● **명령 : QDIM, 단축명령 : QD,**

반지름, 지름, 각도 등을 자동으로 인식하여 빠른 치수 기입을 하는 명령이다.

7 빠른 지시선 작성하기

● **명령 : QLEADER, 단축명령 : LE,**

지시선 유형의 기입 방법, 내용의 위치를 설정하여 설정된 형태로 빠르게 지시선을 기입하는 명령이다.

4-7 문자 입력 및 수정(TEXT)

1 문자 스타일 만들기

- **명령 : STYLE, 단축명령 : ST,**

글꼴, 크기, 기울기, 각도, 방향 등을 설정하여 문자 유형을 작성한다.

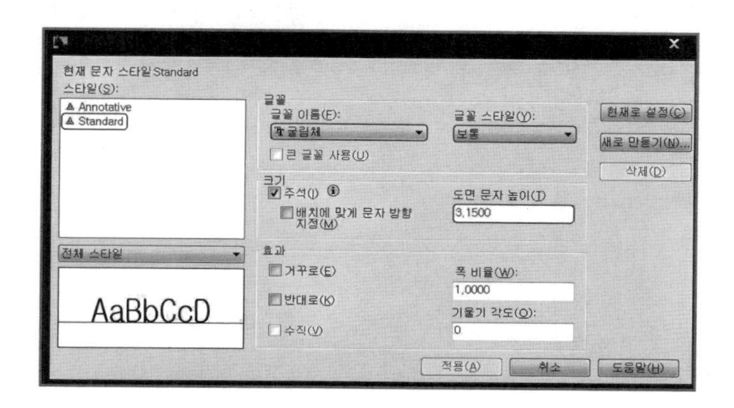

2 한 줄 문자 입력하기

- **명령 : TEXT, DTEXT, 단축명령 : DT,**

짧고 간단한 단일 행 문자를 한 줄 단위로 입력한다.

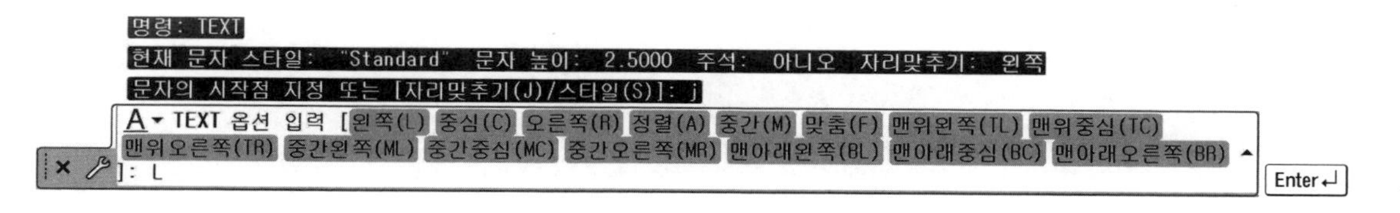

① **명령** : DT Enter↵

② **문자의 시작점 지정 또는 [자리 맞추기(J), 스타일(S)]** : J Enter↵

③ **문자의 시작점 지정** : 시작점 클릭

④ **문자의 높이 지정 〈2.5000〉** : 3.15 Enter↵

⑤ **문자의 회전 각도 지정 〈θ〉** : 0 Enter↵

⑥ 문자 입력 후 Enter↵

3 여러 줄 문자 입력하기

- **명령 : MTEXT, 단축명령 : T, MT,** A

여러 개의 문자 단락을 하나의 객체로 작성한다.

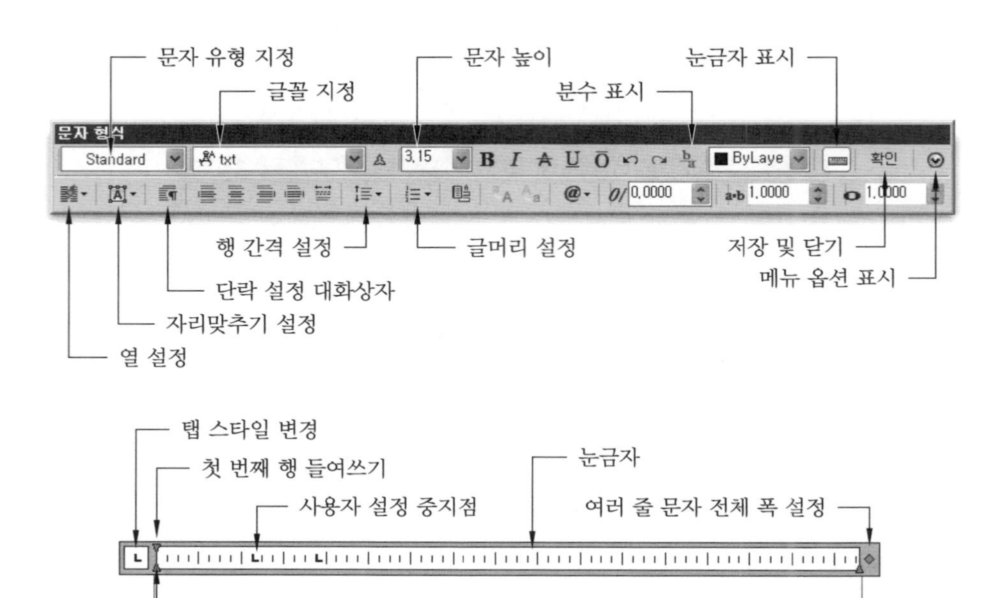

4 특수 문자 입력하기

특수 문자를 삽입할 경우 문자 앞에 %%를 입력한다.

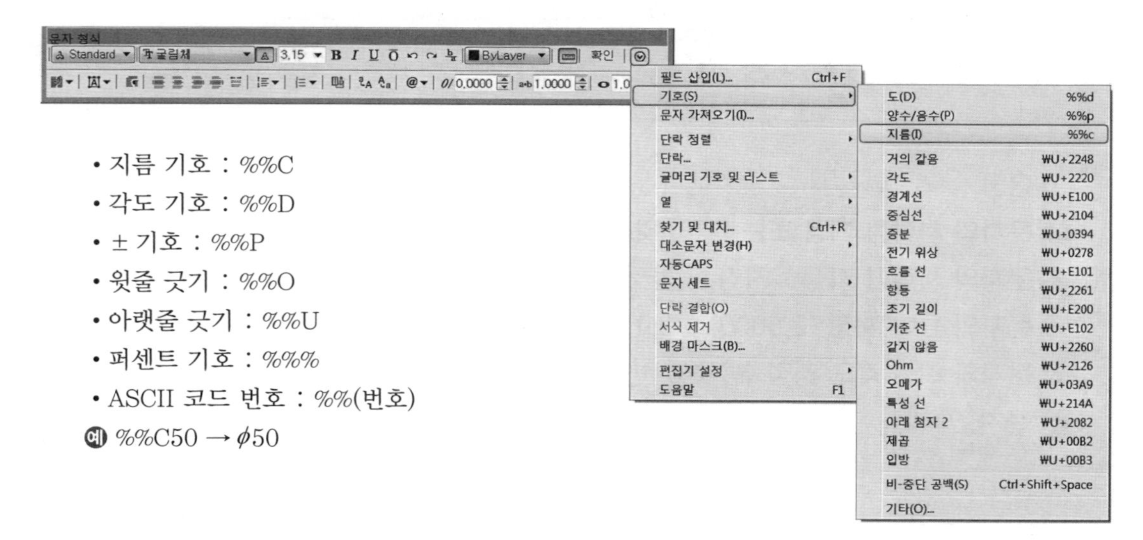

- 지름 기호 : %%C
- 각도 기호 : %%D
- ± 기호 : %%P
- 윗줄 긋기 : %%O
- 아랫줄 긋기 : %%U
- 퍼센트 기호 : %%%
- ASCII 코드 번호 : %%(번호)

예 %%C50 → ϕ50

5 빠른 문자 입력하기

- **명령 : QTEXT**

  입력된 모든 문자를 문자 대신 테두리(경계)로만 표시한다.

6 문자 검사하기

- **명령 : SPELL, 단축명령 : SP**

  도면의 모든 문자를 검사한다.

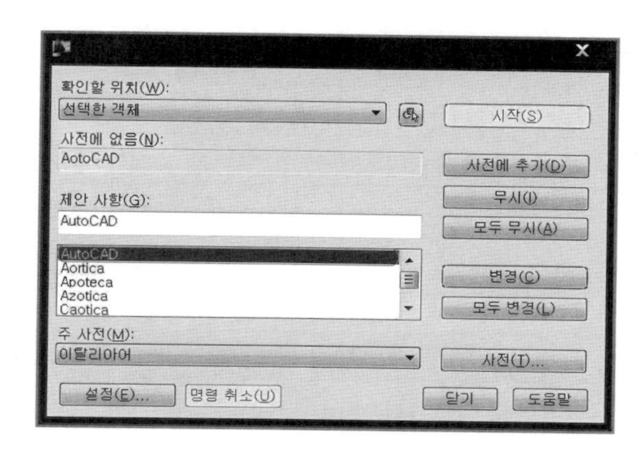

7 문자 수정하기

- **명령 : DDEIT, 단축명령 : ED**

  입력한 텍스트를 수정한다.

4-8 도면 출력(PLOT)

1 PLOT

- **명령 : PLOT, 단축명령 : PLO, Ctrl + P**

  완성된 도면을 프린터, 플로터 또는 PDF 형식의 전자 파일 등으로 출력한다.

4-9 단축키와 명령어

1 도형 그리기 명령

단축명령	명 령	내 용	단축명령	명 령	내 용
L	LINE	선 그리기	C	CIRCLE	원 그리기
A	ARC	호 그리기	REC	RECTANGLE	사각형 그리기
POL	POLYGON	정다각형 그리기	EL	ELLIPSE	타원 그리기
XL	XLINE	무한선 그리기	ML	MLINE	다중선 그리기
PL	PLINE	폴리라인 그리기	SPL	SPLINE	스플라인 그리기
DO	DONUT	도넛 그리기	PO	POINT	점 찍기

2 도형 편집 명령

단축명령	명 령	내 용	단축명령	명 령	내 용
E	ERASE	지우기	M	MOVE	이동하기
EX	EXTEND	연장하기	TR	TRIM	자르기
CO	COPY	복사하기	O	OFFSET	간격 띄우기
AR	ARRAY	배열하기	MI	MIROR	대칭 이동하기
F	FILLET	모깎기	CHA	CHAMFER	모따기
RO	ROTATE	회전하기	SC	SCALE	비율 조절하기(축척)
LEN	LENGTHEN	확장/축소하기	S	STRETCH	늘리기
BR	BREAK	끊기	ED	DRAWORDER	객체 높낮이 조절
PE	PEDIT	PLINE 만들기	SPE	SPLINEDIT	PLINE 편집
H	HATCH	해칭하기	BH	BHATCH	해칭하기
HE	BHATCHEDIT	해칭 수정하기	GD	GRADIENT	그라데이션

3 문자 입력 및 편집 명령

단축명령	명 령	내 용	단축명령	명 령	내 용
ED	DDEDIT	문자 편집	ED	DDEDIT	문자 수정하기
ST	STYLE	문자 스타일	MT	MTEXT	여러 줄 문자 쓰기
DT	TEXT	한 줄 문자 쓰기	SP	SPELL	문자 검사하기

4 치수 기입 및 편집 명령

단축명령	명 령	내 용	단축명령	명 령	내 용
D	DIMSTYLE	치수 스타일	DED	DIMEDIT	치수 수정
DLI	DIMLINEAR	선형 치수	QDIM	QD	빠른 치수
DAR	DIMARC	호 길이 치수	DOR	DIMORDINATE	좌표 치수
DRA	DIMRADIUS	반지름 치수	DJO	DIMJOGGED	꺾기 치수
DAN	DIMANGULAR	각도 치수	DDI	DIMDIAMETER	지름 치수
DAL	DIMALIGNED	사선 치수	DBR	DIMBREAK	치수선 분할
DBA	DIMBASELINE	첫 점 연속 치수	DCO	DIMCONTINUE	끝점 연속 치수
LEAD	LEADER	지시선 작도	DCE	DIMCENTER	중심선 작성
LE	QLEADER	빠른 지시선 작도	DI	DIST	거리, 각도 측정
MLD	MLEADER	다중 치수 보조선 작성	MLE	MLEADEREDIT	다중 치수 보조선 수정

5 레이어 특성 명령

단축명령	명 령	내 용	단축명령	명 령	내 용
LA	LAYER	레이어 만들기	LT	LINETYPE	선분의 특성 관리
LTS	LTSCALE	선분 특성 비율	CLO	CLOOR	기본 색상 변경
CH	CHPROP	객체 속성 변경	PR	PROPERTIES	객체 속성 변경
MA	MATCHPROP	객체 속성 복사			

6 블록 및 삽입 명령

단축명령	명 령	내 용	단축명령	명 령	내 용
B	BLOCK	블록 만들기	W	WBLOCK	블록을 파일로 저장
I	INSERT	블록 삽입하기	BE	BEDIT	객체 블록 수정
J	JOIN	결합하기	X	EXPLODE	분해하기
XR	XREF	참조 도면 관리	G	GROUP	그룹으로 묶기

7 AutoCAD 환경 설정

단축명령	명 령	내 용	단축명령	명 령	내 용
OS	OSNAP	제도 설정	OP	OPTION	옵션 설정
U	UNDO	실행 명령 취소	RE	REDO	UNDO 명령 취소
Z	ZOOM	화면 확대/축소	P	PAN	초점 이동
R	REDRAW	화면 정리	RA	REDRAWALL	전체 화면 정리
REA	REGENALL	전체 화면 재생성	UN	UNITS	도면 단위 설정
NEW	QNEW	새로 시작하기	EXIT	QUIT	AutoCAD의 종료
PLO	PLOT	출력하기	PRI	PRINT	출력하기

8 FUNCTION키 명령

단축키	명 령	내 용	단축키	명 령	내 용
F1	HELP	도움말	F2	TEXT WINDOW	텍스트 명령창
F3	OSNAP	객체 스냅 On/Off	F4	TABLET	태블릿 모드 On/Off
F5	ISOPLANE	아이소메트릭 뷰 모드	F6	DYNAMIC UCS	좌표계 On/Off
F7	GRID On/Off	그리드 On/Off	F8	ORTHO	직교 모드 On/Off
F9	SANP On/Off	스냅 On/Off	F10	POLAR On/Off	극좌표 On/Off
F11	OTRACK On/Off	OTRACK On/Off	F12	DYN On/Off	DYN On/Off

9 Ctrl + 단축 명령

단축키	내 용	단축키	내 용	단축키	내 용
Ctrl + A	직선 작도	Ctrl + B	스냅 기능 On/Off	Ctrl + C	선택요소를 클립보드로 복사
Ctrl + D	좌표계 On/Off	Ctrl + E	등각 투영 뷰 변환	Ctrl + F	OSNAP 기능 On/Off
Ctrl + G	그리드 On/Off	Ctrl + H	Pickstyle 변숫값 설정	Ctrl + J	마지막 명령 실행
Ctrl + K	하이퍼링크 삽입	Ctrl + L	직교 모드 On/Off	Ctrl + N	새로 시작하기
Ctrl + O	도면 불러오기	Ctrl + P	출력하기	Ctrl + Q	블록이나 파일 삽입하기
Ctrl + S	저장하기	Ctrl + T	태블릿 On/Off	Ctrl + V	클립보드 내용 복사
Ctrl + X	클립보드로 오려두기	Ctrl + Y	바로 이전으로 이동	Ctrl + Z	취소 명령

예 | 상 | 문 | 제

2D CAD 프로그램의 사용 ◀

1. 기본 설계에서부터 상세 설계 및 도면 작성에 이르는 설계의 전 과정을 컴퓨터를 이용하여 작업하는 것을 이르는 용어는?

① CAM ② CAD
③ CAE ④ CAT

2. CAD 시스템으로 이용할 수 있는 작업과 거리가 먼 것은?

① 기하학적 모델링
② 강도 및 열 전달 계산 등 공학적 분석
③ 설계의 정확도를 검사하는 평가
④ NC 코드의 작성

3. CAD 시스템의 효과라고 볼 수 없는 것은?

① 고도의 설계 기능
② 제품의 표준화
③ 제품 제도의 데이터베이스 구축화
④ 설계 생산량 증가

4. 다음 중 컴퓨터 중앙처리장치의 구성요소가 아닌 것은?

① 제어장치
② 주기억장치
③ 연산장치
④ 입출력장치

해설 컴퓨터 중앙처리장치의 구성요소
- 주기억장치
- 제어장치
- 연산장치

5. 다음 중 CAD 시스템의 출력장치에 해당하는 것은?

① 마우스 ② 스캐너
③ 하드카피 ④ 태블릿

해설 • 입력장치 : 키보드, 마우스, 디지타이저, 스캐너, 태블릿 등
• 출력장치 : 모니터, 프린터, 플로터, 빔프로젝트 등

6. CAD 시스템에서 도면의 요소를 용지에 출력하는 장치는?

① 모니터
② 플로터
③ LCD
④ 디지타이저

해설 플로터는 출력 결과를 종이나 필름 등의 평면에 표나 그림으로 나타내는 출력장치를 말한다.

7. 2D 도면에서 원을 작도하는 옵션이 아닌 것은?

① 2점
② 3점
③ 접선 – 접선
④ 중심점 – 반지름

8. 2D 도면을 CAD에서 작성할 때 객체를 이동시키는 편집 명령어는?

① M ② PL
③ AR ④ DI

해설 • M : 이동하기
• PL : 폴리라인 그리기
• AR : 배열하기
• DI : 거리, 각도의 측정

정답 1. ② 2. ④ 3. ① 4. ④ 5. ③ 6. ② 7. ③ 8. ①

제 5 장

공예디자인(목공예)

5-1 선의 종류와 용도

1 점

(1) 조형 요소의 점

① 실제의 점은 존재하지 않고 개념적으로 지정하는 위치만 있다.
② 점은 길이, 너비, 깊이, 형태가 없고 모든 조형의 최소 단위이다.
③ 가장 단순하고 원칙적인 디자인 요소이다.

(2) 위치에 따른 의미

① **화면 상단의 점** : 목표, 지향, 높이, 상승
② **화면 하단의 점** : 안정, 정적, 낮음, 하락
③ **화면 좌측의 점** : 시작점
④ **화면 우측의 점** : 하락, 완료
⑤ **조밀하게 모여있는 점** : 안정, 밀도, 답답함, 힘, 압박
⑥ **여유있게 늘어서 있는 점** : 활발, 리듬, 청량감

(3) 점의 디자인적 의미

① **인장력** : 심리적 긴장감

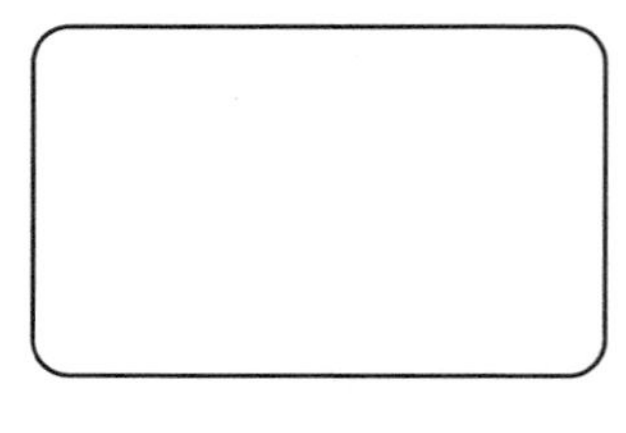

공간

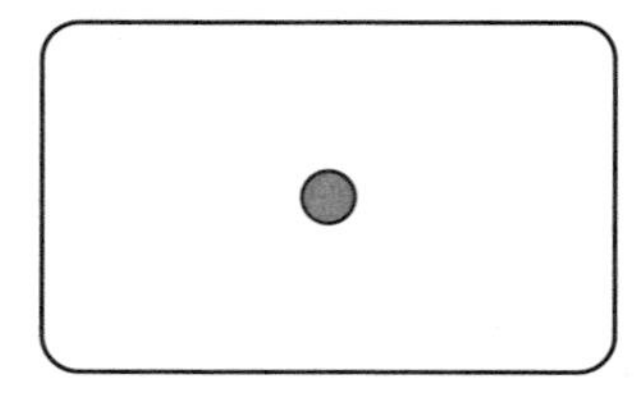

공간에 점이 놓이면
무게를 느낀다.

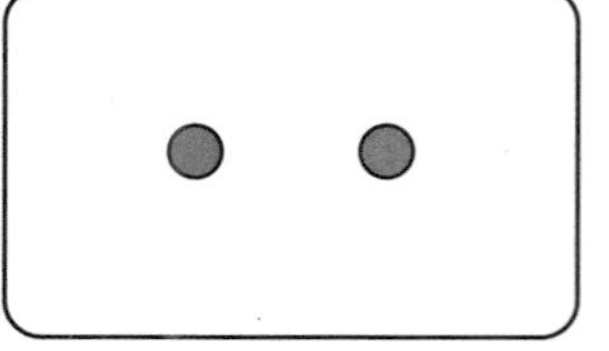

공간에 그림이 놓이면
서로 붙으려는 느낌이 있다.

② **시력의 이동** : 점이 큰 쪽에서 작은 쪽으로 주의력이 옮겨진다.

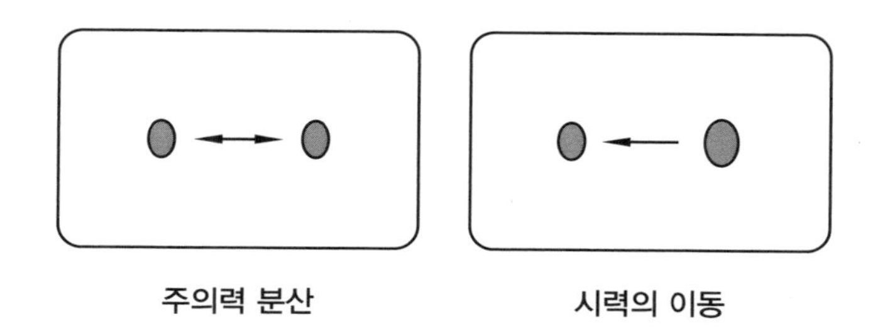

주의력 분산　　　　시력의 이동

③ **심리적 연상** : 세 점 이상 모이면 점과 점 사이에 심리적인 직선이 작용하여 어떤 모양을 연상시킨다.

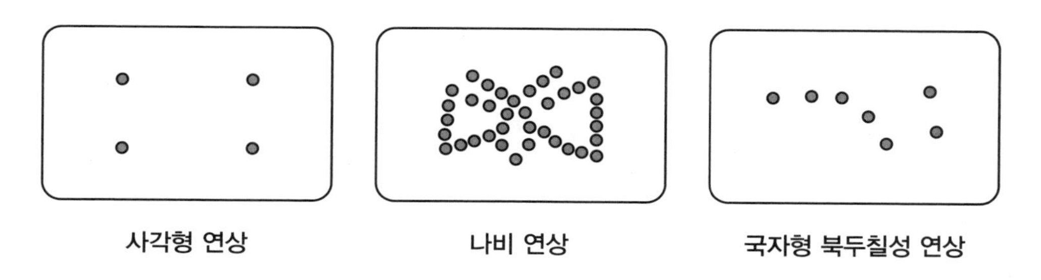

사각형 연상　　　　나비 연상　　　　국자형 북두칠성 연상

④ **온도감** : 같은 점이라도 흰색 점과 검은색 점의 온도감이 다르다.
⑤ **변화** : 점의 배열상태에 따라 느끼는 감정이 다르다.
⑥ **면적감, 입체감** : 점이 집합하면 어떤 모양의 면적감 또는 입체감을 느낀다.
⑦ **방향감, 운동감** : 점이 같은 간격으로 놓이면 선으로 느끼게 되고, 점에 선을 가하면 운동감이나 방향감을 느낀다.

2 선

(1) 조형 요소의 선

① 선은 디자인의 가장 기본적인 요소이다.
② 선은 넓이와 두께, 공간이 없고 길이와 방향만 있는 1차원적 요소이다.
③ 직선은 두 점을 가장 짧은 거리로 연결한 선이다.

(2) 선의 디자인적 의미

① **형태를 표현하는 선**
(가) 대상을 표현하는 외곽선은 면이나 공간을 표현한다.
(나) 약한 선의 반복에 의한 윤곽선(크로키, 스케치 등)

(다) 빗금을 이용한 질감이나 입체 표현

② **자연을 표현하는 선**

(가) 수평선, 지평선

(나) 위로 뻗치는 선 : 올라가는 나무

(다) 개미들의 행렬

③ **가상으로 형성되는 선**

(가) 자동차 헤드라이트가 만드는 빛의 선

(나) 소실점을 향하는 가상의 선

(다) 대상의 외곽선뿐만 아니라 실제로 보이지 않는 개념을 표현할 때도 선을 사용한다.

④ **의미를 가지는 선**

(가) 5개의 선으로 구성된 오선지

(나) 바코드

(다) 방향을 나타내는 선 : 사선(상승, 하락), 가로선(안정), 세로선(상승, 불안)

(3) 선을 느낄 수 있는 경우

면과 면의 경계, 형태의 외곽, 명암의 차이, 색상의 차이, 질감의 차이

(4) 형상에 따른 선의 여러 가지 성질

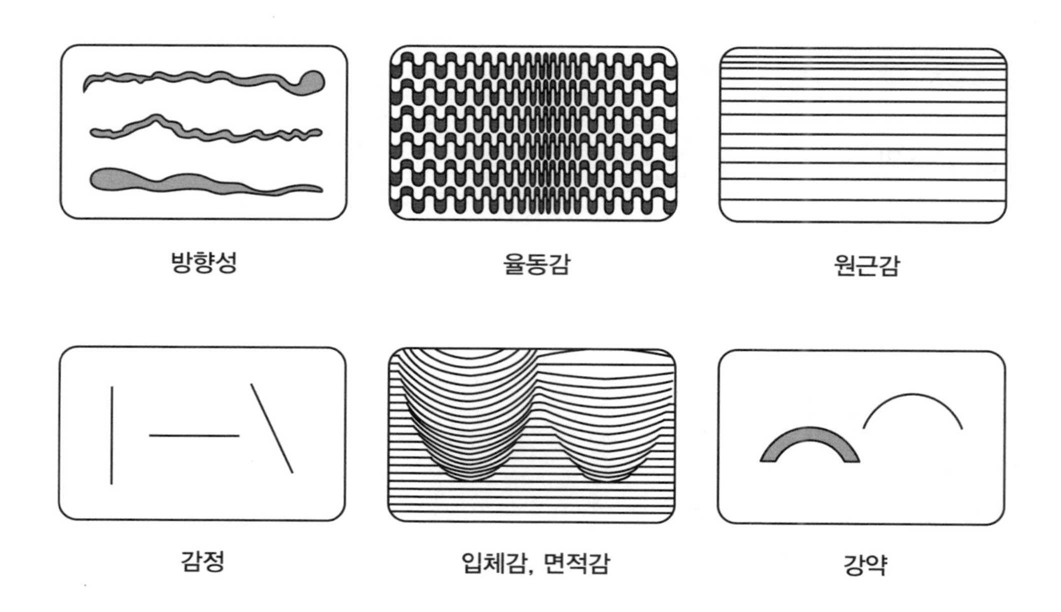

3 면

(1) 조형 요소의 면

① 면은 선의 궤적이다. 즉 선이 이동한 자취를 나타낸다.
② 면은 선으로 표현되는 도형이다.
③ 면은 두께를 가지지 않고 넓이를 가지는 2차원적 요소이다.
④ 절단에 의해 새로운 면이 형성되는 경우가 선의 자취에 의해 새로운 면이 형성되는 경우보다 많다.

(2) 면의 여러 가지 형태

① **기하학적 형태** : 직선형, 곡선형 등 명쾌한 특성
② **유기적 형태** : 우아한 시각적 느낌
③ **우연적 형태** : 우발적인 결과로 생기며 자연스럽고 경이적인 느낌
④ **불규칙적 형태** : 감정을 어느 정도 의식적으로 표현

(3) 기하학적 형태의 표현

① **사각형** : 굳건함, 땅, 단결, 방, 안정감, 완전성
② **마름모** : 합리적, 진취적, 역동적, 안정감
③ **삼각형** : 방향성, 진취적, 역동적, 안정감
④ **원** : 정신세계의 상징, 생명의 원동력, 자연과 인간의 교감, 에너지의 완성, 우주 만물의 근본 진리

(4) 형

형태는 반드시 형 자체를 지각할 수 있는 둘레가 있는데, 시각적인 대상이 되는 것을 도(형상, figure)라 하고, 그 둘레를 바탕(ground)이라고 한다.

(5) 도형이 되는 조건

① 면적이 작은 부분이 도가 된다.
② 면적이 커도 불룩한 부분이 도가 된다.
③ 위쪽과 아래쪽이 오목과 볼록으로 같은 모양일 경우에는 위쪽이 도가 된다.
④ 여러 형태가 겹쳐 있으면 대칭형이 도가 된다.
⑤ 단순한 형태, 눈에 익은 형태, 윤곽선의 내부가 도가 된다.

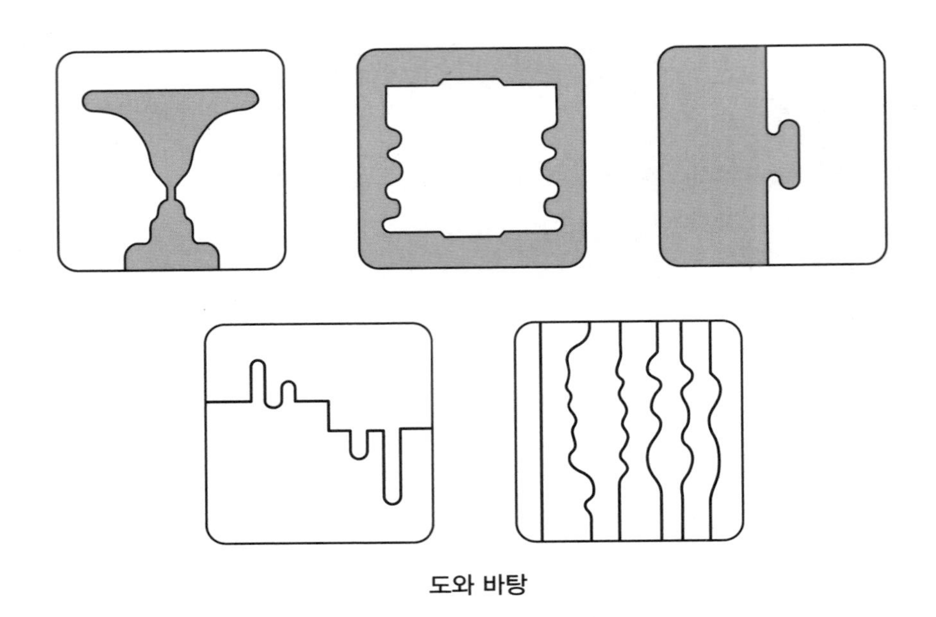

도와 바탕

4 방향과 크기

(1) 방향

① **수직 방향 :** 고상, 장악, 엄격, 거만, 준엄, 숭고, 강직 – 피로감을 느낀다.
② **수평 방향 :** 평화, 침착, 고요, 평범 – 안정되고 편안함을 느낀다.
③ **사선 방향 :** 불안정, 활동적 – 불확실한 느낌을 준다.

수직 방향 수평 방향 사선 방향

(2) 크기

① **큰 느낌 :** 장대함, 위압감, 압도감, 위대함, 우람함
② **작은 느낌 :** 귀엽다, 가련하다, 귀하다, 값지다.

5 명암

① 밝으면 유쾌한 느낌이 들고 어두우면 대체로 점잖다.

② 둔한 느낌의 명암은 검소하고 단순하며 재미가 없다.
③ 가벼운 느낌의 명암은 부족하고, 무거운 느낌의 명암은 중요하고 웅대하다.
④ 명암은 형을 형성하고 시각적으로 지각하게 한다.
⑤ 명암은 명료성과 온도감을 갖는다.

6 공간

① X, Y, Z축이 만나서 형성하는 3차원 입체 영역이다.
② 입체는 면의 궤적이다.
③ 공간은 입체가 구성하는 영역이다.
④ 회화에서 공간은 착각이나 원근법으로 처리하고, 보이는 부분만 미적 처리를 한다.
⑤ 조각, 건축, 공예에서는 실제 조형의 여러 가지 요소를 종합하여 형성한다.

7 재질감(텍스처)

① 시각적, 촉각적으로 느껴지는 물체 표면의 결이나 소재의 표면 효과를 말한다.
② 패턴과 달리 반복적인 규칙성이 없다.

예 | 상 | 문 | 제

선의 종류와 용도 ◀

1. 점에 대한 설명 중 틀린 것은?

① 화면이나 공간의 상대적 관계에서 이루어진다.
② 점이 3개 이상 모이면 형을 나타낸다.
③ 점이 같은 간격으로 연속적인 위치를 갖게 되면 입체를 느낄 수 있다.
④ 점에 선묘를 가하면 방향성, 상징성을 나타낸다.

해설 점이 같은 간격으로 연속적인 위치를 갖게 되면 선을 나타낸다.

2. 공간 내의 위치만 표시할 뿐 어떠한 공간도 형성하지 않는 조형 요소는?

① 점　② 선
③ 면　④ 형태

해설 점은 위치만 있고 길이, 너비, 깊이가 없는 모든 조형의 최소 단위이다.

3. 그림과 같은 방법으로 선을 이동한 결과의 형태는?

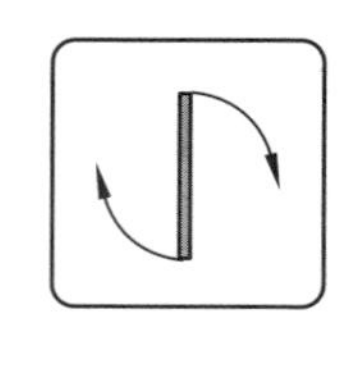

①
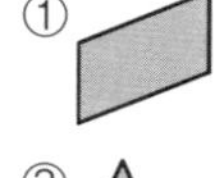
②
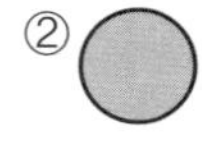
③

④
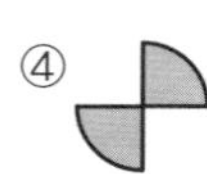

4. 다음 중 유기적(organic) 형태에 대한 설명으로 옳은 것은?

① 우발적인 결과로 생기며 자연스럽고 경이적인 느낌
② 직선형, 곡선형 등 명쾌한 특성
③ 우아한 시각적 느낌
④ 감정을 어느 정도 의식적으로 표현

해설 • 기하학적 형태 : 직선형, 곡선형 등 명쾌한 특성
• 유기적 형태 : 우아한 시각적 느낌
• 우연적 형태 : 우발적인 결과로 생기며 자연스럽고 경이적인 느낌
• 불규칙적 형태 : 감정을 어느 정도 의식적으로 표현

5. 대체로 명쾌한 성격을 가지는 것이 특징인 형태는?

① 유기적 형태　② 우연적 형태
③ 불규칙 형태　④ 기하학적 형태

해설 기하학적 형태는 직선형, 곡선형 등 대체로 명쾌한 특성을 가진다.

6. 도안의 기초를 마련하기 위해 확대 관찰이 필요한 것은?

① 유리창의 성애　② 얼룩말의 무늬
③ 고목　④ 나뭇결

7. 단위 도안에 관한 설명 중 가장 옳은 것은 어느 것인가?

① 도안화하기 이전의 작업을 말한다.
② 도안을 구성하는 전체 요소를 말한다.
③ 연속 도안의 기본이 되는 도안이다.
④ 자유 무늬의 일부분이다.

정답 1. ③ 2. ① 3. ④ 4. ③ 5. ④ 6. ① 7. ③

8. 바닷가의 조약돌이나 식물 등과 같이 우아한 시각적 특징을 가지며, 간결하고 질서 있는 아름다움을 느끼게 하는 형태는?

① 기하학적 형태
② 유기적 형태
③ 우연적 형태
④ 불규칙 형태

9. 다음 중 조형 요소가 아닌 것은?

① 빛
② 바람
③ 색
④ 재질

해설 조형 요소에는 머리가 이해하는 점, 선, 면, 입체와 눈이 지각하는 형, 크기, 색채, 명암, 질감, 양감, 그리고 이 요소들이 어울려서 나타내는 방향, 위치, 공간감, 중량감이 있다.

10. 텍스처(texture)에 관한 설명 중 잘못된 것은?

① 물체가 차다, 부드럽다, 거칠다 등의 느낌을 받는다.
② 물체의 질감을 뜻한다.
③ 시각적으로도 느낄 수 있다.
④ 프로덕트 디자인에서만 느낄 수 있다.

해설 프로덕트 디자인 : 각종 디자인 가운데 제품 생산과 관련된 디자인을 뜻한다. 생산 방식은 수공업과 기계 공업으로 구분하며, 좁은 뜻의 인더스트리얼 디자인뿐만 아니라 그래픽 디자인도 포함한다.

11. 다음 중 재질감에 대한 설명으로 가장 알맞은 것은?

① 시각적, 촉각적으로 물체의 재질, 부피, 무게 등의 감각을 느낄 수 있다.
② 물체에 특수한 광선을 비추었을 때 느낄 수 있는 형태의 감각이다.
③ 손으로 만졌을 때 촉감에 의해서만 느낄 수 있는 감각이다.
④ 어두운 밤에도 불빛 없이 감각으로도 느낄 수 있다.

12. 의도적으로 구상하여 손으로 그리거나 도구로 표현할 수 있으며, 매우 규칙적이거나 불규칙적일 수도 있는 것은?

① 기계적 질감
② 촉각적 질감
③ 장식적 질감
④ 자연적 질감

13. 텍스처(texture)란 무엇을 말하는가?

① 균형감　② 재질감
③ 입체감　④ 운동감

14. 다음 중 텍스처에 대한 표현에 해당하지 않는 것은?

① 차다.　② 따뜻하다.
③ 부드럽다.　④ 크다.

해설 텍스처는 시각적 · 촉각적으로 느껴지는 물체 표면의 결이나 소재의 표면 효과를 말하므로 크기와는 관련이 없다.

정답 8. ② 9. ② 10. ④ 11. ① 12. ③ 13. ② 14. ④

5-2 조형

1 조형의 원리

조형의 원리는 시각적 요소의 구성 원리로, 조형 요소들의 질서를 나타내는 하나의 법칙이며 디자인이 성립하는 기초이다.

디자인이 좋다 나쁘다는 어떤 형태나 선이 다른 요소와 어떠한 관계를 맺고 있는지에 따라 결정된다. 그것은 조화, 통일, 균형, 율동 등이 핵심이 되고, 그밖에 몇 개의 원리가 이들을 서로 강조하며 유기적이고 종합적으로 형성된다.

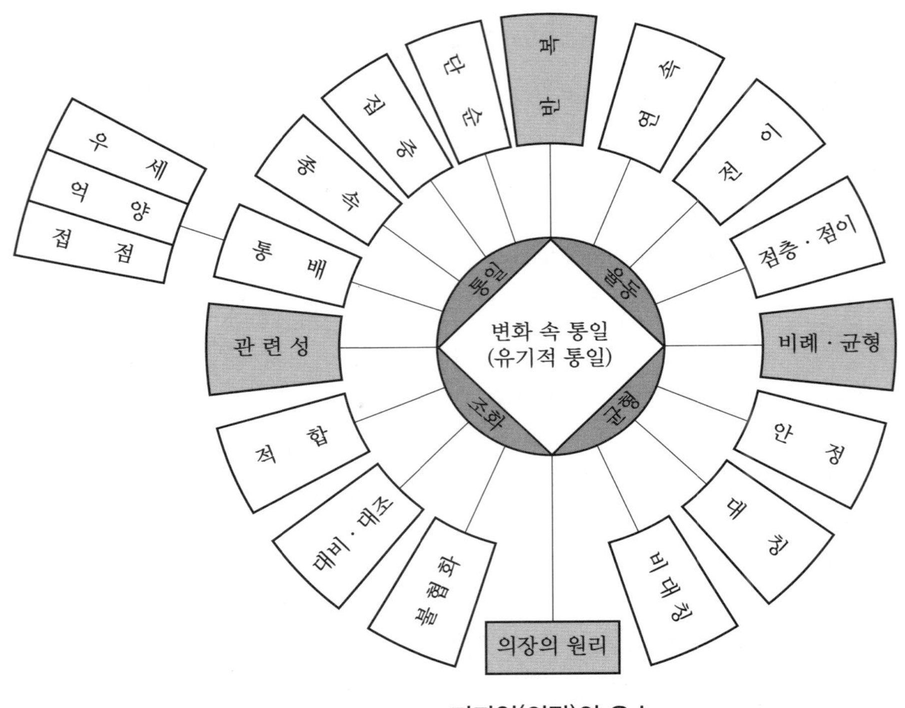

디자인(의장)의 요소

2 조화와 대조

(1) 조화

① 조화는 어울림, 즉 둘 이상의 요소 또는 부분의 상호 관련성에 의해 아름다운 느낌을 갖게 되는 상태로, 유사성 조화와 대비성 조화로 구분한다.

② 둘 이상의 요소가 통일된 성질로 모였을 때 단조라고 하며, 반대로 대비성 조화가 심하면 조화는 파괴되고 오히려 대비 현상이 생긴다.

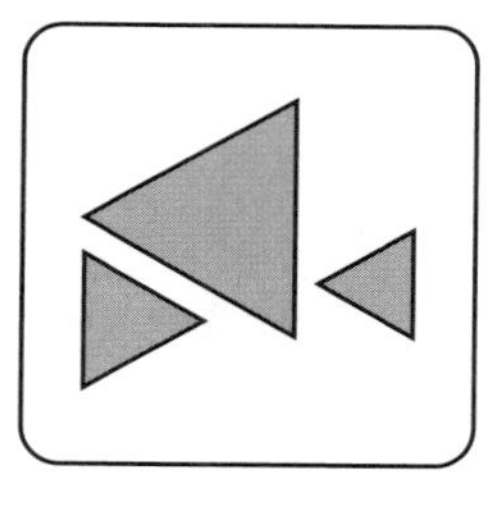

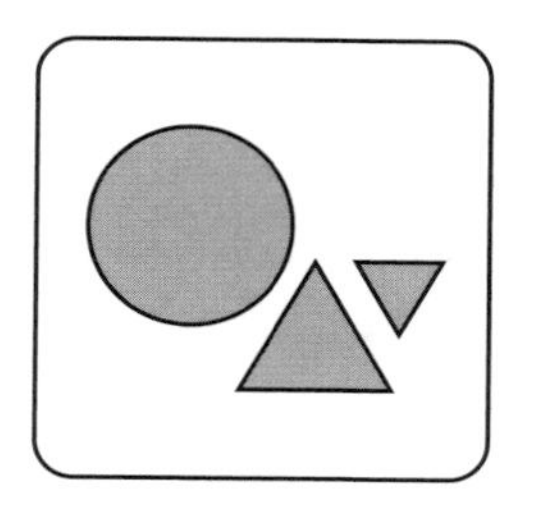

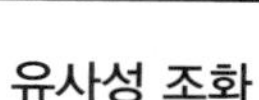

유사성 조화　　　　대비성 조화

(2) 대조(대비)

① 대조는 조화의 반대 현상으로, 상대적인 요소가 함께 있어 특징끼리 강한 변화를 이루며 주목을 끄는 현상이다.

② 대조의 요소는 명암, 흑백, 대소, 한난 등 서로 반대되는 것에 강하게 작용한다.

3 통일과 변화

(1) 통일

① 통일은 서로 다른 소재나 형태가 일정한 규칙에 따라 반복되어 전체가 하나의 완성체가 되는 현상이다.

② 완고하고 안정성이 있으나 지나치게 강조되면 여유가 없고 권태롭기 쉽다.

(2) 변화(주도와 종속)

① 변화는 통일성을 적용할 때 반드시 고려해야 하는 요소로, 적절한 변화를 통해 생동감과 흥미를 불어넣어야 한다.

② 새롭고 자유롭기는 하지만 지나치면 오히려 불안감이 생기기 쉽다.

4 균형과 비례

(1) 균형

① 균형은 중심에서 좌우, 전후의 수평을 삼는 원리로, 대칭적 균형과 비대칭적 균형으로 구분한다.

② 대칭적 균형은 사람의 얼굴이나 곤충 및 동물의 평면도 또는 식물에서도 많이 찾아볼 수 있으며, 비대칭적 균형은 모빌에서 잘 나타난다.

(2) 비례

① 비례는 두 양 사이의 수량적인 관계로 길이, 크기 등 일정한 수의 관계이다.

② **황금비(1 : 1.618)** : 가장 아름답고 조화롭게 보이는 이상적인 비례를 뜻한다.
　예 우리나라의 처마, 레오나르도 다빈치의 모나리자, 각종 비례 수열

③ **금강 비례(1 : 1.4)**
　(가) 황금비보다 실용적이면서 아름다운 비례, 금강산과 같이 아름다운 비례라는 뜻이다. * 루트2 비례라고도 한다.
　(나) 금강 비례는 우리나라 역대 건축물이나 문화재의 비율로, 경복궁 근정전은 금강 비례의 대표적인 건축물이다.

5 반복과 리듬(율동)

(1) 반복

① 같은 형식의 구성을 반복하면 자연스럽게 시선이 이동하여 상대적으로 동적인 느낌을 준다.
② 반복은 리듬을 부여하기 위한 가장 기본적인 방법이다.

(2) 리듬

① 리듬은 화면의 색상 상태가 평면적으로 되었을 때, 유사한 디자인 요소가 규칙적이거나 주기적으로 반복될 때 나타난다.
② 반복되는 악센트, 순환하는 강약, 시각적인 자극과 자극 사이의 간격에서 나타난다.
③ 직조물 문양에 많고 연속 무늬로 많이 표현된다.
④ 리듬으로부터 얻는 분위기에는 조용하다, 격하다, 미묘하다, 웅대하다, 가련하다, 단순하다, 복잡하다 등이 있다.

6 강조

강조는 주변 조건에 따라 특정 이미지를 돋보이게 하여 변화를 주는 원리이다.

① **대비 강조** : 어떤 요소가 지배적인 구성을 따르기보다는 대비를 이루어 시선을 모으는 초점이 된다. 주로 색채나 명도를 이용한다.
② **분리 강조** : 대비 강조를 변형한 것으로, 위치를 분리하여 강조하는 방법이며 형태의 대비가 아닌 배치의 대비이다.
③ **방향 강조** : 모든 형태가 하나의 초점에서 방사될 때 시선을 중앙으로 모아 주는 것이다.

7 착시

착시는 시각을 인지하는 과정에서 사물에 대한 시각적인 착각을 일으키는 현상이다.

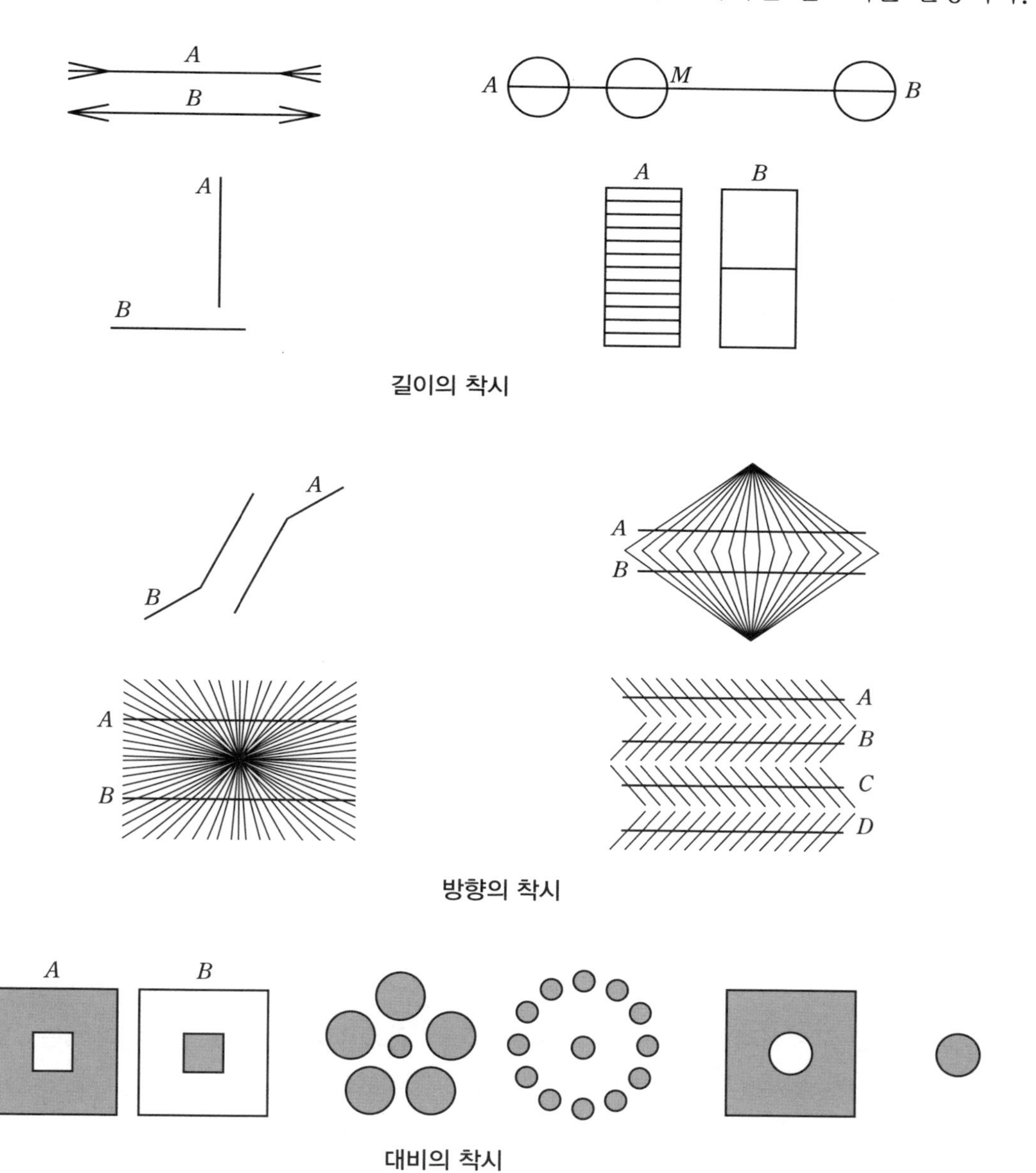

길이의 착시

방향의 착시

대비의 착시

참고

착시 현상

- 주변 지형의 영향으로 인해 사람들의 눈에 내리막길로 보였던 제주도의 도깨비 도로가 착시 현상의 예에 해당한다.

예 | 상 | 문 | 제

조형 ◀

1. 의장의 원리가 아닌 것은?

① 통일(unity) ② 율동(rhythm)
③ 형태(form) ④ 균형(balance)

해설 의장(디자인)의 원리 : 통일, 율동, 균형, 조화이다.

2. 디자인에 있어서 조형의 원리의 근원이 되는 것은?

① 통일과 변화 ② 조화와 대조
③ 균형과 균제 ④ 비례와 분할

해설 조형의 원리의 핵심은 조화, 통일, 균형, 율동이다.

3. 가구, 실내 장식물, 집기 등과 같이 안정되고 차분한 것을 요구하는 것에는 어느 조화가 적용되는가?

① 형상의 조화 ② 대비적 조화
③ 농담의 조화 ④ 유사적 조화

해설 • 유사적 조화 : 한 가지 요소가 통일된 성질로 모인 것
• 대비적 조화 : 대비되는 특성을 갖는 요소가 모여 강하고 파격적인 느낌

4. 부분과 부분 및 부분과 전체 사이에 안정된 관련성을 주며, 상호 간에 공감을 불러일으키는 효과를 의미하는 조형의 원리는?

① 통일과 변화 ② 조화
③ 균형 ④ 리듬

5. 다음 중 상쾌한 느낌이나 고요하고 조용한 느낌이 주로 나타나는 것은?

① 율동(rhythm) ② 조화(harmony)
③ 대비(contrast) ④ 균형(balance)

6. 청색 계열과 붉은색 계열의 조화는 어떤 조화인가?

① 대비적 조화 ② 유사적 조화
③ 동등 조화 ④ 부조화

7. 루트비의 직사각형에 의한 구성비를 무엇이라 하는가?

① 정적 균제 ② 동적 균제
③ 미적 균제 ④ 통일 균제

해설 균제는 어느 한쪽으로 치우치지 않고 균형이 잡혀 가지런함을 의미한다.

8. 다음 중 대비의 종류가 다른 것은?

①
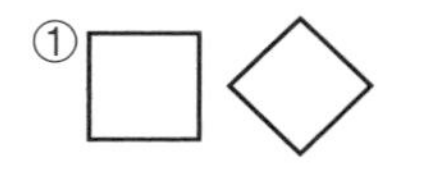
②

③

④

9. 도안의 구성미의 표현에 있어 변화를 주기 위해 많이 적용하고 활용해야 하는 것은?

① 조화(harmony)
② 대조(contrast)
③ 균형(balance)
④ 통일(unity)

10. 디자인 요소 중 통일과 가장 관계가 있는 것은?

정답 1. ③ 2. ① 3. ④ 4. ② 5. ② 6. ① 7. ② 8. ④ 9. ② 10. ①

① 집중 ② 대비
③ 불협화 ④ 전이

해설 통일은 실내디자인의 여러 요소를 서로 같거나 일치되게 구성하여 공통점이 있도록 느껴지게 하는 것이다.

11. 의장의 원리 중 율동미와 관계가 가장 먼 것은?

① 연속의 원리 ② 점층의 원리
③ 반복의 원리 ④ 대칭의 원리

해설 대칭의 원리 : 균형

12. 좌우가 같은 형태를 이루지 않지만 시각적으로 균형을 이루는 형태를 무엇이라 하는가?

① 대칭 균형 ② 비례 균형
③ 방사 균형 ④ 비대칭 균형

해설 균형의 종류

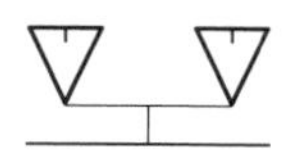
(a) 대칭 균형

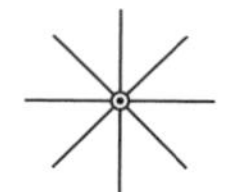
(b) 방사형 균형

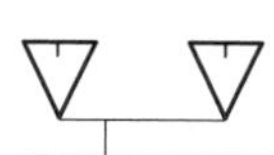
(c) 비대칭 균형

13. 호수 수면에 돌을 던졌을 때 투하점이 작던 원이 점점 파문을 넓혀가는 형태는? (단, 대칭형의 작성 순서에 따른 기본형이 되는 것 중에서)

① 반복에 의한 대칭
② 이동형의 대칭
③ 확대형의 대칭
④ 회전형의 대칭

해설 파문, 즉 수면에 이는 물결을 넓혀가는 형태이므로 확대형의 대칭을 의미한다.

14. 다음 그림에서 느낄 수 있는 것과 가장 거리가 먼 것은?

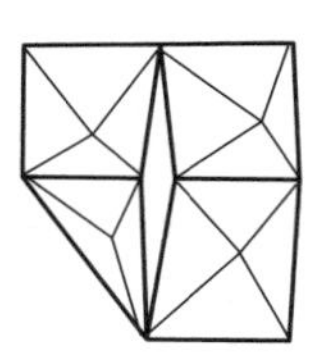

① 공간감 ② 착시
③ 입체감 ④ 균형

15. 다음 그림은 무엇을 나타내는 것인가?

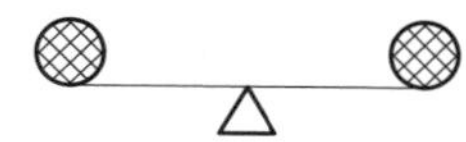

① 대칭 – 균형
② 대칭 – 비통일
③ 통일 – 비대칭
④ 비대칭 – 비통일

16. 조형의 원리에서 균형에 대한 설명으로 틀린 것은?

① 일정한 중심점에서 역학적 평행상태를 가진다.
② 비대칭적 균형은 정적인 균형감을 가진다.
③ 시각적 무게가 같을 때도 균형감을 느낀다.
④ 대칭적 균형은 안정감이 있다.

17. 이웃하는 두 항의 비가 일정한 수열에 의한 비례로, 최초의 항과 비례를 두는 데 따라 여러 가지 비례를 얻을 수 있는 것은? (예 1 : 2 : 4 : 8 : 16, …)

① 피보나치 수열
② 펠수열
③ 조화수열
④ 등비수열

정답 11. ④ 12. ④ 13. ③ 14. ④ 15. ① 16. ② 17. ④

18. 조형의 원리 중 반복에 대한 설명으로 옳지 않은 것은?

① 같은 형식의 구성이 반복되면 시선이 이동하여 상대적으로 운동감을 준다.
② 반복이 많으면 힘의 균일효과가 나타나 표정이 균일하게 되며 풍부함이 더해진다.
③ 시각적으로 힘의 강약효과를 줄 수 없다.
④ 반복은 리듬을 부여하기 위한 가장 기본적인 방법이다.

19. 평면 구성을 할 경우 일정한 길이의 선이나 형태가 규칙적으로 반복되었을 때 나타나는 효과는?

① 율동감
② 균형감
③ 재질감
④ 변화감

20. 구성요소가 점점 규칙적으로 변화해가는 상태, 즉 요소의 증가 또는 감소의 두 방향성을 가지는 율동은?

① 되풀이 운동
② 점층의 율동
③ 자유로운 율동
④ 기하학적 율동

21. 도안에서 율동감을 얻기 위한 방법으로 가장 타당한 것은?

① 색이나 선을 반복한다.
② 균제적인 균형을 준다.
③ 일부분을 특히 강조한다.
④ 공간 설정을 조화있게 한다.

해설 율동은 반복되는 악센트, 순환하는 강약, 시각적인 자극과 자극 간의 간격에서 온다.

22. 여러 개의 형태 사이에 강 · 중 · 약 또는 주 · 객 · 종이라 하여 강조하는 구성법은?

① 반복 구성 ② 억양 구성
③ 비례 구성 ④ 대칭 구성

해설 억양 구성은 형태들 간의 우선 순위를 두어 강조하는 구성법이다.

23. 디자인에서 율동감을 나타내려고 할 때의 형식은 어떤 것들이 있는가?

① 단순, 변화, 강조
② 종속, 우세
③ 대비, 대조, 조화
④ 강조, 반복, 점층

24. 반복과 움직임의 아름다움을 나타낸 조형의 원리는?

① 균형 ② 율동
③ 통일 ④ 비례

25. 디자인의 원리 중 율동(rhythm)과 관계가 있는 것은?

① 집중(centrality)
② 대비(contrast)
③ 대칭(symmetry)
④ 연속(continuity)

26. 다음 그림은 어떤 착시 현상을 나타내는 것인가?

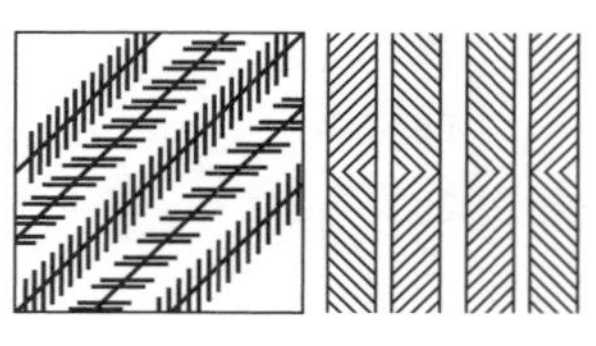

① 크기 ② 배경
③ 방향 ④ 거리

정답 18. ③ 19. ① 20. ② 21. ① 22. ② 23. ④ 24. ② 25. ④ 26. ③

27. 우리가 보고 있는 물체의 실제 특징과 지각으로 판단된 물체 사이에 존재하는 모순된 시각 경험을 뜻하는 것은?

① 슈파눙
② 착시
③ 질감
④ 대칭

해설 • 슈파눙(spannung) : 점이나 선에 내재된 힘, 색채의 수축과 팽창 등 어떤 장면의 구성요소들의 상호관계로부터 발생하는 긴장감을 뜻한다.
• 착시 : 모순된 시각 경험, 즉 시각적인 착각 현상을 뜻한다.

28. 괴목의 아름다운 목리를 잘 살리기 위해 되도록 복잡한 조각을 피하여 단순하고 매끄럽게 작품을 만들려고 한다면 어떤 점에 가장 유의해야 하는가?

① 공간감 ② 양감
③ 추상형 ④ 질감

29. 어떤 사실을 사실대로의 모습이 아니라 왜곡된 모습으로 지각 또는 감각이 되도록 보이는 현상은?

① 억양 ② 착시
③ 주도와 종속 ④ 반복

해설 착시는 시각을 인지하는 과정에서 사물에 대한 시각적인 착각을 일으키는 것이다.

30. 다음 그림과 같은 소용돌이선에서 얻을 수 있는 가장 큰 느낌은?

① 부드러움 ② 고상함
③ 점잖음 ④ 불명료

31. 조형의 요소인 선과 형, 색채 등이 하나의 질서를 가지고 반복될 때 느껴지는 감각을 무엇이라 하는가?

① 균제
② 균형
③ 율동
④ 대조

해설 율동은 유사한 디자인 요소가 규칙적이거나 주기적으로 반복될 때 나타난다.

정답 27. ② 28. ④ 29. ② 30. ④ 31. ③

5-3 디자인 일반

1 디자인의 의미 및 성립 조건

(1) 의미

① **넓은 의미 :** 인간의 정신 속에서 싹이 터서 실현으로 이끄는 계획 및 설계
② **좁은 의미 :** 보다 사용하기 편리하고, 안전하며, 아름답고, 쾌적한 생활환경을 창조하는 조형 행위

(2) 조건

① **디자인의 성립 조건 :** 욕구, 조형, 재료, 기술
② **디자인이 갖추어야 할 조건 :** 심미성, 독창성, 경제성, 질서성, 합목적성

(3) 분류

① **시각디자인 :** 편집디자인, 포장디자인, 포스터디자인, 광고디자인
② **제품디자인 :** 가구디자인, 공업디자인, 패션디자인, 염색디자인
③ **환경디자인 :** 실내디자인, 건축디자인, 도시환경디자인, 디스플레이디자인

2 색의 기본

(1) 색의 정의

① 물체가 빛을 받을 경우 그 파장에 따라 표면에 나타나는 특유의 빛을 색채라고 한다.
② 우리가 보는 세상의 모든 것에는 색채가 있다.

(2) 색의 분류

① **무채색 :** 채도 단계가 없고 명도 단계만 있다. 완전한 흰색이 가장 밝다.
② **유채색 :** 순색, 청색, 탁색

(3) 색의 3속성

① **색상 :** 빨간색, 노란색, 파란색의 색 차이를 뜻한다.
② **명도 :** 색의 밝은 정도로, 명도가 가장 높은 색은 흰색이다.
③ **채도 :** 색의 맑고 탁한 정도

(가) 채도가 가장 높은 색은 무채색을 함유하지 않은 순수한 색, 즉 순색이다.
(나) 채도와 색이 전혀 없는 색은 무채색이다. 밝고 어두움만 있으며, 다른 색상이 전혀 섞이지 않은 흰색, 회색, 검은색 등을 말한다.

3 색의 혼합

(1) 원색

① 3색 표시의 기본이 되는 색으로 1차 색이라고도 한다.
② 여러 색을 섞을 경우 다른 색을 혼합해서는 만들 수 없는 순수한 기초색이다.

(2) 가산 혼합(색광 혼합)

* 빛을 섞을 경우 겹치면 겹칠수록 더 밝아진다.

① 서로 다른 색을 가진 빛들을 함께 비추어 새로운 색을 만드는 방법이다.
② 빨강(R), 녹색(G), 파랑(B)의 3종류의 빛을 기본으로 한다.
(가) 빨강 + 녹색 = 노랑
(나) 녹색 + 파랑 = 청록
(다) 파랑 + 빨강 = 자주
(라) 빨강 + 녹색 + 파랑 = 흰색

(3) 감산 혼합(색료 혼합)

* 빨강 + 녹색 + 파랑 = 검은색

① 물감과 같이 색이 있는 물질을 고르게 섞어 색을 만드는 방법이다.
② 색료의 3원색은 자주, 노랑, 청록이지만 보통 자주를 빨강으로, 청록을 파랑으로 말한다.

(4) 중간 혼합(평균 혼합)

색광이나 색료 혼합처럼 색을 직접 섞는 것과는 달리 간접적으로 색을 섞는 것이다.

① **병치 혼합** : 색을 서로 가깝게 놓아서 혼색되어 보이게 하는 혼합 방법이다. 스펙트럼 원리를 적용하면 단색광의 순색상으로 색을 나타낼 수 있다.
② **회전 혼합** : 두 색이 실제로 혼합되는 것이 아니라 무채색이 반사하는 반사광이 혼합되어 보이는 것이다.

(5) 보색

① 어떤 완전한 색을 만들기 위해 서로 보완되는 색으로, 두 가지 색을 섞어 무채색인 흰색, 검은색, 회색이 될 수 있는 색을 뜻한다.
② 일반적으로 색상환에서 서로 반대쪽에 위치한다.

4 색의 표시 방법

(1) 색상환과 표색계

① **색상환** : 가시광선의 스펙트럼을 고리 형태로 연결하여 색을 배열한 것으로, 색채를 구별하기 위해 비슷한 색상을 규칙적으로 배열해 놓은 것이다.

② **표색계** : 물체의 색을 표시하는 색상 체계로, 구성방식에 따라 현색계(먼셀 표색계와 오스트발트 표색계)와 혼색계(CIE 표색계)로 구분한다.

(2) 먼셀 표색계

* 우리나라에서는 먼셀의 표준 20색상환을 따르고 있다.

① 색상(H), 명도(V), 채도(C)의 색의 3속성으로 색상을 표기하며, 이를 HV/C로 표시한다.

② **먼셀의 색상** : 빨강(R), 노랑(Y), 초록(G), 파랑(B), 보라(P)의 기본 5원색으로 한다.

③ **명도의 단계** : 11단계(검은색 : 0, 흰색 : 10), 위로 갈수록 명도가 높아진다.

④ 채도는 보통 2단계씩 구분하며, 바깥쪽으로 갈수록 채도가 높아진다.

(3) 오스트발트 표색계

① 헤링의 4원색을 기본으로 하며, 8가지 기본 색을 다시 3가지 색으로 나누어 24색상환으로 완성한 것이다.

② 노랑, 파랑/빨강, 초록을 보색 대비로 정한 다음, 그 사이에 4가지 색(주황, 연두, 청록, 보라)을 배열하여 24색상으로 구성한다.

③ 한 색상에 포함되는 색은 B(black), W(white), C(full color)=100%가 되는 혼합비로 규정한다. * C : 순색

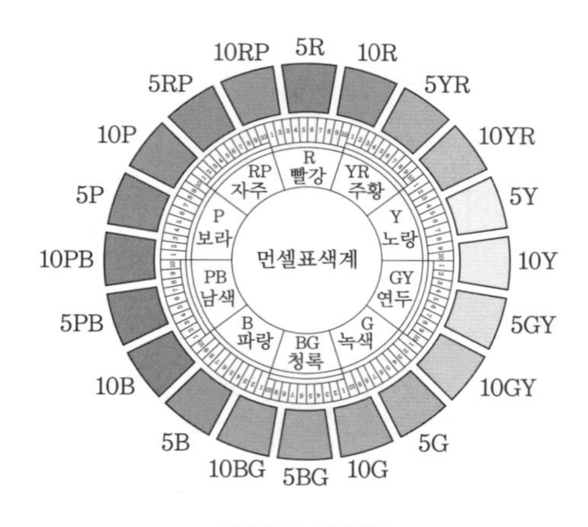

먼셀의 색상환

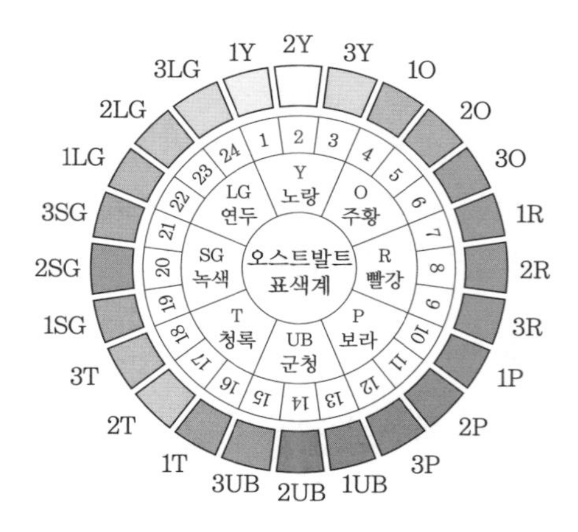

오스트발트의 색상환

(4) CIE 표색계

① CIE 표색계는 국제조명위원회에서 고안한 국제적 기준으로 가산 혼합의 원리를 이용한 것이다.

② 완전한 흰색, 완전한 검은색을 만들 수 없으므로 0.5~9.5까지의 기호로 나타내고 1~14까지의 채도를 사용한다. 일반적으로 짝수만 기준으로 한다.

③ CIE 표색계에서 스펙트럼 가시광선은 380~780nm의 파장 범위를 가진다.

5 색의 지각적인 효과

(1) 색의 대비

① **계시 대비(계속 대비, 연속 대비)** * 잔상 현상

(가) 어떤 색을 본 후 시간차를 두고 다른 색을 보았을 때, 나중에 보는 색이 먼저 본 색의 잔상에 영향을 받아 다르게 보이는 현상이다.

(나) 시간차가 짧을 경우 동시 대비와 같은 현상을 일으킨다.

② **동시 대비** * 명도 대비 현상이 가장 강하게 나타난다.

(가) 두 가지 이상의 색이 배색되어 있는 것을 한꺼번에 볼 때 일어나는 현상이다.

(나) 각각의 색이 동시에 서로에게 영향을 주어 색상, 명도, 채도 등이 실제 색과 다르게 느껴지는 현상이다.

(다) 색상 대비, 명도 대비, 채도 대비, 보색 대비, 한난 대비, 면적 대비 등으로 분류된다.

(2) 동화 현상 * 동시 대비와 반대 개념이다.

① 인접한 주위의 색과 가깝게 느껴지거나 비슷해 보이는 현상이다.

② 배경색의 면적이 작은 줄무늬이거나 둘러싸인 면적이 작을 때 일어난다.

(3) 색의 명시성과 주목성

① **색의 명시성 :** 물체의 색이 뚜렷하게 잘 보이는지를 뜻하며, 색상과 채도의 차가 클 때 높게 나타난다.

② **색의 주목성** * 색의 3속성과 관계가 있다.

(가) 색의 자극이 강하여 눈에 잘 띄는 성질을 뜻한다.

(나) 명시도가 높은 색은 어느 정도 주목성이 높다.

(다) 고명도, 고채도의 따뜻한 색, 채도가 높은 난색 계열이 주목성이 높다.

(라) 빨간색이 주목성이 높고 초록색은 주목성이 낮다.

(4) 색의 진출과 후퇴

① 따뜻한 색이나 명도와 채도가 높은 색은 앞으로 나와 보인다.
② 유채색이 무채색보다 진출되는 느낌이 있다.

(5) 색의 팽창과 수축

① 면적이 실제보다 작게 느껴지거나 크게 느껴지는 현상을 뜻한다.
② 따뜻한 색이나 명도와 채도가 높은 색은 외부로 팽창되어 보인다.

6 색의 감정적인 효과

① **온도감**
(가) 적색 계통이 따뜻하게 느껴져 난색이라 하고, 청색 계통은 차갑게 느껴져 한색이라 한다.
(나) 무채색에 있어 고명도는 차가운 느낌을 준다.

② **중량감**
(가) 색의 밝고 어두움에 따라 가볍고 무겁게 보이는 시각 현상으로, 색의 명도에 의해 좌우된다.
(나) 고명도일수록 가볍게 느껴지고 저명도일수록 무겁게 느껴진다.

③ **강약감** : 명도와 관계없이 채도의 높고 낮음에 따라 결정된다.
④ **흥분, 진정** : 무채색에서는 흰색과 검은색, 유채색에서는 채도가 높은 색이 긴장된 느낌을 주고, 때에 따라 강렬한 자극을 준다.
⑤ **경연감** : 색에서 느껴지는 딱딱함과 부드러움을 말하는 것으로, 난색 계통은 부드러워 보이고 한색 계통은 차가워 보인다.

7 색채의 조화

① **명도의 배색** : 높은 명도에 의한 배색은 경쾌하고 명랑하다. 명도차가 중간인 배색은 차분하고 무난하게 조화되며, 명도차가 큰 배색은 뚜렷한 느낌을 준다.

② **색상의 배색**
(가) 난색 계통의 배색은 활동적인 느낌을 주고, 한색 계통의 배색은 차분한 느낌을 준다.
(나) 동색 계통의 배색은 무난하지만 같은 명도의 배색은 조화가 잘되지 않는다.

③ **채도의 배색** : 고채도의 배색은 화려하고 자극적이지만 산만하고, 저채도의 배색은 부드럽고 온화한 느낌을 준다.

예 | 상 | 문 | 제

디자인 일반 ◀

1. 실내디자인, 건축디자인, 디스플레이디자인 등에 해당하는 디자인 분야는?

① 공예디자인
② 환경디자인
③ 시각디자인
④ 산업디자인

해설 환경디자인 : 인간이 생활하는 주변 요소에 대한 디자인으로 공원, 광장, 도로 등과 부속 설비로 이루어지는 외부 환경디자인을 지칭하기도 한다.

2. 건설현장에서 경고, 주의에 관한 안전색은 어느 것인가?

① 녹색 ② 흰색
③ 노란색 ④ 푸른색

해설 • 위험 : 주황색 – 배전판, 위험 표지판
• 방화 : 빨간색 – 소화기, 통행 금지 표지판
• 주의 : 노란색, 검은색 – 공사장 주의 표지판, 교통 표지
• 안전 위생 : 녹색, 흰색 – 구급상자, 병원 안전 표지

3. 다음 중 빨강과 노랑의 수채화 물감을 혼합한 결과는?

① 명도, 채도가 높아진다.
② 명도, 채도가 낮아진다.
③ 채도는 낮아지나 명도는 높아진다.
④ 명도는 낮아지나 채도는 변함없다.

해설 • 빨강(명도 4, 채도 14)+노랑(명도 9, 채도 14)=주황(명도 6, 채도 12)
• 색료 혼합으로 2개 이상의 색을 섞었을 때는 1차색보다 명도가 낮아진다.

4. 오스트발트 표색계에 따르면 기본적으로 몇 개의 주요 색상으로 나뉘는가?

① 4개 ② 6개
③ 8개 ④ 10개

5. 다음 중 가장 따뜻한 느낌을 주는 배색은?

① 파랑과 노랑 ② 빨강과 파랑
③ 노랑과 빨강 ④ 황록과 파랑

해설 따뜻한 색(난색) : 빨강, 다홍, 황색, 귤색, 노랑

6. 색의 진출성, 후퇴성에 대한 설명 중 잘못된 것은?

① 난색계는 한색계보다 진출성이 있다.
② 명도가 높은 색은 팽창성이 있고 낮은 색은 수축성이 있다.
③ 채도가 높은 것에 비해 낮은 것이 진출성이 있다.
④ 배경색과 명도 차가 큰 밝은색은 진출성이 있다.

해설 진출해 보이는 색 : 고명도의 색, 따뜻한 색(난색), 고채도의 색, 유채색

7. 산업안전표지판 색상을 정할 때 색이 가지는 광선의 반사율과 주변과의 대비색을 고려하여 결정한 사항으로 관계가 없는 것은?

① 노란색 바탕 – 검은색
② 검은색 바탕 – 노란색
③ 흰색 바탕 – 빨간색
④ 녹색 바탕 – 검은색

해설 녹색 바탕 – 빨간색

정답 1. ② 2. ③ 3. ② 4. ③ 5. ③ 6. ③ 7. ④

8. 다음 중 심리적으로나 시각적으로 가장 안정감을 주는 색채는?

① 녹색
② 파랑
③ 흰색
④ 빨강

해설 • 흥분시키는 색 : 붉은색 계통, 따뜻한 색, 화려한 색
• 가장 흥분시키는 색 : 빨간색
• 침착한 색 : 파란색 계통, 차가운 색, 소박한 색
• 가장 침착한 색 : 청록색

9. 다음 중 감산 혼합이 아닌 것은?

① 빨강 + 파랑 = 보라
② 빨강 + 녹색 = 노랑
③ 빨강 + 노랑 = 주황
④ 노랑 + 파랑 = 녹색

해설 감산 혼합(색료 혼합)
• 빨강 + 녹색 + 파랑 = 검은색
가산 혼합(빛의 혼합, 색광 혼합)
• 빨강 + 녹색 = 노랑
• 녹색 + 파랑 = 청록
• 파랑 + 빨강 = 자주
• 빨강 + 녹색 + 파랑 = 흰색

10. 색의 3속성 중에서 무채색에 없는 것은 어느 것인가?

① 채도, 색상
② 채도, 명도
③ 명도, 색상
④ 명도, 채도, 색상

해설 무채색은 혼합해도 색상의 종류가 없고 명도의 변화만 있다.

11. 명시도가 가장 높은 배색을 얻기 위한 방법으로 알맞은 것은?

① 명도 차가 큰 색을 이웃하여 쓴다.
② 색상이 다른 원색을 이웃하여 쓴다.
③ 색상이 다르고 채도가 같은 색을 이웃하여 쓴다.
④ 채도가 다르고 색상이 같은 색을 이웃하여 쓴다.

해설 명시도를 높이는 데는 색의 3속성의 차를 크게 해야 하며, 특히 명도의 차를 크게 하는 것이 결정적인 조건이다.

12. 다음 중 파장이 가장 긴 색은?

① 연두 ② 파랑
③ 빨강 ④ 보라

해설 파장의 길이는 빨간색, 주황색, 노란색, 초록색, 파란색, 남색, 보라색 순으로 길다.

13. 두 가지 색으로 회전 혼합했을 때 무채색이 되었다면 두 색의 관계는?

① 유사색 ② 보색
③ 탁색 ④ 명색

해설 보색은 색상의 차가 가장 크고 서로 반대되는 색으로, 섞으면 무채색이 된다.

14. 색상이 다른 두 색을 동시에 대비시켰을 때 서로 반대 방향의 색으로 기울어져 보이는 현상은?

① 명도 대비 ② 계속 대비
③ 색상 대비 ④ 채도 대비

해설 색상 대비 : 어떤 색을 같이 놓았을 때 두 색이 서로의 영향으로 색상의 차이가 크게 보이는 현상이다.

정답 8. ① 9. ② 10. ① 11. ① 12. ③ 13. ② 14. ③

15. 보라색 위에서 노란색 점은 대체로 어떻게 보이는가?

① 후퇴하여 작게 보인다.
② 팽창하여 크게 보인다.
③ 주황색으로 보인다.
④ 수축되어 보인다.

해설 바탕색의 영향을 받았을 경우
- 팽창색 : 난색 계통의 색, 밝은색
- 후퇴색 : 한색 계통의 색, 어두운색

16. 평화와 안전의 느낌을 주는 색상은?

① 다홍　② 녹색
③ 흰색　④ 보라

17. 먼셀(Munsell)의 명도 단계 중 중명도에 해당하는 것은?

① 4~6도　② 6~7도
③ 6~8도　④ 6~9도

18. 검은 바탕의 노란 점이 분홍 바탕의 노란 점보다 더 밝게 보이는 현상과 가장 관련이 큰 것은?

① 보색 대비　② 명도 대비
③ 색상 대비　④ 채도 대비

해설 명도 대비 : 명도가 다른 두 색이 서로의 영향으로 밝은색은 더 밝게, 어두운색은 더 어둡게 보이는 현상이다.

19. 상품의 포장, 천장, 벽, 바닥의 색 선택에 가장 필요한 색 관계는?

① 색의 동정감　② 색의 시인도
③ 색의 중량감　④ 색의 피로감

해설 색의 중량감 : 가벼운 느낌과 무거운 느낌으로, 중량감은 명도에 따라 좌우된다. 명도가 높은 색일수록 가볍게 느껴진다.

20. 다음 중 가색 혼합의 3원색에 해당하지 않는 것은?

① 빨강(R)　② 녹색(G)
③ 파랑(B)　④ 노랑(Y)

21. 다음 배색 중 채도의 차가 가장 큰 것은?

① 빨강, 회색　② 녹색, 노랑
③ 파랑, 자주　④ 주황, 연두

해설
- 빨강 14, 회색 0, 녹색 8, 노랑 14, 파랑 8, 자주 12, 주황 12, 연두 10
- 회색은 흰색과 검은색 사이의 무채색이며, 무채색은 혼합해도 색상의 종류가 없고 명도의 변화만 있다.

22. 다음 중 안정감이 가장 큰 배색으로 이루어진 것은?

① 검정 – 연두　② 흰색 – 검정
③ 빨강 – 흰색　④ 노랑 – 녹색

해설 저채도의 배색은 안정감을 준다.

23. 표준 20색상환의 색 중 서로 보색 관계를 나타내는 것은?

① 주황 – 녹색　② 빨강 – 풀색
③ 노랑 – 남색　④ 보라 – 자주

해설 주황 – 파랑, 빨강 – 청록, 보라 – 연두

24. 빨강, 녹색, 파란색 광이 혼합되었을 때의 색광은?

① 검정　② 회색
③ 연두　④ 흰색

해설 두 색광 이상을 혼합하여 명도가 높아지고, 결국 하얗게 되는 것을 가산 혼합이라고 한다.

정답 15. ② 16. ② 17. ① 18. ② 19. ③ 20. ④ 21. ① 22. ② 23. ③ 24. ④

25. 감산(색료) 혼합에서 자주(M)와 청록(C)이 혼합된 색은?

① 파랑　② 녹색
③ 바다색　④ 빨강

해설 감산 혼합 : 2개 이상의 색을 섞었을 때 1차 색보다 명도가 낮아지고, 3가지 색을 혼합하면 검은색에 가깝다.

26. 먼셀(Munsell)의 청록 기호를 바르게 나타낸 것은?

① 10bG 5/8　② 5PB 3/12
③ 10gB 4/8　④ 5BG 5/6

27. 어떤 색은 딱딱하고 굳은 느낌을 주고, 어떤 색은 연하고 부드러운 느낌을 주는 것은 색의 어떤 감정에서 오는 것인가?

① 온도감　② 중량감
③ 흥분, 침정감　④ 색의 경연감

해설 색의 경연감 : 명도가 높고 채도가 낮은 색은 부드러운 느낌이고, 명도와 채도가 모두 낮은 색은 딱딱한 느낌이다.

28. 공예의 특성 중 다량성과 가장 관계가 깊은 것은?

① 법칙성　② 모양성
③ 간접성　④ 저렴성

29. 색에 대한 설명으로 옳은 것은?

① 색의 3속성은 명도, 채도, 대비이다.
② 채도가 높은 색일수록 명도가 높다.
③ 채도가 낮은 색은 탁한 색이다.
④ 순색은 모두 같은 채도이다.

해설 색의 3속성은 색상(hue), 명도(value), 채도(chroma)이다.

30. 먼셀(Munsell)의 색 표기에서 빨강을 5R 4/14로 표기한다. 이때 명도는?

① 5　② R
③ 4　④ 14

해설
- 먼셀은 색 표기를 색의 3속성을 이용하여 HV/C로 나타낸다.
- H : 색상(hue), V : 명도(value), C : 채도(chroma)
- 빨강의 색상은 5R, 명도는 4, 채도는 14

31. 다음 중 색광 혼합으로 틀린 것은?

① 빨강(R) + 녹색(G) = 노랑(Y)
② 녹색(G) + 파랑(B) = 청록(C)
③ 파랑(B) + 빨강(R) = 자주(M)
④ 빨강(R) + 녹색(G) + 파랑(B) = 검정(BL)

해설 빨강(R) + 녹색(G) + 파랑(B) = 흰색(W)

32. 색의 중량감을 이용했을 때 가장 안정감이 있는 것은?

① 보라, 연두
② 자주, 노랑
③ 흰색, 남색
④ 노랑, 흰색

해설
- 명도가 높은 색은 가볍고 명도가 낮은 색은 무거운 느낌을 준다.
- 무거운색이 아래에 있으면 안정감을 준다.

33. 다음 배색 중 색상 차가 가장 큰 것은?

① 노랑, 녹색　② 빨강, 주황
③ 노랑, 보라　④ 파랑, 청록

해설 보색에 가까운 배색이 색상 차가 크다.

34. 순색에 검은색을 혼합하면 명도와 채도는 어떻게 되는가?

정답 25. ① 26. ④ 27. ④ 28. ④ 29. ③ 30. ③ 31. ④ 32. ③ 33. ③ 34. ④

① 채도는 낮아지고 명도는 높아진다.
② 채도는 높아지고 명도는 낮아진다.
③ 채도와 명도가 높아진다.
④ 채도와 명도가 낮아진다.

35. **명도 대비가 가장 강한 배색은?**

① 빨강과 검정
② 검정과 노랑
③ 회색(N7)과 흰색
④ 파랑과 회색(N5)

해설 명도 대비가 가장 강한 배색은 명시도가 높도록 명도 차를 크게 한 배색이다.

36. **색채 조절의 목적과 가장 거리가 먼 것은?**

① 위험을 줄이고 안전도를 높인다.
② 생활의 능률을 올린다.
③ 피로를 회복하고 생활의 명랑화를 꾀한다.
④ 사치하고 화려한 생활을 누린다.

37. **다음 중 혼합 결과의 명도가 두 색의 중간이 되는 혼합은?**

① 가산 혼합　② 회전 혼합
③ 감산 혼합　④ 색광 혼합

해설 중간 혼합은 명도가 평균이 되는 것으로, 팽이 위에 색을 나누어 칠하고 돌리는 방법이다. 회전 혼합이라고도 한다.

38. **다음 중 수축과 후퇴감을 주는 색은?**

① 빨강　② 노랑
③ 주홍　④ 파랑

해설 후퇴해 보이는 색 : 저명도의 색, 차가운 색, 저채도의 색, 무채색

39. **색상 거리가 서로 가장 가까운 것은?**

① 파랑 – 노랑
② 빨강 – 연두
③ 남색 – 주황
④ 자주 – 보라

40. **일반적으로 배색을 할 때 고려할 사항으로 잘못된 것은?**

① 색의 경중감을 이용한다.
② 주제와 배경과의 대비를 생각한다.
③ 색상의 가짓수를 될 수 있는 대로 많이 한다.
④ 볼 수 있는 거리를 이용한다.

해설 배색을 할 경우 색상의 가짓수는 될 수 있는 대로 적게 한다.

41. **순색에 어떠한 색을 섞으면 명청색이 되는가?**

① 보색
② 회색
③ 검은색
④ 흰색

42. **먼셀(Munsell)의 기본 5색상은?**

① 빨강, 파랑, 노랑, 분홍, 초록
② 파랑, 주황, 초록, 노랑, 보라
③ 빨강, 노랑, 초록, 파랑, 보라
④ 빨강, 파랑, 노랑, 초록, 연두

43. **다음 중 가장 가볍고 부드러운 느낌을 주는 색은?**

① 고명도 색의 저채도
② 중명도 색의 중채도
③ 저명도 색의 고채도
④ 중명도 색의 고채도

정답 35. ② 36. ④ 37. ② 38. ④ 39. ④ 40. ③ 41. ④ 42. ③ 43. ①

제 6 장 공예사

6-1 우리나라 공예문화 시대의 특징

1 삼국 시대 이전

(1) 석기 시대의 공예

① **석기류** : 돌화살촉, 돌칼, 간돌칼, 돌도끼, 돌그릇, 돌방망이, 둥근형 돌도끼

② **토기류** : 빗살무늬토기, 민무늬토기, 뇌문토기, 붉은간토기, 검은간토기

(2) 금속문화기의 공예 * 차여구, 의기, 방패형 동기와 검파형 동기

① **세형동검** : 우리나라 동검 중에서 가장 세신한 검에 속한다.

② **동물형 대구** : 장신구로 우리나라 최초의 조각품이다.

③ **광형동과** : 우리나라 청동제 유물에서는 찾기 어려운 녹슨 색이다.

④ **흑도장경호** : 내부까지 모두 흑색이며, 외부 표면은 광택이 있고 두께가 얇으며 순흑도의 특징이 잘 나타나 있다.

⑤ **금제교구** : 국보 제89호, 국립중앙박물관에 소장되어 있다. 일곱 마리의 용이 자유롭고 율동적인 모습으로 배치되어 있다.

참고

삼국 시대 이전 미술의 특징

- 삼국 시대 공예품은 무덤의 부장품으로 출토된 금속 공예 작품들이 주를 이루고 있다.
- 금속문화의 유입기로 이 시기에는 민무늬토기를 주로 사용하였으며, 그릇의 표면에 산화철을 바르고 연마한 붉은간토기 등 여러 종류의 토기를 사용하였다.

2 삼국 시대 및 가야 시대

(1) 고구려의 공예

① **금속 제품**

(가) 투각초화문 금동관

(나) 투각용봉문 금동관형 장식 : 고구려인들의 세련된 공예 수준을 보여 주는 공예품

(다) 금동귀걸이 : 청동으로 만들고 도금한 것으로 고구려 고분에서 채집된 것이다.

(라) 을묘년명청동호우 : 고구려 금속 공예품으로 4행 16자가 새겨져 있다.

② **토기** : 흑회색 연질토기 계통이지만 흑색마연기법을 사용한 것도 적지 않다.

③ **와당** : 적색 계통이 많으며, 여러 문양 중 연화문계가 주류를 이루고 있다. 선이 예리하며 음양이 명료한 것이 특징이다.

④ **전(화전)** : 그림을 그려 새긴 벽돌로, 높은 건축술과 공예술을 짐작할 수 있다.

참고

고구려 미술의 특징

- 진취적이고 호전적인 국민성이 반영되어 조형 미술품들이 씩씩하고 야성적인 느낌을 풍긴다.

(2) 백제의 공예

① **장신구**

(가) 금동관 : 금관처럼 내관과 외관으로 구성되어 있으며, 얇은 동판을 오려 만든 것

(나) 금동환 : 귀걸이 고리가 삼각형이 아니라 원형인 것이 신라와 다르다.

(다) 비녀 : 백제의 세금세공을 알려주는 귀중한 자료

(라) 옥(玉)류 : 백제의 옥류는 유리가 대부분이며 곡옥(굽은 구슬)이 특이하다.

② **토기** : 주로 회청색 토기가 많으며, 신라의 토기와는 달리 부드럽고 둥근 형태미가 있다.

③ **와전**

(가) 막새기와 : 고구려와 달리 화판 내부에 판맥이 나타나 있지 않으며 부드럽다.

(나) 전 : 유문전과 상형중공전이 있는데, 현대 시멘트 블록과 같은 것이다.

참고

백제 미술의 특징

- 민족 전통 위에 중국의 남조문화와 북조문화가 융합되어 수준 높은 문화를 이루었다.
- 불교 미술이 발달하여 일본까지 백제의 문물을 전하였다.

(3) 신라 시대의 공예

① **금관**

(가) 금관총 금관 : 국보 제87호, 국립중앙박물관에 소장되어 있다. 국왕만 쓸 수 있었던 특수용으로, 금관 중에서 가장 대표적인 것이다.

(나) 금령총 금관 : 보물 제338호, 형태가 작고 내관도 없어 빈약해 보인다.

(다) 서봉총 금관 : 보물 제339호, 중앙에 금판을 오려 만든 봉황 장식물이 붙어 있다.

② **귀걸이** : 누금세공을 한 금귀걸이로, 황금 바탕 위에 금싸라기와 금실로 장식하여 의장의 교묘함과 호화로움을 나타낸다.

③ **과대** : 국보 제88호, 순금과 구슬로 구성되어 있으며 금여라고도 한다.

④ **목걸이** : 귀걸이에 사용되는 중공금 장식을 연결하고 중앙에 곡옥을 배치한 특수한 형식으로, 일본에서 반환되어 왔다.

⑤ **팔찌** : 남녀 공용으로 추측하며 표면에 양각을 한 것으로 유명하다.

⑥ **신발** : 고분에서 발견된 신발은 금동제이며, 실용품이라기보다는 죽은 이를 장사하기 위한 제품으로 짐작한다.

⑦ **옥류** : 수정, 유리, 금, 은 중 유리는 동양에서 중국이 먼저 제작을 시작하였다.

⑧ **무기**

(가) 도검 : 철제도이며 칼자루에 금 또는 은장식이 있고, 그 끝은 고리와 같이 동그란 형태가 많았다. 식이총에서 출토된 도검도 있다.

(나) 도자 : 큰 칼의 칼집에 붙어 있는 작은 칼이다.

⑨ **마구류** : 안장의 전륜, 후륜은 금동제 쇠장식이 덮였고, 안장의 기구에는 비단벌레의 날개가 새겨져 있다.

⑩ **칠기** : 신라의 고분에서 흔히 발견되는 목심칠기는 원형을 자세히 알 수 없지만 낙랑칠기 공예의 영향을 받았다.

⑪ **기마인물상** : 국보 제91호 토기

참고

신라 시대 미술의 특징

- 국력의 발달과 함께 한족문화, 북방문화, 서역의 선진문화, 불교문화의 전래로 고유의 풍토 양식을 성립하였으며, 미술품에는 각각 그들의 생활감정과 풍토미가 스며들어 있다.

3 통일신라 시대

① **범종** : 중국이나 일본과 형식이 크게 달라 한국의 종으로 불린다.

(가) 상원사 동종 : 국보 제36호, 우리나라에 현존하는 가장 오래된 범종, 성덕대왕 신종보다 45년이나 앞선 종이다.

(나) 성덕대왕 신종 : 국보 제29호, 우리나라에 현존하는 가장 규모가 큰 종이다.

② **사리구**

(가) 감은사지 서삼층석탑 사리구 : 통일신라의 불교와 관련된 대표적인 공예품

(나) 경주 구황리 3층석탑 사리구, 송림사전탑 사리구

③ **무구정광대다라니경 :** 국보 제126호, 세계에서 가장 오래된 목판 인쇄물이다.

④ **토도 공예**

(가) 고배 : 투박하고 다리도 짧아 삼국 시대의 날씬한 고배와 형태가 다르다.

(나) 유개합류 : 현대의 김치그릇과 비슷한 형태이며 당나라의 영향으로 짐작된다.

(다) 병류 : 표면에 꽃 모양 무늬가 덮이는 것이 많다.

(라) 녹유골호 : 국보 제125호, 국립중앙박물관에 소장되어 있으며, 표면에 인화를 한 뼈항아리이다.

(마) 와전, 전 : 신라에 비해 복잡하고 화려하며 미술적 가치를 지닌 것이 많다. 여러 와당, 사천왕상 등이 대표적이다.

참고

통일신라 시대 미술의 특징

- 국민의 생활과 정신이 불교를 구심력으로 삼아 불교적인 색채가 농후하였다.

4 고려 시대

(1) 도자기 공예

① **청자 :** 기술과 무늬가 독창적이고 섬세하며 미묘함이 세계적이다.

(가) 순청자 : 상감이나 다른 재료에 의한 장식을 하지 않은 청자로, 청자 중 가장 먼저 만들어졌으며 고려 말까지 사용되었다.

(나) 상감청자 : 고려의 문화를 단적으로 상징하는 것으로 색채와 기법이 다양하다.

(다) 화청자 : 염료로 문양을 먼저 그린 후 유약을 바른 청자로, 송나라와 원나라의 영향을 받은 것이라 짐작된다.

② **상감모란문 매병**

(가) 국립중앙박물관에 소장되어 있다.

(나) 몸통 부분은 바탕흙으로 세로로 긴 능화형을 상감하고 내부는 흑, 백, 진사의 상감을 한 희귀한 작품이다.

③ **천목 :** 철분이 포화상태인 유약을 발라 황갈색 빛깔을 내는 것으로 철유라고 한다. 일본에서 천목이라 부르면서 국제적인 이름을 천목으로 사용되게 되었다.

(2) 금속 공예

① **범종**

(가) 천흥사 종 : 대표적인 범종으로 국립중앙박물관에 소장되어 있다.

(나) 연복사 종 : 원나라의 공인에 의해 만들어진 원식법 종이다.

② **향로 :** 표면에 금 또는 은으로 상감하고 문양을 보상당초와 범자문 등으로 장식한 것으로, 양산 통도사의 향로가 대표적이다.

③ **정병 :** 청동 은입사 포류수금문 정병이 대표적인 정병이며, 국립중앙박물관에 소장되어 있다.

④ **동경 :** 중국을 모방한 형태가 대부분이며 신라와 정반대의 양상을 보인다.

(3) 칠공예

① 칠기가 한때 크게 유행하여 낙랑고분에서 보는 바와 같이 우수한 작품들을 만들어 냈으며 당시의 귀족성, 영화성, 향락성을 엿볼 수 있다.

② 현재 남아 있는 고려의 나전칠기는 경복궁 한국민속박물관에 소장되어 있다.

(4) 인쇄 공예(경판 예술)

① **고려 시대 경판 예술 :** 불교 서적의 의미로만 중요한 것이 아니라 현대 인쇄문화의 선구자로서 더 큰 의미가 있다.

② **석각 화엄경 :** 구례 화엄사에 소장되어 있으며, 우리나라로 하여금 중국의 조판 기술이 일어나는 계기가 되었다.

③ **목각 대장경 :** 국보 제32호, 해인사 팔만대장경각에 소장되어 있다.

참고

고려 시대 미술의 특징

- 신라 시대보다 예술의 미가 떨어지며 불교로 인해 국민성이 약하고 늠름하지 못한 기상의 미술이었다.
- 도자기 공예와 금속 공예 및 칠공예는 신라 시대보다 높은 수준을 보이는 것이 많다.

5 조선 시대

* 도자기 공예, 목칠공예가 뛰어났다.

(1) 도자기 공예

① 임진왜란을 기준으로 전기는 분청자기 시대, 후기는 청화백자 시대로 구분한다.

② **청자** : 고려청자는 이조 초까지 만들어지다가 세종 초 자취를 감추었다.

③ **분청자기(분장회청자기)**

(가) 분청자기 인화문 : 덩굴무늬 이외에는 모두 인화로, 도장을 찍어 움푹 들어간 곳에 백토를 메꾸어 문양을 나타내었다.

(나) 분청자기 상감문 : 고려청자 상감과 같이 회색 그릇의 표면에 문양을 파내고 백토를 메꾸어 문양을 나타내었다.

(다) 분청자기 박지문 : 회색의 바탕흙으로 된 그릇의 표면에 백토를 바르고 문양을 그린 후 백토를 긁어내었다. * 문양은 백토색, 여백은 바탕흙색 : 대조적 기법

(라) 분청자기 조화문 : 회색의 바탕흙으로 된 그릇의 표면에 귀얄로 백토를 바른 후 문양의 윤곽과 내부 선을 긁어내어 회색 선으로 문양을 나타내었다.

(마) 분청자기 철화문 : 백토를 그릇의 표면 전체에 바르지 않고 언저리를 남겨 놓음으로써 백토와 바탕흙의 대조가 선명하다.

(바) 분청자기 귀얄문 : 빠른 운동감이 있는 자국과 그 사이사이에 백토와 바탕흙의 대조로 문양과 같은 효과를 나타낸다.

(사) 분청토기 : 자기는 아니지만 같은 시대에 같은 기법으로 만들어진 것으로, 바탕흙만 점토질이므로 질그릇과 같다.

④ **백자** * 이조의 대표적인 자기

(가) 백자(순백자) : 문양이 없는 백자로, 조선왕조 전기에는 순백자가 대부분이다.

(나) 백자 상감 : 고려의 상감 기법을 이어받은 것

(다) 백자화 : 실록에서 보면 이조 세조 때 처음 만들었다는 기록이 있다.

(라) 백자 철사포도문호 : 국보 제107호, 이화여대박물관에 소장되어 있다. 백자 항아리에 포도를 철사로 그린 것으로, 한 폭의 그림과 같은 세련된 느낌을 준다.

> **참고**
>
> **분청자기**
> - 15세기 초기에 기형과 문양, 유약 등에서 이미 독자적인 특징을 나타내었다.
> - 표면의 여러 가지 분장법에서 오는 힘 있고 자유분방한 장식 의장이 그 특징 중 하나이다.

(2) 금속 공예

① **범종** : 고려의 종 형식을 계승하면서 약간의 변화를 보인다.

② **도검**

(가) 임진왜란 전에는 일본의 영향으로 우수한 도검을 만들었다.

(나) 현충사에 소장되어 있는 이충무공의 도검이 대표적이다.

(3) 목 · 죽공예

① 조선 시대 자기와 더불어 조선인들의 소탈한 생활 의욕이 잘 나타나 있다.
② 간결한 선, 명확한 면, 목재가 갖는 자연 목리의 미를 통해 하나의 통일체를 만들어 낸다는 점이 특징이다.
③ 오동나무, 느티나무와 같은 좋은 목재를 사용하며 좌우대칭이 되도록 배치하였다.
④ 좋은 목재와 제작방법 및 장식의 조화가 소박하고 강직한 자연의 미로 승화되어, 조선 목공품이 가장 조선적이라는 평가를 받고 있다.

(4) 나전칠기 공예

① 고려 시대에 발달했던 나전칠기가 이조 시대에 더욱 발전하였다.
② 예물함, 향 상자 등 신성하고 귀한 것을 위해 사용하였으며, 이후에는 관복함, 베갯모, 말안장에 이르기까지 다양하게 사용하였다.
③ 나전칠기 공예는 제작과정이 까다롭지만 붓으로 그린 것 못지않게 문양이 화려하고 섬세하다.

(5) 화각 공예

① **화각 :** 한 면에 채화를 그리고, 그 위에 쇠뿔을 얇게 펴서 덧붙여 장식하는 것이다.
② **문양 :** 화조와 십장생이 대부분이며 장, 경대, 베갯모 등 주로 여자의 일상용구의 표면에 붙이는 것이다.

참고

조선 시대 미술의 특징
- 현실적 사상인 유교로 인해 민족적이고 풍토적인 특색이 나타난 조선 고유의 미를 창조하게 되었다.
- 순진하고 소박한 아름다움을 가지며 은근하고 점잖은 멋이 있다.

6 근대 이후

① **1910~1945년 :** 일본의 식민지로 독자성을 상실하였으며, 창조보다는 전통적인 조형 속에서 기술의 우수성을 자랑하는 데 그쳤다.
② **1945~1950년 :** 광복되면서 조선 시대의 서민 생활을 공예로 표현하기 시작하였지만 1950년 6 · 25전쟁으로 다시 활동이 중단되었다.
③ **1953년 이후 :** 수공예는 대량생산 체제에서 보다 좋게, 보다 아름답게 만드는 현대 공예의 방향으로 전환하게 되었다.

예 | 상 | 문 | 제

우리나라 공예문화 시대의 특징 ◀

1. 힘차고 굵고 두꺼우며 강인한 예술적 조형 심리와 형태를 가장 잘 나타낸 시대는?

① 통일 신라
② 백제
③ 고구려
④ 고신라

해설 고구려 미술의 특징
진취적이고 호전적인 국민성이 반영되어 조형 미술품이 씩씩하고 야성적인 느낌을 풍긴다.

2. 다음 중 백제 시대 공예의 특징을 설명한 것으로 틀린 것은?

① 신라와 일본에 공예문화를 전함
② 우아하고 세련된 조형
③ 맑고 단순한 개성의 표현
④ 토우와 이형 토기의 유물이 삼국 중 가장 많음

해설 토우와 이형 토기의 유물이 삼국 중 가장 많은 시기는 신라 시대이다.

3. 다음 중 실용을 근본으로 하며 생활에 기여하는 공예로, 여러 가지 민족 문화를 표현하는 공예는?

① 개인적 공예
② 귀족적 공예
③ 민중적 공예
④ 기계적 공예

4. 낙랑 문화의 특징으로 대표적인 것은?

① 유교 사상이 표현된 채화칠협
② 굽이 높은 고배형의 토기
③ 다채로운 문양의 금동 불상
④ 누금 세공법에 의한 순금 공예

해설 채화칠협 : 서기 1~2세기 낙랑 시대 무덤인 채협총에서 출토된 약 40cm 길이의 대나무 광주리이다.

5. 조선 시대 목 · 죽공예의 독특한 공예미는?

① 귀족적이고 화려함
② 세련되고 매끄러움
③ 건실한 구조와 실용성
④ 모방적 꾸밈성

6. 조선 시대 공예품 중 가장 간결하고 소박하며 합리적인 것은?

① 목공예품
② 나전칠기
③ 화청자
④ 화각장

해설
- 나전칠기 : 아름다운 광채가 나는 자개 조각을 여러 모양으로 붙이고 옻칠한 공예품
- 화청자 : 염료로 문양을 그리고 유약을 바른 청자
- 화각장 : 채색 그림을 그리고, 그 위에 쇠뿔을 얇게 펴서 덧붙여 장식한 장

정답 1. ③ 2. ④ 3. ③ 4. ① 5. ③ 6. ①

6-2 현대 디자인사에 대한 일반 지식

1 우리나라 디자인사

(1) 광복 이전(1876~1945년)

* 전통의 형상성이 부드러운 곡선으로 표현되었다.

(2) 광복 이후(1945~1970년)

① 정서 위주의 미술과 공예교육에서 시작하여 생산 위주의 조형과 디자인교육으로 발전하기 시작하였다.
② 경제 개발을 촉진하면서 산업 분야에서 디자인의 역할이 강조되었다.
③ 디자인의 필요성이 강조되어 미술의 수출을 목표로 디자인의 발전을 유도하였다.
④ 1960년 인하우스 디자인 개념이 도입되었다. * 정부 차원에서 디자인 산업이 발전되었다.

(3) 1970~1980년 ← 디자인의 변화

① 우리나라 디자인이 국제 무대에 알려지기 시작한 시기로, 디자인이 경제 성장의 중추적인 역할을 한 시기이다.
② 1976년 『월간 디자인』이 창간되었다.
③ 1977년 '대한민국 상공 미술전람회'가 '대한민국 산업 디자인전'으로 바뀌어 디자인에 대한 사회적 인식이 변화되었다.

(4) 1980~1990년 ← 디자인의 발전, 가장 많은 변화가 일어난 시기

① 1980년 '그래픽 코리아전', 1981년 '한국의 미 포스터전', 1982년 '한국의 얼굴전' 등이 개최되었다.
② 1986년 정부의 'GD(good design) 마크' 제정으로 산업 경쟁력을 높일 수 있는 디자인 진흥정책이 펼쳐지기 시작하였다.
③ 1986년 서울 아시안 게임, 1988년 서울 올림픽을 전후로 다양한 디자인이 개발되어 대중과 친해지는 계기 및 캐릭터 산업에 대한 새로운 가치를 심었다.

(5) 1990~2000년 ← 디자인의 성장

① 디자인이 국가의 집중적인 지원을 받으며 성장하기 시작하였다.
② 1993년 우리나라 최초의 국제 박람회인 대전 엑스포가 개최되었고, 상공 자원부에서는 '디자인의 날'을 제정하였다.

③ 1999년 'Korea, 5000 Years Young'이라는 주제의 홍보 영상물을 제작하여 전 세계로 내보내었다.
④ 신문을 가로로 편집하여 편집 디자인 개념을 신문에 도입하는 계기가 되었다.
⑤ 많은 디자인 제품에 장식적인 조형 언어가 사용되었다. 예 컴퓨터용 안상수체

(6) 2000년 이후 ← 디자인의 성숙과 도약

① 국제화 시대에서 세계화 시대로 도약하였다.
㈎ 2000년 국제 그래픽디자인 단체협의회(ICOGRADA) 밀레니엄 서울 대회
㈏ 2001년 세계 산업디자인 단체협의회(ICSID) 총회
㈐ 2002년 한일 월드컵
② 디지털 기술과 미디어 산업 발전으로 인터넷 쇼핑몰, 웹진, 인터넷 광고 등 새로운 디자인의 영역을 개척했다.

2 동양 디자인사(중국 공예사)

(1) 은 시대 * 대표적인 공예품 : 청동기

(2) 주 시대

① 중기에는 상징적인 내용이 장식적인 것이 되어 가면서 생기를 잃어갔다.
② 기이한 모양과 상징화된 동물 문양이 계속되었으며, 도기는 회유도가 많아졌다.

(3) 전국 시대

① 청동기나 기타 공예품이 실용성과 다양성, 화려한 장식 기법으로 변화되었다.
② 종교적인 괴이한 형태가 실용적이고 단순한 형식으로 바뀌었다.

(4) 진 시대

① 만리장성과 웅장한 궁전 건축으로, 그에 따른 공예가 발달하였다고 짐작한다.
② 은, 주 시대가 청동기의 전성시대라고 하면 한 시대는 철기 시대, 진 시대는 그 중간에 해당한다.

(5) 한 시대

① 한 시대의 제도와 문물은 모두 진 시대의 계승이었다.
② 청동기, 칠기, 동경, 도자기 등 한 시대의 전반에 걸쳐 높은 수준을 이루었다.

(6) 수 시대

① 동경과 도자기의 발달이 이루어졌다.
② 도자기는 청자기로 고월자의 부류에 속한다.

* 고월자 : 연속으로 이어지는 무늬, 투명한 유약을 바른 단지

(7) 당 시대

① 금속 공예로 동경, 금은기가 있으며 염직과 염색기술이 발달하였다.
② 도자기는 당삼채 등이 화려하다.

(8) 오대 시대

① 전촉의 영릉이라고 불리는 왕건의 묘에서 출토된 주칠기가 유명하다.
② 은평탈 기법으로 문양이 새겨져 있다.

(9) 송 시대

① **북송 시대 :** 문양이 명쾌하며, 단색으로 간결하고 명료한 단정미가 있다.
② **남송 시대 :** 간결하고 명료한 단정미가 형식화되어 기교적이고 잡다한 문양으로 변화되었다.

(10) 원 시대

① 도자(도기와 자기)는 곡선적으로 변하고 도안이 화려해졌다.
② 원삼채와 같은 새로운 양식이 발달하여 중국 도예사상의 큰 전환기를 이루었다.

(11) 명 시대

* 공예의 뚜렷한 진보, 궁전을 중심으로 발달

① **도자기 :** 청화자기의 발달과 다채자(여러 가지 색채나 형태의 자기)의 발전이 특징이다. 청화자기는 우리나라 이조 시대의 자기에 큰 영향을 주었다.
② **동기 :** 선덕동기(선덕 3년에 만든 구리로 된 그릇)는 발색의 미가 있다.
③ **칠보 :** 대식요, 대금요, 귀국요, 불랑감, 경태감, 양자라고도 한다.
④ **칠기 :** 조칠과 창금의 기법으로 문양을 나타내었다.

(12) 청 시대

① 도자기, 칠기, 옥기, 칠보, 유리, 염직 공예가 발달하였다.
② 도자기의 도안으로 식물을 많이 다루었다. 매화는 신년을, 모란은 봄을, 연꽃은 여름을, 국화는 가을을 상징하였다.

3 서양 디자인사

(1) 고대 공예

① 이집트

㈎ 석기 : 꽃병, 접시, 항아리와 같은 소공예품과 가옥, 분묘 등이 만들어졌다.

㈏ 도자 공예 : 제3왕조 시대에 유약 사용법을 발명했으며 제18왕조 시대에 가장 번성하였다.

㈐ 유리 공예 : 가장 오래된 유리 제품으로 제18왕조 아메넘헤트 1세의 이름이 새겨진 B.C. 1550년경 '유리 구슬'이 유명하다.

㈑ 금속 공예 : 투조, 주조, 금은 상감 기법을 사용하였으며 '투조된 가슴장식'은 의장처리가 되어 있는 것이 특징이다.

㈒ 목공예 : 의장처리로 연, 파피루스를 도안화하거나 토끼형 목침, 소의 발, 인체의 모습을 띤 목관형이 특징이다.

㈓ 염직 공예 : 아마로 미라를 감싸는 천을 만들고 연, 파피루스를 색사로 직조하였다.

㈔ 공예품의 의장처리 : 동물과 초목을 상징적이고 개념적인 선조로 표현하였다. 왕조 시대에는 삼각형, 사각형, 원 등의 무늬를 사용하기 시작하였다.

② 서방 아시아

㈎ 바빌로니아의 공예

- 장신구, 갑옷 : 금을 정교하게 사용
- 악기상자 : 자개 상감이나 모자이크 기법
- 테라코타의 단지 : 동물이나 기하학적 무늬로 의장처리

㈏ 앗시리아의 공예

- 바빌로니아 예술 계승 + 독자적인 표현력
- 왕의 위엄 과시

㈐ 페르시아의 공예 : 귀금속 세공 외 여러 기법 사용, 염직기술 발달

㈑ 에게의 공예(크레테 미술 + 미케네 미술)

- 크레테의 공예 : '황금의 잔'
- 크레테 미술 : 평화적, 향락적, 미케네 미술 – 실전적, 전투적

참고

- 이집트 시대 미술 : 내세관에 의한 종교가 문화 창조의 원동력이 되었으며 정적이다.
- 메소포타미아 시대 미술 : 왕의 위대한 업적과 용맹을 동적인 부조로 표현하였다.
- 에게 시대 미술 : 해양 민족으로서의 특징이 잘 나타나 있다.

③ **그리스**

(가) 도기 공예

- 기하학적 양식 : 원시적, 미케네 양식보다 세련됨
- 코린트 양식 : 그리스 신화에 나오는 그리핀 무늬 사용
- 흑화식 단지 : 적갈색 또는 흰색 바탕에 흑색 무늬
- 적화식 단지 : 흑색 바탕에 적색 그림, 신화보다 일상생활을 표현함

(나) 가구 공예 : 금, 은, 보석을 정밀하게 가공하여 장식용으로 사용하였다.

(다) 금속 공예 : 건축이나 무기는 청동으로, 장신구는 금과 은으로 제작하였다.

④ **로마**

(가) 금속 공예 : 조금 기술이 발전하였다.

(나) 가구 공예 : 폼페이에서 발굴된 벽화에 의하면 의자는 모양이 화려하고 사자, 그리핀 등의 조각과 받침대에 조형을 사용하였다.

(다) 유리 공예 : '카메오 글래스' – 색유리 위에 별개의 색유리를 열착시켜 인물이나 기타 도안을 부조한 로마의 아름다운 공예품이다.

참고

- 그리스 시대 미술 : 이상주의를 사실주의와 결합시켜 균형과 비례 중심의 합리적인 미를 추구하였다.
- 로마 시대 미술 : 그리스 문화를 모방하고 응용하는 데 불과하였으며, 창조적인 면이 없었다.

(2) 중세 공예

① **초기 기독교 시대**

(가) 가구 공예 : 로마 양식 + 동방 요소 * 제단과 장로의 의자가 유명하다.

(나) 금속 공예 : 로마 양식을 계승하고 있으며 기독교와 관련 있는 것이 많다.

② **비잔틴 시대**

(가) 가구 공예 : 그리스와 로마의 형식을 기초로 비잔틴의 화려함을 장식하였으며, 상감이나 엷은 부조 기법을 사용하였다.

(나) 금속 공예 : 클루아조네 에나멜(cloisonné enamel) – 페르시아 기법을 사용한 것으로 금, 은 합금판 위에 금으로 된 가는 선으로 형판을 만든 후 유약을 넣고 약 900℃에서 녹여 붙인 것이다(=유선칠보).

(다) 염직 공예 : 기독교나 성서 전도를 표현하고자 하는 복잡한 구도의 내용이 많다.

참고

- 비잔틴 시대 미술 : 기독교 예술을 통한 화려한 예술이 탄생하였다.
- 비잔틴 미술의 대표 : 사원 건축
- 비잔틴 미술의 황금시대 : 콘스탄티노폴리스의 성소피아 성당

③ **로마네스크 시대**

㈎ 가구 공예

- 독일의 로마네스크 : 웨스트팔리아의 삼각형 소의자 – 농민 의자로 사용
- 북구라파의 로마네스크 : '바이킹 체어' – 얇은 부조의 동물, 당초무늬 조각
- 이탈리아 : 카놋사 교회 – 석재 의자
- 물품을 수납하는 궤 : 목재로 만들고 철물 · 청동 장식으로 보강

㈏ 금속 공예

- 기법 : 단조, 투조, 선조, 상감 기법 사용
- 유품 : '기도의 왕관' – 황금판을 두드려 기하 무늬, 투조와 보석에 의한 상감
- 에마유 클루아조네(émail cloisonné) : 건축물의 창, 문에 금속물 사용

㈐ 염직 공예 : 영국에서 벨벳(velvet) 제법이 발명되었으며 기하 문양이 많았다.

④ **고딕 시대**

㈎ 가구 공예

- 주재료 : 오크(떡갈나무), 경판에 의한 구조법, 금속장식, 경첩 사용
- 유물 : 에드워드 1세 즉위식 의자, 요크민스턴 사원의 X형 의자, 배고 의자

㈏ 금속 공예 : 정교하게 제작, 사원과 관련

㈐ 염직 공예 : 태피스트리(tapestry)는 종교적인 것을 주제로 삼았으며, 프랑스의 '묵시록'과 '크로비스의 이야기'가 대표적이다.

참고

- 로마네스크 시대 미술 : 로마의 전통 양식에 기독교풍을 가미한 미술이다.
- 고딕 시대 미술 : 사원 건축에서 하늘 높이 솟아오른 첨탑이 특징이다. 예 노트르담 성당, 밀라노 성당

(3) 근세 공예

① **르네상스 시대**

㈎ 이탈리아의 공예

- 가구 공예 : 장식에 의해 구조가 가려진 것이 특징
- 직물 공예 : 피렌체, 베네치아를 중심으로 발달
- 도기 공예 : 마욜리카 기법, 파얀스라는 이름으로 많이 제작됨
- 유리 공예 : 색유리 – 오늘날 세계적인 특산물로 유명함
- 금속 공예 : 메달, 창, 칼, 소공예품 등의 금속 공예품 제작

㈏ 프랑스의 공예

- 가구 공예 : 줄기둥 모양으로 세운 이탈리아식 테이블과 의자

• 직물 공예 : 고블랭직 – 세계적 직물, 민속 공예품
• 도기 공예 : 오늘날 프랑스 세브르 국립 도기의 원조, 베르나르 팔리시 (bernard palissy)는 마욜리카 기법

(다) 영국의 공예 : 엘리자베스 여왕 시대의 독특한 풍으로 만들어졌다.
• 가구 공예 : 중후한 느낌의 선반, 궤, 의자 등의 유물
• 유리 공예 : 중세기 창문의 착색 유리의 영향으로 일반 공예품에도 응용됨

(라) 독일의 공예 : 유명한 화가가 공예품의 장식 도안을 그렸다.

(마) 플란더스 지방의 공예 : 스테인드글라스 기법이 발달하였으며, 델프트 가마와 네델란드에서 만든 동양의 청화자기 모방품은 종래에 볼 수 없는 큰 진전이 었다.

(바) 스페인의 공예 : 바로크적이며, 17세기에서야 르네상스가 들어오게 되었다.

참고

르네상스 시대 미술
• 중세의 무미건조한 생활에서 벗어나 자연과 인간 그 자체에 눈뜨기 시작하여 인간성 회복과 예술 문화를 되찾으려고 노력하였다.

② 바로크 시대의 공예

(가) 이탈리아의 공예
• 가구 공예 : 궤는 사라지고 장이 나왔다.
• 직물 공예 : 태피스트리식 벽걸이 성행
• 유리 공예 : 유리 세공품과 면경이 유명하다(베네치아).

(나) 프랑스의 공예 : 베르사유궁전을 중심으로 실내 공예가 구체화되었다.
• 가구 공예 : 루이 13세식 공예(직선적 · 단정한 외관미, 목상감 기법), 루이 14세식 공예(직선 · 곡선에 치우치지 않은 구성, 베르사유궁전 건축)
• 직물 공예 : 고블랭직의 '왕의 이야기', '알렉산더의 이야기'

* 르 브랭(Le Bran) : 루이 14세식 공예의 창조자, 베르사유궁전의 장식 의장 설계

(다) 영국의 공예
• 자코비언식 가구 공예 : 수수하고 억센 실내 가구 양식, 독자적인 품격
• 윌리엄과 메리식 가구 공예 : 플랑드르 영향을 받은 양식

참고

바로크 시대 미술
• 불명확한 곡선의 연속인 유동적 분위기가 특징이다.

③ **로코코 시대**

㈎ 프랑스의 공예

- 가구 공예 : 루이 15세 자유분방함, 장식 과다 → 루이 16세 고전적, 직선 모양
- 금속 공예 : 베르사유궁전의 '시계대'
- 직물 공예 : 리용(lyon) – 견직물로 유명한 곳
- 도기 공예 : 왕립 제도소 세브르에서 경질 자기가 시험적으로 구워짐

㈏ 영국의 공예

- 가구 공예 : 네덜란드와 프랑스의 영향을 받은 독자적인 형식, 앤 여왕기(경쾌한 곡선), 조지언기(치펜데일 : 대표적인 가구 제작자, 아담 : 차륜형의 '등받이가 달린 의자'를 만듦, 헤플화이트 : 폼페이 풍의 영향을 받음, 토머스 쎄라턴 : 기하학적 형체를 기본으로 나무를 잘게 절단하여 하나의 통일된 구조를 설계함)
- 도자기 공예 : 18세기 말 독자적인 자기 제작, 염가 도기의 대량생산 → 전 유럽

㈐ 독일의 공예

- 가구 공예 : 특수한 가구 제작, 우수한 목상감 기법의 기교
- 도기 공예 : 중국인을 그린 식기 촛대 제작, 풍속을 나타내는 남녀 인형 제작

참고

로코코 시대 미술

- 화려한 생활을 동경하여 여성적이고 우아하며, 화려함이 특징이다.

(4) 근대 공예

* 윌리엄 모리스 : 미술 공예운동

① **19세기 영국 :** 산업혁명으로 생산적 공예가 발달하였으나 개발은 부진하였다.

㈎ 윌리엄 모리스 : '빨간집' 제작, '모리스 마샬 엔드 포크너 상회' 설립, 미술 공예전 협회를 결성하여 주목을 끌었다.

㈏ 윌리엄 모리스의 공죄

- 공로 : 조형 양식의 통일성 있는 통합으로 20세기 공예운동의 선구자가 되었다.
- 죄과 : 수공예를 너무 중요시함으로써 영국의 디자인 운동을 반 세기 정도 늦추었다.

② 19세기 프랑스

㈎ 아르누보(유겐트슈틸, 유겐트 양식)

- 근대 프랑스 예술의 새출발, 공예상의 자연주의, 동식물을 모티프로 한 장식
- 자연에서 영감을 얻어 유기적인 잎사귀 모양, 구불구불한 선, 휘어지는 곡선을 건축이나 인테리어 가구에 표현
- 어느 시대를 모방하거나 영감을 얻는 것을 반대함
- 건축 외부에 철을 즐겨 사용하며 직선과 원색을 사용하지 않음

㈏ 아르누보의 작가들

- 빅토르 오르타 : 아르누보의 창시자로, 끝까지 장식가 영역에 머무른 사람
- 루이스 설리반 : 창시자 · 건축가로 명성이 높고, 건축의 무장식 표면 찬미
- 앙리 반 데 벨데 : 화가에서 공예 쪽으로 이동, 근대 미술상점의 4개의 방 디자인

③ 19세기 독일

㈎ 싱켈 : 엠파이어 양식에서 경쾌한 실용가구 쪽으로 방향을 바꾸었다.

㈏ 분리파(시세션, 세세시온, 제째시온) : 개성적 창조의 자유를 주장한 운동

㈐ 오토 바그너 : 예술에 있어서의 필요성 강조 – “모든 새 양식은 새로운 재료, 생각이 기존 형식을 변경하거나 새로운 형식을 요구하는 데서 성립한다.”

④ 19세기 미국

㈎ 콜로니얼 양식 : 영국과 플랑드르의 이민으로 인해 고국의 양식을 기초로 가구가 제작되었는데, 이것이 미국의 조형 양식의 주류가 되었다.

㈏ 미션 양식 : 장식이 없고 실용적인 형식이며, 근대 기독교 형식으로 보급되었다.

참고

모더니즘

- 20세기 대표적인 디자인 운동으로, 단순하고 합리적인 디자인의 미덕을 중요시하였다.
- 산업화의 확대 결과로 전통적인 기반에서 벗어나 기능적이고 효율적인 디자인이 사회를 변화시키는 민주적 수단이라는 생각이다.

(5) 현대 공예

① 유럽

㈎ 공예의 특징 : 건축, 공예, 회화, 조각이 상호 작용하여 서로 영향을 주고받는 양상이며, 합리적이고 기능적인 미의 구현이 주요 요소로 나타나고 있다.

㈏ 수공예 : 영국은 수공예 센터 결성, 스웨덴은 유리 · 도자기 공예, 핀란드는 가구, 덴마크는 금공품이 육성 · 발전되고 있다.

② 미국

㈎ 1920년 : 공업 디자인의 이념을 실제 기업에 받아들였다.

㈏ 1950년 : 굿 디자인전이 개최되어 우수한 가구 및 생활용품 디자인의 원동력이 되었다.

㈐ 유럽에서 발전의 방향을 명확히 하였으며, 미국에서 그 발전을 맡아왔다.

(6) 현대 디자인

① 팝 아트

㈎ 전통적인 예술 개념을 타파하는 전위적인 미술 운동으로 광고, 만화, 보도 사진 등을 주제를 삼는 것이 특징이다.

㈏ 코카콜라나 캔 상표, 마릴린먼로의 광고나 대중매체에 흔히 등장하는 기존 이미지를 인용하여 사용한다.

② 여러 가지 표현 기법

㈎ 마블링 : 종이 등에 대리암 무늬를 만드는 기법이다. 물 위에 유성 물감을 떨어뜨려 저은 다음 종이를 물 위에 덮어 물감이 묻어나게 한다.

㈏ 몽타주 : 영화나 사진 편집 구성의 한 방법이다. 따로따로 촬영한 화면을 적절하게 떼어 붙여서 하나의 긴밀하고 새로운 장면으로 만드는 일 또는 그렇게 만든 화면을 말한다.

㈐ 콜라주 : 화면에 종이 · 인쇄물 · 사진 등을 오려 붙이고, 일부를 가필하여 작품을 만드는 디자인 제작 기법이다. 광고, 포스터 등에 많이 사용한다.

참고

포스트모더니즘

- 모더니즘이 확립한 형식에 대한 반작용으로 일어난 예술 경향으로 다른 시대, 다른 양식, 다른 문화의 탐색을 시도하였다.
- 팝 아트, 하이테크, 멤피스 디자인 등 스타일이 다양해졌으며, 오늘날까지 계속 진행되고 있다.

예 | 상 | 문 | 제

현대 디자인사에 대한 일반 지식 ◀

1. 아르누보(art nouveau) 양식의 특징은?

① 유동적인 곡선
② 연한 색채
③ 단순한 직선
④ 온화한 색채

해설 아르누보 양식 : 새로운 예술 양식, 즉 공예상의 자연주의로, 식물의 모양에 의한 곡선 장식의 가치를 강조한 유동적인 형식이 많이 사용되었다.

2. 고대의 유물 중 목재로 만들어진 공예품이 발굴되지 않는 가장 큰 이유는?

① 고대인은 목제품을 만들지 않았기 때문이다.
② 목제품을 많이 만들어 사용하였으나 쉽게 부패했기 때문이다.
③ 목제품은 극히 소량만 만들어 사용하였기 때문이다.
④ 목제품을 만들 수 있는 도구가 없었기 때문이다.

3. 오스트리아에서 일어난 반 아카데미즘 미술 운동으로 공예가, 화가, 조각가 등이 참가하여 근대 조형 수립에 큰 업적을 남겼으며, 개성적 창조의 자율을 주장한 운동은?

① 바우하우스(Bauhaus)
② 오토 바그너(Otto Wagner)
③ 세세시온(Secession)
④ 아르누보(Art Nouveau)

해설 • 바우하우스 : 공작교육과 형태교육을 동시에 배우는 건축 · 미술 학교
• 오토 바그너 : 시세션(세세시온) 운동의 주력자
• 아르누보 : 19세기 프랑스 공예

4. 유럽의 근대화에 가장 큰 계기가 된 것은?

① 유겐트슈틸 ② 산업혁명
③ 아르누보 ④ 디자인 혁명

5. 독일 공작연맹이 결성되어 주장한 것은?

① 미술의 특성화
② 조형의 규격화
③ 수공예의 장식화
④ 양식의 분리화

해설 독일 공작연맹 : 모든 예술적 창조를 통합하여 조형의 양질화 및 규격화를 목적으로 결성되었다.

6. 현대 공예의 정의를 가장 잘 설명한 것은?

① 기능의 결함 없이 미적 질서를 갖는 실용 예술
② 장식적인 미를 위주로 하는 감상 예술
③ 개인적인 기호나 취향을 표현한 시각 예술
④ 정신적인 욕구 충족을 표현한 감각 예술

7. 현대 디자인은 미적 감각 이외에 어떤 것을 크게 요구하는가?

① 장식 ② 취미
③ 기능 ④ 유행

8. 다음 중 디자인 조건으로 가장 알맞게 연결된 것은?

① 합목적성, 경제성, 독창성, 심미성
② 합목적성, 질서성, 주관성, 독창성
③ 합목적성, 모방성, 심미성, 객관성
④ 합목적성, 심미성, 질서성, 주관성

정답 1. ① 2. ② 3. ③ 4. ② 5. ② 6. ① 7. ③ 8. ①

9. 신문지나 색종이, 헝겊 등 각각 다른 재질감을 이용하는 디자인 제작 기법은?

① 마블링
② 콜라주
③ 포토 몽타주
④ 배수법

해설 콜라주 : 화면에 종이 · 인쇄물 · 사진 등을 오려 붙이고, 일부를 가필하여 작품을 만드는 디자인 제작 기법으로 광고, 포스터 등에 많이 이용한다.

10. 새로운 예술이라는 뜻으로 19세기 말과 20세기 초에 걸쳐 프랑스를 중심으로 전 유럽에서 유행한 장식적인 양식은?

① 큐비즘 ② 아르데코
③ 다다이즘 ④ 아르누보

11. 다음 중 미술 공예운동의 창시자는?

① 윌리엄 모리스
② 헨리포드
③ 반 데 벨데
④ 무테지우스

해설 윌리엄 모리스 : 미술 공예운동의 창시자이며, 조형 양식의 통일성 있는 통합으로 20세기 공예운동의 선구자가 되었다.

12. 미술 공예운동이 일어나게 된 사회적 배경으로 옳은 것은?

① 기계화와 대량생산으로 인한 생활용품의 품질 저하
② 기계화에 의한 장비 설치로 생활용품의 가격 폭등
③ 기계화로 인해 생활용품에 화려하고 복잡한 장식을 사용할 수 없게 됨
④ 대량생산으로 인한 생활용품의 대중화

13. 바우하우스의 설립자이며, 근대 건축과 디자인 운동의 대표적인 지도자는?

① 모리스
② 그로피우스
③ 로위
④ 팹스너

해설 바우하우스 : 그로피우스가 설립한 종합예술학교로, 기능적이고 목적에 부합하는 미의 추구를 교육 목표로 하였다.

정답 9. ② 10. ④ 11. ① 12. ① 13. ②

6-3 한국 목공예사

1 삼국, 통일신라 시대의 목칠공예

① **고구려의 평상** : 한 사람이 앉을 수 있게 만든 것을 중국에서 평상이라 부르며 판재로 만들었다고 짐작되고 있다.

② **고구려의 소반** : 죽은 영혼을 위해 제를 올리거나 음식을 나르는 용도로 사용하였으며, 한국 목공예의 실용성을 잘 보여준다.

③ **백제의 왕의 발받침** : 무령왕릉 목관 안에서 원형대로 출토되었다.

④ **신라의 새 모양 칠기잔** : 나무를 새 모양으로 깎아 검은 칠을 하고 부리, 눈, 날개, 꼬리, 깃털 등을 붉은 칠로 표현한 다음 홈을 파서 술잔으로 만들었다.

⑤ **통일신라의 연꽃장식** : 연꽃잎으로 조각한 8조각의 목심칠기로 불단에 장식되었다고 짐작되고 있다.

⑥ **기타** : 백제의 칠반, 백제 왕비의 베개, 신라의 도깨비얼굴 화살통칠장식, 통일신라의 목제인물상과 목인형, 통일신라의 금은평탈보상화문경

2 고려 시대의 목칠공예

① **대장경판** : 불교 경전과 불교 관련 서적을 한데 엮은 대장경을 책으로 찍어내기 위한 인쇄 목판이다.

② **하회가면승** : 경북 안동의 하회마을에서 별신굿에 사용되는 가면이다.

③ **기타** : 경패, 나전국화문경함, 나전국당초문경함, 나전대모국당초문봉, 나전대모국당초문합, 나전국당초문합

3 조선 시대의 목칠공예

① **궤** : 제기, 곡식, 책, 문방용구, 엽전 등을 한데 모아 담아두는 다목적 가구를 궤라 한다.

② **이층농** : 전면에 문을 달아 사용하기 편리하도록 만든 이층농이다.

③ **죽장이층농** : 나무로 된 백골(뼈대를 만들어 놓고 옻칠을 하지 않은 목기 또는 목물) 표면에 대나무를 붙여 제작한 이층농이다.

④ **머릿장** : 머리맡에 놓고 중요한 기물을 넣어두는 장이다.

⑤ **좌경** : 남성이 상투를 틀거나 여성이 머리를 매만질 때 사용하는 거울이다.

⑥ **기타** : 이층장, 나전삼층장, 주칠머릿장, 화각사층장, 주칠좌등, 주칠좌경, 나전반짇고리, 나전빗접, 촛대, 등가, 초롱, 좌등, 필통, 죽제필통

4 근대 이후의 한국 목공예

① **1910~1945년** : 독자성을 상실하고 나전칠기, 자기, 목공품, 자수 등에 걸쳐 고전적인 공예품을 만들었다.

② **1945~1950년** : 조선 시대 서민의 생활을 표현하기 시작하였으나 6·25 전쟁으로 활동이 다시 중단되었다.

③ **1953년~** : 인더스트리얼 디자인 사상을 본뜬 디자인 운동이 일어났다.

참고

인더스트리얼 디자인

- 좁은 뜻으로는 시각 전달에 관련된 디자인이 아닌, 사용하는 물건의 생산에 관련된 디자인을 말한다.
- 넓은 뜻으로는 공예, 미술 등 손으로 만드는 제작품이 아닌, 공업생산 방식으로 만들어지는 디자인의 총칭, 즉 대량 생산을 전제로 한 디자인을 말한다.

예 | 상 | 문 | 제

한국 목공예사 ◀

1. 조선 시대의 목칠공예 중 사랑방 가구에 속하지 않는 것은?

① 고비　　② 책장
③ 버선장　　④ 경상

해설 • 조선 시대의 가구는 일반적인 생활공간에 따라 안방가구, 사랑방가구, 부엌가구의 세 가지로 분류한다.
• 버선장은 안방가구에 속한다.

2. 글을 읽거나 글씨를 쓸 때 사용하는 우리나라 전통가구의 명칭은?

① 연상　　② 사방탁자
③ 문갑　　④ 서안

해설 • 연상 : 벼루를 보관하는 문방제구
• 사방탁자 : 사방이 트여 있는 다층 탁자
• 문갑 : 문서, 편지, 서류 등 개인적인 물건이나 일상 기물들을 보관하는 가구

3. 조선 시대의 목공예 분야 중 가구나 창호를 다루던 사람을 부르는 명칭은?

① 소목장　　② 대목장
③ 도편수　　④ 두석장

해설 • 대목장 : 궁궐, 사찰, 주택 등의 큰 건축물을 짓는 목공
• 도편수 : 조선 후기 건축공사를 담당하던 기술자로, 각 분야의 책임자인 편수의 우두머리
• 두석장 : 목제품을 비롯한 각종 가구에 덧대는 금속장식을 만드는 장인

4. 조선 시대 목칠공예 중 제기, 곡식, 책, 문방용구, 엽전 등을 한데 모아 담아두는 다목적 가구는?

① 좌경
② 궤
③ 머릿장
④ 죽장이층농

해설 • 좌경 : 남성이 상투를 틀거나 여성이 머리를 매만질 때 사용하는 거울
• 머릿장 : 머리맡에 놓고 중요한 기물을 넣어두는 장
• 죽장이층농 : 나무로 된 백골 표면에 대나무를 붙여 제작한 이층농

정답 1. ③　2. ④　3. ①　4. ②

가구제작 및
목공예기능사

제 2 편

목재 재료

출제기준 세부항목	
가구제작기능사	**목공예기능사**
2. 가구 재료 수립 ■ 가구 원자재 ■ 기타 재료 • 목질 재료 • 금속재 및 비철금속 • 합성수지재	**1. 목공예 재료 수립** ■ 목재 일반 ■ 목재질 재료 ■ 목재 건조 ■ 기타 재료 • 죽재, 등나무재의 종류 및 특성

제 1 장 목재 일반

1-1 목재의 일반

1 식물의 개요

식물은 포자로 번식하는 은화식물과 밑씨로 번식하는 종자식물로 분류할 수 있다.

(1) 은화식물

① **엽상식물** : 세균류, 균류, 조류, 지의류 등
② **선태식물(이끼식물)** : 선류, 태류 등
③ **양치식물** : 솔잎란류, 석송류, 속새류, 양치류 등

(2) 종자식물(현화식물)

* 목재로 사용되는 식물은 대부분 종자식물에 속한다.

① **겉씨식물(나자식물, 침엽수)**
(가) 소철과 식물
(나) 삼과 식물 : 삼, 마닐라삼 등
(다) 편백과 식물 : 편백나무(노송나무) 등
(라) 송백과 식물 : 비자나무, 삼나무, 소나무, 잣나무 등

② **속씨식물(피자식물)**
(가) 외떡잎식물 : 대나무, 백합, 벼, 야자나무 등
(나) 쌍떡잎식물(활엽수) : 밤나무, 벚나무, 오동나무 등

2 침엽수와 활엽수의 특징

(1) 침엽수

① **구조적 특징**
(가) 침엽수는 활엽수재보다 진화학적으로 하등식물에 속하며, 구성 세포의 종류나 형태가 단순하다.

(나) 구성 세포의 종류 : 수분의 통로와 지지 역할을 하는 가도관, 수평 방향으로 양분을 저장하고 이동하는 역할을 하는 방사 유세포, 축방향 유세포, 수지구, 방사 가도관으로 구성된다.
(다) 겉씨식물(나자식물)에 속한다.
(라) 주로 연목이다.
(마) 직통으로 자란 큰 목재(직통 대재)가 많으며 가볍고 연하다.
(바) 가공이 용이하다.
(사) 취재율 : 60~90%

② **용도 :** 곧고 큰 목재가 많은 특성에 따라 구조재, 가설재, 장식재 등으로 주로 사용한다.

③ **대표적인 종류 :** 소나무, 잣나무, 삼나무, 전나무, 분비나무, 가문비나무, 주목, 향나무 등

(2) 활엽수

① **구조적 특징**

(가) 활엽수는 도관을 가지고 있어 유공재라 한다.
(나) 구성 세포의 종류 : 침엽수보다 진화하여 도관, 가도관, 목섬유, 축방향 유세포, 방사 유세포, 에피데리얼 세포 등으로 구성된다.
(다) 각 세포의 기능이 분업화, 전문화되어 있다.
(라) 속씨식물(피자식물)에 속한다.
(마) 쌍떡잎식물에 속한다.
(바) 경목이 많다.
(사) 성질이 일정하지 않다.
(아) 취재율 : 40~70%

② **용도 :** 가구재, 공예재, 장식재 등 다양한 용도에 사용된다.

③ **대표적인 종류 :** 참나무, 은행나무, 자작나무, 버드나무, 단풍나무, 호두나무, 밤나무, 감나무, 신갈나무, 떡갈나무, 물푸레나무, 옻나무, 박달나무, 오동나무, 아까시나무, 참죽나무, 피나무 등

참고

- 취재율(취득률) : 원목을 재적(목재의 부피)과 비교하여 얻을 수 있는 비율을 말한다.

3 목본식물의 분포

* 목본식물 : 줄기나 뿌리가 비대해져서 질이 단단한 식물

(1) 우리나라의 분포

① 우리나라 목본식물의 전체적인 분포는 84과 252속 754종 1아종 365변종 180품종으로 구성되어 있으며 1,300여 종이다.

② 경제적인 가치가 있는 수종은 전부를 사용하는 것은 아니며, 소량에 불과하다.

(2) 지역별 분포

① **북부지방 :** 잣나무, 가문비나무, 자작나무, 오리나무, 잎갈나무 등

② **중부지방 :** 졸참나무, 노간주나무 등

③ **남부지방 :** 대나무, 후박나무, 탱자나무, 동백나무, 사스레피나무 등

④ **제주도 :** 소귀나무, 들쭉나무, 구상나무, 녹나무, 시로미, 향나무 등

⑤ **울릉도 :** 감탕나무, 굴거리나무, 사스레피나무, 동백나무, 너도밤나무, 섬피나무 등

4 목재의 벌채

① **벌채 시기 :** 재질이 치밀하고 생장이 정지된 늦가을에서 겨울이 적당한 시기이다.

② **벌채 적령기**

㈎ 유목기, 장목기, 노목기 중에서 목재가 충분하게 성장한 장목기에 벌채해야 취재율이 높다.

㈏ 껍질을 벗겨 통나무로 쓰거나 구부려 사용할 때는 유목기의 나무가 좋을 때도 있다.

5 원목의 특징

(1) 원목

① 원목은 목재 중에서 충분한 둘레를 얻을 수 있는 목본식물로 교목, 관목, 목본만류 등으로 분류할 수 있다.

② 가구제작에서는 주로 교목과 관목의 일부, 목본만류의 일부를 사용한다.

(2) 원목의 종류

① **교목 :** 줄기가 곧고 굵으며 높이가 5m를 넘는 나무로 가구, 건축, 토목, 목공예 용재로 사용한다.

② **관목 :** 높이 5m 이하의 나무로 일부를 가구, 건축용재 등으로 사용한다.

③ **목본만류 :** 지상 또는 다른 물체에 기대어 자라는 나무로, 등나무 공예와 같이 휘어서 가구, 목기 등으로 사용한다.

(3) 원목(목재)의 장단점

① **목재의 장점**

(가) 금속이나 석재, 유리 등과 비교하면 비중에 비해 강도가 크다.
(나) 가볍고 절단, 구멍내기, 못박기 등 가공이 쉽다.
(다) 열전도율이나 열팽창율이 낮아 보온 효과와 절연성이 뛰어나다.
(라) 탄성과 촉감이 뛰어나며 질감이 부드럽다.
(마) 음의 흡수와 차단성이 크다.
(바) 약품이나 염분 등에 강한 성질을 가지고 있다.
(사) 각각의 다른 천연무늬와 색채를 띠고 있어 장식적인 효과가 뛰어나고, 재생이 가능하다.

② **목재의 단점**

(가) 250°C에 인화하고 450°C에 자체 발화하므로 화재에 약하다.
(나) 흡습성과 흡수성에 커서 부패균으로 인한 부식이 쉽고 내구성이 다소 약하다.
(다) 충해나 풍화 등에 의해 내구성이 떨어진다.
(라) 건조 시 수축변형이 생겨 치수의 안정성이 떨어진다.
(마) 재질감이 일정하지 않아 제작에 다소 어려움이 있다.
(바) 목재 자체에 부분적인 조직의 결함(옹이, 썩음, 껍질박이, 송진 구멍)이 있다.

③ **목재의 단점 보완 방법**

(가) 늦가을이나 겨울에 벌채한 목재를 사용한다.
(나) 가능하면 질 좋은 목재를 사용한다.
(다) 장목기에 접어든 목재를 사용한다.
(라) 용도에 맞게 제재한다.
(마) 제재 후 충분히 건조시켜 사용한다.
(바) 제작 방법을 합리적으로 진행한다.
(사) 수종의 특성을 고려하여 도장을 한다.

6 목재의 종류

목재는 가구뿐만 아니라 공예, 악기, 건축, 합판, 기타 여러 가지 제품의 제작에 이용되고 있으며, 국산 목재와 수입산 목재, 침엽수재와 활엽수재로 구분하여 종류와 용도를 파악할 수 있다.

(1) 국산 침엽수 목재

이 름	목재의 색		비 중	재 질	용 도
	변 재	심 재			
소나무 (육송)	황백색	황갈색	0.54	• 통직목리, 가볍고 연한 재질 • 절삭 가공 우수, 탄력 양호 • 건조 속도가 빠르다. • 뒤틀림이 심하다.	지붕틀, 보, 바닥널
낙엽송	황갈색	적갈색	0.61	• 통직목리, 건조성이 좋다. • 절삭 가공, 도장성 불량 • 물과 습기에 강하다. • 변재가 많고 건조 수축이 크다.	가설재, 내장재, 일반 말뚝
가문비나무	흰색	흰색	–	• 곧고 연하다. • 비중이 작고 변형이 크다.	치장 재료, 비계, 펄프 원료
전나무	갈백색	갈백색	0.44	• 곧고 유연하며 비중이 작다. • 변형이 크고 내습성이 작다.	반자널, 가구재, 창호재, 수장재
잣나무	담홍 황백색	황홍갈색	0.54	• 통직목리, 광택, 절삭 가공 우수 • 가볍고 강도가 약하다.	수장재, 창호재
솔송나무	황백색	황갈색	0.50	• 치밀하고 광택이 있다. • 내수성, 내습성, 내구성이 크다.	구조재, 창호재, 수장재
해송	흰색	황갈색	–	• 비중이 크고 단단하다. • 충해에 강하다.	지붕틀, 보, 바닥널
비자나무	흰색	황갈색	0.53	• 치밀하고 탄성이 좋다. • 향기가 있다. • 내수성, 내습성이 크다.	가구재, 건축재, 바둑판
은행나무	황백색	엷은 노란색	0.44	• 공작이 용이하고 치밀하다. • 향기가 강하다. • 도장성이 좋다.	가구재, 건축재, 조각재, 기구, 바둑판, 칠기
향나무	황백색	적갈색	–	• 강한 방향성 목재 • 딱딱하고 광택이 좋다. • 가공성, 내구성, 건조성이 좋다.	무늬단판, 고급 가구, 조각재

(2) 국산 활엽수 목재

이 름	목재의 색		비 중	재 질	용 도
	변 재	심 재			
박달나무	담황갈색	적갈색	–	• 통직목리, 단단하고 치밀하다. • 절삭 가공이 용이하다. • 건조 속도가 늦다. • 할렬이 심하다.	조각, 세공, 목형, 칠기, 가구
너도밤나무	엷은 갈색	엷은 갈색	–	• 치밀하고 견고하다. • 변형이 크다.	가구재, 말뚝, 선박, 운동기구
느티나무	엷은 황색	적갈색	0.68	• 내구성, 내수성, 보존성이 좋다. • 휨성, 가공성이 우수하다. • 무겁고 단단하며 광택이 있다.	구조재, 장식재, 조각재
밤나무	엷은 갈색	암갈색	0.53	• 무겁고 단단하며 탄성이 크다. • 내습성이 좋다.	토대, 침목, 수장재, 의자
떡갈나무	갈색	갈색	0.82	• 치밀하고 신축 변형이 작다. • 심재가 많다.	쐐기, 공구, 손잡이, 창호재
오동나무	회백색	엷은 갈색	0.31	• 가볍고 연하다. • 변형이 작다. • 수지분이 적고 방습성이 있다.	가구재, 악기재, 창호재
단풍나무	엷은 갈색	엷은 갈색	0.72	• 치밀하고 광택이 있다. • 변형이 크고 변재가 많다.	가구재, 장식재, 창호재
벚나무	엷은 갈색	암갈색	0.70	• 치밀하고 점성이 있다. • 광택이 약간 있다.	가구재, 장식재, 창호재
자작나무	회백색	회백색	–	• 무겁고 단단하다. • 탄력성이 크다. • 수축이 적고 반곡이 크다.	구조재, 쐐기, 가구재, 마루널
감나무	담홍색 또는 회백색	담홍색 또는 회백색	–	• 절삭 가공이 용이하다. • 표면 마감이 좋다. • 심재에 검은선이 있어 먹감나무라 불린다.	조각, 흑단 대용, 가구, 상자

이 름	목재의 색		비 중	재 질	용 도
	변 재	심 재			
굴참나무	회백색	적갈색	–	• 조직이 거칠고 단단하다. • 상수리나무와 비슷한 재질이다.	기구, 가구, 선박, 건축
물푸레나무	황백색	담황갈색	–	• 건조 속도가 보통이다. • 접착성 불량, 할렬이 생기기 쉽다. • 탄력성이 좋다.	운동기구, 가구, 칠기
피나무	담황색	담황갈색	–	• 연하고 가볍다. • 절삭 가공, 건조성이 좋다. • 접착성, 표면 마감은 보통이다.	상자, 기구, 바둑판, 조각, 악기, 합판
느릅나무	암적갈색	암적갈색	–	• 치밀하고 견고하다. • 내구성이 좋다.	가구재, 장식재, 침목

(3) 국외산 침엽수 목재

이 름	목재의 색		비 중	재 질	용 도
	변 재	심 재			
미송	황적색	적갈색	0.54	• 수지가 많고 강도가 크다. • 큰 부재를 얻기 쉽다.	구조재, 수장재, 창호재
삼나무	적자색	적갈색	0.44	• 가볍고 연하며 치밀하다. • 강도가 크고 가공이 용이하다.	수장재, 창호재, 반자재, 널재
회나무	엷은 황색	엷은 황색	0.41	• 향기와 광택이 있다. • 내수성, 내습성이 좋다.	건축재, 가구재
전나무	엷은 갈색	엷은 갈색	–	• 비중과 강도가 작다. • 재질이 연하다.	건축재, 가구재, 포장재
솔송나무	흰색	엷은 황갈색	0.54	• 결이 아름답다. • 내습성이 작다.	수장재

(4) 국외산 활엽수 목재

이름	목재의 색		비 중	재 질	용 도
	변 재	심 재			
오크 (떡갈나무)	흰색과 담갈색	담갈색, 암갈색	–	• 통직목리, 절삭 가공이 용이하다. • 치밀하고 견고하다. • 내구성이 크고 아름답다.	수장재, 가구재, 장식재, 내장재, 악기, 약품
월넛 (호두나무)	담황갈색	담갈색 또는 초콜릿색	–	• 무늬가 좋고 도장성이 양호하다. • 내구성은 좋지 않다. • 치밀하고 변형이 작다.	수장재, 가구재, 장식재, 무늬단판, 악기
백나왕	담회색	담회색	0.49	• 교착목리 • 건조, 가공, 접착성이 양호하다.	색이 좋지 않아 용도가 적다.
적나왕	엷은 홍갈색	엷은 홍갈색	0.65	• 나이테가 불확실하다. • 변형이 크다. • 변재는 충해를 입기 쉽다.	수장재, 가구재, 장식재, 합판, 단판, 창틀
티크	황백색	금갈색 또는 암갈색	–	• 통직목리 • 광택이 있고 수지가 많다. • 변형, 충해가 적다.	수장재, 장식재, 고급가구, 조각, 마루판
로즈우드	적회색	흑적색	1.2	• 가공이 어렵고 병충해에 강하다. • 치밀, 광택이 있고 아름답다.	고급가구, 공예재, 단판, 수장재
마디카 (젤루통)	흰색	흰색		• 통직목리 • 가볍고 연하며 나뭇결이 곱다. • 가공이 용이하다.	조각재, 모형 용재, 완구, 악기
에보니	회색	진한 흑색		• 통직목리, 가공이 어렵다. • 도장성이 좋고 할렬이 있다.	고급가구, 조각, 세공, 악기
마호가니	농적갈색	황색		• 통직목리, 교착목리 • 절삭 가공이 용이하다. • 비틀림, 할렬이 적다.	가구, 장식, 무늬단판, 조각, 악기
부빙가	흰색	적색		• 통직목리, 내구성이 좋다. • 건조 시 변형이 생긴다. • 접착성, 도장성이 좋다.	합판, 무늬단판, 조각, 가구, 기구, 상자

예 | 상 | 문 | 제

목재의 일반 ◀

1. 목재의 수액이 가장 적고 건조가 빠르며 목질도 견고하여 벌채하기 좋은 시기는?

① 봄, 여름
② 여름, 가을
③ 가을, 겨울
④ 겨울, 봄

해설 운반이 쉽고 임금이 저렴한 늦가을에서 겨울이 벌채하기 좋은 시기이다.

2. 목재의 분류 중 잎이 넓고 잎맥이 그물 모양인 식물은?

① 나자식물
② 외떡잎식물
③ 겉씨식물
④ 쌍떡잎식물

해설 • 외떡잎식물 : 잎이 좁고 평행한 잎맥인 대나무, 백합, 벼, 야자나무
• 쌍떡잎식물 : 잎이 넓고 잎맥은 그물 모양인 밤나무, 벚나무, 오동나무

3. 목재의 벌채 시기를 계절과 수명으로 구분하여 설명한 것 중 틀린 것은?

① 가을이나 겨울에 벌채한 것은 건조가 빠르고 작업이 쉽다.
② 장목기의 목재가 재질도 좋고 재적도 많다.
③ 봄이나 여름에 벌채해야 조림 계획상 좋다.
④ 유목기에 벌채한 것은 재질이 무르고 함수율이 높다.

해설 늦가을에서 겨울에 벌채해야 조림 계획상 좋다.

4. 목재의 장점에 관한 설명이 아닌 것은?

① 가공이 쉽다.
② 구하기 쉽다.
③ 열, 전기적으로 부도체이다.
④ 재질이 균일하다.

5. 목재의 장점에 해당하지 않는 것은?

① 중량에 비해 강도가 크다.
② 가공이 용이하다.
③ 열과 전기의 전도율이 높다.
④ 나뭇결이 아름답다.

해설 목재는 열전도율과 열팽창률이 낮다.

6. 목재의 단점 보완법으로 가장 옳은 것은?

① 도장을 알맞게 한다.
② 유목기의 나무를 선택한다.
③ 목재의 옹이, 균열 등을 이용한다.
④ 봄, 여름에 벌채한 목재를 사용한다.

해설 수종의 특성을 고려하여 알맞게 도장을 한다.

7. 목재의 장점 중 틀린 것은?

① 착화점이 높아 내화성이 크다.
② 가볍고 가공이 쉽다.
③ 충격, 진동을 잘 흡수한다.
④ 다른 재료에 비해 열전도율이 작고 보온 효과가 좋다.

8. 목재의 단점에 관한 설명 중 잘못된 것은?

① 흡습성이 크다.
② 재질이 고르지 못하다.
③ 타거나 썩기 쉽다.
④ 가공이 어렵다.

정답 1. ③ 2. ④ 3. ③ 4. ④ 5. ③ 6. ① 7. ① 8. ④

9. 비중은 0.31 정도이고 심재는 흰색 혹은 엷은 갈색이며, 경도가 낮아 가공이 용이하고 가구재, 악기재로 널리 사용되는 목재는?

① 밤나무 ② 단풍나무
③ 오동나무 ④ 떡갈나무

해설 오동나무는 가볍고 방습과 방충에 강하여 가구류나 악기류를 제작할 때 좋다.

10. 다음 중 침엽수는?

① 밤나무
② 느티나무
③ 오동나무
④ 가문비나무

11. 목조각용 목재로 연하면서 가장 많이 사용되는 나무는?

① 마디카, 피나무, 은행나무
② 향나무, 괴목, 장미나무
③ 박달나무, 배나무, 참죽나무
④ 티크, 전나무, 삼나무

12. 다음 목재 중 음의 흡수가 가장 큰 것은?

① 느티나무 ② 오동나무
③ 적송나무 ④ 단풍나무

해설 오동나무는 소리를 흡수하는 성질 때문에 서랍을 만들면 삐걱거리는 소리가 나지 않고 부드럽다.

13. 탄력성이 좋아 곡목 용재로 적합한 것은?

① 나왕 ② 흑단
③ 화류 ④ 물푸레나무

14. 균질이며 나뭇결이 정밀하여 악기 용재, 가구재, 건축 내장재로 주로 쓰이는 수종은?

① 느릅나무 ② 떡갈나무
③ 밤나무 ④ 계수나무

15. 다음 중 비중이 가장 큰 나무는?

① 비자나무 ② 삼나무
③ 화백나무 ④ 단풍나무

해설
- 비자나무 : 0.53
- 삼나무 : 0.44
- 화백나무 : 0.36
- 단풍나무 : 0.72

16. 다음 중 황색계에 속하는 나무는?

① 옻나무 ② 오동나무
③ 호두나무 ④ 삼나무

해설
- 옻나무 : 변재–흰색, 심재–밝은 황색
- 오동나무 : 변재–회백색, 심재–엷은 갈색
- 호두나무(월넛) : 변재–담황갈색, 심재–담갈색
- 삼나무 : 변재–적자색, 심재–적갈색

17. 침엽수와 활엽수를 가장 쉽게 구분할 수 있는 방법은?

① 잎이 생긴 모양을 보고 구분한다.
② 지질의 경도 상태를 보고 구분한다.
③ 나이테의 모양을 보고 구분한다.
④ 나무 크기와 성장 모양을 보고 구분한다.

18. 목재의 활엽수에 관한 설명으로 맞지 않는 것은?

① 피자식물의 쌍떡잎식물이다.
② 주로 연목이다.
③ 성질이 일정하지 않다.
④ 가구재나 장식재로 쓰인다.

해설 침엽수는 주로 연목이 많고 활엽수는 경목이 많다.

정답 9. ③ 10. ④ 11. ① 12. ② 13. ④ 14. ④ 15. ④ 16. ① 17. ① 18. ②

19. 침엽수에 대한 일반적인 설명으로 옳은 것은?

① 가벼운 편이나 송진이 많아 가공이 비교적 용이하지 않다.
② 피자식물의 외떡잎식물이다.
③ 직통 대재가 많으나 비교적 경목이 많다.
④ 구조재, 가설재로 쓰인다.

20. 침엽수와 활엽수에 대한 설명으로 잘못된 것은?

① 활엽수가 침엽수보다 강도가 크다.
② 활엽수는 가구재로 많이 쓰인다.
③ 침엽수는 구조재로 많이 쓰인다.
④ 은행나무는 활엽수에 속하는 나무이다.

해설 은행나무는 잎이 넓지만 나무의 세포 모양이 침엽수와 비슷하고 한 종류밖에 없으므로 침엽수로 분류한다.

21. 활엽수의 설명으로 옳지 않은 것은?

① 잎이 넓적한 나무로 화려한 무늬가 있다.
② 나무에 따라 무늿결의 고유한 특성이 있다.
③ 가구 제작과 실내 장식용으로 많이 쓴다.
④ 연하고 탄력성이 있기 때문에 건축재로 많이 쓴다.

해설 연하고 탄력성이 있어 구조재, 가설재, 장식재로 많이 쓰는 것은 침엽수이다.

22. 밤나무, 벚나무, 오동나무는 어느 과에 속하는 식물인가?

① 송백과 식물 ② 쌍떡잎식물
③ 외떡잎식물 ④ 편백과 식물

해설 쌍떡잎식물 : 밤나무, 벚나무, 오동나무, 단풍나무, 버드나무, 마호가니, 나왕

23. 목재의 제재 계획에 있어 침엽수의 취재율은 어느 정도인가?

① 30% 이상
② 40% 이상
③ 50% 이상
④ 70% 이상

해설 • 침엽수 : 60~90%
• 활엽수: 40~70%

24. 침엽수의 특징으로 옳지 않은 것은?

① 잎이 바늘 모양으로 되어 있다.
② 종류에는 소나무, 전나무 등이 있다.
③ 활엽수에 비해 목질이 단단한 편이다.
④ 나뭇결이 곧고 질기다.

해설 침엽수는 활엽수에 비해 목질이 연하고 무른 연목이 많다.

25. 활엽수에 속하지 않는 나무는?

① 참나무
② 느티나무
③ 오동나무
④ 잣나무

해설 잣나무는 송백과 식물로 침엽수에 속한다.

26. 성장에 따른 분류 중 내장수에 해당하는 것은?

① 소나무
② 느티나무
③ 잣나무
④ 야자수

해설 내장수 : 건물의 내부 장식을 위해 관상용으로 두는 나무로, 피자식물 중에서 외떡잎식물, 즉 대나무, 야자수, 등나무, 종려나무 등이 있다.

정답 19. ④ 20. ④ 21. ④ 22. ② 23. ④ 24. ③ 25. ④ 26. ④

1-2 원목(목재)의 가시적 구조

1 목재의 외관 구조

(1) 목재의 구조

① **수심** : 나무의 중심
② **나이테(연륜)** : 춘재 + 추재
③ **심재** : 수심의 둘레에서 짙은 색 부분
④ **변재** : 껍질과 심재 사이의 엷은 색 부분으로, 변재는 나이가 들수록 점차 심재로 변한다.

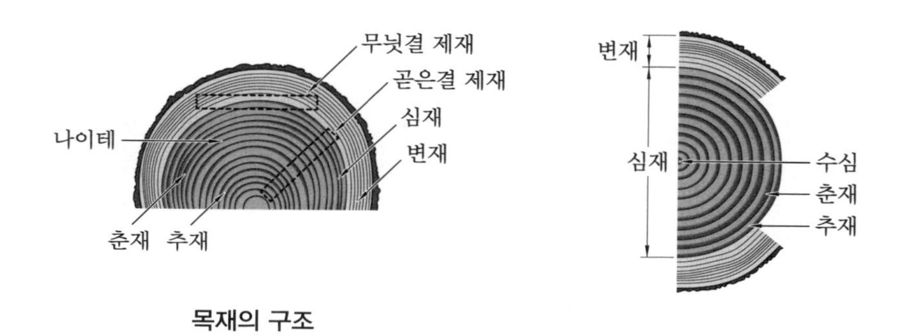

목재의 구조

(2) 목재의 3단면

각각의 방향에 나타나는 3가지 단면을 목재의 3단면이라 한다.

① **횡단면(목구면, 마구리면)** : 목재의 줄기를 가로 방향으로 자른 면
② **방사 단면(정목면, 곧은결면)** : 수심을 통과하여 켠 종단면으로, 재면에 대한 나이테의 각도가 90°에 가까울때 나타난다. * 재면 : 다듬은 목재의 앞면
③ **접선 단면(판목면, 무늿결면)** : 수심에서 벗어나 나이테와 평행한 방향으로 켠 종단면으로, 나뭇결이 크게 휜 곡선으로 나타난다. 무늬를 이용하기도 한다.

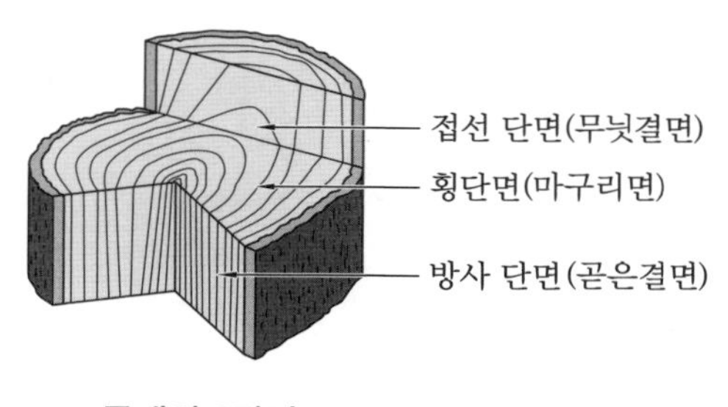

목재의 3단면

(3) 목재의 3방향

나무를 절단하면 입체적인 3가지로 나눌 수 있으며, 이를 목재의 3방향이라 한다.

① 섬유 방향(축방향) ② 방사 방향 ③ 접선 방향

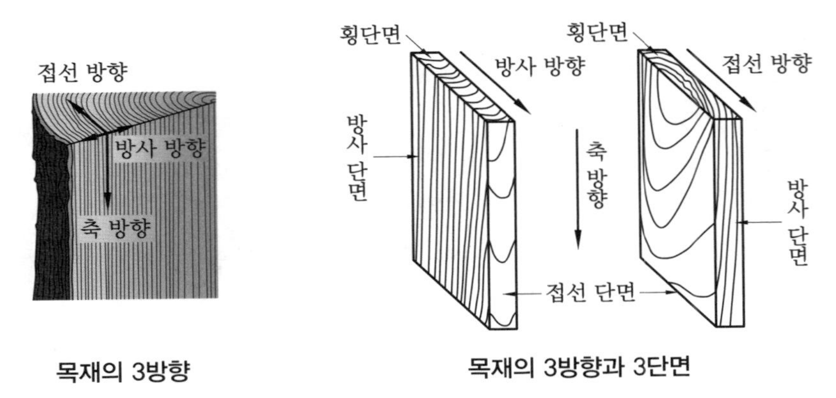

목재의 3방향　　　　목재의 3방향과 3단면

> **참고**
>
> • 목재의 3방향에 따른 3단면은 목재의 무늿결 형상과 수축, 변형을 결정짓는 요인이며 가구제작에 있어 품질과 제작기법, 방법에 직접적인 영향을 끼친다.

2 나이테

(1) 나이테의 개요

목재의 횡단면상에서 수심을 중심으로 동심원 모양의 엷은 색과 진한 색 무늬가 1년에 한 쌍씩 나타나는데, 이를 나이테(연륜)라 한다.

① 목재가 조재에서 만재까지 1년 동안 자라는 부분

② 목재의 천연 무늬를 나타나게 하는 요인

③ 침엽수에서는 뚜렷이 나타나지만 활엽수에서는 뚜렷이 나타나지 않는 나무도 있다.

(2) 조재와 만재

① **조재(춘재)** : 봄부터 가을까지 자라며 밀도가 낮고 담색(엷은 색)을 띠는 부분

② **만재(추재)** : 늦가을부터 겨울까지 자라며 조직이 치밀하고 짙은 농색(짙은 색)을 띠는 부분

(3) 헛나이테

이상 기후로 나이테가 1년에 1개 이상 생기거나 일부가 비정상적인 형상으로 된 것을 헛나이테(위연륜)라 한다.

3 목재의 일반적 특성

(1) 문양

① 나무의 목리나 색채, 세포의 특이성 등에 의해 목재면에 나타나는 특징적인 형상의 무늬이다.
② 미적인 가치가 매우 높아 목재의 이용에 있어서 공예적인 가치를 지닌다.
③ 리본 문양, 바이올린 문양, 파상 문양, 은 문양, 호반 문양, 권모 문양, 누비 문양, 조안 문양, 우상 문양, 절류 문양, 색소 문양 등이 있다.

(2) 나무갗

목재를 구성하는 세포 크기, 분포 상태 등의 차이로 나타나는 재면의 상태를 말한다.
① **고운 나무갗** : 목재의 구성 세포 크기가 작고 나이테의 폭이 좁다.
② **거친 나무갗** : 목재의 구성 세포 크기가 크고 나이테의 폭이 크다.
③ **균질 나무갗** : 목재의 구성 세포 크기의 차가 작은 것으로 벚나무, 편백나무, 은행나무 등에서 많이 나타난다.
④ **불균질 나무갗** : 목재의 구성 세포 크기의 차가 큰 것으로 소나무, 참나무, 낙엽송 등에서 많이 나타난다.

(3) 목재의 소리에 대한 성질

① 목재에 소리가 닿으면 흡수, 관통, 반사 등의 반응이 일어난다.
② 이 특성을 이용하여 건축물의 방음재, 악기 재료, 스피커 재료로 널리 사용된다.

(4) 목재의 수축과 팽창

① 목재는 다른 재료에 비해 수축이나 팽창이 심하게 일어나는 재료이다.
② 목재의 수축 비는 방사 방향 : 접선 방향 : 섬유 방향의 비가 20 : 10 : 1이다.
③ 가구제작에 있어서 목재는 충분히 건조시켜 사용해야 하며, 1년 중의 평균 대기 습도와 함수율이 균형을 이루도록 해야 한다.

(5) 목재의 광택

① 외관상 느낌에 따라 은색 광택, 명주실 광택, 진주 광택 등으로 불린다.
② 광택도는 무늿결보다 곧은결이, 난반사일 때보다 정반사일 경우에 더 높다.

(6) 목재의 향기와 맛

① 목재는 종류에 따라 독특한 향이 있는데, 이는 나무를 이루는 성분 중에서 휘발성 물질 때문이다.
  (가) 목재가 건조하면 향기가 줄어든다.
  (나) 편백나무는 상쾌한 향기가 나며 계수나무는 달콤한 향기가 난다.
② 목재는 함유된 화학성분에 의해 신맛, 쓴맛, 떫은맛을 느낄 수 있다.
  예 밤나무, 참나무는 탄닌 함유로 인해 신맛이 난다.

4 목재의 재질

(1) 심재

① 수심 둘레의 짙은 색 부분으로, 수심 가까이에 있으며 색이 진하고 세포가 거의 죽어 있는 부분이다.
② 수분이 적어 수축 변형이 작고 단단하므로 심재를 목재로 사용하는 것이 좋다.
③ 심재는 수분 손실과 공기의 유입으로, 변재의 외층부로부터 내층부로 대사가 변동되거나 에틸렌 성분이 관여하여 형성된다.

(2) 변재

① 껍질과 심재 사이의 엷은 색 부분으로, 나이가 들수록 점차 심재로 변한다.
② 목재의 껍질 가까이에 있어 수목이 생육하는 동안 양분을 저장한다.
③ 수분을 많이 함유하기 때문에 제재 후 건조 수축에 의한 변형과 부패가 일어나기 쉬우므로 변재를 목재로 사용하지 않는 것이 좋다.

(3) 곧은결재

① 곧은결재는 건조 수축률이 낮아 목재의 변형이 작게 일어난다.
② 나뭇결이 평행한 직선으로 되어 있다.

(4) 무늿결재

① 제재하기 쉽고 폭이 넓은 판재를 얻을 수 있으나 곧은결재보다 건조에 의한 변형이 크게 일어나므로 균열이 발생하기 쉽다.
② 곧은결재에 비해 가격이 저렴하고 폭이 넓은 판재를 얻기 쉽다.
③ 무늬가 아름다워 장식용 목재로 이용된다.

(5) 이행재

① 이행재는 변재로부터 심재로 이행되는 부분이다.
② 변재와 심재 사이에서 흰색의 띠 모양을 하고 있으므로 변재와 색으로 구별된다.

5 목재의 나뭇결

(1) 나뭇결

① 나뭇결은 원목을 판재로 켰을 때 재목에 생기는 나이테의 무늬이다.
② 나이테의 경계가 선명할수록 나뭇결도 명확하게 나타난다.
③ 나이테가 명확하고 똑바로 나 있는 것을 곧은 나뭇결이라 한다.
④ 활엽수보다 침엽수에 뚜렷하게 나타나는 경우가 많다.

(2) 역결

① 역결은 재목 상황에서 나뭇결의 방향이 반대로 된 것을 말하며, 대패질 가공을 할 때 뜯김의 원인이 된다.
② 목재의 색채나 세포의 배열로 인해 뿌리에 가까운 부분이나 혹 부분에 특이한 형상의 무늬가 나타나는데, 이것을 문양이라 한다.
③ 문양은 미적인 가치가 매우 높아 고급 가구의 제작에 이용되기도 한다.
④ 문양은 모양에 따라 포도결(작은 알의 연속), 모란결(모란의 암꽃 모양), 새눈결(새눈과 같은 모양) 등 다양하게 불린다.

(3) 나뭇결의 일반적 특징

① **곧은결** : 목재를 길이 방향으로 켜서 직선의 나이테가 평행으로 나란히 있는 결을 말한다. 정목면이라고도 한다.
② **무늿결** : 목재를 나이테와 평행하게 켜서 삼각형 또는 산 모양의 나이테가 평행하게 나란히 있는 결을 말한다. 판목면이라고도 한다.

6 목재의 화학적 성분과 목화 현상

(1) 목재의 주요 화학적 성분

목재의 주요 성분은 셀룰로오스, 헤미셀룰로오스, 리그닌 등이며, 그 외에 회분, 유지, 타닌(탄닌), 색소 등을 포함하고 있다.

목재의 주요 성분

수 종	셀룰로오스	헤미셀룰로오스	리그닌	수지분	회 분
침엽수	50~55%	10~15%	30%	2~5%	1% 이하
활엽수	50~55%	20~25%	20%	0.5~4%	1% 이하

(2) 목화 현상

목재의 세포벽이 형성층에서 분리된 직후에는 대부분 셀룰로오스지만 점차 리그닌이 증가하여 단단해지는 현상을 목화 현상이라 한다.

7 목재의 색

(1) 심재의 색

① 색상이 아름다운 목재는 공예 및 가구제작에 이용 가치가 높다.
② 목재를 대기 중에 방치하면 공기 중에 있는 산소에 의해 퇴색되고 태양광선 중 자외선에 의해 변색이 된다.
③ 일반적으로 짙은 색 목재가 옅은 색 목재보다 내구성이 크다.

목재의 색상

색 상	종 류	색 상	종 류
흰색	자작나무, 백나왕	황갈색	적송, 전나무
황색	잣나무, 옻나무	갈색	느티나무, 밤나무
적색	적나왕, 참죽나무	검은색	흑단, 먹감나무
엷은 붉은색	삼나무	흑갈색	앵두나무

(2) 목재의 변색

목재를 대기 중에 방치하면 광선과 산소의 접촉으로 퇴색한다(적외선).

(3) 목재의 광택

① 광선이 반사할 때 생기는 시각적 감각으로 외관상 느낌에 따라 광택이 난다.
② 난반사보다 정반사일 때 광택이 좋고, 곧은결이 무늿결보다 광택이 좋다.

예 | 상 | 문 | 제

원목(목재)의 가시적 구조 ◀

1. 나이테에 관한 설명으로 옳은 것은?

① 열대산 목재는 나이테가 전혀 없다.
② 춘재가 추재보다 짙고 단단하다.
③ 활엽수의 나이테가 침엽수보다 명료하다.
④ 나이테의 폭은 침엽수보다 활엽수가 넓다.

해설 • 침엽수의 나이테가 활엽수보다 뚜렷이 나타난다.
• 열대산 목재는 나이테 구분이 불명확하다.

2. 목재의 횡단면에서 춘재부와 추재부로 인해 나타나는 동심원 형태의 조직은?

① 수선
② 나이테
③ 곧은결
④ 무늿결

3. 목재의 나이테에 관한 설명 중 맞는 것은?

① 수목의 연륜을 나타내며 강도와는 무관하다.
② 나이테는 토양의 변화에 의해 형성된다.
③ 봄과 가을에 자란 구분에 의해 형성된다.
④ 열대 지방에서 자란 나무의 나이테는 우기에 형성된다.

해설 목재의 나이테는 계절에 따라 자라는 정도가 다르기 때문에 나타난다.

4. 심재의 특성으로 잘못된 것은?

① 변재에 비해 비중이 높다.
② 변재에 비해 내구성이 높다.
③ 변재에 비해 탄력성이 높다.
④ 변재에 비해 갈라지기 쉽다.

해설 심재는 수분이 적어 수축 변형이 작고 단단하므로 탄력성이 낮다.

5. 변재와 심재를 설명한 것 중 옳은 것은?

① 같은 목재에서 심재는 짙은 색이고 변재는 엷은 색이다.
② 심재는 봄, 여름에 자란 것이고 변재는 가을에 자란 것이다.
③ 변재는 음지 쪽에서 자랐고 심재는 양지 쪽에서 자란 것이다.
④ 같은 목재에서 심재는 엷은 색이고 변재는 짙은 색이다.

6. 변재에 대한 설명으로 잘못된 것은?

① 수액이 유통되는 곳이다.
② 가소성이 풍부하다.
③ 색이 진하다.
④ 양분을 저장하는 곳이다.

해설 변재는 목재의 껍질 가까이에 있는 색이 연한 부분이다.

7. 제재 계획선에 따라 제재기로 켜낼 때 A부분은 어떤 결이 되는가?

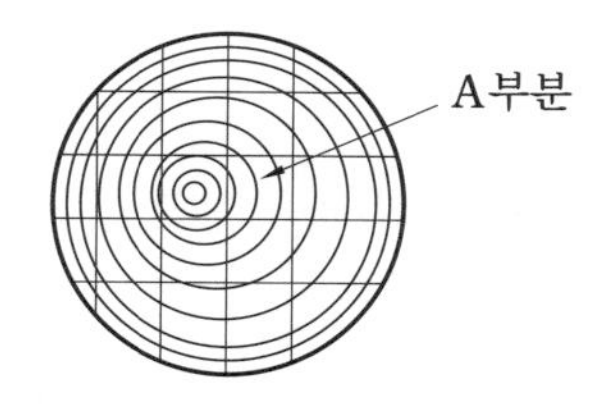

① 1면 무늿결, 3면 곧은결
② 2면 무늿결, 2면 곧은결
③ 4면 곧은결
④ 4면 무늿결

해설 A부분의 왼쪽과 오른쪽은 무늿결면, 앞쪽과 뒤쪽은 곧은결면이 된다.

정답 1. ④ 2. ② 3. ③ 4. ③ 5. ① 6. ③ 7. ②

8. 목재의 부분 중 수분 증발이나 흡수 속도가 가장 빠른 곳은?

① 무늿결면 ② 마구리면
③ 곧은결면 ④ 선회면

9. 다음과 같이 목재 마구리면에 제재 계획을 세웠다. 곧은 판재는 어느 것인가?

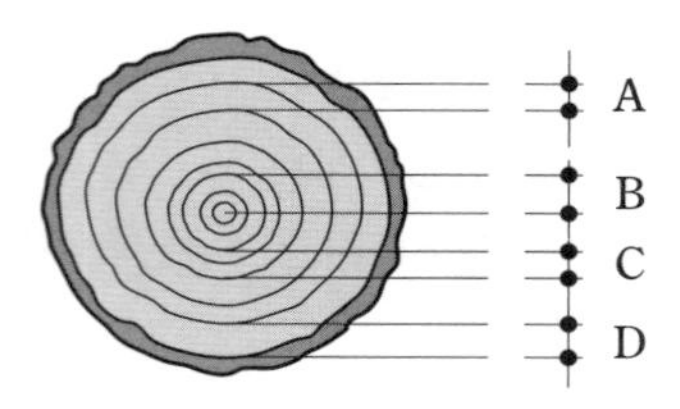

① A부분 ② B부분
③ C부분 ④ D부분

해설 곧은결 : 목재의 수심을 통과하여 나이테와 수직 방향으로 켠 종단면이다.

10. 제재목 중에서 중심축을 포함한 종단면은 어느 것인가?

① 곧은결 ② 무늿결
③ 횡단면 ④엇결면

해설 • 곧은결 : 목재의 수심을 통과하여 켠 종단면을 말한다.
• 무늿결 : 수심을 벗어나 나이테와 평행한 방향으로 켠 종단면을 말한다.

11. 그림은 판자의 마구리면이다. 가장 많이 변형될 판자는?

① 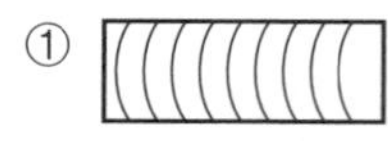 ② 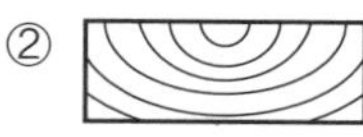
③ 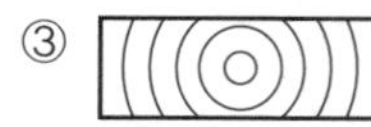 ④ 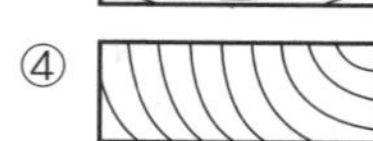

12. 나이테가 확실히 나타나는 나무의 예로 알맞은 것은?

① 단풍나무
② 버드나무
③ 소나무
④ 마호가니

해설 소나무, 전나무, 잣나무, 은행나무 등과 같은 침엽수는 대체로 나이테가 명확하게 나타난다.

13. 다음 중 나이테가 없는 나무는?

① 감나무
② 나왕
③ 대나무
④ 참죽나무

해설 대나무는 나이테가 없다.

14. 추재에 대한 설명이 아닌 것은?

① 원형질이 적게 들어 있다.
② 세포막이 두껍다.
③ 암색을 띤다.
④ 목질이 연하다.

해설 추재의 특징
• 세포막이 견고하고 암색을 띤다.
• 원형질이 적게 들어 있다.
• 목질이 치밀하고 단단하다.

15. 춘재와 추재의 구별이 가장 분명하지 않은 목재는?

① 적송 ② 나왕
③ 전나무 ④ 오동나무

해설 나왕은 나이테의 구별이 불분명하다.

16. 춘재와 추재의 한 쌍의 너비를 합한 것을 무엇이라 하는가?

① 홈 ② 물관
③ 나이테 ④ 수선

정답 8. ② 9. ② 10. ① 11. ② 12. ③ 13. ③ 14. ④ 15. ② 16. ③

17. 나이테에 관한 설명 중 옳지 않은 것은?
① 춘재와 추재의 구별을 가능하게 한다.
② 성장 연수를 나타낸다.
③ 강도를 측정하는 기준이 될 수 있다.
④ 침엽수보다 활엽수에서 나이테가 선명하게 나타난다.

18. 심재에 대한 설명으로 틀린 것은?
① 목질이 단단하다.
② 기름기가 있다.
③ 건조해도 변형이 작다.
④ 목재로 사용하기 좋지 않다.

해설 심재
- 수분이 적어 수축 변형이 작다.
- 목질이 단단하여 목재로 사용하기 좋다.

19. 목질부가 굳고 함수율이 적어 노목이 되면 먼저 부패되는 곳은?
① 변재　② 심재
③ 나이테　④ 표피

20. 곡선형 가구를 제작할 때 휘어서 활용하기 편리한 목재의 구조에 해당하는 것은?
① 심재　② 변재
③ 나이테　④ 지선

21. 목재의 단면상 바깥쪽에 위치하며, 수분을 많이 함유하고 있어 제재 후 부패되기 쉬운 부분은?
① 표피　② 변재
③ 옹이　④ 지선

해설 변재는 수분을 많이 함유하기 때문에 제재 후 건조 수축에 의한 변형과 부패가 일어나기 쉽다.

22. 목재의 풍화작용으로 인해 나타나는 최초의 색은?
① 검은색　② 회색
③ 갈색　④ 백색

23. 목재의 색에 대한 설명으로 틀린 것은?
① 목재의 색소는 목질의 부패를 막는 효과가 있다.
② 목재의 색은 세포막에 함유된 화학물질에 의한 것이 아니라 구조상의 차이에 의한 것이다.
③ 목재에 자연 색채나 아름다운 느낌이 있는 것은 공예, 가구 등에 이용된다.
④ 목재는 착색성이 있으므로 착색제를 쓰면 질이 낮은 재가 고급재로 보이게 된다.

해설 목재의 색은 세포막에 함유된 화학물질에 의한 것이다.

정답 17. ④ 18. ④ 19. ① 20. ② 21. ② 22. ② 23. ②

1-3 목재의 결함

1 갈라짐(할렬)

갈라짐은 나무의 세포 변화나 수분의 영향, 외부의 힘에 의해 조직이 파괴되는 것으로, 목재의 활용성을 저하시킨다.

① **목구할(상렬)** : 변재가 건조, 수축하면서 겉껍질을 향해 방사상으로 갈라진 형태
② **수심할(심렬)** : 심재의 섬유세포가 죽어 함수량이 줄어들면서 수축되어 심재가 방사상으로 갈라진 형태
③ **윤상할(윤렬)** : 심재와 변재의 경계선 부분이 반달형으로 갈라진 형태를 말하며, 형태에 따라 윤할과 상할로 나눌 수 있다.

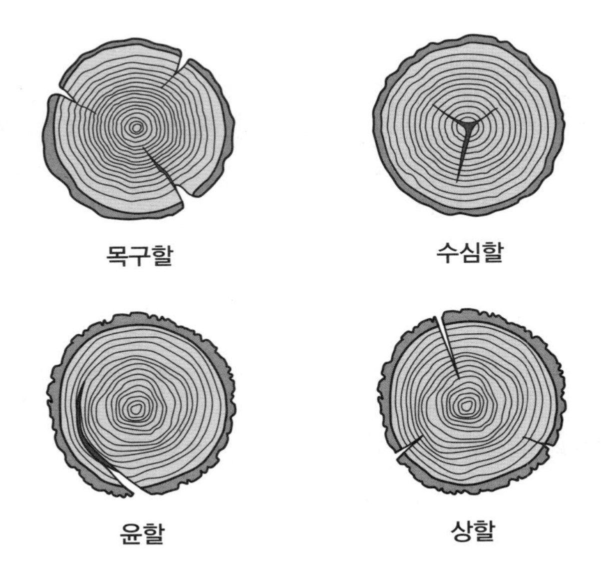

2 옹이

① 나뭇가지와 줄기가 붙은 곳에 줄기세포와 가지세포가 교차되어 생기는 것으로, 나무의 비대 생장으로 줄기나 나뭇가지가 물관부에 파묻히는 것을 말한다.
② 강도에는 영향을 주지 않으며 특이한 문양이 나타나기도 한다.
③ 건조 후에도 탈락되지 않는 것을 산옹이, 건조 후 탈락되는 것을 죽은 옹이라 한다.
(가) 산옹이(생절) : 옹이와 주변 조직이 밀착되어 있는 것으로, 제재 후 빠지지 않고 단단한 편이다. 가공이 불편하지만 목재로 사용하는 데 지장이 없다.
(나) 죽은 옹이(사절) : 성장 도중 가지가 잘려 생긴 것으로, 섬유세포가 죽어 목질이 단단히 굳고 가공하기 어려워 목재로는 적합하지 않다.

(다) 썩은 옹이 : 옹이 부분이 썩어서 색이 변하고 강도가 낮아 목재로 사용하는 데 지장이 많다.

(라) 숨은 옹이 : 제품이 완성된 후 나타난다.

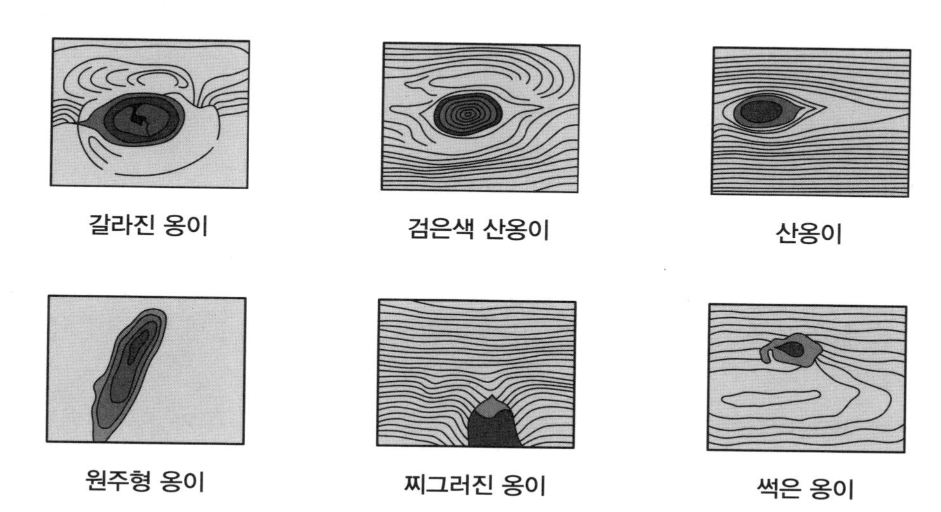

3 목리

나무의 제재면에 나무 조직의 무늬나 결, 나이테로 인해 나타나는 것으로, 목재의 종단면에 나타나는 구성세포, 조직, 나이테의 배열상태나 배향상태를 목리라 한다.

① **통직 목리 :** 구성세포의 배열이 나무의 길이 방향과 평행한 것

② **교주 목리 :** 구성세포의 배열이 수간의 축 방향과 평행을 이루지 않는 목리

(가) 파상 목리 : 세포의 주방향이 파상으로 배열된 목리로, 결이 일정하지 않아 대패질이 어렵다.

(나) 교착 목리 : 방향이 서로 어긋나 있는 목리로, 대패질이 어렵고 건조할 때 뒤틀림의 원인이 될 수 있다. 나왕류에서 자주 발생한다.

(다) 나선 목리 : 수간 중에 구성세포가 S나선 또는 Z나선으로 배향하는 목리로, 건조할 때 뒤틀림의 원인이 될 수 있다. 낙엽송에서 많이 발생한다.

파상 목리

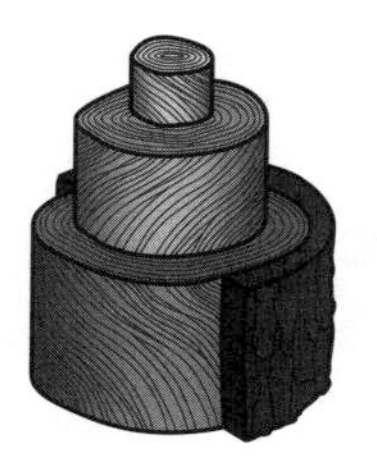
교착 목리

나선 목리

(라) 사주 목리 : 목재를 제재할 때 부주의 또는 의도적으로 제재품의 장축과 구성 세포의 방향이 평행하지 않도록 배향시킨 목리이다.

(마) 권모 목리 : 구성세포의 방향이 수간 축에 비틀린 상태의 목리로, 곱슬곱슬한 털 모양을 띤다.

4 기타 결함

① **상해 조직**

(가) 나무가 성장 과정에서 입은 외상으로 형성층이 상하거나 사멸되어 상처가 아물면서 상처 주위에 만들어진 조직이다.

(나) 상해 조직에는 입피(껍질박이), 수지줄무늬, 수지낭, 수반점 등이 있다.

② **응력재**

(가) 경사진 지형에서 생장한 수목은 형성층의 활동에 차이가 생겨 편심 성장이 일어난다. 이때 편심 성장이 촉진된 목재를 응력재라 한다.

(나) 침엽수에서 주로 나타나는 압축 응력재와 활엽수에서 주로 나타나는 인장 응력재가 있다.

③ **취심재** : 수심 부근이 외력을 받아 압축파괴가 일어나서 섬유세포가 정상재보다 역학적 특성이 현저히 낮게 형성된 재이다.

④ **수식재**

(가) 침엽수재에서 생재의 함수율은 심재보다 변재가 크지만 심재의 함수율이 훨씬 더 높게 나타나는 경우가 있는데, 이를 수식재라 한다.

(나) 수식재는 목재의 역학적 성질 저하, 건조 장애, 변색 등이 발생하여 목재의 가치를 감소시킨다.

⑤ **취약재**

(가) 나이테의 폭이 지나치게 좁은 수종 중에서 비중이 극단적으로 낮은 재, 압축 파괴가 많은 재, 취심재와 같이 역학적 성질이 불량하여 부러지기 쉬운 재를 취약재라 한다.

(나) 목재의 미성숙, 부패, 화학적 성분의 변화 등이 원인이 되어 나타난다.

⑥ **상처** : 원목을 운반하는 경우 타박상 또는 공구 자국(쇠갈고리 등)으로 발생하는 결함이다.

⑦ **지선** : 수지구의 이상 발달로 인해 수지가 바깥쪽으로 흘러나오는 현상 때문에 생기는 결함이다.

⑧ **썩정이** : 목재가 부분적으로 썩어서 얼룩이 발생하고 강도가 약하기 때문에 목재 사용 시 큰 주의가 필요한 결함이다.

예 | 상 | 문 | 제

목재의 결함 ◀

1. 목재의 갈라짐에서 윤상할이란?

① 심재부가 방사상으로 갈라지는 것
② 껍질 쪽에서 수심 쪽으로 갈라지는 것
③ 변재와 심재의 경계선 부분이 반달형으로 갈라지는 것
④ 목재의 중간에서 섬유 방향이 끊어지는 것

해설 • 목구할 : 변재가 건조, 수축하면서 겉껍질을 향해 방사상으로 갈라진 형태
• 수심할 : 심재의 섬유세포가 죽어 함수량이 줄어들면서 수축되어 심재가 방사상으로 갈라진 형태
• 윤상할 : 심재와 변재의 경계선 부분이 반달형으로 갈라진 형태

2. 목재의 흠 중에서 내부에 수피가 남았거나 외부에서 물관부 내로 들어온 것은?

① 갈라짐
② 충해
③ 입피
④ 윤상할

3. 부패균이 목재 내부에 침입하여 섬유를 파괴시킴으로써 생긴 흠은?

① 옹이구멍
② 껍질박이
③ 썩정이
④ 상처

해설 썩정이 : 부패균이 목재 내부에 침입하여 섬유를 파괴시킴으로써 목재의 일부분이 썩어서 얼룩이 생기고 약해진 것으로, 목재 사용 시 큰 단점이 된다.

4. 목재의 흠이라고 볼 수 없는 것은?

① 옹이
② 입피
③ 목재의 색
④ 목재의 갈라짐

해설 목재의 갈라짐, 옹이, 썩정이, 껍질박이, 지선, 응력재, 취심재, 수식재, 취약재 등이 있다.

5. 물관부보다 약간 굳고 단단하게 되어 가공이 불편하고 미관상 좋지 않지만 목재로 사용하는 데 지장이 없는 옹이는?

① 산옹이
② 죽은 옹이
③ 썩은 옹이
④ 옹이 구멍

해설 산옹이 : 옹이와 주변 조직이 밀착되어 있어 제재 후 빠지지 않고 다른 물관부보다 단단한 편이다.

6. 목재의 흠의 종류가 아닌 것은?

① 옹이
② 껍질박이
③ 변재
④ 썩정이

해설 • 옹이 : 나뭇가지와 줄기가 붙은 곳에 줄기세포와 가지세포가 교차되어 생긴 것
• 껍질박이 : 나무가 상해서 껍질이 벗겨졌을 때 껍질의 한 부분이 속으로 말려들면서 아물고 다시 자란 부분

정답 1. ③ 2. ③ 3. ③ 4. ③ 5. ① 6. ③

1-4 목재의 미시적 구조

1 목재의 세포 구조

① **세포막 :** 세포로부터 이루어져 그 원형질을 감싸 보호하는 얇은 막

② **핵 :** 원형질 안에 있는 동글동글한 물질

③ **세포질 :** 세포핵 이외의 부분

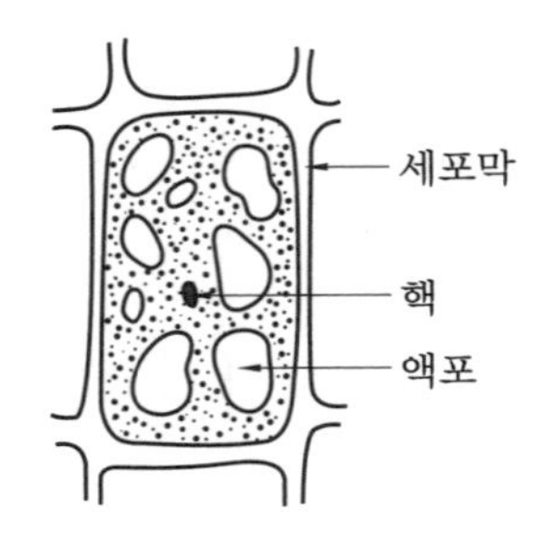

목재의 세포 구조

2 침엽수의 세포 구조

① **섬유관(헛물관, 가도관) :** 세포와 수액의 통로, 전체의 90~97%

② **물관부(목부) 유세포**

(가) 전체의 1~2%로, 비교적 짧은 원통 모양의 세포이다.

(나) 섬유관과 나란히 배열되어 있으며, 주로 노폐물을 저장한다.

(다) 침엽수에서는 양이 적고 활엽수에서는 육안으로 식별하기 어렵다.

③ **수선**

(가) 양분을 저장, 분배하고 수액을 수평 이동하는 통로 역할을 한다.

(나) 침엽수에서는 잘 보이지 않는다.

(다) 활엽수에서는 은색이나 어두운 얼룩무늬, 광택이 있는 아름다운 무늬로 나타난다.

④ **수지구(수지관)**

(가) 수지구는 수지의 분비, 이동 및 저장을 하는 곳으로 보통 침엽수에서만 볼 수 있다.

(나) 나무줄기 방향으로 나타나는 것과 직각 방향으로 나타나는 것이 있다.

- 유수지구재 : 소나무, 해송
- 무수지구재 : 삼나무, 회나무

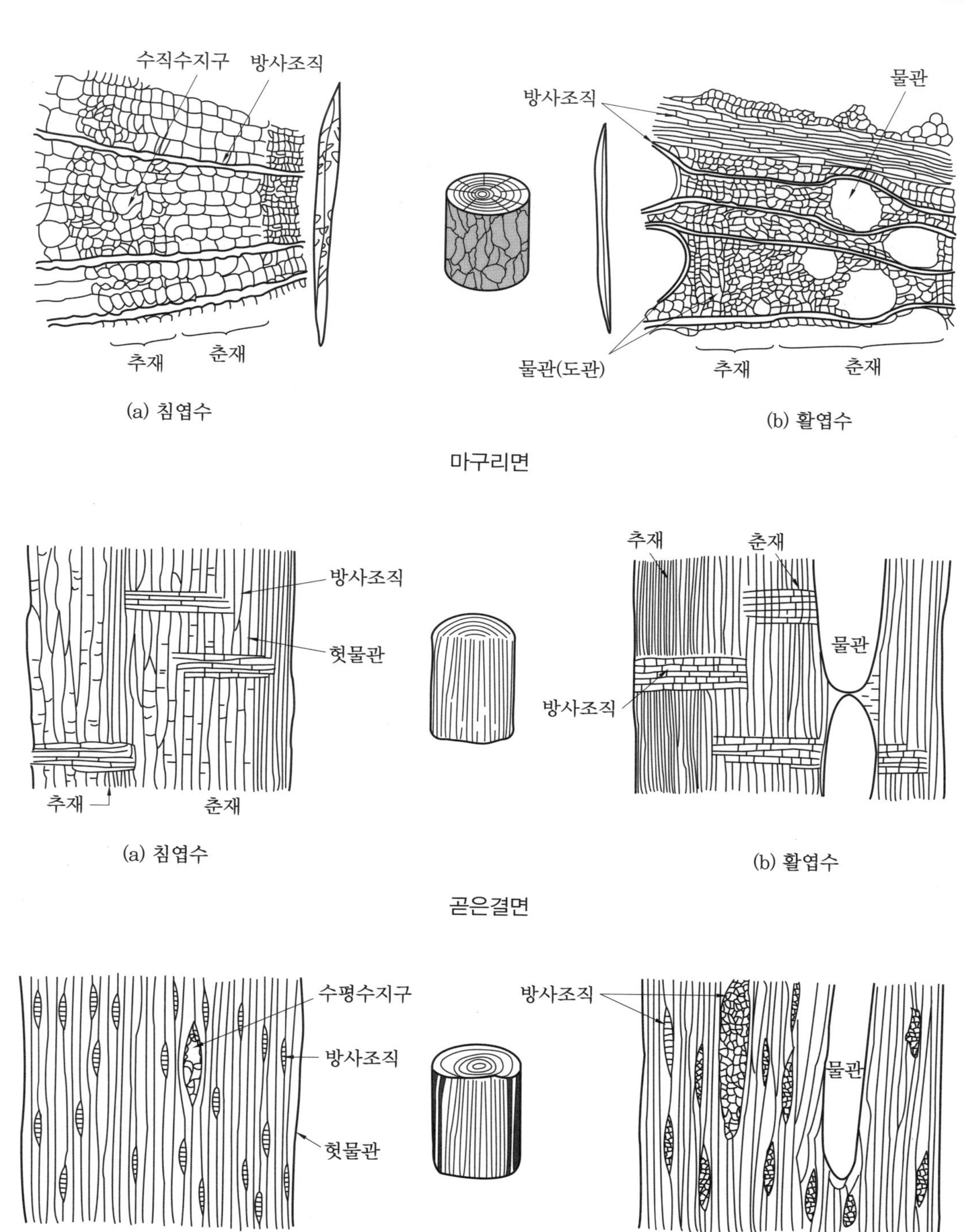

(a) 침엽수

(b) 활엽수

무늿결면

목재의 현미경 구조

3 활엽수의 구조

① **목섬유(목세포)** : 활엽수의 기초 조직, 전체의 30~70%

㈎ 너비에 비해 길이가 길고 양 끝이 뾰족한 세포이다.

㈏ 목재의 기계적 강도는 목섬유의 양, 분포, 막벽의 두께와 밀접한 관계가 있다.

② **물관** : 가늘고 긴 관으로, 육안으로도 볼 수 있으며 활엽수에만 있다.

㈎ 환공재 : 나이테 안쪽에 큰 물관이 배열된 형태의 목재 예 밤나무

- 환공 산점재 : 작은 물관이 균등하게 흩어져 있는 형태
- 환공 파상재 : 추재의 물관이 파상(물결 모양)으로 배열되어 있는 형태
- 환공 복사재 : 추재의 작은 물관이 복사상(방사상)으로 배열되어 있는 형태

㈏ 산공재 : 마구리면에 물관이 일정하게 배열된 형태의 목재 예 느티나무

- 복사공재 : 물관이 수심에서 복사상으로 수선에 선 또는 띠 모양으로 병렬 분포되어 있는 형태
- 문양공재 : 물관이 위의 종류와 달리 여러 가지 무늬를 나타내고 있는 형태

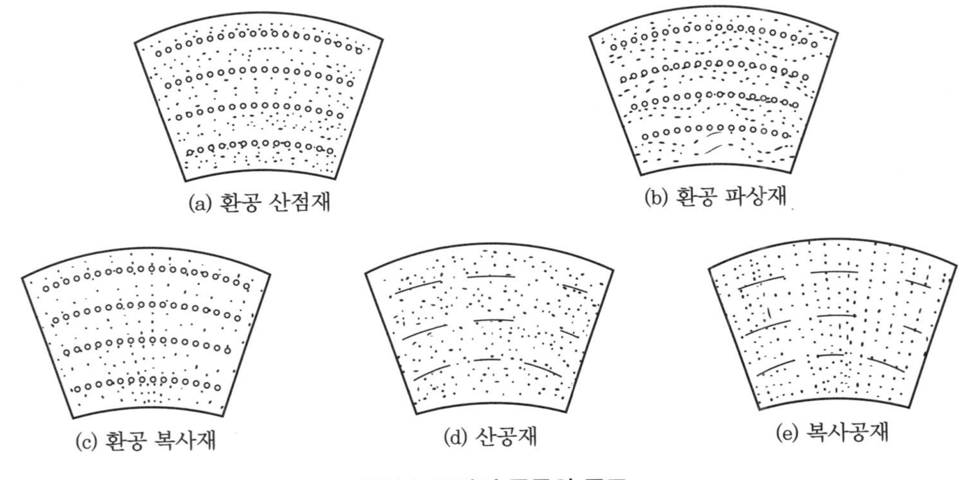

(a) 환공 산점재 (b) 환공 파상재

(c) 환공 복사재 (d) 산공재 (e) 복사공재

활엽수 물관의 종류와 구조

③ **목유조직** : 육안으로 잘 보이지 않으며, 수선 유세포와 같은 역할을 하는 연한 세포 조직이다.

참고

물관
- 줄기 방향으로 배치되어 수분과 양분의 통로가 된다.
- 변재에서는 수액의 운반 역할을 하지만, 심재에서는 기능이 없다. 수지나 광물질로 채워진 경우가 많다.
- 활엽수에서는 물관이 수종을 구별하는 중요한 역할을 한다.

예 | 상 | 문 | 제

목재의 미시적 구조 ◀

1. 수목 줄기에 직각 방향으로 배치되어 있으며, 양분과 수분의 통로가 되는 세포는?

① 나무섬유
② 물관(도관)
③ 수선
④ 수지관

해설 수선 : 양분을 저장, 분배하고 수액을 수평 이동하는 통로 역할을 한다.

2. 육안으로 잘 보이지 않으며, 수선 유세포와 같은 역할을 하는 연한 세포 조직은?

① 목유조직
② 수지관
③ 섬유세포
④ 물관

3. 목재에서 수지의 이동이나 저장을 하는 곳으로, 나무의 줄기 방향과 줄기의 직각 방향으로 나타나는 것은?

① 섬유
② 물관
③ 수선
④ 수지관

해설 수지구(수지관)
- 수지의 분비, 이동, 저장을 하는 곳이다.
- 나무줄기 방향으로 나타나는 것과 직각 방향으로 나타나는 것이 있다.
- 보통 침엽수에서만 볼 수 있다.

4. 목재의 주요 구성세포 중 목세포의 비율로 알맞은 것은?

① 2~5%　② 5~15%
③ 20~30%　④ 30~70%

5. 활엽수의 구조 중 물관(도관)의 설명으로 옳은 것은?

① 영양물질이나 노폐물의 저장작용을 한다.
② 수종을 구별하는 데 중요한 역할을 한다.
③ 수액을 수평으로 이동하는 역할을 한다.
④ 수지의 분비, 이동, 저장 등의 작용을 한다.

해설 물관은 활엽수에만 있는 가늘고 긴 관으로, 육안으로도 볼 수 있으므로 수종을 구별하는 데 중요한 역할을 한다.

6. 활엽수에만 있으며 섬유세포보다 크고 길며, 줄기 방향으로 배치되어 주로 양분과 수분의 통로가 되는 것은?

① 헛물관
② 물관
③ 수선
④ 수지관

해설 물관(도관)
- 활엽수에만 있으며 줄기 방향으로 배치되어 주로 수분과 양분의 통로가 된다.
- 변재에서는 수액의 운반 역할을 한다.
- 심재에서는 기능 없이 수지나 광물질로 채워진 경우가 많다.

정답 1. ③ 2. ① 3. ④ 4. ④ 5. ② 6. ②

제 2 장 목재와 목질 재료

2-1 목재의 종류와 규격(KS F 1519)

1 제재목의 종류(두께, 너비에 의한 분류)

(1) 판재

두께 75mm 미만, 너비가 두께의 4배 이상인 것으로 다음과 같이 분류한다.

① **좁은 판재** : 두께가 30mm 미만이고 너비가 120mm 미만인 것

② **넓은 판재** : 두께가 30mm 미만이고 너비가 120mm 이상인 것

③ **두꺼운 판재** : 두께가 30mm 이상인 것

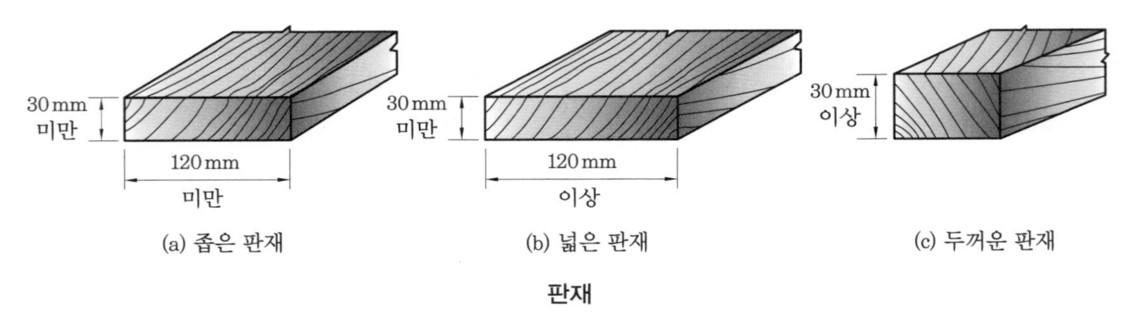

(a) 좁은 판재 (b) 넓은 판재 (c) 두꺼운 판재

판재

(2) 각재

두께 75mm 미만, 너비가 두께의 4배 미만인 것 또는 두께와 너비가 75mm 이상인 것으로 다음과 같이 분류한다.

① **작은 각재**

(가) 두께가 75mm 미만이고 너비가 두께의 4배 미만인 것

(나) 횡단면이 정사각형인 작은 정각재와 횡단면이 직사각형인 작은 평각재가 있다.

② **큰 각재**

(가) 두께 및 너비가 75mm 이상인 것

(나) 횡단면이 정사각형인 큰 정각재와 횡단면이 직사각형인 큰 평각재가 있다.

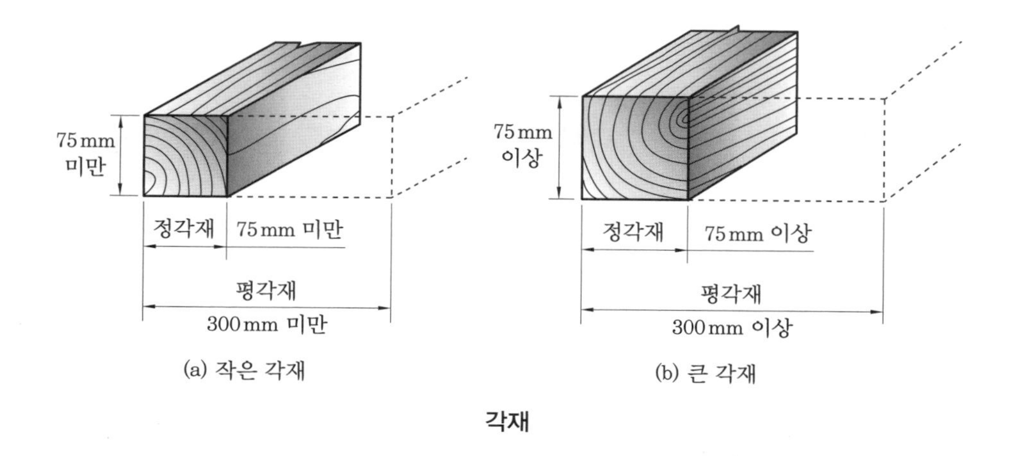

각재

2 제재목의 치수 측정 방법

(1) 두께와 너비

① **두께 :** 최소 횡단면에 있어서 빠진 변을 보완한 직사각형의 짧은 변을 두께로 한다.

② **너비 :** 직사각형의 긴 변을 너비로 측정한다.

③ 정각재에 대해서는 최소 횡단면에 있어서 빠진 변을 보완한 정사각형의 한 변을 두께 및 너비로 한다.

(2) 길이

① **길이 :** 양 끝면을 연결하는 최단 직선의 길이로 측정한다.

② **여척 :** 길이 측정에서 제외한다.

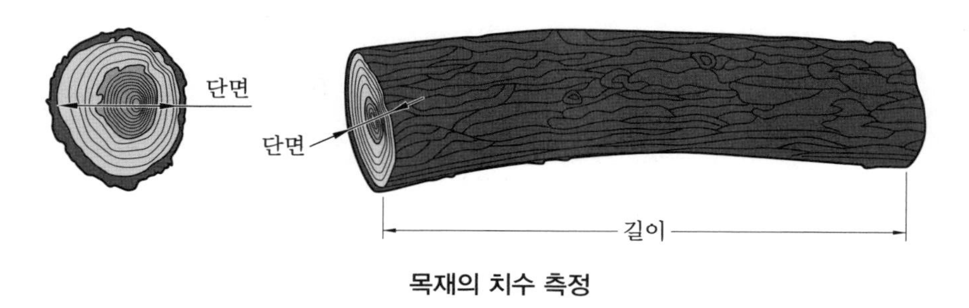

목재의 치수 측정

(3) 치수의 단위
* 현장에서는 아직 재래식 단위를 많이 사용한다.

제재의 치수 단위는 mm로 한다. 이 표준 치수는 건조 및 가공되지 않은 호칭 치수를 나타낸다.

(4) 재적 단위

* 재적 단위는 m^3지만 현장에서는 아직 재래식 단위도 사용하고 있다.

재적(목재의 부피) 단위

단 위	m^3	재(사이)	B.F	석(石)
m^3	1	299.475	425.55	3.594
재(사이)	0.00334	1	1.421	0.012
B.F	0.00228	0.73	1	0.0084
석(石)	0.278	83.33	118.41	1

- $1m^3 = 1m \times 1m \times 1m$(우리나라, 유럽 및 미터법 사용 국가)
- 1재(사이)=1치×1치×12자(일본, 우리나라 등)
- 1B.F=1인치×1인치×12피트(미국, 캐나다)
- 1석=1자×1자×12자(일본)

3 기성품 목재의 치수

* 목재 주문서에는 수종, 치수, 재질, 수량, 납품 기일 등을 명시한다.

목재의 제재 치수는 한국산업표준(KS)에서 규정하고 있으나 현장에서는 주로 사용하는 몇 가지 종류를 판매하고 있으며, 필요에 따라 별도로 주문하여 사용한다.

(1) 기성품의 제재 치수

① 각재의 단면

(가) 2.1cm, 3cm, 3.6cm, 4.5cm, 5.2cm, 6.1cm, 7.6cm, 9.1cm, 10.5cm, 12.1cm 각재가 있다.

(나) 9.1cm, 10.5cm, 12.1cm 각재는 1/2, 1/3, 1/4, 1/5쪽으로 제재하기도 한다.

② 판재의 두께

0.9cm, 1.2cm, 1.5cm, 1.8cm, 2.1cm, 2.4cm, 3cm, 3.6cm, 4.5cm 판재가 있다.

③ 길이

(가) 정척물 : 길이가 182cm(6자), 273cm(9자), 364cm(12자)인 것

(나) 장척물 : 정척물보다 길이가 30cm 간격으로 긴 것

(다) 단척물 : 182cm(6자)보다 30cm 간격으로 작은 것

(라) 난척물 : 정척물, 장척물, 단척물 이외의 치수

(2) 제재 치수와 마무리 치수

① 구조재, 수장재의 단면 치수는 제재 치수로 하되, 특이 사항이 있을 때는 마무리 치수로 한다.

② 창호재, 가구재는 도면 또는 특이 사항에 제시하지 않더라도 마무리 치수로 한다.

③ 제재목의 실제 치수는 톱날의 두께, 대패질 마무리 등의 요인에 의해 줄어든다.

④ 제재목을 지정 치수대로 한 것을 정치수라 한다.

예 | 상 | 문 | 제

목재의 종류와 규격 ◀

1. 규격이 90×180cm인 1개의 합판으로 20×35cm 규격의 작은 판을 최대 몇 개까지 만들 수 있는가? (단, 톱날의 두께는 고려하지 않는다.)

① 18개
② 20개
③ 23개
④ 25개

해설 • 90cm=35+35+20cm로 절단하면 35×180cm 2개, 20×180cm 1개의 판재를 얻을 수 있다.
• 35×180cm : 35×20cm 9개 → 18개
20×180cm : 20×35cm 5개 → 5개
∴ 18+5=23개

다른 해설 • $90 \times 180 = 16200cm^2$
• $20 \times 35 = 700cm^2$
∴ 16200÷700≒23.14
≒23개

2. 다음 중 연결이 잘못된 것은?

① 가구재 – 제재 치수
② 구조재 – 제재 치수
③ 창호재 – 마무리 치수
④ 수장재 – 제재 치수

해설 치수의 종류
• 제재 치수 : 제재소에서 톱질한 치수(구조재, 수장재, 마감재)
• 마무리 치수 : 톱질과 대패질로 마무리한 치수(창호재, 가구재)

3. 두께가 6cm, 너비가 9cm, 길이가 3.6m인 목재 10개는 몇 m^3인가?

① $0.1944m^3$
② $1.944m^3$
③ $0.324m^3$
④ $3.24m^3$

해설 cm를 m로 바꾸어 계산
$(0.06 \times 0.09 \times 3.6)m \times 10$개$=0.1944m^3$

4. 규격이 1200×2400mm인 합판 1장으로 290×450mm 규격의 판을 최대 몇 장 만들 수 있는가? (단, 톱날의 두께는 고려하지 않는다.)

① 13장
② 15장
③ 18장
④ 21장

해설 • 1200mm=450+450+290mm로 절단하면
450×2400mm 2장, 290×2400mm 1장의 판재를 얻을 수 있다.
• 450×2400mm : 450×290mm 8장 → 16장
290×2400mm : 290×450mm 5장 → 5장
∴ 16+5=21장

정답 1. ③ 2. ① 3. ① 4. ④

2-2 합판 재료(목질 재료)

합판으로 대표되는 목질 재료는 원목과 함께 가구를 제작하는 가장 중요한 재료로 섬유판, 집성판 등 다양한 재료가 활용되고 있다. 목질 재료의 종류는 합판, 섬유판, 집성판 등으로 나눌 수 있다.

1 단판과 합판

(1) 단판

합판을 구성하는 1장의 얇은 판을 말하며 두께가 약 5mm 이하인 판을 말한다.

(2) 합판

① 원목(목재)은 여러 가지 장점이 있으나 넓은 지름의 재료를 얻는 데 한계가 있으며 재료의 건조 과정에서 수축, 팽창 등의 변형이 발생하여 안정적인 판재 제작이 어려운 단점이 있다.

② 원목의 단점을 해결하기 위해 제작된 것이 목질 재료(합판)이다.

③ 목질 재료 기술의 발달로 다양하고 안정적인 제품이 개발되고 있으며, 친환경 제품의 사용이 증가하고 있다.

④ 합판에 사용되는 목재는 소나무, 삼나무, 오동나무, 느티나무, 단풍나무, 벚나무 등 여러 나무를 사용할 수 있지만 주로 수입재인 나왕을 사용한다.

(3) 합판의 구성

① 목재의 얇은 판(5mm 이하)을 1장마다 섬유 방향과 수직이 되도록 3, 5, 7, 9겹 등의 홀수 겹으로 붙인 것을 합판(plywood)이라 한다.

② 이때 1장의 얇은 판이 단판(veneer)이다.

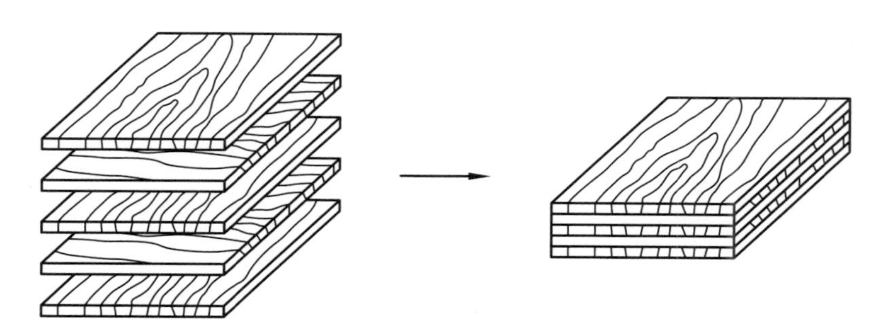

합판의 구성

2 단판제법

(1) 로터리 베니어(rotary veneer)

① 원목을 일정한 길이로 자른 후 회전시킨 다음, 대팻날을 대고 나이테 방향에 따라 두루마리를 펴듯이 연속적으로 벗겨내는 방법이다(회전 절삭법).

② 원목을 60~80℃의 물에 침적시켜 목재질을 부드럽게 한 다음, 기계 가공이 용이하도록 처리한다.

③ 가공은 쉽지만 목리가 판목으로 되어 있어 수축과 팽창이 커서 갈라지기 쉽다.

④ 곧은결 무늬를 얻을 수 없으며 신축에 의한 변형이 크다.

⑤ 원목의 낭비가 없고 넓은 단판을 얻을 수 있어 90% 이상 이 방법으로 만든다.

(2) 슬라이스드 베니어(sliced veneer)

① 원목을 각재로 자른 후 연화시켜 직재기로 절삭하는 방법으로, 넓은 대팻날이 왕복하면서 얇은 두께로 벗겨낸다.

② 각재로 된 원목은 일반적으로 절단면이 정목으로 되어 있어 무늬가 아름답고 변형이 적은 편이나 넓은 판을 얻을 수는 없다.

(3) 소드 베니어(sawed veneer)

① 원목을 각재로 자른 후 띠톱이나 둥근톱으로 켜는 방법으로 고급 합판에 사용한다.

② 일반적으로 절삭 능률이 좋지 않은 편이며 톱밥이 많아 비경제적이다.

(4) 하프 라운드 베니어(half-round veneer)

① 갈라짐이나 옹이 제거 후 남는 것을 로터리 베니어 방법으로 벗기는 방법이다.

② 슬라이스드 베니어나 소드 베니어보다 넓은 단판을 얻을 수 있다.

로터리 베니어

슬라이스드 베니어

소드 베니어

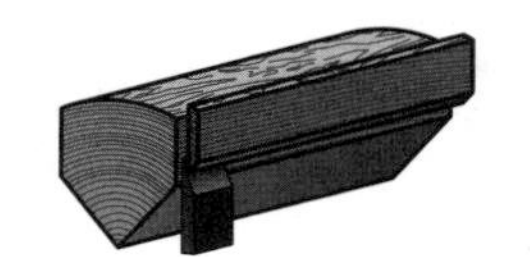
하프 라운드 베니어

3 합판제법

① 단판을 마디나 갈라진 부분 등 결점을 제거한 후 절단기를 사용하여 필요한 치수로 절단한다.

② 단판을 접착하기 전에 함수율이 5~10% 정도 되도록 건조시킨다.

③ 건조된 단판은 함수율을 조절한 후 앞판, 가운데판, 뒤판으로 구분하여 접착한다.

④ 접착 건조가 끝난 합판을 정확한 치수로 절단한다.

⑤ 합판의 크기는 큰 것이 길이 2.4m(8자)이고 폭 1.2m(4자) 정도, 작은 것이 길이 1.8m(6자)이고 폭 0.9m(3자) 정도이다.

4 합판의 종류

(1) 접착제에 따른 분류

내수성과 내구성에 따라 특류 합판, 1류 합판, 2류 합판, 3류 합판 등으로 분류한다.

① **1류 합판 :** 페놀수지를 접착제로 사용한 합판으로 내수성이 가장 크다.

② **2류 합판 :** 요소수지나 멜라민수지를 사용한 합판으로, 습도가 높은 곳에서도 잘 견딘다.

③ **3류 합판 :** 카세인이나 글루타민을 접착제로 사용한 보통 합판을 말한다.

(2) 심재료(core)에 따른 분류

코어 합판은 일반 합판과는 다르게 중심부에 코어를 넣는 방법으로 제작한 합판으로, batten board라고 한다. 가늘게 톱질한 목재를 가로, 세로로 붙여 폭이 넓고 두꺼운 판을 만든 다음 심재료로 사용하여 만든다. 두께는 보통 15mm 이상이다. 주로 가구의 넓은 판을 필요로 하는 곳에 사용한다.

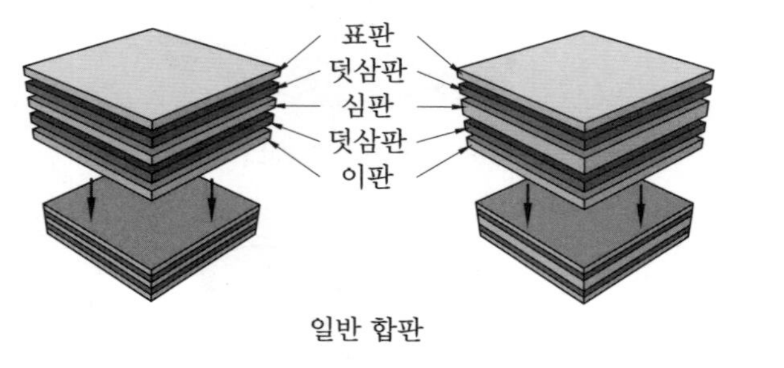

일반 합판

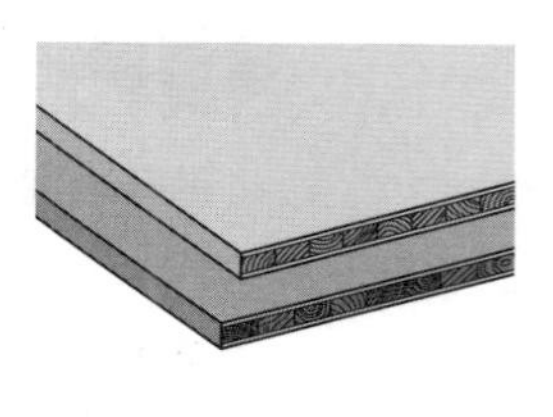

코어 합판

일반 합판과 코어 합판

① **럼버 코어 합판**

㈎ 목재의 내부응력을 분산시키고 한 번 사용한 목재로 폭이 넓은 판을 만든 다음, 상하에 단판을 접착하여 두꺼운 판을 만들고 심재료로 사용한 합판으로 소재 심판 합판이라고도 한다.

㈏ 보통 합판에 비해 못박기가 쉬우며, 가구의 뚜껑이 되는 판재나 칸막이 판으로 사용한다.

② **허니 코어 합판**

㈎ 페놀수지나 요소수지 등의 크라프트지를 벌집 모양으로 성형하여 심재료로 사용한 합판이다.

㈏ 가볍고 단열 효과가 있으며 강성이 있어 항공기, 차량, 선박 등에 사용한다.

③ **파티클 보드 코어 합판**

㈎ 폐목재(톱밥) 등을 접착제로 성형하여 고온 압축, 가열한 소재를 심재료로 사용한 합판이다.

㈏ 칩보드(chip board)라고 하며, 폐목재를 사용하기 때문에 목재 자원을 절약할 수 있다.

㈐ 책상의 뚜껑이 되는 판재나 탁구대, 상자형 가구에 많이 사용한다.

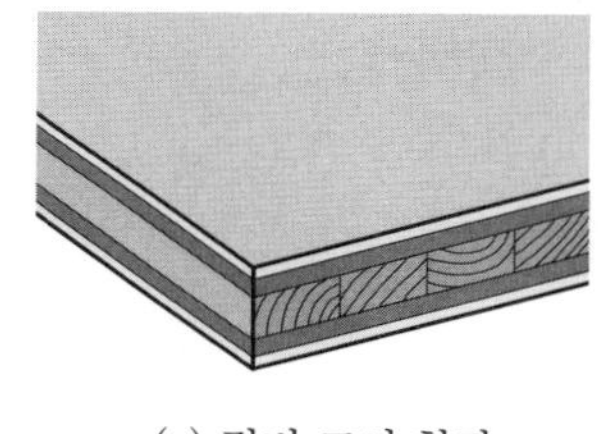

(a) 럼버 코어 합판

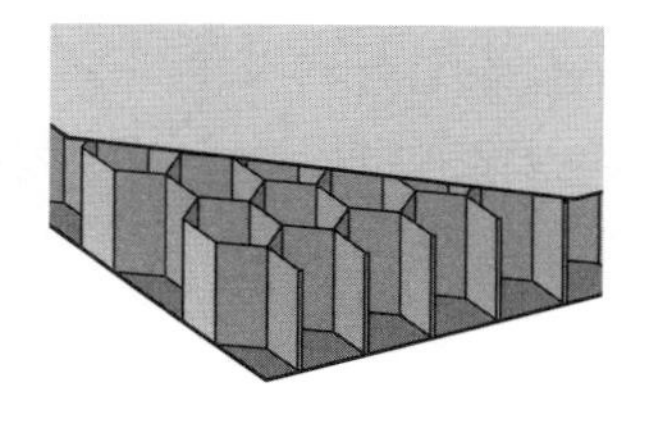

(b) 허니 코어 합판

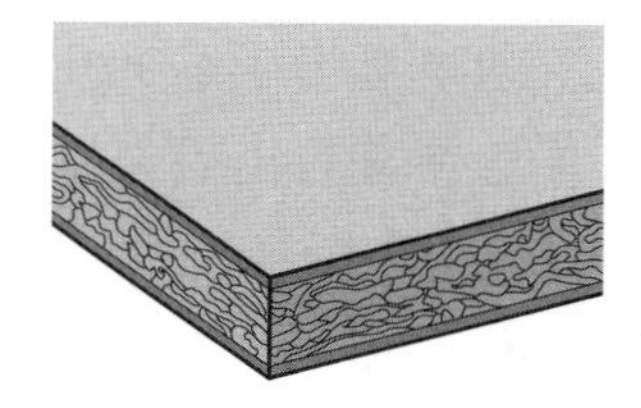

(c) 파티클 보드 코어 합판

심재료에 따른 합판의 종류

(3) 기계 가공 합판

① **골 합판**

㈎ 단판의 표면에 홈을 판 합판이다.

㈏ 시공할 때 합판과 합판의 접합 부분이 눈에 띠지 않도록 한 합판이다.

② **압형 합판 :** 한 쌍의 롤러 중 한쪽에 조각을 하여 가열하고, 그 사이를 합판이 통과하도록 표면에 무늬를 넣은 합판이다.

③ **유공 합판 :** 합판에 드릴이나 펀칭으로 구멍을 뚫어 통기성을 목적으로 하거나 장식 효과 또는 흡음 효과를 낸 합판이다.

(4) 화장 합판

① **단판 화장 합판**

㈎ 무늬나 색깔이 좋은 목재의 얇은 판(0.2~1mm)을 붙인 것으로 무늬목 합판이라고도 한다.

㈏ 섬유결 방향에 변화를 주어 아름답게 만든 합판이다.

② **지포류 합판 :** 종이나 천을 표면에 부착한 것으로 따뜻한 감촉을 준다.

③ **금속화장 합판**

㈎ 표면에 금속을 붙인 것으로, 무게에 비해 휨강도가 크고 목재보다 열전도율이 작다.

㈏ 방화성은 없으나 위생적이며 충해나 수해를 방지할 수 있다.

(5) 약제처리 합판

① **방화 합판**

㈎ 화재 때 화염의 확산을 방지하고 방화 초기에 유효하도록 특수 가공을 한 합판이다.

㈏ 난연 합판과 방화문용 합판이 있다.

② **방부 합판 :** 곰팡이나 부식균에 침식되지 않도록 처리한 합판이다.

③ **방충 합판 :** 곤충에 의한 손상을 막기 위해 약제처리한 합판이다.

(6) 특수 합판

보통 합판의 표면에 오버레이(overlay), 프린트, 도장 등의 가공을 한 합판을 말한다.

① **오버레이 합판(무늬목 화장 합판)**

㈎ 표면에 목질 특유의 미관을 목적으로 괴목이나 티크 등과 같은 고급 목재의 얇은 무늬목을 붙인 합판이다.

㈏ 합판의 표면에 수지를 입힌 것으로 외관이 아름답고 내수성, 내후성, 내약품성이 좋다.

② **프린트 합판**

㈎ 목재의 무늿결을 인쇄하여 붙인 합판이다.

㈏ 미관이 뛰어나며 가격이 비교적 저렴한 편이다.

③ **도장 합판**

㈎ 표면을 투명하게 도장하거나 채색으로 도장하여 가공한 합판이다.

㈏ 표면에 도장을 한 것으로 건축물의 내장재나 가구재로 사용한다.

5 합판의 특징

(1) 합판의 특성

① 강도를 합판 면에 골고루 분산시킬 수 있어 방향에 따라 물체가 달리 보이는 이방성을 제거할 수 있다.
② 아름다운 무늬판을 대량으로 얻을 수 있고 가격도 저렴하다.
③ 습기가 있는 곳에서는 부착된 단판이 떨어지는 경우도 있다.
④ 원목보다 표면의 긁힘에 약하다.
⑤ 너비가 넓고 치수가 긴 한 장의 제품을 대량으로 생산할 수 있다.
⑥ 보통 판에 비해 못박기가 곤란하지만 못의 지지력은 1.1~3.7배 정도 강하다.
⑦ 넓은 판재를 얻을 수 있다.
⑧ 갈라짐이 생기기 쉬운 목재의 단점을 보완할 수 있다.
⑨ 단판의 교차 접착으로 수축 팽창을 줄이고 강도를 증가시킬 수 있다.
⑩ 목질의 방향성에 따른 강도의 차가 없고, 습기에 의한 수축의 차도 작다.
⑪ 전단강도는 합판의 소재에 따라 다르며, 섬유 방향에 대해 45°일 때 최대이다.

(2) 합판의 장점

① 20~30% 정도의 목재 이용률을 증대시킬 수 있다.
② 강도를 향상시키거나 합판 면에 골고루 분산시킴으로써 목재의 결점을 제거할 수 있다.
③ 갈라짐(할렬)이 일어나는 목재의 단점을 제거할 수 있다.
④ 목재에서 얻을 수 없는 넓은 면적의 판재 제작이 가능하다.
⑤ 표면에 아름다운 목리가 있어 시각적인 가치가 뛰어나다.

(3) 합판의 용도

합판의 용도

용 도	세부 용도
건축용	내수성, 접착성, 내구성이 우수한 것은 외장용으로 사용 내장용은 화장 합판, 프린트 합판 등으로 벽, 천장, 문에 사용
차량용	차량의 특성을 고려하여 자동차, 선박, 항공기, 요트 등의 내외장재로 사용
가구용	내수성, 내구성이 우수한 것으로 가구재, 칠기재, 기타 모형재 등에 사용
포장용	특수한 규격으로 제조되어 기계, 가구, 기구, 악기, 식료품 등의 포장에 사용

예 | 상 | 문 | 제

합판 재료(목질 재료) ◀

1. 합판의 제법에서 원목을 얇게 톱으로 자른 단판(veneer)으로 아름다운 나뭇결을 얻을 수 있는 베니어는?

① 로터리 베니어
② 소드 베니어
③ 슬라이스드 베니어
④ 반원 슬라이스드 베니어

해설 슬라이스드 베니어는 원목을 평행하게 얇게 슬라이스하여 나뭇결을 잘 보존하고 고급스러운 무늬를 제공한다.

2. 원목의 낭비를 최대한 막을 수 있는 합판의 제법은?

① 소드 베니어
② 슬라이스드 베니어
③ 로터리 베니어
④ 반원 슬라이스드 베니어

해설 원목의 낭비를 최대한 막을 수 있어 90% 이상이 로터리 베니어 방법을 이용한다.

3. 로터리 베니어의 설명으로 틀린 것은?

① 나이테에 따라 두루마리를 펴듯이 연속적으로 벗기는 것이다.
② 넓은 단판을 얻을 수 있다.
③ 생산능률이 높아 합판 제조의 80~90%가 이 방식에 따라 제조한다.
④ 합판 표면에 곧은결 등의 아름다운 결을 장식적으로 이용할 때 쓰인다.

해설 로터리 베니어는 곧은결 무늬를 얻을 수 없으며, 신축에 의한 변형이 크고 갈라지기 쉽다.

4. 다음 중 합판을 만들기 위한 단판의 제법이 아닌 것은?

① 로터리 베니어(rotary veneer)
② 슬라이스드 베니어(sliced veneer)
③ 소드 베니어(sawed veneer)
④ 오버레이 베니어(overlay veneer)

해설 오버레이 베니어 : 합판의 표면에 수지를 입힌 것으로 외관이 아름답고 내수성, 내후성, 내약품성이 좋다.

5. 단판 제조법 중 현재 거의 쓰이지 않는 방법은?

① 로터리 베니어
② 슬라이스드 베니어
③ 소드 베니어
④ 반로터리 베니어

해설 소드 베니어는 절삭 능률이 좋지 않아 현재는 거의 사용되지 않는다.

6. 다음에서 설명하는 합판은?

> 목재를 가늘게 톱질한 것을 가로, 세로 붙여서 폭이 넓고 두꺼운 판을 만들고 심재료를 사용한 합판으로, 두께는 30mm 이상이며 가구류에 많이 쓰이는 합판이다.

① 베니어 코어(veneer core) 합판
② 럼버 코어(rumber core) 합판
③ 파티클 보드 코어(particle board core) 합판
④ 허니 코어(honey core) 합판

정답 1. ③ 2. ③ 3. ④ 4. ④ 5. ③ 6. ②

해설 럼버 코어 합판 : 보통 합판에 비해 못박기가 쉬우며, 가구의 뚜껑이 되는 판재나 칸막이 판으로 사용한다.

7. 특정 합판에 있어서 무늬목 합판이라고도 하는 것은?

① 화장 합판
② 멜라민 화장 합판
③ 폴리에스테르 화장 합판
④ 염화비닐 화장 합판

해설 단판 화장 합판은 무늬나 색깔이 좋은 단판을 섬유결 방향에 변화를 주어 아름답게 붙인 합판으로, 무늬목 합판이라고도 한다.

8. 가구 제작에 많이 이용되는 합판의 특성에 관한 설명으로 틀린 것은?

① 뒤틀림이 없다.
② 곡면 판을 쉽게 만들 수 있다.
③ 방향에 따른 강도 차가 적다.
④ 수축 팽창이 크다.

해설 합판은 단판의 교차 접착으로 수축 팽창을 줄이고 강도를 증가시킬 수 있다.

9. 단판에 대한 설명 중 옳은 것은?

① 베니어(veneer)라고 하며, 두께 약 5mm 이하의 얇은 판을 말한다.
② 플라이우드(plywood)라고도 하며, 두께가 5mm 이상이 되는 판을 말한다.
③ 베니어와 플라이우드의 통칭이며 판 두께에는 여러 가지가 있다.
④ 얇게 재단한 원목 판을 홀수 개수로 교차하도록 직교시켜 접착한 판을 말한다.

해설 1장의 얇은 판(두께 5mm 이하)을 단판(veneer)이라 한다.

10. 못의 지지력이 가장 좋은 재료는?

① 합판
② 미송
③ 나왕
④ 섬유판

해설 합판은 못의 지지력이 보통 판의 1.1~3.7배 정도 강하고 강도가 높다. 하지만 못의 지지력은 단단한 원목인 나왕보다는 지지력이 낮을 수 있다.

11. 합판에 대한 설명 중 옳지 않은 것은?

① 함수율 변화에 따른 팽창과 수축이 적다.
② 큰 면적의 평면 재료를 얻을 수 있다.
③ 균일한 강도의 재료를 얻을 수 있다.
④ 단판의 매수는 홀수가 아니어도 된다.

해설 합판은 단판(veneer)을 1장마다 섬유 방향과 서로 수직이 되도록 3, 5, 7, 9겹 등의 홀수 겹으로 붙인 것이다.

12. 다음 중 합판에 대한 설명으로 옳지 않은 것을 고르면?

① 아름다운 무늬를 얻을 수 있다.
② 원목의 지름 이상으로 폭이 넓은 판을 얻을 수 있다.
③ 습기에 의한 수축이 크고, 두께에 비해 강도가 작다.
④ 곡면 판을 만들 수 있다.

해설 합판은 습기에 의한 수축의 차가 작다.

13. 단판에 대한 설명으로 옳은 것은?

① 두께가 약 5mm 이하인 얇은 판이다.
② 얇게 켠 나무를 교차시켜 접착한 것이다.
③ 판재 표면을 가공하여 미려하게 한 것이다.
④ 목재를 세편화하여 성형한 것이다.

정답 7. ① 8. ④ 9. ① 10. ③ 11. ④ 12. ③ 13. ①

14. **합판의 특성을 설명한 것 중 옳은 것은?**

① 목재 강도에 대한 방향 차를 균등화한다.
② 거칠음이 많다.
③ 중량이 비교적 무겁고 넓은 폭을 얻기 어렵다.
④ 쪼개지거나 갈라짐이 쉽다.

해설 합판은 강도를 합판의 면에 골고루 분포시킬 수 있으므로 방향에 따라 물체가 달리 보이는 이방성을 제거할 수 있다.

15. **합판의 특성에 대한 설명 중에서 잘못된 것은?**

① 습기에 의한 신축이 적고 두께에 비해 강도가 크다.
② 온도 변화에 따라 팽창 및 수축이 심하다.
③ 곡면인 판을 만들 수 있다.
④ 목재의 결점을 제거할 수 있다.

해설 합판은 단판의 교차 접착으로 인해 수축 팽창을 줄이고 강도를 증가시킬 수 있다.

16. **다음 중 럼버 코어(lumber core) 합판에 대한 설명은?**

① 속판은 작은 각재를 단면으로 이어 붙이고 앞뒤로 심판을 붙인 것
② 합판의 표면에 귀한 목재 또는 특수한 목재의 무늬를 전사 인쇄한 것
③ 합판의 표면에 열경화성, 열가소성의 합성수지판 수지함 침지를 표면에 입힌 것
④ 목재와 금속판을 접착하여 제작한 합판

해설 럼버 코어 합판은 한 번 사용한 목재로 폭이 넓은 판을 만든 다음, 상하에 단판을 접착하여 두꺼운 판을 만들고 심재료로 사용한 합판이다.

17. **폐재를 이용한 코어(core) 합판은?**

① 베니어 코어 합판
② 파티클 보드 코어 합판
③ 허니 코어 합판
④ 럼버 코어 합판

해설 파티클 보드(PB, 칩보드)는 목재의 절삭편(chip) 또는 톱밥을 접착제로 성형한 것으로, 휨강도가 커서 합판의 대용으로 사용한다.

18. **다음 중 합판의 양면 붙이기에 대한 설명으로 틀린 것은?**

① 가볍고 강도가 크다.
② 넓은 목재에 끼이지 않도록 한다.
③ 비틀림이 적고 방음 효과를 얻을 수 있다.
④ 내구성 및 내열성이 우수하다.

19. **합판의 양면 붙이기에 대한 주의사항과 거리가 먼 것은?**

① 심판의 틀이 평면인지 확인한다.
② 이음 부분에 필요한 심판을 정확한 위치에 놓도록 한다.
③ 죔쇠 뒤에 빠져나온 접착제가 굳기 전에 씻어낸다.
④ 마구릿대와 틈새가 일정하게 생기도록 간격을 둔다.

정답 14. ① 15. ② 16. ① 17. ② 18. ② 19. ④

2-3 무늬목

1 무늬목

① 무늬목은 일반적으로 단판보다 얇은 0.2~0.55mm 정도로 얇게 만든 판이다.
② 목질 재료의 판에 접착하여 원목의 효과를 낼 수 있도록 만든 것이다.

2 무늬목의 종류

① 천연 무늬목

(가) 목재를 켜는 방향과 방법에 따라 다양한 문양의 무늬목을 얻을 수 있다.
(나) 무늬목의 단위는 평으로 한다.

② 인조 무늬목

(가) 종이에 목재의 무늿결을 인쇄하는 방식으로 만든 것이다.
(나) 프린트 합판과 비슷한 구조이다.
(다) 시각적으로 원목과 유사한 느낌을 줄 수 있다.

3 무늬목 생산과정

원목을 제재한다. → 온탕에서 24~48시간 삶는다. → 껍질을 벗겨낸다. → 깎고 재단한다. → 묶음처리를 한다(한 번들). → 건조 또는 약품처리를 한다.

4 무늬목을 붙이는 방법

① 면이 넓어 여러 장 붙여야 할 경우 한 장씩 자르지 않는다. 여러 장을 겹쳐 놓고 잘라야 무늬를 맞추기 좋다.
② 물에 담가 물기를 흡수시켰다가 물기를 제거한다(무늬목 부스러짐 방지).
③ 붙일 면에 접착제를 바른다.
④ 접착제를 바른 윗면에 무늿결이 대칭이 되도록 무늬목을 겹쳐 놓고, 겹친 부분의 중심에 직선자를 대고 자른 후 떼어낸다.
⑤ 면을 약간 둥글게 접은 나무토막으로 무늬목 윗면을 쓸 듯이 문지른다.
⑥ 무늬목 윗면의 습기가 제거되면 다리미로 이음 부분부터 다림질한다.
⑦ 가장자리에 튀어나온 부분은 칼로 자르거나 모서리 부분을 사포로 면접기하듯이 잘라낸다.

5 멜라민 및 기타 표면제

① **멤브레인** : 목재를 성형 가공한 후 그 위에 PVC 시트를 놓고 멤브레인 프레스로 진공 압착하여 접착하는 표면제이다.

② PVC(poly vinyl chloride)

㈎ 주성분 PVC수지에 가소제, 안정제, 착색제를 첨가하여 필름을 만들고 시트를 상태로 만든 표면제이다.

㈏ 가격이 저렴하고 접착 공정이 단순하지만 내열성, 내마모성은 다소 떨어진다.

③ LPM(low pressure melamine)

㈎ 광화학적, 기계적 저항이 좋고 안료가 흡수된 특수 종이에 무늬를 입히고 멜라민수지를 합침시켜 시트 상태로 만든 다음, 열압 프레스 한 표면제이다.

㈏ 가격이 저렴하면서 색상과 디자인이 다양하다.

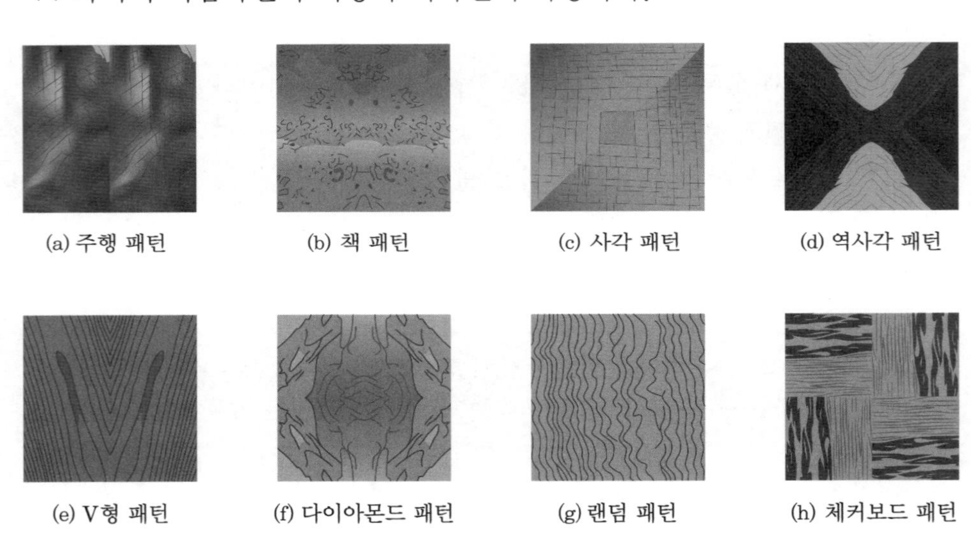

(a) 주행 패턴 (b) 책 패턴 (c) 사각 패턴 (d) 역사각 패턴

(e) V형 패턴 (f) 다이아몬드 패턴 (g) 랜덤 패턴 (h) 체커보드 패턴

무늬목의 패턴 구성

예 | 상 | 문 | 제

무늬목 ◀

1. 무늬목을 사용하는 목적에 대한 설명으로 알맞지 않은 것은?

① 무늬가 없는 목재에 아름다운 무늬를 만들어준다.
② 합판에 붙여 뒤틀림을 방지하고 아름다움을 더해준다.
③ 경제성을 높이고 외관을 개선하는 데 널리 이용한다.
④ 구조물을 튼튼하게 해준다.

해설 무늬목은 뒤틀림을 방지하고 아름다움을 더해주기 위한 것으로 구조물을 튼튼하게 하는 것과는 관련이 없다.

2. 무늬목을 붙이는 방법 중 틀린 것은?

① 여러 장을 붙일 때는 겹쳐놓고 재단해야 무늬 맞추기에 좋다.
② 무늬목에 접착제를 바르지 않고 붙일 면에 접착제를 바른다.
③ 완전히 건조시킨 무늬목을 재단해야 접착력이 우수하다.
④ 무늬목 윗면에 습기가 제거된 후 이음 부분부터 다림질한다.

해설 무늬목 부스러짐 방지를 위해 물에 담가 물기를 흡수시켰다가 물기를 제거하여 접착제를 바른다.

3. 무늬목 제작 방법 중 직선 방향의 무늬목을 켜는 데 사용하는 방법은?

① 로터리식 ② 쿼터식
③ 평행식 ④ 하프라운드식

해설
- 로터리식 : 원목을 회전시키며 얇게 벗겨내는 방식으로, 나무의 결이 곡선 모양으로 나타난다.
- 쿼터식 : 나무를 4등분하여 직선 방향으로 자르는 방법으로, 직선 무늬를 얻을 수 있다.
- 평행식 : 나무를 평행하게 자르는 방법으로, 무늬가 나무의 자연 결을 따르기 때문에 직선 무늬와는 다르다.
- 하프라운드식 : 원목을 반원 형태로 자르는 방법으로, 직선 무늬보다는 곡선이나 파동 무늬가 나타난다.

4. 무늬목을 붙이는 작업에 대한 설명 중 틀린 것은?

① 무늬가 대칭이 되도록 붙여야 좋다.
② 무늬목의 이를 맞추려면 두 장을 겹치게 한 다음 중간을 자른다.
③ 접착은 반드시 아교만 사용한다.
④ 가장자리 여유 부분은 붙인 다음 뒤집어 놓고 자른다.

5. 무늬목을 붙이는 방법에 대한 설명으로 틀린 것은?

① 접착제를 합판에 먼저 고르게 바른다.
② 들뜬 부분은 다리미로 눌러 다린다.
③ 무늬목이 들뜬 부분은 칼로 그 부위를 도려낸 후 다른 무늬목으로 보강한다.
④ 무늿결을 맞추고 약 1cm 정도 겹치게 하여 겹친 부분을 칼로 잘라낸다.

해설 무늬목이 들뜬 부분은 칼로 자르거나 모서리 부분을 사포로 면접기하듯이 잘라낸다.

정답 1. ④ 2. ③ 3. ② 4. ③ 5. ③

2-4 섬유판

1 섬유판

(1) 섬유판의 제작

① 섬유판은 목재, 볏집, 톱밥 등의 식물성 섬유를 펄프화하여 섬유질의 특징을 살려서 열압 성형한 판상의 인공 재료이다.
② 목재의 이방성을 비롯한 단점을 제거하여 균질한 판재로 제작한다.
③ 방음과 단열 효과가 있고 2차 가공성이 뛰어나 가구 재료로 가장 많이 활용되고 있다.

(2) 섬유판의 특성

① 강도가 크고, 가로와 세로의 강도 차는 10% 이하이므로 방향성이 없고 면적이 넓은 판을 만들 수 있다.
② 표면이 평활하며 경도가 크고 내마모성이 크다.
③ 외부에 사용할 때는 평활도와 광택이 줄어들고 강도가 줄어든다.
④ 1년에 15~20%, 5년에 25~30% 정도 강도가 떨어진다.
⑤ 면의 질이 부드러워 톱질한 면이 정밀하고 깨끗하게 처리된다.
⑥ 부스러짐 없이 정밀하게 기계 가공이 가능하여 어떤 형태나 구조도 가능하다.
⑦ 부드러운 섬유질로 되어 있어 도장을 위한 사포질이 필요 없다.
⑧ 자체 밀도가 일정하여 나사못이나 에어타카 지지도가 좋은 편이다.
⑨ 자체 도장이 가능하여 래커, 고압 라미네이트도 깨끗하게 처리된다.
⑩ 단면 처리의 이중 작업을 줄일 수 있어 경비가 절감된다.
⑪ 제작이 보편화되어 있지 않아 생산되는 회사마다 섬유판의 밀도 및 내부 접착력이 다르다.
⑫ 밀도가 낮을수록 나사못 지지력이 작고 흡수력이 커서 휨의 원인이 될 수 있다.
⑬ 고밀도일수록 제품의 질이 높아 일반 목재와 다목적 용도로 개발이 가능한 재료이다.

(3) 섬유판의 구분

① **저밀도 섬유판**(IB : insulation board, LMF)
㈎ 연질 섬유판, 텍스
㈏ 경량이며, 톱으로 자르거나 못박기가 가능하여 시공이 용이하다.
㈐ 방음 및 보온재로 사용된다.

② **중밀도 섬유판**(MDF : medium density fiberboard)

(가) 반경질 섬유판

(나) 흡음률을 높이기 위해 작은 구멍을 뚫은 것으로 수축이나 팽창이 거의 없다.

(다) 일반 목재나 합판보다 가격이 저렴하다.

③ **고밀도 섬유판**(HB : hard board)

(가) 경질 섬유판

(나) 비중 0.85 이상으로 고열, 고압 성형한 것이다.

섬유판의 구분

종 류		비 중 (g/cm^3)	함수율(%)	휨강도 (kgf/cm^2)	흡수율(%)	두께(mm)
저밀도 섬유판		0.35 미만	16 이하	10 이상	−	9, 12, 18, 25
중밀도 섬유판		0.35~0.85	14 이상	50 이상	−	4, 5, 6, 9, 12
고밀도 섬유판	T450	0.9 이상	5~13	450 이상	20 이하	3, 4, 6, 9, 12
	S350	0.8 이상	5~13	350 이상	25 이상	

(4) 섬유판의 제작 방법

① 건식 공법이 개발되면서 가공성이 뛰어난 중밀도 섬유판(MDF)이 주종을 이루고 있으며, 비중이 0.35~0.85에 이른다.

② 섬유판의 두께는 일반적으로 1.5~30mm이며 더 얇은 판을 제작할 수도 있다.

③ 강화 마루판의 제조, 가구, 캐비닛, 내장재 등에 사용된다.

④ 섬유판은 주로 습식 제법이지만 최근에 발달한 파티클 보드(칩보드)는 건식 제법이다.

2 중밀도 섬유판(MDF)

(1) MDF의 개요

MDF는 리그노 셀룰로오스를 고온에서 기계적, 화학적으로 처리한 섬유나 섬유 다발에 접착제를 첨가하고, 열압하여 만든 판이다.

(2) 규격 및 용도

① MDF의 규격은 900×1,800mm와 1,200×2,400mm의 크기에 두께는 3, 5, 6, 9, 12, 15, 18, 20, 22, 25mm가 많이 사용된다.
② 각종 가구의 판재와 건축용 자재로 널리 사용된다.

(3) MDF의 특성

① 합판과 같은 규격이 생산되어 가구용 자재로 사용할 수 있다.
② 일반 목재나 합판보다 가격이 저렴하다.
③ 수축이나 팽창이 거의 없고 표면이 깨끗하며 두께가 일정하다.
④ 무늬목이나 멜라민 등의 가공과 직접 도장이 쉬우며 곡면 가공성이 뛰어나다.
⑤ 목재나 합판보다 충격에 약하고 내수성이 좋지 않으며 나사못의 유지력이 약하다.

3 파티클 보드(PB, 칩보드)

(1) 파티클 보드의 개요

① 파티클 보드는 원목의 폐자재를 활용한 것으로, 원자재를 분쇄하여 작은 목재 조각으로 만들어 건조한 후 접착제를 혼합하여 성형과 열압 과정을 통해 만든 판을 말한다.
② 고밀도 섬유판과 더불어 휨강도가 커서 합판의 대용으로 사용된다.
③ 목재의 절삭편 외에 대팻밥, 톱밥, 짚으로도 사용 가능하다.
④ 페놀수지가 접착력이 우수하지만 가격이 비싸기 때문에 요소수지를 접착제로 많이 사용한다.

(2) 규격 및 용도

① 파티클 보드의 규격은 900×1,800mm와 1,200×2,400mm의 크기에 두께는 8, 10, 12, 15, 18, 20, 22, 25, 30, 35, 40mm가 많이 사용된다.
② 주방 가구, 사무용 가구의 원자재로 많이 사용하나 가정용 가구의 소재로는 적합하지 않다.

(3) 파티클 보드의 장단점

① **장점**

㈎ 주원료가 목재이므로 목재의 사용률이 100%이다.

(나) 섬유 방향에 따른 강도의 차가 없으며 면적이 넓은 판을 만들 수 있다.
(다) 합판이나 MDF보다 가격이 저렴하며 가공성이 우수하다.
(라) 휨 가공이 용이하며 온도나 습도의 변화에 따른 변형이 작다.
(마) 목재로 사용하고 남은 폐자재를 주로 사용하기 때문에 옹이, 썩정이, 뒤틀림, 갈라짐 등의 흠이 없다.

② **단점**

(가) 보드에 요소수지를 사용하므로 날의 마모가 크다.
(나) 모서리가 약하고 정밀한 완성이 어려우며 합판보다 무겁다.
(다) 무게가 무겁고 강도가 낮으며 내수성이 취약하다.
(라) 충격에 매우 약하고 합판이나 MDF보다 나사못 유지력이 약하다.
(마) 방음 효과가 작은 편이며 칩이 거칠어 곡면 가공이나 칠을 할 수 없다.
(바) 주방 가구, 사무용 가구의 원자재로 많이 사용하나 가정용 가구의 소재로는 적합하지 않다.

4 인슐레이션 보드

① 열을 차단하기 위한 목적으로 사용되는 연질 섬유판이다.
② 뛰어난 시공성과 경제성, 단열 성능, 내구성을 갖춘 주택용 단열재이다.
③ 주로 초목의 섬유를 벗겨내고 건조 및 성형한 섬유판의 일종으로, 비중이 0.35 미만이다.
④ 소리와 열 차단성은 크지만 흡습성이 크고, 습기에 의해 연화되기 쉽다.

예 | 상 | 문 | 제

섬유판 ◀

1. 섬유판 중에서 비중이 가장 큰 것은?

① 연질 섬유판
② 코르크판
③ 경질 섬유판
④ 파티클 보드

해설
- 연질 섬유판(저밀도 섬유판) : 비중 0.35 미만으로 방음 및 보온재로 사용
- 코르크판 : 코르크나무 껍질의 코르크층은 무수히 작은 세포로 되어 있고, 그 속은 기포로 채워져 있는데 이것이 탄력작용을 한다.
- 경질 섬유판(고밀도 섬유판) : 비중 0.85 이상으로 고열, 고압 성형한 것
- 파티클 보드 : 목재의 절삭편(chip)을 접착제로 성형한 것

2. 섬유판 중 고열, 고압으로 만들고, 비중이 0.85 이상인 섬유판은?

① 경질 섬유판
② 반경질 섬유판
③ 연질 섬유판
④ 반연질 섬유판

해설 경질 섬유판(고밀도 섬유판) : 비중 0.85 이상으로 고열, 고압 성형한 것으로, 섬유판 중에서 비중이 가장 크다.

3. 식물 섬유를 주원료로 하며, 주로 건물의 내장 및 흡음 · 단열 · 보온을 목적으로 성형한 비중 0.35 미만의 보드는?

① 연질 섬유판
② 경질 섬유판
③ 반경질 섬유판
④ 파티클 보드

해설 연질 섬유판(저밀도 섬유판) : 비중 0.35 미만으로 경량이며, 톱으로 자르거나 못박기가 가능하여 시공이 용이하고 방음 및 보온재로 사용된다.

4. 중밀도 섬유판(MDF)의 특징으로 알맞지 않은 것은?

① 밀도가 높아 대패질이나 부조가 가능하다.
② 목재의 재질과 같이 무늿결도 성형되어 있다.
③ 나사못을 박을 때 갈라지지 않는다.
④ 부드러운 섬유질로 되어 있어 표면이 매우 평활하다.

해설 MDF의 특징
- 밀도가 높아 대패질이 가능하다.
- 나사못이나 못을 박을 때 갈라지지 않는다.
- 수축이나 팽창이 거의 없다.
- 표면이 깨끗하고 두께가 일정하다.
- 무늬목, 비닐, 멜라민 등의 가공 및 직접 도장에 적합하다.
- 재질이 균일하고 가공이 용이하다.

5. 파티클 보드에 대해 나타낸 설명으로 옳지 않은 것은?

① 온도나 습도의 변화에 따른 변형이 작다.
② 옹이, 썩정이, 뒤틀림 등의 흠이 없다.
③ 섬유 방향에 따른 강도의 차가 없다.
④ 휨 가공이 용이하며, 모서리가 강하고 정밀한 완성을 하기 쉽다.

해설 파티클 보드
- 휨 가공이 용이하며 온도나 습도의 변화에 따른 변형이 작다.
- 모서리가 약하고 정밀한 완성이 어려우며 합판보다 무겁다.

정답 1. ③ 2. ① 3. ① 4. ② 5. ④

6. 목재와 비교해 볼 때 파티클 보드의 설명으로 맞는 것은?

① 모서리가 강하고 정밀 완성이 쉽다.
② 목재의 부패, 변형의 결점을 제거한 것이다.
③ 합판에 비해 가격이 비싸다.
④ 일반적으로 합판보다 가볍다.

해설 파티클 보드의 특징
- 모서리가 약하고 정밀 완성이 어렵다.
- 합판에 비해 가격이 저렴하다.
- 결이 없어 방향간 수축률의 차이가 작다.
- 방음, 흡음의 효과가 작다.
- 합판에 비해 강도가 약하다.
- 가공성이 좋으나 내수성이 약하다.

7. 파티클 보드(particle board)의 장점이 아닌 것은?

① 섬유 방향에 따른 강도의 차가 있고 넓은 판을 얻을 수 있다.
② 온도와 습도의 변화에 따른 신축 변형이 작다.
③ 합판이나 MDF보다 가격이 저렴하다.
④ 휨 가공이 용이하다.

해설 결이 없어 방향간 수축률의 차이가 작고, 섬유 방향에 따른 강도의 차가 없다.

8. 파티클 보드의 설명으로 옳은 것은?

① 방음, 단열 효과가 우수하다.
② 모서리가 튼튼하다.
③ 정밀한 완성이 어렵다.
④ 목재의 결점인 갈라짐, 뒤틀림이 많다.

해설
- 방음, 단열 효과가 작은 편이다.
- 모서리가 약하고 합판보다 무겁다.
- 목재의 부패, 변형의 결점을 제거한 것으로, 갈라짐이나 뒤틀림이 없다.

9. 다음 중 인슐레이션 보드에 대한 설명으로 틀린 것은?

① 열 차단을 목적으로 사용되는 연질 섬유판이다.
② 뛰어난 시공성과 경제성, 단열 성능, 내구성을 갖춘 주택용 단열재이다.
③ 주로 초목의 섬유를 벗겨내고 건조 및 성형한 섬유판의 일종으로, 비중이 0.35 미만이다.
④ 소리와 열 차단성 및 흡습성이 작다.

해설 인슐레이션 보드
- 열을 차단하기 위한 목적으로 사용되는 연질 섬유판이다.
- 소리와 열 차단성은 크지만 흡습성이 크고, 습기에 의해 연화되기 쉽다.

정답 6. ② 7. ① 8. ③ 9. ④

2-5 집성재와 적층재

1 집성재

(1) 집성재 개요

① 두께 1.5~5cm의 판을 여러 장 겹쳐서 댄 목재를 집성재라고 한다.

② 판의 섬유 방향을 평행으로 붙인 것으로 홀수 겹이 아니어도 된다.

③ 집성재는 넓은 면적의 원목을 보완하기 위한 방법으로 치수가 작은 목재 이음판(10~30mm)을 섬유 방향으로 결점을 제거한 후 합성수지 접착제로 접합(결이음 접합, 맞댄이음 접합, 엇걸이이음 접합)하여 제작한 판상 재료이다.

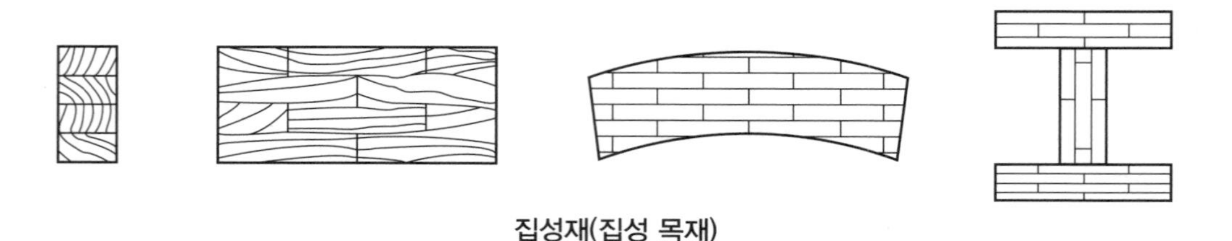

집성재(집성 목재)

(2) 집성재의 특성과 용도

① 세로 방향으로 강한 목재의 특성을 강조한 재료이다.

② 균등한 넓은 면을 가진 긴 판재를 만들 수 있다.

③ 비틀림, 수축, 갈라짐이 적어 강도가 고르다.

④ 접착이 안정된 상태에서 압축강도, 휨강도, 탄성계수는 소재보다 같거나 크며, 전단력과 균열은 접착된 부분과 목부가 유사한 힘을 받을 수 있다.

⑤ **용도** : 원목의 넓은 판재가 필요한 테이블 천판이나 두꺼운 굵기를 필요로 하는 테이블 다리 등에 사용한다.

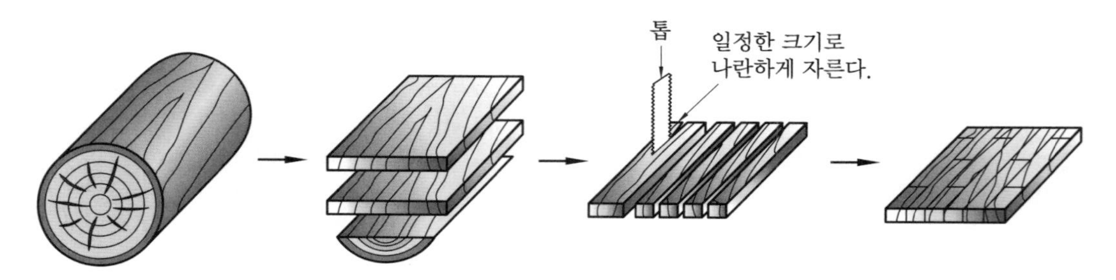

집성재의 제작 과정

(3) 집성 방식에 따른 집성재의 분류

① **솔리드 집성재** : 판재를 폭 방향으로 이어 집성한 방식으로 원목의 느낌을 살린 집성재이다.

② **탑핑거 집성재** : 짧은 원목들이 손가락 깍지 이음새 모양으로 윗면에 연결되어 있는 집성재이다.

③ **사이드핑거 집성재** : 짧은 원목들이 손가락 깍지 이음새 모양으로 옆면에 연결되어 있는 집성재이다.

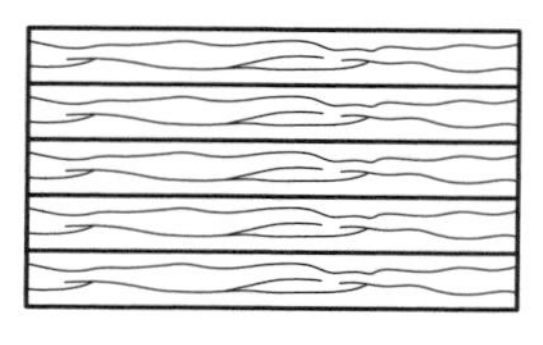
(a) 솔리드 집성재

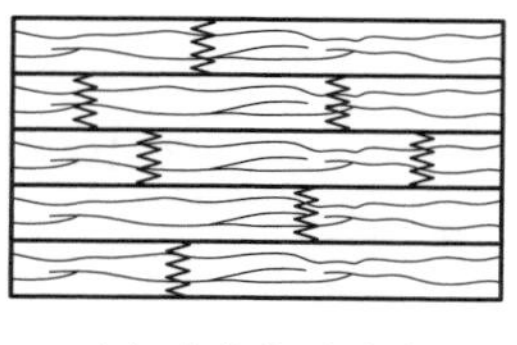
(b) 탑핑거 집성재

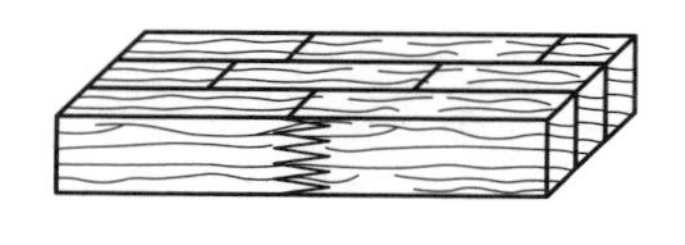
(c) 사이드핑거 집성재

집성 방법에 따른 분류

(4) 이음 방식에 따른 분류

① **결이음**

(가) 건조 목재의 두께 25, 32, 38mm와 길이 100~150mm의 크기를 결 방향으로 집성하는 방법이다.

(나) 의자의 좌판이나 테이블의 다리 등을 제작하는 데 사용한다.

② **맞댄이음** : 길이 방향으로 집성하는 방법이며 긴 목재가 필요한 곳에 사용한다.

③ **엇결이이음** : 결이음과 맞댄이음의 중간 방법이며 긴 목재가 필요한 곳에 주로 사용한다.

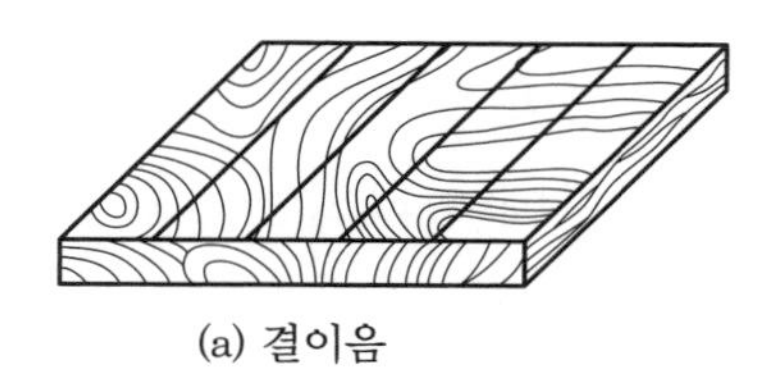
(a) 결이음

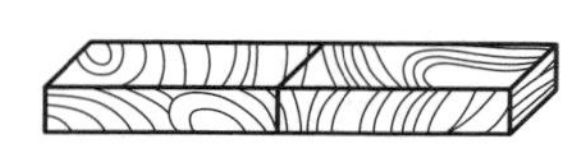
(b) 맞댄이음

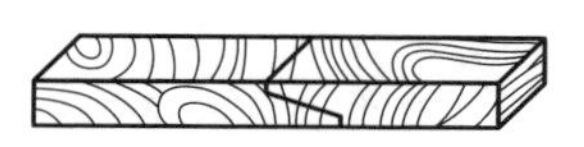
(c) 엇결이이음

집성재의 이음 방식

(5) 집성재의 장단점

① **장점**

(가) 단일 판을 휠 수 있는 한 휘어 접착할 수 있으므로 곡면 구조재를 만들 수 있다.

(나) 건조된 목재를 이용하면 큰 단면의 집성재라도 건조 속도가 빠르고 내구성을 증가시킬 수 있다.

(다) 단면 치수가 변하거나 요구되는 강도에 따라 필요한 단면으로 성형할 수 있어 경제적이며, 목재의 합리적인 이음이 가능하다.

② **단점**

(가) 접착의 신뢰도와 내구성이 다소 불안정한 편이다.

(나) 나무의 결을 맞추어 접착해야 한다.

2 적층재

(1) 적층재의 개요

① 적층재는 집성재와 같은 구조로 두께 1~2mm의 단판을 겹쳐서 만들고, 평면 적층 방식과 곡면 적층 방식이 있다.

② 요성을 이용하여 목재를 휘거나, 접착제를 이용하여 얇은 단판을 겹쳐 휨으로써 제작에 사용한다.

③ 흔히 가구의 등판이나 좌판 등의 제작에 활용한다.

(2) 적층재의 종류

① **적층 곡면재** : 목재를 굳혀서 접착하는 것으로, 목구조에서 도아취형과 같은 집성재를 만들 수 있으므로 목재의 양도 적게 들고 변형도 막을 수 있다.

② **경화 적층재** : 단판의 섬유 방향을 모두 평행으로 겹쳐서 만든 것으로, 강도가 3~4배에 이르며 금속 대용으로 기어나 프로펠러에 사용한다.

3 기타 가구용 목제품

① **웨이퍼 보드** : 웨이퍼 형상의 나뭇조각과 톱밥을 압축하여 만든 강하고 가벼운 판재로, 판 면에 평행하게 웨이퍼를 배열하여 모든 방향에서 균일한 성능을 갖는다.

② **LVL(laminated veneer lumber)** : 베니어(단판)를 한 방향으로 붙여서 휨강도를 더욱 강하게 만든 합판으로, 수출용 목재 팔레트나 문틀재 같은 곳에 많이 사용한다.

③ **플로어링 블록** : 플로어링 판의 길이를 너비의 정수 배로 하여 3장 또는 5장씩 붙여서 길이와 너비가 같도록 4면 제혀 쪽매로 만든 정사각형 블록이다.

④ **코펜하겐 리브** : 판재 표면을 곡면으로 만들어 내부 벽면에 붙여서 대고 음향 조절용으로 사용하는 제품이다.

예 | 상 | 문 | 제

집성재와 적층재 ◀

1. 집성재에 대하여 나타낸 설명으로 옳지 않은 것은?

① 강도를 자유롭게 조절할 수 있다.
② 응력에 따라 필요한 단면을 얻을 수 있다.
③ 필요에 따라 굽은 용재를 만들 수 있다.
④ 길고 단면이 큰 부재를 만들기 곤란하다.

해설 집성재는 작은 부재를 사용하여 길고 단면이 큰 부재를 만들 수 있다.

2. 다음 중 집성재의 설명으로 옳은 것은?

① 두께 15~50mm의 판재를 여러 장 겹쳐서 접착시킨 것
② 톱밥, 대팻밥, 나무 부스러기 등을 원료로 한 것
③ 나무가 비교적 좁은 6~9cm 정도의 것
④ 너비 6cm 이상의 좁은 판재를 3~5장씩 옆으로 붙여댄 것

3. 집성재의 특징에 대한 설명이 아닌 것은?

① 구조재 및 장식용으로 쓰인다.
② MDF와 같이 판의 개수가 홀수로만 구성되어 있다.
③ 건조 균열 및 변형을 피할 수 있다.
④ 경골 구조로서 완곡재를 만들어 큰 스팬 구조에 사용한다.

해설 • 집성재는 판재를 섬유 방향에 평행하게 붙이되, 붙이는 매수가 홀수가 아니어도 된다.
• 얇은 판이 아니라 보나 기둥에 사용할 수 있는 큰 단면으로 만들 수 있다는 점이 합판과 다르다.

4. 집성재의 장점을 나타낸 설명 중 옳지 않은 것은?

① 목재의 강도를 인위적으로 자유롭게 조절할 수 있다.
② 응력에 따라 필요한 단면을 성형할 수 있다.
③ 가격이 비교적 저렴하며, 강도가 커서 외부용으로 사용할 수 있다.
④ 길고 단면이 큰 부재를 만들 수 있다.

해설 집성재의 장점
• 균등한 단면을 가진 긴 판재를 만들 수 있다.
• 응력에 따라 필요한 단면으로 성형할 수 있다.
• 건조된 목적을 이용하면 큰 단면의 집성재라도 건조가 빠르고, 보존처리에 의한 내구성을 증진시킬 수 있다.

집성재의 단점
• 접착력의 신뢰도와 내구성에 대한 판정이 곤란하다.
• 나뭇결을 맞추어 접착해야 한다.

5. 강당이나 극장 등의 내부 벽에 음향 조절용으로 쓰는 제품은?

① 플로어링 블록
② 인슐레이션 보드
③ 파티클 보드
④ 코펜하겐 리브

해설 코펜하겐 리브
• 강당이나 극장 내부의 벽에 음향 조절용으로 사용한 제품이다.
• 현재는 음향 효과와 관계없이 장식용으로 사용한다.

정답 1. ④ 2. ① 3. ② 4. ③ 5. ④

2-6 목공예용 죽재

1 대나무

(1) 대나무의 성질

① 대나무는 나이테가 없다.
② 줄기가 곧고 탄력이 크며 강도가 크다.
③ 수분이나 습기에 약하고 쪼개지기 쉬우며 썩기 쉽다.
④ 대나무는 1년 사이에 최대로 자라며, 그 후로는 가지가 생기고 막벽 내부에 있는 세포 분열에 의해 내부에서 성장하며 단단해진다.

(2) 대나무의 벌채

① 대나무의 벌채는 장목기에 해야 한다.
② **벌채 수령 :** 흑죽은 2년 정도, 그 이외의 것은 5~6년 정도
③ **벌채 시기 :** 12~2월이 좋고, 그 다음은 9~11월이 좋다. 이 시기 외에 벌채했을 때는 물에 10일간 담가두면 충해를 방지할 수 있다.

(3) 대나무의 건조

자연건조와 인공건조 방법

구 분	건조일 수		건조 방법	비 고
	할 재	통 재		
자연 건조	10~20일	3~4개월	• 통재는 직사광선을 피하고 통풍이 잘되는 곳에 거꾸로 세워 건조한다. • 할재는 직사광선으로 건조해도 좋고, 지면에 판재를 깔고 그 위에 간격을 띄워 늘어놓는다.	• 건조 중 다시 습윤상태가 되면 곰팡이가 생기기 쉽다. • 광택이 나빠진다.
인공 건조	2~3일	–	• 열기 건조법으로 온도는 45~60℃, 습도는 55% 이하가 적합하다. • 송풍식이 좋다.	• 온도가 60℃ 이상되면 변색되기 쉽다.

(4) 대나무의 가공

① 대나무는 쪼개지기 쉬운 점, 탄성 · 인성 · 강도가 큰 점, 속이 비고 가벼운 점, 건습에 따른 신축 변형이 작은 점 등의 장점이 있어 여러 방면에 이용된다.

② 재질이 단단하여 절단할 때 톱니가 상하기 쉽고 겉껍질이 벗겨질 염려가 있으므로 대나무를 종이로 감싼 후 자르면 효과적이다.
③ 구부릴 때는 증기로 찌거나 가열하면서 천천히 구부린다.
④ 대나무를 0.3%의 알칼리로 처리하면 연해지므로 대나무를 쪼개어 평판으로 만들고, 가구의 전면이나 윗면에 붙여 장식적인 효과를 얻을 수 있다.

2 등나무

(1) 등나무의 성질

① 등나무는 아시아 남부, 아프리카 등지의 열대성 기후대에 분포해 있다.
② 등마디에 가늘고 긴 잎이 달리고, 두꺼운 겉껍질의 군데군데에 끝이 구부러진 가시가 많이 나 있는 긴 덩굴로, 밀림의 다른 수목을 감고 자란다.
③ 길이는 종류에 따라 200m 넘게 자라는 것이 있어 육지에서 줄기가 가장 긴 식물로 알려져 있다.
④ 줄기는 지름이 1~3mm인 것으로부터 굵은 것은 70mm 이상 되는 것도 있다.

(2) 등나무의 특징

① 겉껍질을 벗기면 대나무와 같이 마디가 있고 단단하며 광택이 있다.
② 속이 비어 있는 것이 아니라 질기고 유연한 섬유질로 채워져 있다.
③ 건조했을 때는 가벼운 반면 강인하고 탄력성이 풍부하며, 대나무와 나무의 장점만 갖춘 식물이다.
④ 등나무에 물을 적시면 부드럽고 연해지며, 불에 쬐면 쉽게 구부러져 원하는 형태로 구부릴 수 있기 때문에 곡목 가구의 제작에 적합하다.

(3) 등나무의 용도

① 등나무의 풍부한 탄력을 이용하여 지팡이나 야외침대를 만들 수 있다.
② 휘는 성질을 이용하여 의자, 가구류, 상자 등을 만들 수 있다.
③ 가구재, 실내장식품 등으로 사용한다.

예 | 상 | 문 | 제

목공예용 죽재 ◀

1. 등나무의 특성에 대해 설명한 것으로 잘못된 것은?

① 외피를 벗기면 마디가 있으며 단단하다.
② 외피를 벗기면 광택이 있는 표피가 있다.
③ 물을 적시면 단단해지고 강도가 높아진다.
④ 불에 찌면 쉽게 구부러져 가공하기 쉽다.

해설 등나무에 물을 적시면 부드럽고 재질이 연해진다.

2. 죽재의 벌채 시기로 좋은 달은?

① 10월~11월 ② 3월~4월
③ 7월~8월 ④ 12월~2월

해설 죽재의 벌채 시기는 12월부터 2월 사이가 가장 좋다.

3. 다음 중 목재의 벌채 시기로 가장 적합한 계절은?

① 봄 ② 여름
③ 가을 ④ 겨울

해설 목재의 벌채 시기는 운반이 쉽고 임금이 저렴한 늦가을에서 겨울철이 좋다.

4. 벌채의 적령기로 가장 적합한 것은?

① 유목기
② 청목기
③ 장목기
④ 노목기

해설 • 벌채 적령기 : 장목기
• 취득률 : 침엽수 60~90%, 활엽수 40~70%
※ 껍질을 벗겨 통나무로 쓰거나 구부려 사용할 때는 유목기가 좋을 때도 있다.

5. 마디가 길고 강인하며 육질이 얇은 편이므로 가공하는 폭이 넓어 가구, 완구, 자, 부채 등 다양한 공예품에 사용되는 대나무의 종류는?

① 운문죽
② 당죽
③ 포대죽
④ 함죽

해설 • 포대죽 : 마디가 긴 편, 낚싯대, 우산대 및 살
• 함죽 : 육질이 두꺼운 편, 낚싯대, 바구니

6. 죽재의 가공성에 관한 설명 중 옳지 않은 것은?

① 쪼개기 쉽고 탄성, 인성, 강도가 크다.
② 속이 비고 가벼우며 건습에 따른 신축 변형이 적다.
③ 대나무를 0.3%의 알칼리로 처리하면 연해진다.
④ 죽재를 구부릴 때는 증기로 찌거나 가열하면서 빨리 구부려야 한다.

해설 죽재를 구부릴 때는 증기로 찌거나 가열하면서 천천히 구부려야 한다.

7. 재질이 치밀하며 자르기에 좋고, 인성이 우수하며 탄성도 좋아 액자, 화살통, 필통 등에 쓰이는 대나무는?

① 호죽
② 양죽
③ 운문죽
④ 포대죽

정답 1. ③ 2. ④ 3. ④ 4. ③ 5. ② 6. ④ 7. ③

8. 목재의 단점을 보완하는 방법으로 알맞지 않은 것은?

① 용도에 맞는 건조된 것을 사용한다.
② 수령은 장목기의 나무를 선택한다.
③ 도장을 알맞게 한다.
④ 봄이나 여름에 벌채한 것을 사용한다.

해설 목재는 가을이나 겨울에 벌채한 것을 사용하는 것이 좋다.

9. 대나무를 인공건조할 때 알맞은 온도와 습도는?

① 온도 20℃, 습도 30% 이하
② 온도 30℃, 습도 40% 이하
③ 온도 50℃, 습도 55% 이하
④ 온도 60℃, 습도 65% 이하

해설 대나무를 인공건조할 때 알맞은 온도는 45~60℃, 습도는 55% 이하가 적합하다.

10. 대나무의 특성이 아닌 것은?

① 무겁지만 강인하다.
② 탄력이 풍부하다.
③ 건습에 의한 수축이 작다.
④ 속이 비었지만 줄기가 곧다.

해설 대나무의 특성
- 속이 비고 가벼워 쪼개지기 쉽다.
- 줄기가 곧고 탄성 · 인성 · 강도가 크다.
- 건습에 따른 신축 변형이 작다.

11. 대나무의 일반적 성질 중 잘못된 것은?

① 생장 초기에는 점도가 크다.
② 강인하고 탄력성이 크다.
③ 목재에 비해 신축력이 크다.
④ 함유 수분이 적고 물리적 성질이 좋다.

해설 대나무는 목재에 비해 신축 변형이 작다.

12. 등나무의 특성에 대하여 설명한 것으로 잘못된 것은?

① 외피를 벗기면 마디가 있으며 단단하다.
② 외피를 벗기면 광택이 있는 표피가 있다.
③ 물을 적시면 단단해지고 강도가 높아진다.
④ 불에 쬐면 쉽게 구부러져 가공하기 쉽다.

해설 등나무에 물을 적시면 부드럽고 재질이 연해진다.

13. 대나무에 관한 설명을 나타낸 것으로 틀린 것은?

① 줄기가 곧고 탄력성과 강도가 크다.
② 습기에 약하고 썩기 쉬운 단점이 있다.
③ 나이테가 없으며, 비중은 기건재가 1.10~2.20, 생나무는 0.30~0.40이다.
④ 인장강도는 1500~2500kgf/cm^{2}이며 휨강도는 2000kgf/cm^2 정도 된다.

해설 대나무의 비중은 생나무가 1.10~2.20이고 기건재가 0.30~0.40이다.

정답 8. ④ 9. ③ 10. ① 11. ③ 12. ③ 13. ③

2-7 목재의 용도와 등급

1 목재의 용도

(1) 가구용

① 가벼운 재료와 무늬결의 아름다움을 주요 선택 조건으로 한다.
② 호두나무, 흑단, 자단, 로즈우드, 너도밤나무, 참죽나무, 단풍나무, 느티나무, 계수나무, 후박나무, 벚나무, 감나무, 오동나무, 적송 등이 주로 이용된다.

(2) 공예용

① 가공의 용이성과 무늬결의 아름다움을 주요 선택 조건으로 한다.
② 호두나무, 느티나무, 감나무, 자작나무, 뽕나무, 비자나무, 은행나무, 삼나무, 적나왕, 자단, 흑단, 로즈우드, 마호가니, 티크, 벚나무 등이 주로 이용된다.

(3) 용기용

① 가볍고 강도가 크며 보정력이 좋은 재료를 주요 선택 조건으로 한다.
② 오동나무, 백양나무, 백나왕, 적나왕, 노송나무, 적송, 삼나무, 가문비나무, 전나무, 솔송나무 등이 주로 이용된다.

(4) 완구용

① 가공성과 경제성을 주요 선택 조건으로 한다.
② 자작나무, 벚나무, 가문비나무, 계수나무, 너도밤나무, 후박나무, 먹구슬나무, 참피나무 등이 주로 이용된다.

(5) 악기용

① 음의 감쇠작용과 전달 속도가 크며 가공성이 우수하고 아름다운 무늬결을 갖는 것을 주요 선택 조건으로 한다.
② 벚나무, 자작나무, 계수나무, 흑단, 자단, 백나왕, 티크, 너도밤나무, 마호가니, 먹구슬나무 등이 주로 이용된다.

(6) 조각용

① 균일한 나뭇결과 중간 정도의 강도, 풍부한 점성을 주요 선택 조건으로 한다.
② 벚나무, 느티나무, 회화나무, 후박나무, 계수나무, 은행나무, 노송나무, 너도밤나무, 감나무, 뽕나무, 비자나무, 주목 등이 주로 이용된다.

(7) 곡목용

① 풍부한 인성, 치밀하고 균일한 재질, 곧은 나뭇결, 경도가 큰 것, 다듬이질이 좋은 것을 주요 선택 조건으로 한다.
② 물푸레나무, 느티나무, 호두나무, 벚나무, 너도밤나무 등이 주로 이용된다.

(8) 기구용

① **제도판** : 균일하고 치밀한 목질을 주요 선택 조건으로 하며 노송나무, 후박나무, 계수나무, 참피나무 등이 주로 이용된다.
② **목형** : 가공성과 재면의 매끄러움을 주요 선택 조건으로 하며 노송나무, 적송, 삼나무, 후박나무, 너도밤나무 등이 주로 이용된다.
③ **도구** : 강도와 탄성이 큰 것을 주요 선택 조건으로 하며 물푸레나무, 벚나무, 참나무, 단풍나무 등이 주로 이용된다.

(9) 운동 기구용

① 탄성과 내마모성이 크고 흡습성이 적음을 주요 선택 조건으로 한다.
② 물푸레나무, 느티나무, 너도밤나무 등이 주로 이용된다.

2 목공예 생산 공정에 따른 재료의 선택

목공예 제작에서 적합한 목재를 선택하는 것은 필요한 작업 공정에 따라 이루어져야 한다. 이때 고려되어야 하는 주요 공정은 다음과 같다.

① **조각** : 조각에는 부조, 음각(심조), 환조, 투조 등이 있으므로 조각재를 선택할 경우에는 가공성, 아름다움, 목재의 흠, 뒤틀림, 부패, 충해 등을 고려해야 한다.
② **상감** : 상감은 상감재와 바탕재의 결합 방법에 따라 구분되며 상감재는 목재, 금속, 패류, 대리석, 합성수지 등이 사용되므로 상감재를 선택할 경우에는 색상, 재질, 나뭇결, 가공성 등을 고려해야 한다.
③ **접합** : 접합에는 맞춤법과 접합하는 방법, 접착제를 사용하여 접합하는 방법 등이 있으므로 접합 공정에 따른 작업 특성을 파악하여 적합한 목재를 선택해야 한다.
④ **끝손질 및 도장** : 목공예 제작의 끝손질 공정은 수지분의 제거, 틈 메우기, 자국 없애기, 접착제 제거, 사포질, 물연마, 글루사이징(gluesizing), 눈메움 등이 있으며, 도장은 표백, 착색, 도장 등의 공정을 거치게 된다. 이러한 작업 공정에 따른 특성을 파악하여 적합한 목재를 선택해야 한다.

3 목재의 등급

(1) 목재의 환경 등급

① **SE0 등급** : 폼알데하이드 배출량 0.3mg/L 이하, 신경조직의 자극이 시작되며 사용 분야에 제한이 없다.

② **E0 등급** : 폼알데하이드 배출량 0.3 초과 0.5mg/L 이하, 눈에 자극이 시작되며 사용 분야에 제한이 없다.

③ **E1 등급** : 폼알데하이드 배출량 0.5 초과 1.5mg/L 이하, 목에 자극이 시작되는 최솟값이며 학교 및 공공기관의 가구 납품에 사용이 금지된다.

④ **E2 등급** : 폼알데하이드 배출량 1.5 초과 5.0mg/L 이하, 눈을 찌르는 것 같은 자극이 있으며 가구류에 사용 금지되고, 실내장식 분야에는 사용 제한이 없다.

(2) 합판의 등급

① **BB 등급** : 가장 좋은 등급이다.

② **CC 등급** : 일반적으로 좋은 등급이다.

③ **BB/CC 등급** : BB와 CC의 중간 등급 또는 두 등급이 섞인 상태이다.

④ **OVR/BTR 등급** : 오버레이 등급과 더 나은 등급이 섞인 상태이다.

⑤ **Overlay 등급** : 오버레이 할 수 있는 등급이다.

⑥ **UTY/BTR 등급** : 유틸리티 등급과 더 나은 등급이 섞인 상태이다.

⑦ **Utility 등급** : 다용도로 이용되는 등급이다.

예 | 상 | 문 | 제

목재의 용도와 등급 ◀

1. 공예용 목재의 용도에 대한 설명으로 알맞지 않은 것은?

① 가공의 용이성이 있는 재료를 선택한다.
② 무늿결의 아름다움을 주요 선택 조건으로 한다.
③ 강도가 크고 보정력이 좋은 재료를 선택한다.
④ 호두나무, 느티나무, 감나무를 주로 이용한다.

해설 가볍고 강도가 크며 보정력이 좋은 재료를 주요 선택 조건으로 하는 것은 용기용 목재이다.

2. 다음에서 설명하는 목재의 환경 등급은?

> 눈을 찌르는 것 같은 자극이 있고 모든 가구류에 사용이 금지되며 실내장식 분야의 사용에는 제한이 없다.

① SE0 등급
② E0 등급
③ E1 등급
④ E2 등급

해설 • SE0 등급 : 신경조직의 자극이 시작되며 사용 분야에 제한이 없다.
• E0 등급 : 눈에 자극이 시작되며 사용 분야에 제한이 없다.
• E1 등급 : 목에 자극이 시작되는 최솟값이며 학교 및 공공기관의 가구 납품에 사용이 금지된다.
• E2 등급 : 눈을 찌르는 것 같은 자극이 있으며 모든 가구류에 사용이 금지되고, 실내장식 분야의 사용에는 제한이 없다.

3. 다음 중 목재의 선택 조건을 나타낸 것으로 틀린 것은?

① 완구용 목재는 가벼운 재료와 무늿결의 아름다움을 주요 선택 조건으로 한다.
② 조각용 목재는 균일한 나뭇결과 중간 정도의 강도, 풍부한 점성이 있어야 한다.
③ 탄성과 내마모성이 크고 흡습성이 적은 것은 운동 기구용 목재로 사용한다.
④ 악기용 목재는 음의 감쇠작용과 전달 속도가 큰 것을 선택한다.

해설 • 완구용 목재는 가공성과 경제성을 주요 선택 조건으로 한다.
• 가벼운 재료와 무늿결의 아름다움을 주요 선택 조건으로 하는 것은 가구용 목재이다.

정답 1. ③ 2. ④ 3. ①

제 3 장 목재의 성질

3-1 비중

1 비중의 개요

① 목재의 비중은 이를 구성하는 세포막의 두께, 즉 섬유나 물관의 막의 두께에 따라 다르다.
② 나무의 종류에 관계없이 목재의 실질 부분의 비중은 대체로 1.54이다.
③ 비중은 함수율의 정도에 따라 다르므로 목재의 비중을 말할 때는 함수율을 겸하여 말해야 의미가 있다.

2 수종에 따른 목재의 비중

목재의 비중은 목재를 구성하는 세포막의 두께에 따라 약간의 차이가 있다. 수종에 따른 목재의 비중은 다음과 같다.

수종에 따른 목재의 비중

비 중	목재의 종류
0.3~0.5	오동나무, 홍송, 삼나무, 전나무, 미삼나무, 백나왕, 가문비나무, 미송, 피나무, 후박나무 등
0.6~0.7	비자나무, 느티나무, 단풍나무, 적나왕, 떡갈나무, 뽕나무, 벚나무, 마호가니, 졸참나무 등
0.8 이상	흑단, 자단, 참나무, 장미목, 아비통 등

3-2 강도

1 목재의 강도

일반적으로 목재에 외력이 작용하면 목재의 형상이 변하면서 목재 내부에 외력과 같은 크기의 저항력이 발생한다. 이와 같은 외력에 대한 목재의 저항력을 목재의 강도라 한다. 목재의 종류와 상태에 따라 강도는 크게 달라질 수 있다.

① **인장강도** * 금속이나 플라스틱에서 중요한 힘

(가) 목재에 외부로부터 인장력이 작용하면 목재 내부에서 이에 저항하는 응력이 발생한다. 이때 발생하는 최대 응력을 인장강도라 한다.

(나) 목재를 양쪽에서 당기는 외력에 대한 저항

② **압축강도** * 건축 자재에서 중요한 힘

(가) 목재에 외부로부터 압축력이 작용하면 목재 내부에서 이에 저항하는 응력이 발생한다. 이때 발생하는 최대 응력을 압축강도라 한다.

(나) 목재를 양쪽에서 눌렀을 때 이에 대한 저항

③ **전단강도** * 접합부나 판재에서 중요한 힘

(가) 목재에 외부로부터 전단력이 작용하면 목재 내부의 접속면에서 서로 미끄러져서 잘리게 되는 힘에 저항하는 응력이 발생한다. 이때 발생하는 최대 응력을 전단강도라 한다.

(나) 물체 내 어떤 면의 접선 방향으로 힘을 가했을 때, 그 면에 따라 물체의 미끄러짐을 일으키는 작용

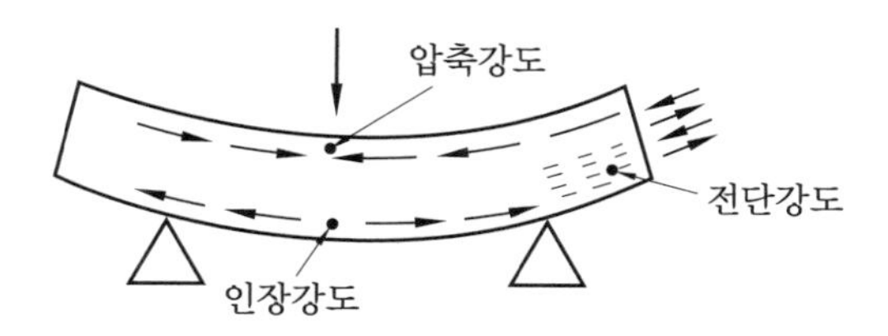

목재의 강도

④ **휨강도** * 목재에서 가장 중요한 힘

(가) 물체의 양 끝을 지지하고 그 윗면에 하중을 가하면 중심부가 휘면서 결국 파괴된다. 이때 물체의 내부에서 저항하는 최대 응력을 휨강도라 한다.

(나) 물체의 양 끝을 지지하고 그 윗면에 하중을 가하면 굽힘이 발생하는데, 이에 대한 저항

⑤ **비틀림강도**

(가) 목재가 장축을 통해 회전시키려는 외력을 받아 비틀릴 때 목재 내부에서 이에 저항하는 최대 응력을 비틀림강도라 한다.

(나) 재료가 비틀림에 의해 파괴될 때, 최대의 비틀림 모멘트하에서 구한 바깥 표면의 최대 응력

2 목재의 강도의 특징

① 목재의 강도는 외력에 대한 목재의 저항력이다.

② 인장강도는 섬유 방향이 가장 크고 직각 방향이 가장 작다.

③ 전단강도는 직각 방향이 평행 방향보다 크다.

3 목재의 비중과 강도

① 목재의 장점 중 하나는 비중에 비해 강도가 크다는 점이다.

② 비중과 강도는 정비례하며, 벚나무의 경우 비강도는 강의 2배 이상 크다.

③ 비강도=강도/비중

4 목재의 가력 방향과 강도

① 목재에 힘을 가하는 방향에 따라 강도가 다르다.

② 섬유 방향으로 힘을 가할 때 강도가 가장 크고, 직각 방향으로 힘을 가할 때 강도가 가장 약하다.

③ 섬유의 직각 방향의 강도를 1이라 할 때 섬유 방향의 강도는 압축강도가 5~10, 인장강도가 10~30, 휨강도가 7~15이다.

5 목재의 옹이와 강도

① 인장강도는 옹이가 많을수록 감소한다. 산옹이나 죽은 옹이 부분을 뺀 면을 목재면으로 생각하면 된다.

② 압축강도는 옹이가 많을수록 감소한다. 산옹이보다 죽은 옹이가 감소율이 크고, 옹이의 지름이 클수록 많이 감소한다.

③ 목재의 휨강도는 옹이의 면적이 클수록 감소한다. 또한 옹이의 크기와 위치에 따라 다르다.

6 목재의 허용강도

목재의 허용강도는 안전에 대비하여 최대 강도의 1/7~1/8배 정도로 한다.

목재의 허용강도

분 류	목재의 종류	장기응력에 대한 허용강도(kgf/cm^2)			단기응력에 대한 허용강도(kgf/cm^2)		
		압축	인장, 휨	전단	압축	인장, 휨	전단
침엽수	소나무(육송), 아카시아	50	60	4	장기응력에 대한 압축, 인장, 휨 또는 전단 허용강도의 각 값의 2배로 한다.		
	전나무, 삼나무, 가문비나무	60	70	5			
	잣나무, 벚나무	70	80	6			
	낙엽송, 적송, 흑송, 미송, 솔송나무	80	90	7			
활엽수	밤나무, 졸참나무	70	95	10			
	느티나무	80	110	12			
	떡갈나무	90	125	14			

예 | 상 | 문 | 제

비중과 강도 ◀

1. 다음 중 목재의 인장강도에 대한 설명 중 옳은 것은?

① 섬유 방향이 가장 작고 직각 방향이 가장 크다.
② 섬유 방향이 가장 크고 직각 방향이 가장 작다.
③ 섬유 방향이나 직각 방향이 똑같다.
④ 목재에 따라 섬유 방향이 클 수도 있고 작을 수도 있다.

해설 인장강도는 섬유 방향이 가장 크고 직각 방향이 가장 작다.

2. 목재를 양쪽에서 잡아끄는 외력에 대한 저항으로, 섬유 방향이 목재 강도 중 가장 크고 직각 방향이 가장 작은 강도는?

① 휨강도
② 인장강도
③ 전단강도
④ 경도

3. 전단강도에 대한 설명을 나타낸 것으로 옳은 것은?

① 목재를 잡아끄는 외력에 대한 저항력
② 목재의 휨에 대한 저항력
③ 마멸에 대한 내부 저항력
④ 단면에 평행하게 작용하는 저항력

해설 전단강도
- 한 물체의 일부를 남은 부분 뒤에 올려놓았을 때, 이 단면에 평행하게 작용하는 저항력을 말한다.
- 전단강도는 수직보다 수평 전단에 의한 영향을 더 쉽게 받는다.

4. 목재의 변형에 대한 설명 중 틀린 것은?

① 심재가 변재보다 변형률이 작다.
② 일반적으로 비중이 큰 목재가 변형률이 작다.
③ 목재의 섬유 방향에 따라 건조 수축률이 다르다.
④ 목섬유의 평행 방향의 변형률이 가장 작다.

해설 일반적으로 비중이 작은 목재가 변형률이 작다.

5. 목재의 역학적 성질에 대한 설명 중 틀린 것은?

① 인장 및 압축강도는 목재를 인장시키고 압축시킬 때 생기는 외력에 대한 내부 저항을 뜻한다.
② 섬유의 평행 방향에서의 인장강도는 목재의 제강도 중에서 가장 크다.
③ 목재 섬유의 직각 방향에서의 인장강도는 평행 방향에 비해 상당히 크다.
④ 섬유의 평행 방향에 대한 강도가 가장 크고, 직각 방향에 대한 것이 가장 작다.

해설 목재의 인장강도는 섬유 방향일 때 가장 크고 직각 방향일 때 가장 작다.

6. 목재의 강도에 대한 설명을 나타낸 것이다. 틀린 것은?

① 비중이 클수록 강도는 크다.
② 함수율이 클수록 강도는 크다.
③ 옹이, 썩정이는 강도에 영향을 준다.
④ 목재는 힘을 가하는 방향에 따라 강도가 다르다.

정답 1. ② 2. ② 3. ④ 4. ② 5. ③ 6. ②

해설 • 일반적으로 비중과 강도는 정비례한다.
• 목재의 수분이 섬유 포화점 이상일 때는 강도의 변화가 없지만 이하일 때는 커진다.
• 옹이가 많을수록 인장강도와 압축강도가 작아진다.
• 목재는 섬유 방향일 때 강도가 가장 크고 직각 방향일 때 가장 작다.

7. 일반적으로 나무의 종류와 관계없이 비중은 얼마인가?

① 0.15 ② 1.54
③ 2.54 ④ 3.54

해설 목재의 비중은 이를 구성하는 세포막의 두께에 따라 다르지만 대체로 1.54이다.

8. 목재의 단기응력에 대한 허용강도는 장기응력에 대한 압축, 인장, 휨 또는 허용강도 값의 몇 배로 하는가?

① 1.5배
② 2배
③ 3배 이상
④ 0.3~1.0배

9. 재료가 외력을 받아도 변형되지 않거나 극히 적은 변형을 동반하여 파괴되는 성질은?

① 소성 ② 강성
③ 탄성 ④ 취성

해설 • 소성(가소성) : 물체에 외력을 가하여 탄성한계 이상 변형시켰을 때, 외력을 제거해도 원래 상태로 돌아가지 않는 성질
• 강성 : 물체에 압력을 가해도 부피와 모양이 변하지 않는 단단한 성질
• 탄성 : 외부에서 물체에 힘을 가하면 부피와 모양이 변했다가 그 힘이 없어지면 본래대로 돌아가려는 성질

10. 건조한 목재는 다음 중 어느 것이 클수록 단단한가?

① 넓이 ② 부피
③ 무게 ④ 비중

해설 일반적으로 비중과 강도는 정비례한다.

11. 목재의 강도에 대한 설명으로 옳은 것은?

① 인장강도는 옹이가 많을수록 증가한다.
② 압축강도는 옹이가 적을수록 감소한다.
③ 휨강도는 옹이의 면적이 클수록 감소한다.
④ 압축강도는 옹이의 지름이 작을수록 많이 감소한다.

해설 목재의 강도
• 인장강도는 옹이가 많을수록 감소한다.
• 압축강도는 옹이가 많을수록 감소한다.
• 휨강도는 옹이의 면적이 클수록 감소한다.
• 압축강도는 옹이의 지름이 클수록 많이 감소한다.

12. 목재의 강도는 나뭇결의 어느 방향으로 잡아당기는 것이 가장 약한가?

① 90° 방향
② 60° 방향
③ 45° 방향
④ 나뭇결과 평행 방향

해설 인장강도
• 목재를 양쪽에서 잡아끄는 외력에 대한 저항을 말한다.
• 인장강도는 직각 방향일 때 가장 작다.

정답 7. ② 8. ② 9. ④ 10. ④ 11. ③ 12. ①

3-3 목재의 경도와 물리적 성질

1 목재의 경도

목재를 외부에서 압박할 때 압력이 증가함에 따라 접착 면에 변형이 생기는데, 이러한 변형을 일으키게 하는 힘에 대한 저항력을 목재의 경도라고 한다.

2 목재의 경도에 대한 특징

① 마구리면, 곧은결면, 무늿결면 순으로 경도가 크다.
② 춘재보다 추재의 경도가 크다.
③ 함유 수분이 적을수록, 비중이 클수록, 수지의 함유량이 많을수록 경도가 크다.

3 열에 대한 성질

① 목재는 다른 재료에 비해 열전도율이 작기 때문에 보온재로 사용된다.
② 함수율이 높을수록 열전도율이 높다.
③ 목재의 방향에 따라 열전도율이 다르다.
④ 섬유 방향의 열전도율이 섬유 직각 방향의 약 2배이다.

온도에 따른 연소상태

온 도	상 태	참 고
100℃	수분이 증발하기 시작한다.	–
160℃ 이상	가연성 가스가 발생하고, 불꽃을 내면 가연성 가스에 불이 붙으나 나무에는 불이 붙지 않는다.	인화점(240℃)
260~270℃	가연성 가스가 더욱 많아지고, 불꽃으로 인해 나무에 불이 붙는다.	착화점 (260℃, 목재의 화재 위험도)
400~450℃	자연 발화한다.	발화점(450℃)

4 소리에 대한 성질

소리가 목재에 닿으면 일부는 흡수되고 일부는 통과하며, 일부는 반사된다.

5 전기에 대한 성질

건조된 목재는 부도체지만 함수율의 증감에 따라 도체가 된다. 이 원리를 이용한 것이 목재의 함수율 측정기이다.

예 | 상 | 문 | 제

목재의 경도와 물리적 성질 ◀

1. 경도에 대한 설명으로 틀린 것은?

① 목재는 마구리면, 곧은결면, 무늿결면 순으로 경도가 크다.
② 춘재보다 추재의 경도가 크다.
③ 비중이 크고 수지의 함유량이 적을수록 경도가 크다.
④ 함유 수분이 적을수록 경도가 크다.

해설 비중이 크고 수지의 함유량이 많을수록 경도가 크다.

2. 다음 중 목재의 경도에 관한 설명으로 옳지 않은 것은?

① 함유 수분이 많을수록 경도가 크다.
② 춘재보다 추재의 경도가 크다.
③ 비중이 클수록 경도가 크다.
④ 목재의 면 중 마구리면, 곧은결면, 무늿결면의 순으로 경도가 크다.

해설 목재의 경도는 함유 수분이 적을수록, 비중이 클수록 수지의 함유량이 많을수록 크다.

3. 다음 중 마멸에 대한 내부 저항을 무엇이라 하는가?

① 전단강도
② 압축강도
③ 경도
④ 인장강도

해설 목재를 외부에서 압박할 때 압력이 증가함에 따라 접착 면에 변형이 생기는데, 이러한 변형을 일으키게 하는 힘에 대한 목재의 저항력을 경도라고 한다.

4. 목재의 열에 대한 성질 중 틀린 것은?

① 목재는 다른 재료에 비해 열전도율이 작기 때문에 보온재로 사용된다.
② 함수율이 높을수록 열전도율이 높다.
③ 목재의 방향에 따라 열전도율이 다르다.
④ 섬유 직각 방향이 섬유 방향의 약 2배이다.

해설 섬유 방향이 섬유 직각 방향의 약 2배이다.

5. 목재의 열과 소리 및 전기에 대한 성질 중 틀린 것은?

① 목재는 다른 재료에 비해 열전도율이 작다.
② 소리가 목재에 닿으면 일부만 흡수되고 나머지는 통과한다.
③ 함수율이 높을수록 열전도율이 높다.
④ 건조된 목재는 부도체지만 함수율의 증감에 따라 도체가 된다.

해설 소리가 목재에 닿으면 일부는 흡수되고 일부는 통과하며, 일부는 반사된다.

6. 목재의 성질에 대한 설명 중 틀린 것은?

① 목재의 공극이 많을수록 열전도율이 작다.
② 소리를 흡수하는 성질을 이용하여 방음 재료로 쓴다.
③ 함수율이 높을수록 전기가 잘 통한다.
④ 목재의 방향성에 관계없이 열전도율은 일정하다.

해설 목재 섬유 방향이 열전도율이 가장 높다.

정답 1. ③ 2. ① 3. ③ 4. ④ 5. ② 6. ④

3-4 목재의 함수율과 물리적 성질

1 목재의 함유 수분

① 목재의 함유 수분은 가구제작에 절대적인 영향을 끼치는 요소이다.
② 목재를 벌채한 후 건조과정에서 수분이 감소하지만, 일정 기간이 지나면 더 이상 감소가 이루어지지 않는다.
③ 목재에 함유된 수분은 수종, 생육지의 조건, 수령, 벌채 시기 등에 따라 다르다.
④ 침엽수재는 일반적으로 변재가 심재보다 수분을 많이 함유하고 있으나 활엽수재는 일정한 경향이 없다.
⑤ 생나무에는 40~80%(때로는 100% 이상)의 수분이 포함되어 있으며, 그 양은 다소 차이가 있다.
⑥ 벌채한 목재를 대기 중에 방치하면 자연건조가 일어나 함유 수분이 감소하며 대기 중의 온도, 습도와 평형상태를 이룬다. 이러한 상태의 목재를 기건재라 한다.
⑦ 기건재의 함수율은 계절에 따라 13~18%의 분포를 이루며, 평균적으로는 15% 정도이다.
⑧ 목재의 성질을 비교할 때는 표준 함수율을 기준으로 한다.

2 목재의 자유수와 결합수

(1) 자유수(유리수)

① 목재의 세포 사이 또는 세포 내의 공간에 유리 상태로 존재하는 수분으로, 이동이 용이하고 열, 전기, 충격에 대한 성질에 영향을 준다.
② 세포 내의 이동이나 증발에 제한을 받지 않고 내부 압력 차에 의해 자유롭게 이동한다.
③ 목재의 물리적, 기계적 성질에는 영향을 주지 않지만 중량에 영향을 준다.

(2) 결합수

① 세포막 중에서 세포질과 결합 · 흡착된 수분으로, 이동이 곤란하며 수축이나 팽창에 영향을 준다.
② 섬유질과 물 분자 간의 인력에 의해 강하게 흡착되어 있다.
③ 목재의 물리적, 기계적 성질에 큰 영향을 주며 목재의 이용에서 중요한 요소로 작용한다.

3 섬유 포화점(FSP)

목재가 수분을 더 이상 흡수할 수 없는 포수상태(약 30%)에 이른 것을 말한다.

① 건조한 목재를 포화 수증기 상태에 방치했을 때 목재는 수분을 흡수하는데, 더 이상 수분을 흡수할 수 없는 상태를 섬유 포화점이라 한다.

② 목재는 벌채 후 대기 중에서 일정 기간이 지나면 중량과 부피의 감소가 나타나기 시작한다. 이때의 함수율을 섬유 포화점의 함수율이라 한다.

③ 섬유 포화점에서 함수율은 수종에 따라 차이가 있지만 일반적으로 30% 정도이다.

4 평형 함수율

① 목재의 함수율은 목재에 수분이 들어 있는 비율을 말한다.

② **함수율(%)** $= \dfrac{\text{목재의 수분 무게}}{\text{전건상태의 목재 무게}} \times 100$

$$= \frac{\text{건조 전 무게} - \text{건조 후 무게}}{\text{건조 후 무게}} \times 100$$

③ 평형 함수율은 목재로부터 더 이상 흡습과 방습이 이루어지지 않고 주위의 온도와 습도의 조건에 평행한 함수율이다.

④ 대기 중의 평형 함수율을 기건 함수율이라 한다.

⑤ **우리나라의 평형 함수율** : 13~18%(평균 15%)

5 함수율과 강도의 특성

① 목재의 수분이 섬유 포화점 이상일 때는 강도의 변화가 없으나, 포화점 이하일 때는 강도가 커진다.

② 섬유 포화점 이하에서는 함수율이 1% 증감함에 따라 압축강도는 6%, 휨강도는 4%, 전단강도는 3% 정도 증감한다.

③ 생나무의 강도를 1이라 할 때 기건재의 강도는 1.5배, 전건재의 강도는 3배 정도 된다.

6 수축률과 팽창률

① **수축률(%)** $= \dfrac{\text{생재상태의 양} - \text{전건상태의 양}}{\text{생재상태의 양}} \times 100$

② **팽창률(%)** $= \dfrac{\text{포수상태의 양} - \text{전건상태의 양}}{\text{전건상태의 양}} \times 100$

7 수축률과 팽창률의 방향성

① 목재가 건조될 때 함수율이 섬유 포화점에 도달한 시점부터 건조 수축이 발생한다.
② 건조 수축은 함수율이 낮아질수록 크게 발생한다.
③ 함수율에 따른 신축은 변재가 심재보다 크게 나타난다.
④ 수축과 팽창은 목재 구조의 3가지 기본 방향에 따라 다르다.
⑤ 목재의 수축이나 팽창 비율은 원둘레 방향(20) : 반지름 방향(10) : 섬유 방향(1)이다.

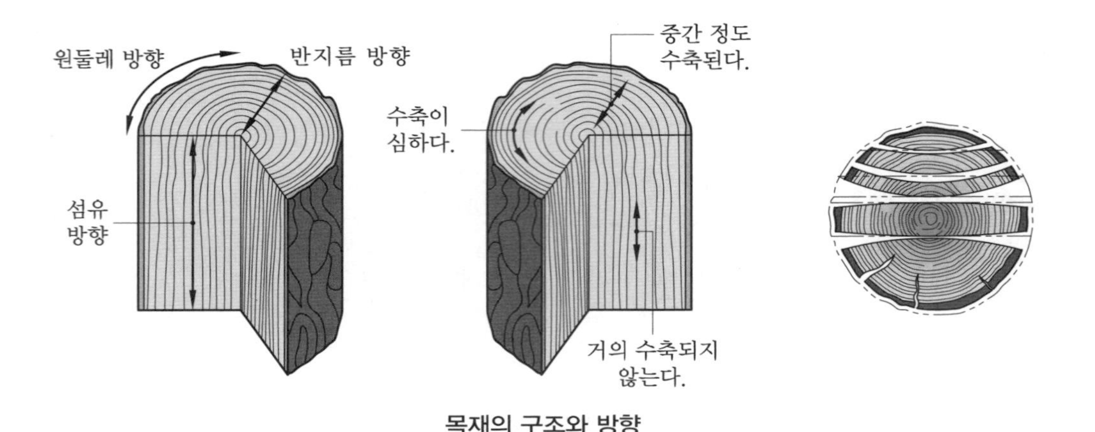

목재의 구조와 방향

8 이상 수축 팽창

① 목재의 함수율 증감에 따라 비정상적으로 수축 팽창하는 현상을 이상 수축 팽창이라고 한다.
② 목재를 인공건조할 때 급속도로 고온을 가하면 이상 수축을 일으켜 요철 현상을 일으키는 경우가 많다.

참고

- 생재상태는 벌목 직후의 함수상태, 전건상태는 목재의 수분을 제거한 상태, 포수상태는 목재 내부가 완전히 수분으로 포화된 상태를 말한다.

예 | 상 | 문 | 제

목재의 함수율과 물리적 성질 ◀

1. 우리나라의 기건 함수율은 지역에 따라 차이가 있지만 얼마 정도 되는가?

① 15%
② 20%
③ 25%
④ 30%

해설 우리나라의 기건 함수율은 지역이나 계절에 따라 13~18%까지 차이가 있지만 평균 15% 정도이다.

2. 다음 중 전건재를 옳게 설명한 것은?

① 기건재가 더욱 건조되어 함수율이 0%가 된 것을 뜻한다.
② 전건재는 대기 중에 방치되어 함수율이 3%가 된 것을 뜻한다.
③ 기건재가 점점 증발하여 함수율이 10%가 된 것을 뜻한다.
④ 기건재는 대기 중에 방치되어 함수율이 5%가 된 것을 뜻한다.

해설
- 전건재 : 목재의 수분을 제거하여 함수율이 0%인 상태이다.
- 기건재 : 목재의 수분이 감소한 상태로 지속되어 함수율이 일정한 상태에 머물고, 더이상 감소하지 않아 평형상태에 도달한 상태이다.

3. 목재가 섬유 포화점일 때 함수율은 약 얼마인가?

① 약 10%
② 약 20%
③ 약 30%
④ 약 50%

해설 섬유 포화점 : 건조된 목재를 포화 수증기 중에 방치했을 때 목재가 수분을 흡수하여 더 이상 흡수할 수 없는 상태로, 섬유 포화점일 때 목재의 함수율은 약 30%이다.

4. 목재의 함수율에 관한 사항 중 옳지 않은 것은?

① 함수율의 변동은 목재의 강도에 영향을 줄 수 있다.
② 함수율이 섬유 포화점 이상인 범위에서는 함수율의 증감에 따른 목재의 수축, 팽창이 거의 없다.
③ 함수율이 기건상태 이하로 되면 부패균의 번식이 왕성해진다.
④ 목재의 기건상태의 함수율은 약 15% 정도이다.

5. 다음 중 목재의 함수율(%)을 구하는 공식으로 옳은 것은?

① $\dfrac{\text{시험재의 중량} - \text{시험재의 전건중량}}{\text{시험재의 기건중량}} \times 100$

② $\dfrac{\text{시험재의 부피} - \text{시험재의 전건부피}}{\text{시험재의 기건부피}} \times 100$

③ $\dfrac{\text{시험재의 전건중량} - \text{시험재의 중량}}{\text{시험재의 기건중량}} \times 100$

④ $\dfrac{\text{시험재의 중량} - \text{시험재의 전건중량}}{\text{시험재의 전건중량}} \times 100$

해설 함수율(%)

$$= \frac{\text{목재의 수분 무게}}{\text{전건상태의 목재 무게}} \times 100$$

$$= \frac{\text{건조 전 무게} - \text{건조 후 무게}}{\text{건조 후 무게}} \times 100$$

정답 1. ① 2. ① 3. ③ 4. ③ 5. ④

6. 목재를 인공건조시킬 때 구조용재의 함수율은 어느 정도로 낮추면 좋은가?

① 기건상태
② 전건상태
③ 8% 미만
④ 섬유 포화점

7. 다음 중 목재의 공극률을 나타낸 식으로 옳은 것은? (단, W=전건비중, V=목재의 공극률(%))

① $V=(1-\frac{W}{1.54})\times 100$
② $V=(1-\frac{1.54}{W})\times 100$
③ $V=(1+\frac{W}{1.54})\times 100$
④ $V=(1+\frac{1.54}{W})\times 100$

해설 목재의 공극률 : 목재 내부에 존재하는 공극(빈 공간)의 비율로, 목재의 전체 부피 중에서 공극이 차지하는 부피의 비율을 말한다.

8. 목재의 팽창 및 수축률은 함수율이 어느 정도일 때의 길이를 기준으로 하는가?

① 5% ② 10%
③ 15% ④ 30%

해설 목재의 기건상태의 함수율은 약 15% 정도이다.

9. 통나무에서 다음 중 어느 방향의 수축률이 가장 큰가?

① 길이 방향
② 원둘레 방향
③ 부피 방향
④ 지름 방향

해설 목재의 수축률
원둘레 방향 > 반지름 방향 > 섬유 방향

10. 그림에서 수축률이 가장 큰 것부터 나열한 것은?

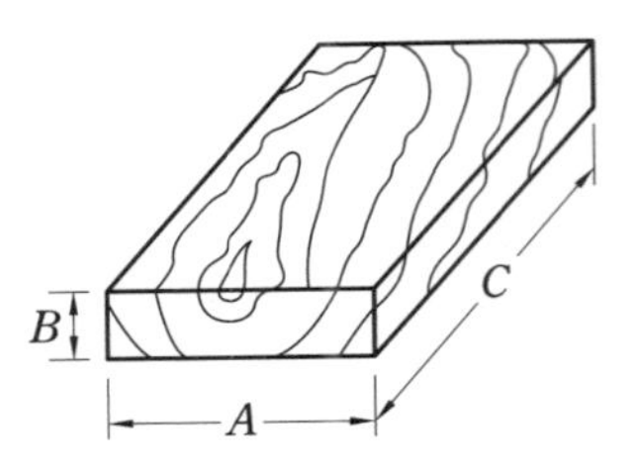

① $A\rightarrow B\rightarrow C$
② $B\rightarrow A\rightarrow C$
③ $C\rightarrow A\rightarrow B$
④ $A\rightarrow C\rightarrow B$

해설 • A : 원둘레의 방향
• B : 반지름의 방향
• C : 섬유 방향

11. 목재의 함수율의 변화에 따라 일어나는 현상 중 옳지 않은 것은?

① 형태의 변화가 생긴다.
② 강도의 변화가 생긴다.
③ 비중의 변화가 생긴다.
④ 압축강도의 변화가 크게 나타난다.

해설 • 함수율이 섬유 포화점에 도달한 시점부터 건조 수축이 발생하며, 함수율이 낮아질수록 건조 수축이 많다.
• 함수율이 섬유 포화점 이상일 때는 강도의 변화가 없고, 이하일 때는 증가한다.
• 비중은 함수율의 정도에 따라 다르다.
• 함수율이 높을수록 열전도율이 높다.

12. 다음 중 목재의 함유 수분에 대한 설명으로 옳지 않은 것은?

정답 6. ① 7. ① 8. ③ 9. ② 10. ① 11. ④ 12. ①

① 목재는 항상 일정한 수분 함량을 유지한다.
② 목재의 성질을 비교할 때는 표준 함수율을 기준으로 한다.
③ 목재에 함유된 수분은 수종, 생육지의 조건, 수령, 벌채 시기 등에 따라 다르다.
④ 생나무에는 보통 40~80%의 수분이 포함되어 있으며, 그 양은 다소 차이가 있다.

해설 함수율은 외부 조건에 따라 변할 수 있으므로 목재는 항상 일정한 수분 함량을 유지한다고 볼 수 없다.

13. 건조한 목재를 수증기 중에 방치하면 수분이 세포막에 흡수되는데, 이때 더 이상 흡수할 수 없는 한계에 이를 때의 함수율을 무엇이라 하는가?

① 섬유 포화점
② 기건 함수율
③ 섬유 한계점
④ 전건상태

해설 섬유 포화점 : 목재가 수분을 더 이상 흡수할 수 없는 포수상태(약 30%)에 이른 것을 말한다.

14. 목재에 함유된 수분 중 결합수는?

① 물관부와 껍질 사이에 있는 수분
② 변재와 심재 사이에 있는 수분
③ 세포와 세포 사이에 있는 수분
④ 세포막 중에 들어 있는 수분

해설 결합수는 세포막 중에서 세포질과 결합·흡착된 수분을 말하며, 이동이 곤란하고 수축, 팽창에 영향을 준다.

15. 목재의 수축, 팽창 비율로 원둘레 방향 : 반지름 방향 : 섬유 방향의 일반적인 비율을 바르게 나타낸 것은?

① 40 : 10 : 1　　② 30 : 10 : 1
③ 20 : 10 : 1　　④ 10 : 10 : 1

해설 • 목재의 수축이나 팽창 비율은 목재 구조의 3가지 기본 방향에 따라 다르다.
• 원둘레 방향 : 반지름 방향 : 섬유 방향의 일반적인 비율은 20 : 10 : 1이다.

16. 목재의 수축과 팽창을 적게 하는 방법이 아닌 것은?

① 똑같은 함수량으로 똑같이 건조한다.
② 흡수 능력을 줄이면서 높은 온도에서 건조한 것을 사용한다.
③ 한랭한 곳의 목재를 더운 물속에 담근다.
④ 재료를 적당한 습도의 장소에 보관한다.

17. 다음 중 목재의 수축에 영향을 주는 요소가 아닌 것은?

① 목재의 비중
② 목리(결) 방향
③ 목재의 색
④ 목재의 응력

18. 목재의 수축과 팽창에 관한 설명 중 옳은 것은?

① 활엽수보다 침엽수가 크다.
② 변재보다 심재가 크다.
③ 섬유 방향이 가장 작고 무늿결 방향이 가장 크다.
④ 비중이 큰 재보다 작은 재가 수축량이 크다.

19. 목재의 수축과 팽창을 적게 하는 방법이 아닌 것은?

정답 13. ① 14. ④ 15. ③ 16. ③ 17. ③ 18. ③ 19. ④

① 가급적 가벼운 목재를 사용한다.
② 가능한 정목판을 쓴다.
③ 적당한 습도의 장소에 둔다.
④ 함수량을 다르게 하여 건조시킨다.

해설 정목판은 경단면으로 켠 판재로, 판재의 면에 대한 나이테의 각도가 45° 이상인 것을 말한다.

20. 목재의 함수율과 강도에 대한 특성으로 틀린 것은?

① 목재의 수분이 섬유 포화점 이상일 때 강도가 커진다.
② 섬유 포화점 이하에서 함수율이 1% 증감함에 따라 휨강도는 4% 정도 증감한다.
③ 생나무의 강도를 1이라 할 때 기건재의 강도는 1.5배, 전건재의 강도는 3배 정도 된다.
④ 섬유 포화점 이하에서 함수율이 1% 증감함에 따라 전단강도는 3% 정도 증감한다.

해설 목재의 수분이 섬유 포화점 이상일 때는 강도의 변화가 없으나, 포화점 이하일 때는 강도가 커진다.

21. 함수율에 따른 목재의 특성에 대한 설명 중 잘못된 것은?

① 함수율에 따른 신축은 변재보다 심재가 크게 나타난다.
② 목재의 건조 수축은 함수율이 낮아질수록 크게 발생한다.
③ 목재가 건조될 때 함수율이 섬유 포화점에 도달한 시점부터 건조 수축이 발생한다.
④ 목재의 수축이나 팽창 비율은 목재 구조의 3가지 기본 방향에 따라 다르다.

해설 함수율에 따른 신축은 변재가 심재보다 크게 나타난다.

22. 목재의 함유 수분 중 수축 팽창에 영향을 주는 수분은?

① 자유수
② 결합수
③ 함유수
④ 수지수

해설 목재의 함유 수분 중 수축 팽창에 영향을 주는 수분은 결합수이며, 자유수의 증감은 수축 팽창에 영향을 주지 않는다.

23. 가구용 목재 중 서랍 제작용 목재의 함수율로 가장 적합한 것은?

① 20% 이하
② 18% 이하
③ 15% 이하
④ 12% 이하

24. 다음 중 목재를 사용하기에 가장 적합한 상태는?

① 전건상태
② 섬유 포화상태
③ 기건상태
④ 흡습상태

25. 목재의 수축률은 각 방향에 따라 다르다. 수축률이 가장 큰 방향은?

① 반지름 방향
② 원둘레 방향
③ 섬유 방향
④ 섬유의 45° 방향

해설 목재의 수축이나 팽창 비율은 일반적으로 원둘레 방향 : 반지름 방향 : 섬유 방향이 20 : 10 : 1이다.

정답 20. ① 21. ① 22. ② 23. ③ 24. ③ 25. ②

26. 기건재를 옳게 설명한 것은?

① 기건재는 함수율이 0%가 된 목재를 의미한다.
② 기건재는 대기 중에 방치하여 함수율이 3%가 된 목재를 의미한다.
③ 기건재는 함수율이 5% 이하로 낮아진 목재를 의미한다.
④ 기건재는 일반적으로 함수율이 13~18% 사이에 있다.

해설 기건재는 대기 중의 온도, 습도와 평형상태를 이룬 목재로, 함수율이 13~18% 사이에 있다.

27. 목재가 수축이 시작되는 시기는?

① 함수율 0%
② 함수율 15% 이하
③ 함수율 30% 이하
④ 함수율 50% 이하

해설 섬유 포화점에서의 함수율은 수종에 따라 차이가 있지만 일반적으로 30% 정도이다.

28. 목재를 인공건조시킬 때 가장 먼저 빠져나오는 수분은?

① 결합수　　② 자유수
③ 수지수　　④ 함유수

해설 목재를 인공건조시킬 때 자유수가 먼저 이동한 다음 결합수가 빠져나온다.

29. 목재의 인공건조 시 건조 종료 때의 함수율은 어떤 상태가 좋은가?

① 전건상태가 되도록 건조한다.
② 전건상태보다 3~6% 덜 건조한다.
③ 기건상태가 되도록 건조한다.
④ 기건상태보다 2~5% 정도 더 건조한다.

해설 기건상태보다 더 낮게 건조하고, 건조가 끝난 다음 2주일 정도 후에 사용한다.

30. 자유수의 증감으로 목재의 성질에 영향을 주는 데 관계없는 것은?

① 목재의 중량
② 열전도율
③ 수축, 팽창
④ 전기 전도율

해설 수축이나 팽창에 영향을 주는 수분은 결합수이다.

정답 26. ④ 27. ③ 28. ② 29. ④ 30. ③

제 4 장 목재의 건조와 관리

4-1 목재의 건조법

1 목재의 건조

(1) 건조의 목적

① 목재의 수축이나 변형을 방지하고 생목보다 강도를 2~3배 증가시킬 수 있다.
② 부패를 방지하고 내구성을 높이며 중량을 감소시켜 가공이나 운반이 쉬워진다.
③ 접착성과 도장 성능이 개선되고 방부제나 합성수지의 주입이 쉬워진다.
④ 전기나 열에 대한 절연성이 증가하고 못이나 나사 등의 유지력이 향상된다.

(2) 목재 내 수분 이동

① 목재 표면의 수분이 증발하여 표면층의 함수율이 낮아진다.
② 목재의 표면층과 내부의 함수율 차이로 인해 목재 내부에서 표면 방향으로 수분이 이동하는 수분의 내부 확산 과정이 일어난다.
③ 목재 내 수분은 세포가 비어 있는 곳에 자유수가 있는 동안은 모세관 현상에 의해 이동하지만 섬유 포화점 이하이면 수증기 상태로 이동하는 비율이 증가한다.

(3) 건조 속도

목재의 건조 속도는 목재의 조직과 온도에 영향을 받으며 수종에 따라 다르다.

① 물관의 크기나 처음 함수율과 관계가 있다.
② 침엽수가 활엽수보다 건조 속도가 빠르다.
③ 일반적으로 목재의 비중이 클수록, 두께가 두꺼울수록 건조 시간이 길어진다.
④ 기온이 높을수록, 습도가 낮을수록 건조 속도가 빨라진다.
⑤ 풍속이 빠를수록 건조 속도가 빠르지만 큰 차이는 없다.
⑥ 인공건조에서는 보통 평균 1~2m/s의 풍속으로 건조한다.

(4) 건조 과정에서의 손상

① 잘못된 적재 방법이나 온도와 습도가 적당하지 않을 때 건조 과정에서 변형이 생길 수 있다.
② 갑작스러운 수분 감소로 마구리면이 갈라지기 쉽다.
③ 목재 내부와 외부의 함수율 차이로 인해 내부응력이 발생하므로 균열이 생길 수 있다.
④ 목재의 함수율이 60% 이상일 때 갑자기 고온을 가하면 세포 일부가 파괴되거나 변형이 일어나 목재 면에 불규칙한 요철이 생길 수 있다.

2 건조 전처리

건조 전처리는 건조 시간의 단축과 변형 방지를 위해 목재 내 수액의 농도를 낮추는 과정이다.

(1) 수침법

① 수침법은 원목을 흐르는 물이나 고여 있는 물에 1년 정도 담가 두는 방법이다.
② 목재 전체를 잠기게 하거나 상하를 고르게 수침시키지 않으면 썩을 수 있다.
③ 수액의 농도, 수지, 기타 함유 물질을 줄여서 건조가 빠르고 변형이 작게 한다.
④ 소금물에 담근 목재는 경도, 비중, 내구성이 향상되지만 흡습성의 증가로 인해 건축이나 가구 재료로는 부적합하다.

(2) 자비법

① 자비법은 목재를 끓는 물에 끓인 후(3cm 두께의 판재 : 2~4시간) 수액 및 내부 함유 물질을 제거하는 방법이다.
② 수침법보다 건조시간이 단축되지만 강도는 떨어진다.
③ 목재 고유의 색이나 광택이 없어질 수 있다.
④ 가마의 크기에 제한을 받는다.

(3) 증기법

① 증기법은 원통형 증기 가마에 목재를 쌓고 밀폐한 후 압력 1.5~3kgf/cm^{3}의 포화 수증기를 주입하여 목재 내부의 함유 물질을 제거하는 방법이다.
② 증기법은 목재에 살균작용을 하며 기계 조작과 설비가 간단하여 공업용으로 많이 이용한다.

3 천연건조

(1) 천연건조(자연건조) 방법

목재를 대기 중에서 서로 엇갈리게 수직으로 쌓거나 햇빛 또는 비의 직접적인 영향을 받지 않도록 건조하는 방법이다.

(2) 천연건조의 특징

① 특별한 장치나 시설이 필요 없기 때문에 에너지가 절약되고 비용이 적게 든다.
② 작업 방법이 간단하고 동시에 많은 양을 건조할 수 있다.
③ 건조 시간이 길다.
④ 기건 함수율 이하로는 건조할 수 없다.
⑤ 넓은 건조 장소가 필요하다.
⑥ 기후나 입지 조건 등의 영향을 많이 받는다.

(3) 천연건조 시 유의사항

① 지면에서 20~30cm 이상의 높이로 굄목을 설치하여 목재와 지면 사이의 거리를 충분히 유지함으로써 통풍이 잘되고 바람의 방향과 직각이 되도록 한다.
② 일정한 시간 간격으로 좌우상하를 뒤집어 균일하게 건조되도록 한다.
③ 마구리면이 급속히 건조되어 균열이 생길 수 있으므로 마구리면에 페인트칠을 한다.
④ 용도에 맞도록 가능한 얇게 제재하여 건조한다.
⑤ 각 층에 오림목을 고루 대고, 맨 위에 무거운 것을 실어 뒤틀림이 없게 한다.

(4) 천연건조장의 조건

① 평지 또는 완만한 경사지로 배수가 잘되는 곳이 좋다.
② 통풍이 잘되고 햇볕이 잘 들며 화재의 위험이 없는 곳이 좋다.
③ 충분한 넓이의 부지가 필요하며 목재 제재 공장 인근의 장소가 운반에 유리하다.

(5) 천연건조 기간

① **두께 3cm 정도의 판재** : 침엽수 2~6개월, 활엽수 6~12개월 정도
② **원목** : 1~3년 정도

4 인공건조

(1) 인공건조 방법

1~3개월 동안 천연건조된 목재를 단시간에 인공적으로 건조하는 방법이다.

(2) 인공건조 시 유의사항

① 목재 내부의 수분 차가 작도록 표면을 습윤상태로 유지하면서 습도를 낮춘다.
② 초기에 급격히 건조시키면 표면에 균열이 생기고 건조 속도를 늦추는 원인이 될 수 있다.
③ 습도가 높은 공기가 건조실 내에 정체되어 있지 않고 건조가 잘 이루어지도록 건조실 내의 공기를 끊임없이 순환시킨다.

(3) 인공건조장치

① **가열장치** : 전열 증기방식, 온수방식이 있으며 전열 증기방식을 많이 이용한다.
② **송풍장치** : 공기순환을 원활하게 한다.
③ **조습장치** : 가열장치를 증기로 사용할 때는 증기를 조습용으로 이용할 수 있지만, 다른 열원을 사용할 때는 별도의 증기 발생장치를 설치해야 한다.

(4) 인공건조의 조건

① 인공건조를 할 때 적당한 온도와 습도는 다음 표와 같다.
② 인공건조를 종료할 때의 함수율은 기건상태보다 보통 2~5% 낮게 한다.

인공건조 시 온도와 습도

나무 종류	시작 온도(습도)	끝 온도(습도)	건조일 수	비 고
침엽수재	46~49℃(80%)	71℃(30%)	7~8일	두께가 2~3cm일 때
활엽수재	41~46℃(85~90%)	63~68℃(35~40%)	11~16일	

5 인공건조법의 종류

(1) 증기건조

① 건조실 내의 온도와 습도를 증기로 조절하는 방법으로, 전진식과 분실식이 있다.
② 인공건조법 중에서 가장 널리 이용되고 있다.

(2) 훈연건조

① 나무 부스러기나 톱밥이 연소될 때 발생하는 연기를 건조실로 보내어 건조하는 방법이다.

② 연기 속에 포함된 수분 때문에 건조 중에 발생할 수 있는 균열이나 변형이 적게 일어나고 시설비가 적게 들지만, 화재 위험성이 있고 목재 면이 까맣게 오염된다.

(3) 전열건조

전열건조는 전열선의 저항열을 이용하여 건조하는 방법이다.

(4) 진공건조

① 밀폐된 금속재 용기 속에서 목재를 급속히 건조하는 방법이다.

② 열기를 이용한 건조에 비해 건조 속도가 빠르다.

③ 진공상태에서 물의 끓는점이 낮아지는 원리를 이용하기 때문에 고온을 가할 필요가 없으므로 고온 상태의 건조에서 발생할 수 있는 건조 결함이 최소화된다.

④ 진공건조에서는 목재의 수분이 섬유 방향으로 이동하기 때문에 열기를 이용한 건조에 비해 건조 속도가 매우 빠르다.

⑤ 건조가 곤란한 목재나 두꺼운 목재의 건조에 효율적이나 시설비가 많이 든다.

(5) 연소가스건조

연소가스건조는 연소 가마를 사용하여 발생하는 가스를 건조실로 보내어 건조하는 방법이다.

(6) 고주파건조

① 고주파 에너지를 열 에너지로 변화시켜 발열 현상을 일으키는 방법이다.

② 목재를 고주파 전기장 내에 두면 목재 중심부에 증기압이 높아지므로 외부와 증기압 차이가 발생하여 급속히 건조되는 방식이다.

③ 저온, 고습도 상태의 건조가 가능하며 목재의 갈라짐, 뒤틀림 등의 발생이 감소하고 색상이나 광택이 저하되지 않는다.

④ 고품질의 건조가 가능하므로 고급 가구나 조각품, 공예품의 건조, 특수 목재의 건조에 유리하다.

⑤ 전력 소모가 많아 건조 비용이 많이 발생하는 단점이 있다.

(7) 약품건조

① 건조실 내의 용제나 용제의 증기를 매개로 하여 고온에서 급속히 건조하는 방법이다.

② 두꺼운 판재나 함수율이 높은 목재는 건조할 때 갈라짐이 발생하므로 부적합하다.

③ 용제는 벤젠, 크실렌, 아세톤 등을 사용한다.

6 인공건조법의 특징(장단점)

① **훈연건조**

㈎ 균열 및 변형이 적다.

㈏ 화재 위험성이 있고 목재의 면을 까맣게 한다.

② **진공건조**

㈎ 건조가 곤란하거나 두꺼운 목재에는 효율적이다.

㈏ 시설비가 많이 든다.

③ **고주파건조**

㈎ 건조 시간이 짧고 작업이 간단하다.

㈏ 전력소모가 많고 목재가 갈라지기 쉽다.

④ **약품건조** : 두꺼운 판재나 함수율이 높은 목재는 부적합하다.

예 | 상 | 문 | 제

목재의 건조법 ◀

1. 목재의 건조 목적으로 알맞지 않은 것은?

① 생목의 강도보다 4~5배 증가한다.
② 부식을 방지하고 내구성을 높인다.
③ 접착성이나 도장성이 좋아진다.
④ 방부제, 합성수지의 주입이 용이해진다.

해설 목재를 건조시키면 생목보다 강도를 2~3배 증가시킬 수 있다.

2. 목재를 건조시키는 목적이 아닌 것은?

① 각 부재의 수축이나 변형을 방지한다.
② 아름다운 무늬목을 얻기 위함이다.
③ 부식을 방지하고 내구성을 높인다.
④ 중량 감소로 가공, 취급, 운반이 용이하다.

3. 목재의 건조 속도에 대하여 잘못된 설명은?

① 기온이 높을수록 건조 속도가 빠르다.
② 비중이 클수록 건조 속도가 빠르다.
③ 풍속이 빠를수록 건조 속도가 빠르다.
④ 두께가 두꺼울수록 건조 속도가 느리다.

해설 목재의 건조 속도는 온도가 높을수록, 풍속이 빠를수록, 목재의 두께가 얇을수록 빠르다.

4. 수액제거법에 대한 설명 중 틀린 것은?

① 1년 이상 방치하면 수액이 빠지고 건조가 빠르다.
② 목재는 수액을 제거해야 건조가 빠르다.
③ 강물에 띄워 반년쯤 물에 담가두면 수액은 제거되지만 건조가 늦어진다.
④ 목재를 끓는 물에 삶으면 수액이 빨리 제거되어 건조가 빨라진다.

해설 강물에 띄워 반년쯤 물에 담가두면 목재의 수액과 물이 바뀌어 건조가 촉진되고, 고온 건조에서도 변형이 적다.

5. 원목을 1~2개월 물속에 담갔다가 수증기를 통과시키는 이유는?

① 목재의 흠을 없애기 위하여
② 목재의 수액을 빼기 위하여
③ 목재의 제재를 쉽게 하기 위하여
④ 목재를 청결하게 하기 위하여

해설 목재는 건조하기 전 수액의 농도를 낮춤으로써 건조를 용이하게 하며, 건조 기간을 단축하고 변형을 적게 하기 위해 건조 전 처리를 한다.

6. 목재의 건조 전처리 방법이 아닌 것은?

① 증기법
② 수침법
③ 자비법
④ 도포법

해설
- 목재의 건조 전처리 방법은 증기법, 수침법, 자비법이 있다.
- 도포법은 목재의 방부제 처리법이다.

7. 목재의 자연건조에 관한 설명으로 옳지 않은 것은?

① 넓은 장소가 필요하다.
② 건조시간이 많이 걸린다.
③ 기건 함수율 이하로 건조할 수 없다.
④ 동시에 많은 목재를 건조할 수 없다.

정답 1. ① 2. ② 3. ② 4. ③ 5. ② 6. ④ 7. ④

해설 목재를 자연건조하면 넓은 장소가 필요하긴 하지만 동시에 많은 양을 건조할 수 있다.

8. **목재의 자연건조를 위한 입지 조건으로 부적절한 곳은?**

① 배수가 잘되는 장소
② 화재의 위험이 없는 장소
③ 평지 또는 완만한 경사지
④ 햇볕이 없는 장소

해설 자연건조는 햇빛이나 비의 직접적인 영향을 받지 않도록 건조하는 것으로, 통풍이 잘되고 목재가 바람의 방향과 직각이 되게 한다.

9. **온도와 습도를 조절하는 방법으로 전진식과 분실식이 있는 목재의 인공건조법은?**

① 훈연건조
② 증기건조
③ 전열건조
④ 진공건조

해설 증기건조 : 건조실 내의 온도와 습도를 증기로 조절하는 방법으로, 전진식과 분실식이 있다.

10. **다음 중 목재의 인공건조법에 해당하지 않는 것은?**

① 증기법
② 진공법
③ 열기법
④ 압연법

해설 압연법 : 회전하는 압연기의 롤 사이에 가열한 쇠붙이를 넣어 막대 모양이나 판 모양으로 만드는 방법이다.

11. **목재의 건조법에 대한 설명으로 옳지 않은 것은?**

① 자연건조법으로 할 때는 그늘에서 통풍으로만 장기간 건조시킨다.
② 건조 전처리 방법에는 수침법, 자비법 등이 있다.
③ 인공건조법에는 열기법, 훈연법, 진공법 등이 있다.
④ 자연건조법은 인공건조법보다 건조시간이 짧다.

해설 자연건조법은 인공건조법보다 건조 시간이 길고 넓은 건조 장소가 필요하다.

12. **목재의 인공건조법 중에서 가장 널리 쓰이는 것은?**

① 훈연건조
② 자비건조
③ 전기건조
④ 증기건조

해설 증기건조법은 건조실 내의 온도와 습도를 증기로 조절하는 방법으로 전진식과 분실식이 있으며, 인공건조법 중에서 가장 널리 이용되고 있다.

13. **목재의 인공건조법에서 제재품을 건조실 속에 쌓고 밀폐한 다음에 처음 통과시키는 열기의 상태로 가장 적당한 것은?**

① 고온저습
② 저온다습
③ 저온저습
④ 고온다습

해설
- 목재 내부의 수분 차가 적도록 목재의 표면을 습윤상태로 유지하면서 습도를 낮춘다.
- 초기에 급격히 건조하면 표면에 균열이 생기고 건조 속도를 늦추는 원인이 된다.

정답 8. ④ 9. ② 10. ④ 11. ④ 12. ④ 13. ②

14. 목재의 건조에서 수장재 및 가구용재는 보통 몇 %까지 건조하여 사용하는 것이 좋은가?

① 10%
② 15%
③ 20%
④ 25%

해설 구조용재는 함수율 15% 이하, 수장재 및 가구용재는 함수율 10%까지 건조하여 사용하는 것이 좋다.

15. 다음 중 목재를 건조시키면 좋아지지 않는 것은?

① 내구성
② 접착성
③ 도장성
④ 흡습성

16. 다음 중 목재를 건조시키는 이유로 옳지 않은 것은?

① 목재의 중량을 감소시켜 가공 및 운반이 용이하다.
② 착화점을 낮게 하여 내화성을 높인다.
③ 부패균이 생기는 것을 방지한다.
④ 목재의 강도를 증가시킨다.

17. 건조의 3대 조건에 속하지 않는 것은?

① 온도
② 습도
③ 통풍
④ 방향

해설 • 기온이 높을수록, 습도가 낮을수록 건조 속도가 빨라진다.
• 풍속이 빠를수록 건조 속도가 빠르지만 큰 차이는 없다.

18. 다음 중 목재를 건조시키는 목적과 관계 없는 것은?

① 중량을 감소시켜 가공, 운반이 용이하다.
② 부식을 방지하고 내구성을 높인다.
③ 강도가 저하되나 수축 변형을 방지한다.
④ 접착성, 도장성이 좋아지고 방부제와 합성수지의 주입이 용이해진다.

해설 목재를 건조시키면 목재의 수축이나 변형을 방지하고 생목보다 강도를 2~3배 증가시킬 수 있다.

19. 단판을 얻기 위한 원목은 60~80℃의 더운물에 담갔다가 절삭하는데, 그 이유를 설명한 것 중 틀린 것은?

① 목재 중에 있는 충해를 줄인다.
② 재질을 연화시킨다.
③ 뒤틀림을 방지한다.
④ 부피를 늘린다.

20. 다음 중 건조 시간의 단축과 변형 방지를 위해 목재 내 수액의 농도를 낮추는 방법이 아닌 것은?

① 수침법 ② 자비법
③ 진공법 ④ 증기법

해설 목재의 건조 전처리 : 수침법, 자비법, 증기법

21. 다음 중 목재의 천연건조에 관한 설명으로 잘못된 것은?

① 경비가 적게 들고 많은 목재를 건조시킬 수 있다.
② 넓은 장소가 필요하다.
③ 변색, 부패 등 손상을 입기 쉽다.
④ 목재를 단시간 내에 균질하게 건조시킬 수 있다.

정답 14. ① 15. ④ 16. ② 17. ④ 18. ③ 19. ④ 20. ③ 21. ④

해설 원목은 천연건조 기간이 1~3년 정도 소요된다.

22. 다음 중 목재의 자연건조법에 대한 설명으로 알맞지 않은 것은?

① 목재 간의 간격을 유지하고 지면에서 높이 30cm 정도 되는 굄목을 받쳐 쌓는다.
② 뒤틀림 등의 변형을 막기 위해 건조 종료 시까지 처음 쌓아둔 상태로 둔다.
③ 마구리 부분의 급속 건조를 피하기 위해 일광을 막거나 페인트로 칠한다.
④ 오림대를 고루 괴어 뒤틀림을 막는다.

해설 건조를 균일하게 하기 위해 때때로 좌우, 상하로 뒤집어 놓는다.

23. 목재를 대형 철제 실린더 안에 넣고 밀폐하여 진압 조건에서 급속히 건조시키는 인공건조법은?

① 고온건조
② 진공건조
③ 고주파건조
④ 증기건조

해설 진공건조
- 목재를 금속재 용기에 밀폐하여 급속히 건조하는 방법이다.
- 열기를 이용한 건조보다 건조 속도가 빠르다.

24. 고주파건조에 대한 일반적인 설명 중 잘못된 것은?

① 건조시간이 가장 빠르다.
② 전기에 의한 화재 위험이 크다.
③ 함수율이 극히 작다.
④ 작업이 간단하다.

해설 고주파건조
- 고주파 에너지를 열 에너지로 변화시켜 발열 현상을 일으키는 방법이다.
- 건조시간이 짧고 작업이 간단하지만 전력 소모가 많고 목재가 갈라지기 쉽다.

25. 고주파건조의 장점이 아닌 것은?

① 다른 방법에 비해 건조시간이 빠르다.
② 화재의 위험이 작다.
③ 사용량에 비해 전기 소모가 적다.
④ 함수율이 극히 작아진다.

해설 사용량에 비해 전기 소모가 많다.

26. 인공건조에 대한 설명이 아닌 것은?

① 목재의 수분을 빨리 제거하기 위한 방법이다.
② 건조 시 목재 중의 수분 차를 크게 하지 않도록 한다.
③ 건조 시 가열 장치에 습도를 조절하기 위한 보습 장치가 필요하다.
④ 넓은 장소가 필요하며 파손이나 손실될 우려가 있다.

해설 넓은 장소가 필요하며 파손이나 손실될 우려가 있는 것은 자연건조의 단점이다.

정답 22. ② 23. ② 24. ② 25. ③ 26. ④

4-2 목재의 방부법

1 목재의 부패

(1) 부패의 종류

① **붉은색 부패 :** 부패균이 탄수화물과 섬유질을 섭취하고 리그닌을 남겨 놓는 경우로, 적갈색을 띠며 주로 침엽수재에 많다.

② **건부 :** 부패된 목재에서 수분이 증발하여 균열이 발생하며, 균이 수분을 흡수하여 비교적 건조된 목재를 부패시키는 경우이다.

③ **청색 부패 :** 소나무 등의 변재를 청색으로 변화시키는 균에 의해 발생하며, 이 균은 수액을 양분으로 하기 때문에 강도에는 거의 영향을 주지 않는다.

④ **백색 부패 :** 부패균이 리그닌을 섭취하고 셀룰로오스를 남겨 놓는 경우로, 부패 후 흰색을 띠며 주로 활엽수에 많다.

(2) 목재의 부패 조건

① **온도 :** 부패균은 25~35℃에 활동성이 가장 강하다. 4℃ 이하에서는 발육하지 못하고, 70℃ 이상에서 30~60분 방치하면 대부분 사멸한다.

② **습도 :** 20% 이하에서는 약간 부패되고, 50~100%에서는 부패가 많이 되지만 150% 이상이면 부패되지 않는 경우가 있다. 발육 가능한 최적의 습도는 80~85% 정도이다.

③ **공기 :** 완전히 물속에 잠겨 공기가 차단된 목재는 부패되지 않는다.

2 목재의 방부법

① **도포법 :** 목재를 충분히 건조시킨 다음 균열이나 이음부 등에 솔로 바르는 방법으로, 크레오소트를 사용할 때 80~90℃ 가열하여 바르면 5~6mm 정도 침투된다.

② **침지법 :** 상온의 크레오소트에 목재를 몇 시간 또는 며칠 담가두는 것으로, 액을 가열하면 침투가 용이하며 15mm 정도 침투된다.

③ **일광 직사법 :** 목재를 30시간 이상 햇빛에 노출시키는 방법이다.

④ **표면 탄화법**

(가) 목재의 표면을 2~3mm 살짝 태워 살균하는 방법으로 가장 간단하다.

(나) 침목이나 외부 판재 붙이기, 말뚝 등에 효과가 좋으나 미관상 좋지 않다.

⑤ **표면 피복법 :** 목재의 표면을 다른 재료로 감싸는 방법으로 가장 많이 사용한다.

3 목재의 방부제

(1) 방부제 선택 시 주의사항

① 균류의 발생 방지에 유효하고 취급이나 처리 후에도 안전해야 한다.
② 목재 속으로 잘 침투되고 그 효과가 영구적이어야 한다.
③ 목재에 물리적, 화학적 변화가 생기지 않아야 한다.
④ 접속되는 금속류를 부식시키지 않아야 한다.
⑤ 불쾌한 색이나 냄새가 없고 인화성이 없어야 한다.
⑥ 목재의 강도와 색을 손상시키지 않고, 그 위에 페인트칠을 할 수 있어야 한다.
⑦ 사람이나 짐승에 해가 없고 값이 싸며 구하기 쉬어야 한다.

(2) 방부제의 종류

① **유성 방부제 :** 크레오소트, 콜타르, 페인트
② **유용성 방부제 :** PCP, 나프텐산금속염
③ **수용성 방부제 :** 황산구리, 플루오린화나트륨(불화소다), 염화아연, 염화제2수은

(3) 방부제의 특징

① **크레오소트 :** 대표적인 유성 방부제로, 사용 개소가 제한되며 주로 보이지 않는 곳에 사용한다.
(가) 장점 : 방부력이 크고 습기가 있는 곳에도 적합하다. 침투력이 좋고 인축에 무해하며 값이 싸고 대량 생산할 수 있다.
(나) 단점 : 목재를 흑갈색으로 착색하며, 냄새가 강해 실내에서 사용하지 못하고 마무리 도장을 할 수 없다.

② **PCP(penta chloro phenol) :** 펜타클로로페놀
(가) 방부력이 가장 우수하며 열이나 약제에 안정하다.
(나) 무색에 가까워 그 위에 페인트칠을 할 수 있다.
(다) 크레오소트보다 값이 비싸지만 효력이 가장 뛰어난 방부제이다.

③ **수용성 방부제**
(가) 방부력이 크고 화기에 안전하다.
(나) 마무리 도장이 가능하지만 응축되기 쉬운 단점이 있다.

예 | 상 | 문 | 제

목재의 방부법 ◀

1. 수액을 양분으로 하기 때문에 강도에는 거의 변화를 주지 않는 부패는?

① 붉은색 부패 ② 건부
③ 청색 부패 ④ 백색 부패

해설 • 청색 부패는 수액을 양분으로 하기 때문에 강도에 거의 변화를 주지 않는다.
• 붉은색 부패, 건부, 백색 부패 등은 목재의 구조적 강도를 약화시킬 수 있다.

2. 부패균에 의한 목재의 부패를 방지하는 방법으로 틀린 것은?

① 온도를 4℃ 이하 또는 55℃ 이상으로 한다.
② 습도를 82% 정도로 조정한다.
③ 완전히 물속에 잠기도록 공기를 차단한다.
④ 도료로 표면을 피복한다.

해설 • 4℃ 이하에서는 부패균이 발육하지 못하고, 70℃ 이상에서는 30~60분 방치하면 대부분 사멸한다.
• 부패균의 발육 가능한 최적의 습도는 80~85%이다.

3. 목재의 방부법으로 가장 많이 쓰는 방법은?

① 일광 직사법
② 침지법
③ 표면 탄화법
④ 표면 피복법

해설 • 일광 직사법 : 목재를 30시간 이상 햇빛에 노출시키는 방법
• 침지법 : 목재를 상온의 크레오소트에 몇 시간 또는 며칠 담가두는 방법
• 표면 탄화법 : 목재의 표면을 살짝 태워 살균하는 방법
• 표면 피복법 : 목재의 표면을 다른 재료로 감싸는 것으로, 가장 많이 사용하는 방법

4. 목재의 보존을 위해 약제처리를 할 때 주로 사용되는 것으로, 방부력이 우수하고 그 위에 페인트칠도 가능한 유용성 방부제는?

① 콜타르(coaltar)
② 크레오소트유(creosote oil)
③ PCP(penta chloro phenol)
④ 아스팔트(asphalt)

해설 PCP : 목재의 유용성 방부제로, 무색이며 방부력이 가장 우수하여 그 위에 페인트칠을 할 수 있다.

5. 밀폐된 처리장치 속에 목재를 넣고 배기와 가압을 적당히 조합하여 약제를 목재에 주입하는 방법으로, 약제의 침투 깊이가 깊고 균일하며, 흡수량도 많아 효과가 큰 방부법은?

① 가압주입법
② 압입식 방부처리법(압입법)
③ 침지법
④ 온냉욕법

6. 다음 중 무색이며 방부력이 가장 우수한 유용성 방부제는?

① 콜타르 ② 크레오소트유
③ CCA ④ PCP

해설 PCP(penta chloro phenol)
• 크레오소트보다 비싸지만 효력이 가장 뛰어난 유용성 방부제이다.
• 무색이며 열이나 약제에 안정하다.

정답 1. ③ 2. ② 3. ④ 4. ③ 5. ① 6. ④

4-3 목재의 방화법

1 방화제의 종류

① **단일 방화제**

(가) 방염 효과가 큰 암모늄을 사용한다.

(나) 탄산1암모늄, 탄산2암모늄, 황산암모늄, 염화암모늄 등이 있다.

② **혼합 방화제** : 처리제의 흡습성, 금속의 부식성, 목재의 열화 등의 성능을 개량한 것이 많다.

2 방화 도료

① **발포성 도료** : 도막에 거품을 일으켜 화재를 차단함으로써 방화작용을 하는 도료이다.

② **비발포성 도료** : 자신은 잘 타지 않고 목재의 연소를 지연시키는 도료이다. 안료의 일부에 붕사를 넣은 페인트를 3~4회 바르면 어느 정도 효과가 있다.

③ 탄산암모늄, 붕사, 붕산, 취화암모늄 등이 있다.

예 | 상 | 문 | 제

목재의 방화법 ◀

1. 방화제와 방화 도료에 대한 설명으로 알맞지 않은 것은?

① 단일 방화제는 방염 효과가 큰 암모늄을 사용한다.

② 혼합 방화제는 처리제의 흡습성, 금속의 부식성, 목재의 열화 등의 성능을 개량한 것이 많다.

③ 발포성 도료는 자신은 잘 타지 않고 내부 목재 연소를 지연시킨다.

④ 발포성 도료는 도막에 거품을 일으켜 화재를 차단함으로써 방화작용을 한다.

해설 자신은 잘 타지 않고 내부 목재 연소를 지연시키는 도료는 비발포성 도료이다.

2. 방염 효과가 큰 암모늄을 사용하는 단일 방화제에 해당하는 것은?

① 붕사 ② 붕산

③ 인산염 ④ 염화암모늄

해설 단일 방화제 : 방염 효과가 큰 암모늄을 사용하며 탄산1암모늄, 탄산2암모늄, 황산암모늄, 염화암모늄 등이 있다.

정답 1. ③ 2. ④

제 5 장 기타 재료

5-1 금속과 합금

1 금속

(1) 금속의 공통적인 성질

① 상온에서 고체이며 결정체(Hg 제외)이다.
② 비중이 크고 고유의 광택을 갖는다.
③ 가공이 용이하고 연성과 전성이 좋다.
④ 열과 전기의 양도체이며, 이온화하면 양(+)이온이 된다.

(2) 기계적 성질

① **항복점** : 금속 재료의 인장시험에서 하중을 0으로부터 증가시키면 응력이 근소하게 증가하거나 증가 없이도 변형이 급격히 증가하는 점에 도달한다. 이 점을 항복점이라 한다.
② **연성** : 물체가 탄성한도를 초과한 힘을 받고도 파괴되지 않고 늘어나서 소성 변형이 되는 성질을 말하며 금, 은, 알루미늄, 구리, 백금, 납, 아연, 철 등의 순으로 좋다.
③ **전성(가단성)** : 금속을 얇은 판이나 박으로 만들 수 있는 성질을 말하며 금, 은, 알루미늄, 철, 니켈, 구리, 아연 등의 순으로 좋다.
④ **인성** : 굽힘이나 비틀림 작용을 반복하여 가할 때 이 외력에 저항하는 성질
⑤ **인장강도** : 인장시험에서 인장하중을 시험편 평행부의 원단면적으로 나눈 값이다.
⑥ **취성** : 물체가 약간의 변형에도 견디지 못하고 파괴되는 성질로 인성에 반대된다.
⑦ **가공 경화** : 금속이 가공에 의해 강도, 경도가 커지고 연율이 감소되는 성질

(3) 경금속과 중금속

비중 5를 기준으로 하여 5 이하인 것을 경금속, 5 이상인 것을 중금속이라 한다. 실용금속으로는 비중이 4.5인 타이타늄보다 가벼운 금속을 경금속이라 한다.

① **경금속** : Al, Mg, Be, Ca, Ti(비중 4.507), Li(비중 0.53, 금속 중 가장 가벼움) 등
② **중금속** : Fe(비중 7.87), Cu, Cr, Ni, Bi, Cd, Ce, Co, Mo, Pb, Zn, Ir(비중 22.5, 가장 무거움) 등

주요 금속의 물리적 성질

금 속	원소 기호	비 중	녹는점 (융점) (℃)	선팽창계수 (20℃) $\times 10^{-6}$	비열 (20℃) kJ/kg·K	열전도율 (20℃) kW/m·K	끓는점 (℃)
은	Ag	10.49	960.8	19.68	234.4	418.6	2210
알루미늄	Al	2.699	660	23.6	899.9	221.9	2450
금	Au	19.32	1063	14.2	130.6	297.2	2970
비스무트	Bi	9.80	271.3	13.3	123.1	8.4	1560
카드뮴	Cd	8.65	320.9	29.8	23	92.1	765
코발트	Co	8.85	1495±1	13.8	414.4	69.1	2900
크로뮴	Cr	7.19	1875	6.2	460.5	67	2665
구리	Cu	8.96	1083	16.5	385.1	393.9	2595
철	Fe	7.87	1538±3	11.76	460.5	75.3	3000±150
저마늄	Ge	5.323	937.4	5.75	305.6	58.6	2830
마그네슘	Mg	1.74	650	27.1	1025.6	153.6	1107±10
망가니즈	Mn	7.43	1245	22	481.4	–	2150
몰리브데넘	Mo	10.22	2610	4.9	276.3	142.3	5560
니켈	Ni	8.902	1453	13.3	439.5	92.1	2730
납	Pb	11.36	327.4	29.3	129.3	34.7	1725
백금	Pt	21.45	1769	8.9	131.4	69.1	4530
안티모니	Sb	6.62	650.5	8.5~10.8	205.1	18.8	1380
주석	Sn	7.298	231.9	23	226	62.8	2270
타이타늄	Ti	4.507	1668±10	8.41	519.1	17.2	3260
바나듐	V	6.1	1900±25	8.3	498.1	31	3400
텅스텐	W	19.3	3410	4.6	138.1	166.2	5930
아연	Zn	7.133	419.5	39.7	383	113	906

5-2 철강 재료와 탄소강

1 철강 재료의 분류

철강 재료의 분류

구 분		탄소 함량	세부 구분	탄소 함량
철강	순철	0.02%C 이하		
	강	0.02~2.11%C	아공석강	0.02~0.8%C
			공석강	0.8%C
			과공석강	0.8~2.11%C
	주철	2.11~6.67%C	아공정주철	2.11~4.3%C
			공정주철	4.3%C
			과공정주철	4.3~6.67%C

2 탄소강(0.02~2.11%C)의 종류

(1) 실용 탄소강

실용 탄소강은 순철과 강에서 0.05~1.7%C인 범위를 말한다.

(2) 일반 구조용 강

일반 구조용 강은 형태를 만드는 데 필요한 강을 말한다(예 I빔, H형강).

① **일반 구조용 탄소강 :** 건축물, 교량 등 다양한 구조물에 사용되는 강재(예 SS400)
② **용접 구조용 압연 강재 :** 용접 구조물에 적합한 강재(예 SM400)
③ **기계 구조용 강재 :** 기계 부품 제조에 사용되며 탄소 함유량에 따라 분류(예 S20C)
④ **표면 경화용 침탄강 :** 표면을 경화시키기 위해 사용되는 강재(예 SCM)

(3) 선재용 탄소강

선재용 탄소강은 각종 핀류의 재료에 사용한다.

① **연강선 :** 0.06~0.25%C
② **경강선 :** 0.25~0.85%C
③ **피아노선 :** 0.55~0.95%C(소르바이트 조직)

* 소르바이트 조직은 탄소강의 열처리게 의해 얻어지는 조직이다.

3 탄소강의 성질

(1) 물리적 성질

탄소 함유량이 증가하면 비열, 전기 저항은 증가하지만 비중, 열팽창 계수, 탄성률, 열전도율, 용융점은 감소한다.

(2) 기계적 성질

① 표준상태에서 탄소가 많을수록 인장강도, 경도, 항복점은 증가하다가 공석 조직에서 최대가 되지만 연신율, 단면수축률, 내충격값(인성), 연성은 감소한다.
② 과공석강이 되면 망상의 초석 시멘타이트가 생겨 경도는 증가하고 인장강도는 급격히 감소한다.

(3) 합금

합금은 금속의 성질을 개선하기 위해 단일 금속에 한 가지 이상의 금속이나 비금속 원소를 첨가한 것이다.

예 | 상 | 문 | 제

금속과 합금, 철강재료와 탄소강 ◀

1. 적열취성의 주된 원인이 되는 물질로 가장 적합한 것은?

① 탄소(C)
② 황(S)
③ 인(P)
④ 규소(Si)

해설 적열취성의 주된 원인이 되는 물질은 황(S)이며, 일반적으로 황(S)이 함유된 탄소강의 적열취성을 감소시키기 위해 첨가하는 원소는 망가니즈(Mn)이다.

2. 다음 중 비철금속 재료가 아닌 것은?

① 백선철
② 구리
③ 알루미늄
④ 아연

해설 백선철 : 단면이 흰색인 선철로, 탄소 함유량이 3.5% 이상 1100~1250℃에서 용해되며, 유동성이 크다.

3. 금속 재료를 다른 재료와 비교했을 때 단점으로 볼 수 없는 것은?

① 비중이 크다.
② 녹이 슬기 쉽다.
③ 색채가 다양하지 못하다.
④ 경도가 높다.

해설 금속의 단점

- 비중이 크고 녹이 슬기 쉽다.
- 색채가 다양하지 못하다.
- 열, 전기의 절연성이 없다.
- 가공에 필요한 설비나 비용이 많이 든다.

4. 탄소강에 함유된 탄소량이 증가함에 따라 강에 나타나는 변화를 나타낸 것 중 옳지 않은 것은?

① 비열 증가
② 전기 저항성 증가
③ 비중 증가
④ 열팽창계수 감소

해설 탄소 함유량이 증가하면 비열, 전기 저항은 증가하고 비중, 열팽창계수, 탄성률, 열전도율, 용융점은 감소한다.

5. 담금질에 의해 생긴 강재의 조직을 안정상태로 변화시켜 인성을 증가시키기 위한 열처리 방법은?

① 불림 ② 풀림
③ 표면 경화 ④ 뜨임

해설 뜨임 : 담금질로 인해 생긴 불안정한 조직에 열에너지를 가하여 안정된 조직으로 만드는 작업이다.

6. 탄소강의 기계적 성질 중 상온, 아공석강 영역에서 탄소(C)량의 증가에 따라 낮아지는 성질은?

① 인장강도
② 항복점
③ 경도
④ 연신율

해설 표준상태에서 탄소가 많을수록 인장강도, 경도, 항복점은 증가하다가 공석 조직에서 최대가 되지만 연신율, 단면수축률, 내충격값(인성), 연성은 감소한다.

정답 1. ② 2. ① 3. ④ 4. ③ 5. ④ 6. ④

5-3 목재 가공에 사용되는 철강 재료

1 탄소 공구강

① 탄소 함유량이 0.6~1.5%인 고탄소강으로 주로 킬드강이 사용된다.
② 가격은 낮지만 담금질성이 나쁘며 두꺼운 재료에서는 담금질 균열이 발생한다.
③ 목공용, 작업용, 금속용 수공구에 사용된다.

2 구조용 특수강(강인강)

강인강은 탄소강에 Ni, Cr, Mo, Mn 등을 첨가하여 강인성을 좋게 한 강을 말한다.

① **Ni강** : 경도가 크고 내마멸성과 내식성이 우수하다.
② **Cr강(SCR)** : 자경성이 있어 담금질성이 좋다.
③ **Ni-Cr강(SNC)** : 가공성과 내식성이 우수하며 가장 널리 쓰인다.
④ **Ni-Cr-Mo강(SNCM)** : 기계의 중요 부품에 사용되며, 구조용 강 중 가장 우수하다.
⑤ **Cr-Mo강(SCM)** : 용접성이 좋고 고온 강도가 크므로 고온 작업하는 곳에 적합하다.

3 고속도강(SKH)

탄소 공구강이나 합금 공구강보다 절삭 성능이 우수하여 공구로 많이 사용한다.

① **W계 고속도강** : 일반 절삭 공구로 바이트 등에 이용하며 난삭재 절삭 공구로 사용한다.
② **Mo계 고속도강**
　(가) W계 고속도강에서 W를 Mo으로 치환한 고속도강이다.
　(나) 드릴, 밀링 커터, 호브, 탭, 리머 등에 사용한다.

4 세라믹 공구

① 알루미나(Al_2O_3)를 주성분으로 소결시킨 일종의 도기와 같은 성질을 가진 재료를 말한다.
② 내열성이 가장 크고 고온 경도, 내마모성이 크다.

5 다이아몬드 공구

동합금, 경합금, 합성수지, 기계적 세라믹, 첨단 복합 재료 등의 고속 정밀 가공용으로 사용한다.

6 스테인리스강

① **Cr계 스테인리스강 : Fe−Cr강**

(가) 페라이트계 스테인리스 : 12~18%의 Cr을 함유한 저탄소 함유강으로, 내식성이 양호하고 가공성이 크기 때문에 선, 관, 판 등의 기계 부품으로 사용한다.

(나) 마텐자이트계 스테인리스 : 의료용 기구, 공구, 내식성이 좋은 일반 구조용 재료로 사용한다.

② **Cr−Ni계 스테인리스강**

(가) 오스테나이트계 스테인리스 : STS 304(Cr 18%−Ni 8%), 공구로 많이 사용한다.

(나) 석출 경화형 스테인리스 : STS 631, STS 630 스테인리스강이 있다. Al, Cu, Ti을 첨가하여 냉간 가공하지 않고 열처리로 강화한다.

예 | 상 | 문 | 제

목재 가공에 사용되는 철강 재료 ◀

1. 12~18% Cr을 함유한 저탄소 함유강으로 선, 관, 판 기계 부품으로 사용하는 것은?

① 페라이트계 스테인리스
② 마텐자이트계 스테인리스
③ 오스테나이트계 스테인리스
④ 석출경화형 스테인리스

해설 페라이트계 스테인리스
- 12~18%의 Cr을 함유한 저탄소 함유강이다.
- 내식성이 양호하고 가공성이 커서 선, 관, 판 등의 기계 부품으로 사용한다.

2. 고속도강(SKH)에 대한 설명으로 틀린 것은?

① 탄소 공구강보다 절삭 성능이 우수하여 공구로 많이 사용한다.
② Mo계 고속도강은 일반 절삭 공구로 바이트 등에 이용하며 난삭재 절삭 공구로 사용한다.
③ Mo계 고속도강은 드릴, 밀링 커터, 호브, 탭, 리머 등에 사용한다.
④ Mo계 고속도강은 W계 고속도강에서 W를 Mo으로 치환한 고속도강이다.

해설 W계 고속도강은 일반 절삭 공구로 바이트 등에 이용하며 난삭재 절삭 공구로 사용한다.

3. 탄소 함유량이 0.6~1.5%인 고탄소강으로 가격이 저렴하고 담금질성이 나쁘기 때문에 두꺼운 재료에서는 담금질 균열이 발생하는 것은?

① 세라믹 ② 스텔라이트
③ 합금 공구강 ④ 탄소 공구강

해설 탄소 공구강 : 탄소 함유량이 0.6~1.5%인 고탄소강으로 주로 킬드강이 사용되며, 두꺼운 재료에서는 담금질 균열이 발생한다.

정답 1. ① 2. ② 3. ④

5-4 알루미늄

1 알루미늄

(1) Al의 성질

① 물리적 성질

(가) 비중 2.7, 경금속이며, 용융점은 660℃이고 변태점이 없다.
(나) 열 및 전기의 양도체이며 내식성이 좋다.

② 기계적 성질

(가) 전연성이 풍부하며 400～500℃에서 연신율이 최대이다.
(나) 가공에 따라 경도와 강도가 증가하고 연신율이 감소한다.
(다) 수축률이 크다.
(라) 풀림 온도는 250～300℃이며 순 Al은 주조가 안 된다.
(마) 재결정 온도는 150℃이다.

알루미늄 가공재의 기계적 성질

냉간가공도 (%)	순도 99.4%		순도 99.6%		순도 99.8%	
	인장강도(GPa)	연신율(%)	인장강도(GPa)	연신율(%)	인장강도(GPa)	연신율(%)
0	80	46	108	49	69	48
33	115	12	104	17	91	20
67	139	8	141	9	114	10
80	151	7	146	9	125	9

③ 화학적 성질

(가) 무기산, 염류에 침식된다.
(나) 대기 중에서 안정한 산화 피막을 형성한다.

(2) 알루미늄의 방식법

① 알루미늄 표면을 적당한 전해액 중에서 양극 산화 처리하고, 이것을 고온 수증기 중에서 가열하여 방식성이 우수한 아름다운 피막을 만든다.
② 수산법, 황산법, 크로뮴산법 등이 있으며, 수산법을 알루마이트(alumite)법이라고도 한다.

(3) 알루미늄의 특성과 용도

① Cu, Si, Mg 등과 고용체를 형성하며, 열처리로 석출 경화, 시효 경화시켜 성질을 개선한다.

② **용도** : 송전선, 전기 재료, 자동차, 항공기, 폭약 제조 등에 사용한다.

> **참고**
> - 석출 경화(Al의 열처리법) : 급랭으로 얻은 과포화 고용체에서 과포화된 용해물을 석출시켜 안정화시킨다(석출 후 시간 경과와 더불어 시효 경화된다).

2 알루미늄 합금

(1) 주조용 알루미늄 합금

① **Al－Cu계 합금** : Al에 Cu 8%를 첨가한 합금으로, 주조성과 절삭성이 좋으나 고온 메짐, 수축 균열이 있다.

② **Al－Si계 합금**

(가) 실루민이 대표적이며, 주조성이 좋으나 절삭성은 나쁘다.

(나) 내연 기관의 피스톤에 사용한다.

③ **Al－Mg계 합금** : Al에 Mg 6~10%를 첨가한 합금으로, 하이드로날륨이라고도 한다.

④ **Al－Cu－Si계 합금** : 라우탈이 대표적이다.

⑤ **Y합금(내열 합금)** : 내연 기관 실린더에 사용한다.

(2) 가공용 알루미늄 합금

① **고강도 Al 합금**

(가) 두랄루민 : 강하면서도 가벼워 항공기용 재료로 사용한다.

(나) 초두랄루민 : 항공기 구조재, 리벳 재료로 사용한다.

② **내식성 Al 합금**

(가) 알민 : Al－1.2% Mn

(나) 하이드로날륨 : Al－6~10% Mg

(다) 알드레이 : Al－0.45~1.5% Mg－0.2~12% Si

(라) 알클래드 : 고강도 Al 합금 표면에 내식성 Al 합금을 피복한 합판재이다.

예 | 상 | 문 | 제

알루미늄 ◀

1. 알루미늄의 성질로 옳지 않은 것은?

① 전성 및 연성이 좋다.
② 강에 비해 비중이 작다.
③ 전기전도율이 철에 비해 큰 편이다.
④ 산, 알칼리에 침식되지 않는다.

해설 알루미늄의 성질
- 알루미늄은 무기산이나 염류에 침식되며, 대기 중에서 안정한 산화 피막을 형성한다.
- 알루미늄의 비중은 철의 1/3 정도이며, 비중에 비해 강도가 크다.
- 열이나 전기전도율이 높고 전성과 연성이 풍부하다.

2. 알루미늄의 특성을 나타낸 것 중 옳지 않은 것은?

① 열이나 전기전도율이 높고 전성과 연성이 풍부하다.
② 공기 중에서 표면에 산화막이 생겨 내부를 보호하는 역할을 한다.
③ 산, 알칼리에 강하므로 보통 콘크리트에 사용한다.
④ 알루미늄은 실내장식재, 가구와 창호, 커튼레일에 많이 사용한다.

해설 알루미늄은 산과 알칼리에 약하며 송전선, 전기 재료, 자동차, 항공기, 폭약 제조에 사용된다.

3. 알루미늄에 대한 설명 중 부적합한 것은?

① 알루미늄은 은백색이다.
② 전성과 연성이 부족하다.
③ 가볍고 가공하기 쉽다.
④ 알루미늄의 용도는 광범위하며 실내장식, 가구, 창호, 커튼레일 등에 쓰인다.

해설 알루미늄은 전성과 연성이 풍부하며, 가볍고 가공하기 쉽지만 내화성이 약하다.

4. 다음 중 알루미늄에 대한 설명으로 옳지 않은 것은?

① 비중은 철의 1/3 정도이다.
② 내식성이 우수하며 가공성도 양호하다.
③ 용해주조도가 좋고 내화성이 우수하다.
④ 건축 디자인적인 면에서 우수한 재료이다.

해설 알루미늄은 내식성이 우수하지만 내화성이 약하다.

5. 다음 중 비중이 2.7이며 가볍고 내식성과 가공성이 좋으며 전기 및 열전도도가 높은 금속 재료는?

① 알루미늄(Al) ② 금(Au)
③ 철(Fe) ④ 은(Ag)

정답 1. ④ 2. ③ 3. ② 4. ③ 5. ①

5-5 구리

1 구리

(1) 구리의 종류

① **전기동** : 불순물이 함유되어 있는 조동(粗銅)을 전해 정련하여 99.96% 이상의 순동으로 만든 동

② **무산소 구리** : 전기동을 진공 용해하여 산소 함유량을 0.006% 이하로 탈산한 구리

③ **정련 구리** : 전기동을 반사로에서 정련한 구리

(2) 구리의 성질

① **물리적 성질**

(가) 구리의 비중은 8.96, 용융점은 1083℃이며 변태점이 없다.

(나) 비자성체이며 전기 및 열의 양도체이다.

(다) 경화 정도에 따라 연질, $\frac{1}{4}$경질, $\frac{1}{2}$경질로 구분하며 O, $\frac{1}{4}$H, $\frac{1}{2}$H, H로 표시한다.

② **기계적 성질**

(가) 전연성이 풍부하다.

(나) 가공 경화로 경도가 증가한다.

(다) 인장강도는 가공도 70%에서 최대이며, 600~700℃에서 30분간 풀림하면 연화된다.

③ **화학적 성질**

(가) 황산, 염산에 용해된다.

(나) 습기, 탄산가스, 해수에 녹이 생긴다.

(다) 수소병 : 환원 여림의 일종이며, 산화구리를 환원성 분위기에서 가열하면 H_2가 구리 중에 확산 침투하여 균열이 발생하는 것이다.

2 구리 합금

(1) 구리 합금의 특징

① 고용체를 형성하여 성질을 개선한다.

② α고용체는 연성이 커서 가공이 용이하나 β, δ고용체로 되면 가공성이 나빠진다.

3 황동(Cu－Zn)

(1) 황동의 성질

* 가구제작의 부속품으로 많이 사용한다.

① 구리와 아연의 합금으로 가공성, 주조성, 내식성, 기계성이 우수하다.

② **Zn의 함유량**

㈎ 30% : 7 · 3황동－연신율 최대, 상온 가공성 양호, 가공성 목적

㈏ 40% : 6 · 4황동－인장강도 최대, 강도 목적

㈐ 50% 이상 : γ고용체는 취성이 크므로 사용 불가

③ **자연 균열**

㈎ 냉간 가공에 의한 내부 응력이 공기 중의 NH_3, 염류로 인해 입간 부식을 일으켜 균열이 발생하는 현상이다.

㈏ 방지책 : 도금법, 저온 풀림(200~300℃, 20~30분간)

④ **탈아연 현상 :** 해수에 침식되어 Zn이 용해 부식되는 현상으로 ZnCl이 원인이다.

⑤ **경년 변화 :** 상온 가공한 황동 스프링이 사용 시간의 경과와 더불어 스프링의 특성을 잃는 현상이다.

(2) 황동의 종류

황동의 종류

5% Zn	15% Zn	20% Zn	30% Zn	35% Zn	40% Zn
길딩 메탈	레드 브라스	로 브라스	카트리지 브라스	하이, 옐로 브라스	문츠 메탈 6 · 4
화폐 · 메달용	소켓 · 체결구용	장식용 · 톰백	탄피 가공용 7 · 3	7 · 3 황동보다 저렴하다.	저렴하고 강도가 크다.

㈜ 톰백(tombac) : 8~20%의 Zn 함유, 금에 가까운 색이며 연성이 크다. 금 대용품, 장식품에 사용한다.

(3) 특수 황동

① **연황동(쾌삭 황동) :** 황동(6 · 4)에 Pb 1.5~3%를 첨가하여 절삭성을 개량한 합금으로 대량 생산, 정밀 가공품에 사용한다.

② **주석 황동 :** 내식성을 목적으로(Zn의 산화, 탈아연 방지) Sn 1%를 첨가한 합금이다.

㈎ 애드미럴티 황동 : 7 · 3 황동에 Sn 1%를 첨가한 것, 콘덴서 튜브에 사용한다.

㈏ 네이벌 황동 : 6 · 3 황동에 Sn 1%를 첨가한 것, 내해수성이 강해 선박 기계에 사용한다.

③ **철황동(델타 메탈)**

㈎ 6 · 4 황동에 Fe 1~2%를 첨가한 합금으로 강도, 내식성이 우수하다.

㈏ 광산, 선박, 화학 기계에 사용한다.

④ **강력 황동(고속도 황동)**

㈎ 6 · 4 황동에 Mn, Al, Fe, Ni, Sn 등을 첨가하여 주조와 가공성을 향상시킨 합금이다.

㈏ 열간 단련성, 강인성이 뛰어나 선박 프로펠러, 펌프 축에 사용한다.

⑤ **양은(화이트 브론즈)**

㈎ 7 · 3 황동에 Ni 15~20%를 첨가한 것으로 주단조가 가능하다.

㈏ 양백, 백동, 니켈, 청동, 은 대용품으로 사용한다.

㈐ 전기 저항선, 스프링 재료, 바이메탈용으로 쓰인다.

⑥ **규소 황동** : Si 4~5%를 첨가한 합금으로 실진(silzin)이라 하며, 선박 부품으로 사용한다.

⑦ **알루미늄 황동** : 알부락(albrac)이라 하며 금 대용품, 열 교환기에 사용한다.

4 청동(Cu-Sn)

(1) 청동의 성질

① **청동** : 주조성, 강도, 내마멸성이 좋아 장식 철물, 공예 재료로 사용된다.

② **Sn의 함유량**

㈎ 4%에서 연신율 최대

㈏ 15% 이상에서 강도, 경도가 급격히 증가(Sn 함량에 비례하여 증가)

(2) 특수 청동

① **인청동**

㈎ 성분 : Cu+Sn 9%+P 0.35%(탈산제)

㈏ 용도 : 스프링제(경년 변화가 없다), 베어링, 밸브 시트

② **베어링용 청동**

㈎ 성분 : Cu + Sn 13~15%

㈏ 용도 : 외측의 경도가 높은 δ조직으로 이루어졌기 때문에 베어링 재료로 적합하다.

③ **납청동**

㈎ 성분 : Cu + Sn 10% + Pb 4~16%

(나) 성질 및 용도 : Pb은 Cu와 합금을 만들지 않고 윤활 작용을 하므로 베어링에 적합하다.

④ **켈밋(kelmet)**

(가) 성분 : Cu + Pb 30~40%(Pb 성분이 증가할수록 윤활 작용이 좋다.)

(나) 성질 및 용도 : 열전도, 압축강도가 크고 마찰 계수가 작다. 고속, 고하중 베어링에 사용한다.

⑤ **Al 청동**

(가) 성분 : Cu + Al 8~12%

(나) 성질 : 내식성, 내열성, 내마멸성이 크다. 강도는 Al 10%에서 최대이며, 가공성은 Al 8%에서 최대이다. 주조성이 나쁘다.

⑥ **Ni 청동**

(가) 어드밴스 : Cu 54% + Ni 44% + Mn 1%(Fe : 0.5%). 정밀 전기 기계의 저항선에 사용

(나) 콘스탄탄 : Cu + Ni 45%. 열전대용, 전기 저항선에 사용

(다) 코슨 합금 : Cu + Ni 4% + Si 1%. 통신선, 전화선으로 사용

(라) 쿠니얼 청동 : Cu + Ni 4~6% + Al 1.5~7%. 뜨임 경화성이 크다.

⑦ **호이슬러 합금 :** 강자성 합금. Cu 60% + Mn 25% + Al 15%

⑧ **오일리스 베어링 :** 다공질의 소결 합금, 베어링이 20~30% 기름을 흡수한 베어링 합금의 일종이다.

예 | 상 | 문 | 제

1. 다음 중 구리의 특성이 아닌 것은?

① 구리는 연성과 전성이 커서 선재나 판재로 만들기 쉽다.
② 열이나 전기의 전도율이 크다.
③ 습기를 받으면 이산화탄소의 작용으로 부식하여 녹청색을 띤다.
④ 암모니아 등의 알칼리성 용액에 침식이 잘 안 된다.

해설 구리는 고온의 진한 황산과 같은 산화력을 가진 산과 반응한다.

2. 연성이고 가공성이 풍부하여 판재, 선재, 봉 등으로 만들기 용이한 금속재는?

① 알루미늄 ② 동
③ 납 ④ 아연

해설 구리(동) : 전성와 연성이 우수하고 가공성이 풍부하여 판재, 선재, 봉 등으로 가공되어 전기 재료 및 그 밖의 용도로 많이 사용된다.

3. 화이트 브론즈라고 하며 문짝, 손스침, 전기기구 등에 많이 쓰이는 합금은?

① 아연 ② 양은
③ 주석 ④ 니켈

해설 • 양은은 구리에 니켈과 아연을 섞은 합금으로, 화이트 브론즈라고도 한다.
• 손스침은 난간동자(난간에 일정 간격으로 칸막이를 한 짧은 기둥) 위에 가로로 대는 나무를 말한다.

4. 다음 중 특수 황동에 대한 설명으로 옳지 않은 것은?

① 주석 황동은 전연성이 좋아 관 및 판의 용도로 사용된다.
② 연황동은 절삭성이 좋아 기어, 나사의 용도로 사용된다.
③ 알루미늄 황동은 내식성이 크고 열 교환 기관에 사용된다.
④ 규소 황동은 내식성이 좋고 기어의 용도로 사용된다.

해설 규소 황동은 주조성과 내해수성이 좋고 강도가 우수하여 선박 부품으로 사용된다.

5. 황동의 용도로 옳지 않은 것은?

① 미술 공예품
② 논슬립(nonslip)
③ 코너비드(corner bead)
④ 장식 철물

해설 • 논슬립 : 계단의 미끄럼 방지를 위해 계단코에 대는 철물이다.
• 황동은 주로 미술 공예품, 코너비드, 장식 철물 등으로 사용되며, 미끄럼 방지 용도로는 사용되지 않는다.

6. 비철금속 재료로 내식성이 크고 주조하기 쉬우며, 표면은 특유의 아름다움이 있어 장식 철물, 공예 재료로 많이 쓰이는 것은?

① 청동
② 아연
③ 니켈
④ 알루미늄

해설 청동은 구리와 주석의 합금으로 주물 재료, 미술, 공예품, 건축 장식품 재료로 많이 사용된다.

정답 1. ④ 2. ② 3. ② 4. ④ 5. ② 6. ①

7. 청동의 주성분으로 옳은 것은?

① 구리 + 아연
② 구리 + 주석
③ 구리 + 알루미늄
④ 구리 + 텅스텐

해설 • 황동 : 구리 + 아연
• 청동 : 구리 + 주석

8. 구리의 합금으로, 황금색이며 색깔이 변하지 않고 오랫동안 광택이 없어지지 않아 장식 철물로 많이 쓰이는 것은?

① 청동 ② 포금
③ 인청동 ④ 알루미늄 청동

해설 알루미늄 청동
• 성분 : Cu + Al 8~12%
• 내식성, 내열성, 내마멸성이 크다.
• 강도는 Al 10%에서 최대, 가공성은 Al 8%에서 최대이다.
• 오랫동안 광택이 없어지지 않아 장식 철물로 많이 쓰인다.

9. 청동에 1% 이하의 인을 첨가한 합금으로, 기계적 성질이 좋고 내식성을 가지며 기어, 베어링, 밸브 시트 등 기계 부품에 많이 사용되는 청동은?

① 인청동 ② 알루미늄 청동
③ 규소 청동 ④ 켈밋

해설 인청동
• Cu + Sn 9% + P 0.35%(탈산제)
• 내마멸성이 크고 인장강도와 탄성한계가 높다.
• 기어, 베어링, 밸브 시트 등 기계 부품 등에 많이 사용된다.

10. 다음을 설명한 금속 장식은?

> 일반적으로 힘을 많이 받는 반닫이와 책장 등에서 크고 두껍게 사용되며, 검소한 질감으로 인해 전통적인 사랑방 가구에 널리 이용된다.

① 구리 장식 ② 알루미늄 장식
③ 무쇠 장식 ④ 백동 장식

11. 다음 중 금속 재료에 관한 설명으로 옳지 않은 것은?

① 아연은 철과 접촉하면 부식되기 쉬우므로 아연판은 아연제 못으로 박아야 한다.
② 납은 산이나 알칼리에 침식되지 않는다.
③ 동은 대기 중에서 내구성이 있으나 암모니아에 침식된다.
④ 아연도철판 30번의 두께는 약 0.3mm이다.

해설 납(Pb)은 산화력이 있는 산에는 녹지만 알칼리에는 강하여 잘 침식되지 않는다.

12. 선박의 복수 기관(응축 기관)에 많이 사용되고 용접용으로도 쓰이는 것으로, 6 · 4 황동에 1% 내외의 주석을 함유한 황동은?

① 켈밋 합금
② 쾌삭 황동
③ 델타 메탈
④ 네이벌 황동

해설 네이벌 황동 : 6 · 4 황동에 Sn 1%를 첨가한 것으로 선박용 기계에 사용되며, 용접용으로도 쓰인다.

정답 7. ② 8. ④ 9. ① 10. ③ 11. ② 12. ④

5-6 합성수지

1 합성수지의 개요

(1) 합성수지

① 합성수지는 유기 화합물의 합성으로 만들어진 수지 모양의 고분자 화합물을 통틀어 이르는 말이다.
② 가열 및 가압에 의해 성형이 가능한 플라스틱 재료이다.
③ 플라스틱은 어떤 온도에서 가소성을 가지는 성질이라는 의미로, 합성수지를 플라스틱이라고도 한다.
④ 합성수지는 가소성을 이용하여 가열 성형된다. 가소성 물질은 인장, 굽힘, 압축 등 외력을 가하면 파괴되지 않고 영구 변형이 남아 그 형태를 유지하는 물질이다.
⑤ 페놀수지, 요소수지와 같은 열경화성 수지와 염화비닐수지, 폴리에틸렌수지와 같은 열가소성 수지로 구분한다.

(2) 합성수지의 성질

① 가볍고 튼튼하다.
② 가공성이 크고 성형이 간단하다.
③ 전기 절연성이 좋다.
④ 산, 알칼리, 유류, 약품 등에 강하며 단단하지만 열에는 약하다.
⑤ 투명한 것이 많으며 착색이 자유롭다.
⑥ 비강도는 비교적 높다.
⑦ 금속 재료에 비해 충격에 약하며 표면 경도가 낮아 흠집이 나기 쉽다.
⑧ 열팽창은 금속보다 크다.

(3) 합성수지의 특성

① **물리적 성질 :** 비중이 0.91~2.3이며 반투명이 많고 마모 계수가 작다.
② **기계적 성질 :** 강성은 금속에 비해 작고 표면 경도가 작아 흠집이 나기 쉽다. 또한 대부분의 합성수지는 흡습성이 낮아 습기에 강하다.
③ **열적 성질 :** 열전도성은 금속에 비해 매우 낮으며 열 안정성은 열팽창이 금속보다 크다. 그러나 일부 합성수지는 충격에 대한 저항성이 높아 파손에 강하다.

2 합성수지의 종류

(1) 열경화성 수지

가열 성형한 후 굳어지면 다시 가열해도 연화되거나 용융되지 않는 수지이다.

① **페놀수지**

(가) 페놀과 알데히드로 만든 수지로, 단단하고 불에 잘 타지 않으며 전기 및 열에 대한 절연성이 좋다.

(나) 전기 기구나 기어에 사용된다.

② **요소수지**

(가) 화학요소와 포르말린으로 만든 수지로, 불에 타지 않고 산성에 강하며 가볍고 전기가 통하지 않는다.

(나) 가정용 기구의 재료나 도료, 접착제로 사용된다.

③ **멜라민수지**

(가) 멜라민과 알데히드로 만든 수지로, 무색투명하여 착색이 쉽고 열에 잘 견디며 경도가 크다.

(나) 식기, 기계, 전기 부품의 원료로 사용되며, 인체에 무해한 것으로 알려져 있다.

④ **실리콘수지**

(가) 내열성이 매우 우수하며 물을 튀기는 발수성을 가지고 있다.

(나) 방수 재료는 물론 개스킷, 패킹, 전기 절연재, 기타 성형품의 원료로 사용된다.

열경화성 수지

종류		기호	특징	용도
페놀수지		PF	강도, 내열성	기어, 전기 부품, 베이클라이트
불포화폴리에스테르		UP	유리 섬유에 함침 가능	FRP용
아미노계	요소수지	UF	접착성	접착제
	멜라민수지	MF	내열성, 표면 경도	요리 도구의 손잡이, 식기, 테이블 상판
에폭시수지		EP	금속과의 접착력 우수	실링, 절연 니스, 도료
실리콘수지		–	열 안정성, 전기 절연성	개스킷, 전기 절연재

(2) 열가소성 수지

가열 성형하여 굳어진 후에도 다시 가열하면 연화 및 용융되는 수지이다.

① **폴리염화비닐**

(가) 불에 타지 않고 물이나 약에 잘 견디며 전기가 통하지 않는다.

(나) 열과 압력으로 모양을 바꾸기 쉬워 플라스틱 제품이 많다.

(다) 단단한 것은 파이프, 연한 것은 가방이나 보자기를 만드는 데 사용된다.

② **폴리에틸렌**

(가) 에틸렌으로 만든 열가소성 수지를 말한다.

(나) 내수성, 절연성, 가공성이 우수하다.

(다) 절연 재료, 그릇, 잡화, 공업용 섬유, 도료 등에 사용된다.

③ **폴리아세트산비닐**

(가) 무색투명하고 물에 녹지 않는다.

(나) 접착제, 도료, 폴리비닐알코올(비닐론)의 합성 원료로 사용된다.

④ **아크릴수지**

(가) 항공기나 자동차의 유리, 건축 재료, 장신구, 의치에 사용된다.

(나) 아크릴산 또는 그 유도체의 중합으로 만들어지는 합성수지를 말한다.

열가소성 수지

종류	기호	특징	용도
폴리염화비닐 (염화비닐수지)	PVC	내수성, 전기 절연성	수도관, 배수관, 전선 피복
폴리에틸렌	DE (LDPE : 저밀도 HDPE : 고밀도)	무독성, 유연성	랩, 비닐봉지, 식품 용기
폴리아세트산비닐	PVA	접착성 우수	접착제, 껌
폴리프로필렌	PP	가볍고 열에 약함	일회용 포장 그릇, 뚜껑, 식품 용기
폴리스티렌 (스타이렌수지)	PS	충격에 약함	컵, 케이스
폴리우레탄	PU	탄성, 내유성, 내한성	우레탄 고무, 합성 피혁
폴리카보네이트	PC	내충격성 우수	투명 지붕, 방탄 헬멧
오리엔티드 폴리프로필렌	OPP	투명성, 방습성	투명 테이프, 방습 포장
폴리에틸렌테레프탈레이트	PET	투명, 인장파열 저항성	사출 성형품, 생수 용기
폴리메틸메타아크릴레이트 (아크릴수지)	PMMA	빛의 투과율이 높음	광파이버, 안경렌즈

3 합성수지의 기계 부품

(1) 기어용 재료

① 플라스틱제 기어는 내마모성이 우수하고 충격에 강하며 가볍고 소음이 작다. 또한 윤활제가 필요 없으며 내식성이 양호하다.
② 페놀계 제품은 기계 및 자동차의 무소음 기어에 사용된다.

(2) 베어링용 재료

① 플라스틱제 베어링은 마찰 계수가 작고 내식성과 내마모성이 우수하며, 가볍고 윤활성이 양호하며 부식이 없다.
② 원료로는 요소수지, 페놀계 수지, 아세틸수지 등이 사용된다.

(3) 하우징용 재료

① 하우징용으로 사용되는 원료는 요소수지, 페놀계 수지, 폴리카보네이트, 폴리에스테르 등이 사용된다.
② 충격 저항이 크고 가벼우며 기계적 강도가 높아 항공기 부품, 선체, 자동차 부품, 기계 장치 커버 등에 사용된다.

예 | 상 | 문 | 제

1. 합성수지의 일반적인 성질 중 틀린 것은?

① 투과성이 큰 것은 유리 대신 채광판으로 사용한다.
② 내열성, 내화성이 커서 500℃ 이상에서 견딘다.
③ 가공하기 쉽고 착색이 자유롭다.
④ 경량이며 강도가 큰 것이 있으나 구조재로는 사용이 불리하다.

해설 합성수지는 내열성, 내화성이 작다.

2. 열경화성 수지의 특성이 아닌 것은?

① 내열성이다.
② 밀도가 크고 딱딱하다.
③ 탄력성이 없고 부스러지기 쉽다.
④ 가열하면 유동성이 있고 냉각시키면 다시 굳는다.

해설 가열하면 가공이 쉽고 냉각하면 다시 굳어지는 합성수지는 열가소성 수지이다.

3. 합성수지에 관한 설명 중 틀린 것은?

① 멜라민수지, 폴리에틸렌수지 등은 열경화성 수지이다.
② 열가소성 수지란 화열에 의해 연화되고 상온에서는 다시 원래와 같은 경도로 굳어져 처음 성질에 변화가 없는 수지이다.
③ 알키드수지는 유장이 클수록 용해성, 가소성이 좋고 점도, 경도가 줄어든다.
④ 염화비닐수지는 아세틸렌과 염화수소가스에서 만들어지는 염화비닐의 모노머가 부가 중합하여 이룬 중합체이다.

해설 멜라민수지는 열경화성 수지이며 폴리에틸렌수지는 열가소성 수지이다.

4. 착색이 자유롭고 견고하며 내열성, 전기 절연성이 우수하여 실내장식 및 가구 재료로 사용되는 합성수지는?

① 멜라민수지 ② 푸란수지
③ 알킬수지 ④ 실리콘수지

해설 멜라민수지 : 요소수지와 유사하나 경도가 크고 내수성이 우수하다.

5. 열가소성 수지의 종류가 아닌 것은?

① 폴리우레탄 ② 아크릴수지
③ 페놀수지 ④ 폴리에틸렌

해설 • 열가소성 수지에는 폴리우레탄, 폴리에틸렌, 폴리프로필렌, 폴리염화비닐, 아크릴수지 등이 있다.
• 페놀수지는 열경화성수지이다.

6. −60~260℃에서 탄성이 유지되므로 주로 개스킷, 패킹 재료로 사용되는 수지는?

① 푸란수지
② 에폭시수지
③ 실리콘수지
④ 요소수지

해설 실리콘수지 : 물을 튀기는 발수성이 있으며 방수 재료는 물론 개스킷, 패킹, 전기 절연재, 기타 성형품의 원료로 사용된다.

7. 열가소성 수지의 특성이 아닌 것은?

① 축합반응에 의한 고분자화
② 무색투명의 중합체
③ 열에 의한 연화
④ 압출 및 사출성형에 의한 능률적인 가공

해설 축합반응은 열경화성 수지의 특성이다.

정답 1. ② 2. ④ 3. ① 4. ① 5. ③ 6. ③ 7. ①

가구제작 및
목공예기능사

제 3 편

목재 가공

출제기준 세부항목	
가구제작기능사	**목공예기능사**
3. 가구제작 작업 안전관리 ■ 공구, 작업자, 작업장 안전관리 **4.** 가구제작 작업 준비 ■ 전동 공구, 목공기계 준비 **7.** 가구 가공 작업 ■ 재단 작업 ■ 라우터 작업 ■ 보링 작업 ■ 에지 밴더 작업 **9.** CNC 가공 작업 **10.** 가구 연마 작업 ■ 면취 작업 ■ 연마기계 작업	**2.** 목공예 공구 준비 ■ 전동 공구, 목공기계 준비 **3.** 목공예 재단기계 작업 ■ 재단기계 준비 및 사용 **4.** 목공예 절삭기계 작업 ■ 절삭기계 준비 및 사용 **5.** 목공예 세공기계 작업 ■ 세공기계 준비 및 사용 **12.** 목공예 작업계획 수립 ■ 안전 ■ 작업 이상 발생 조치

제 1 장 재단 가공

1-1 재단기계

1 패널 소(panel saw)

(1) 특징

합판, MDF, 집성 판재 등과 같이 부피가 큰(넓은) 판재 재단에 용이하다.

(2) 가공 방식

판재 재단 시 재단기계로 가이드의 치수를 조정하고 시작 버튼을 누르면, 공압에 의해 톱날 커버가 부재를 잡아주고 톱날이 레일을 따라 이동하면서 자동으로 재단되는 방식으로, 작업자가 힘을 가하지 않아도 된다.

(3) 용도 및 적용

① 하부 기준면을 기준으로 직각 형태 즉, 판재를 세워서 재단한다.
② 각도 재단 및 제재 원목과 같은 두꺼운 부재는 재단하기 어렵다.

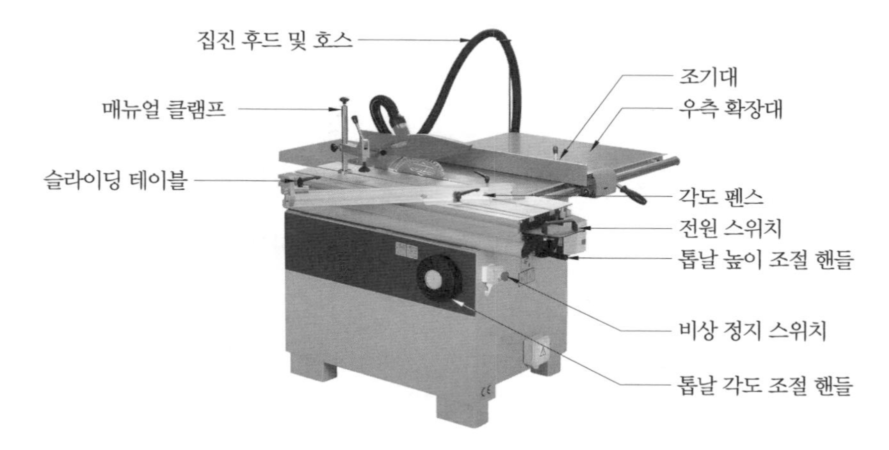

패널 소(panel saw)

2 점핑 소(jumping saw)

(1) 특징

① 제재 원목과 같은 두꺼운 부재의 가재단 작업에 특화된 기계이다.
② 안전 커버가 공압에 의해 자동으로 부재를 잡아주며, 작업자가 부재를 잡고 있지 않아 안전상 위험 부담이 작다.

(2) 가공 방식

부재를 놓고 시작 버튼을 누르면 공압에 의해 톱날 커버가 부재를 잡아준 상태에서 톱날이 자동으로 올라와 재단되는 방식이다.

(3) 용도 및 적용

① 두껍고 폭이 넓은 제재목을 1차로 가재단하는 용도로 사용할 수 있다.
② 작업자는 톱날 커버에 손이 들어가지 않게 주의해야 하며, 시작 버튼은 반드시 두 손으로 작동해야 한다.

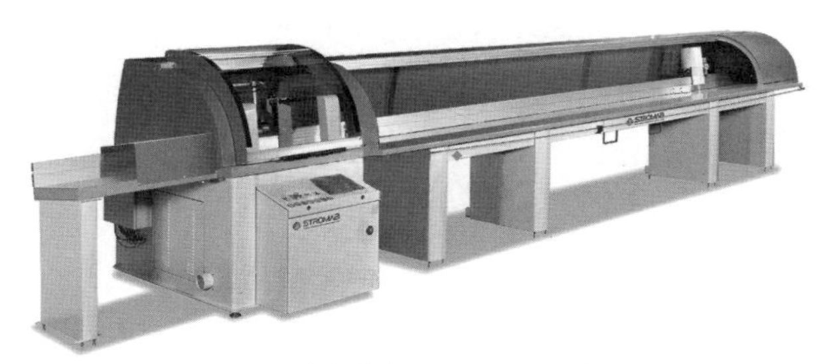

점핑 소(jumping saw)

3 테이블 소(table saw, 둥근톱)

(1) 특징

① 목재 재단 작업에 가장 많이 사용되며, 길이 방향으로 재단하는 켜기 작업에 용이하다.
② 부재를 밀면서 절단(가로, 세로, 경사각)하고 가공 작업(부재의 홈 파기, 턱 따내기)을 하는 기계로 자르기, 켜기, 홈 파기, 턱 가공, 각도 재단 등이 가능하다.
③ 오차 범위가 작고 가공 면이 매끄러워 정재단 가공에 특화된 기계이며, 소형 부재(230mm 이하)의 작업을 주로 한다.
④ 복합 날을 적용하면 합판, MDF, 집성 판재, 원목 등에 모두 사용 가능하다.
⑤ 원목과 같은 섬유질이 있는 부재의 켜기용 날물로 작업하면 탁월한 효과가 있다.

(2) 구조

① **전원 스위치 :** 전원을 켜고 끌 때 사용한다.

② **테이블 :** 톱질할 재료와 목재를 지탱하는 평평한 표면

③ **톱날 가드 장치 :** 사용자의 손을 보호하고 톱밥이 날리지 않도록 날을 덮는 장치

④ **확장 정반 :** 테이블의 작업 공간을 넓히는 부분

⑤ **조기대 :** 표면에 수직으로 세워진 가동 부분이며, 길이 방향으로 절단 너비를 조절할 때 사용한다.

⑥ **각도 조절 핸들 :** 각도 표시기(0~45°)를 따라 움직이며 톱날의 각도를 조절하는 바퀴 핸들

⑦ **상하 조절 핸들 :** 눈금을 따라 움직이며 톱날의 높이를 조절하는 바퀴 핸들

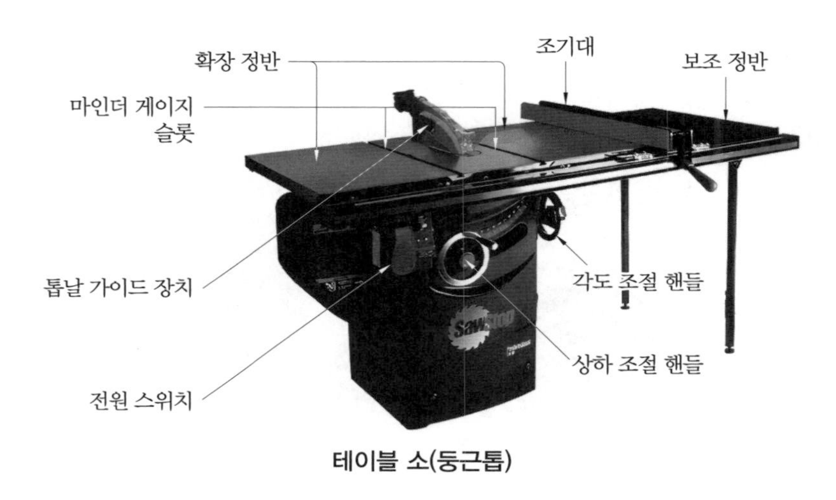

테이블 소(둥근톱)

(3) 가공 방식

① 톱날 가이드 장치를 기준으로 평행하게 재단되는 방식이다.

② 테이블 소 정반에 위치한 2개의 마이터 게이지 슬롯에 안착시킨 후 손으로 밀어서 재단한다.

(4) 용도 및 적용

① 톱날과 보조 지그의 기본 각은 90°로 자르기 작업이 가능하다.

② 톱날 각도에 따라 90°, 45°의 2가지 형태로 제작하여 사용하면 소형 부재의 정밀 가공이 가능하다.

③ 톱날의 각도는 0(90°)~45°(±2mm)까지 조절되며, 지그를 사용하면 이중각의 각도 재단이 가능하다.

④ 수동이므로 가공 속도는 떨어지지만 오히려 세밀한 가공에 적합하다.

4 횡절기(sliding table saw, 슬라이딩 테이블 소)

(1) 특징

① 테이블 소와 함께 목재 재단 작업에 가장 많이 사용되는 기계이다.
② 자르기, 켜기가 모두 가능한 재단기계이며 자르기 작업에 더 많이 사용한다.
③ 오차 범위가 작고 가공 면이 매끄러워 정재단 가공에 용이하다.
④ 복합 날을 적용하면 합판, MDF, 집성 판재, 원목 등에 모두 사용 가능하다.
⑤ 부피가 크거나 무거운 부재를 가공할 때 좀 더 안정적인 재단 작업을 할 수 있다.

(2) 가공 방식

① 부재를 가이드 장치 위에 올리고, 가이드 장치를 손으로 밀어 재단하는 방식이다.
② 톱날의 재단 방향과 직각 방향으로 톱날 가이드가 위치해 있다.

(3) 용도 및 적용

① 자르기, 켜기, 홈 파기, 턱 가공, 각도 재단 등에 사용한다.
② 톱날과 가이드 장치의 각도가 0(90°)~45°(±2mm)까지 조절되어 이중각의 각도 재단이 가능하다.

횡절기(슬라이딩 테이블 소)

5 밴드 소(band saw, 띠톱)

(1) 특징

① 주로 완만한 곡선 가공에 적합한 재단기계로, 톱날의 폭에 따라 가공 범위의 차이를 둘 수 있다.
② 합판, MDF, 집성 판재, 원목 등에 모두 사용할 수 있다.
③ 켜기, 자르기, 직선 가공, 곡선 가공, 리쏘잉(resawing) 작업 등 사용 범위가 넓어 활용도가 높다.

(2) 가공 방식

작업자가 가공 부재를 손으로 밀어 재단하는 방식이다.

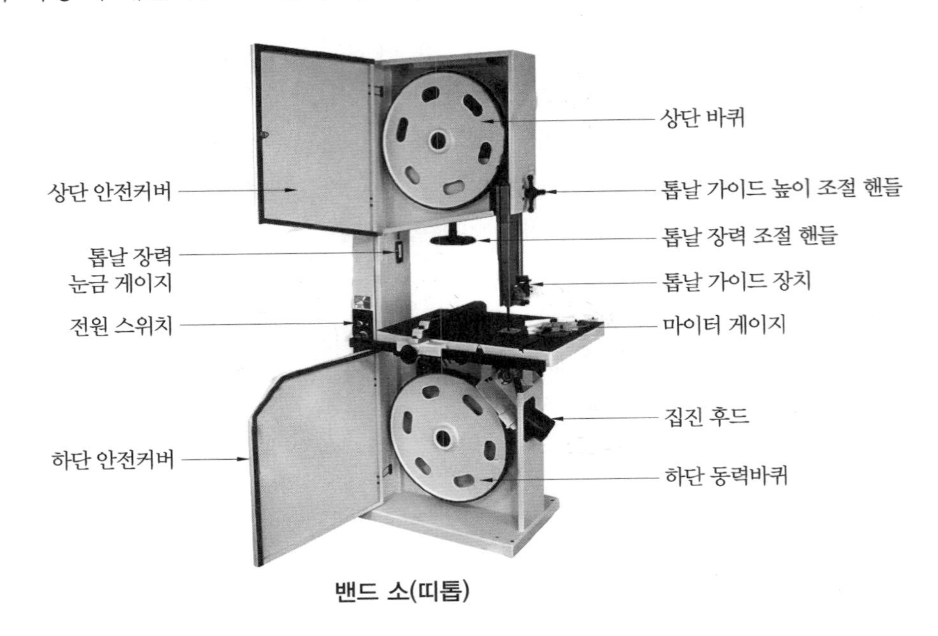

밴드 소(띠톱)

밴드 소 가공의 종류를 나타내면 다음 그림과 같다.

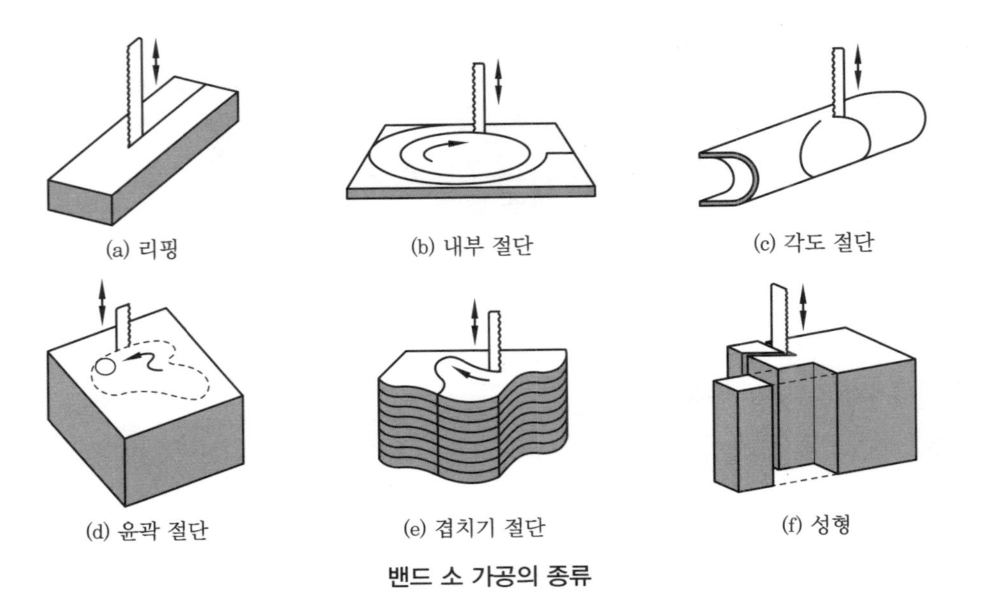

밴드 소 가공의 종류

(3) 용도 및 적용

① 폭이 좁은 톱날은 경사가 급한 곡면 가공에 사용하고, 폭이 넓은 톱날은 완만한 곡면 가공과 직선 가공에 사용한다.

② 폭이 넓은 톱날은 부재를 얇은 판재로 가공하는 resawing 작업을 할 수 있다.
③ 정밀도가 떨어져 재단 면이 거칠기 때문에 가재단 용도로 사용한다.
④ 정반의 각도가 0(90°)~45°(±2mm)까지 조절되므로 각도에 따른 곡선 재단이 가능하다.
⑤ 직선, 곡선 작업을 병행할 수 있지만 주로 곡선의 바깥지름 재단 작업에 사용한다.

6 스크롤 소(scroll saw, 실톱)

(1) 특징

① 얇은 판재의 경사가 심한 곡선 가공과 가공물의 내부 곡선 가공이 가능하여 세공 작업에 특화된 재단기계이다.
② 두꺼운 부재일수록 재단 속도가 느리고 곡선 가공 시 왜곡 현상이 생긴다.
③ 수동으로 작동되기 때문에 가공 속도는 떨어지지만 오히려 세밀한 가공에 적합하다.

(2) 가공 방식

① 톱날이 상하로 움직이며 재단하는 방식이다.
② 부재에 재단 가이드 선을 그린 다음, 작업자가 손으로 밀어가며 유동적으로 조절하면서 재단하는 방식이다.

(3) 용도 및 적용

① 밴드 소에서 가공하기 어려운 얇은 판재(최대 30mm 미만)의 경사가 심한 곡선 가공에 적합하며, 톱날이 작고 길이 짧아 두꺼운 부재 가공에는 부적합하다.
② 정반의 각도가 0(90°)~45°까지 조절되어 각도 재단이 가능하다.

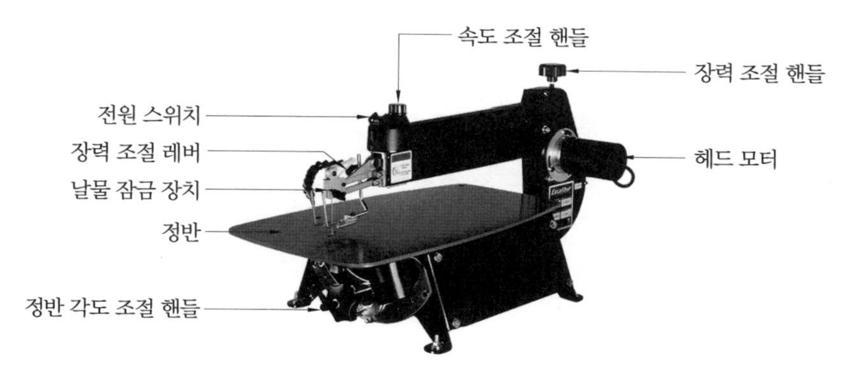

스크롤 소(실톱)

1-2 재단 가공용 날물

1 재단 작업과 나뭇결

① 목재 작업의 시작은 톱질이라 할 수 있다. 재단 작업은 목재를 자르거나 켜는 것을 말하며 사용하는 공구는 톱이다.

② 목재는 나뭇결 또는 나뭇결 방향이라고 하는 목재의 섬유질 방향을 가지고 있다.

③ 목재를 재단하는 방법은 나뭇결 방향에 따라 세로로 절단하는 것과 가로로 절단하는 것이 있다.

2 재단 작업의 종류

(1) 켜기 재단 작업

① 재단 방향을 결 방향에 따라 절단하는 것을 말한다.

② 자르기를 할 때보다 날(팁) 수가 적은 톱날을 사용한다.

(2) 자르기 재단 작업

① 재단 방향을 결의 반대 방향, 즉 섬유질의 단면 방향으로 절단하는 것을 말하며, 자르기 재단 작업을 하면 재단 면이 거칠게 된다.

② 섬유질로 인한 톱날의 저항이 크고 작업자의 힘이 더 요구된다.

③ 톱날은 날 수가 많은 것을 사용한다.

④ 톱날에 받는 마찰열로 인해 톱날의 수명이 단축된다.

3 날물

(1) 날물의 정의와 종류

① 날물은 목공용 기계에 부착하여 사용하는 소모성 재료(공구)를 통칭하여 말한다.

② 목재의 가공 종류에 따라 재단용 날물, 부재의 면 가공용 날물, 부재의 조립이나 접합을 위한 타공용 또는 천공용 보링 날물 등이 있다.

(2) 재단 작업에서 사용하는 날물

재단용 날물은 목공기계에 따라 원형, 밴드형, 일자형이 있으며, 재단 작업의 종류에 따라 자르기용 톱날과 켜기용 톱날로 구분한다.

4 재단 방향에 따른 날물의 모양

(1) 자르기용 톱날의 모양

① 자르기용 톱날은 나뭇결의 직각 방향으로 톱질하기 위한 것으로, 자르는 작업에 편리하도록 만든 톱니이다.
② 날 하나하나가 칼날과 같이 연마되어 있다.
③ 톱밥 배출이 잘 되도록 하기 위해 톱날의 간격을 크게 하고 좌우로 많이 벌린 모양으로 만들어져 있다.

(2) 켜기용 톱날의 모양

① 켜기용 톱날은 톱질을 할 때 나뭇결과 같은 방향으로 자르기 위한 톱니이다.
② 날은 직각 형태로 연마되어 있다.
③ 결대로 긁어내는 방식으로 절단하게 된다.

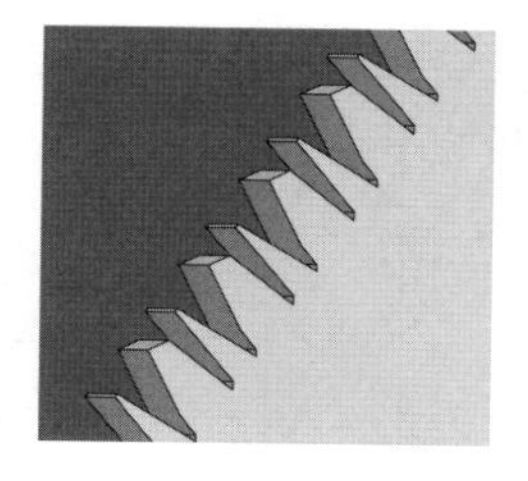
(a) 자르기용 톱날 모양

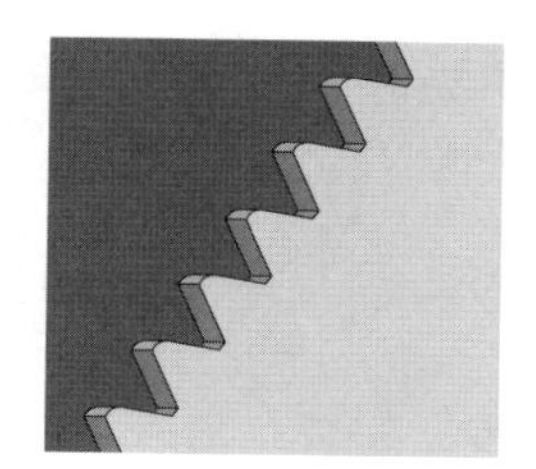
(b) 켜기 톱날 모양

재단 방향에 따른 톱날의 모양

5 테이블 소의 날물

(1) 원형 톱날의 특징

① 톱날의 형태는 원형이며 바깥지름, 안지름, 톱날(팁) 두께, 톱몸(판) 두께, 톱날의 개수로 구분한다.
② 톱날은 사용하는 재단기계의 규격과 가공 소재에 맞게 선택하여 사용한다.
③ 원형 톱날은 톱날 수에 따라 자르기용 날, 켜기용 날, 자르기와 켜기의 중간인 복합형 날로 구분한다.
④ 일반적으로 자르기용은 60~120날, 켜기용은 24~60날, 복합 날은 60~80날 정도의 날물을 사용한다.
⑤ 가공 소재에 따라 원목과 MDF, PB, 합판, 멜라민 등의 날물을 다르게 사용하는 것이 좋다.

(2) 원형 톱날의 규격

① 바깥지름 톱날 두께×톱몸 두께×톱날 수(*p*)×테이블 소의 축 지름(ϕ)

② 재단기계의 축 지름에 따른 톱날의 크기는 아래 표와 같다.

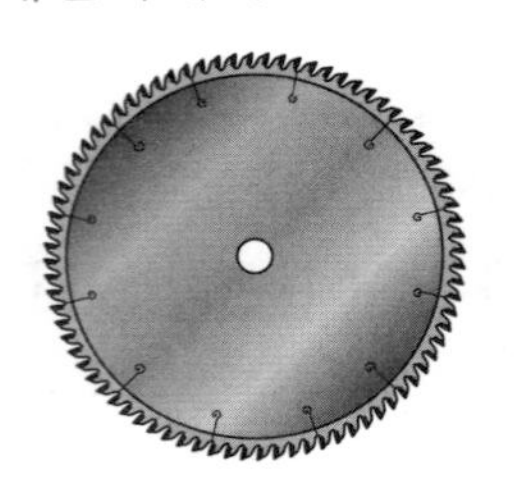

(a) 자르기용 날
255×3.2×80p×ø30

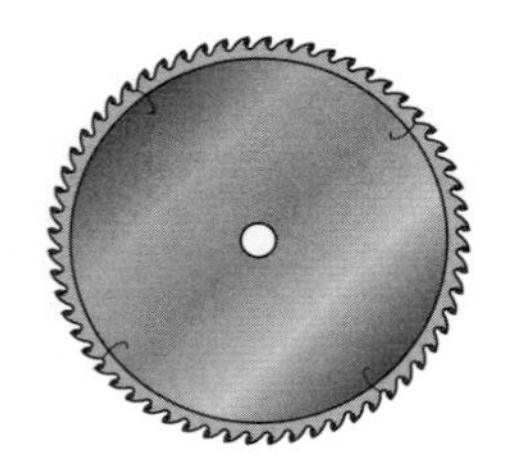

(b) 켜기용 날
255×3.2×42p×ø30

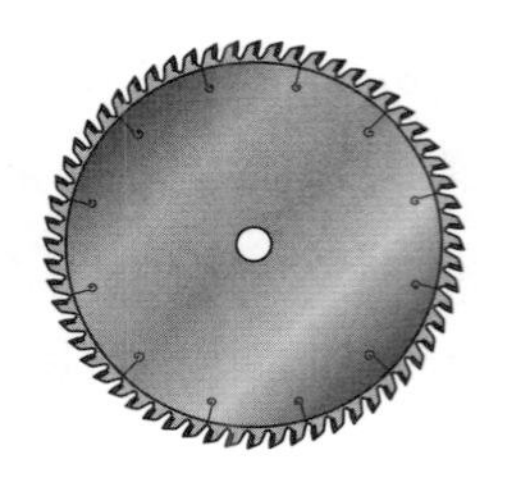

(c) 복합형 날
255×3.2×2.2×60p×ø30

원형 톱날의 종류와 형태

재단기계의 축 지름 및 톱날의 크기

(단위 : mm)

재단기계	원형 톱날				
축 지름	바깥지름	안지름	톱날×톱몸 두께	톱날 수	용도
30	14″(350)	30	3.2×2.2	60~120p	자르기
25.4	12″(300)	25.4	3.0×2.2	60~80p	자르기, 켜기
15.88	10″(255)	15.88	2.2×1.6	24~60p	켜기

(3) 리덕션 링

리덕션 링은 재단기계의 축 지름과 톱날의 안지름이 다를 경우 톱날을 고정하기 위해 사용한다.

① 축 지름과 톱날 안지름의 중간에 리덕션 링을 끼워서 고정한다.

② 재단기계의 축 지름, 톱날의 안지름, 톱날의 톱몸 두께에 따라 리덕션 링을 선택하여 사용한다.

③ 리덕션 링의 바깥지름(*D*)은 톱날의 안지름에, 안지름(*d*)은 재단기계의 축 지름에 맞춰야 한다.

④ 리덕션 링의 두께(*S*)는 톱날의 톱몸 두께와 같거나 조금 얇은 것을 사용한다.

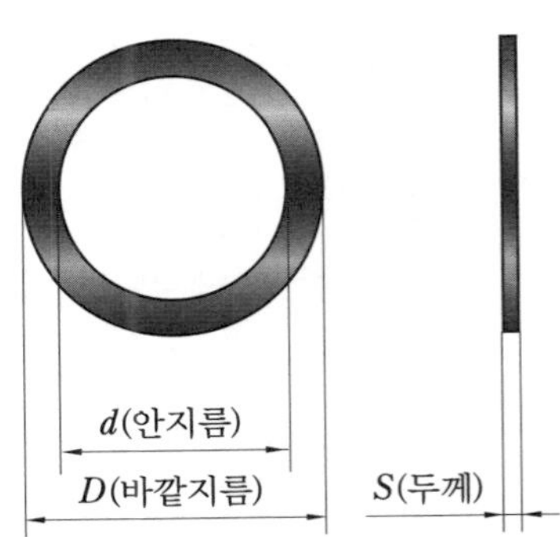

리덕션링의 형태

국내 생산 리덕션 링의 규격

(단위 : mm)

재단기계	리덕션 링		
축 지름	바깥지름	안지름	두께
30	30	16	4.0
	30	19.05	2.0
25.4	30	25.4	4.0/2.5/2.0/1.5
	25.4	16	4.0/1.5/1.0
15.88	25.4	16	4.0/1.5/1.0
	25.4	19.05	1.5

(4) 재단용 날물의 점검

① 목재를 자르거나 켤 때 사용하는 기계의 날물은 일정 시간이 경과한 후 점검이 꼭 필요하다.

② 날물은 소모성 재료이므로 장시간 점검이 이루어지지 않으면 안전사고의 원인이 될 수 있다.

③ 날물이 마모되어 재사용이 불가능할 때는 연마하거나 교체하여 안전사고를 방지하고, 작업의 효율성에 지장을 주지 않도록 한다.

④ 원형 톱날의 점검 및 연마

(가) 켜기용 날물, 자르기용 날물, 복합형 날물의 사용 빈도를 확인하고 항상 중간 점검을 해야 한다.

(나) 각각의 용도에 맞지 않게 날물을 사용하면 수명이 짧아지므로 용도에 알맞게 사용해야 한다.

6 밴드 소의 날물

(1) 밴드 소 톱날의 특징

① 톱날의 형태는 밴드형이며 주로 탄소 공구강, 합금강 등의 소재로 제작되고 코일 형태로 되어 있다.

② 기계의 사양에 따라 원주값이 다르므로 주문 제작하여 사용한다.

③ 밴드 길이(띠 원주), 밴드 폭, 두께, 단위 길이당 톱날의 수, 톱날의 형상 등에 따라 구분한다.

④ 밴드 소 톱날은 날 수가 적을 경우에는 재단 면이 거칠지만, 마찰로 인한 열이 적고 톱밥을 효율적으로 밀어낼 수 있는 구조로 되어 있어 두꺼운 목재를 자르거나 켤 때 편리하다.

⑤ 날 수가 많을 경우에는 자르는 속도는 느리지만 재단 면이 좀 더 고르다.

밴드 소 날물

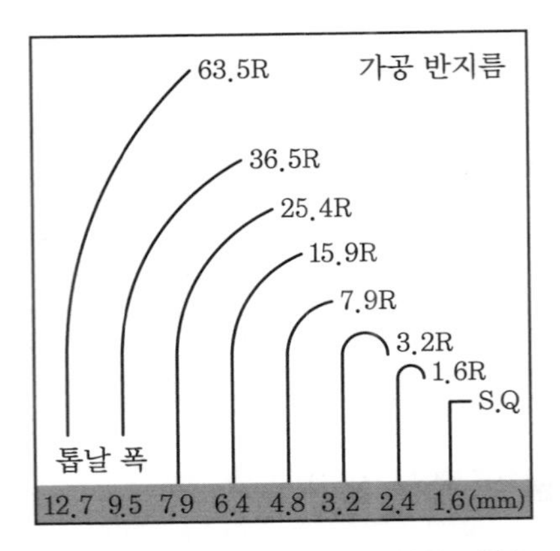

톱날의 폭에 따른 곡선의 가공 범위

(2) 밴드 소 톱날의 점검

① 톱날의 마모뿐만 아니라 연결 부분이 끊어질 위험도 있으므로 톱날의 마모 상태와 함께 연결 상태도 항상 중간 점검을 해야 한다.

② 재사용이 어려운 경우는 교체한다.

7 스크롤 소의 날물

(1) 스크롤 소 톱날의 특징

① 톱날의 형태는 일자형이며 표준 길이는 130mm이다.

② 톱날은 톱날의 두께, 톱날의 폭, 인치당 날 수로 구분되며, 종류와 크기에 따라 #00 또는 No.00으로 표기하여 생산된다.

③ 톱날의 소재에 따라 목재, 비철금속, 플라스틱 등 다양한 소재를 재단할 수 있다.

④ 톱날이 한쪽 방향으로만 있는 경우는 재단할 때 부재의 바닥 면에 터짐 현상이 발생할 수 있다.

⑤ 목재용 톱날은 날끝에 역날이 붙어 있어 재단할 때 부재의 하단부가 터지는 현상을 방지한다.

⑥ 날어김 유무에 따라 절삭 정도에 차이가 있다.

(2) 스크롤 소 톱날의 종류

① standard tooth

(가) 가장 많이 보는 일정한 간격의 톱날이다.

(나) 목공용보다 프라스틱이나 알루미늄을 절단하는 데 적합하다.

(다) 다른 날에 비해 톱밥의 배출이 어렵고 절단 속도가 떨어진다.

② skip tooth

(가) 날이 하나씩 건너뛰는 형태이다.

(나) 소나무, 오동나무 등 무른 나무에 적합하다.

③ double tooth

(가) 날 사이를 건너뛰어 2개의 날이 가까이 붙어 있는 형태이다.

(나) 목재를 신속하게 절단할 수 있으며, 가공 면에 부하를 적게 주기 때문에 타거나 변색되는 것을 방지한다.

(다) 느티나무, 참죽나무 등 굳은 나무에 적합하다.

④ reversed skip tooth(역날) : 스크롤 소의 상하 운동으로 목재가 절단될 때 한쪽 방향으로만 톱날이 들어가 바닥 면에 터짐 현상이 발생하는 것을 막아준다.

⑤ spiral tooth : 톱날 자국이 넓게 남으며, 어느 방향으로든 자유롭게 작업이 가능하다.

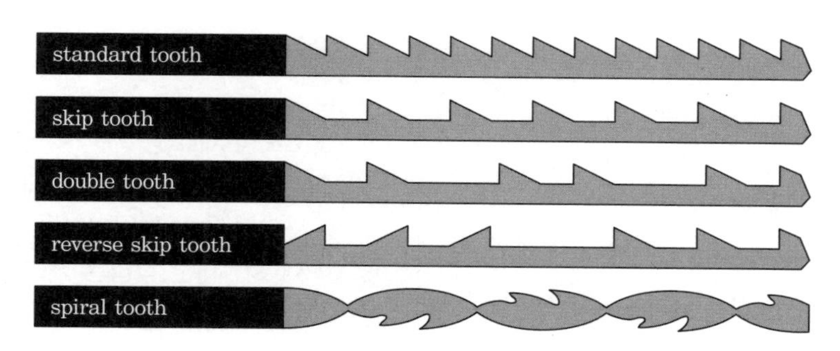

스크롤 소 톱날의 종류

예 | 상 | 문 | 제

재단 가공 ◀

1. 각재를 다음과 같은 단면으로 가공할 때 적합한 기계는?

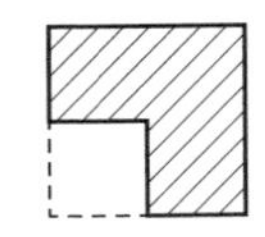

① 각끌기 ② 손밀이대패
③ 둥근톱기계 ④ 목선반

2. 둥근톱기계 사용 시 부재 윗면에 둥근톱의 톱날이 나오는 적당한 높이는?

① 1~2mm ② 3~5mm
③ 8~10mm ④ 10~15mm

해설 둥근톱기계 사용 시 톱날의 높이는 제재할 부재보다 3mm 정도 높게 조정한다.

3. 둥근톱기계 사용 시 안내자 면과 둥근톱 사이에서 앞쪽이 좁을 때 일어나는 현상은?

① 톱질된 목재가 톱날과 안내자 사이에 끼워지는 상태로 반발하므로 위험하다.
② 가공한 재료의 너비가 고르지 못하다.
③ 일정한 너비로 켜기가 잘된다.
④ 톱날과 안내자 사이에 끼워져 기계의 회전이 멈추게 된다.

해설 • 앞쪽이 좁으면 재료를 켤 때 가공한 너비가 고르지 못하다.
• 뒤쪽이 좁으면 톱질된 목재가 톱날과 안내자 사이에 끼워지는 상태로 반발하므로 위험하다.

4. 다음 중 테이블 소로 할 수 없는 작업은?

① 홈 파기 ② 턱 만들기
③ 경사 켜기 ④ 곡선 오리기

해설 • 안내자를 사용하여 목재를 일정한 너비로 켤 수 있다.
• 각도기 자를 사용하여 목재를 일정한 길이로 자를 수 있다.
• 테이블 경사 및 각도기 자를 사용하여 목재를 임의의 각으로 켜거나 자를 수 있다.
• 목재를 면접기(모서리를 둥글게) 할 수 있다.
• 장부 만들기 및 장부 턱을 자를 수 있다.

5. 다음 중 둥근톱기계에 대한 설명을 잘못 나타낸 것은?

① 테이블의 상하 이동이 가능하다.
② 자르기 및 홈 파기를 할 수 있다.
③ 경사 켜기가 가능하다.
④ 곡선을 켜는 데 주로 사용한다.

6. 다음 중 재단 가공용 날물에 대한 설명으로 옳은 것은?

① 날물은 목공용 기계에 부착하여 사용하는 소모성 재료(공구)를 말한다.
② 켜기용 톱날은 나뭇결과 같은 방향으로 자르기 위한 톱니이다.
③ 자르기 재단 작업은 켜기보다 날 수가 적은 톱날을 사용한다.
④ 원형 톱날은 날 수에 따라 자르기용 날과 켜기용 날로 구분한다.

해설 • 켜기 재단 작업은 자르기보다 날 수가 적은 톱날을 사용한다.
• 켜기용 톱날은 나뭇결과 직각 방향으로 톱질하기 위한 톱니이다.
• 원형 톱날은 날 수에 따라 자르기용 날, 켜기용 날, 자르기와 켜기의 중간인 복합형 날로 구분한다.

정답 1. ③ 2. ② 3. ② 4. ④ 5. ④ 6. ①

7. 실톱대에 실톱을 끼울 때 톱니의 방향은 어느 쪽으로 끼워야 하는가?

① 손잡이 방향
② 손잡이 반대 방향
③ 우측 방향
④ 좌측 방향

해설 실톱기계
- 섬세한 문양을 오리거나 자르기, 켜기, 여러 모양을 뚫어내는 작업에 적합한 기계이다.
- 실톱대에 실톱을 끼울 때 톱니는 손잡이 방향으로 끼운다.

8. 띠톱기계 사용에 관한 설명 중 틀린 것은?

① 띠톱날은 톱니 방향을 맞추어 먼저 아랫바퀴에 걸고 윗바퀴에 건다.
② 윗바퀴 오르내림 핸들을 오른쪽으로 돌려 톱날을 알맞게 당긴다.
③ 띠톱날 안내바퀴와 띠톱날 등과의 간격은 1~3mm 정도로 조정한다.
④ 오려내기가 끝날 무렵에는 목재를 세게 누르지 말고 오려간다.

해설 오려내기가 끝날 무렵에는 목재를 세게 누르고 천천히 오려간다.

9. 다음 중 곡선을 오릴 때 적당한 목공기계로 알맞은 것은?

① 띠톱 ② 둥근톱
③ 손밀이대패 ④ 각끌기

10. 합판, MDF, 집성 판재 등과 같이 부피가 넓은 판재 재단에 사용되는 기계는?

① 트리플 소(tripple saw)
② 갱립 소(gang rip saw)
③ 패널 소(panel saw)
④ 테노너(tenoner)

해설
- 트리플 소 : 주로 장척을 절단하는 기계로, 크로스 커팅 소와 유사하다.
- 갱립 소 : 판재를 필요한 치수의 각재로 가공하는 절단기계이다.
- 테노너 : 부재의 정재단을 하기 위한 기계이다.

11. 다음 중 재단 가공기계가 아닌 것은?

① 밴드 소
② 점핑 소
③ 횡절기
④ 면취기

해설 면취기는 주로 곡선 가공을 하는 성형 가공기계이다.

12. 다음 중 밴드 소에 대한 설명으로 옳지 않은 것은?

① 주로 완만한 곡선 가공에 적합한 재단기계이다.
② 정밀도가 좋아 가재단보다는 정재단 용도로 사용한다.
③ 폭이 넓은 톱날은 부재를 얇은 판재로 가공하는 리소잉 작업을 할 수 있다.
④ 직선, 곡선 작업을 병행할 수 있지만 주로 곡선의 바깥지름 재단 작업에 사용한다.

해설 정밀도가 떨어져 재단 면이 거칠기 때문에 정재단보다 가재단 용도로 사용한다.

정답 7. ① 8. ④ 9. ① 10. ③ 11. ④ 12. ②

제 2 장 절삭 가공

2-1 보링 가공기계

1 보링(boring) 가공의 개요

(1) 보링기계(드릴링 머신)

① 보링기계는 부재와 부재를 연결하기 위한 연결용 구멍을 가공하는 기계이다.
② 날물의 수에 따라 단축, 2축, 3축, 다축(70, 140, 240)으로 구분하며 작업 방법에 따라 수직, 수평, 좌우로 가공할 수 있다.

(2) 보링 가공

① 보링 가공은 제품 조립을 위한 것이므로 설계상에서 주어진 치수에 대하여 정확하고 정밀한 작업이 요구되는 공정이다.
② 작업 횟수가 생산성과 제조 원가에 직접적인 영향을 준다.
③ 산업용 보링기계는 제품을 대량 생산할 때 효과적이다. 주방가구나 사무용 가구와 같이 생산성을 극대화할 수 있는 가구의 문짝 손잡이와 연결 볼트 구멍 작업에 많이 사용한다.
④ 다축 보링의 경우 비트 간격은 32mm로, 손잡이는 64mm부터 32mm의 배수로 제작되는 것처럼 보링기계와 부재료의 조립 간격 등을 알고 설계에 적용한다.

2 16축 보링기계(16axis boring M/C)

① 16축 보링기계는 16축을 전후, 좌우로 이동하며 보링 위치를 맞추는 형태이다.
② 가구를 제작할 때 측판의 보링을 한 번에 할 수 있으며 판재의 조립부 가공에 사용한다.

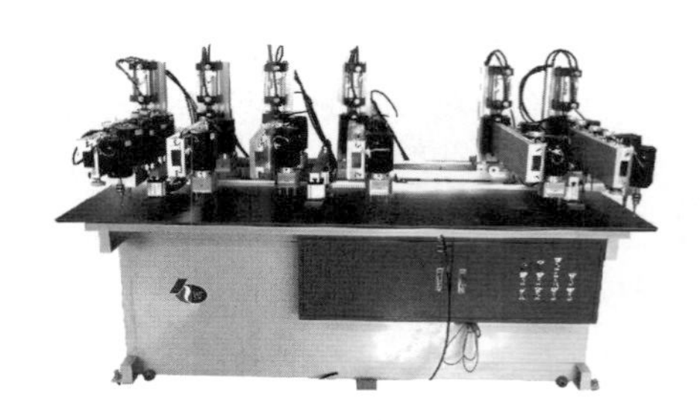

16축 보링기계

3 다축 보링기(multiple spindle boring M/C)

① 다축 보링기는 날의 헤드가 90°로 회전할 수 있는 구조이다.
② 작업에 따라 수직, 수평 작업이 용이하며 이동 선반이나 미니픽스 가공에 사용한다.

다축 보링기

4 멀티 보링기계(multiple boring M/C)

① 멀티 보링기계는 가공 축이 바닥에 위치한다.
② 부재를 고정시킨 후 부재 위에서 가공하며, 가공 위치의 이동과 조정이 용이하다.
③ 동일한 제품의 대량 생산이 가능하다.

멀티 보링기계

5 사이드 보링기(side boring M/C)

① 사이드 보링기는 가공 축이 측면에 위치한다.
② 부재의 측면을 가공하는 구조로 되어 있으며, 선반류의 측면 가공이나 각재의 장부 가공에 사용한다.

6 벤치 드릴링기계(bench drilling M/C)

① 주축에 날물을 장착하고 가공 깊이와 가공 거리, 각도 등을 조절한 다음, 가공용 핸들을 내려 가공하는 방식이다.

② 탁상 드릴 또는 드릴 프레스라고도 한다.

③ 작은 부재와 자동화 보링이 어려운 소재에 사용한다.

④ 정재단된 소형 부재의 정치수 가공에 적합하며 날물의 선택에 따라 합판, MDF, 집성 판재, 원목, 금속 등에 모두 가공 가능하다.

⑤ 정반의 각도는 0(90°)~45°(±2mm)까지 조절되며, 지그를 사용하면 이중각의 가공이 가능하다.

⑥ 최대 가공 높이는 날물 끝과 이동 정반의 최대 하향 높이까지이며, 정반이 작아서 별도의 정반을 제작하기도 한다.

⑦ 소량의 보링 및 문짝의 경첩에 사용하며 이동 설치가 용이하다.

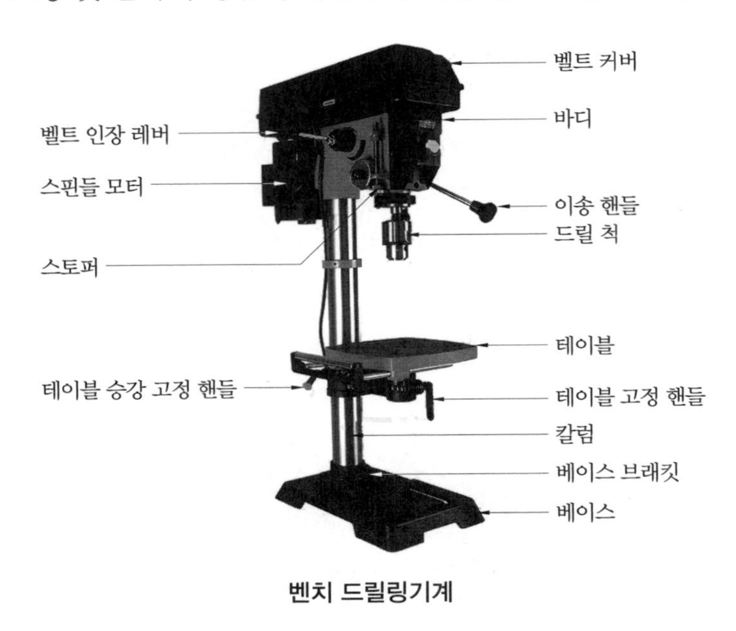

벤치 드릴링기계

2-2 보링(천공) 가공용 날물

1 보링용 날물의 특징

① 보링용 날물은 가공 소재에 따라 날물의 성분과 날의 모양이 다르며, 종류와 용도가 다양하다.

② 콘크리트용, 철재용, 목재용 날물로 크게 구분한다.

③ 목재 가공에서는 축의 방향에 따라 정방향 날물과 역방향 날물을 별도로 제작하여 사용하기도 한다.

2 보링용 날물의 종류

(1) 콘크리트용 날물

① 콘크리트 벽돌이나 타일 등에 사용하며 주로 단단한 곳을 가공한다.

② 날끝은 망치 모양으로 뭉툭하며 날물의 재질 또한 강하다.

콘크리트 가공용 날물

타일 및 유리 가공용 날물

(2) 철재용 날물

① 철재나 금속재에 사용하며, 일반 금속용과 고강도 금속재에 사용하는 고강도용이 있다.

② 철재를 가공할 때는 저속 회전으로 가공하며 날물 또한 날카롭게 가공한다.

(3) 목재용 날물

① 목재용 날물은 재질이 무른 편이므로 날의 중심 부분과 가장자리 부분을 뾰족하고 날카롭게 가공한다.

② 철재용 날물도 목재 가공에 사용할 수 있지만 작은 날물은 목재의 결에 따라 날물이 휘거나 깨끗하게 가공하기 어렵다.

예 | 상 | 문 | 제

절삭 가공 ◀

1. 각종 연결 철물의 구멍을 가공하는 기계로 알맞은 것은?

① 루터기계 ② 보링기
③ 면취기 ④ 핑거조인트

해설 보링기 : 부재와 부재를 연결하기 위해 사용하는 각종 연결 철물의 구멍 가공을 하는 기계이다.

2. 날의 헤드가 90° 회전할 수 있는 구조로 작업에 따라 수직 작업과 수평 작업에 용이한 기계는?

① 다축 보링기
② 트리플 소
③ 라운드 테노너
④ 아보 루터

해설 • 트리플 소 : 주로 장척을 절단하는 기계로 옷장의 문짝 심재, 측판용 심재 등의 절단에 사용한다.
• 라운드 테노너 : 부재 가공 절단기계이다.
• 아보 루터 : 각종 비트를 사용하여 홈 가공, 몰드 가공을 할 수 있는 기계이다.

3. 가구 제작 시 측판의 보링을 한 번에 할 수 있는 보링기계는?

① 사이드 보링기 ② 16축 보링기계
③ 다축 보링기 ④ 멀티 보링기계

해설 16축 보링기계
• 16축을 전후, 좌우로 이동하여 보링 위치를 맞추는 기계이다.
• 측판의 보링을 한 번에 할 수 있다.
• 판재의 조립부 가공에 사용한다.

4. 다음 중 멀티 보링기계에 대한 설명으로 옳은 것은?

① 날의 헤드가 90°로 회전할 수 있는 구조이다.
② 부재의 측면을 가공하는 구조로 되어 있다.
③ 작은 부재와 자동화 보링이 어려운 소재에 사용한다.
④ 부재를 고정시킨 후 부재 위에서 가공하며, 가공 위치의 이동과 조정이 용이하다.

해설 • 다축 보링기는 날의 헤드가 90°로 회전할 수 있는 구조로 되어 있으며, 이동 선반이나 미니픽스 가공에 주로 사용한다.
• 사이드 보링기는 부재의 측면을 가공하는 구조로 되어 있다.
• 벤치 드릴링기계는 작은 부재와 자동화 보링이 어려운 소재에 사용한다.

5. 다음 중 보링 가공용 날물에 대한 설명으로 틀린 것은?

① 콘크리트용, 철재용, 목재용 날물로 크게 구분한다.
② 콘크리트용 날물은 날끝이 망치 모양으로 뭉툭하고 재질이 강하다.
③ 목재용 날물은 재질이 특히 단단한 편이다.
④ 철재용도 목재 가공에 사용할 수 있지만 작은 날물은 목재의 결에 따라 날물이 휠 수 있다.

해설 • 콘크리트용 날물은 단단한 곳을 가공하며, 철재용 날물은 철재나 금속재에 사용한다.
• 목재용 날물은 재질이 무른 편이므로 날의 중심 부분과 가장자리 부분을 뾰족하고 날카롭게 가공한다.

정답 1. ② 2. ① 3. ② 4. ④ 5. ③

6. 부재의 측면을 가공하며 선반류의 측면 가공이나 각재의 장부 가공에 사용하는 보링 기계는?

① 다축 보링기　② 사이드 보링기
③ 멀티 보링기계　④ 벤치 드릴링기계

해설 사이드 보링기
- 가공 축이 측면에 위치한다.
- 부재의 측면을 가공하는 구조로 되어 있으며, 선반류의 측면 가공이나 각재의 장부 가공에 사용한다.

7. 벤치 드릴링기계의 설명이 아닌 것은?

① 탁상 드릴 또는 드릴 프레스라고도 한다.
② 작은 부재와 자동화 보링이 어려운 소재에 사용한다.
③ 소량의 보링 및 문짝의 경첩에 사용하며 이동 설치가 용이하다.
④ 작업에 따라 수직, 수평 작업이 용이하며 이동 선반이나 미니픽스 가공에 사용한다.

해설
- 작업에 따라 수직, 수평 작업이 용이하며 이동 선반이나 미니픽스 가공에 사용하는 것은 다축 보링기이다.
- 벤치 드릴링기계는 정재단된 소형 부재의 정치수 가공에 적합하며 작은 부재와 자동화 보링이 어려운 소재에 사용한다.

8. 보링 가공에 대한 설명으로 옳은 것은?

① 16축 보링기계는 16축을 상하로 움직여 가며 보링 위치를 맞춘다.
② 목재용 날물은 재질이 무른 편이므로 저속 회전으로 가공한다
③ 보링 가공은 제품 조립을 위한 것이므로 설계상에서 주어진 치수에 대해 정확하고 정밀한 작업이 요구되는 공정이다.
④ 목재 가공에서 보링용 날물은 별도로 제작하지 않고 가공 소재에 맞는 날물을 반드시 선택하여 사용한다.

해설
- 16축 보링기계는 16축을 전후, 좌우로 이동하며 보링 위치를 맞추는 형태이다.
- 철재용 날물은 철재를 가공할 때 저속 회전으로 가공하며 날물 또한 날카롭게 가공한다.
- 목재 가공에서 보링용 날물은 축의 방향에 따라 정방향, 역방향 날물을 별도로 제작하여 사용하기도 한다.

정답 6. ② 7. ④ 8. ③

제 3 장 면 가공과 성형 가공

3-1 면 가공기계

평면 가공에 특화된 대패기계에는 손밀이대패, 자동 일면 대패, 자동 이면 대패, 자동 사면 대패와 전동 공구의 전동 대패 등이 있다.

1 손밀이대패(수압 대패)

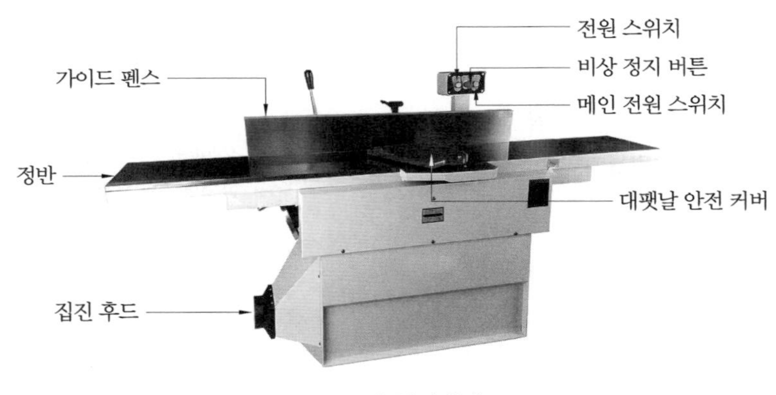

손밀이대패

(1) 특징

① 자동 대패의 하나로, 동력을 이용하여 작동되는 날에 손으로 나무를 밀어서 깎는 절삭기계이다.

② 기본 기능은 평면 가공이며, 원목 가공을 할 때 정재단기계의 가공 조건을 맞추기 위한 1, 2차 가공 기계라 할 수 있다.

③ 정반을 기준으로 평면 가공(1차)을 한 다음, 평면 가공된 기준면을 측면 가이드 펜스를 기준으로 직각을 잡을 수 있는(2차) 절삭기계이다.

④ 목재의 자르기, 켜기 작업 이전에 평면과 직각 면을 가공하여 2차 가공 시 자르기, 켜기, 두께를 가공할 때 안전하고 정밀한 가공을 하기 위해 사용한다.

(2) 가공 방식

① 부재를 앞 정반에 올린 후 작업자가 왼손으로 부재의 앞쪽을 누르고 오른손으로 부재의 뒤쪽을 누른 다음, 천천히 밀어서 가공하는 방식이다. 이때 밀대를 이용하여 안전하게 가공한다.
② 목재의 넓은 면을 가공하여 평면(1기준면)을 만들고, 기준대에 부재의 1기준면을 압착하여 폭이 좁은 면을 가공하면 직각 면(2기준면)이 만들어진다. 이때 부재를 밀 경우 너무 힘을 가하지 말고 천천히 밀어야 한다.
③ 손밀이대패의 정반 길이와 폭에 따라 가공 범위가 정해진다.
④ 가이드 펜스의 각도가 0(90°)~45°(±2mm)까지 조절되어 각도 절삭을 할 수 있다.

(3) 용도 및 적용

① 제재 또는 건조 후 휘거나 뒤틀린 목재의 평면 잡기나 직각을 잡을 때 사용한다.
② 부재의 길이가 300mm 이하인 목재는 사용하지 않는다.
③ 1회 가공 두께가 2mm를 넘지 않도록 한다.
④ 고속 회전하는 대팻날에 소매가 끼이지 않도록 소매가 긴 옷은 소매를 걷어 올리고, 장갑은 사용을 금한다.
⑤ 반드시 안전 커버를 사용한다.

2 자동 대패

(1) 특징

① 자동 대패는 무한궤도 장치에 의해 부재를 자동으로 송재시켜 부재의 상부 면을 가공하는 절삭기계이다.
② 가공하는 면에 따라 1면 대패, 2면(양면) 대패, 4면 대패로 구분한다.
③ 원목을 길이 방향(결 방향)으로 절삭하며 평면 가공에 특화된 기계이다.
④ 자동 일면 대패의 기본 기능은 평면의 두께 가공이다.
⑤ 손밀이대패에서 1차(평면)와 2차(직각)로 가공된 부재를 1차 평면을 기준으로 3차 두께 가공을 하기 위한 절삭기계이다.

(2) 가공 방식

① 기계의 송재 롤러가 부재를 밀어가며 절삭하는 방식으로, 작업자는 송재 롤러까지만 부재를 밀어주면 된다.

② 기계의 정반은 수직 방향의 상하로만 움직이기 때문에 평면의 두께 가공만 가능하지만, 지그를 이용하면 사선의 평면 가공도 가능하다.
③ 정반의 최대 폭과 높이에 따라 자동 대패의 가공 범위가 정해진다.

(3) 용도 및 적용

① 원목의 3차 두께 절삭 가공에 적합하다. 즉, 평면과 직각이 잡힌 두께 가공에 사용한다.
② 판재나 각재를 동일한 두께로 가공할 때 사용하며 대량 생산에 용이하다.
③ 길이 400mm 이하의 부재는 사용하지 않는다.
④ 1회 가공 시 최대 3mm 이상 가공하지 않는다.

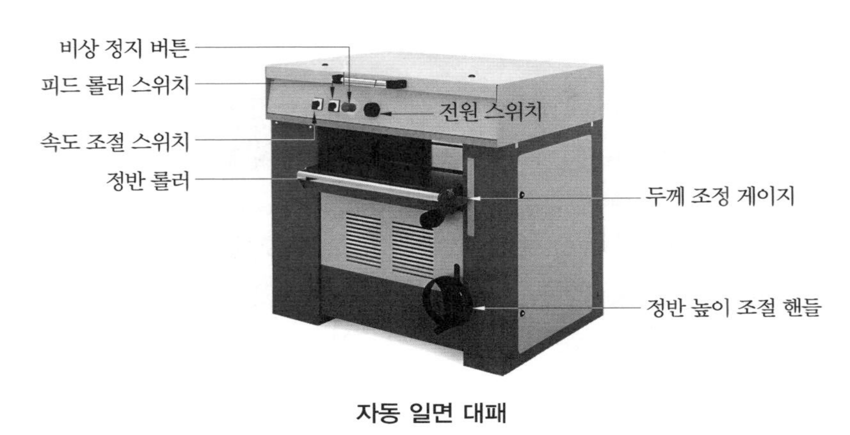

자동 일면 대패

3 전동 대패

(1) 특징

① 원목을 길이 방향(결 방향)으로 절삭하는 기계로, 평면 가공에 특화된 기계이다.
② 손밀이대패와 기본 기능은 동일하지만 작업하는 방식에 차이가 있다.
③ 대형 절삭기계와 달리 완전한 평면 가공은 어려우며 정밀도가 떨어진다.

(2) 가공 방식

① 부재를 정반 위에 올린 후 리프팅 핸들을 이용하면 손으로 밀 필요 없이 자동으로 구동된다.
② 1회 가공 시 최대 3mm 이상 가공하지 않는다.
③ 길이 400mm 이하의 부재는 바이스 또는 클램프를 사용하여 고정시킨 후 가공한다.

(3) 용도 및 적용

① 가공 범위에 제약이 적어 다양한 용도로 사용한다.

② 절삭기계에서 작업이 불가능한 넓은 판재 가공이나 현장 시공 작업에 많이 사용한다.

③ 전동 대패의 정반 최대 폭에 따라 가공 범위가 정해지지만 교차 가공으로 가공 한계가 없다.

④ 절삭기계의 가절삭기계라 할 수 있으며 후보정이 필요하다.

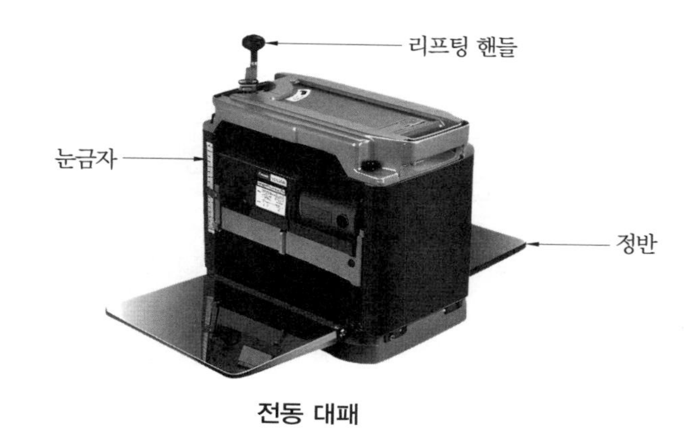

전동 대패

예 | 상 | 문 | 제

면 가공기계 ◀

1. 수압대패의 조정 순서로 옳은 것은?

㉠ 앞테이블 조정	㉡ 뒤테이블 조정
㉢ 날입 조정	㉣ 규준대 위치 조정
㉤ 규준대 각도 조정	

① ㉡ → ㉠ → ㉢ → ㉣ → ㉤
② ㉢ → ㉠ → ㉡ → ㉣ → ㉤
③ ㉠ → ㉡ → ㉢ → ㉣ → ㉤
④ ㉣ → ㉤ → ㉠ → ㉡ → ㉢

해설 손밀이대패(수압대패) 조정 순서
1. 조작할 동안 안전표시를 하고, 반드시 배전반 스위치를 꺼놓는다.
2. 뒤테이블 위에 하단자를 대고, 뒤테이블이 날끝보다 약간 아래로 오도록 내려놓는다.
3. 뒤테이블과 날끝이 수평이 되도록 조정한다.
4. 앞테이블은 부재를 깎을 정도(두께)만큼 낮게 조정한다.
5. 날입 조정한다.
6. 규준대 위치를 정하고 규준대 각도를 조정한다.

2. 무한궤도장치에 의해 부재가 자동 송재되어 면을 다듬는 기계는?

① 자동 대패
② 면취기
③ 몰딩 샌더
④ 멤브레임 프레스

해설
- 자동 대패는 무한궤도 장치에 의해 부재를 자동으로 송재시켜 부재의 상부 면을 가공하는 목공기계이다.
- 가공하는 면에 따라 1면 대패, 2면 대패, 4면 대패로 구분한다.

3. 다음 목공기계 중 절삭기계는?

① 자동 대패(planer)
② 라운드 테노너(round tenoner)
③ 크로스 커팅 소(cross cutting saw)
④ 갱립 소(gang rip saw)

해설
- 자동 대패는 무한궤도 장치에 의해 부재가 자동 송재되어 면을 다듬는 절삭기계이다.
- 라운드 테노너, 크로스 커팅 소, 갱립 소는 절단기계이다.

4. 목공기계를 사용하여 부재를 가공하는 일반적인 순서는?

① 둥근톱 – 자동 대패 – 손밀이대패 – 각끌기
② 손밀이대패 – 자동 대패 – 둥근톱 – 각끌기
③ 자동 대패 – 둥근톱 – 손밀이대패 – 각끌기
④ 둥근톱 – 손밀이대패 – 자동 대패 – 각끌기

5. 다음 중 전동 대패에 대한 설명으로 틀린 것은?

① 손밀이대패와 기본 기능은 동일하다.
② 원목을 길이 방향으로 절삭하는 기계로, 평면 가공에 특화된 기계이다.
③ 1회 가공 시 최소 3mm 이상 가공해야 정밀도를 유지할 수 있다.
④ 대형 절삭기계와는 달리 완전한 평면 가공은 어렵다.

해설 전동 대패
- 1회 가공 시 최대 3mm 이상 가공하지 않는다.
- 길이 400mm 이하의 부재는 바이스나 클램프를 사용하여 고정시킨 후 가공한다.

정답 1. ① 2. ① 3. ① 4. ④ 5. ③

3-2 성형 가공기계

성형 가공기계는 날물의 형태에 따라 가공이 가능하므로 날물을 적절히 활용하여 다양한 형태의 가공을 할 수 있다.

1 루터기계(router, 라우터, 루터)

(1) 특징

① 루터기계는 수직의 주축과 기둥 정반으로 구성되어 있다.
② 수직의 주축이 움직이며 가공하는 아보 루터(주축 승강형)와 정반이 움직이며 가공하는 헤드 루터(정반 승강형)로 구성되어 있다.
③ 타공, 홈 파기, 면취, 절삭, 조각, 곡면 가공 등 공구의 선택에 따라 다양하게 응용하여 작업할 수 있다.
④ 지그를 이용하여 다양한 형태로 가공할 수 있다는 장점이 있다.

루터기계

(2) 가공 방식

① 작업 내용에 적합한 날물을 선택하여 루터기계에 장착한 후 부재를 손으로 밀어서 가공하는 방식이다.
② 날물이 정반 위쪽에 달려 있어 작업자가 부재를 들고 가공물의 형태와 가이드 라인을 확인하면서 가공한다.

(3) 용도 및 적용

① 합판, MDF, 집성 판재, 원목 등 모든 소재에 대하여 작업이 가능하다.
② 원목을 가공할 때 날물의 회전 방향과 공구의 진행 방향에 주의하여 가공한다.

2 트리머(trimmer)

(1) 특징

① 트리머와 루터기계는 크기에 차이가 있을 뿐 가공 용도와 날물의 형태가 거의 같다.
② 트리머와 루터는 마력 수에 차이가 있으며, 1회 가공 시 가공할 수 있는 양이 다르다.
③ 트리머는 루터에 비해 마력 수와 1회 가공 시 가공할 수 있는 양이 적다.

(2) 가공 방식

작업 내용에 적합한 날물을 선택하여 트리머에 장착한 후 부재를 손으로 밀어서 가공하는 방식이다.

(3) 용도 및 적용

① 합판, MDF, 집성 판재, 원목 등 모든 소재에 대하여 작업이 가능하다.
② 원목을 가공할 때 날물의 회전 방향과 공구의 진행 방향에 유의하여 가공해야 한다.

3 면취기(spindle shape)

(1) 특징

① 면취기는 루터기계와 같은 성형기계로 스핀들 몰더라고도 한다.
② 면취기는 날물을 회전축에 장착하여 목재의 측면 및 단면을 날물의 형태로 가공하는 기계이다.
③ 회전하는 1개 또는 2개의 수직 축과 테이블로 구성되어 있다. 일반적으로 1개의 단축은 간단한 몰드 성형에 주로 사용되며, 2개의 쌍축은 곡선 가공에 많이 사용된다.
④ 날물의 조합과 날의 형태에 의해 직선 평면 가공, 직선 성형 가공, 곡선 성형 가공 등이 가능하다.
⑤ 부재의 측면을 절삭하는 경사 면치기, 몰드 가공, 조인터 가공 등에 사용한다.
⑥ 작업은 가공할 부재를 지그에 고정하여 직선이나 곡선 등을 가공하지만, 직선 가공은 루터기계를 이용하는 편이 더 안전하기 때문에 면취기는 곡선 가공에 더 적합하다.

(2) 가공 방식

① 작업 내용에 적합한 성형 날물을 면취기에 장착한 후, 날물을 회전시켜 부재를 손으로 밀어가며 측면을 절삭 가공하는 방식이다.
② 모터와 연결되어 있는 스핀들 축에 다양한 모양의 날물을 장착하여 작업할 수 있다.
③ 정반의 크기와 성형 날물의 높이에 따라 면취기의 가공 범위가 정해진다.

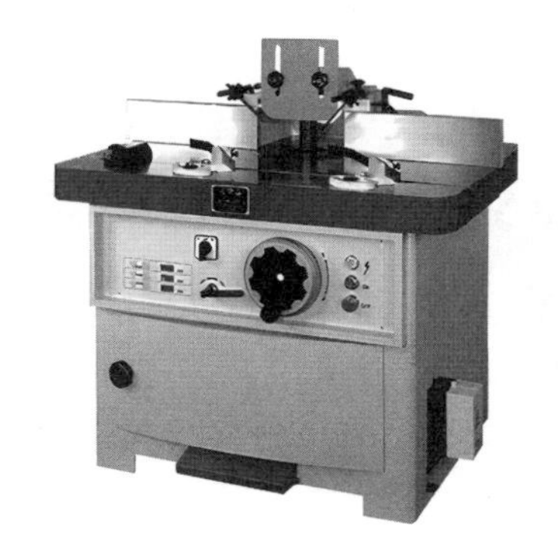

면취기와 날물

(3) 용도 및 적용

① 면치기, 홈 가공, 곡면 가공, 조각 등 날물의 선택과 조합에 따라 MDF, 합판, 원목 등 모든 소재에 대하여 다양하게 작업할 수 있다.
② 트리머, 루터기계와 같이 날물을 장착하여 가공물의 형태를 얻는 작업으로 사용 원리가 비슷하다.
③ 일반적으로 최대 가공 두께는 100mm로 가공 날물의 지름은 60~150mm 정도이다.
④ 쌍축 면취기는 곡선 가공을 할 때 1축과 2축이 서로 역방향으로 회전하기 때문에 원목을 가공할 때 결 방향에 따른 다양한 형태의 가공이 가능하며, 가공이 편하고 용이하다.
⑤ 목재의 곡선 가공을 할 때 가공하고자 하는 형태와 동일한 지그를 제작하여 사용하면 쉽고 빠르게 결과물을 얻을 수 있다.
⑥ 면취기는 주로 큰 목재를 가공하는 기계이므로 반드시 안전장비를 설치하고 작업해야 한다.

4 장부기계(tenoner, 테노너)

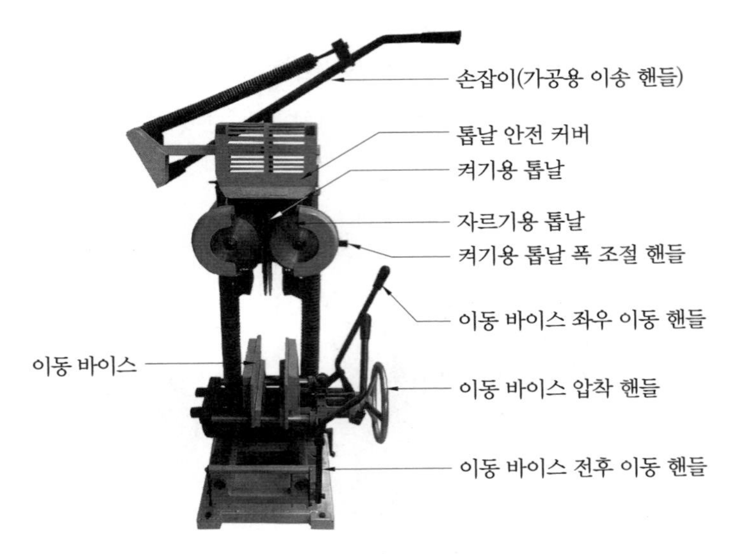

싱글 테노너(싱글 테논)

(1) 특징

① 장부기계는 자르기용 날 2개와 켜기용 날 2개, 즉 4개의 톱날로 1회 가공 시 4면을 재단하는 장부 가공에 특화된 기계이다.

② 1회 가공 시 장부의 어깨 턱과 장부의 폭 가공을 한 번에 작업할 수 있다.

(2) 가공 방식

① 작업자가 가공용 이송 핸들과 부재 이동 바이스를 움직여가며 재단하는 방식이다.

② 톱날의 간격을 조절하여 숫장부의 폭을 결정한다.

③ 톱날이 4개로 구성되어 있어 날물 체결 시 날물의 간격에 주의해야 한다.

④ 이송 정반의 각도는 0(90°)로 지그를 이용하여 각도를 조절할 수 있다.

(3) 용도 및 적용

① 주로 원목의 각재 맞춤에서 숫장부 가공에 사용된다.

② 각재의 켜기와 자르기 작업으로 직선 재단 작업에 적합하다.

5 각끌기

(1) 특징

① 각재 맞춤 시 암장부 가공에서 일정한 장부 구멍(홈)을 가공할 수 있는 기계이다.

② 날물의 형태는 정사각형 모양으로 장부 구멍을 가공하는 데 특화되어 있으며, 장부의 크기에 따라 날물의 크기를 변경하여 사용할 수 있다.

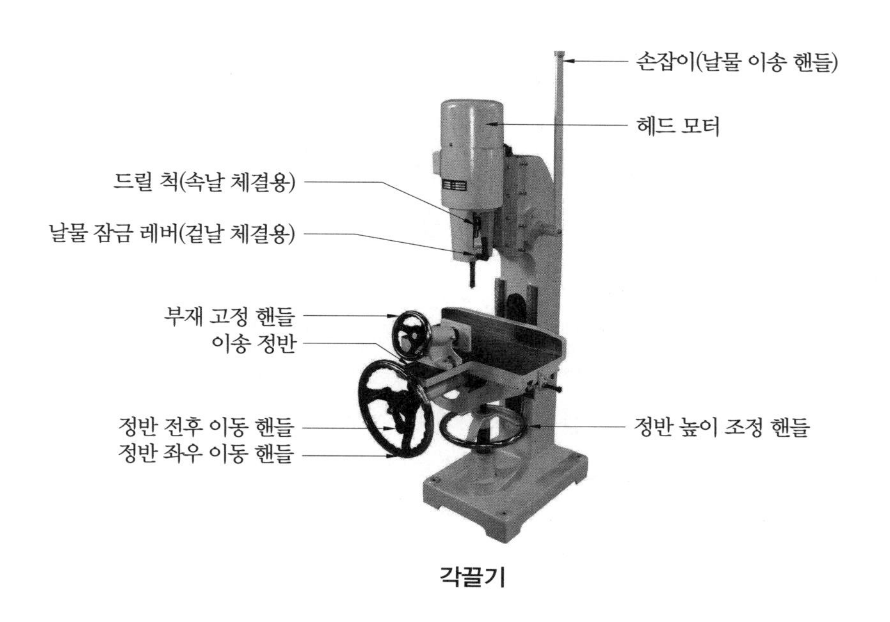

각끌기

(2) 가공 방식

① 날물 이송 핸들을 상하로 움직여 암장부의 깊이를 결정한다.

② 이동 바이스를 좌우로 움직여 암장부의 폭을 결정하고, 전후로 움직여 암장부의 두께를 결정한다.

③ 이송 정반의 각도는 0°(90°)로 지그를 이용하여 각도를 조절할 수 있다.

④ 날 크기에 따라 가공 범위가 정해지며, 이송 정반을 조절하여 가공 범위를 확장할 수 있다.

(3) 용도 및 적용

① 주로 원목의 각재 맞춤에서 장부 가공에 사용된다.

② 부재가 단단하거나 깊은 가공은 여러 번 나누어 작업해야 한다.

6 목선반(목공 선반)

(1) 특징

① 목선반이란 금속용 선반과 구별하기 위해 표현한 말로, 목공이란 말을 붙여 목공 선반이라고도 한다.

② 목선반은 부재를 회전축에 걸어 부재를 회전시키면서 바이트로 모양을 깎아 내는 기계이다.
③ 선반의 가공 원리에 따라 선반 작업용 칼로 절삭 가공하는 것이므로 가공물은 회전체 형태로 주발, 접시, 병 등의 원형으로 제작할 수 있다.

(2) 가공 방식

① 가공 방식은 바깥지름 깎기(외부를 가공하는 형태)와 안지름 깎기(내부를 가공하는 형태)로 구분한다.
② 바이트 형태로 날이 달려 있어 x, y, z축을 이동시키며 가공하는 방법과 작업자가 선반 작업용 칼을 들고 가이드를 따라 이동하며 가공하는 2가지 방법이 있다.
③ 바이트는 주로 왕복대에 물려 사용하며 일부 수작업으로 하는 경우도 있지만 매우 위험하다. 바이트 날은 원형, 경면, 평면, 절단용으로 크게 구분한다.
④ 주로 원목을 대상으로 가공하며 중심축을 기준으로 하는 정원의 형태로 작업이 가능하다.
⑤ 부재의 가공 길이는 주축대와 심압대까지의 거리이며, 가공 두께는 주축대에 물린 부재와 왕복대의 이송 거리로 결정된다.

(3) 용도 및 적용

① 식탁 또는 가구의 다리나 침대 기둥, 계단 기둥과 같은 원기둥 형태에 주로 사용한다.
② 목선반 척을 사용하여 접시, 컵, 주발 등 여러 가지 목기를 가공할 수 있다.
③ 각종 접시류의 내부를 파내는 데 사용한다.
④ 이 외에도 여러 가지 응용 작업이 가능하며 비대칭형도 제작 가능하다.

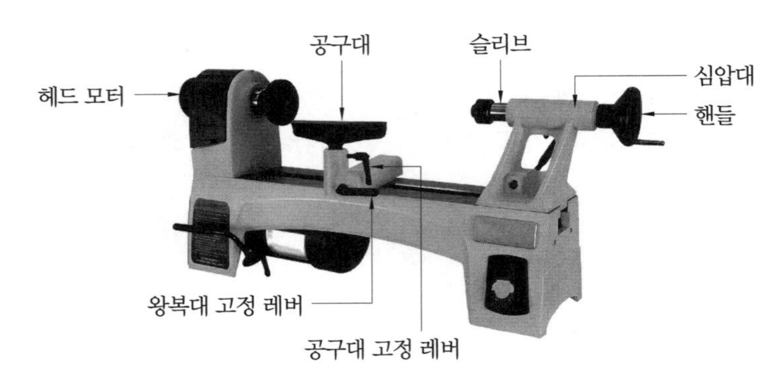

목선반(목공 선반)

예 | 상 | 문 | 제

성형 가공기계 ◀

1. 목공 선반의 작업요령을 설명한 내용으로 옳지 않은 것은?

① 지름이 큰 물체는 고속회전으로 깎는다.
② 지름이 작은 물체는 고속회전으로 깎는다.
③ 부재를 확실한 척(chuck)에 고정시킨다.
④ 공구의 받침대 높이를 적절히 조정한다.

해설 지름이 큰 물체는 고속 회전으로 깎으면 안전 문제가 발생할 수 있으므로 저속 회전으로 깎는다.

2. 장부기계에서 장부 구멍의 높이를 조절하는 장치는?

① 수직 축 승강 핸들
② 옆축 좌우 이동 핸들
③ 수직 바이스 핸들
④ 정밀 둥근톱 핸들

해설 승강 이동 핸들 : 장부 구멍의 깊이 조정

3. 목공 선반의 작업요령을 설명한 것으로 틀린 것은?

① 주축대는 베드의 오른쪽에 있으며, 공작물을 물고 고정하는 부분이다.
② 목선반용 바이트는 원형, 경면, 평면, 절단 바이트로 구분한다.
③ 측정할 때는 반드시 기계를 정지시킨 후 측정한다.
④ 목공 선반용 바이트는 가공물의 중심보다 약간 높게 대어준다.

해설
- 목공 선반 주축대 : 베드의 왼쪽, 모터의 회전을 통해 벨트가 돌아가면서 발생된 회전을 목재에 전달한다.
- 심압대 : 스핀들 가공 시 목재의 회전 중심축을 만들어주며, 좌우로 움직인다.

4. 부재의 정재단과 장부 가공 작업을 한 번에 할 수 있는 성형 가공기계는?

① 갱립 소　② 패널 소
③ 트리플 소　④ 테노너

해설 테노너
- 부재의 정재단과 장부 가공 작업을 한 번에 할 수 있는 기계이다.
- 1회 가공 시 장부의 어깨 턱과 장부의 폭 가공을 한 번에 작업할 수 있다.
- 작업자가 이송 핸들과 부재 고정용 이송 바이스를 움직여가며 재단하는 방식이다.

5. 각끌기에서 장부 구멍의 폭을 조정하는 핸들은?

① 승강 핸들
② 좌우 이동 핸들
③ 전후 이동 핸들
④ 주축 오르내림 핸들

해설
- 전후 이동 핸들 : 장부 구멍의 폭 조정
- 승강(상하) 이동 핸들 : 장부 구멍의 깊이 조정
- 좌우 이동 핸들 : 장부 구멍의 길이 조정

6. 각끌기의 일일 점검사항이 아닌 것은?

① 주축의 흔들림
② 주축의 진동상태
③ 정반 윗면의 수평도
④ 각끌기 날의 길이

7. 각끌기에서 장부 길이를 조정하는 것은?

① 좌우 이동 핸들
② 전후 이동 핸들
③ 상하 이동 핸들
④ 각끌기 날의 길이

정답 1. ① 2. ① 3. ① 4. ④ 5. ③ 6. ④ 7. ①

8. 부재를 정반 위에 고정시키고 사각형 홈 가공을 하는 기계는?

① 루터기계
② 각끌기
③ 장부기
④ 면취기

해설 • 루터기계 : 홈 파기, 곡면 몰딩 가공, 턱 만들기
• 장부기계 : 여러 개의 톱날에 의해 각종 장부의 형태를 한 번에 가공
• 면취기 : 곡선 가공

9. 대체로 가공량이 많으므로 천천히 작업하며, 특히 부재를 댈 때나 끝낼 때 주의하여 가공해야 하는 기계는?

① 테이블 소
② 밴드 소
③ 면취기
④ 스크롤 소

해설 면취기
• 주목적은 곡선 가공이다.
• 절삭량이 많으므로 천천히 작업하며, 가공물을 처음 댈 때나 끝낼 때 주의하여 가공한다.
• 회전하는 1~2개의 수직 축과 테이블로 구성되어 있으며 단축은 간단한 몰드의 성형에, 2개의 쌍축은 곡선 가공에 많이 사용한다.

10. 다음 중 성형 가공기계가 아닌 것은?

① 각끌기
② 목선반
③ 트리머
④ 횡절기

해설 횡절기는 재단 가공기계이다.

11. 루터기계에 대한 설명으로 틀린 것은?

① 면취기와 같은 성형기계로 스핀들 몰더라고도 한다.
② 합판, MDF, 집성 판재, 원목 등 모든 소재에 대하여 작업 가능하다.
③ 작업자가 부재를 들고 가공물의 형태와 가이드 라인을 확인하면서 가공한다.
④ 홈 파기, 절삭, 조각, 곡면 가공 등 공구의 선택에 따라 다양하게 응용하여 작업할 수 있다.

해설 • 원목 가공 시 날물의 회전 방향과 공구의 진행 방향에 유의하여 가공해야 한다.
• 루터기계는 날물이 정반 위쪽에 달려 있어 작업자가 부재를 들고 가공물의 형태와 가이드 라인을 확인하면서 가공한다.
• 스핀들 몰더라고도 부르는 성형기계는 면취기이다.

12. 다음이 설명하는 성형 가공기계는?

> • 주로 큰 목재를 가공한다.
> • 회전하는 1개 또는 2개의 수직 축과 테이블로 구성되어 있다.
> • 직선 가공보다 곡선 가공에 더 적합하다.

① 트리머 ② 면취기
③ 각끌기 ④ 루터기계

해설 면취기(스핀들 몰더)
• 루터기계를 이용하면 직선 가공을 더 안전하게 할 수 있고, 면취기는 곡선 가공에 더 적합하다.
• 주로 큰 목재를 가공하는 기계로, 반드시 안전장비를 설치하고 작업해야 한다.

정답 8. ② 9. ③ 10. ④ 11. ① 12. ②

3-3 성형 가공용 날물

1 루터, 트리머 날물과 부속물

(1) 루터, 트리머 날물의 형태 및 종류

① 날물의 형태에 따라 가공 방법이 다르고 작업 결과물도 다르다.

② 일반적인 형태로는 일자 비트, 패턴 비트, 라운드 비트, 라운드 오버 비트, 몰딩 비트, 더브테일 비트, 슬롯 커터 비트, 스파이럴 비트 등이 있다.

③ 필요에 따라 가공하고자 하는 모양으로 제작하여 사용하기도 한다.

④ 날물의 사용 범위는 콜릿과 날물의 생크값 조건만 만족하면 모든 날물을 호환하여 사용할 수 있다.

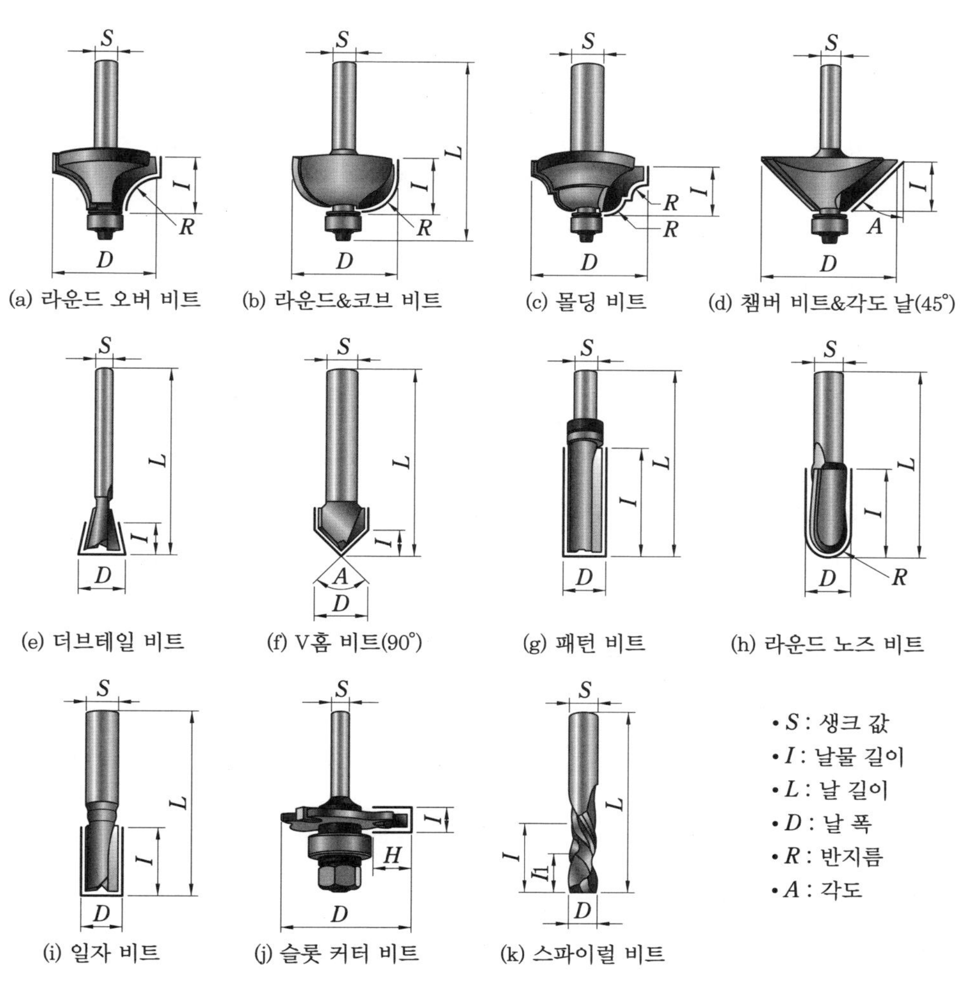

루터 날물의 종류

(2) 가공 방법에 따른 루터 날물의 형태

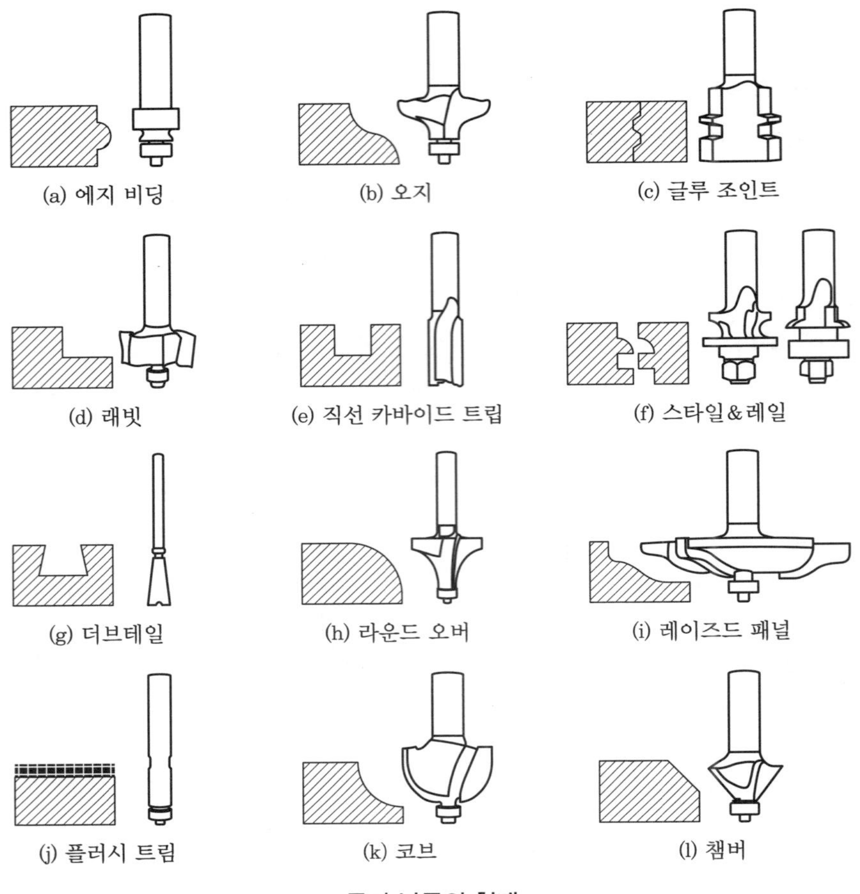

루터 날물의 형태

(3) CNC용 날물

① CNC기계마다 콜릿과 생크의 규격이 다르며, 날물은 규격에 따라 사용한다.

② CNC 루터의 기본 생크값은 16mm이다.

③ 대형 루터와 휴대용 루터의 기본 생크값은 12mm이며, 8mm와 12.7mm(인치버전)로 교체하여 사용할 수 있다.

④ 휴대용 루터는 6mm 루터 날물을 끼워서 트리머 날물과 호환되게 사용할 수 있다.

(4) 부속물

① **루터 테이블(쉐이퍼)**

㈎ 루터 테이블은 기성품으로 루터와 일체형으로도 생산되지만 직접 만들어 루터를 장착하기도 한다.

㈏ 루터를 테이블 정반에 고정하여 날물의 높이를 조정한 후 부재를 밀어 가공하는 방식으로, 면취기와 같은 원리이다.

② **콜릿**

㈎ 루터 콜릿의 기본 생크값은 12mm를 사용하며, 8mm와 인치 버전 12.7mm도 사용하고 있다.

㈏ 루터의 12mm 콜릿에 6mm 부싱을 끼워 트리머 날물과 호환되도록 사용할 수도 있다.

㈐ 트리머의 기본 콜릿은 6mm로 날물의 생크값도 6mm이다.

③ **루터 부싱**

㈎ 날물의 생크값과 콜릿의 생크값이 같도록 해주는 부속물이다.

㈏ 콜릿 안에 부싱을 끼워 생크값을 6mm로 줄임으로써 트리머 날물을 사용할 수 있게 해 주는 부속물이다.

㈐ 트리머 날물을 루터에 끼울 때 사용한다.

(a) 콜릿(8, 12, 12.7mm) (b) 루터 부싱 (c) 연장 콜릿

루터의 주요 부속물

(5) 날물의 점검

① 가공용 날물은 장시간 사용하면 마모가 발생하므로 점검이 꼭 필요하다.

② 마모되면 재연마하여 사용하기도 하지만 일반적으로 교체를 기본으로 한다.

③ 최근에는 중간에 윤활유를 뿌려 수명을 연장하기도 한다.

④ 무리하게 사용하거나 마모가 많이 진행된 상태로 사용하는 경우는 파손으로 인해 안전사고의 원인이 되기도 한다.

(6) 부속물의 점검

① 기본 콜릿에 가공 날물이 잘 맞도록 끼워서 사용한다.

② 장시간 사용 시 이물질이 끼일 수 있으므로 중간 점검을 통해 이물질을 제거하고 윤활유를 뿌리도록 한다.

2 면취기 날물과 부속물

(1) 면취기 날물

① 면취기 날물은 중심축에 날물을 끼워 가공하는 방법으로 날물의 형태와 조합에 따라 성형, 맞춤 등 다양한 가공이 가능하다.

② 대량 생산에서는 가공물의 형태에 따라 별도로 제작하기도 하고, 원통형 커터 블록에 다양한 형태의 날물을 탈부착하는 형태로 제작하여 사용하기도 한다.

③ 중심축을 콜릿으로 교체하면 루터 날물도 사용할 수 있다.

(2) 부속물

① **가드** : 일정한 규격의 부재를 동일한 형태로 대량 생산할 때, 펜스에 부재를 붙이고 부재가 일정하게 가공될 수 있도록 설치하는 부속물이다.

② **펜스**

㈎ 주 펜스에 2개의 이동 가능한 보조 펜스를 부착하여 가공 날물과 보조 펜스의 간격을 적절하게 맞춘다.

㈏ 일부만 가공할 때는 투입부와 배출부의 보조 펜스가 일직선이 되도록 한다.

㈐ 가공 면 전체를 가공할 때는 토출부의 보조 펜스를 가공된 부재의 면과 맞춘다.

③ **송재기**

㈎ 송재기는 면취기 작업에서 가공 재료를 일정한 힘으로 눌러 날물 방향으로 밀어주는 역할을 한다.

㈏ 절삭 양이 많은 면취기 날물을 장착한 경우 안전과 정교한 작업을 위해 반드시 필요한 부속물이다.

㈐ 동일한 두께의 부재를 대량으로 생산할 때 유용하다.

㈑ 송재기의 송재 캐터필러를 펜스 방향으로 틀어서 설치하면 부재가 안정적이며 일정하게 가공된다.

송재기

예 | 상 | 문 | 제

성형 가공용 날물 ◀

1. 다음 중 성형 가공용 날물에 대한 설명으로 틀린 것은?

① 루터 날물의 기본 생크값은 12mm이다.
② 기성품을 사용하며 주문 제작하여 사용할 수 없다.
③ 날물의 형태에 따라 가공 방법이 다르고 작업 결과물도 다르다.
④ 일반적인 형태로는 일자 비트, 패턴 비트, 라운드 비트, 라운딩 오버 비트, 몰딩 비트, 더브테일 비트 등이 있다.

해설 성형 가공용 날물은 필요에 따라 가공하고자 하는 모양대로 주문 제작하여 사용하기도 한다.

2. 성형 가공용 날물이나 부속물을 점검할 때 옳은 것은?

① 중간에 윤활유를 뿌려도 날물의 수명을 연장할 수 없다.
② 무리하게 날물을 사용하거나 마모가 많이 진행된 상태로 사용하지 않는다.
③ 부속물을 장시간 사용하면 이물질이 끼일 수 있지만 중간 점검을 하면 위험하다.
④ 날물의 마모가 발생하면 교체를 하기도 하지만 일반적으로 재연마하여 사용한다.

해설
- 최근에는 중간에 윤활유를 뿌려 수명을 연장하기도 한다.
- 부속물을 장시간 사용하면 이물질이 끼일 수 있으므로 중간에 점검을 통해 제거하고 윤활유를 뿌리도록 한다.
- 마모가 발생하면 재연마하여 사용하기도 하지만 일반적으로 교체를 기본으로 한다.

3. 루터 부속물에 대한 설명 중 틀린 것은?

① 루터 테이블은 기성품으로 루터와 일체형으로도 생산되지만 직접 만들어 루터를 장착하기도 한다.
② 쉐이퍼는 루터를 테이블 정반에 고정하여 날물을 조정한 후 부재를 밀어 가공하는 방식이다.
③ 루터 콜릿의 기본 생크값은 12mm를 사용한다.
④ 루터 테이블은 날물의 생크값과 콜릿의 생크값이 같도록 해주는 부속물이다.

해설 날물의 생크값과 콜릿의 생크값이 같도록 해주는 부속물은 루터 부싱이다.

4. 면취기의 부속물에 해당하지 않는 것은?

① 가드 ② 펜스
③ 송재기 ④ 콜릿

해설
- 면취기 부속물 : 가드, 펜스, 송재기
- 루터 부속물 : 루터 테이블(쉐이퍼), 콜릿, 루터 부싱

5. 면취기 작업에서 가공 재료를 일정한 힘으로 눌러 날물 방향으로 밀어주는 역할을 하는 부속물은?

① 가드 ② 콜릿
③ 송재기 ④ 펜스

해설 송재기
- 절삭 양이 많은 면취 날물을 장착한 경우 안전과 정교한 작업을 위해 반드시 필요한 부속물이다.
- 동일한 두께의 부재를 대량으로 생산할 때 유용하게 사용한다.
- 전진과 후진이 가능하며 부재의 가공 유무에 따라 조절 가능하다.

정답 1. ② 2. ② 3. ④ 4. ④ 5. ③

3-4 마감 가공기계

1 싱글 에지 밴더

① **특징** : 가공 패널의 1면에 에지를 접착하는 기계로, 가장 많이 보급되어 있는 마감 가공기계이다.

② **가공 방법** : 가공 패널을 투입하면 나머지 작업이 자동화되어 본드 접착과 에지 트리밍까지 끝낼 수 있다.

2 더블 에지 밴더

① **특징** : 가공 패널의 양쪽 2면을 한 번에 접착하는 기계이다.

② 싱글 에지 밴더보다 작업량과 속도가 뛰어나며 동일 제품의 대량 생산에 유리하다.

싱글 에지 밴더

더블 에지 밴더

3 곡면 에지 밴더

① **특징** : 소품류나 곡선 부분의 가공 패널에 에지를 접착하는 기계이다.

② **가공 방법** : 접착제가 흐르는 축을 통과하여 본드를 접착하고, 에지를 접착하는 바를 통과하여 에지를 트리밍한다.

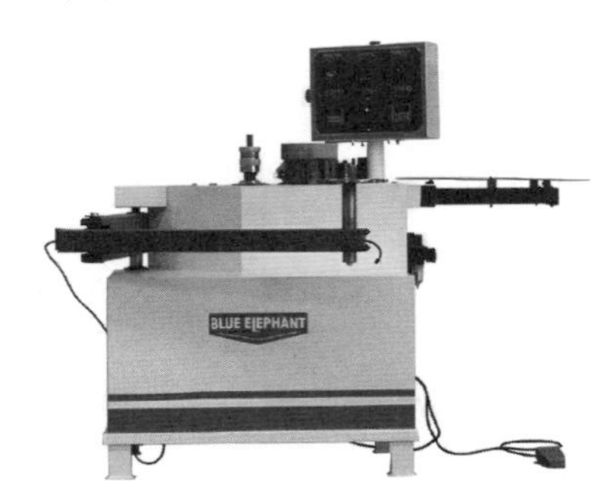

곡면 에지 밴더

4 에지 밴더의 가공

(1) 에지 밴더의 특징

① 에지 밴더는 각종 부재에 에지 면의 최종 마감 작업을 하는 기계이다.
② 핫멜트(본드)에 따라 EVA(일반 핫멜트)와 PUR(고접착력 핫멜트)로 구분하며, 부재의 에지 형태에 따라 직선, 곡선 에지 밴더로 구분한다.
③ **에지재의 두께**
㈎ 최소 0.3mm, 최대 30mm까지 가능하다.
㈏ 주방용 가구의 몸통에는 0.45mm를 주로 사용한다.
㈐ 사무용 가구나 가구의 문짝, 서랍 판은 1.2~2mm 두께를 많이 사용한다.
④ **가공 패널의 폭과 두께 및 길이**
㈎ 가공 패널의 최소 폭은 40mm이며 최대 두께는 70mm까지 가능하다.
㈏ 가공 패널의 최소 길이는 260mm까지 작업 가능하다.

(2) 에지 밴더의 발달

부재와 부재의 에지 절단만 가능하여 수작업으로 에지의 면을 칼로 트리밍하였으나 현재는 적치대에 부재를 높이 쌓는 것까지 자동화되는 형태로 개선되었다.

(3) 에지 밴더의 가공 순서

부재 투입 → 가공 소재 면 트리밍 → 본드 도포 → 접착 → 에지 절단(앞, 뒤) → 에지 절단(상, 하) → 코너 트리밍(앞, 뒤) → 홈 가공 → 버핑

(4) 에지의 종류

에지의 종류는 본드의 종류와 에지의 소재에 따라 다양하며, 가공 패널의 표면재와 동일한 패턴으로 접착한다.

① **소재에 따른 에지의 종류**
㈎ 무늬목 에지
㈏ PVC 에지
㈐ PP 에지, PE 에지
㈑ 아크릴 에지
㈒ 알루미늄 에지

② **두께에 따른 에지의 종류**
㈎ 0.45mm
㈏ 1.2mm
㈐ 2mm
㈑ 3mm

예 | 상 | 문 | 제

마감 가공기계 ◀

1. 가공 패널의 양쪽 2면을 한 번에 접착하는 기계로, 동일한 제품의 대량 생산에 유리한 마감 가공기계는?

① 싱글 에지 밴더
② 더블 에지 밴더
③ 곡면 에지 밴더
④ 다면 에지 밴더

해설 더블 에지 밴더
- 가공 패널의 양쪽 2면을 한 번에 접착하는 마감 가공기계이다.
- 싱글 에지 밴더보다 작업량과 속도가 뛰어나며 제품의 대량 생산에 유리하다.

2. 다음 중 마감 가공기계에 대한 설명으로 틀린 것은?

① 더블 에지 밴더는 마감 가공기계 중 가장 많이 보급되어 있다.
② 싱글 에지 밴더는 가공 패널의 1면에 에지를 접착하는 형태이다.
③ 더블 에지 밴더는 가공 패널의 양쪽 2면을 한 번에 접착하는 기계이다.
④ 곡면 에지 밴더는 소품류나 곡선 부분의 가공 패널에 에지를 접착하는 기계이다.

해설 싱글 에지 밴더
- 가공 패널을 투입하면 나머지 작업이 자동화되어 본드 접착과 에지 트리밍까지 끝낼 수 있는 기계이다.
- 가장 많이 보급되어 있는 종류이다.

3. 에지 밴더는 각종 부재에 에지 면에 대한 최종 마감 작업을 하는 기계이다. 틀린 설명은?

① 핫멜트(본드)에 따라 EVA와 PUR로 구분한다.
② 부재의 에지 형태에 따라 직선, 곡선 에지 밴더로 구분한다.
③ 가공 패널의 최소 길이는 260mm까지 작업 가능하다.
④ 에지재의 두께는 최소 0.3mm이고, 최대 50mm까지 가능하다.

해설 에지재의 두께는 최소 0.3mm이고, 최대 30mm까지 가능하다.

4. 에지 밴더 가공 패널의 최소 폭과 최대 두께를 각각 나타낸 것은?

① 30mm, 50mm
② 30mm, 70mm
③ 40mm, 70mm
④ 50mm, 80mm

해설 에지 밴더 가공 패널의 최소 폭과 두께
최소 폭은 40mm이며 최대 두께는 70mm까지 가능하다.

5. 싱글 에지 밴더의 작업 공정 과정을 바르게 열거한 것은?

① 부재 투입－본드 도포－접착－에지 절단－프레스－트리밍－버핑
② 부재 투입－에지 절단－본드 도포－접착－트리밍－프레스－버핑
③ 부재 투입－트리밍－에지 절단－본드 도포－접착－프레스－버핑
④ 부재 투입－프레스－본드 도포－트리밍－에지 절단－버핑

정답 1. ② 2. ① 3. ④ 4. ③ 5. ①

해설 싱글 에지 밴더의 작업 공정 과정
부재 투입 → 가공 소재면 트리밍 → 본드 도포 → 접착 → 에지 절단(앞뒤 → 상하) → 코너 트리밍(앞, 뒤) → 홈 가공 → 버핑

6. 에지 밴더를 사용할 경우 에지재의 두께에 대한 설명 중 틀린 것은?

① 최소 0.3mm, 최대 30mm까지 가능하다.
② 주방용 가구의 몸통에는 0.45mm를 주로 사용한다.
③ 가구의 문짝에는 1.2~2mm 두께를 많이 사용한다.
④ 사무용 가구나 가구의 서랍 판은 3mm 두께를 많이 사용한다.

해설 에지재의 두께
- 최소 0.3mm, 최대 30mm까지 가능하다.
- 주방용 가구의 몸통에는 0.45mm를 주로 사용한다.
- 사무용 가구나 가구의 문짝, 서랍 판은 1.2~2mm 두께를 많이 사용한다.

7. 각종 부재에 에지 면에 대한 최종 마감 작업을 하는 기계는?

① 면취기 ② 에지 밴더
③ 패널 소 ④ 횡절기

해설 에지 밴더
- 각종 부재에 에지 면의 최종 마감 작업을 하는 기계이다.
- 핫멜트(본드)에 따라 EVA와 PUR로 구분하며, 부재의 에지 형태에 따라 직선, 곡선 에지 밴더로 구분한다.

8. 다음 중 마감 가공기계 대한 설명으로 옳지 않은 것은?

① 에지 밴더는 각종 부재에 에지 면의 최종 마감 작업을 하는 기계이다.
② 에지는 본드의 종류와 에지의 소재에 따라 다양하며, 가공 패널의 표면재와 동일한 패턴으로 접착한다.
③ 곡면 에지 밴더는 소품류나 곡선 부분의 가공 패널에 에지를 접착하는 기계이다.
④ 더블 에지 밴더에 가공 패널을 투입하면 나머지 작업이 자동화되어 본드 접착과 에지 트리밍까지 끝낼 수 있다.

해설 싱글 에지 밴더에 가공 패널을 투입하면 나머지 작업이 자동화되어 본드 접착과 에지 트리밍까지 끝낼 수 있다.

정답 6. ④ 7. ② 8. ④

제 4 장 연마 가공

4-1 연마(연삭) 가공기계

1 벨트 샌더

(1) 특징

① 직선 가공 및 완만한 곡선 가공에 가장 많이 사용하는 연마기계이다.
② 1차 가공 후 2차 정밀 가공에 주로 사용하며 가장 다양하게 활용된다.
③ 지그를 사용하면 다양한 가공 형태를 얻을 수 있어 활용도가 높다.
④ 작업자가 가공 부재를 손으로 밀어 연마하는 방식이다.
⑤ 정반의 각도를 0(90°)∼45°(±2mm)까지 조절하여 연마할 수 있다.
⑥ 합판, MDF, 원목 등 부피가 작은 부재의 직선, 곡선 연마 가공에 용이하다.

(2) 연마지

① 기계마다 사포드럼의 높이와 원주가 다르기 때문에 벨트 샌더의 연마지는 기계의 규격에 따라야 하며, 연마 입자와 입도에 따라 연마지를 선택할 수 있다.
② 연마지는 입자의 종류에 따라서 일반 범용(XA167), 목재 전용(XW341), 금속 전용(XA517), 고무 전용(XW341), 스테인리스용(PA631), 지르코늄 함유(PZ533) 등이 있다.

2 디스크 샌더

(1) 특징

① 직선, 평면 가공에 탁월한 연마기계로, 좁은 면적의 평면 가공과 부재의 단면(마구리면)을 가공할 때 사용한다.
② 1차 가재단된 부재를 2차 정밀 가공하는 데 주로 사용한다.
③ 작업자가 가공 부재를 손으로 밀어 연마하는 방식이다.

④ 정반의 각도를 0(90°)～45°(±2mm)까지 조절하여 연마할 수 있다.
⑤ 합판, MDF, 원목 등 크기가 작고 가공 면적이 좁은 부재의 직선 연마 가공에 용이하다.
⑥ 지그를 사용하면 다양한 가공 형태를 얻을 수 있다.

(2) 연마지

연마지가 마모되면 원판에 새로운 연마지를 붙이는 방법으로 연마지를 교체하여 사용한다.

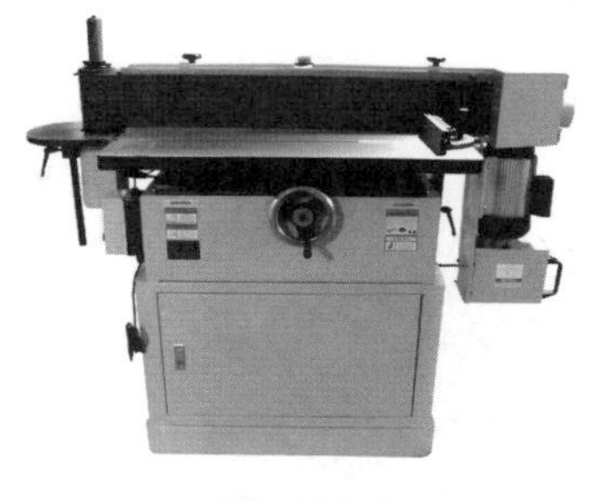

벨트 샌더

디스크 샌더

3 스핀들 샌더

(1) 특징

① 곡선이 심한 가공물에 사용하며, 부재의 안지름과 바깥지름을 가공하는 용도로 사용한다.
② 스핀들 샌더는 곡선의 크기와 형태에 따라 사포드럼을 교체하면서 사용한다.
③ 안지름 연마 가공이 가능하며 활용 범위가 넓다.
④ 작업자가 가공 부재를 손으로 밀어 연마하는 방식이다.
⑤ 1차 가재단된 부재를 2차 정밀 가공하는 데 주로 사용한다.
⑥ 정반의 각도를 0(90°)～45°(±2mm)까지 조절하여 연마할 수 있다.

(2) 연마지

① 사포드럼에 알맞은 연마지를 선택하여 드럼에 끼운 후 사포드럼을 교체하면서 사용한다.
② 연마기계의 제조사 및 사양에 따라 사포드럼과 연마지의 규격이 다르다.

4 드럼 샌더(드럼 벨트 샌더)

(1) 특징

① 부재의 윗면과 아랫면을 자동으로 연마해주는 연마기계로, 이면 대패와 동일한 방법으로 사용한다.

② 주로 폭이 넓고 긴(면적이 넓은) 부재의 연마 가공에 용이하며 대량 생산에 적합하다.

(2) 가공 방식

패드가 하부에 부재를 이송하고 드럼 샌더가 상부를 가공하는 방식이다.

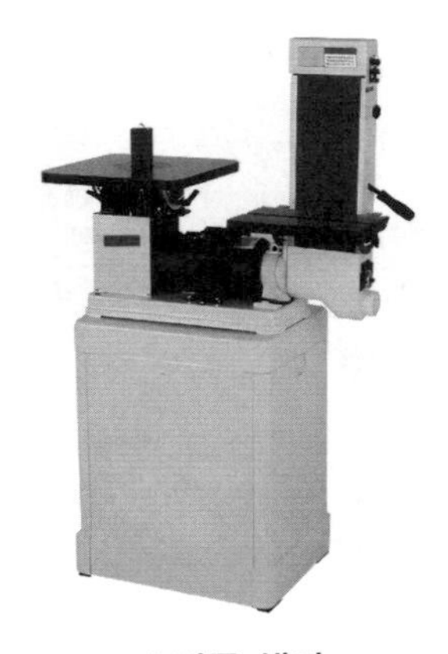

스핀들 샌더

드럼 샌더

예 | 상 | 문 | 제

연마 가공기계 ◀

1. 목재 및 패널류의 에지 면과 판재의 표면을 연마하려고 한다. 가장 알맞은 기계는?

① 벨트 샌더
② 스핀들 샌더
③ 나이프 연마기
④ 몰딩 샌더

해설 벨트 샌더는 직선 및 완만한 곡선 가공에 가장 많이 사용하는 연마기계이다.

2. 벨트 샌더에 대한 설명으로 틀린 것은?

① 1차 가공 후 2차 정밀 가공에 주로 사용하는 연마기계이다.
② 작업자가 가공 부재를 손으로 밀어 연마하는 방식이다.
③ 부피가 작은 부재의 직선이나 곡선 연마 가공에 용이하다.
④ 벨트 샌더의 연마지는 벨트 샌더의 규격과 상관없이 동일한 것을 사용한다.

해설 벨트 샌더의 연마지는 벨트 샌더의 규격과 사양에 따라 다르기 때문에 연마 입자, 입도에 따라 연마지를 선택할 수 있다.

3. 다음 중 가공된 몰딩을 최종 샌딩하는 연마기계는?

① 스핀들 샌더
② 벨트 샌더
③ 몰딩 샌더
④ 나이프 연마기

4. 주로 좁은 면적의 마구리면을 가공할 때 사용하는 연마기계는?

① 벨트 샌더
② 디스크 샌더
③ 스핀들 샌더
④ 드럼 샌더

해설 디스크 샌더는 좁은 면적의 마구리면을 가공할 때 사용하며, 벨트 샌더는 넓은 면적의 평면 가공을 할 때 사용하는 연마기계이다.

5. 다음 중 곡선이 심한 가공물의 안지름과 바깥지름을 가공하는 용도로 많이 사용하는 연마기계는?

① 벨트 샌더
② 드럼 샌더
③ 디스크 샌더
④ 스핀들 샌더

해설 스핀들 샌더

- 곡선이 심한 가공물에 사용하며, 주로 부재의 안지름과 바깥지름을 가공하는 용도로 사용한다.
- 곡선의 크기와 형태에 따라 사포드럼을 교체하면서 사용한다.

6. 2면 대패와 동일한 방법으로 사용되지만 부재의 윗면과 아랫면을 자동으로 연마해 주는 기계는?

① 스핀들 샌더
② 벨트 샌더
③ 드럼 샌더
④ 디스크 샌더

해설 드럼 샌더(드럼 벨트 샌더)

- 2면 대패와 동일한 방법으로 사용한다.
- 주로 넓은 면적의 연마 작업에 용이하며 대량 생산에 많이 사용한다.

정답 1. ① 2. ④ 3. ③ 4. ② 5. ④ 6. ③

4-2 연마기계의 연마지

1 연마지

① 연마지란 종이나 천 위에 연마 입자를 선착 코팅한 것으로, 사포 또는 샌드페이퍼라고도 한다.

② 연마지는 다양한 입도와 재질로 제공되며 목재, 금속, 플라스틱 등 여러 재료의 표면을 연마하는 데 사용된다.

2 입도

① 연마지의 입도는 연마 입자의 크기에 따라 숫자로 나타낸 것으로, P 또는 기호 #를 붙여 표시한다.

② 입도의 숫자가 클수록 입자가 고운 연마지이며, 숫자가 작을수록 입자가 거친 연마지이다.

입도의 종류

구 분	입도의 종류
거친 입도	#12, #16, #20, #24, #30, #36, #40, #60, #80, #100, #150, #180, #220
고운 입도	#240, #280, #320, #360, #400, #500, #600, #800, #1000, #1200, #1500, #2000, #2500

3 연마지의 입도별 용도

① #12~80 : 형태의 변화를 줄 수 있는 거친 연마지이며, 목재의 유기적 곡선 및 형태를 가공할 때 사용된다.

② #100~320 : 원목 가구의 연마 작업에 가장 많이 사용된다.

③ #220~1200 : 주로 도장 마감용으로 사용하며, 하도에서 상도 마감까지 사용된다.

④ #1000~2500 : 도장한 후 광택 가공용으로 사용된다.

예 | 상 | 문 | 제

연마기계의 연마지 ◀

1. 다음에서 (   ) 안에 알맞은 것을 바르게 짝지은 것은?

입도의 숫자가 클수록 입자가 (   ) 연마지이며, 작을수록 입자가 (   ) 연마지이다.

① 고운, 고운
② 거친, 고운
③ 고운, 거친
④ 거친, 거친

해설 입도의 숫자가 클수록 입자가 고운 연마지이며, 작을수록 입자가 거친 연마지이다.

2. 연마기계의 연마지에 대한 설명으로 틀린 것은?

① 연마지는 사포 또는 샌드페이퍼라고도 한다.
② 연마지의 입도는 P 또는 기호 #를 붙여 표시한다.
③ 연마지란 종이나 천 위에 연마 입자를 선착 코팅한 것을 말한다.
④ P1000~2500은 주로 도장 마감용으로 사용한다.

해설 도장 마감용으로는 P220~1200을 주로 사용하며, P1000~2500은 도장한 후 광택 가공용으로 사용한다.

3. 원목 가구의 연마 작업에 가장 많이 사용되는 입도를 나타낸 것은?

① P12~80
② P100~320
③ P220~1200
④ P1000~2500

해설 용도별 입도
- P12~80 : 목재의 유기적 곡선 및 형태를 가공할 때 사용한다.
- P100~320 : 원목 가구의 연마 작업에 가장 많이 사용한다.
- P220~1200 : 주로 도장 마감용으로 사용하며, 하도에서 상도 마감까지 사용한다.
- P1000~2500 : 도장한 후 광택 가공용으로 사용한다.

4. 형태의 변화를 줄 수 있는 거친 연마지로, 목재의 유기적 곡선 및 형태를 가공할 때 사용되는 입도를 나타낸 것은?

① P12~80
② P100~320
③ P220~1200
④ P1000~2500

5. 연마지와 입도에 대한 내용을 설명하였다. 다음 중 틀린 설명은?

① 연마지란 종이나 천 위에 연마 입자를 선착 코팅한 것으로 샌드페이퍼라고도 한다.
② 입도는 P 또는 기호 #를 붙여 표시한다.
③ #100~320는 원목 가구의 연마 작업에 가장 많이 사용되는 입도이다.
④ 입도의 숫자가 클수록 입자가 거친 연마지이며, 작을수록 고운 연마지이다.

해설 연마지(사포, 샌드페이퍼)
- 연마지의 입도는 연마 입자의 크기에 따라 숫자로 표기한 것이다.
- 원목 가구의 연마 작업에 가장 많이 사용되는 입도는 #100~320이다.
- 입도의 숫자가 클수록 입자가 고운 연마지, 작을수록 거친 연마지이다.

정답 1. ③ 2. ④ 3. ② 4. ① 5. ④

제 5 장 전동 공구

5-1 재단 가공용 전동 공구

전동 공구란 전기를 동력으로 목재나 금속을 가공하거나 기계를 조작하는 데 사용하는 기구이다. 일반적으로 휴대용을 뜻하지만 작업대에 설치하여 사용하는 것도 포함한다.

1 원형 톱(둥근톱)

(1) 특징

① 가이드 레일을 부착하여 동일한 두께의 각재나 판재를 켜거나 자를 수 있다.
② 절단 깊이를 조절할 수 있다.
③ 휴대가 간편하며 인테리어 작업에 많이 사용한다.

(2) 용도

목재의 자르기, 켜기, 각도 가공, 홈 가공 등 주로 목재 작업에 사용한다.

2 지그 톱(휴대용 전기 실톱)

(1) 특징

① 실톱기계와 띠톱기계의 절충형으로 모터의 축에 톱날을 끼워 사용한다.
② 합판이나 판재의 곡선, 직선, 절단 가공이 가능하지만 톱날이 거칠어 연마 작업이 필요하다.
③ 톱날은 강한 탄소강으로 되어 있으며 한쪽 끝만 고정시킬 수 있다.
④ 톱날의 종류에 따라 목재용, 금속용, 세라믹용, 플라스틱용 등으로 구분한다.

(2) 용도

① 목재나 합판을 임의의 곡선으로 가공할 때 사용한다.
② 판재의 내부 가공과 서클 커터를 이용한 원형 가공이 가능하다.

원형 톱

지그 톱

3 체인 톱

(1) 특징

① 톱몸에 톱날이 부착된 체인이 있어 동력으로 모터를 구동하여 절단한다.
② 휴대용 체인톱은 동력으로 돌아가는 휴대용 톱으로 전기톱이라 부른다.
③ 엔진식과 전기식이 있으며, 벌목용으로는 엔진식 전기톱을 사용한다.
④ 마찰열 때문에 부속이 마모되거나 파손되는 것을 방지하기 위해 항상 윤활유를 보충한다.
⑤ 윤활유는 자동차 엔진 오일을 그대로 사용해도 무방하다.

(2) 용도

① 벌목이나 벌채, 가지치기 또는 통나무를 자를 때 사용한다.
② 조각이나 도자기 등의 형태를 만들 때 사용한다.

체인 톱

4 각도 절단기

(1) 특징

① 직각 및 각도 절단이 가능하다.
② 가볍고 이동이 용이하여 현장에서 정밀 작업이 가능하다.
③ 가이드 쪽으로 휜 목재를 고정하면 가공할 때 위험하므로 밖으로 고정하여 사용한다.

(2) 용도

① 각재나 몰딩의 절단용으로 적합하다.
② 목재 외에도 금속 재료를 절단할 때 사용한다.

5 테이블 톱

(1) 특징

① 경량으로 이동 설치가 용이하다.
② 켜기, 자르기, 각도 가공이 가능하며 작은 부재의 가공에 용이하다.

(2) 용도

테이블 톱은 각재, 판재의 정밀 가공에 주로 사용한다.

각도 절단기

테이블 톱

5-2 면 가공용 전동 공구

1 자동 대패

(1) 특징

① 자동 대패는 원목을 길이 방향(결 방향)으로 절삭하는 기계로, 평면 가공에 특화된 기계이다.
② 작업자가 기계를 들고 부재에 밀어가며 절삭하는 방식이다.
③ 가공 폭은 300mm, 가공 두께는 3~150mm까지 가능하지만, 일반적인 가공 폭은 75~120mm이며 1회 가공 두께는 1mm 정도이다.

④ 날 교체식으로 대팻날 교체가 용이하다.
⑤ 자동 대패의 최대 정반 폭에 따라 가공 범위가 정해지지만 교차 가공으로 가공 한계가 없다.
⑥ 절삭기계의 가절삭기계라 할 수 있으므로 후보정이 필요한 기계이다.

(2) 용도

① 목재의 두께 가공을 쉽게 할 수 있다.
② 주로 평면 대패 작업에 사용한다.
③ 가공 범위에 제약이 적은 전동 공구이며 다양한 용도로 사용한다.

자동 대패

5-3 성형 가공용 전동 공구

전동용 루터(라우터), 트리머, 면취기는 기본 기능과 날물의 형태는 비슷하지만 가공 방법이 다르다. 면취기는 고정된 기계에 부재를 움직여가며 작업하고, 전동용 루터와 트리머는 기계를 움직여가며 부재를 가공한다.

또한, 면취기는 동일한 형태의 가공물을 대량으로 가공하기에 적합하지만 전동용 루터와 트리머는 부적합하다.

1 루터

(1) 특징

① 홈 가공, 면치기, 몰드 가공을 할 수 있다.
② 루터기계와 달리 위에서 가공하는 형태이다.
③ 작업자가 부재를 들고 가공물의 형태와 가이드라인을 확인하면서 가공할 수 있다.
④ 가공 깊이와 폭 조정이 용이하다.

(2) 가공 방식

① 날물을 루터에 장착한 후, 작업자가 루터를 움직여가며 부재를 가공하는 방식이다.
② 부재의 크기에 따른 가공 한도는 없지만 성형 날물의 크기에 한해 가공 가능하다.
③ 모터의 회전축에 다양한 형태의 비트를 고정하여 절삭 가공하는 방식이다.
④ 루터 날을 상하로 움직여주는 수직의 주축과 정반으로 구성되어 있으며, 주축에 장착되는 커터의 형태에 따라 다양한 가공이 가능하다.

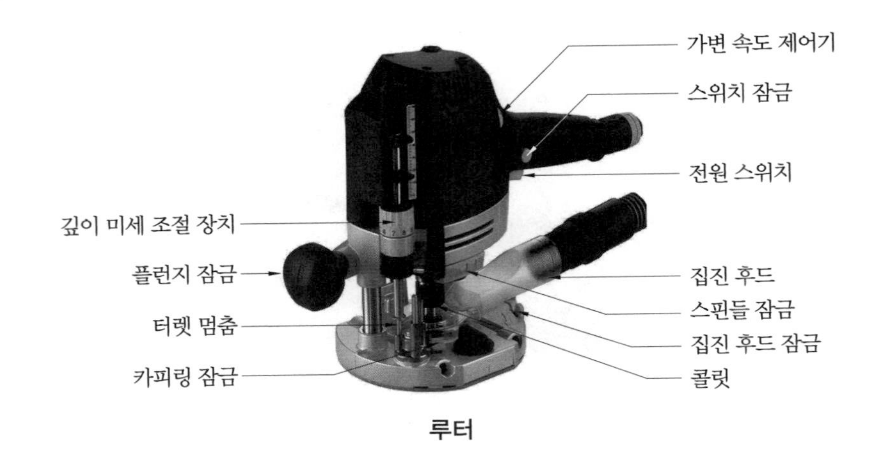

루터

(3) 용도 및 적용

① 날물의 선택에 따라 MDF, 합판, 원목 등에 면치기, 홈 가공, 곡면 가공, 조각 등 다양하게 작업할 수 있다.
② 지그를 사용하면 다양한 형태로도 가공 가능하다.
③ 기본 생크값은 12mm 콜릿을 사용하며, 인치 버전의 콜릿을 교환하여 사용할 수 있다.
④ 콜릿의 부싱을 교환하면 생크 8mm, 6mm 날물도 사용 가능하다.

2 트리머

(1) 특징

① 트리머의 기본 기능은 루터나 면취기와 동일하지만 목공에 부조 작업이나 상감 등의 소형 작업물 가공에 특화된 전동 공구이다.
② 트리머는 소형 기계이므로 한 번에 많은 양을 가공할 수 없기 때문에 2~3회 나누어 가공한다.
③ 부재의 크기에 따른 가공 한도는 없지만 가공 면이 크면 가공하기 어렵고 위험하다.

(2) 가공 방식

작업 형태에 따라 적합한 날물을 선택하여 작업자가 트리머를 들고 움직여가며 가공하는 방식이다.

트리머

(3) 용도 및 적용

① 목재의 홈 가공, 각도 가공, 곡선 가공에 사용한다.

② 날물의 선택에 따라 MDF, 합판, 원목 등에 면치기, 홈 가공, 곡면 가공, 조각 등 다양하게 작업할 수 있다.

③ 기본 생크값은 6mm 콜릿을 사용하며, 성형 날물의 크기에 한하여 가공이 가능하다.

④ 지그를 사용하면 다양한 형태로 가공할 수 있다.

3 도미노 조이너(domino joiner)

(1) 특징

① 가공 두께와 폭, 깊이 조절이 용이하며 수직, 수평 작업이 가능하다.

② 도미노 조인트는 목재와 목재의 접합부 가공이 가능하다.

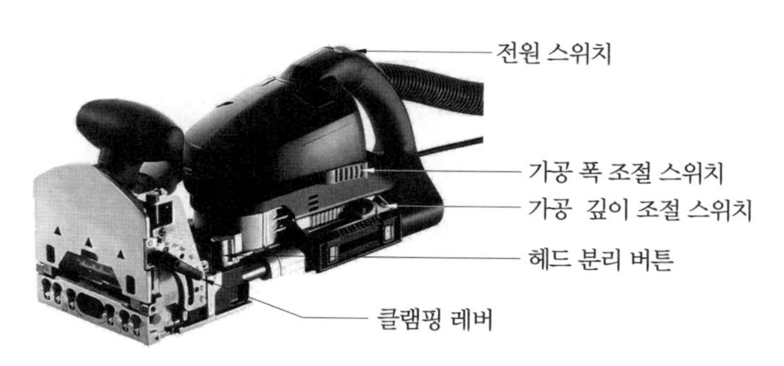

도미노 조이너

(2) 용도

① 각재의 딴혀쪽매 맞춤에 사용한다.
② 판재의 집성이나 목재 주택 제작에 사용한다.

4 비스킷 조이너(biscuit joiner)

(1) 특징

① 도미노 조인트와 함께 가장 많이 사용되는 맞춤 공구이다.
② 도미노 조인트와 기능은 비슷하지만 주로 판재와 각재, 판재와 판재, 알판 홈 가공 등에 사용되는 전동 공구이다.
③ 날물의 형태는 원형 톱날로, 기본 기능 외에 얇은 판재 재단 작업이 가능하여 다양한 용도로 사용한다.
④ 가공 범위는 1회 가공 시의 날 크기에 준하지만 전동 공구로서 확장 범위가 다양하다.

비스킷 조이너

(2) 가공 방식

① 날물의 형태가 원형 톱날이므로 톱날의 원주값으로 가공 깊이를 조절해가며 가공하는 방식이다.
② 정반의 각도를 0(90°)~45°까지 조절하여 재단할 수 있다.

(3) 용도

① 비스킷 조인터의 주요 가공 대상은 각재와 판재의 장부 홈 가공에서 판재의 재단까지 가능하다.
② 합판, MDF, 집성 판재, 원목 등에 모두 사용 가능하지만 얇은 판재 가공에 적합하여 주로 알판 홈 가공이나 집성에 사용한다.

5-4 보링 가공용 전동 공구

1 전동 드릴

(1) 특징

① 작업물의 위치와 크기에 상관없이 작업 가능하다.
② 대량의 반복 작업에는 적합하지 않다.

(2) 용도

① 날물의 선택에 따라 합판, MDF, 집성 판재, 원목, 금속 등에 모두 가공 가능하다.
② 목재와 목재의 피스 결합, 타공 작업(2~13mm), 조립 작업, 금속이나 콘크리트 타공 작업이 가능하다.
③ 용도에 따라 전기 드릴, 임펙트 드릴, 충전 드릴 등이 있다.

전동 드릴

5-5 연마 가공용 전동 공구

1 원형 샌더

(1) 특징

① 속도 조절이 가능하여 작업에 용이하다.
② 얇은 샌딩 패드는 평면 연마, 두꺼운 샌딩 패드는 완만한 곡선 연마에 적합하다.
③ 샌딩 패드의 바닥 면에 분진을 빨아들이는 홈이 있어 집진력이 우수하다.
④ 접착식 연마지를 사용하여 편리하고 효율적이다.

(2) 용도

① 가구 및 금속재의 표면 마감 작업과 목재의 모서리 곡면 마감 작업에 사용한다.
② 평면 가공 및 완만한 곡선 연마 가공에 용이하다.

(3) 연마지

① 샌딩 패드의 모양과 두께에 따라 용도를 다르게 사용할 수 있다.
② 샌딩 패드의 타공 수량 및 크기(인치)에 알맞은 연마지를 선택하여 사용한다.

2 사각 샌더(오비탈 샌더, 팜 샌더)

(1) 특징

① 원형 샌더와 같은 용도로 사용하며 평면 가공에 용이하다.
② 작은 소용돌이 형태로 회전하면서 움직이므로 일정한 가공 면을 얻을 수 있다.

(2) 용도

① 목재의 일부분을 갈아내거나 표면을 매끄럽게 할 때 사용한다.
② 표면에 있는 도장, 페인트, 녹 등을 벗겨내는 작업에 사용한다.
③ 가구 및 금속재의 표면 마감 작업과 도장 후 표면 마감 작업에 사용한다.
④ 모서리 곡선 부분의 마감 가공이 가능하다.

(3) 연마지

① 접착식 연마지, 종이 연마지, 천 연마지 등이 있다.
② 연마지의 탈부착이 용이하며 용도에 따라 연마지를 교체하여 사용할 수 있다.

3 삼각 샌더

(1) 특징

① 원형이나 사각 샌더로 가공하기 어려운 모서리나 각진 부분, 수직인 면의 연마 작업에 용이하다.
② 삼각형 모양의 샌더로, 작고 가벼워 다루기 쉬우며 접착식 연마지를 사용한다.

(2) 용도

① 주로 가구 및 가공재의 구석진 곳이나 폭이 좁은 목재의 평면 연마에 용이하다.
② 목재 모서리나 인조 대리석 연마에 사용한다.

원형 샌더

사각 샌더

삼각 샌더

4 소형 벨트 샌더

(1) 특징

① 동력을 이용하여 연마지 벨트가 회전하는 방식으로, 원하는 가공물의 모양을 쉽고 빠르게 얻을 수 있다.
② 연마지는 벨트식이며 기성품을 사용하거나 주문 제작하여 사용한다.
③ 벨트 연마지는 보통 입도가 #60~220인 연마지를 사용한다.

(2) 용도

① 주로 넓은 면적의 평면 가공, 원목 테이블 상판, 판재의 연마 작업, 목재의 평면 작업에 유용하다.
② 접합 부위를 가공하는 데 주로 사용한다.
③ 초벌 연마 작업용으로 사용하며, 목재의 거친 표면을 효율적으로 작업할 수 있다.

5 에어 샌더

(1) 특징

① 에어 샌더는 어느 작업에서나 완벽한 작업 결과를 구현해주는 정확한 공구이다.
② 에어(air)를 이용하는 형태이므로 에어 컴프레서를 필요로 한다.
③ 일반 원형 샌더보다 가볍고 사용이 간단하다.
④ 속도의 미세 조절이 가능하여 정밀한 곡면 가공이 가능하다.
⑤ 금속재와 목재의 마감 정도에 따라 적합한 연마지를 선택하여 사용한다.

(2) 용도

① 가구 및 금속재의 표면 마감 작업과 목재의 모서리 곡면 마감 작업에 사용한다.
② 고운 마무리 샌딩이나 넓은 표면의 거스러미 제거에 사용한다.

소형 벨트 샌더

에어 샌더

예 | 상 | 문 | 제

전동 공구 ◀

1. 다음 중 목재 가공용 기계 중 전동 루터의 주용도는?

① 자르기 ② 켜기
③ 홈 파기 ④ 장부 가공

해설 전동 루터는 홈 가공, 면치기, 몰드 가공을 할 수 있다.

2. 목재에 홈을 파고 턱을 만들며 성형 절삭을 할 수 있는 기계는?

① 휴대용 전동 대패
② 휴대용 둥근톱
③ 휴대용 루터
④ 에지포머

해설
- 휴대용 전동 대패 : 평면이나 직각 면을 만들 수 있다.
- 휴대용 둥근톱 : 목재를 자르거나 켤 수 있으며, 목재에 홈을 팔 수 있다.
- 휴대용 루터 : 홈을 파거나 턱을 만들 수 있으며, 성형 절삭할 수 있다.

3. 합판이나 판재의 곡선을 오리거나 켤 때 사용하는 휴대용 전동 공구는?

① 휴대용 루터
② 휴대용 전기 둥근톱
③ 휴대용 체인 톱
④ 휴대용 전기 실톱

해설 휴대용 전기 실톱(지그 톱)
- 합판이나 판재의 곡선을 오리거나 켤 때 사용한다.
- 톱날의 종류에 따라 목재용, 금속용, 세라믹용, 플라스틱용 등으로 구분한다.

4. 실톱기계와 띠톱기계의 절충형으로 판재의 내부 가공과 서클 커터를 이용한 원형 가공이 가능한 전동 공구는?

① 원형 톱 ② 지그 톱
③ 체인 톱 ④ 테이블 톱

해설 지그 톱(휴대용 전기 실톱)
- 실톱기계와 띠톱기계의 절충형으로 모터의 축에 톱날을 끼워 사용한다.
- 목재나 합판을 임의의 곡선으로 가공할 때 사용한다.
- 판재의 내부 가공과 서클 커터를 이용한 원형 가공이 가능하다.
- 합판이나 판재의 곡선, 직선, 절단 가공이 가능하지만 톱날이 거칠어 연마 작업이 필요하다.

5. 자동 대패에 대한 설명으로 틀린 것은?

① 벌목이나 벌채, 가지치기 또는 통나무를 자를 때 사용한다.
② 원목을 길이 방향(결 방향)으로 절삭하는 기계로, 평면 가공에 특화된 기계이다.
③ 절삭기계의 가절삭기계라 할 수 있으므로 후보정이 필요한 기계이다.
④ 일반적인 가공 폭은 75~120mm이며 1회 가공 두께는 1mm 정도이다.

해설 벌목이나 벌채, 가지치기 또는 통나무를 자를 때 사용하는 것은 체인 톱이며, 자동 대패는 평면 대패 작업에 사용하는 것으로 목재의 두께 가공을 쉽게 할 수 있다.

6. 도미노 조인트와 기능이 비슷하며 주로 판재와 각재, 판재와 판재, 알판 홈 가공 등에 사용되는 전동 공구는?

정답 1. ③ 2. ③ 3. ④ 4. ② 5. ① 6. ④

① 루터 ② 트리머
③ 에어 샌더 ④ 비스킷 조인터

해설 비스킷 조인터
- 도미노 조인트와 함께 가장 많이 사용되는 맞춤 공구이다.
- 가공 범위는 1회 가공할 경우의 날 크기에 준하지만 전동 공구로서 확장 범위가 다양하다.
- 합판, MDF, 집성 판재, 원목 등에 모두 사용 가능하지만 얇은 판재 가공에 적합하여 주로 알판 홈 가공이나 집성에 사용한다.

7. 연마 가공 전동 공구 중에서 어느 작업에서나 완벽한 작업 결과를 구현해주는 공구로 가장 적합한 것은?

① 원형 샌더
② 오비탈 샌더
③ 에어 샌더
④ 소형 벨트 샌더

해설 에어 샌더
- 일반 원형 샌더보다 가볍고 사용이 간단하다.
- 속도의 미세 조절이 가능하여 정밀한 곡면 가공이 가능하다.
- 어느 작업에서나 완벽한 작업 결과를 구현해주는 정확한 공구이다.

8. 연마 가공 전동 공구 중 가장 광범위한 재료에 사용될 수 있는 다목적 도구로 알맞은 것은?

① 벨트 샌더 ② 디스크 샌더
③ 오비탈 샌더 ④ 앵글 그라인더

해설 앵글 그라인더는 금속, 목재 등 다양한 재료를 자르거나 연마할 수 있는 다목적 도구로, 강력한 모터와 다양한 액세서리의 선택으로 인해 광범위한 작업에 적합하다.

9. 목재의 두께 가공을 쉽게 할 수 있는 전동 공구는?

① 원형 샌더
② 각도 절단기
③ 자동 대패
④ 도미노 조인터

해설 자동 대패는 주로 평면 대패 작업에 사용하는 전동 공구로, 가공 범위에 제약이 적어 다양한 용도로 사용한다.

10. 전동 드릴에 대한 설명으로 틀린 것은?

① 대량의 반복 작업에는 적합하다.
② 작업물의 위치와 크기에 상관없이 작업 가능하다.
③ 용도에 따라 전기 드릴, 임펙트 드릴, 충전 드릴 등이 있다.
④ 목재와 목재의 피스 결합, 타공 작업(2~13mm), 조립 작업, 금속이나 콘크리트 타공 작업이 가능하다.

해설 전동 드릴은 탁상 드릴과 기본 기능은 같지만 작업물의 위치와 크기에 상관없이 작업 가능하며, 대량의 반복 작업에는 적합하지 않다.

정답 7. ③ 8. ④ 9. ③ 10. ①

제 6 장 CNC 가공기계

6-1 CNC

1 CNC의 개요

(1) NC의 정의

NC(numerical control)는 수치 제어라는 뜻으로 공작물에 대한 공구 경로, 그 밖의 가공에 필요한 작업 공정 등을 그에 대응하는 수치 정보로 지령하는 제어를 말한다. (KS B 0125)

(2) CNC의 정의

CNC(computerized numerical control)는 마이크로프로세서를 중심으로 구성된 컴퓨터 기반의 제어 장치로, 소형 컴퓨터가 내장된 NC를 말한다.

(3) CNC의 정보 흐름

① **프로그램 작성** : 프로그램 작성자가 도면을 보고 가공 경로, 가공 조건 등을 CNC 프로그램으로 작성한다.

② **정보 입력** : 작성된 프로그램을 MDI 패널을 사용하여 수동으로 입력하거나 RS-232C 인터페이스를 통해 CNC 가공기계의 정보처리 회로에 전달한다.

③ **정보 처리** : 정보처리 회로에서 프로그램을 처리하여 결과를 펄스 신호로 출력하고, 이 펄스 신호에 의해 서보 모터가 구동된다.

④ **모터 구동 및 가공** : 서보 모터에 결합된 볼 스크루가 회전하면서 요구하는 위치와 속도로 테이블이나 주축 헤드를 이동시켜 공작물과 공구의 상대 위치를 제어하면서 자동으로 가공이 이루어진다.

(4) 가공 방법에 따른 CNC의 분류

① CNC는 가공 방법에 따라 절삭 가공, 연삭 가공, 방전 가공, 기타 가공으로 분류되며, 기본적인 동작 원리는 동일하다.

② 가구 제작 현장에서 절삭 가공은 공구를 이용하여 판재를 원하는 깊이로 깎아내거나 오려내는 가공을 한다.

가공 방법에 따른 CNC의 분류

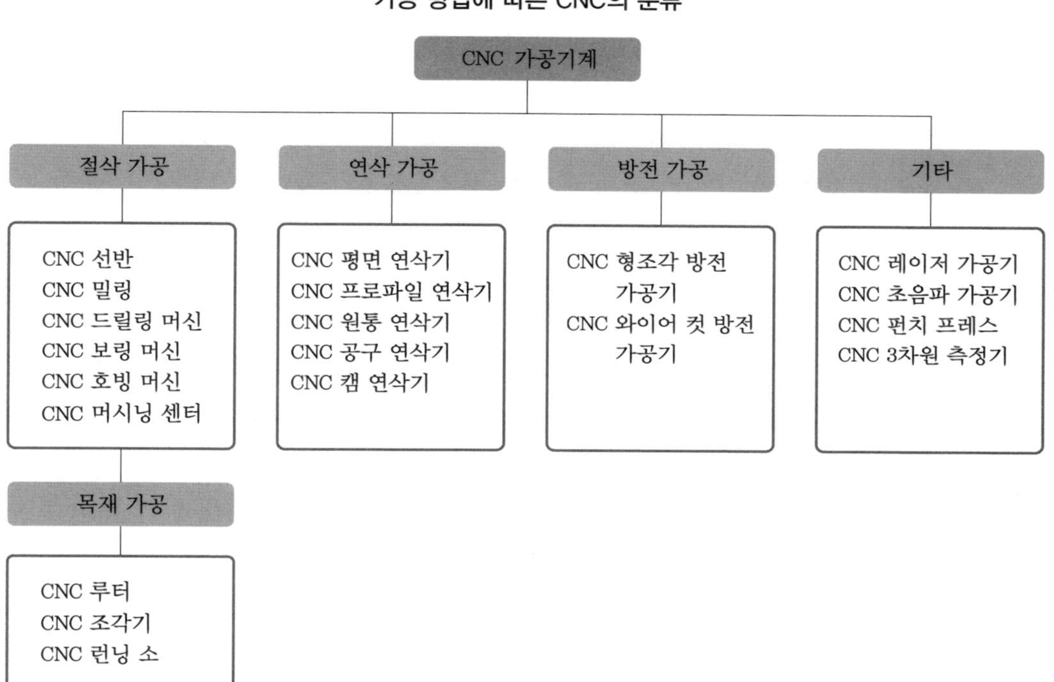

2 CNC의 가공 순서

① CNC 가공기계의 가공 순서는 기계와 컨트롤러에 따라 다를 수 있으며, 사용하는 CAD 프로그램의 종류에 따라 전송 방법도 조금씩 다를 수 있다.

② 그러나 대부분의 CNC 가공기계는 CAD 데이터의 생성과 CAM 데이터의 생성, 그리고 시작점 확인 및 가공으로 진행 순서가 동일하다.

③ CNC의 가공 순서는 다음과 같다.

(가) 작업 의뢰서(발주서) 또는 도면의 내용을 검토한다. 이때 가공할 제품의 형태와 구조를 분석하고 내용을 충분히 검토한다.

(나) 도면의 내용에 따라 가공 위치(전면, 측면)와 가공 간격 등을 확인한 다음 CAD 데이터를 생성한다.

(다) 편집 작업이 완료된 CAD 데이터는 가공하기 전에 별도로 저장한다. 데이터는 호환성이 있는 파일 형식(예 *.dxf)으로 저장해야 한다.
(라) CAM 프로그램을 실행시킨 후 저장된 CAD 데이터를 불러온다.
(마) 재단할 가공물의 가로, 세로 규격과 수량을 검토하여 입력한다.
(바) 가로 재단 후 세로로 분할 재단을 할 수 있도록 가공 데이터값을 입력하여 가공 데이터를 보낸다.
(사) 기준면에 맞춰 부자재를 올려놓는다.
(아) 부자재의 크기와 재질에 따라 고정 방법을 결정하고 필요한 경우 치공구를 준비한다.
(자) CAM에서 가공 방법(선 가공, 홈 가공 등), 공구 준비 및 생산 가공에 맞는 공구 경로를 생성한다. 보링의 경우 폭과 깊이를 확인하여 가공 날물을 지정한다.
(차) 가공할 부자재를 올려 테이블의 우측 끝 기준대에 고정시킨 다음, 가공 시작점을 맞춘다.
(카) 가공 시작 전 시뮬레이션을 통해 프로그래밍의 오류를 확인한다. 필요시 다른 샘플 재료로 시험 가공하고, 이상 없을 경우 원자재를 테이블에 고정시킨 후 가공을 시작한다.
(타) 가공이 완료되면 반드시 기계가 멈춘 것을 확인한 뒤, 다음에 가공할 부자재로 교체한다.
(파) 긴급한 상황이 발생하거나 가공물에 문제가 발생할 경우 적색 긴급 버튼을 사용한다.

6-2 CNC 가공기계

1 CNC 포인트 보링기

(1) 특징

① CNC 포인트 보링기는 목다보(목심)와 미니픽스 등을 사용하여 판재와 판재를 연결하기 위해 판재 면에 구멍을 내거나 홈을 파는 가공기계이다.
② 가공이 완료되면 작업자가 가공물을 교체해야 하는 번거로움이 있어 다품종 소량 생산에 적합하다.

(2) 가공 방법

① 보링 헤드에 전면, 측면 등의 다양한 면을 가공할 수 있는 날물이 장착되어 있으며, 설정된 공구 경로에 따라 자동으로 작업을 진행한다.

② 소형의 원형 톱날이 부착되어 보링 가공 외에도 뒤판 홈 파기와 같은 간단한 가공이 가능하다.

③ 보링 헤드의 가공 날물의 간격은 축 간격이 32mm이며, 보링 사이의 간격은 32mm의 배수로 설정된다.

CNC 포인트 보링기

2 CNC 런닝 소

(1) 특징

① CNC 런닝 소는 판재의 폭과 길이를 재단하는 가공기계이다.

② 장롱의 넓은 측판에서부터 소품류의 작은 소품 자재까지 가공하는 목공용 재단기계이다.

(2) 가공 방법

① CNC 런닝 소 작업 테이블 위에 여러 장의 합판을 적재한다.

② 적재한 합판을 측면의 받침대에 밀착시키고 상단의 누름판을 내려 압축·고정시킨다.

③ 작업 테이블 하단의 톱날이 지나가면서 합판이 재단되고 톱날은 제 위치로 돌아간다.

3 CNC 루터

(1) 특징

① CNC 루터는 목재, 보드류(MDF, PB, 자작합판), 금속, 아크릴 등 다양한 재료를 3차원 입체적인 형상으로 성형할 수 있는 가공기계이다.

② 디자인의 복잡성, 다양성, 신속성을 효율적으로 보장하고, 수작업으로 하던 반복적인 작업을 컴퓨터를 통해 단축한다.
③ 복잡한 유선형의 형태를 단시간에 대량으로 가공할 수 있어 가구의 곡목 기법에 효율성과 비용 절감의 효과를 얻을 수 있다.
④ 높은 정밀성을 갖기 때문에 좋은 결과물을 얻을 수 있다.

(2) 가공 방법

스핀들의 회전 속도와 축의 이동에 의해 가공이 진행되는 방식이다.

4 CNC 조각기

(1) 특징

① CNC 조각기는 작고 세밀한 조각 작업에 적합한 가공기계이다.
② CNC 루터와 같이 목재, 보드류(MDF, PB, 자작합판), 금속, 아크릴 등에 가공이 가능하다.
③ 기존의 불가능했던 섬세한 공정과 복잡한 구조의 가공을 단시간에 가능하게 한다.
④ 무인 시스템 방식으로 24시간 지속적으로 가공할 수 있다.

(2) 가공 방법

CNC 조각기는 CNC 루터와 동일한 가공 방법을 사용한다.

CNC 조각기

참고

엔드밀(end mill)
- 목재, 보드류(MDF, PB, 자작합판), 금속, 아크릴 등을 정밀 가공하기 위한 소모성 절삭 공구이다.
- 밑면과 옆면이 날로 되어 있어 부자재의 전면 및 측면 보링과 세공 작업이 가능하다.

예 | 상 | 문 | 제

CNC 가공기계 ◀

1. 다음 중 옳지 않은 설명은?

① NC(numerical control)는 소형 컴퓨터가 내장된 것을 의미한다.
② CNC는 마이크로프로세서를 중심으로 구성된 컴퓨터 기반의 제어 장치이다.
③ CNC는 가공 방법에 따라 절삭 가공, 연삭 가공, 방전 가공, 기타로 분류된다.
④ 대부분의 CNC 가공기계는 CAD 데이터의 생성과 CAM 데이터의 생성, 시작점 확인 및 가공으로 진행 순서는 동일하다.

해설 • NC(numerical control) : 수치 제어
• CNC(computerized numerical control) : 마이크로프로세서를 중심으로 구성된 컴퓨터 기반의 제어 장치로, 소형 컴퓨터가 내장된 NC를 말한다.

2. 목다보(목심)와 미니픽스 등을 사용하여 판재와 판재를 연결하기 위해 판재 면에 구멍을 내거나 홈을 파는 가공기계는?

① CNC 루터
② CNC 런닝 소
③ CNC 조각기
④ CNC 포인트 보링기

해설 CNC 포인트 보링기
• 목다보(목심)와 미니픽스 등을 사용하여 판재와 판재를 연결하기 위해 판재 면에 구멍을 내거나 홈을 파는 가공기계이다.
• 다품종 소량 생산에 적합하다.

3. 작고 세밀한 조각 작업에 적합한 CNC 가공기계는?

① CNC 루터 ② CNC 조각기
③ CNC 런닝 소 ④ CNC 보링기

해설 CNC 조각기
• 작고 세밀한 조각 작업에 적합한 CNC 가공기계이다.
• 무인 시스템 방식으로 24시간 지속적으로 가공할 수 있다.

4. CNC 가공기계의 특징을 설명한 것으로 옳지 않은 것은?

① CNC 런닝 소는 판재의 폭과 길이를 재단하는 가공기계이다.
② CNC 포인트 보링기에서 보링 헤드의 가공 날물 간격은 축 간격이 16mm이며, 보링 사이의 간격은 32mm 배수가 된다.
③ CNC 조각기는 작고 세밀한 조각 작업에 적합하지만 24시간 지속적으로 가공할 수 없다.
④ CNC 루터는 목재, 보드류(MDF, PB, 자작합판), 금속, 아크릴 등을 3차원의 입체적인 형상으로 성형하는 가공기계이다.

5. CNC 루터에 대한 설명 중 틀린 것은?

① 스핀들의 회전 속도와 축의 이동에 의해 가공이 진행되는 방식이다.
② 가구의 곡목 기법에 효율성과 비용 절감의 효과를 얻을 수 있다.
③ 목재, 보드류(MDF, PB, 자작합판), 금속, 아크릴 등의 재료를 3차원 입체적인 형상으로 성형하는 가공기계이다.
④ 장롱의 넓은 측판에서 작은 소품 자재까지 가공하는 목공용 재단기계이다.

해설 장롱의 넓은 측판에서부터 작은 소품 자재까지 가공하는 목공용 재단기계는 CNC 런닝 소이다.

정답 1. ① 2. ④ 3. ② 4. ③ 5. ④

제 7 장 안전관리

7-1 작업자 안전관리

1 보호구

(1) 작업복

① 팔이나 다리를 노출하지 않고 상의와 바지는 몸에 맞는 것을 입는다.
② 더운 곳에서 작업을 할 때도 반드시 작업복을 입는다.
③ 인화 물질이 묻었을 때는 옷을 빨리 갈아입는다.
④ 옷자락이나 소매가 길면 기계에 말려들어 갈 위험이 있으므로 짧은 것이 좋다.
⑤ 목이나 허리에 수건을 차거나 단추를 풀고 다니는 등 단정하지 못한 복장은 재해의 원인이 된다.

(2) 장갑과 앞치마

① 목공기계를 운반할 때나 수리할 때 벨트가 회전하는 부분에 장갑이 끼어 말려들어 갈 위험이 있으므로 주의한다.
② 전동기계나 목공기계를 사용할 때는 장갑 착용을 금한다.
③ 장갑이나 앞치마 착용이 금지된 작업에서는 절대로 착용하지 않는다.
④ 철재나 날카로운 재료를 다룰 때는 반드시 장갑을 착용하고, 장갑을 착용하는 작업과 그렇지 않은 작업을 반드시 구별하여 준수하도록 한다.
⑤ 작업 전 반드시 복장을 점검해야 한다.

2 단순 반복 작업 시 안전 작업

① 단순 반복 작업 시 손목은 자연스러운 상태를 유지하도록 한다.
② 반복된 동작이나 작업 횟수를 최소화한다.
③ 작업 속도와 작업 강도를 조절하며 효율적인 작업 도구를 사용한다.

④ 작업 중 주기적으로 몸을 움직여 몸의 피로를 풀어준다.
⑤ 충분한 작업 공간을 확보한다.

3 올바른 물건 운반 방법

① 부적절한 자세 또는 무리하게 무거운 물건을 들거나 운반할 경우 요통이 발생할 수 있으므로 주의한다.
② 물건을 이동할 때는 허리를 편 채로 앞을 주시하면서 다리만 움직여 이동한다.
③ 방향을 전환할 때는 먼저 이동할 방향으로 발을 옮긴 후 이동한다.
④ 중량물을 이동할 때는 2인 이상 호흡을 맞춰 이동한다.
⑤ 운반할 때는 물건을 허리보다 높게 위치하며, 몸에 물건을 붙인 뒤 이동한다.
⑥ 물건을 바로 옆으로 옮길 때는 허리를 비틀지 않는다.
⑦ 제자리에서 물건을 옮길 때는 하체를 돌려 다리를 충분히 이용하고, 무릎의 탄력을 최대한 이용한다.

4 작업자 안전관리 방법

① 작업 전 기계를 정비하고 보호 장비를 착용한다.
(가) 작업 전 사용할 기계의 주변을 정리 정돈하여 작업 공간을 확보한다.
(나) 작업복, 보호 안경 등 보호 장비를 착용한다.
(다) 작업할 재료는 작업할 기계의 투입구 쪽에 작업하기 편하도록 작업 순서대로 적치한다.
(라) 작업할 기계의 전원을 켜고 기계의 작동 여부를 확인한다.
(마) 점검 중 문제가 발생할 때는 그 원인을 파악한 후 조치(수리 및 보수)한다.

② 작업 중 안전관리를 한다.
(가) 작업 전 기계의 이상 유무를 점검한다.
(나) 작업 중 안전을 위해 분진이나 먼지가 많이 발생하는 기계는 집진기를 설치한다.
(다) 작업할 기계의 전원을 켠다.
(라) 기계의 스위치는 사용자가 작동시키고, 반드시 기계의 적정 속도가 나온 후 사용한다.
(마) 투입 시 날물의 회전 방향을 확인한 후 작업을 시작한다.
(바) 부재가 짧고 좁거나 동일한 부재를 대량으로 가공할 때는 송재기를 이용한다.
(사) 부재는 흔들리지 않도록 펜스와 정반에 밀착한 후 가공하며, 무리하게 부재를 가공하면 안전사고의 원인이 된다.

(아) 긴 부재의 가공은 2인 1조로 작업하며, 기계 뒤에서 받아주는 작업자는 부재가 앞의 작업자에게 튕기지 않도록 한다.

(자) 작업 시 안전사고가 발생하면 즉시 전원을 차단하고 작업자의 안전을 확인한다.

③ 정리 정돈을 한다.

(가) 작업 전 작업 반경 내의 위해 요소는 작업자가 쓰기 편한 곳에 종류별로 구분한다.

(나) 작업 중 작업에 방해가 되는 재료나 가공 후 불필요한 잔여물이 생길 때마다 깨끗이 치운다.

(다) 사용한 공구나 재료는 정해진 장소에 보관한다.

(라) 제품이나 장비는 안전하게 적치하는 방법을 습관화한다.

- 사용 빈도가 많은 것은 바로 사용할 수 있도록 편리한 곳에 보관한다.
- 물건을 적치할 때는 무거운 것과 부피가 큰 것부터 적치한다.
- 무너지기 쉬운 것은 낮게 적치하고, 부득이 높게 적치할 때는 보조 지지대를 설치한다.
- 작은 볼트나 너트류는 종류별, 치수별, 호별로 별도의 보관함에 품명과 수량을 알 수 있도록 보관한다.
- 타기 쉬운 것, 발화하기 쉬운 것 등 위험한 것은 따로 모아 보관하며, 별도의 위험을 알리는 표지판을 설치한다.

7-2 작업장 안전관리

작업장의 기계, 설비의 적절한 배치는 작업 능률과 안전을 위해 매우 중요한 의미를 가진다. 재료의 가공 작업과 운반 작업이 연속적으로 이루어지고, 빠르고 안전하게 이루어질 수 있도록 작업장의 기계 배치와 동선을 고려한다.

1 기계 배치 시 고려할 사항

① 작업자의 동선을 확보하고 작업장 내의 기계 배치 및 이동 경로를 도면화하여 보기 쉬운 곳에 비치한다.

② 기계의 배치는 기어, 벨트, 체인 등 위험 요소를 통로나 작업이 빈번하게 이루어지는 장소를 피하여 설치한다.

③ 기계 장치 중 공압 부분과 회전 부분은 위험하므로 반드시 커버를 씌운다.

④ 분진 발생 요소를 점검하고 집진 시설과 환기 시설을 설치하여 점검한다.

⑤ 소음이 심한 기계는 격벽을 세워서 분리 배치한다.

⑥ 재료의 운반이 용이하도록 이동 통로를 확보하고, 안전하게 이동할 수 있도록 정리 정돈한다.

⑦ 화재나 기타 사고에 신속하게 대피할 수 있도록 비상구는 반드시 2개 이상 설치한다.

⑧ 작업장 안전수칙과 기계별 사용 방법 및 사용 시 주의사항을 작성하여 작업자가 보기 쉬운 곳에 부착한다.

⑨ 작업장 내 유해 물질은 별도로 관리하며 작업자가 인지할 수 있도록 경고 표지판을 설치한다.

⑩ 화재 발생에 대비하여 작업장 입구나 화재 발생 시 빠르게 화재 진압을 할 수 있는 위치에 소화기를 배치한다.

2 작업장 안전관리 방법

① 작업 전 작업장의 안전 점검을 한다.

㈎ 작업 전 사용할 기계의 사용 가능 유무를 확인하고 이상 유무를 파악한다.

㈏ 습한 계절이나 작업장에 습기가 많은 경우 작업 기계의 누전 여부를 확인한다.

㈐ 가공 중 칩이나 먼지가 다량 발생하는 경우 집진기나 환풍기의 작동 유무를 점검한다.

㈑ 목공기계 중 공압식 기계의 경우 에어 라인을 점검하고 적정 압력이 유지되는지 확인한다.

(마) 목공기계에 부착된 보호 장비의 부착 상태를 확인한다.

(바) 점검 중 문제가 발생했을 때 문제의 발생 원인을 파악하여 수리 및 보수한다.

② 작업 중 작업장과 목공기계의 이상 유무를 사전에 점검한다.

(가) 일정량을 작업하면 가공 날물의 마모 정도를 점검하고 과도하게 마모된 날물은 교체한다.

(나) 작업 중 목공기계를 장시간 사용하거나 무리하게 작업하여 과부하될 경우 일정 기간 작업을 멈추고 기계의 열을 식힌다.

(다) 부재가 짧고 좁거나 또는 동일한 부재를 대량으로 가공할 경우 송재기를 이용한다.

(라) 장시간 같은 자세로 작업할 경우 일정 시간 후에는 반드시 휴식을 취한다.

(마) 작업이 끝난 후 가공품과 작업 공구를 정리 정돈한다.

③ 작업 완료 후 작업장 주변과 공구 및 재료를 정리한다.

(가) 작업이 끝난 후 가공품은 다음 작업을 위해 가공품의 품명, 수량 등을 기재한 후 가공품에 부착하고, 다음 작업에 용이하도록 이동 보관한다.

(나) 작업 공구 및 가공 후 남은 잔류물은 정리 정돈하고 불필요한 것은 제거한다.

(다) 기계의 먼지를 제거하고 주요 마찰 면에 기름칠한다.

7-3 수공구 사용의 안전관리

1 톱

① 사용 전 톱니상태를 살펴본 후 사용한다. 톱이 들지 않으면 즉시 연마하고 재료에 맞게 날어김을 맞춘다.

② 가공물을 단단히 고정하여 톱질을 하고, 앉아서 켤 때는 가공물을 잡은 손을 주의한다.

③ 실 톱질을 할 때 톱이 나가는 앞쪽에 손이 나오지 않도록 한다.

④ 톱니가 다른 쇠붙이 공구에 닿지 않도록 보관한다.

2 대패

① 대팻날이 마모되면 연마하여 사용하며, 연마할 때 손가락이 숫돌에 닿지 않게 한다.

② 대팻날을 많이 빼서 무리한 힘으로 대패질하지 않는다.
③ 멈치는 가공물을 물릴 수 있는 최소한으로 하며, 필요 없는 것은 반드시 내려둔다.
④ 대팻날을 떨어뜨리거나 날을 상대방 쪽으로 내놓고 다니지 않는다.
⑤ 대패를 잠시 사용하지 않을 때는 대팻집을 옆으로 세워둔다.
⑥ 멈치를 빼거나 대팻날을 뺄 때 대팻집 머리를 땅에 치는 일이 없도록 주의한다.

3 끌

① 끌로 가리키거나 지시하지 않는다.
② 끌을 보관할 때는 따로 보관한다.
③ 끌질을 할 때 끌을 잡고 있는 손을 때리지 않도록 특히 주의한다.
④ 작업 중 날끝이 작업대 밖으로 나가지 않게 한다.
⑤ 끌로 다듬질할 때 끌이 나가는 앞쪽에 손을 놓지 말고, 일정 거리만 가도록 스토퍼 역할을 한다.

4 수공구 사용 전

① 공구의 성능을 충분히 알고 있어야 한다.
② 정비 상태의 이상 여부를 점검한다.
③ 해당 작업에 적합한지 점검한다.
④ 기름에 미끄러지지 않도록 잘 닦아둔다.
⑤ 결함이 있는 것은 절대로 사용하지 않는다.

5 수공구 사용 중

① 올바른 방법으로 사용한다.
② 본래의 용도 이외에는 사용하지 않는다.
③ 정리 상자 등을 이용하여 수공구가 흩어지지 않도록 주의하며 사용한다.

6 수공구 사용 후

① 반드시 지정된 장소에 갖다 둔다.
② 공구 상자, 공구 선반은 정돈하여 공구의 종류나 수량을 확실히 알 수 있도록 한다.
③ 사용 후에는 반드시 점검하여 수리가 필요한 공구는 즉시 수리를 의뢰하고 대체 공구를 준비한다.

7-4 목공기계의 안전관리

1 작업장 안전

① 작업장은 작업대와 기계 주변을 항상 청결히 유지한다.
② 도구 사용 시 다치지 않도록 안전에 주의한다.
③ 작업 시 필요한 공구는 사용하기 편한 위치에 둔다.
④ 작업 중 자리를 비울 때는 사용하던 장비의 전원을 차단한 후 정리 정돈한다.
⑤ 기계 작업 중 불필요한 행동이나 잡담을 하지 않는다.
⑥ 작업이 끝나면 사용하던 기계 주변을 정리하고, 작업 중 사용했던 공구는 항상 제자리에 정리 정돈한다.

2 둥근톱기계

① 사용하기 전 기계 주변과 정반 위를 정리한다.
② 톱날의 높이는 마름질할 부재보다 3mm만 나오도록 조정한다.
③ 기계의 스위치는 사용자가 작동시킨 후 제속도가 나오면 사용한다.
④ 기준자는 톱날과 평행이 되게 한다.
⑤ 부재를 가늘게 켤 때는 보조막대를 사용하며, 자를 때는 각도기 자를 사용한다.

3 띠톱기계

① 작동 전 톱날의 상태를 살펴보고 완전한 속도가 나온 후 사용한다.
② 발은 어깨너비로 벌리며, 두 손으로 부재를 잡고 머리를 굽히지 않는다.
③ 기울기가 급한 곡선일수록 좁은 톱날을 사용하며 무리하게 돌리지 않는다.
④ 잘린 나무토막은 보조막대를 사용하여 치운다.
⑤ 긴 목재를 켜거나 자를 때는 다른 사람의 도움을 받는다.
⑥ 톱날이 갑자기 앞뒤로 진동하면 톱날이 끊어지므로 빨리 스위치를 내린다.

4 손밀이대패

① 손밀이대패 사용 시 장갑을 착용하지 않으며 소매가 긴 옷은 걷어 올린다.
② 300mm 이하의 짧은 부재는 기계를 사용하지 않는다.
③ 목재의 마구리면은 깎지 않는다.
④ 앞 정반을 많이 내려서 깎지 않는다.
⑤ 두 손으로 밀 때 부재를 잡은 손이 대팻날 위로 통과하지 않도록 한다.

5 자동 1면 대패기계

① 장갑을 착용하지 않으며 소매가 긴 옷은 소매를 걷어 올린다.
② 사용하는 사람이 스위치를 작동하고 제속도가 나오면 가공물을 넣는다.
③ 두께 차이가 심한 재료들을 동시에 가공하지 않는다.
④ 같은 두께라도 한꺼번에 많이 넣지 않고 절삭량도 적정량을 초과하지 않는다.
⑤ 긴 재료를 가공할 때는 앞뒤에서 약간 들어준다.

6 각끌기

① 기계를 사용하기 전 정반의 각 방향 이동 장치를 점검한다.
② 각끌기의 송곳을 조일 때 필요 이상으로 조이지 않는다.
③ 가공물이 굳으면 원하는 깊이를 한 번에 뚫지 않고 여러 번 나누어 뚫는다.
④ 끌 구멍을 파나갈 때 한 번 파는 너비는 끌 날의 너비의 1/2 정도로 한다.

7 장부기계

① 가공물을 단단히 고정하고 손이 톱날 있는 쪽으로 가지 않게 한다.
② 가공물은 정반 면과 기준 자 사이가 밀착되도록 수평 바이스와 수직 바이스로 단단히 고정한다.
③ 절삭 면이 그대로 나오므로 천천히 밀고 당긴다.
④ 장부를 만들고 잘릴 부분이 크면 잘라내고 작업한다.
⑤ 장부 크기를 맞출 때는 전원을 끄고 완전히 멈춘 후 조정한다.

8 루터기계

① 목재의 칩이 많이 나오기 때문에 반드시 보안경을 착용한다.
② 가공물을 잡은 채 날 옆을 통과하지 않는다.

9 면취기

① 대체로 절삭량이 많으므로 너무 빨리 하지 않고 서서히 민다.
② 가공물을 처음 댈 때나 끝낼 때 특히 더 주의한다.

10 목선반

① 수동식의 경우 바이트를 대는 각도에 유의하며, 바이트 자루를 길게 하여 바이트를 놓치는 일이 없도록 한다.

② 가공물을 고정시키는 장치를 세밀히 검토한다.

11 만능 각도기 톱

① 톱날이 정반 위에서 회전하므로 가공물을 잡은 손이 되도록 톱날에서 멀리 떨어지게 한다.

② 톱 축의 이동을 고정하는 장치, 톱날 안전 덮개의 이상 유무 등을 반드시 점검하고, 전원을 켠 후 잠시 기다렸다가 사용한다.

12 작업 완료 후

① 품명과 수량을 기입한 후 가공품에 부착하고, 다음 작업에 용이하도록 이동하여 보관한다.

② 작업 공구 및 가공 후 남은 잔류물은 정리 정돈하여 불필요한 것을 제거한다.

③ 기계의 먼지를 제거하고 주요 마찰 면에 기름칠한다.

예 | 상 | 문 | 제

안전관리 ◀

1. 루터기계 사용 시 주의해야 할 사항으로 옳지 않은 것은?

① 작업 중에는 절대로 장갑을 착용하지 않는다.
② 부재를 올려놓고 날이 회전하는 동안 테이블의 높이를 조정하거나 안내자의 이동을 할 수 있다.
③ 고속 회전하므로 스위치를 꺼도 관성에 의해 오래 회전하기 때문에 함부로 손을 대지 않는다.
④ 부재를 한 번에 무리하게 많이 깎아서는 안 된다.

2. 목공기계 작업 시 가장 필요한 보호구는?

① 안전화 ② 방진 마스크
③ 안전모 ④ 보안경

3. 작업 전, 작업 중, 작업 종료 후 실시하는 점검은?

① 정기점검 ② 수시점검
③ 임시점검 ④ 일상점검

해설 안전점검의 종류
- 정기점검 : 정해진 점검 시기를 정하여 실시
- 수시점검 : 경영책임자 또는 관리책임자의 주관에 의해 실시
- 임시점검 : 특수 대상물에 대해 임시로 실시
- 일상점검 : 작업 전, 작업 진행 중, 작업 종료 후 실시

4. 관리책임자의 주관하에 실시하는 비정기적인 점검은?

① 임시점검 ② 정기점검
③ 수시점검 ④ 일상점검

해설 수시점검 : 경영책임자 또는 관리책임자, 제일선의 감독자의 주관에 의해 실시되는 비정기적인 안전점검이다.

5. 다음과 같은 산업재해의 원인 중 교육적인 원인은?

① 안전수칙을 잘못 알고 있다.
② 구조 재료가 적합하지 않다.
③ 생산 방법이 적합하지 않다.
④ 점검, 정비, 보존 등이 불량하다.

6. 둥근톱기계 작동부의 사고 예방으로 알맞은 조치법은?

① 동력저항 설치
② 중간방책 설치
③ 상향 날 설치
④ 절단 날 설치

7. 띠톱기계 작업상 주의사항으로 옳지 않은 것은?

① 띠톱을 조정할 때는 반드시 스위치를 끈다.
② 톱날의 긴장상태를 적절하게 조정하고 사용 후에는 톱날을 느슨하게 풀어준다.
③ 소매가 길거나 헐렁한 옷의 착용을 금하고 장갑을 착용한다.
④ 곡선 가공 시 무리하게 힘을 가하지 말고 천천히 밀어준다.

해설 소매가 길거나 헐렁한 옷 또는 장갑 착용을 금한다.

정답 1. ② 2. ② 3. ④ 4. ③ 5. ① 6. ② 7. ③

8. 띠톱기계의 안전수칙으로 틀린 것은?

① 기계를 작동시키기 전에 톱날의 이상 유무를 확인한다.
② 곡선 가공 시 무리하게 힘을 가하지 않고 천천히 밀어준다.
③ 톱날의 긴장상태를 확인하여 핸들을 약간 헐겁게 조정한다.
④ 기계 사용 중에는 사용자의 오른쪽에 사람이 서지 않도록 한다.

9. 작업환경 개선을 위한 이상적인 근무 조건에 해당하지 않는 것은?

① 온도 및 습도가 쾌적하고, 작업장 내 조명 설비가 적절해야 한다.
② 작업시간 중 상호 의견 교환이 가능해야 한다.
③ 작업장 내 독성물질 또는 가연성 가스 등이 누출되지 않도록 한다.
④ 작업 양이 근로자의 능력에 버겁더라도 계획 이상을 해야 한다.

해설 작업 양은 근로자의 능력이나 환경에 알맞게 한다.

10. 작업환경의 이상적인 근무 분위기로 알맞지 않은 것은?

① 작업장 내 독성물질이나 가연성 가스 누출이 없다.
② 안전을 위한 위생 교육이 있으며, 안전작업을 위한 적절한 대책이 있다.
③ 소음과 진동이 심해 작업시간 중 상호 의견 교환이 어렵다.
④ 작업 양은 근로자의 능력이나 환경에 알맞게 한다.

해설 소음과 진동이 심해 난청을 유발해서는 안 되며, 작업시간 중 상호 의견 교환이 가능하도록 한다.

11. 인력에 의해 운반할 때 유의할 사항 중 올바른 것은?

① 될 수 있는 한 수평으로 운반할 것
② 높이 들어 운반할 것
③ 가급적 한 번에 많은 양을 운반할 것
④ 기다란 것과 넘어지기 쉬운 것을 먼저 운반할 것

해설 물건을 이동할 경우에는 허리를 비틀지 않고 편 채로 앞을 주시하면서 다리만 움직여 이동한다.

12. 다음 중 안전사고 위험과 비교적 거리가 먼 내용은?

① 조각도가 무디게 연마되었다.
② 조각도가 너무 잘 갈려서 조각하기 위험하다.
③ 조각할 목재가 불규칙한 형태로 작업 중 균열이 갈 위험이 있다.
④ 손가락 골절상으로 인해 조각도 잡기가 불편하다.

13. 다음 중 둥근톱기계를 사용할 경우 불안전한 요소는?

① 정반 및 기계 주위를 정리 정돈한다.
② 톱날의 높이는 마름질할 부재보다 10mm 정도 높게 한다.
③ 기계 스위치를 작동시켜 제속도가 나오면 사용한다.
④ 기계 사용 시 장갑을 끼지 않는다.

해설 톱날의 높이는 마름질할 부재보다 3mm 정도 높게 한다.

14. 띠톱기계와 둥근톱기계로 톱날 가까이 목재를 밀어 넣을 때 안전한 방법은?

정답 8. ③ 9. ④ 10. ③ 11. ① 12. ② 13. ② 14. ④

① 손으로 직접 밀어 넣는다.
② 장갑을 끼고 밀어 넣는다.
③ 톱날의 회전 속도를 줄인다.
④ 보조막대로 밀어 넣는다.

해설 잘린 나무토막을 치우거나 톱날 가까이 목재를 밀어 넣을 때는 보조막대를 사용한다.

15. **루터기계 작업 중 가장 빈도 높은 사고는?**

① 가공물을 단단히 잘 잡지 못해 안전사고가 났다.
② 전기장치를 점검하지 않아 사고가 났다.
③ 루터 날을 수직으로 고정시켜 사고가 났다.
④ 작업장이 추워서 사고가 났다.

16. **다음 중 목공기계 안전장치와 관련없는 내용은?**

① 위험한 부분에는 안전장치가 있어야 한다.
② 안전장치는 기능이 항상 보전되어야 한다.
③ 기계의 기능을 발휘하지 못하더라도 안전장치는 필요하다.
④ 파손된 방호 시설은 즉시 복구한다.

17. **기계 작업 중 손가락이 절단되는 상해를 입었을 때 가장 먼저 취해야 할 일은?**

① 기계 스위치를 끈다.
② 지혈시킨다.
③ 다른 사람에게 사고를 알린다.
④ 병원에 속히 후송한다.

18. **감전 재해가 가장 많이 일어나는 시기는?**

① 1~2월 ② 3~4월
③ 5~6월 ④ 7~8월

해설 장마, 집중호우, 폭염으로 기상 변화가 심한 여름철에는 감전 재해에 대한 각별한 주의가 요구된다.

19. **다음 중 안전점검을 하는 가장 큰 목적으로 알맞은 것은?**

① 기준에 위배되는지 조사하는 데 있다.
② 위험한 부분을 발견하여 미리 시험하는 데 있다.
③ 장비의 안전 설계를 조사하는 데 있다.
④ 안전의 생활화를 꾀하는 데 있다.

해설 안전점검은 잠재 위험을 사전에 발견하여 재해를 예방하기 위해 필요하다.

20. **재해 조사 방법 중 참가하는 조사자의 자세로 틀린 것은?**

① 재해 발생 시 현장이 변형되지 않은 상태에서 즉시 실시한다.
② 과거의 사고경향, 사례조사 기록 등은 조사 항목에서 제외한다.
③ 재해 현장도 될 수 있는 대로 사진이나 도면을 작성하여 기록한다.
④ 객관적인 입장에서 조사한다.

21. **사고 발생 시 구급 처치의 일반적인 사항에 해당되지 않는 것은?**

① 의사에게 연락할 때 사고발생 장소, 인원, 이름, 부상 정도 등을 정확히 한다.
② 출혈, 호흡 정지, 중독 등은 특히 긴급 처리한다.
③ 의식 불명 환자에게는 물, 기타 음료수를 빨리 주어야 한다.
④ 중상자에게는 자기의 부상을 보지 않도록 하여 환자가 불안하지 않게 한다.

정답 15. ① 16. ③ 17. ② 18. ④ 19. ② 20. ② 21. ③

22. 사고를 일으키는 불안전한 동작이 일어나는 원인이 아닌 것은?

① 착각을 일으키는 외부 동작이 많을 때
② 감각 기능이 정상을 이탈했을 때
③ 올바른 판단을 갖는 데 필요한 지식이 충분할 때
④ 두뇌 명령에서 근육활동이 일어날 때까지 전달하는 신경계의 저항이 클 때

23. 화재 위험이 가장 많은 작업장은?

① 가공 작업장 ② 도장 작업장
③ 조립 작업장 ④ 포장 작업장

24. 다음 중 안전에 위배되는 사항은?

① 작업복은 항상 단정하게 입는다.
② 작업복은 주머니가 작아야 좋다.
③ 조각도를 잡는 손은 장갑을 낀다.
④ 기계 사용 시 소매를 걷는다.

25. 재해 방지대책의 일반 원칙에 관한 설명으로 알맞지 않은 것은?

① 조사가 끝나면 밝혀진 사실들을 신중히 검토한다.
② 발생 상황의 원인 및 대책을 종업원에게 알리고 안전교육을 실시한다.
③ 재해 방지대책은 상사의 지시에 의해 가급적 빨리 실시한다.
④ 조사 결과 위험한 작업 방법 및 물적 위험이 발견되면 모든 종업원에게 연락하여 주의시킨다.

26. 안전관리 필요성에 관한 설명 중 가장 거리가 먼 것은?

① 안락한 가정생활을 영위하기 위하여
② 경제적 손실을 줄이기 위하여
③ 노동력의 손실을 줄이기 위하여
④ 기업인과 그 가족의 이윤을 위하여

27. 재해 발생원인 중 관리적인 원인에 해당하지 않는 것은?

① 미경험자의 취업
② 정리 정돈 부족
③ 작업 관리의 불확실
④ 지식, 기능의 결함

28. 보호구 선택 시 주의사항으로 옳지 않은 것은?

① 사용 목적에 적합해야 한다.
② 사용자에게 잘 맞아야 한다.
③ 외관 및 미관을 우선하여 선택한다.
④ 쓰기 쉽고 손질이 쉬워야 한다.

29. 다음에서 설명한 산업재해 조사 방법 중 옳지 않은 것은?

① 올바른 재해 예방대책을 세우기 위하여
② 재해의 책임한계를 결정짓기 위하여
③ 같은 종류의 재해가 되풀이해서 일어나지 않도록 하기 위하여
④ 위험한 상태 및 불안전한 행동을 미리 발견하기 위하여

정답 22. ③ 23. ② 24. ③ 25. ③ 26. ④ 27. ④ 28. ③ 29. ②

맞춤과 이음

출제기준 세부항목	
가구제작기능사	**목공예기능사**
6. 짜임과 이음 작업 ■ 사개맞춤 작업 ■ 연귀맞춤 작업 ■ 주먹장맞춤 작업 ■ 장부 가공 작업 ■ 이음 작업	**9.** 목공예 판재맞춤 작업 ■ 판재맞춤 작업 준비 ■ 판재맞춤 가공 및 조립

제 1 장 목재의 결구법

1-1 결구법의 개요

1 결구법의 정의

결구는 가구를 이루는 각 부재를 짜맞추는 일 또는 그 짜임새를 말한다.

① 결구법은 수직재와 수직재, 수평재와 수평재, 수직재와 수평재, 때때로 수평재와 수직재 및 경사재가 서로 얽히거나 짜여지는 모든 방법이나 모양새를 말한다.
② 결구법은 외관으로 노출되지 않기 때문에 육안으로 쉽게 찾거나 관찰할 수 없는 제작 기법이다.
③ 연결 부재가 구조적인 역할을 할 경우에는 부재에 작용하는 응력에 따라 방법이 다르게 되므로 목재를 접합할 때는 부재에 작용하는 역학적 경향을 고려하여 결구법을 선택해야 한다.

2 결구법의 분류

목재의 결구법은 크게 부재의 이음, 맞춤, 붙임의 3가지로 분류한다.

1-2 이음, 맞춤, 붙임

1 이음

(1) 이음의 정의

① 이음은 부재를 길이 방향으로 이어가는 방법을 말한다.
② 2개 이상의 부재를 연결할 경우 수직재는 수직재에, 수평재는 수평재에 연결시켜 하나의 부재로 사용할 때의 이음 자리나 방법을 말한다.
③ 일반적으로 이음은 가구보다 건축에 널리 활용되고 있는 기법이다.

(2) 이음의 종류

① **결구 형성 방향에 의한 분류 :** 수직이음, 수평이음

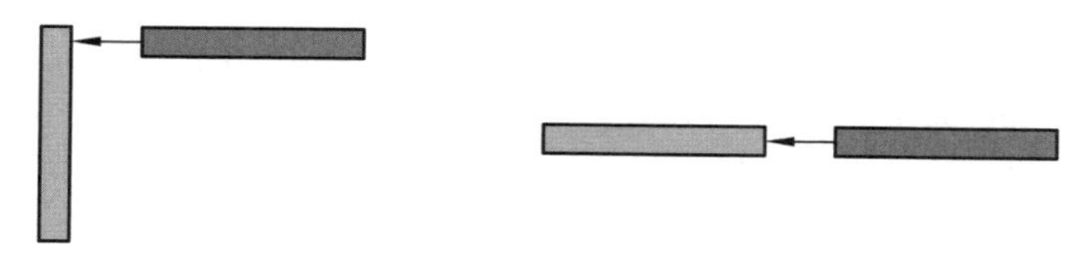

수직이음과 수평이음

② **결구 형성 위치에 의한 분류 :** 심이음, 내이음, 베개이음

③ **결구 방법에 의한 이음의 분류 :** 맞이음(평이음), 빗이음(빗턱이음), 턱이음, 장부이음, 턱솔이음(홈이음), 걸이이음 등

2 맞춤

(1) 맞춤의 정의

① 맞춤은 2개 이상의 부재가 서로 직교하거나 경사지게 짜여질 때 맞춰지는 자리나 방법을 말한다.

② 이때 두 부재가 맞추어지는 자리나 맞춤 상태를 맞춤새라 한다.

(2) 맞춤의 종류

① **간단한 맞춤 :** 턱맞춤, 턱솔맞춤, 반턱맞춤, 빗턱맞춤, 숭어턱맞춤, 통맞춤, 가름장맞춤, 안장맞춤, 걸침턱맞춤 등

② **주먹장 맞춤 :** 일반 주먹장맞춤, 남김 주먹장맞춤, 연귀 주먹장맞춤, 연귀 숨은 주먹장맞춤 등

③ **메뚜기장맞춤과 거멀맞춤 :** 메뚜기(대가리)맞춤, 내림 메뚜기맞춤, 갈퀴맞춤, 거멀맞춤 등

④ **장부맞춤 :** 가장 체결력이 강한 맞춤 방법이다. 내다지장부, 반다지장부, 턱장부, 쌍턱장부, 쌍장부, 두쌍장부, 부채장부, 지옥장부, 턱솔장부 등

⑤ **연귀맞춤 :** 나무의 마구리를 감추면서 튼튼히 맞추는 방법이다.
반연귀맞춤, 안촉연귀맞춤, 밖촉연귀맞춤, 안팎촉연귀맞춤, 사개연귀맞춤 등

⑥ **맞인장부맞춤, 산지맞춤 :** 장부를 해당 부재에 내지 않고 꽂임촉, 산지, 쐐기, 메뚜기, 은장을 사용하여 끼워 넣는 방법이다.

(3) 부재를 맞추는 방법에 의한 맞춤의 기법

부재를 맞추는 방법에 따라 끼움 기법에 의한 맞춤, 짜임 기법에 의한 맞춤, 다른 부재의 보강에 의한 맞춤으로 분류한다.

① **끼움 기법(끼움 맞춤)** : 수직재에 수평재나 경사재를 끼우거나 수평재에 수직재나 경사재를 끼우는 경우가 있다. 모재의 옆면에 다른 재의 장부 또는 촉 등의 내민 끝을 끼워 고정하는 것을 말한다.
- ㈎ 통끼움
- ㈏ 턱끼움
- ㈐ 장부끼움

② **짜임 기법(짜임 맞춤)** : 연결되는 부재의 단부나 중간 부분에서 서로 직각이 되게 하거나 경사지게 맞추는 것을 말한다.
- ㈎ 턱짜임
- ㈏ 사개짜임
- ㈐ 연귀짜임

3 붙임

(1) 붙임의 정의

① 붙임은 합판과 같이 넓은 면적의 목재가 필요할 때 사용하는 결구법으로, 작은 폭의 부재를 이어 붙이는 것을 말한다.
② 이음은 선의 연장이고 붙임은 면의 확대로 볼 수 있다.
③ 붙임은 우그러짐과 뒤틀림이 발생하거나 판재와 판재 사이에 틈이 생길 수 있으므로 완전히 건조된 부재를 사용해야 한다.

(2) 붙임의 종류

① **결구 부분의 형태에 의한 분류** : 맞댄붙임, 빗붙임, 오니붙임, 반턱붙임 등
② **혀에 의한 분류** : 제혀붙임, 딴혀붙임 등

참고

꽂임촉맞춤
- 두 부재의 접합부에 일정한 구멍을 뚫고 나무를 둥글게 깎아 끼우는 맞춤이다.
- 꽂임촉의 두께(지름)는 구멍 깊이(길이)의 1/3 정도가 좋고, 꽂임촉의 길이는 구멍 깊이보다 3mm 정도 짧게 한다.

예 | 상 | 문 | 제

목재의 결구법 ◀

1. 목재의 결구법을 크게 분류할 때 해당되지 않는 것은?

① 이음 ② 맞춤
③ 붙임 ④ 쪽매

해설 목재의 결구법은 크게 부재의 이음, 맞춤, 붙임의 3가지로 분류한다.

2. 결구법에 대한 설명으로 옳지 않은 것은?

① 결구는 가구를 이루는 각 부재를 짜맞추는 일 또는 그 짜임새를 말한다.
② 결구법은 외관으로 노출되지 않기 때문에 육안으로 쉽게 찾거나 관찰할 수 없는 제작 기법이다.
③ 연결 부재가 구조적인 역할을 할 경우에는 목재를 접합할 때 부재에 작용하는 응력이 다르더라도 방법은 같다.
④ 목재를 접합할 때는 부재에 작용하는 역학적 경향을 고려하여 결구법을 선택해야 한다.

해설 연결 부재가 구조적인 역할을 할 경우에는 부재에 작용하는 응력에 따라 방법이 다르게 되므로 목재를 접합할 때는 부재에 작용하는 역학적 경향을 고려하여 결구법을 선택해야 한다.

3. 합판과 같이 넓은 면적의 목재가 필요할 때 사용하는 결구법은?

① 이음 ② 맞춤
③ 붙임 ④ 끼움

해설 붙임
- 합판과 같이 넓은 면적의 목재가 필요할 때 사용하는 결구법으로, 작은 폭의 부재를 이어 붙이는 것을 말한다.
- 이음은 선의 연장이고 붙임은 면의 확대로 볼 수 있다.
- 붙임을 할 경우 완전히 건조된 부재를 사용해야 한다.

4. 다음 중 이음에 대한 설명으로 틀린 것은?

① 이음은 부재를 대각선 방향으로 이어가는 방법이다.
② 일반적으로 이음은 가구보다는 건축에 널리 활용되고 있는 기법이다.
③ 이음은 2개 이상의 부재를 연결할 경우 수직재는 수직재에, 수평재는 수평재에 연결시켜 하나의 부재로 사용할 때 그 이음자리나 방법을 말한다.
④ 이음을 결구 형성 방향에 따라 분류하면 수평이음과 수직이음으로 분류한다.

해설 이음은 부재를 길이 방향으로 이어가는 방법이다.

5. 다음 중 맞춤에 대한 설명이 아닌 것은?

① 두 부재가 맞추어지는 자리나 맞춤 상태를 맞춤새라 한다.
② 맞춤은 부재를 길이 방향으로 이어가는 방법을 말한다.
③ 장부맞춤 : 어디서나 사용되는 맞춤 방법으로 가장 체결력이 강한 맞춤 방법이다.
④ 연귀맞춤 : 나무의 마구리를 감추면서 튼튼히 맞추는 방법이다.

해설
- 부재를 길이 방향으로 이어가는 방법은 이음이다.
- 맞춤은 2개 이상의 부재가 서로 직교하거나 경사지게 짜여질 때 맞춰지는 자리나 방법을 말한다.

정답 1. ④ 2. ③ 3. ③ 4. ① 5. ②

제 2 장 맞춤

2-1 맞춤 작업

1 맞춤

목재의 판재와 판재, 각재와 각재, 판재와 각재를 연결하여 목공예나 가구를 제작하거나 건축물 등의 구조물을 만들 때 가장 많이 사용하는 방법으로, 판재맞춤과 장부맞춤 등이 있다.

2 맞춤에 의한 구조물 제작 방법의 특징

① 목공예와 가구제작에서 못을 사용하지 않으면서도 매우 튼튼하게 제작할 수 있는 방법으로, 오래 전부터 사용되어 온 방법이다.

② 구조적인 튼튼함뿐만 아니라 미적인 부분까지 고려한 방법이다.

③ 정교하고 복잡한 작업이며 수작업으로 진행되는 경우가 많기 때문에 제작 시간이 많이 걸린다는 단점이 있다.

④ 시간에 대한 단점을 보완하기 위해 장비를 사용할 수도 있으나 특정 작업에만 해당되는 경우가 많다.

⑤ 치수 변경이 어려우며 고가의 장비를 구매해야 하므로 경제적 부담이 크다.

3 끼움 기법에 의한 끼움 맞춤의 분류

(1) 통끼움

① 한쪽 부재에 다른 부재의 마구리 전체가 들어갈 수 있는 홈을 파서 결구하는 방법이다.

② 끼움 기법 중 가장 간단하면서도 견고하다.

③ 홈이 있는 부재의 폭이 끼움 부재의 마구리 폭보다 넓거나 같다.

④ 홈의 깊이는 일반적으로 부재 두께의 1/2을 넘지 않아야 한다.

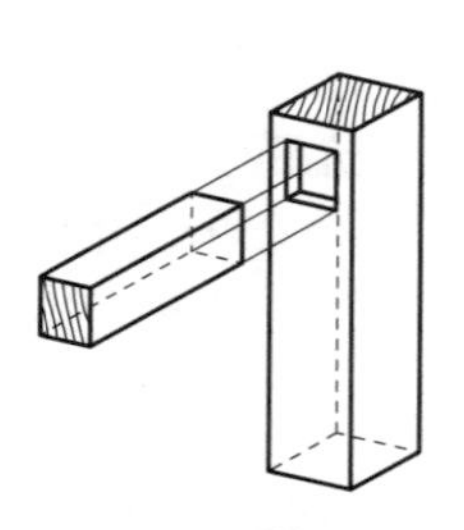
통끼움

(2) 턱끼움

① 한 부재에는 홈을 파고 끼움 부재에는 턱을 깎아 접합하는 방법이다.

② 턱의 형태에 따라 턱솔, 반턱, 빗턱, 아랫턱, 내림턱 등으로 분류한다.

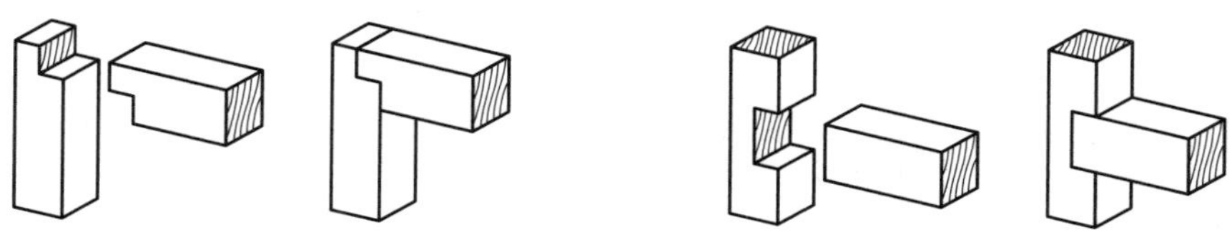

턱끼움

(3) 장부끼움

① 장부의 용도가 이음에 비해 훨씬 다양하다.

② 장부끼움 중에서 쌍필부에 의한 끼움 기법을 특별히 가름장맞춤이라 한다.

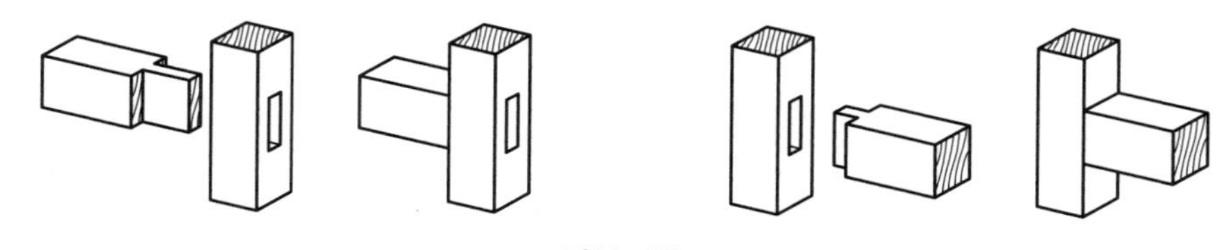

장부끼움

4 짜임 기법에 의한 짜임 맞춤의 분류

(1) 턱짜임

① 두 부재에 모두 턱을 만들어 서로 직각 또는 경사지게 물리는 방법이다.

② 턱짜임은 반턱짜임, 십자짜임, 삼분턱짜임 등으로 분류한다.

③ 반턱짜임은 두 부재를 각각 높이의 반만큼 모서리 부분을 따내고 맞추는 방법이다. 아래 부재를 '받을 장', 위 부재를 '엎을 장'이라 한다.

④ 십자짜임은 반턱짜임과 같은 방법이지만, 부재의 단부가 아닌 곳에 턱이 형성되어 접합되는 것이 다르다.

⑤ 십자짜임은 뺄목이 있는 도리, 평방, 창방, 그리고 공포를 이루는 보와 도리 방향 첨차들의 연결과 띠살 창의 살 짜임에 주로 사용한다.

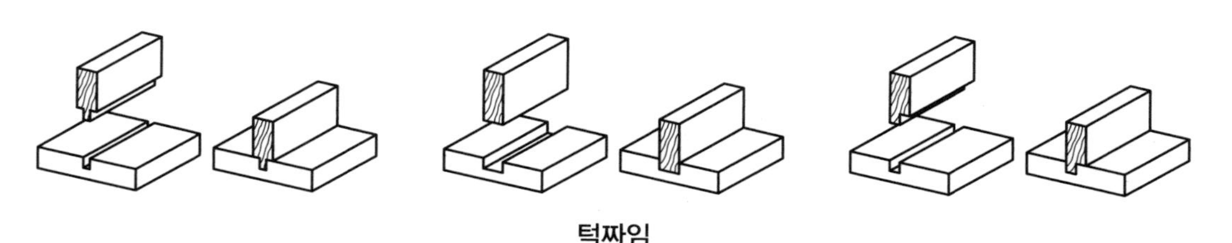

턱짜임

(2) 사개짜임

① 기둥머리에 4개의 촉을 만들어 짜임하는 것으로 도리나 창방, 보머리 또는 보방향 첨차를 십자형으로 짜임하는 방법이다.

② 주로 건물의 기둥머리 결구에 사용되는 짜임 방법이다.

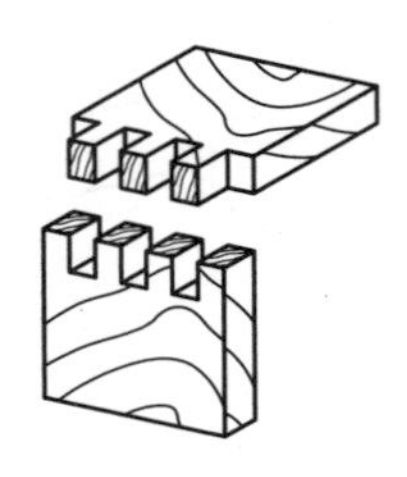
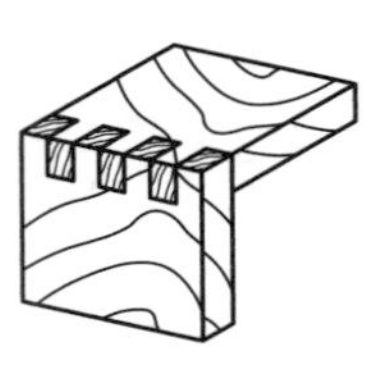

사개짜임

(3) 연귀짜임

① 직각이나 경사지게 교차되는 나무의 마구리가 보이지 않도록 45°와 맞닿는 경사각의 반으로 잘라서 대는 방법이다.

② 문틀, 문짝, 창틀, 천장틀, 가구의 천판, 기둥 등에 주로 사용되는 방법이다.

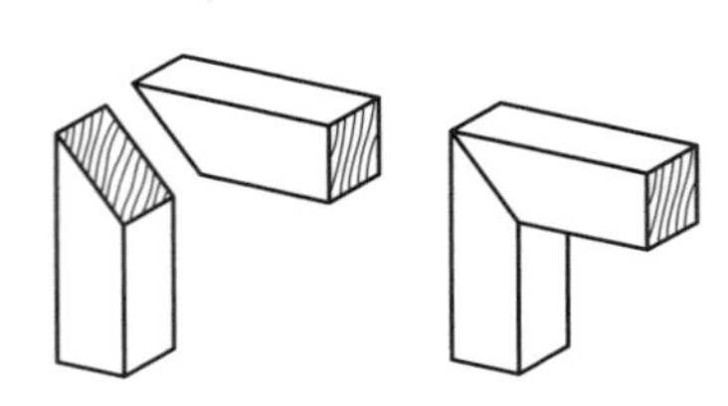
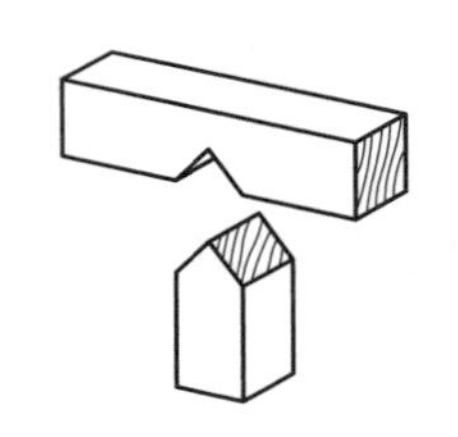
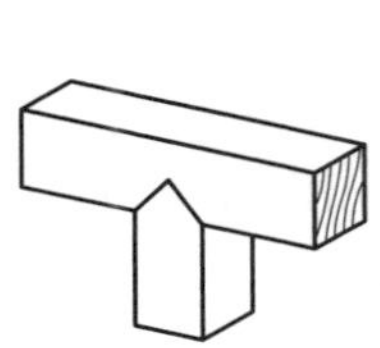

연귀짜임

참고

- 도리 : 서까래를 받치기 위해 기둥 위에 건너지르는 나무
- 창방 : 공포가 있는 목조 건물의 기둥머리에서 기둥과 기둥을 연결하는 가로재
- 보머리(보뺄목) : 대들보가 기둥을 뚫고 나온 부분
- 첨차 : 도리 방향으로 놓인 공포 부재
- 공포 : 기둥머리에 짜맞춰 댄 나무 조각

2-2 사개맞춤 작업(짜임 맞춤)

1 사개맞춤

① 사개맞춤은 목재 가공에서 서로 끼워 맞춰 잇는 방법 중 하나로, 가공하는 부분을 네모 모양으로 만들어 잇는 방법이다.
② 두 부재에 여러 개의 촉과 홈을 만들어 서로 맞물리게 하며, 주로 상자 모서리에 사용된다.
③ 손가락 깍지를 낀 모양과 유사하다.
④ 이음을 위한 철물 등을 사용하지 않아도 튼튼하게 맞출 수 있는 방법이다.
⑤ 전통 짜맞춤 가구를 만들기 위해 필수적으로 알아야 하는 방법으로, 화통맞춤이라고도 한다.

2 사개맞춤의 종류

사개맞춤은 필요한 강도에 따라 두 장, 세 장, 다섯 장 등 필요한 수만큼 장을 만들어 상자, 통짜기, 서랍의 앞널과 옆널의 연결 맞춤 등에 사용된다.

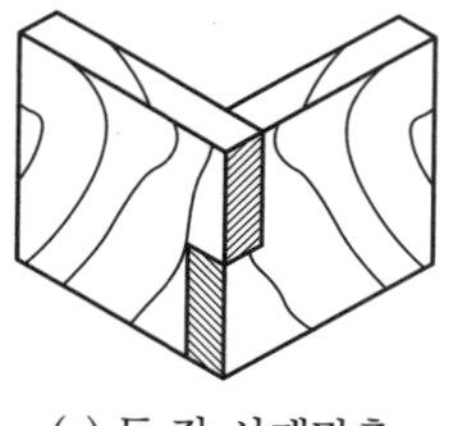
(a) 두 장 사개맞춤

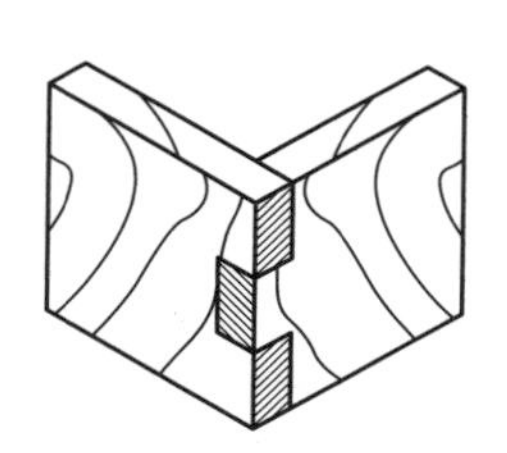
(b) 세 장 사개맞춤

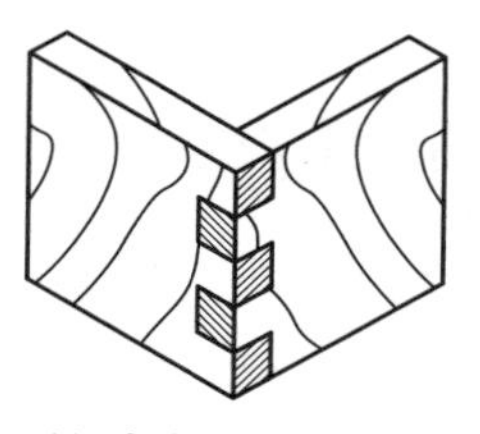
(c) 다섯 장 사개맞춤

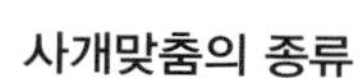
사개맞춤의 종류

3 사개맞춤의 균등 분할 방법

① 마구리면에 그무개를 대고 두께와 너비에 맞게 선분 A′B′을 그린다.
② 부재에 들어갈 장부의 개수를 정하고, 개수에 맞춰 계산하기 쉬운 간격의 치수를 정한다.
③ A면에서부터 대각선으로 B면에 정확히 대고, 정해 놓은 간격을 표시한다.
④ 마구리면에 직각자를 대고 표시된 점과 연결하여 수직으로 선을 그리면 균등하게 분할된다.

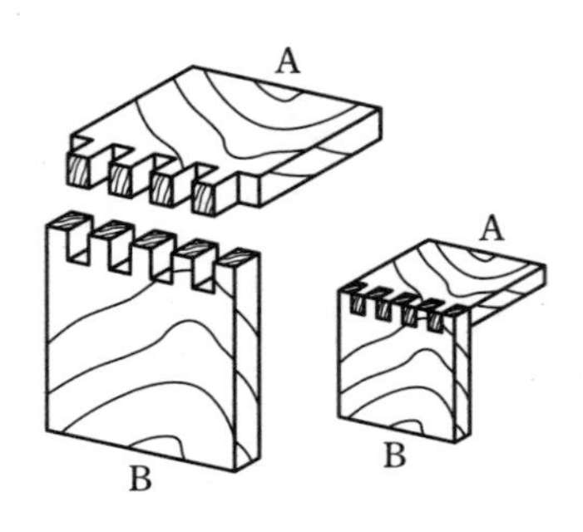

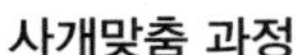
사개맞춤 과정

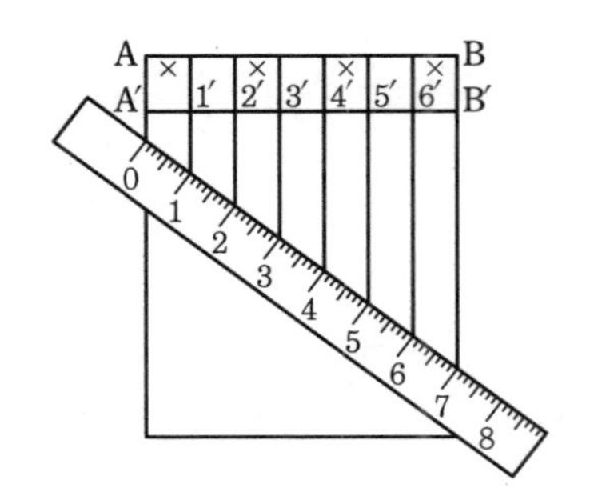

사개맞춤 균등 분할 방법

4 사개맞춤의 작업 순서

(1) 마름질

① 부재의 기준면을 확인하고 사개의 개수를 정한다.
② 두께 치수를 그무개에 맞춘 다음, 마구리면을 기준으로 모든 부재의 앞뒤에 그무개 선을 가볍게 넣어 준다.
③ 사개의 비율을 나누고, 나눈 간격에 맞춰 직각으로 선을 긋는다.
④ 선을 마구리면에 연결하여 직각이 되도록 긋는다.
⑤ 마구리면의 선과 뒷면을 직각이 되도록 그무개 선까지 연필로 선을 그린다.
⑥ 남길 부분과 따낼 부분을 구분해서 표시한다.

(2) 사개맞춤 가공

① 부재를 작업대에 고정시킨다.
② 따낼 부분 쪽에 톱날을 대고 연필 선의 반이 남도록 그무개 선까지 톱질한다.
③ 톱질이 끝나면 따낼 부분을 대각선으로 톱질한다.
④ 남겨진 부분을 1~2mm 정도 남겨 놓고 실톱이나 끌로 따낸다.
⑤ 남은 살은 끌이나 조각칼을 사용하여 직각으로 다듬는다.
⑥ 다듬어진 사개를 맞추어질 부재의 마구리면에 대고 연필로 선을 그린다.
⑦ 따낼 부분에 ×표시를 한다.
⑧ 따낼 부분 쪽에 톱날을 대고 연필 선을 모두 살려 그무개 선까지 톱질한다.
⑨ 다듬어 마무리한다.

참고

- 사개맞춤에서 사개를 몇 개로 해야 하는지 정해진 것은 아니다. 단, 부재의 폭(너비)이나 두께에 비례하도록 넓고 두꺼운 부재는 넓은 간격으로, 좁고 얇은 부재는 좁은 간격으로 정한다.

2-3 연귀맞춤 작업(짜임 맞춤)

1 연귀맞춤

① 연귀맞춤은 주로 각재의 모서리 부분을 45° 각도로 잘라서 맞추는 방법이다.
② 두 부재의 연결 부위가 보이지 않게 안쪽으로 숨기고, 겉으로 볼 때 대각선으로 만나 외관이 깔끔하다.
③ 외형이 아름다우나 맞춤(접착력)이 약하여 못, 아교, 꽂임촉으로 보강한다.
④ 목재의 길이 방향으로 가해지는 힘을 분산시키는 데 유리하며, 구조적 안정성을 높일 수 있다.
⑤ 전통가구의 문틀이나 상자, 사진틀, 의자의 안장 짜기, 책장의 윗널과 옆널 맞춤 등에 사용된다.
⑥ 연귀맞춤은 전통 목공예뿐만 아니라 미적 및 구조적 장점 때문에 현대 목공에서도 널리 활용된다.

2 연귀맞춤의 종류

① **연귀(온연귀)맞춤 :** 연결 부위를 45°로 가공하여 접합하는 맞춤 방법이다.
② **반연귀맞춤 :** 연귀를 반만 내고 안쪽을 직각으로 잘라 대어 맞추는 방법이다.
(가) 바깥연귀맞춤 : 목재의 바깥쪽 일부만 45°로 접합하는 맞춤 방법
(나) 안연귀맞춤 : 목재의 안쪽 일부만 45°로 접합하는 맞춤 방법
③ **안촉연귀맞춤 :** 안쪽을 연귀로 하고 촉을 내어 물리게 한 맞춤 방법이다.
④ **밖촉연귀맞춤 :** 두 재를 맞출 때 다른 재의 촉을 물고 있는 바깥으로 나온 맞춤 방법이다.

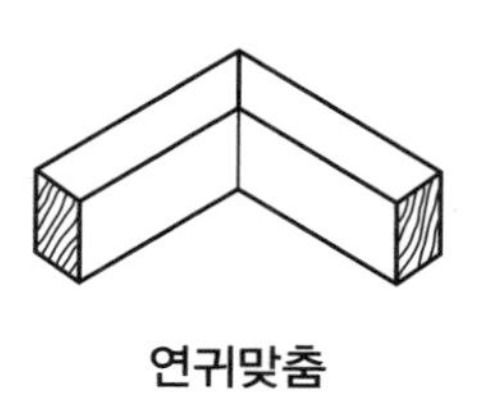
연귀맞춤

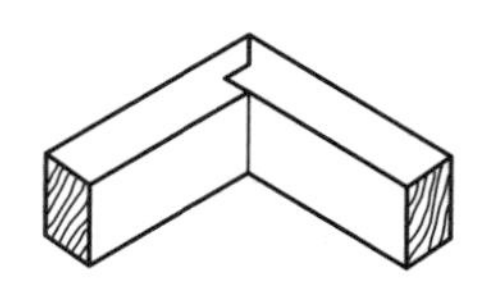
반연귀맞춤

안촉연귀맞춤

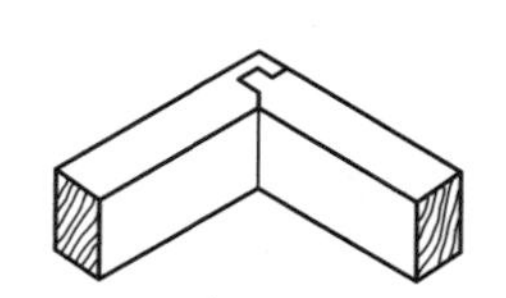
밖촉연귀맞춤

⑤ **안팍연귀맞춤** : 안쪽과 바깥쪽은 연귀로 하고, 그 내부는 맞대거나 장부 또는 촉을 내어 물리는 맞춤 방법이다.

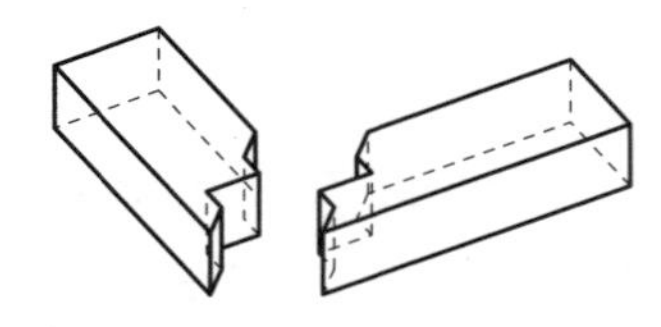
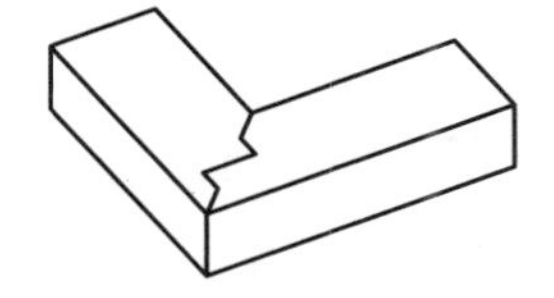

안팍연귀맞춤

⑥ **사개연귀맞춤** : 각 부재의 상하단은 연귀로 하고, 중간은 여러 개의 주먹 장부로 물리는 맞춤 방법이다.

⑦ **삼방연귀맞춤** : 서로 직각으로 만나는 세 방향의 부재가 모두 연귀로 물리는 맞춤 방법이다.

⑧ **연귀산지맞춤** : 두 부재의 마구리를 45° 또는 경사각으로 대고, 옆에서 산지로 내어 물리는 맞춤 방법이다.

⑨ **연귀장부맞춤** : 연귀로 된 중간에 장부를 내어 물리는 맞춤 방법이다.

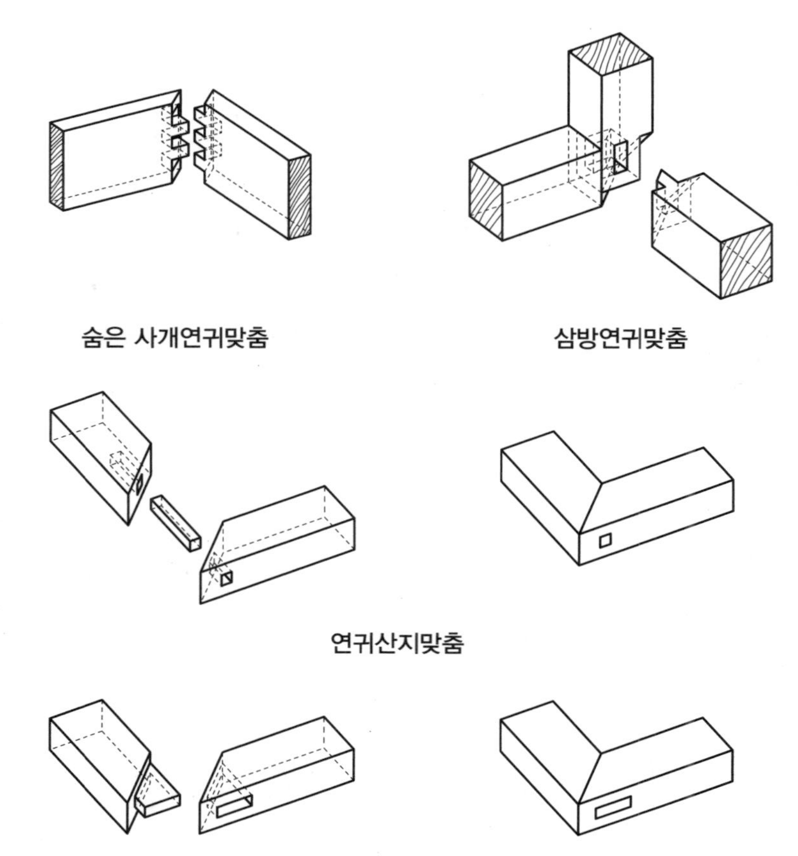

숨은 사개연귀맞춤

삼방연귀맞춤

연귀산지맞춤

연귀장부맞춤

3 연귀맞춤의 응용

연귀맞춤은 기본적인 방법 외에도 사개맞춤, 끼움촉과 나비촉 등을 이용한 연귀맞춤, 세 방향에서 모두 연귀로 맞추는 삼귀연귀맞춤 등 여러 가지로 응용되고 있다.

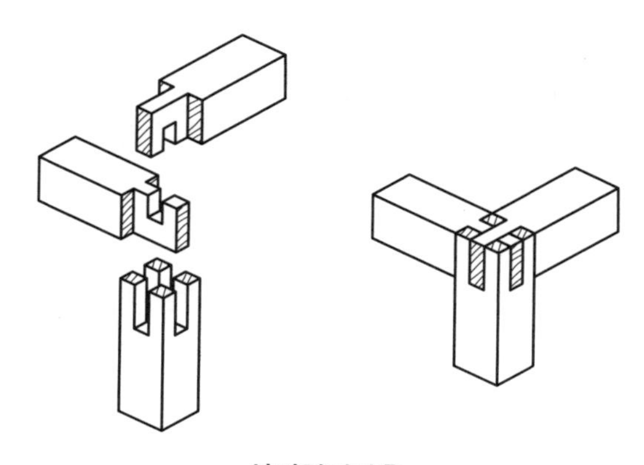

삼귀연귀맞춤

4 연귀맞춤의 작업 보조대

① 연귀맞춤에서 작업 보조대는 부재를 45° 또는 임의의 각으로 자르거나 깎기 위해 사용한다.

② 작업 보조대에는 톱질 보조대, 대패질 보조대가 있다.

③ 마구릿대는 연귀 마구리 가공용이나 45° 이외에 일반적으로 90°를 깎는 직각 마구릿대, 그리고 6각, 8각, 12각 등 다각형을 깎는 데 사용되는 마구릿대가 있다.

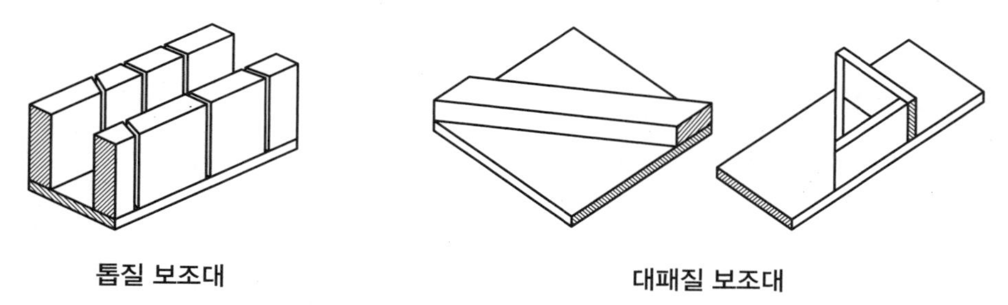

톱질 보조대 대패질 보조대

5 연귀맞춤의 작업 순서

(1) 작업 준비

① 도면을 확인하고 작업 순서를 계획한다.

② 도면에 적합한 목재를 선택한다.

③ 작업에 필요한 기계 및 수공구를 준비한다.

④ 수공구 및 사용 기계의 작업 순서를 정한다.

(2) 부재의 치수 가공

① 도면의 치수를 확인한다.
② 마구리면의 맞춤 가공을 위한 부재의 가공 방향을 결정한다.
③ 부재의 두께 및 폭을 확인하고 가공 치수를 체크한다.
④ 평면과 직각면을 선정하고 기준면을 표시한다.
⑤ 기준면을 기준으로 두께, 넓이, 길이를 치수 가공한다.

(3) 마름질

① 부재의 기준면을 확인하고 깎여질 부분을 표시한다.
② 두께 치수를 그무개로 맞춘 다음, 마구리면을 기준으로 부재에 깎여질 안쪽 부분에 그무개 선을 가볍게 넣어 준다.
③ 부재의 위쪽에 45° 연귀 선을 표시한다.
④ 연귀맞춤을 할 때 깎여 나갈 부위를 표시한다.
⑤ 연귀 마구릿대를 준비한다.

(4) 연귀맞춤 작업

① 부재의 깎여질 면을 연귀 마구릿대에 대고 대패질한다.
② 그무개 선을 넘지 않게 확인하며 대패질한다.
③ 대팻밥이 나오지 않을 때까지 대패질한다.
④ 부재의 양쪽 모두 반복하여 작업한다.

(5) 가조립 및 보완 작업

① 다듬어진 부재를 위치에 맞춰 배치한다.
② 연귀의 서로 맞대는 부분을 맞춰 본다.
③ 맞춰 보았을 때 잘 맞지 않는 부분은 연귀 마구릿대에서 마무리한다.
④ 고무줄을 이용하여 단단하게 가조립한 후 직각을 확인한다. 밴드 클램프를 이용하여 조립하면 더욱 편리하게 작업할 수 있다.

가조립

(6) 연귀 조립

① 가조립 부재를 분리하여 위치에 맞게 배치한다.
② 따낸 연귀 면에 접착제를 발라 주고 연귀 면을 맞대어 조립한다.

③ 고무줄 및 끈을 사용하여 조여 주고 흘러나온 접착제를 깨끗하게 닦아 준다.
④ 상자의 직각을 확인한다.
⑤ 상자의 대각선 길이를 확인하고 내부와 외부의 직각을 확인한다.
⑥ 접착제가 마를 때까지 안전한 곳에 보관한다.

(7) 보강 작업

① 끼움 촉 만들기

㈎ 촉의 두께와 길이를 정한다.
㈏ 촉 두께에 알맞은 기계 공구를 사용하여 준비한다. 촉은 상자 부재와 다른 색이 눈에 띄므로 좋고, 단단한 나무가 좋다.

② 연귀 촉 작업하기

㈎ 연귀맞춤 부분에 촉의 위치를 정하고 폭, 길이 등을 표시한다.
㈏ 바이스에 고정시킨 후 선까지 톱질한다.
㈐ 톱질한 부분을 끌로 따낸다. 끌 작업 전에 끝부분이 깨지지 않게 그무개로 미리 안내선을 넣어 준다.
㈑ 촉이 걸리지 않게 안쪽을 깨끗이 다듬어 준다.
㈒ 촉을 미리 끼워 보며 수정하여 부재를 다듬는다.
㈓ 촉을 따낸 부분에 접착제를 넣어 바른 후 촉을 끼워 넣는다.
㈔ 흘러나온 접착제를 닦아 주고 접착제가 완전히 굳을 때까지 기다린다.

(8) 마감 작업

① 접착제가 완전히 굳으면 작업대 위에 고정시킨다.
② 등대기톱, 다보톱 등을 이용하여 튀어나온 촉을 잘라 낸다. 이때 부재 면에 톱자국이 나지 않도록 주의한다.
③ 바이스에 고정시킨 후 남아 있는 촉을 손대패로 마감 대패질 한다. 대패질은 바깥쪽에서 안쪽으로 하며, 촉이 깨지지 않게 반씩 대패질한다.
④ 테이블 위에 올려 높이를 확인하고, 맞지 않으면 마감 대패를 사용하여 깎아 준다. 모서리 면에서 안쪽으로 회전하며 대패질한다.

(9) 작업장 정리

① 작업이 완료되면 주변을 청소하고 정리 정돈한다.
② 각종 공구와 지그 등을 정리한다.

2-4 주먹장맞춤 작업(짜임 맞춤)

1 주먹장맞춤

① 사개맞춤과 비슷하나 장부 부분에 경사가 있어 튼튼하고 강한 인장력을 가지는 맞춤이다.

② 판재의 맞춤 작업이나 서랍 제작과 같이 강한 인장력을 요구하는 결합에 많이 사용된다.

③ 모서리에 직각으로 촉과 홈을 내는 것은 사개맞춤과 같으나, 한번 붙이면 잘 빠지지 않는 가장 견고한 사다리꼴 형태로 촉과 홈을 만들고 주먹장을 사용하여 결구하는 방법이다.

④ 판재의 모서리를 주먹장 형태로 어긋나게 가공한 다음, 서로 끼우면 된다.

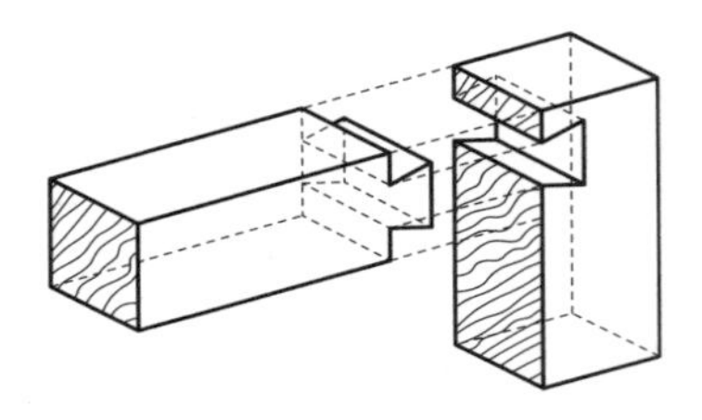
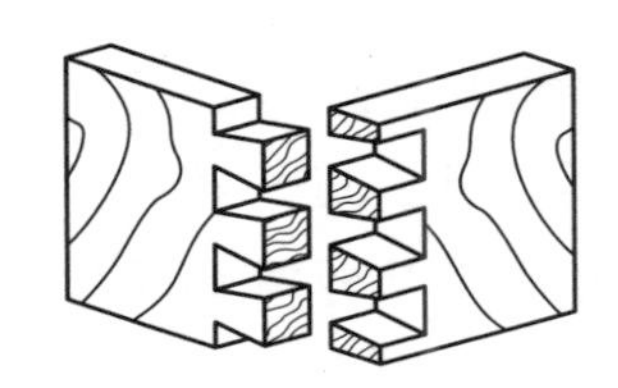

주먹장맞춤

2 주먹장맞춤의 종류

① **일반 주먹장맞춤** : 한쪽에서 빠지게 되어 있지만 다른 한쪽에서는 절대 빠지지 않기 때문에 서랍 맞춤이나 상자 맞춤에 주로 사용된다.

② **남김 주먹장맞춤** : 주먹장맞춤의 변형으로 전면에서 마구리 부분이 보이지 않게 만든 맞춤이다. 서랍의 앞널과 옆널 맞춤에 주로 사용된다.

③ **연귀 주먹장맞춤** : 아래 윗면이 연귀이고 중앙이 주먹장으로 된 맞춤으로, 고급 공예 가구에 많이 사용된다.

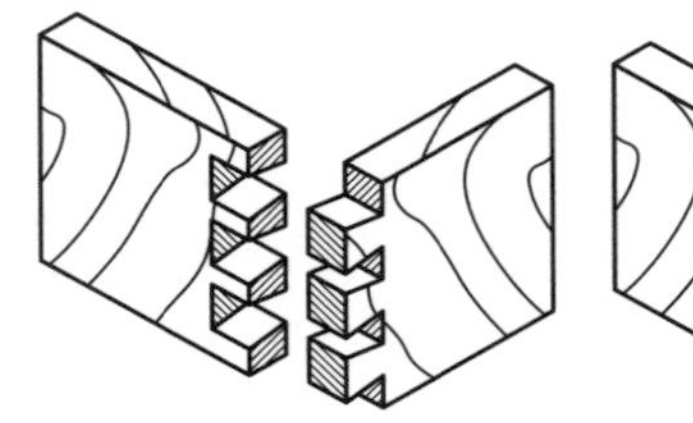
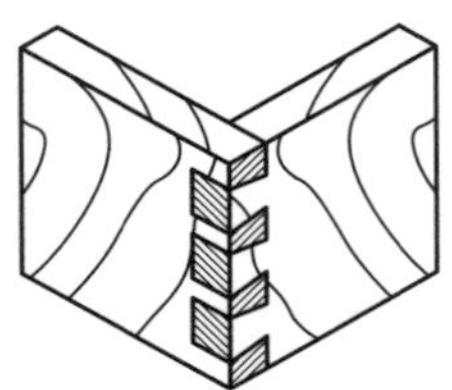

주먹장맞춤

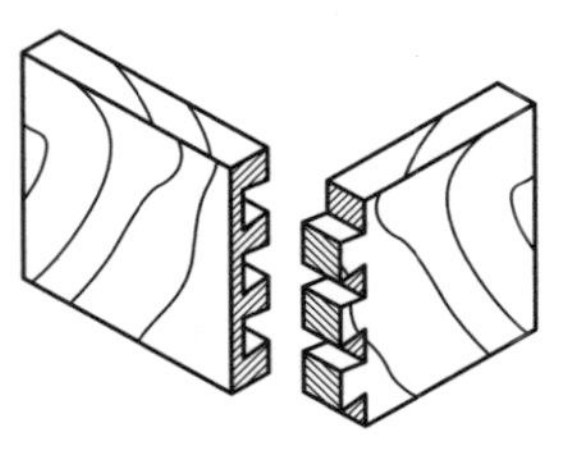
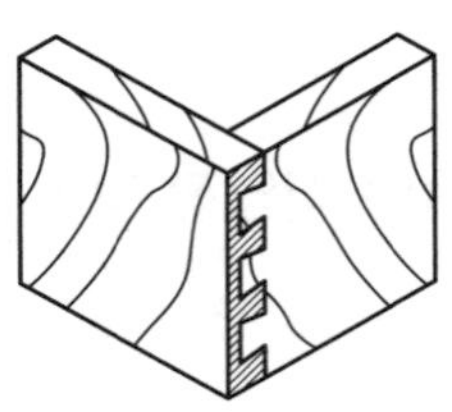

남김 주먹장맞춤

④ **연귀 숨은 주먹장맞춤** : 연귀맞춤으로 보이지만 속에는 주먹장맞춤을 적용한 것으로, 제작 시간이 오래 걸리고 숙련되기 위해 많은 시간이 소요되지만 아름다운 외관과 함께 견고함까지 고려한 맞춤이다.

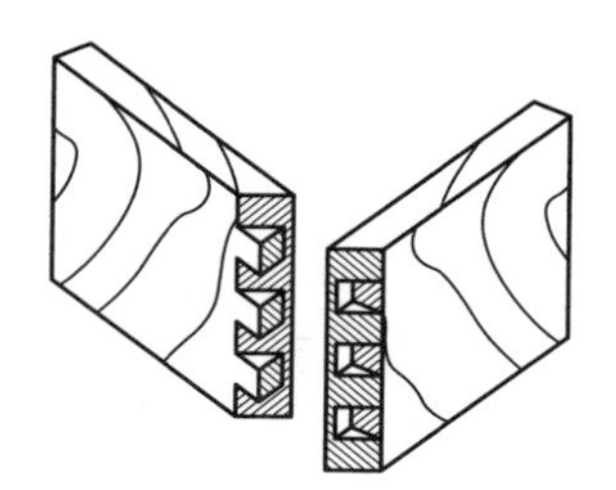
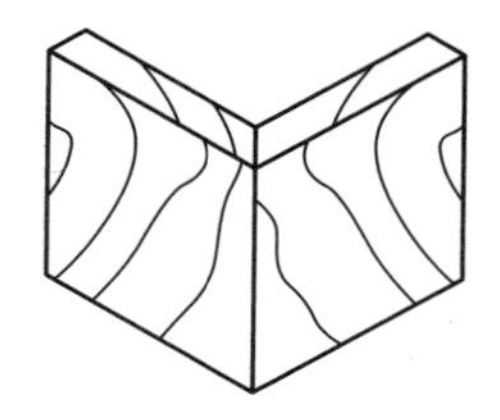

연귀 숨은 주먹장맞춤

3 암장부와 숫장부 구별 방법

(1) 구조로 구별하는 방법

① 암장부와 숫장부는 장부 홈의 깊은 쪽이 바깥보다 폭이 넓은지 아닌지에 따라 구별할 수 있다.
② 장부 촉이 끼워지는 쪽이 암장부이며, 장부 촉이 있는 쪽이 숫장부이다.
③ 암장부 부재의 안쪽은 반드시 바깥보다 폭이 넓어야 힘을 받는 구조가 된다.

(2) 마구리면으로 구별하는 방법

① 암장부와 숫장부는 마구리면에 그려지는 먹금선으로 구별할 수 있다.
② 먹금선이 직선이면 암장부이고 사선이면 숫장부이다.

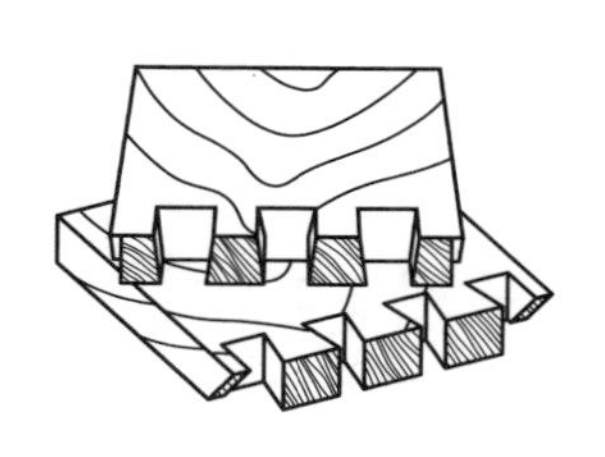
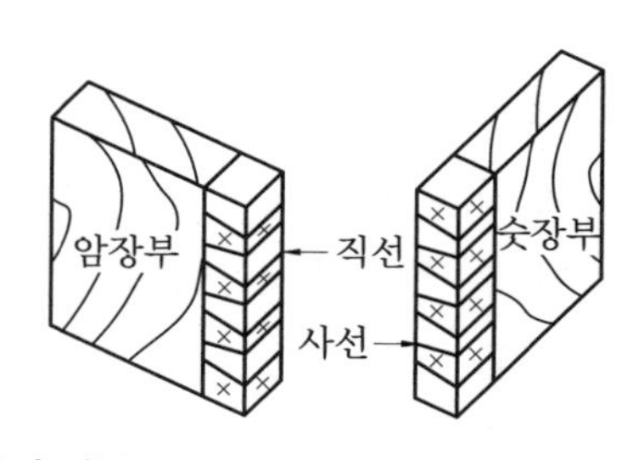

암장부와 숫장부

4 주먹장맞춤의 균등 분할 방법

① 마구리면에 그무개를 대고 두께와 너비에 맞게 선분 A′B′을 그린다.
② 부재에 들어갈 장부의 개수를 정하고, 개수에 맞춰 계산하기 쉬운 간격의 치수를 정한다.

③ A면에서부터 대각선으로 B면에 정확히 대고 정해 놓은 간격을 표시한 다음, 선분 AB와 A′B′의 중간에 선분 CC′을 그린다.
④ 마구리면에 직각자를 대고 표시된 점과 연결할 때 선분 CC′에 수직이 되도록 점을 찍어준다.
⑤ 주먹장에 맞는 각도를 정해 자유자를 맞춰 놓고, 자유자를 마구리면에 대고 선분 CC′에 표시한 점을 지나도록 선을 그어 주면 균등하게 분할된다.

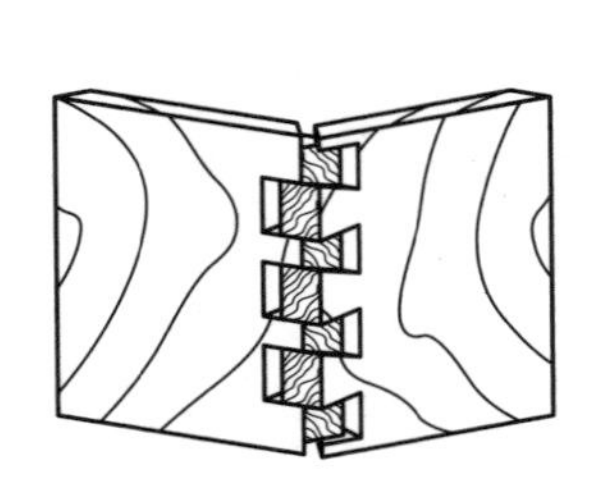
균등 분할 주먹장맞춤

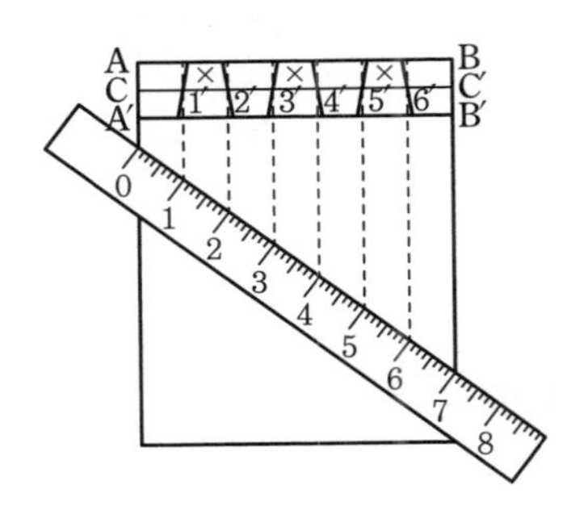

주먹장맞춤 균등 분할 방법

5 주먹장 맞춤 작업

(1) 마름질

① 부재의 기준면을 확인하고 도면의 주먹장맞춤 개수를 정한다.
② 두께 치수를 그무개로 맞춘 다음, 마구리면을 기준으로 모든 부재에 앞뒤 그무개 선을 가볍게 넣어 준다(주먹장 길이 표시).
③ 주먹장 길이 중간에 중심선을 그린다. 마구리면과 그무개 선 중간에 선을 그린다.
④ 주먹장 비율을 나눈 후 직각자를 대고 주먹장 길이 중심선에 점을 표시한다.
⑤ 자유자에 주먹장 선의 각도를 맞춰 놓는다.
⑥ 마구리면에 자유자를 대고 중심선에 표시된 점을 지나도록 주먹장 선을 그린다.
⑦ 마구리면에 주먹장 선과 연결하여 직각이 되도록 선을 그린다.
⑧ 뒷면도 앞면과 같이 자유자를 마구리면에 대고 주먹장 선을 그린다.
⑨ 남길 부분과 따낼 부분을 구분하여 표시한다.

(2) 주먹장맞춤 작업

① 부재를 작업대에 고정시킨다.
② 따낼 부분 쪽에 톱날을 대고 연필 선의 반이 남도록 그무개 선까지 톱질한다.
③ 톱질이 끝나면 따낼 부분을 대각선으로 톱질한다. 양 옆의 끝부분은 등대기톱을 이용하여 따낸다.

④ 남겨진 부분을 1~2mm 정도 남겨 놓고 실톱이나 끌로 따낸다.
⑤ 남은 살은 끌이나 조각칼을 사용하여 직각으로 그무개 선에 맞춰 다듬는다. 끌이나 조각칼이 그무개 선보다 안쪽으로 들어가지 않도록 주의한다.
⑥ 다듬어진 주먹장을 맞춰질 부재의 마구리면에 대고 연필로 선을 그린다.
⑦ 마구리면에 그려진 선을 기준으로 앞면과 뒷면에 직각으로 선을 그린다.
⑧ 남길 부분과 따낼 부분을 표시한다(부재의 맞춤 면이 바뀌지 않게 표시한다).
⑨ 따낼 부분 쪽에 톱날을 대고 연필 선을 살려 그무개 선까지 톱질한다.
⑩ 다듬어 마무리한다.

(3) 가조립 및 보완 작업

① 다듬어진 부재를 위치에 맞게 배치하고 서로 끼워지는 부분을 맞춰 본다.
② 잘 맞지 않는 부분은 연필, 끌, 조각칼 등으로 표시한다.
③ 끌이나 조각칼을 사용하여 잘 맞도록 남는 살을 덜어내거나 주먹장 사이의 거스름을 다듬어 준다.
④ 무리하게 조립하지 않으며 반복해서 수정하며 조립한다.

(4) 주먹장 조립

① 가조립한 부재를 분리하여 위치에 맞게 배치한다.
② 상자 부착에 알맞은 접착제를 준비하여 주먹장을 따낸 부분(3면)에 모두 바른다.
③ 서로 위치에 맞춰 조립한 다음, 부재가 상하지 않도록 다른 부재를 대고 한 쪽씩 번갈아 가며 망치질을 한다.
④ 모두 조립한 다음 클램프를 사용하여 조여 준다.
⑤ 상자의 직각을 확인한다.
⑥ 상자의 대각선 길이를 확인하고 내부와 외부의 직각을 확인한다.
⑦ 흘러나온 접착제를 깨끗하게 닦아 준다.

(5) 마감 작업

① 접착제가 완전히 마르면 클램프를 풀어 준다.
② 면 쪽에 튀어나온 주먹장 부분을 바이스에 물려 마무리대패로 대패질하여 깎아 준다. 대패질은 바깥쪽에서 안쪽으로 반씩 한다.
③ 테이블 위에 올려 높이를 확인한다. 맞지 않으면 대패를 사용하여 깎아 준다. 모서리 면에서 안쪽으로 회전하며 대패질한다.

예 | 상 | 문 | 제

맞춤 작업, 사개, 연귀, 주먹장맞춤 작업 ◀

1. 이음과 맞춤에서의 유의사항 중 옳지 않은 것은?

① 재료는 가급적 적게 깎아낸다.
② 공작이 간단한 것을 사용하며 모양에 치중하지 않는다.
③ 이음, 맞춤은 응력이 집중하는 곳에 설치해야 효과가 높다.
④ 이음, 맞춤의 단면은 응력의 방향과 직각이 되게 한다.

해설 이음과 맞춤은 응력이 작은 곳에서 접합해야 한다.

2. 반턱맞춤의 종류가 아닌 것은?

① 구형 반턱맞춤
② 남김 반턱맞춤
③ 주먹장 반턱맞춤
④ 십자형 반턱맞춤

해설 반턱맞춤에는 구형, T형, 주먹장, 십자형 반턱맞춤이 있다.

3. 빡빡한 장부맞춤을 할 때 장부 두께의 필요한 수치를 얼마 정도로 여유를 두는 것이 좋은가?

① 0.5~1mm
② 1~1.5mm
③ 2~2.5mm
④ 3~3.5mm

해설 빡빡한 장부맞춤을 할 때는 장부 두께에 적절한 여유를 두는 것이 중요하다. 여유를 너무 적게 두면 맞추기 어렵고, 너무 많이 두면 헐거워질 수 있으므로 일반적으로 0.5~1mm 정도가 적당하다.

4. 꽂임촉맞춤에 대한 설명으로 틀린 것은?

① 공작이 쉽고 약한 장부맞춤보다 우수하다.
② 단단한 나무로 둥글게 만들며 촉의 굵기는 10~30mm 정도로 한다.
③ 꽂임촉은 접착력을 늘리기 위해 표면을 거칠게도 한다.
④ 장부맞춤의 약식으로 창호공작에 많이 사용된다.

해설 기계를 사용하여 대량으로 가공이 용이하여 양산가구의 접합에 많이 사용된다.

5. 꽂임촉 만들기에 대한 설명 중 틀린 것은?

① 꽂임촉의 지름은 꽂임촉 구멍보다 약간 굵게 한다.
② 꽂임촉의 재료 길이는 200mm 이상 나뭇결이 곧은 것을 선택한다.
③ 옹이나 흠이 있는 나무는 피한다.
④ 꽂임촉 재료는 연해야 접착제와 잘 결합하며 튼튼하다.

해설 꽂임촉은 강한 힘을 받기 때문에 연한 재료보다는 더 튼튼하고 내구성이 좋은 재료가 적합하다.

6. 꽂임촉맞춤 작업 시 가장 중요하고 어려운 작업은?

① 꽂임촉 구멍 바로 뚫기
② 꽂임촉 수량 정하기
③ 꽂임촉 굵기 선택하기
④ 꽂임촉 길이 정하기

해설 원기둥을 깎을 때는 상대적으로 작은 힘이 필요하며, 다른 작업에 비해 작업의 안정성이 높기 때문에 한 손으로 대패질이 가능하다.

정답 1. ③ 2. ② 3. ① 4. ④ 5. ④ 6. ①

7. 다음 도면과 같이 제작하려면 꽂임촉은 몇 개 필요한가?

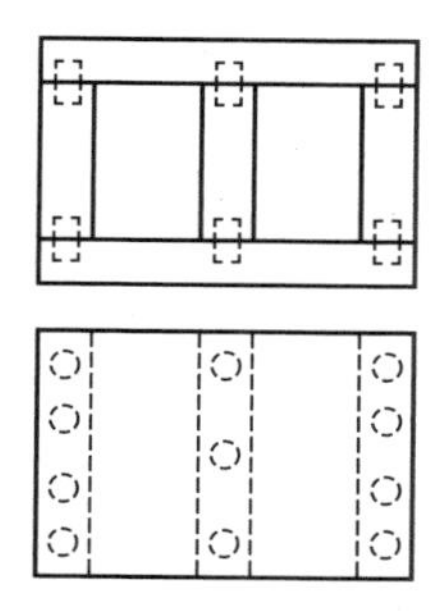

① 11개 ② 17개
③ 22개 ④ 26개

해설 아래 11개 + 위 11개 = 22개

8. 비교적 작업 방법이 쉽고 기계를 사용한 양산가구의 접합에 많이 사용되는 맞춤은?

① 홈맞춤 ② 연귀맞춤
③ 주먹장맞춤 ④ 꽂임촉맞춤

9. 작은 부재를 이용하여 넓은 부재를 얻는 방법은?

① 쪽매맞춤 ② 반턱맞춤
③ 통맞춤 ④ 꽂임촉맞춤

해설 쪽매맞춤 : 부재의 한 면은 평면 또는 촉으로, 다른 한 면은 홈을 만들어 서로 맞댄 맞춤이다.

10. 목재의 이음 및 맞춤에 관한 내용 중 옳지 않은 것은?

① 길이의 방향으로 잇는 방법을 이음이라 한다.
② 될 수 있는 한 복잡한 이음으로 하는 것이 안전하다.
③ 접합부에 흠이 생기지 않도록 한다.
④ 접합면의 이음, 맞춤은 정확히 밀착시킨다.

해설 이음과 맞춤은 공작이 간단한 것을 사용하며 모양에 치중하지 않는다.

11. 다음 그림은 몇 장 사개맞춤인가?

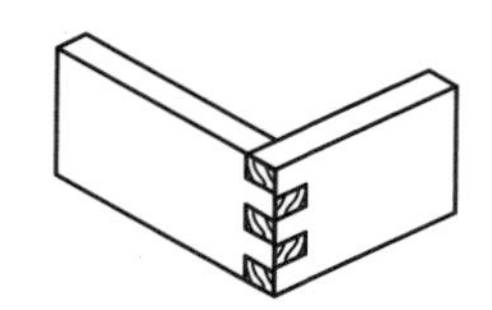

① 두 장 사개맞춤 ② 석 장 사개맞춤
③ 다섯 장 사개맞춤 ④ 열 장 사개맞춤

해설 사개맞춤 : 판재의 마구리에 암수 모양으로 가공하여 견고하게 맞물리도록 하는 맞춤으로 필요한 강도에 따라 2장, 3장, 5장 등을 만든다.

12. 목재의 맞춤 기법 중 한 부재의 나뭇결이나 나뭇결과 직각 방향으로 오목하게 들어가도록 깎아내고, 다른 부재의 옆면이나 마구리면을 맞추는 기법은?

① 반턱맞춤 ② 홈맞춤
③ 장부맞춤 ④ 연귀맞춤

13. 꿸대와 기둥이나 동바리와의 맞춤과 같이 큰 부재와 작은 부재를 통째로 끼워 맞추는 것은?

① 반턱맞춤 ② 통맞춤
③ 장부맞춤 ④ 연귀맞춤

해설 통맞춤

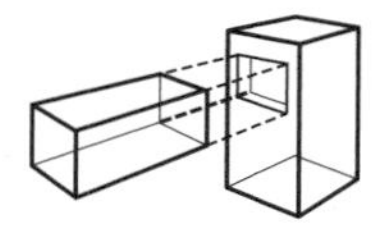

14. 8각 상자를 제작하기 위해 그림과 같은 마구릿대를 만들었다. A부분의 각도를 얼마로 해야 되는가?

정답 7. ③ 8. ④ 9. ① 10. ② 11. ③ 12. ② 13. ② 14. ①

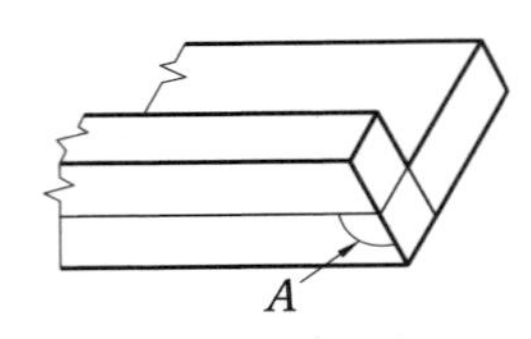

① 112.5° ② 121.5°
③ 135.5° ④ 153.5°

해설 마구릿대 각도
$=180-[\{180-(360 \div n)\} \div 2]$, n은 각형 수
$=180-[\{180-(360 \div 8)\} \div 2]=112.5°$

참고 • 4각일 때 : 135°
• 6각일 때 : 120°
• 8각일 때 : 112.5°

15. 다음 중 맞춤 공작의 기본사항에 해당하지 않는 것은?

① 평탄하게 깎을 것
② 반듯하게 켤 것
③ 바른 각도로 자를 것
④ 凸凹이 생기지 않도록 사포질을 할 것

해설 맞춤 공작의 기본사항
• 마름질을 정확하게 한다.
• 똑바로 자르고 켠다.
• 완전 평면에 가깝도록 깎는다.
• 바른 각도로 자른다.

16. 서랍을 다음 그림과 같이 만들 때 맞춤의 명칭으로 옳은 것은?

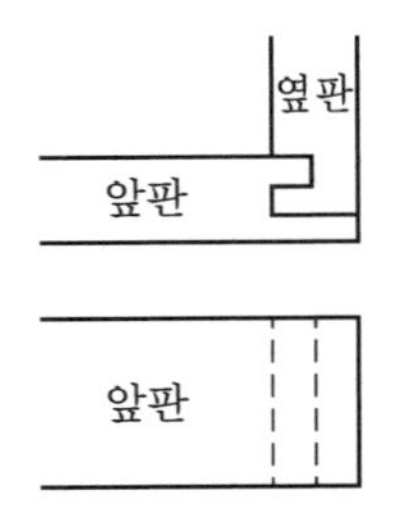

① 사개 통맞춤 ② 외주먹장맞춤
③ 안촉연귀맞춤 ④ 사개턱솔 통맞춤

17. 가구 제작에 주로 쓰이는 맞춤의 명칭에 해당하지 않는 것은?

① 주먹장맞춤 ② 연귀맞춤
③ 은장맞춤 ④ 안장맞춤

해설 은장맞춤 : 건축에서 보와 도리에 사용하는 맞춤이다.

18. 서랍짜기 방법으로 옳지 않은 것은?

① 연귀로 짜기는 가구의 서랍이나 공예품의 작은 서랍에 사용한다.
② 주먹장으로 짜기는 보통 가구에 사용하며 고급 장에는 사용하지 않는다.
③ 홈맞춤으로 짜기는 서랍의 구조상 앞널의 너비가 넓은 경우에 사용한다.
④ 꽂임촉으로 짜기는 비교적 강도와 내구성이 좋다.

19. 두 각재의 맞춤 방법 중 가장 옳은 것은?

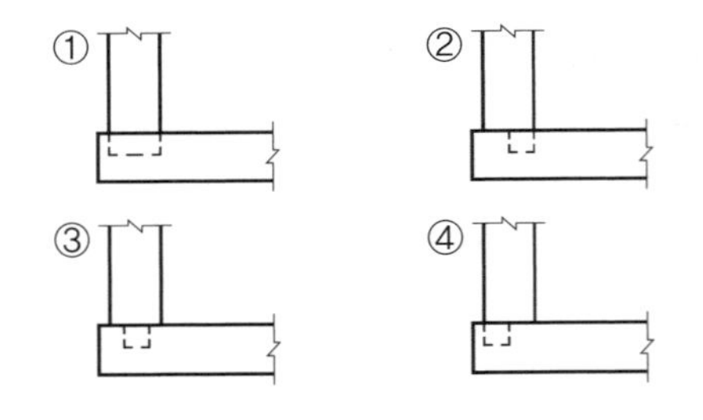

20. 옆판을 천판에 접착시키는 방법 중 가장 좋은 것은?

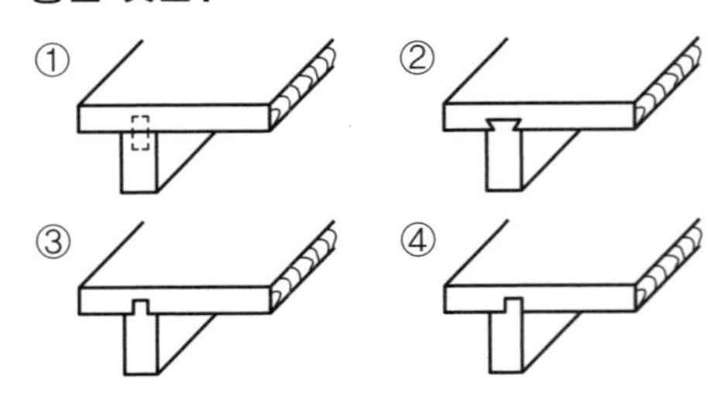

정답 15. ④ 16. ④ 17. ③ 18. ② 19. ② 20. ②

21. 서랍맞춤으로 가장 견고한 맞춤 방법은?

① 주먹장맞춤 ② 통맞춤
③ 사개맞춤 ④ 반턱맞춤

해설 주먹장맞춤
- 사개맞춤과 비슷하나 장부의 물매가 있어 튼튼하고 강한 인장력을 가진다.
- 서랍맞춤이나 상자맞춤에 주로 사용한다.

22. 판재에 숫주먹장 4개를 가공하려면 몇 등분을 해야 하는가?

① 4등분 ② 5등분
③ 8등분 ④ 9등분

23. 다음 그림과 같은 접합의 명칭은?

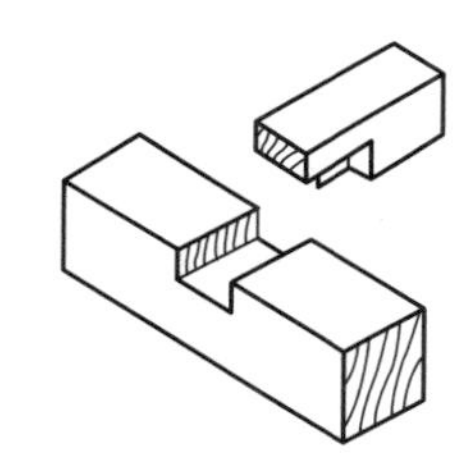

① 통넣은 주먹장맞춤
② 숨은 주먹장맞춤
③ 두겁 주먹장맞춤
④ 내림 주먹장맞춤

24. 암부재 주먹장 만들기 방법으로 옳지 않은 것은?

① 숫부재 주먹 모양을 암부재 마구리면에 옮겨 그린다.
② 마구리면에 그려진 선을 목재 나뭇결에 직각 방향으로 긋는다.
③ 켜기용 등대기톱으로 켜고 끌로 따낸다.
④ 숫부재와 마찬가지로 연귀를 만들 선까지만 따낸다.

25. 인장력을 받는 곳에 가장 많이 사용되는 맞춤 방법은?

① 반턱맞춤 ② 주먹장맞춤
③ 촉맞춤 ④ 숨은 장부맞춤

해설 장부의 물매가 있어 튼튼하고 강한 인장력을 가지므로 인장력을 받는 곳에 가장 많이 사용되는 것은 주먹장맞춤이다.

26. 그림과 같은 주먹장 만들기에서 물매 정도인 A : B의 비율로 적당한 것은?

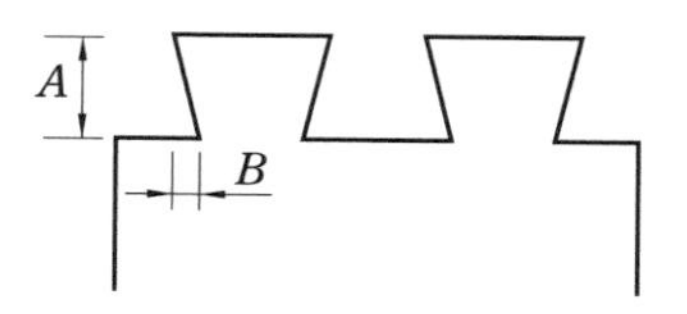

① 4 : 1 ② 5 : 1
③ 6 : 1 ④ 7 : 1

27. 그림과 같은 맞춤을 무엇이라 하는가?

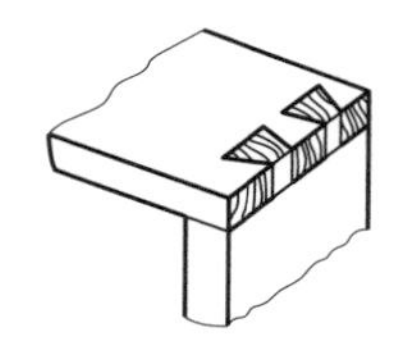

① 주먹장맞춤 ② 반턱맞춤
③ 끼움촉맞춤 ④ 통맞춤

28. 서랍의 앞널과 옆널에 주로 사용되는 맞춤은?

① 남김 통맞춤 ② 꽂임촉맞춤
③ 연귀맞춤 ④ 남김 주먹장맞춤

해설 남김 주먹장맞춤
- 주먹장맞춤의 변형으로 전면에 마구리 부분이 보이지 않도록 만든 맞춤이다.
- 서랍의 앞널과 옆널의 맞춤에 주로 사용된다.

정답 21. ① 22. ④ 23. ② 24. ② 25. ② 26. ③ 27. ① 28. ④

29. 주먹장맞춤에서의 일반적인 주먹장 경사도는?

① 약 8° ② 약 18°
③ 약 28° ④ 약 38°

30. 가구 내에 작용하는 힘의 관계에서 주먹장맞춤이 꼭 필요한 경우는?

① 압축력이 요구될 때
② 인장력이 요구될 때
③ 전단력이 요구될 때
④ 경도가 요구될 때

해설 주먹장맞춤은 판재의 맞춤 작업이나 서랍 제작과 같이 강한 인장력을 요구하는 결합에 많이 사용된다.

31. 서랍의 제작방법 중 맞춤 기법의 장점을 설명한 것으로 틀린 것은?

① 부재와 부재간의 결합이 견고하다.
② 부재간의 뒤틀림이나 변형이 적다.
③ 외관이 아름답다.
④ 대량 생산이 가능하다.

32. 사개에 변형을 주어 한쪽에서 빠지지 않도록 하는 맞춤 형태로, 인장을 요하는 곳의 맞춤으로 가장 좋은 것은?

① 주먹장맞춤 ② 반턱맞춤
③ 사개맞춤 ④ 장부맞춤

33. 다음 중 사진틀 제작 시 모서리 맞춤은 어느 것이 좋은가?

① 꽂임촉 연귀맞춤
② 장부맞춤
③ 끼움촉 연귀맞춤
④ 반턱맞춤

34. 다음 중 연귀맞춤을 이용하지 않는 것은?

① 상자 만들기
② 사진틀 만들기
③ 의자의 안장 짜기
④ 책상다리 만들기

해설 일반적으로 연귀맞춤은 상자 만들기, 사진틀 만들기, 의자의 안장 짜기, 책장 등의 윗널과 옆널의 맞춤 등에 사용된다.

35. 다음 그림에 알맞은 접합의 명칭은?

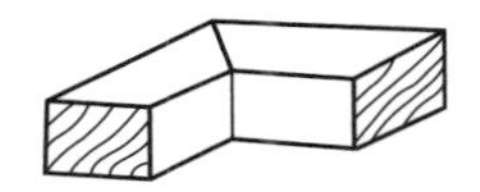

① 연귀 ② 반연귀
③ 안촉연귀 ④ 밖촉연귀

해설 연귀 : 면과 면을 직각으로 맞추기 위해 마구리가 보이지 않도록 서로 45° 각도로 비스듬히 잘라서 맞춘 것이다.

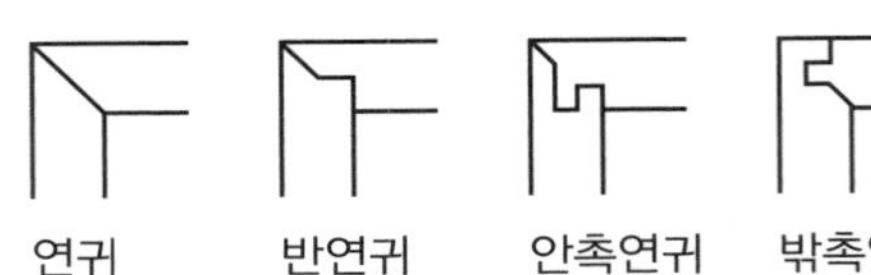

36. 다음 그림의 접합 명칭은?

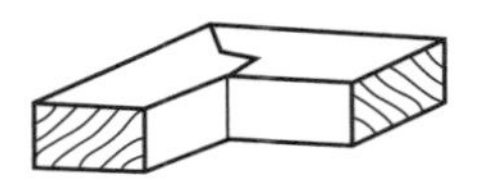

① 연귀맞춤 ② 반연귀맞춤
③ 안촉연귀맞춤 ④ 안팎촉연귀맞춤

37. 가공물의 마구리를 1/2로 깎아서 모서리와 모서리를 맞추는 맞춤은?

① 연귀맞춤
② 사개맞춤
③ 쪽매맞춤
④ 꽂임촉맞춤

정답 29. ② 30. ② 31. ④ 32. ① 33. ③ 34. ④ 35. ① 36. ② 37. ①

해설 연귀맞춤
- 부재의 마구리를 보통 외각의 1/2로 깎아서 모서리를 맞추는 맞춤이다.
- 연귀맞춤을 자르는 데는 45° 또는 임의의 각으로 자르거나 깎을 수 있는 연귀자와 연귀작업 보조대를 만들어 사용한다.

38. 다음 중 목재의 마구리 부분을 감추기 위한 맞춤은?

① 연귀맞춤
② 사개맞춤
③ 주먹장맞춤
④ 내다지 장부맞춤

39. 그림과 같은 목재 맞춤의 명칭은?

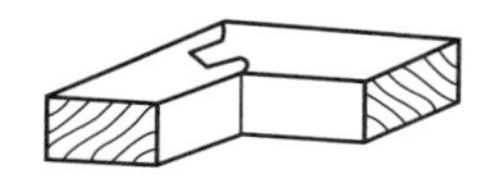

① 반연귀 ② 안촉연귀
③ 반촉연귀 ④ 사개연귀

40. 부재의 마구리를 45°로 가공하여 모서리 부분을 직각이 되게 맞춘 것은?

① 연귀맞춤
② 사개맞춤
③ 반턱맞춤
④ 숨은 주먹장맞춤

41. 액자틀을 만드는 데 가장 많이 사용하는 맞춤 방법은?

① 연귀맞춤 ② 주먹장맞춤
③ 장부맞춤 ④ 사개맞춤

해설 연귀맞춤 : 액자틀처럼 모서리 부분을 45°로 하는 맞춤으로 문짝, 널벽의 두겁대, 걸레받이 등에 사용한다.

42. 일반적으로 사개맞춤 기법을 사용하지 않는 것은?

① 통 만들기 ② 사방탁자
③ 문갑 ④ 책상다리

43. 건조에 따른 목재의 변형을 방지하고 넓은 판재를 얻을 수 있는 맞춤 방법은?

① 주먹장맞춤
② 쪽매맞춤
③ 반턱맞춤
④ 홈맞춤

해설 쪽매맞춤 : 판재의 한 면을 평면 또는 촉으로, 다른 한 면은 홈을 만들어 서로 맞대고 건조에 따른 변형을 방지하여 넓은 판재를 얻을 수 있도록 하는 맞춤이다.

44. 다음 중 맞춤과 용도가 서로 잘못 짝지어진 것은?

① 구형 반턱맞춤 – 고급 공예품
② 통맞춤 – 서랍, 사다리, 층계
③ 주먹장 통맞춤 – 가구 공작, 서랍 제작
④ 십자형 반턱맞춤 – 가구, 문, 창, 문틀

해설 구형 반턱맞춤 : 철판틀, 문틀, 거울과 액자의 틀에 사용하며, 고급 제품에는 사용하지 않는다.

정답 38. ① 39. ② 40. ① 41. ① 42. ④ 43. ② 44. ①

2-5 장부맞춤 작업(끼움 맞춤)

1 장부맞춤

① 장부맞춤은 두 부재를 맞추는 방법 중 가장 오래되고 튼튼한 맞춤 방법이다.

② 1개의 부재에 장부를 내고, 다른 부재에 장부 구멍을 파서 서로 끼우는 방법이다.

③ 그림과 같이 암장부 구멍에 숫장부를 끼워넣는 전통적인 방식의 결구법이다.

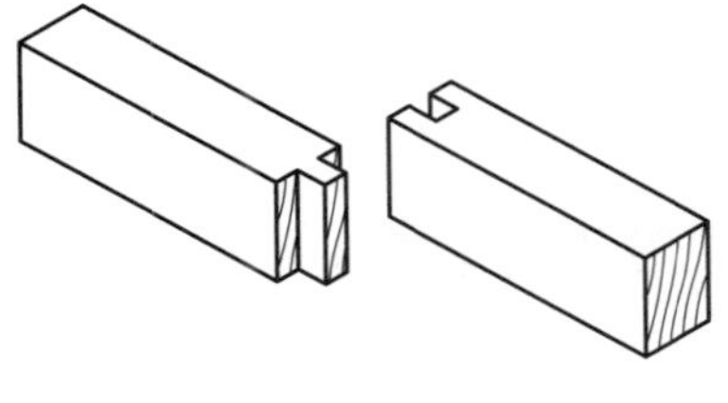

장부맞춤

④ 더 튼튼하도록 보완하기 위해 장부와 구멍 사이에 접착제를 사용할 수 있다.

2 장부의 종류

(1) 모양에 따른 장부의 종류

장부의 종류는 그림과 같이 다양한 형태가 있다.

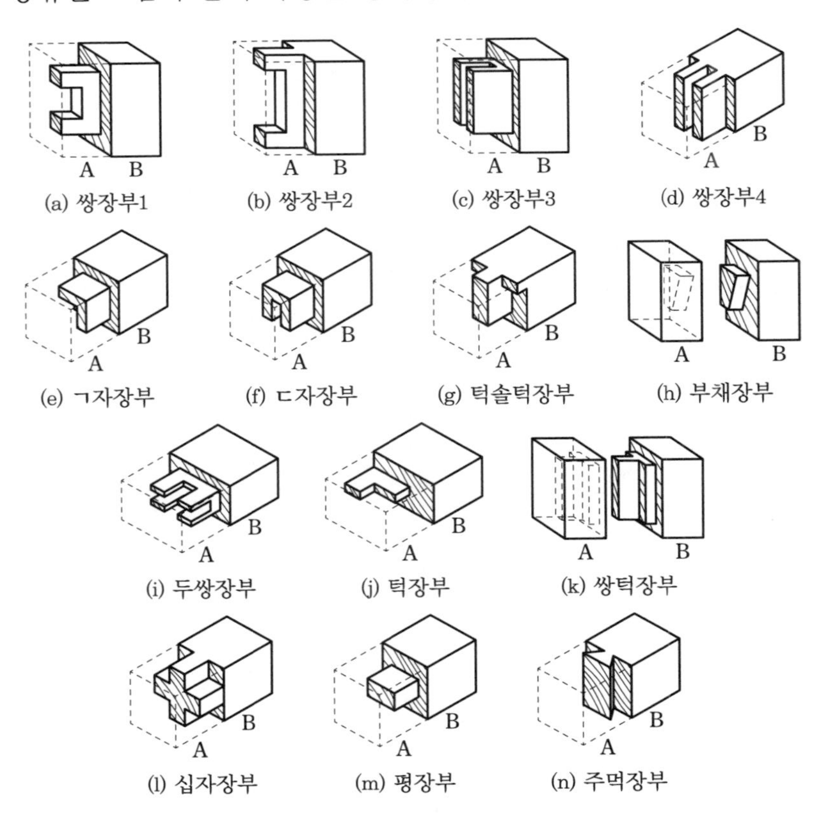

모양에 따른 장부의 종류

(2) 장부 모양과 장부 구멍에 따른 장부의 종류

장부의 모양과 장부 구멍에 따라 제비초리장부, 내다지장부, 짧은장부 등이 있으며, 맞춤을 더욱 보강하는 방법으로 짧은장부 촉 꽂기, 산지치기, 지옥 장부, 벌림쐐기 장부 등 특수한 형태도 있다.

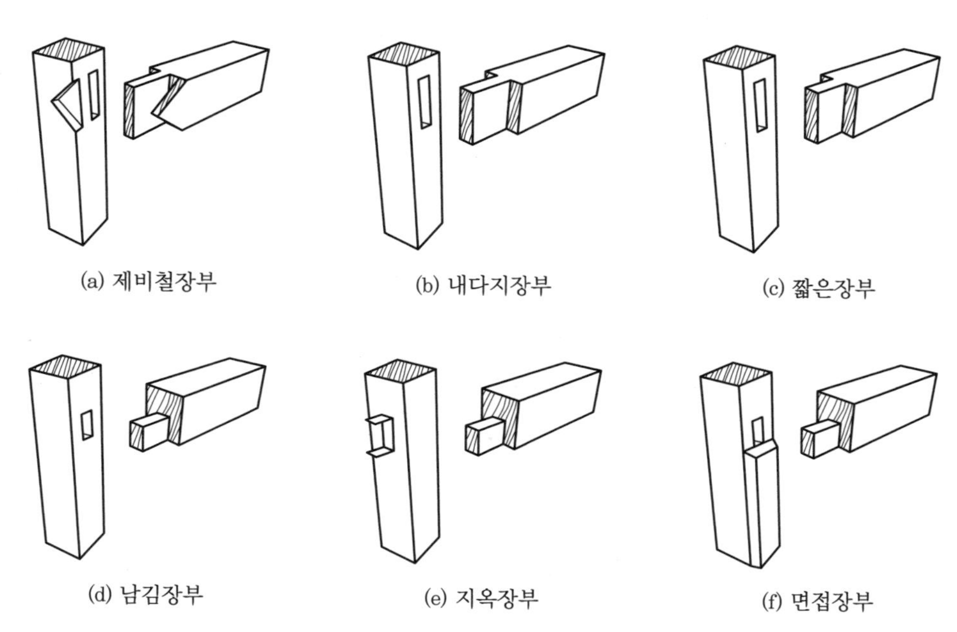

장부 모양과 장부 구멍에 따른 장부의 종류

3 장부짜임의 종류

일반적으로 장부짜임은 가구, 창호, 목공, 목형 등 구조물 제작에 많이 사용하며, 종류는 다음과 같다.

① **내다지 장부짜임 :** 한쪽 부재에 뚫은 구멍을 양쪽에서 맞뚫고, 장부를 길게 하여 조립 장부의 마구리에 메뚜기나 쐐기를 박아 견고하게 하는 방식이다.

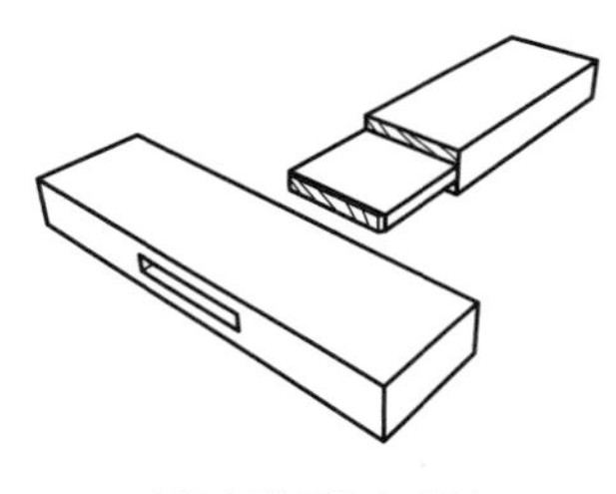

내다지 장부짜임

② **기둥 사개짜임** : 4개의 목재 기둥을 서로 교차하여 맞물리게 접합하는 방식이다.

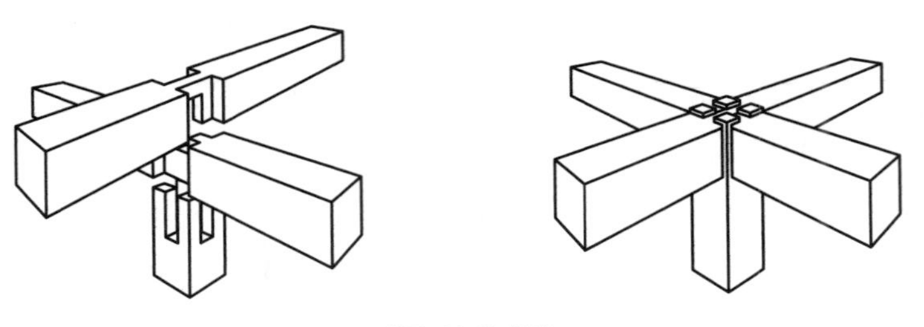

기둥 사개짜임

③ **삼방 연귀짜임** : 3개의 목재를 45°로 자르고 맞춰서 견고하게 접합하는 방식이다.

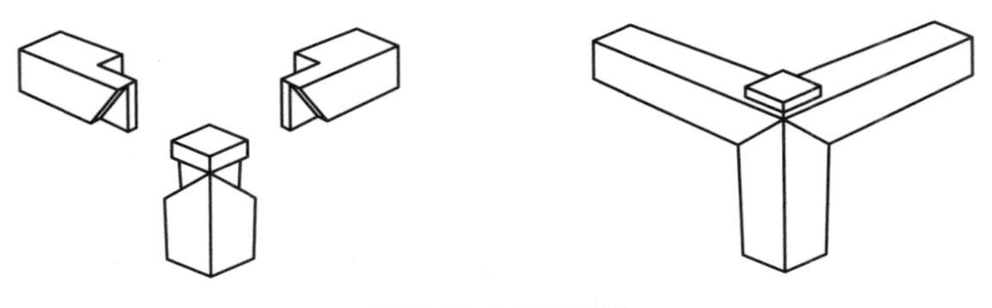

삼방 연귀 장부짜임

④ **쌍장부짜임** : 부재 끝에 촉을 만들고, 다른 부재에는 촉이 들어갈 구멍을 가공하여 서로 맞물리게 접합하는 방식이다.

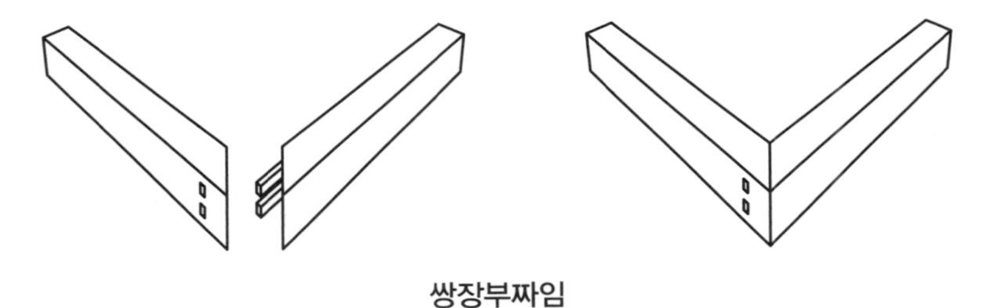

쌍장부짜임

⑤ **통장부짜임** : 여러 개의 돌출부(장부)와 그에 맞는 구멍을 만들어 접합하는 방식이다.

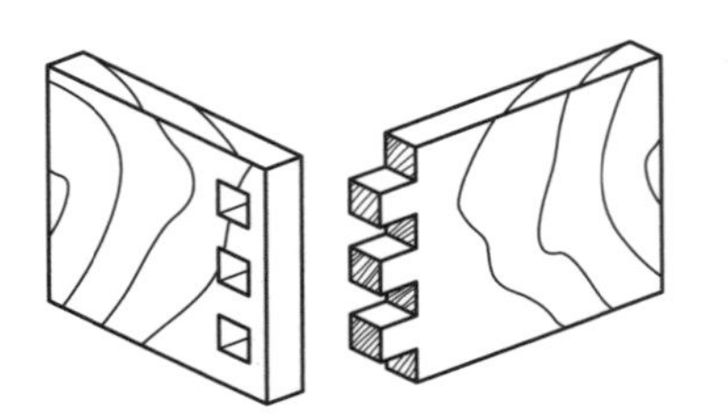

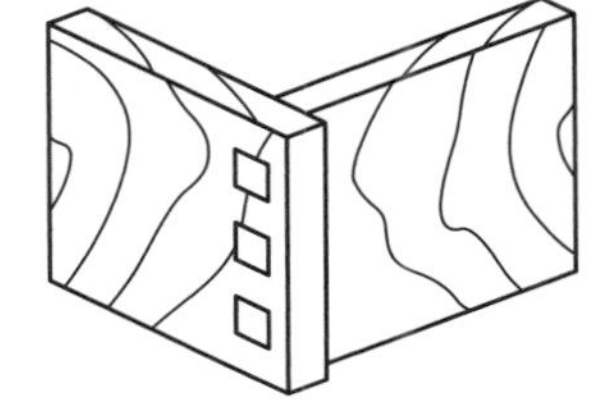

통장부 짜임

⑥ **막이산지 장부짜임** : 촉을 이용하여 견실성과 미적인 효과를 얻을 수 있는 결합 방식이다.

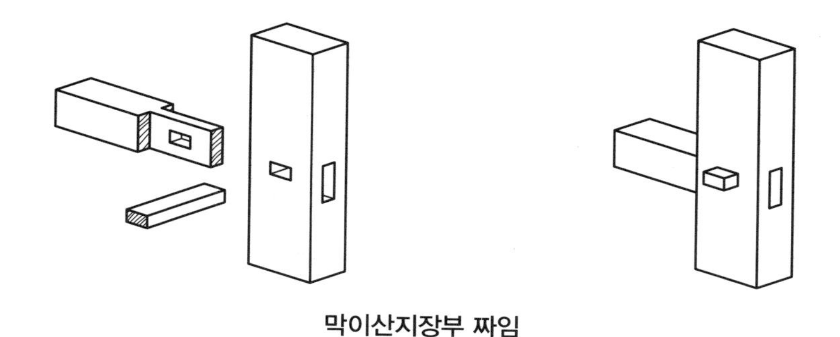

막이산지장부 짜임

4 장부맞춤 방법

장부맞춤의 짜맞춤(짜임) 방법은 다음과 같다.

① 수직재나 수평재를 짜맞춤할 때는 수직재에 홈을 파고 수평재에 돌출부를 만들어 접합한다.

② 수직재나 수평재에 다른 부재를 접합할 때는 접합되는 부재의 마구리에 돌출부를 만들고, 수직재나 수평재에 홈을 파서 접합한다.

③ 맞춤되는 두 수평재가 서로 직각이 되거나 각을 이룰 때는 부재 모두에 홈을 만들어 '엎을 장', '받을 장'으로 처리하여 접합한다.

5 장부맞춤 가공 방법

(1) 마름질

① 준비된 부재에 장부를 만들 부재와 장부 구멍의 부재를 연필로 표시한다.

② 도면에 따라 장부의 크기를 확인하고 그린다.

③ 장부는 네 면을 돌려가며 직각자로 정확히 직각 선 옮기기를 한다.

④ 톱으로 오려질 부분에 그무개 선을 넣는다.

⑤ 장부의 치수에 맞게 그무개를 맞추고 톱질할 부분에 그무개 선을 넣는다.

(2) 장부 톱질

① 바이스에 부재를 고정시켜 남길 부분과 따낼 부분을 표시한다.

② 따낼 부분에 톱자국이 생기도록 톱질한다. 이때 그무개 선을 넘지 않게 톱질한다.

③ 먼저 마구리 쪽 톱질을 한 후(켜기) 턱을 톱질한다(자르기).

④ 끌로 깨끗하게 다듬는다.

(3) 장부 구멍 파기

① 장부 크기에 맞게 끼워질 장부 구멍을 연필로 표시한다.
② 그무개를 이용하여 장부 구멍 자리에 선을 그린다.
③ 장부 구멍보다 작은 끌을 이용하여 망치로 치면서 조금씩 파낸다. 드릴을 이용하여 장부에 구멍을 넣어주고 작업하면 수월하다.
④ 그무개 선을 따라 구멍을 파고 끌로 깨끗이 다듬는다.

(4) 가조립 및 보완 작업

① 부재를 장부와 구멍의 위치에 맞게 배치한다.
② 장부가 잘 들어가도록 끝을 약간 면접기 해 준다.
③ 장부를 구멍에 끼워 보고, 장부가 잘 맞지 않으면 장부 구멍에 표시하여 끌로 조금씩 다듬어 맞춘다.
④ 반복하여 작업한 다음 끼워 본다.
⑤ 부재의 위치가 바뀌지 않도록 표시한다.

참고

장부 구멍 파기

- 장부 구멍의 폭 : 1장 장부에서는 부재 두께의 1/3로, 2장 장부에서는 부재 두께의 1/5로 하는 것이 표준이다.
- 한 부재에 팔 구멍이 큰 것과 작은 것이 있을 때는 작은 것을, 깊은 것과 얕은 것이 있을 때는 얕은 것을 먼저 판다.
- 끌의 폭은 구멍의 먹금 폭에 알맞은 것을 사용하지만 치수가 맞는 끌이 없을 때는 좁은 끌을 사용하여 지그재그형으로 판다.

예 | 상 | 문 | 제

장부맞춤 작업 ◀

1. 짧은 장부맞춤 가공 시 장부 길이와 장부 구멍 깊이의 관계는?

① 장부 길이와 장부 구멍의 깊이를 똑같이 가공한다.
② 장부 구멍의 깊이를 1~2mm 더 판다.
③ 장부 길이를 1~2mm 더 길게 한다.
④ 장부 구멍의 깊이를 5mm 더 판다.

2. 장부의 두께는 한 장 장부에서 부재 두께의 어느 정도가 표준인가?

① 1/2 ② 1/3
③ 1/4 ④ 1/5

해설 장부 구멍의 폭 : 1장 장부에서는 부재 두께의 1/3로, 2장 장부에서는 1/5로 하는 것이 표준이지만 실제로는 끌의 너비에 맞춘다.

3. 장부 구멍파기를 할 때 유의사항으로 옳지 않은 것은?

① 끌의 폭은 구멍의 폭에 맞는 것을 사용하며 치수가 맞는 끌이 없을 때는 좁은 끌로 지그재그형으로 판다.
② 끌의 뒷날이 자신의 앞쪽을 향하게 하고, 똑바로 수직으로 끌질한다.
③ 한 부재에 팔 구멍이 큰 것과 작은 것이 있을 때는 큰 것을 먼저 판다.
④ 한 부재에 팔 구멍이 깊은 것과 얕은 것이 있을 때는 얕은 것을 먼저 판다.

해설 한 부재에 팔 구멍이 큰 것과 작은 것이 있을 때는 작은 것을, 깊은 것과 얕은 것이 있을 때는 얕은 것을 먼저 판다.

4. 장부맞춤의 순서로 옳은 것은?

① 마름질하기 – 장부 구멍 파기 – 장부켜기 – 어깨자르기 – 조립하기
② 마름질하기 – 어깨자르기 – 장부켜기 – 장부 구멍 파기 – 조립하기
③ 마름질하기 – 장부켜기 – 어깨자르기 – 장부 구멍 파기 – 조립하기
④ 마름질하기 – 장부 구멍 파기 – 어깨자르기 – 장부켜기 – 조립하기

5. 장부맞춤의 먹줄치기를 하는 방법을 설명한 내용 중 틀린 것은?

① 먹줄 넣을 부재가 많을 때는 여러 부재를 동시에 넣도록 한다.
② 장부용 그무개와 장부 구멍용 그무개를 따로 준비한다.
③ 부재의 재축 방향으로 심먹금을 친다.
④ 장부 그무개를 사용할 때는 항상 기준면에 대고 줄을 긋는다.

해설 오차를 줄이기 위해 장부용 그무개와 장부 구멍용 그무개를 같이 사용한다.

6. 장부맞춤의 작업 공정 중 옳지 않은 것은?

① 장부 어깨를 먼저 자르고 장부켜기를 나중에 한다.
② 장부의 끝은 면을 약간 접어야 구멍에 잘 들어간다.
③ 작업순서는 구멍파기, 장부 만들기, 조립의 순서로 한다.
④ 장부 두께는 부재의 1/3 정도로 한다.

해설 장부켜기를 먼저 하고 장부 어깨를 나중에 자른다.

정답 1. ② 2. ② 3. ③ 4. ③ 5. ② 6. ①

제 3 장 이음

3-1 이음 작업

1 이음

이음이란 2개의 부재를 1개의 부재처럼 사용하기 위한 방법이다. 목조 건축이나 가구제작에는 여러 가지 이음법 중에서 가장 적합한 형태를 선택하여 사용한다.

(1) 이음의 특징

① 이음은 두 부재를 길이 방향이나 나뭇결이 나란하게 되도록 결합한 것을 말한다.
② 목재를 서로 이을 때는 건조에 의한 수축현상을 고려해야 한다.
③ 수심 부분끼리 맞대고, 변재끼리 맞대어 4조각이 이어질 때는 변재 부분의 변형률이 크기 때문에 판의 위, 아래가 수평을 이루지 못한다.
④ 이음은 크게 맞이음, 빗이음, 반턱이음, 쪽매이음, 나비장이음, 은장이음, 띠열장이음, 겹친이음 등이 있다.

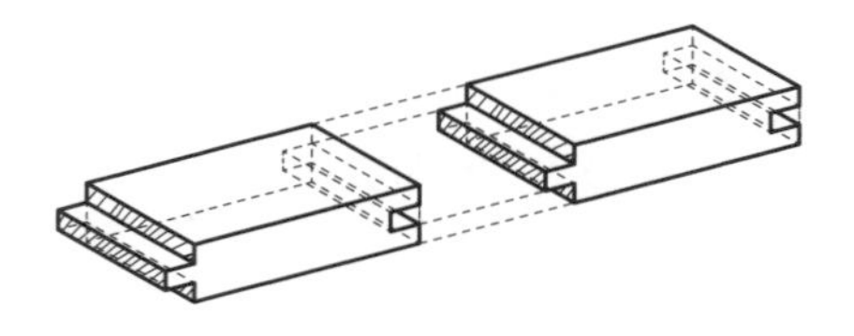
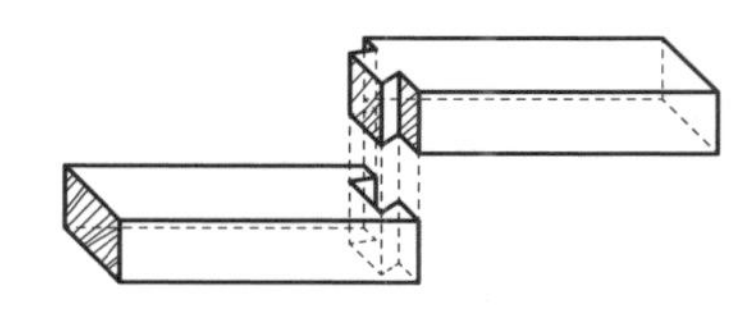

이음

(2) 판재와 각재의 이음과 맞춤

① 가구에 사용되는 다양한 이음과 맞춤은 판재와 각재에 따라 가구의 특징을 최대한 살리는 방법으로 제작한다.
② 판재의 경우는 맞붙임, 턱맞춤, 사개맞춤, 주먹장 사개맞춤 등이 사용되고, 각재의 경우는 연귀맞춤, 장부맞춤 등이 사용된다.

③ 맞붙임은 촉이나 구멍 없이 판재나 각재 등을 서로 붙이는 것으로, 가장 쉽게 접할 수 있는 이음이다.

(3) 이음의 방법

① 목재를 제재한 후 기건 상태로 건조(함수율 8~10%)시켜 가공 후 접착한다. 집성기계에는 클램프 캐리어, 고주파 집성기, 조임틀 기계, 건구 조립기기 등이 있다.
② 이음을 하기 전에 반드시 결의 방향과 짜임할 면의 상태를 확인해야 한다.
③ 조립하기 전 반드시 가조립으로 확인한 다음 조립한다.
④ 본드는 양쪽 부재에 모두 발라야 한다.
⑤ 가장자리끼리 연결하여 넓은 판재를 만드는 경우 세로로 4조각을 자른 목재를 사용하면 비교적 변형이 일어나지 않는다.
⑥ 세로로 4조각을 자른 목재를 사용할 수 없을 경우 나뭇결 무늬는 무늿결 방향이 서로 교차되도록 구성한다.

(4) 이음의 장단점

① **장점**
(가) 균등한 형태의 큰 단면을 가진 부재를 만들 수 있다.
(나) 응력에 따라 필요한 단면으로 성형할 수 있어 목재의 합리적인 이음이 가능하다.
(다) 건조된 목재를 이용하면 단면이 큰 집성재라도 건조가 빠르고, 보존 처리에 의한 내구성을 증진시킬 수 있다.

② **단점**
(가) 접착의 신뢰도와 내구성 판단이 어렵다.
(나) 나뭇결을 맞춰서 접착해야 한다.
(다) 접합 부분의 강도가 약해질 수 있다.

(5) 이음의 성질

① 접착이 완전하다는 조건하에 압축강도, 휨강도, 탄성계수는 소재와 같거나 크다.
② 전단력과 균열은 접착된 부분과 물관부(목부)가 어느 정도 같은 힘을 받을 수 있다.

(6) 이음의 용도

주로 원목의 넓은 판재가 필요한 테이블 천판이나 두꺼운 굵기를 필요로 하는 테이블 다리 등에 사용한다.

2 이음의 위치에 따른 분류

① **심이음 :** 부재의 중심에서 이음한 것

② **내이음 :** 중심에서 벗어난 위치에서 이음한 것

③ **벼개이음 :** 아래에 가로 받침대가 있는 위치에서 이음한 것

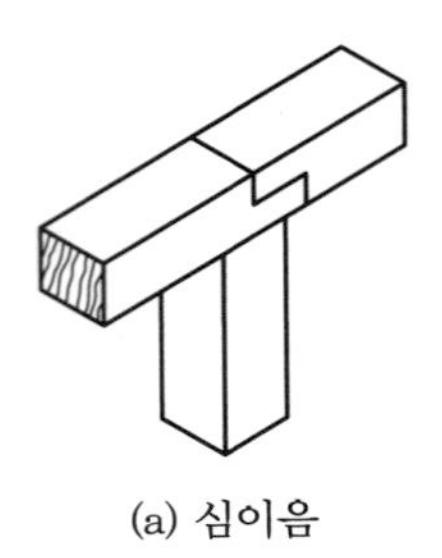
(a) 심이음

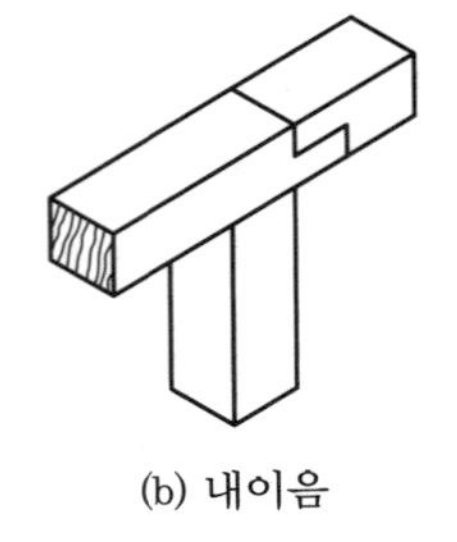
(b) 내이음

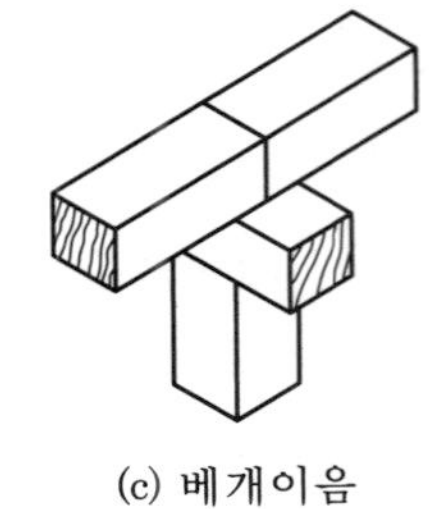
(c) 베개이음

위치별 이음의 종류

3-2 이음의 종류

1 맞이음(맞붙임)

① 맞이음은 목재의 옆면이나 마구리면을 서로 맞대어 두 부재를 접착제로 서로 붙인 다음, 클램프 등으로 압력을 가하여 굳으면 접착면을 깨끗하게 다듬어 사용하는 방법이다.

② 촉이나 구멍없이 판재나 각재 등을 서로 붙이는 것으로 가장 쉽게 접합할 수 있는 이음 방법이다.

③ 접착제만으로 이음하기는 곤란하므로 구조를 튼튼하게 하기 위해 덧판을 대거나 나비장 등을 박아 견고함을 더해준다.

(가) 결이음

- 두께 25, 32, 38mm와 폭 100~150mm의 건조된 목재를 결 방향으로 집성하여 의자의 좌판이나 테이블 다리 등을 제작하는 데 용이하다.
- 가장자리와 가장자리를 연결하는 짜임으로, 일반적으로 넓은 판을 만들 때 사용할 수 있으며, 특히 각각의 가장자리가 윗면과 90°를 이루도록 해야 한다.

(나) 맞댄이음 : 길이 방향으로 집성하는 방법으로 긴 부재를 구할 때 사용한다.

(다) 엇걸이이음 : 결이음과 맞댄이음의 중간 방법으로, 긴 목재가 필요할 때 이용한다.

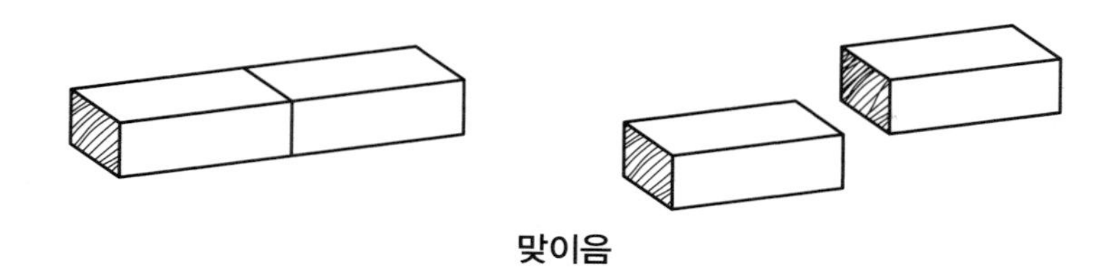

맞이음

2 빗이음

① 붙는 면이 사선으로 경사져서 빗이음이라 한다.

② 이음매를 넓게 하기 위한 방법으로 서까래, 지붕 널빤지에 사용한다.

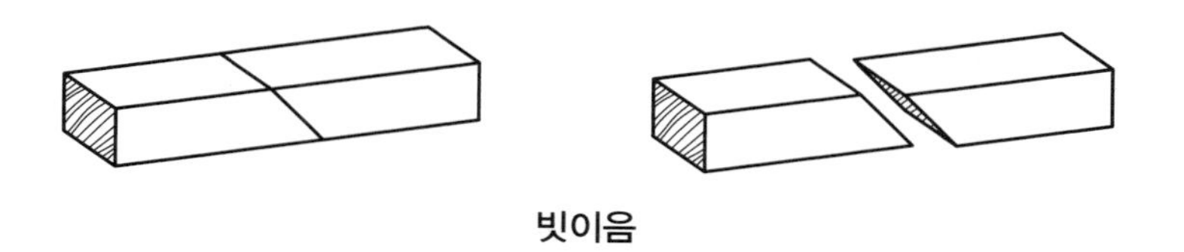

빗이음

3 반턱이음

양쪽 목재의 반씩을 따내어 잇는 방법으로 사모턱이음이라고도 부른다.

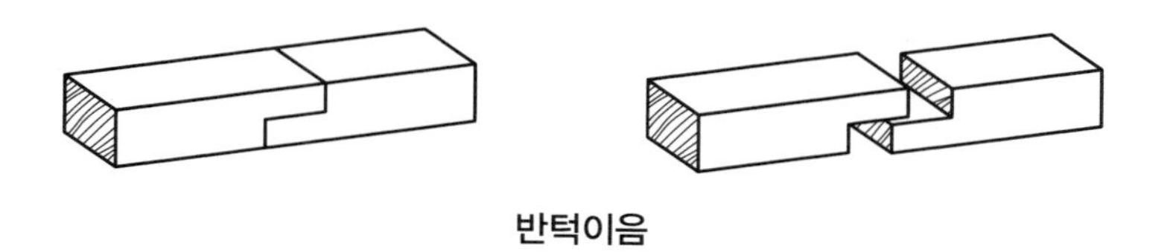

반턱이음

4 띠열장이음

띠열장은 주먹장을 말하며, 이것이 띠처럼 2개의 부재를 이어주는 역할을 한다.

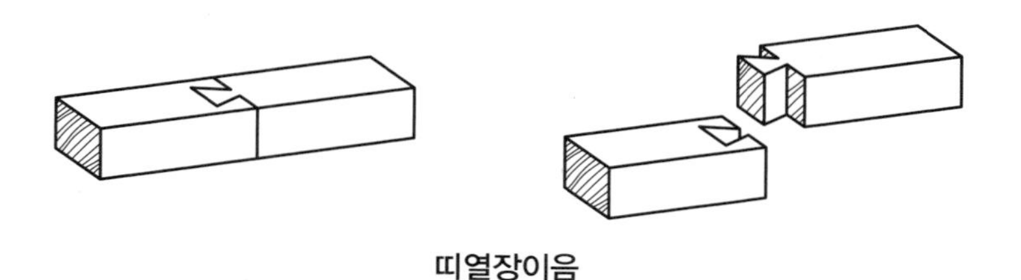

띠열장이음

5 겹친이음(겹이음)

① 두 부재의 이음할 부분을 겹치게 하여 부재의 표면과 두께 면을 서로 겹쳐 대고 이음하는 방법으로, 산지를 사용하여 견고함을 보강하는 이음이다.

② 간단한 구조나 비계통 나무 이음에 사용된다.

6 턱솔이음(홈이음)

① 한 부재에 홈을 파고 다른 부재에도 홈에 맞는 턱솔을 내어 물리게 하는 이음이다.

② 옆(가로 방향)으로 움직이는 것을 막기 위해 사용한다.

③ 턱솔의 종류에는 ㄱ자형, ㄷ자형, 일자형, 십자형 등이 있다.

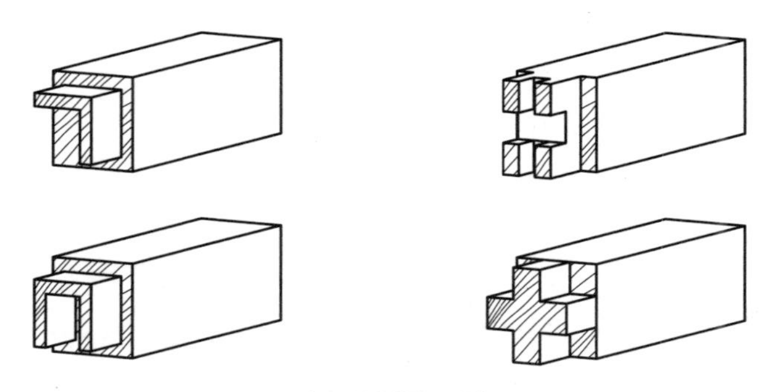

턱솔이음(홈이음)

7 메뚜기장이음

① 메뚜기 머리처럼 생긴 촉을 만들어 물리는 것으로, 끝부분은 좁고 중간이 굵으며 목은 가늘게 된 장부로 물린 이음이다.

② 인장력을 받는 곳에 주로 사용하며 주먹장맞춤보다 튼튼하다.

8 나비장이음

① 두 부재의 이음 자리에 나비장을 끼워서 보강하는 이음으로, 은장이음이라고도 한다.

② 넓은 판재를 구하기 어려운 재료의 작업에 사용하여 작업의 단점을 보완하고, 장식적인 구조미를 살리는 효과적인 방법이다.

③ 원두 나비장이음은 양쪽 머리가 원형으로 된 아령 모양의 은장을 사용한 이음이다.

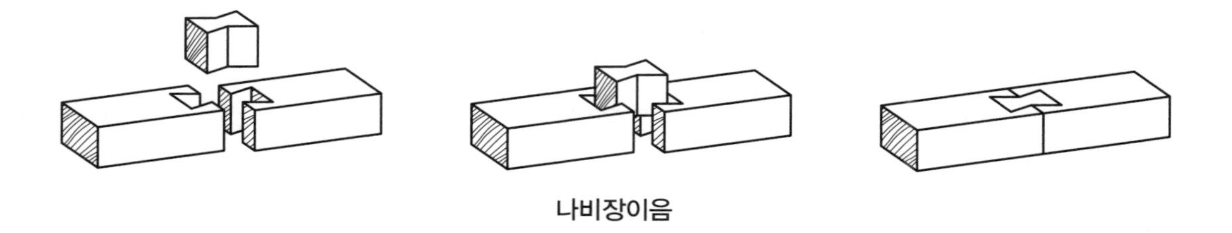

나비장이음

9 빗걸이이음(빗턱이음)

① 빗걸이가 2단이고 턱이 있는 이음으로, 베개이음 위치에서 많이 사용한다.

② 양쪽 나무를 15° 정도로 깎아서 미끄러지지 않게 턱을 만들고, 보의 방향이 바뀌는 것을 막기 위해 촉이나 볼트, 꺾쇠 등을 보강재로 사용하여 잇는 방법이다.
③ 기둥, 보, 칸막이도리 등 받침이 있는 보를 이을 때 사용하며, 보통 통나무로 된 보에 사용한다.

10 엇걸이이음

① 빗걸이이음과 달리 재료 끝에서 큰 턱을 만들고, 비녀 모양의 산지와 같은 형태의 나무 촉을 보강재로 사용한다.
② 촉이 팽창하는 것을 이용하여 이음하는 방법이다.
③ 엇걸이 산지이음, 엇걸이 홈이음, 엇걸이 촉이음 등이 있다.

3-3 쪽매를 이용한 이음

1 쪽매

① 폭이 좁은 판재를 길이 방향과 평행하도록 옆으로 붙여 폭을 넓게 하는 방법이다.
② 이음이 나뭇결 방향으로 서로 맞대는 방법이라면, 쪽매는 나뭇결 방향을 수직(직각 방향)으로 서로 맞대어 연결하는 방법이다.
③ 목재는 팽창과 수축, 뒤틀림 등이 발생하여 쪽매 솔기에 틈이 생기기 쉬우므로 강력한 접착법을 이용하거나 미리 줄눈을 두는 것이 좋다.

2 쪽매의 종류

① **오늬쪽매**

㈎ 화살을 활시위에 낄 수 있도록 파낸 부분을 오늬라 하며, 이 모양과 비슷하여 오늬쪽매라 한다.
㈏ 솔기를 화살촉 모양으로 만든 것으로, 흙막이널 말뚝에 사용한다.

② **제혀쪽매**

㈎ 부재의 혀를 다른 쪽 홈에 끼워놓는 방법으로, 혀를 내민 모양과 비슷하다. 밖으로 나온 혀가 몸통과 한 몸이다.
㈏ 맞댄 면이 요철(凹凸) 모양으로 연결된 이음으로, 고급스런 쪽매 방식이며 현존하는 옛 시대의 건축에서는 찾아보기 어렵다.

③ **딴혀쪽매 :** 부재의 혀가 몸통에서 직접 나온 것이 아니라 별도의 조각을 결합하여 만드는 방법이다.

④ **반턱쪽매 :** 부재의 옆을 두께의 반만큼 턱지게 깎고 서로 반턱이 겹치도록 놓는 방법이다. 제혀쪽매를 만들 수 없는 15mm 이하의 얇은 두께의 부재에 사용한다.

⑤ **빗쪽매 :** 빗이음과 같이 맞댄 면을 45° 정도로 비스듬하게 깎아 옆으로 대고 연결하는 방법이다.

⑥ **맞댄쪽매**

(가) 부재 옆을 서로 맞대어 깔거나 붙여서 대고 연결하는 방법이다.

(나) 툇마루 등과 같이 틈새가 있는 경우나 경미한 널빤지에 사용한다.

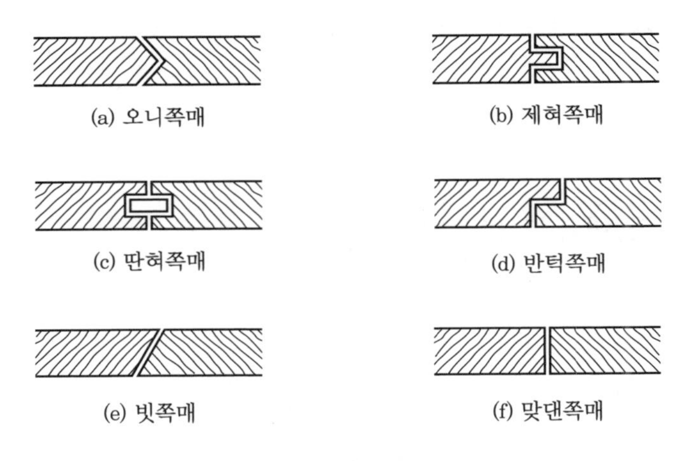

쪽매의 종류

3 쪽매 보강법

일반적으로 쪽매의 보강법으로는 나비장, 해머 은장, 갈퀴 은장, 표주박 은장 등이 사용되고 있다.

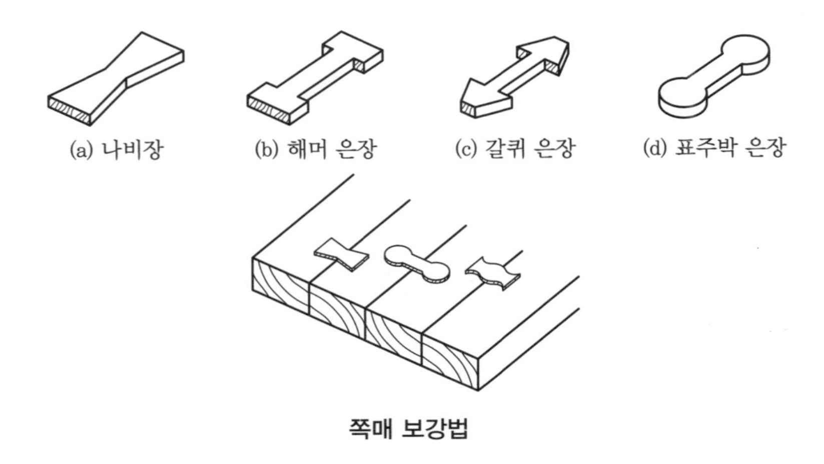

쪽매 보강법

3-4 판재의 맞춤과 이음

1 판재의 이음

① **반턱이음** : 두 판재의 끝부분을 깎아 서로 맞대어 연결한 이음
② **제혀이음** : 두 판재를 맞대고 암수로 혀를 내어 연결한 이음
③ **딴혀이음** : 두 판재를 맞대고 다른 혀를 끼워 넣어 연결한 이음
④ **나비장이음** : 두 판재를 맞댄 다음, 이은 부분에 반쪽씩 나비장 구멍을 뚫고 나비장을 만들어 끼워 연결한 이음

2 판재의 맞춤

① **사개맞춤**
(가) 사개맞춤은 판재맞춤의 기본적인 맞춤 방법 중 하나이다.
(나) 판재의 마구리면에 암수 모양으로 가공하여 견고하게 서로 맞물리도록 하는 방법이다.

② **주먹장맞춤**
(가) 주먹장맞춤은 사개맞춤과 비슷하나, 장부의 물매가 있어 튼튼하고 강한 인장력을 가지는 맞춤 방법이다.
(나) 서랍 맞춤이나 상자 맞춤에 주로 사용한다.

③ **반숨은 주먹장맞춤**
(가) 반숨은 주먹장맞춤은 마구리면에 주먹장맞춤을 하고, 외부로는 연귀맞춤을 하는 맞춤 형태이다.
(나) 외부로 보이지 않아 목재의 결이 그대로 드러나 견고하고 깔끔한 것이 특징이다.
(다) 주로 서랍의 앞널과 측널의 맞춤에 많이 사용된다.

3 판재의 결에 따른 접합 방법

(1) 면 접합

① 종단면이나 가장자리 면끼리는 결의 방향에 상관없이 접착제만 사용하여 접착한다.
② 부재의 면을 평행하게 만들어야 하며, 붙이는 면적이 너무 좁지 않아야 견고하게 접착된다.

(2) 판재 접합

① 판재는 좁은 판재를 연결하여 사용하면 변형을 최소화할 수 있으며, 마구리면의 결 또한 일정한 방향을 이루는 것보다는 지그재그 형태로 서로 교차되게 하는 것이 바람직하다.

② 한 개의 판재를 서로 조립할 때 판이 휘는 방향을 고려하여 판재의 안쪽 면과 바깥쪽 면을 정해야 한다.

③ 접합한 부분이 휘더라도 접합하는 부분 쪽으로 휘도록 결을 사용하여 접합하면 구조적으로나 시각적으로 더 바람직하다.

(3) 박스 접합

① 직각을 이루는 모양의 박스는 모든 면에 힘이 고르게 분포되도록 하여 박스가 틀어지는 현상을 막아야 한다.

② 경사진 각도의 박스를 조립하거나 곡선인 경우에는 부재가 뒤틀리지 않도록 조임쇠로 고정해야 한다.

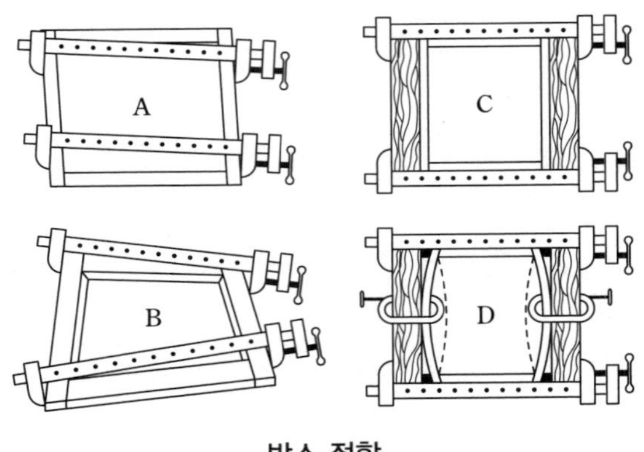

박스 접합

예 | 상 | 문 | 제

이음 ◀

1. 목재를 접합하여 의자의 좌판이나 테이블 다리 등을 제작하는 데 사용하는 이음은?

① 턱이음
② 맞댄이음
③ 엇걸이이음
④ 결이음

해설 결이음
- 의자의 좌판이나 테이블 다리를 제작하는 데 용이하다.
- 가장자리와 가장자리를 연결하는 짜임으로, 가장자리와 윗면이 90°를 이루어야 한다.

2. 다음 그림과 같은 이음의 명칭은?

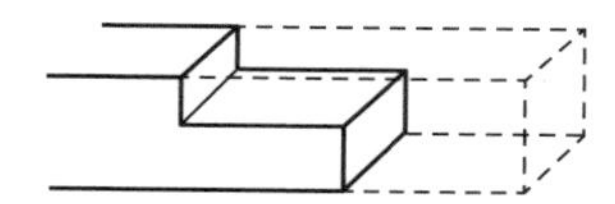

① 빗이음 ② 엇빗이음
③ 반턱이음 ④ 턱솔이음

해설
- 빗이음 : 끝을 비스듬히 잘라 맞대는 이음으로, 이음매를 넓게 하기 위한 방법이다.
- 엇빗이음 : 두 부재의 마구리를 두 갈래로 엇갈리게 내어 서로 물리는 이음이다.
- 반턱이음 : 양쪽 목재의 반씩을 따내어 잇는 방법으로, 사모턱이음이라고도 한다.
- 턱솔이음 : 한 부재에는 홈을 파고 다른 부재에는 턱솔을 내어 물리는 이음이다.

3. 빗이음에서 이음의 길이는 재춤(깊이)의 몇 배 정도로 하는가?

① 0.5~1.0배
② 1.5~2.0배
③ 2.5~3.0배
④ 3.0~3.5배

4. 그림과 같은 이음법의 명칭은?

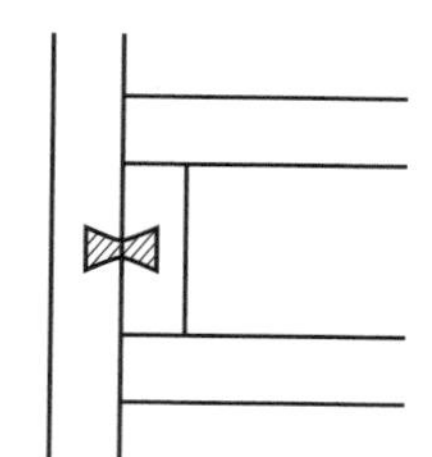

① 내민이음
② 반턱이음
③ 나비장이음
④ 덧댄이음

해설 나비장이음 : 두 부재를 맞대어 이음매 부분에 반 쪽씩 나비장 구멍을 낸 후, 별도의 나비장을 만들어 끼우고 연결하는 방법이다.

5. 다음 중 턱솔이음에 대한 설명을 잘못 나타낸 것은?

① 양쪽 목재의 반씩을 따내어 잇는 방법으로 사모턱이음이라고도 부른다.
② 옆(가로 방향)으로 움직이는 것을 막기 위해 사용한다.
③ 턱솔의 종류에는 ㄱ자형, ㄷ자형, 일자형, 십자형 등이 있다.
④ 한 부재에 홈을 파고 다른 부재에도 홈에 맞는 턱솔을 내어 물리게 하는 이음이다.

해설 양쪽 목재의 반씩을 따내어 잇는 방법으로 사모턱이음이라고도 부르는 것은 반턱이음이다.

6. 쪽매 중 가장 튼튼하고 견고한 것은?

① 빗쪽매 ② 반턱쪽매
③ 제혀쪽매 ④ 딴혀쪽매

해설 쪽매 중 가장 튼튼하고 견고하여 강도가 큰 것은 제혀쪽매이다.

정답 1. ④ 2. ③ 3. ② 4. ③ 5. ① 6. ③

7. 다음 중 쪽매 방법이 좋은 것은?

8. 인장력을 받는 곳에 주로 사용하며 주먹장 맞춤보다 튼튼한 것은?

① 빗이음
② 겹친이음
③ 엇걸이이음
④ 메뚜기장이음

해설 메뚜기장이음 : 메뚜기 머리처럼 생긴 촉을 만들어 물리는 것으로, 끝부분은 좁고 중간이 굵으며 목은 가늘게 된 장부로 물린 이음이다.

9. 마루널쪽매로 거의 사용하지 않는 것은?

① 연귀쪽매 ② 딴혀쪽매
③ 반턱쪽매 ④ 제혀쪽매

해설 • 마루널쪽매 중 가장 좋은 쪽매는 진동에도 빠지지 않는 제혀쪽매이다.
• 연귀쪽매는 거의 사용하지 않는다.

10. 부재 옆이 서로 물려지도록 혀를 내고 옆에서 못질하여 못머리를 감추어, 마루의 진동에도 못이 솟아 올라오지 않게 한 것은?

① 빗쪽매
② 반턱쪽매
③ 제혀쪽매
④ 맞댄쪽매

해설 제혀쪽매 : 부재의 혀를 다른 쪽 홈에 끼워놓는 방법으로, 혀를 내민 모양과 비슷하다. 밖으로 나온 혀가 몸통과 한 몸이다.

11. 널 옆을 곱게 대패질해서 서로 맞대어 깔고, 그 위에서 못질하여 만든 쪽매는?

① 맞댄쪽매
② 빗쪽매
③ 반턱쪽매
④ 제혀쪽매

12. 다음 쪽매 중 딴혀쪽매는?

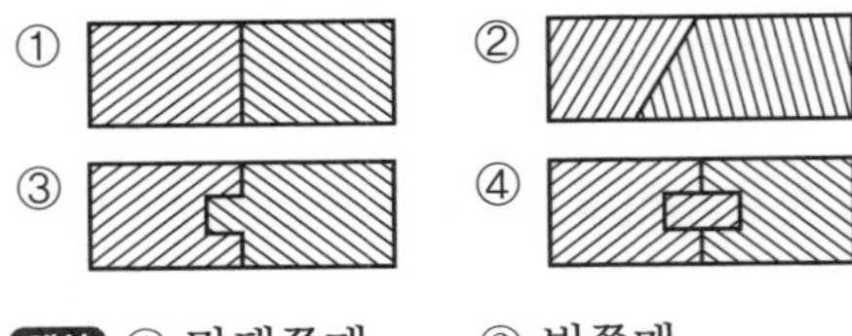

해설 ① 맞댄쪽매 ② 빗쪽매
③ 제혀쪽매 ④ 딴혀쪽매

정답 7. ① 8. ④ 9. ① 10. ③ 11. ① 12. ④

가구제작 및 목공예기능사

제 5 편

세공과 수공구

출제기준 세부항목	
가구제작기능사	목공예기능사
4. 가구 제작 작업 준비 ■ 수공구 준비 **8.** 가구 세공 작업 ■ 목상감 ■ 조각 작업	**2.** 목공예 공구 준비 ■ 수공구 및 측정 공구 준비 **6.** 부조 작업 ■ 부조 작업 준비 ■ 문양 조각 **7.** 투조 작업 ■ 투조 작업 준비 ■ 문양 조각 **8.** 목공예 직선 상감 작업 ■ 직선 상감 작업 준비 ■ 직선 상감 작업

제 1 장 상감 작업

1-1 상감

1 상감의 개요

① 목상감이란 나무 표면에 색깔이 다른 나무를 박아 넣거나 붙여서 장식 효과를 나타내는 상감 장식을 말한다.
② 나무에 하는 봉박이 세공 기법의 하나로, 나무상감 또는 나무박이라고도 한다.
③ 나무의 표면에 무늬를 그리고, 그것을 파낸 오목한 자리에 다른 빛깔의 나뭇조각을 끼워 넣어 무늬를 만드는 것으로, 오래전부터 서양과 동양에서 많이 사용한 공예 기법이다.

2 상감법의 종류

① **상감 기법에 따른 분류 :** 목공예 상감 기법에 따라 직선 상감 기법, 곡선 상감 기법, 중복 상감 기법으로 나눌 수 있다.
② **결착 방법에 따른 분류**
  ㈎ 상감재와 바탕재의 결착 방법에 따라 감입법과 부착법으로 나눌 수 있다.
  ㈏ 이때 감입은 상감과 동일한 기법을 말하지만 부착은 상감과 근본적으로 다른 기법이다.
③ **상감 삽입 기법에 따른 분류 :** 상감 삽입 기법에 따라 상감재를 실처럼 끼워 넣는 선상감, 평면으로 끼워 넣는 평상감, 상감재를 튀어나오게 끼워 넣는 고육상감, 끊어 넣는 절상감 등이 있다.

3 상감법의 특징

상감법은 어려운 표현 기법 중 하나로, 많은 연습을 필요로 하며 목재의 색상 배합에 따라 아름답게 원근감을 표현할 수 있다.

(1) 감입범

① 감입법은 바탕재에 음각으로 상감 자리를 파서 서로 다른 목재나 기타 재료의 상감재를 꼭 맞게 박아 넣고 마무리하는 기법이다.
② 감입된 상태에서 바탕재와 같은 평면으로 깎는 방법과 돌출시키는 방법이 있다.
③ 상감재의 섬세한 절단과 바탕재를 음각으로 조각하는 기술이 핵심이다.

(2) 부착법

① 부착법은 바탕재 위에 다른 재료를 모자이크 형식으로 붙이는 기법이다.
② 일반적으로 1mm 이하인 얇은 나무판을 예리한 창칼로 재단한다.
③ 부착재가 얇아 작업 중 나뭇결대로 갈라지거나 문양의 쪽이 떨어지는 것을 방지하기 위해 접착테이프를 붙인 후 재단을 하고 바탕재에 붙인다.
④ 서양에서는 독특한 기법으로 제작하는 부착법이 다양하게 발전해 왔다.

(3) 목분 상감 기법

① 목분을 접착력이 있는 물질과 섞어서 목재의 파인 부분을 메움으로써 문양을 돋보이게 하는 상감 기법이다.
② 변화가 많은 곡선이나 복잡한 선을 상감하는 데 용이하다.

(4) 레이저를 이용한 상감 기법

최근 레이저 장비를 이용하여 평면이나 볼록 · 오목한 면의 문양 홈 파기, 문양 자르기까지 쉽고 정교하게 상감 효과를 표현할 수 있다.

4 직선 상감 기법

① 바탕재에 직선으로 밑그림을 그린 다음, 음각으로 상감하고자 하는 문양이나 무늬의 홈을 판다.
② 상감재를 홈보다 0.2mm 정도 크게 만들고, 모서리를 모따기한다.
③ 홈에 접착제를 바르고 상감재를 꼭 맞게 박아 넣는다.
④ 상감재가 감입된 상태에서 바탕재와 같은 높이가 되도록 대패로 평면을 깨끗하게 마무리한다.

5 곡선 상감 기법

① 상감재를 먼저 만드는 것이 직선 상감과 다른 점이다.
② 상감재의 윗면에 문양을 먼저 그리고, 실톱으로 오려내어 형태를 만든다.

③ 오려서 만든 형태를 바탕 면에 대고, 칼금으로 문양을 그린 후 음각한다. 이때 상감재와 바탕재는 대패질 방향이 일치하도록 해야 한다.
④ 음각의 홈에 접착제와 상감재를 끼워 넣고 망치로 박는다.
⑤ 상감재를 평칼로 깎아 맞춘 다음, 마무리대패(고운대패)로 나뭇결을 고려하여 마무리한다.

1-2 상감 작업

1 작업 및 부재 준비

(1) 부재 준비하기

① 작업할 도면을 파악한다.
② 부재의 치수를 확인하고 치수에 맞게 부재를 마름질한다.
③ 상감재는 도면에 주어진 상감의 깊이보다 1mm 더 두껍게 준비한다.

(2) 도면을 옮겨 그리기

① 부재의 면을 살펴 목재의 흠이 없고 엇결이 적으며 깨끗한 쪽을 찾아서 정한다.
② 도면을 확인하여 치수에 맞게 도면을 옮겨 그린다. 선을 가늘게 그리도록 한다.
③ 상감할 부분을 구분할 수 있도록 표시한다.

2 직선 칼금 넣기

① 부재의 외곽과 평행한 선은 그무개를 사용하여 처음에는 안내선을 얕게 그리고, 반복하여 깊은 금을 긋는다.
② 문양 양쪽 선의 금이 가늘게 남도록 평칼로 밀어서 선을 긋는다. 이때 파낼 부분 쪽으로 평칼의 앞날이 위치하게 한다.
③ 직선인 경우 찍거나 망치로 때려서 작업할 수 있다.
④ 상감할 면이 좁을 경우 상감할 면의 중앙을 먼저 삼각칼이나 둥근칼 및 찍기 등으로 홈을 파내고, 선을 따라 칼금을 넣는다.

참고

- 칼금을 넣을 때 칼날에 의해 가해지는 압력으로 나무의 세포 조직이 밀려나기 때문에 정확한 선과 폭을 얻기 어렵다.

3 홈 파기

① 칼금 넣은 선을 확인하고 평칼을 사용하여 면 낮추기 작업을 한다.
② 홈을 팔 때는 표면의 위쪽 폭보다 아래쪽 폭을 약간 더 넓게 파서, 위쪽에서 아래쪽으로 갈수록 폭이 넓어지도록 한다.
③ 칼금을 넣고 면을 낮추며 반복하여 치수에 맞게 파낸다.
④ 트리머나 루터기계를 사용하여 홈 파기를 할 수 있다.

4 곡선 상감재 만들기

① 상감 문양의 폭과 깊이를 측정하여 홈보다 정확히 0.2mm 정도 크게 대패질한다.
② 대패질할 때는 면이 전체적으로 일정하도록 상감재를 만들고, 바탕재의 대패질 방향을 고려하여 나뭇결 방향을 일치시킨다.
③ 연귀 마구릿대를 사용하여 부재를 정확히 대패질한다.

예 | 상 | 문 | 제

상감 작업 ◀

1. 목기 표면의 문양을 凹凸이 없게 표현하려 할 때 가장 좋은 기법은?

① 저부조　　② 평면 부조
③ 심조　　④ 상감

2. 상감할 자리를 가장 옳게 판 것은?

① 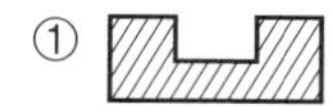
② 
③ 
④ 

해설 상감재를 끼웠을 때 더욱 견고하게 고정될 수 있도록 홈의 아래쪽이 약간 넓어지도록 판다.

3. 다음은 상감에 대한 내용을 설명한 것이다. 설명 중 틀린 것은?

① 상감은 문양이 큰 형태 순으로 한다.
② 상감재와 바탕재의 결 방향은 45°가 되도록 하는 것이 가장 좋다.
③ 상감한 면을 깎을 때는 마무리대패를 사용한다.
④ 곡선을 상감할 때는 상감재부터 만들어야 한다.

해설 상감
- 원칙적으로 바탕재의 나뭇결 방향과 일치시키는 것이 바람직하다.
- 상감재의 형태에 따라서 결 방향이 달라져야 한다.

정답 1. ④ 2. ② 3. ②

제 2 장 조각과 부조

2-1 조각

1 조각에 사용되는 목재

① 조각에 사용되는 국산 목재에는 피나무, 은행나무, 향나무 등이 있다.
② 수입 목재는 마디카, 알마시카, 엘루시다 등 가공이 쉬운 연질의 목재가 많이 사용된다.
③ 질감을 고려하는 경우에는 나뭇결과 색감이 우수한 잣나무, 춘양목, 홍송, 흑단, 로즈, 부빙가 등의 목재를 사용한다.

2 목조각

(1) 목조각의 기법

① 목조각은 나무를 소재로 한 조각을 말한다.
② 목조각 기법은 부조, 투조, 환조, 음각, 양각을 기본 기법으로 하며, 이 기법들을 적절히 응용하여 다양한 표현이 가능하다.

(2) 목조각의 표현 방법

① 조각은 수공구의 선택과 활용 방법 및 높낮이에 따라 입체감이 다르게 표현된다.
② 목조각에 사용되는 조각도는 주로 평칼, 창칼, 둥근칼, 삼각칼, 조각끌 등을 기본으로 한다.

(3) 양각

① 표면에 나타내려고 하는 문양이 도드라지도록 조각하여 부조와 같이 반입체감을 내는 기법이다.
② 공예의 조각 기법 중 가장 널리 사용되는 기법으로, 문양의 입체감을 살려 표현할 수 있다.

2-2 부조

1 부조의 개요

① 부조의 기법은 2차원의 제한된 공간에 나타내고자 하는 모양이나 형상을 도드라지게 표현함으로서 3차원의 입체적인 효과를 얻도록 하는 기법이다.
② 문양 형태에 따라 적합한 조각칼을 선정하고, 조각의 높낮이와 남길 부분, 깎을 부분, 평면상의 원근 효과 등을 분석하여 생동감 있게 조각하는 것이 핵심이다.

2 부조의 종류

(1) 저부조

① 평면인 부재의 한쪽 면 위에 문양을 묘사하여 볼록하게 돋우거나 오목하게 파서 입체감을 나타내는 기법이다.
② 제한된 범위에서 모양이나 형상을 3~10mm 정도 튀어나오도록 조각한다. 튀어나온 부분이 기본 형태보다 절반 이하로 제한되어야 한다.
③ 조각의 깊이가 낮아서 원근 표현이 어렵고 중부조나 고부조에 비해 입체감이 떨어지며, 정면에서만 효과를 나타낼 수 있다.

(2) 중부조(반부조)

① 중부조는 저부조보다 약간 높게, 깊이는 10~20mm 정도로 조각한다.
② 돌출된 부분의 두께가 다른 부분의 반 정도 된다.

(3) 고부조

① 환조에 가까운 반입체적인 표현 기법으로, 환조와 회화의 중간 정도의 표현이다.
② 원래 모양에서 반 이상 돌출된 것으로, 돌출된 부분의 두께가 다른 부분의 2배 이상이다.
③ 고부조의 조각된 깊이는 20~30mm 정도로 표현하는 것이 효과적이다.
④ 고부조는 저부조나 중부조에 비해 같은 크기의 문양이라도 멀리 떨어질수록 단순하게 조각하고, 시선 방향에서 가까울수록 높고 섬세하게 표현한다.

참고

부조의 기본적인 작업 순서
- 재료 준비 → 조각칼 선택 → 형상 이외의 여백 깎기 → 원근감 표현 → 운동감 표현 → 마감 손질

3 CNC를 활용한 형태선 가공

(1) 부조 기법의 CNC 활용

최근에는 CNC 공작기계를 사용하여 복잡한 형상을 높은 정밀도로 가공하고 있으며, 생산성 향상을 목적으로 사용하는 경우가 많다.

(2) CNC 활용 조건

어떤 작업을 CNC 공작기계로 가공하려면 다음과 같은 특성을 고려해야 한다.

① 부품을 다품종 소량 생산하고 기계 가동률이 높아야 한다.
② 부품의 형상이 복잡하고 부품에 많은 작업이 수행되어야 한다.
③ 제품의 설계가 비슷하게 변경되는 가공물이어야 한다.
④ 가공물의 오차가 적어야 한다.
⑤ 부품의 완전한 검사를 필요로 하는 가공물이어야 한다.

(3) CNC 공작기계의 특징

① 제품의 균일성을 유지할 수 있다.
② 생산성을 향상시킬 수 있다.
③ 제조원가 및 인건비를 절감할 수 있다.
④ 특수 공구 제작의 불필요로 공구 관리비를 절감할 수 있다.
⑤ 작업자의 피로를 줄일 수 있다.
⑥ 제품의 난이성에 비례하여 가공성을 증대시킬 수 있다.

4 레이저를 활용한 형태선 가공

* 제품의 제작 시간을 단축하며 대량 생산에도 적합하다.

① 가공기계의 발달로 목재 분야에서도 레이저, CNC기계를 사용한 가공 방법이 활용되고 있다.
② 레이저는 조각할 문양의 외형선 가공이 가능하며, 부조의 음각과 양각의 높낮이에 따른 깊이 가공 및 투각 가공 작업, 상감 작업 등이 가능하다.

5 높낮이 표현 방법

① 수공구 또는 전동 공구를 사용하여 바닥 면을 낮춘다.
② 바닥 면을 가공한다.
　(가) 트리머를 작동시켜 천천히 부재에 위치시킨다.
　(나) 형태를 남겨두고 평면 가공을 한다.

③ 높낮이 표현을 한다.
　(가) 입체 명암을 표시한 도면을 보고 낮은 부분과 높은 부분을 파악한다.
　(나) 부조 문양의 곡선에 알맞은 조각칼을 선택한다.
　(다) 형태선 가공을 기준으로 높낮이가 구분되도록 1차적으로 형태를 조각한다.

2-3 음각(심조)

1 음각의 개요

① 음각은 표면에 글자나 그림을 오목하게 파서 나타내는 기법이다.
② 부재의 평면보다 낮게 조각하여 깊게 파고들어 가면서 형체를 표현하는 방법이다.
③ 음각은 부조와 반대 개념의 기법이다.
④ 음각이 2차원의 공간(평면)에 한정되어 한 방향에서만 감상할 수 있다는 점에서는 부조와 같다.

2 음양각 기법

① 심조 기법에는 음각과 양각을 적절히 응용한 음양각 기법이 있다.
② 음양각 기법은 음각을 기준으로 평면보다 낮게 조각하여 가운데 부분이 도드라지도록 요철 모양으로 볼록하게 올라오도록 표현하는 기법이다.
③ 주로 단색 판화에 음양각 기법이 이용된다. 예를 들어 도장의 경우 음각은 문자를 파는 것이고 양각은 배경을 파낸 것이라 할 수 있다.

2-4 선조

1 선조의 개요

① 선조는 양각 또는 음각에 의해 가는 선의 형태로 표현되는 기법을 말한다.
② 금속의 표면에 선 또는 점을 파거나 찍어서 일정한 문양을 구체적이고 사실적으로 표현하는 방법이다.
③ 최근에는 목공기계의 발전으로 CNC기계나 레이저 기계를 사용하여 쉽고 정교한 부조 형상의 깊이를 가공할 수 있다.
④ 판화 또는 공예품의 장식적 표현에 많이 응용된다.

2-5 조각의 표현 기법

1 목제품 디자인

① 재료가 주는 아름다움을 최대한 살리면서 사용 장소를 고려하는 것이 중요하다.
② 우리나라에서는 목재 공예품을 통해 생활 도구나 가구, 건축 등에 사용되었으며, 나뭇결을 활용하여 소박하고 견고하며 자연적 아름다움이 느껴질 수 있는 것을 중심으로 사용되어 왔다.

2 스케치

① 스케치는 주로 조형의 밑그림이 되며 사물의 인상 파악이나 건축 · 조각 · 회화 작품의 구상을 표현하기 위한 그림을 말한다.
② 명암이나 음영까지도 암시할 수 있는 사생화이다.
③ 표현 대상을 세밀하게 그려서 실재감을 느낄 수 있도록 표현하는 정밀 묘사이다.
④ 움직이는 대상의 특징을 관찰하여 짧은 시간에 표현하는 크로키가 대표적이다.

3 빛과 명암

빛이 물체에 비추는 방향에 따라 음영의 방향도 다르게 나타난다. 이때 생기는 명암을 흰색에서 검정에 이르는 무채색의 11단계로 나누어 명도의 기준으로 사용한다. 이러한 명암의 단계를 활용하여 조각에서 입체감, 양감, 실재감을 표현할 수 있다.

① **고광**
(가) 물체에 광선이 투사될 때 가장 밝게 비춰지는 곳을 말한다.
(나) 대체로 빛의 방향과 직각을 이룬다.

② **중명부**
(가) 명부와 암부 사이에 있는 어둠의 중간 정도라고 생각하기 쉽다.
(나) 실제로는 본래의 물체가 갖는 어둡기를 나타낸다.

③ **암부**
(가) 빛을 직접 받지 않는 위치의 어두운 부분이다.
(나) 암부는 빛이 오는 각도에 따라 바닥 면에 길거나 짧은 그림자를 드리우게 한다.

④ **반광**
(가) 명암의 분계선으로 특히 어둡게 보이는 부분을 말한다.
(나) 이것이 명암의 흐름을 나타낸다.

⑤ **반사광**

(가) 물체의 주위에서 반사되는 광선 때문에 생기는 빛이며, 이로 인해 자연현상의 흥취를 느낄 수 있다.

(나) 반사광이 없다면 음영의 구분이 불가능하게 되어 형태의 입체감이 줄어든다.

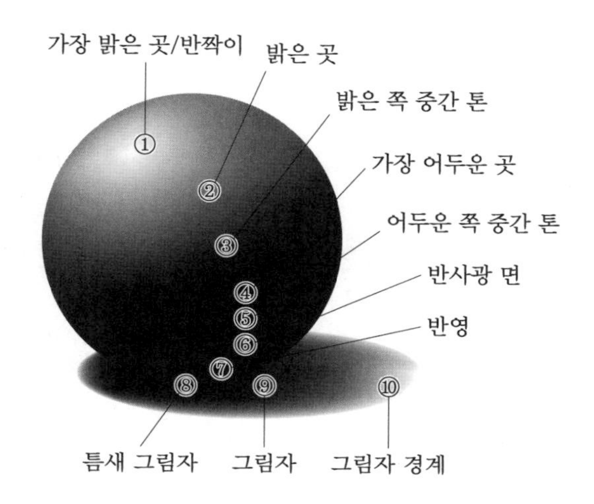

명암의 단계별 종류

2-6 원근감과 입체감(사실감) 표현

1 형태

① 형태는 면적, 모양, 덩어리, 윤곽 등의 요소로 분류되며, 2차원 평면에서는 면적과 모양으로, 3차원 입체에서는 덩어리 또는 모양이라 한다.

② 모든 형태는 크기와 면적에 따라 다양하게 나타나므로 디자인이나 구성은 형태들의 배치 또는 조합이라 할 수 있다.

2 입체 표현과 원근 표현

① 소묘에서는 반사에 의한 가장 밝은 곳과 무반사에 의한 가장 어두운 곳의 표현을 위해 색채, 명암, 질감 등을 단색으로 물체의 입체감과 깊이감을 나타낸다.

② 목재의 조각 기법에서도 문양의 밝고 어두운 명암 관계와 형상의 섬세함과 크기, 위치를 고려하여 표현함으로써 입체감이 더욱 극대화되고 있다.

③ 이러한 효과를 극대화하기 위해서는 대상물의 관찰 방법 및 명암 적용, 원근 효과 등에 대하여 이해하는 것이 중요하다.

(가) 형태의 입체감을 높이기 위해 문양의 형태, 밝고 어두운 명암 관계, 위치 등을 고려하여 표현해야 한다.
(나) 시선을 기준으로 먼 곳에 위치한 것은 단순하고 낮게 표현해야 한다.
(다) 시선에 가까이 위치한 것은 높고 섬세하게 조각해야 한다.
(라) 문양의 비례에 맞게 원근감을 주어 생동감 있게 표현해야 한다.

3 양감

① 양감은 표현된 대상의 부피, 크기, 무게 등 중량적인 느낌으로 작품이 덩어리처럼 느껴지는 것을 말한다.
② 조각이나 공예에서 말하는 양감은 작품 자체의 실질적인 부피와 무게를 나타내는 덩어리를 의미한다.

4 공간감

① 공간감은 작품 주변에 생기는 공간의 느낌을 말하며, 덩어리의 속이 깎여져 생기는 공간이나 면, 선, 양 등의 사이에서 이루어지는 공간을 말한다.
② 이 공간이 서로 조화되어야 공간감을 느낄 수 있으며, 그렇지 않으면 무의미한 허공이 된다.

2-7 조각의 세부 형태 표현 방법

1 동세

① 동세는 작품에서 움직임이나 방향감을 말한다.
② 움직이는 동작에서 생기는 운동 리듬과 정지된 동작에서의 자세 불균형 등에서 느낄 수 있다.

2 균형

① 형태의 안정감을 말한다.
② 입체가 공간을 차지하고 있을 때 편히 서 있지 않으면 시각적인 불안감이 생긴다. 균형은 그 입체물의 존재에 필연적으로 따르는 문제이다.
③ 양감, 동세, 구조감 등의 여러 요소가 관련되어 전개된다.

3 비례

① 비례는 길이나 크기의 비율, 전체와 부분에 대한 크기의 어울림으로, 주로 양에 대한 부피나 크기의 비례를 말한다.

② 예를 들면 인체에 있어서 신장에 대한 머리 크기의 비율이나 덩어리의 비가 조화되어야 안정감 있게 표현된다.

4 단순화

단순화는 표현 대상을 간략화하여 중요 부분만 표현함으로써 작품의 표현 의도를 강조하는 방법을 말한다.

예 | 상 | 문 | 제

조각과 부조 ◀

1. 부조의 조각 기법 중 두드러진 모양의 높이에 따라 구분하는 방법이 아닌 것은?

① 고부조 ② 철부조
③ 중부조 ④ 저부조

해설 두드러진 깊이와 형상의 높이에 따라 저부조, 중부조, 고부조의 3가지로 구분된다.

2. 평면 공간에 나타내고자 하는 형상을 두드러지게 조각하여 형상이 가지는 반입체적인 모습으로 효과를 얻는 기법은?

① 부조 ② 환조
③ 투조 ④ 상감

해설 • 환조 : 3차원적 공간감을 가지는 입체 조각으로 만드는 기법
• 투조 : 조각하려는 형상 중 필요 없는 부분을 실톱으로 뚫어내고, 남는 형상을 파서 구멍이 나도록 만들거나 윤곽만 파서 구멍이 나도록 만드는 기법
• 상감 : 목공예의 표면을 음각하여 오목한 곳에 다른 색 목재를 넣어서 문양을 만드는 기법

3. 부조의 기본적인 작업 순서로 알맞은 것은?

1. 원하는 형상을 옮긴다.
2. 형상의 운동감을 표현한다.
3. 형상의 선과 면을 잘 분석하여 조각하기에 적합한 조각도를 선택한다.
4. 재료를 준비한다.
5. 형상 이외의 여백을 깎아 낮춘다.
6. 형상의 높낮이로 원근감을 표현한다.
7. 마감 손질을 한다.

① 4 – 5 – 3 – 2 – 1 – 6 – 7
② 4 – 3 – 5 – 1 – 6 – 2 – 7
③ 4 – 1 – 6 – 2 – 3 – 5 – 7
④ 4 – 1 – 3 – 5 – 6 – 2 – 7

정답 1. ② 2. ① 3. ④

제 3 장 투조(투각)

3-1 투조의 개요

1 투조의 정의

① 투조는 조각에서 재료의 면을 도려내어 도안을 나타내거나 그런 기법을 말한다.
② 부조와 조각을 표현하는 방법은 동일하지만 작업 방법은 다소 다르다.
③ 조각의 형상 중 필요 없는 부분을 실톱기계로 뚫어서 구멍이 나도록 만든 다음, 남은 문양을 부조 기법으로 표현하는 것을 말한다.

2 투조의 특징

① 부조보다 작업시간이 절약되고 작업이 용이하다.
② 용도에 따라 뒷면에서도 감상할 수 있으며, 처음부터 앞뒷면에서 감상할 수 있도록 제작하기도 한다.
③ 문양을 찍을 때 무리하게 힘을 가하면 나뭇결에 따라 일부가 떨어져 나가기 때문에 조각칼을 사용할 때 목재의 성질을 완전히 숙지하는 것이 중요하다.

3-2 투조 작업의 주의사항

투조 작업에서 주의해야 할 사항은 다음과 같다.

① 목재의 나뭇결 활용과 문양의 관계
② 제거할 부분과 남길 부분의 명확한 구분
③ 남게 되는 부분의 연결 상태

투조

예 | 상 | 문 | 제

투조(투각) ◀

1. 투조 작업에 많이 사용하는 기계는?

① 띠톱기계
② 각끌기계
③ 실톱기계
④ 조각기계

해설 실톱기계 : 투조 또는 섬세한 문양을 오리거나 켜기, 자르기, 여러 모양을 뚫는 작업에 많이 사용한다.

2. 투조의 특징에 대한 설명 중 틀린 것은?

① 투조는 조각에서 재료의 면을 도려내어 도안을 나타내거나 그런 기법을 말한다.
② 투조는 부조보다 작업시간이 절약되고 작업이 용이하다.
③ 부조와 조각을 표현하는 방법은 동일하지만 작업 방법은 다소 다르다.
④ 목재의 성질을 숙지하지 않아도 조각칼만 잘 사용하면 된다.

해설 투조는 문양을 찍을 때 무리하게 힘을 가하면 나뭇결에 따라 일부가 떨어져 나가기 때문에 조각칼을 사용할 때 목재의 성질을 완전히 숙지하는 것이 중요하다.

3. 형상에 따라 조각하려는 내용 중에서 필요 없는 부분을 실톱이나 실톱기계를 사용하여 뚫어내는 조각 기법은?

① 음각
② 양각
③ 투각
④ 부조

4. 투조에 대한 설명을 나타낸 것이다. 옳지 않은 것은?

① 투조는 용도에 따라 뒷면에서도 감상할 수 있다.
② 투조보다 부조가 작업 시간이 절약되고 작업이 용이하다.
③ 투조는 처음부터 앞뒷면에서 감상할 수 있도록 제작하기도 한다.
④ 조각의 형상 중 필요 없는 부분을 실톱기계로 뚫어서 구멍이 나도록 만든 다음, 남은 문양을 부조 기법으로 표현하는 것을 투조라 한다.

해설 투조는 부조보다 작업 시간이 절약되고 작업이 용이하다.

정답 1. ③ 2. ④ 3. ③ 4. ②

제 4 장 측정

4-1 측정기(측정기구)

1 측정기구의 종류와 용도

* 목공예나 가구 제품의 측정값은 보통 mm로 표기한다.

측정기구의 종류와 용도

명 칭	측정기구	특 성	용 도
강철자/ 직선자		• 앞면 눈금 : mm, cm • 1눈금당 길이 : 0.5 또는 1mm • 재질 : 스테인리스, 대나무 등 • 종류 : 150, 300, 600, 1000mm 등	• 길이 측정 • 선 긋기 • 요철 검사
roll−T−draw scale		• 눈금 : 홀을 이용한 위치 표시 가능 • 눈금에 따라 0.5, 0.25mm까지 측정 가능	• 수직선, 수평선 • 보링 위치 표시
줄자		• 측정 단위 : cm, m • 종류 : 1, 2, 3, 5, 10m 등 다양한 길이	• 내 · 외부 길이 측정
곱자		• 겉눈 눈금 : mm, cm • 뒷눈 : 장수(제곱근의 눈) 단수(원둘레의 눈) • 종류 : 장수에 따라 50~300mm까지 있다. 단수(230mm), 장수(450mm) • 목재의 지름 측정으로 각재의 최대 한 변의 길이 계산	• 직각 검사 • 원둘레를 측정하여 원둘레 실제 길이 확인 • 각재의 최대 한 변의 길이 측정 • 치수 옮기기 • 각도 분할(정8각형)
접자		• 눈금 : 미터식, 인치식 • 균등 분할로 접은 형태 • 종류 : 1~2m 길이	• 길이 측정 • 단위 환산 용이

명칭	측정기구	특성	용도
조합자		• 크기 : 장수에 따라 300, 600mm 등 • 장수와 단수로 분리 • 직각자와 연귀자를 겸한 자 • 수준기로 수평과 수직 측정 • 마킹용 송곳이 포함되어 있다.	• 길이 측정 직선자로 사용 • 45°, 90°, 수평, 수직 측정 • 장수가 분리되므로 자루를 떼고 장수는 하단자로 사용 가능하다.
하단자		• 2매가 한 쌍 • 종류 : 철재, 노송, 벚나무	• 대팻집 바닥 평면의 요철 검사
자유자		• 장수와 단수가 나사로 연결 • 임의의 각도 측정 및 복사 가능	• 임의의 각도 측정, 표시 • 각도기, 삼각자를 현치도에 맞춰 사용 • 동일한 각을 쉽게 복사
버니어 캘리퍼스		• 정밀한 치수를 잴 때 사용 • 길이, 깊이, 두께 측정 • 눈금 : 1/20(0.05)mm까지 측정 • 어미자와 아들자로 구성	• 부재의 안지름, 바깥지름, 길이, 깊이 측정
연귀자		• 기준면에서 직각과 45° 측정 • 45°로 톱질할 때 안내자로 사용 • 한 면을 기준으로 직각과 45°선을 그릴 수 있다.	• 연귀선 긋기 • 직각선 긋기
직각자		• 크기 : 눈금이 없는 것도 있다. 장수에 따라 50~300mm • 재질 : 목재, 금속 등 • 직각자의 각도를 맞춘 후 사용	• 직각 측정 및 검사 • 직각선 긋기 • 면의 요철 검사
그무개		• 기준면과 평행한 선 긋기(줄 그무개) • 기준면과 나란히 쪼갠다(쪼개기 그무개) • 장부의 두께 표시(장부 그무개) • 얇은 판을 절단할 때 사용 • 장부 가공선을 긋는 데 사용	• 평행선 긋기 • 얇은 판 절단 • 장부 가공선 긋기
캘리퍼스		• 크기 : 200~300mm • 단면 측정 • 안지름, 바깥지름 측정 • 스테인리스 또는 직접 제작하여 사용	• 안지름, 바깥지름 측정 • 목선반 가공에 많이 사용한다.

4-2 측정기의 특징

1 측정기구의 용도 및 선택

① **곱자** : 여러 개의 곱자를 한데 모아 단수를 평면에 세워 놓고, 안쪽으로 휜 90°가 안 되는 자를 선택한다.

② **직각자**

㈎ 일직선이 되는 부재에 단수를 좌우로 돌려서 그린 다음, 선이 일치하는 것을 선택한다.

㈏ 정확히 90°가 되는 물건을 대어본 후 선택한다.

③ **연귀자**

㈎ 곱자의 앞눈은 장수와 단수가 똑같이 나와 있다.

㈏ 곱자를 연귀자의 기준면에 대어본 후 기준면의 끝과 경사면의 끝치수가 일치하는 것을 선택한다.

④ **그무개**

㈎ 일정한 간격으로 선을 일률적으로 긋고 싶을 때 사용한다.

㈏ 맞춤 가공을 위한 마름질을 할 때 사용한다.

⑤ **자유자**

㈎ 주먹장맞춤을 위한 마름질을 할 때 사용한다.

㈏ 주먹장맞춤을 위한 작도에는 각도가 필요하며, 칼금 작업 시 좌우의 방향성이 있기 때문에 자유자를 사용한다.

⑥ **버니어 캘리퍼스**

㈎ 버니어 캘리퍼스는 설계 도면의 치수대로 가공하기 위해 두께를 측정할 때 사용한다.

㈏ 두껍거나 얇으면 알맞게 마름질하여 제작한다.

2 측정기구의 관리

① 측정기구는 기름이나 먼지가 묻지 않도록 깨끗이 보관하며, 일정한 온도에서 보관한다.

② 눈금의 끝면이나 모서리가 상하지 않도록 다룬다.

③ 2개 이상의 측정기구를 교대로 사용하여 하나만 너무 닳지 않도록 한다.

④ 해당 용도에만 사용하고 다른 목적으로는 사용하지 않는다.

⑤ 측정기구를 바이스에 물려서는 안 된다.

3 버니어 캘리퍼스

(1) 버니어 캘리퍼스의 구조

버니어 캘리퍼스는 정밀 측정기구로 1/20mm(0.05mm)까지 측정할 수 있다.

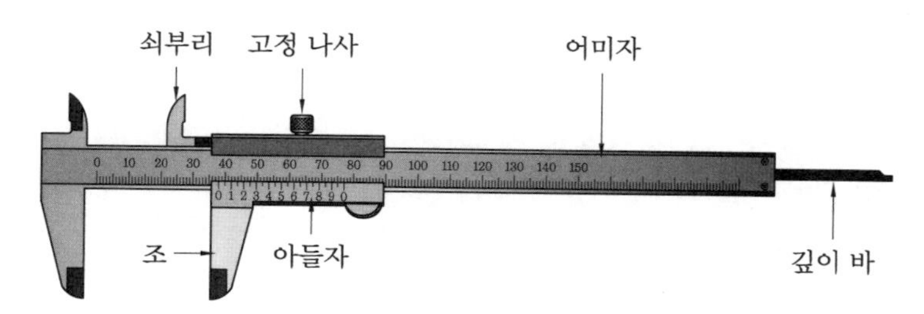

버니어 캘리퍼스의 각부 명칭

(2) 버니어 캘리퍼스의 측정

① 측정할 부분에 따라 조(바깥지름, 두께 측정), 쇠부리(안지름, 홈 길이 측정), 깊이 바(가공 부분의 깊이 측정)로 측정 가능하다.

② 용도에 맞는 측정 부위를 선택해야 한다.

③ 안지름과 바깥지름, 깊이와 길이를 측정한다.

(3) 버니어 캘리퍼스의 눈금 읽기

① 부재의 눈금을 측정한 다음 어미자의 눈금을 확인한다.

② 어미자가 정확히 일치하지 않으면 아들자의 위치를 확인한다.

③ 어미자와 아들자가 정확히 일치하는 곳을 찾는다.

④ 어미자와 아들자가 일치하는 곳이 정확한 치수이다.

⑤ 아들자와 조 부분의 끝점으로 측정하는 것은 잘못된 측정법이다.

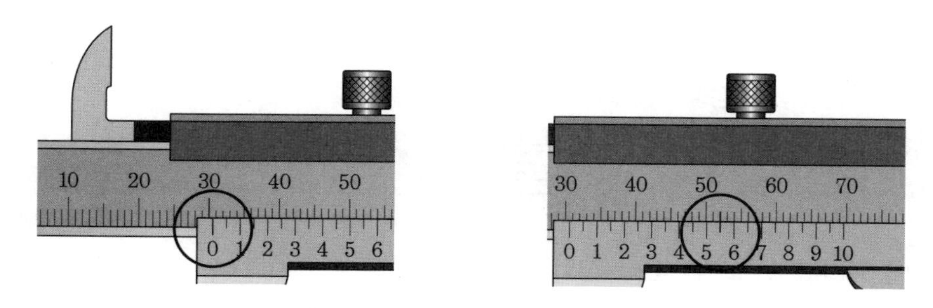

버니어 캘리퍼스의 눈금 측정의 예(측정값 30.55mm)

예 | 상 | 문 | 제

측정 ◀

1. 측정기구의 용도에 대한 설명으로 잘못된 것은?

① 그무개 : 부재의 표면과 옆면에 평행선을 그을 때
② 직각자 : 가공 재료 및 제품의 안과 밖 직각을 점검하고 금을 그을 때
③ 연귀자 : 35° 선을 긋거나 톱질할 때
④ 하단자 : 제품의 평면 및 직선 상태를 점검하거나 직선을 그을 때

해설 연귀자 : 45° 선을 그을 때, 45°로 톱질할 때 안내자로 사용한다.

2. 긴 부재를 잴 때 오차가 적은 자는?

① 직각자 ② 곧은자
③ 곱자 ④ 접자 또는 줄자

3. 곱자에 관한 설명 중 맞는 것은?

① 뒷눈의 장수에 인치의 눈금이 새겨져 있다.
② 겉눈에 mm와 cm의 눈금이 새겨져 있다.
③ 원을 그리거나 각도 등을 옮길 때 편리하다.
④ 장수는 300mm, 단수는 250mm이다.

해설 곱자는 뒷눈의 장수에 제곱근의 눈이 새겨져 있으며 장수는 450mm, 단수는 230mm이다.

4. 안지름과 바깥지름 측정에 사용되며, 정밀도가 낮고 안지름과 바깥지름 측정에 따라 각각 내측 퍼스와 외측 퍼스가 있는 것은?

① 곱자 ② 캘리퍼스
③ 서피스 게이지 ④ 와이어 게이지

해설 캘리퍼스는 안지름과 바깥지름 측정에 사용하며, 목선반 가공에 많이 사용한다.

5. 다음 중 원둘레 측정이 가능하도록 제작된 측정기구는?

① 조합자 ② 버니어 캘리퍼스
③ 곱자 ④ 접자

해설 곱자의 용도
- 직각 검사
- 원둘레 측정
- 직선 및 근사 곡선 그리기
- 정사각형에서 정팔각형 그리기

6. 장수와 단수의 연결 부위가 나사로 되어 있어 임의로 각도 확인 및 그리기가 가능한 목공용 측정기구는?

① 자유자 ② 접자
③ 곱자 ④ 그무개

해설 자유자
- 장수와 단수의 연결 부위가 나사로 되어 있다.
- 임의의 각도 측정 및 조정이 가능하다.
- 동일한 각을 쉽게 복사할 수 있다.

7. 그무개의 용도를 나타낸 것이다. 해당하지 않는 것은?

① 쪼개기
② 직각선 그리기
③ 평행선 긋기
④ 장부의 두께 표시

해설
- 줄 그무개 : 기준면에 평행선 긋기
- 장부 그무개 : 장부의 두께 표시
- 쪼개기 그무개 : 기준면과 나란히 쪼개기

8. 다음 중 조합자의 용도에 대한 설명 중 틀린 것은?

정답 1. ③ 2. ④ 3. ② 4. ② 5. ③ 6. ① 7. ② 8. ④

① 장수를 분리해 보통 자로 사용 가능하다.
② 45° 및 직각 검사를 할 수 있다.
③ 수평, 수직 검사를 할 수 있다.
④ 그무개로 사용할 수 없다.

해설 조합자의 용도 및 특성
- 직각자와 연귀자를 겸한 자
- 자루를 떼고 장수는 하단자로 사용
- 깊이 측정
- 수준기로 수평, 수직 검사
- 줄 그무개로 평행선 긋기

9. **가구 제작용 치수 측정 공구로 알맞지 않은 것은?**

① 접자 ② 줄자
③ 하단자 ④ 조합자

해설 하단자 : 면의 요철 검사, 직선 긋기, 대팻집 밑바닥 수정 및 직선으로 되어 있는지 확인하기 위해 사용한다.

10. **사각형 구조물을 조립하고 직각을 검사하는 방법으로 옳지 않은 것은?**

① 대각선의 길이가 같은지 확인한다.
② 직각자로 모서리를 잰다.
③ 마주 보는 두 변의 길이가 같은지 검사한다.
④ 조합자로 모서리를 잰다.

11. **곱자의 용도로 알맞지 않은 것은?**

① 직각 검사
② 원둘레 측정
③ 직선, 근사 곡선 그리기
④ 45° 각도 측정

해설 곱자의 용도 : 직각 검사, 길이 측정, 원둘레 측정, 직선 그리기, 근사 곡선 그리기, 정사각형에서 정팔각형 그리기, 통나무에서 각재의 한 변의 치수 측정하기

12. **45° 각을 측정하거나 그릴 수 있는 자는?**

① 조합자 ② 직각자
③ 줄자 ④ 직선자

해설 조합자는 수평이나 수직, 안팎 직각을 점검할 때 또는 45°로 마름질할 때 사용한다.

13. **연귀 삼매 장부맞춤으로 액자를 제작했을 때 직각을 확인하는 방법이 아닌 것은?**

① 하단자로 직각을 확인한다.
② 곱자로 확인한다.
③ 두 대각선의 길이가 같으면 직각이 맞다.
④ 큰 나무 직각자로 확인한다.

해설 하단자는 직각이 아니라 직선으로 되어 있는지 확인하기 위해 사용한다.

14. **연귀자의 용도로 옳은 것은?**

① 물체의 지름, 길이 등의 측정에 사용
② 부재에 45° 선을 그을 때 사용
③ 공작물의 바깥지름 측정에 사용
④ 장부 구멍의 선을 긋는 데 사용

15. **측정기구 선택 시 옳지 않은 설명은?**

① 곱자 : 여러 개의 곱자를 한데 모아 단수를 평면에 세워놓고, 안쪽으로 휜 90°가 안 되는 자를 선택한다.
② 직각자 : 일직선이 되는 부재에 단수를 좌우로 돌려 그린 후 선이 일치하는 것을 선택한다.
③ 연귀자 : 곱자를 연귀자의 기준면에 대어 본 후 기준면의 끝과 경사면의 끝치수가 양쪽으로 일치하는 것을 선택한다.
④ 그무개 : 주먹장맞춤을 위한 마름질을 할 때 사용한다.

해설 주먹장 작도에는 각도가 필요하며 칼금 작업 시 좌우의 방향성이 있으므로 주먹장맞춤을 위한 마름질을 할 때는 자유자를 선택한다.

정답 9. ③ 10. ③ 11. ④ 12. ① 13. ① 14. ② 15. ④

제 5 장 수공구

5-1 톱

톱은 목재를 자르고 켤 때 뿐만 아니라 홈 가공을 하거나 곡선으로 오리는 경우에도 사용한다.

1 톱의 개요

① 톱은 톱몸과 톱자루로 구분한다.
② 톱몸은 열처리를 한 얇은 강판으로, 강판의 한쪽 또는 양쪽에 톱니가 있다.
③ 과거에는 주로 톱니를 연마하여 사용했지만 현재는 톱니 부분의 열처리 때문에 1회용으로 많이 사용한다.
④ 톱자루는 연한 나무(느릅나무, 오동나무)를 사용한다.

2 톱의 구조

① 톱은 용도에 따라 톱의 형태와 톱날의 구조가 다르다.
② 톱니는 켜는 톱니, 자르는 톱니, 막니가 있으며, 목재 섬유를 절단하는 방향 및 용도에 따라 구분한다.
③ 톱니에는 톱질할 때 톱몸이 목재 사이에 끼는 것을 방지하기 위해 날어김이 있다.

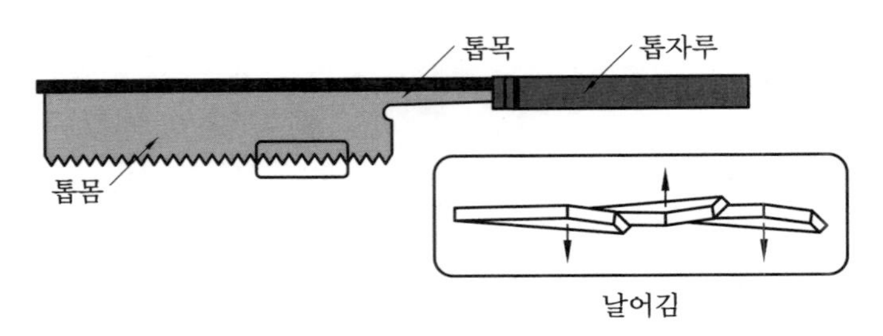

톱의 구조와 날어김

3 톱니의 구조

(1) 켜는 톱니의 구조

① **끊는 각 :** 무른 나무용 75~80°, 굳은 나무용 90°

② **날끝 각 :** 무른 나무용 33~40°, 굳은 나무용 35~40°

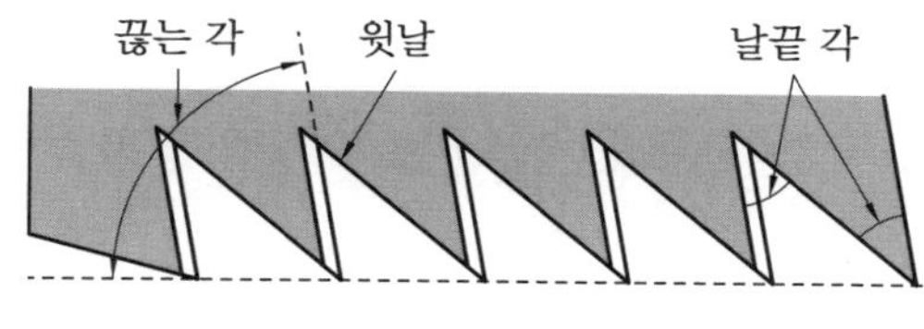

켜는 톱니

(2) 자르는 톱니의 구조

① **끊는 각 :** 90°

② **날끝 각 :** 30°

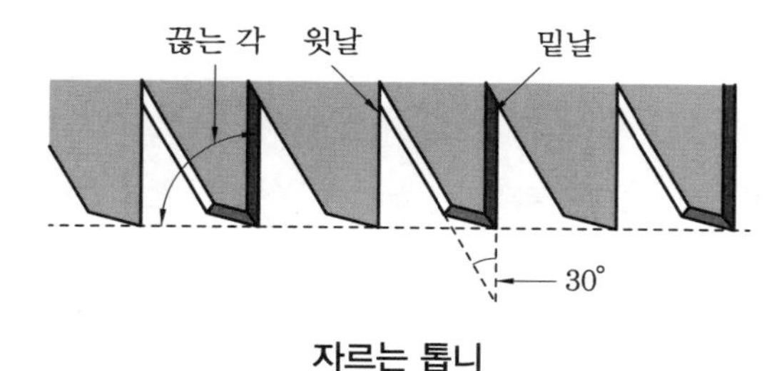

자르는 톱니

(3) 막니의 구조

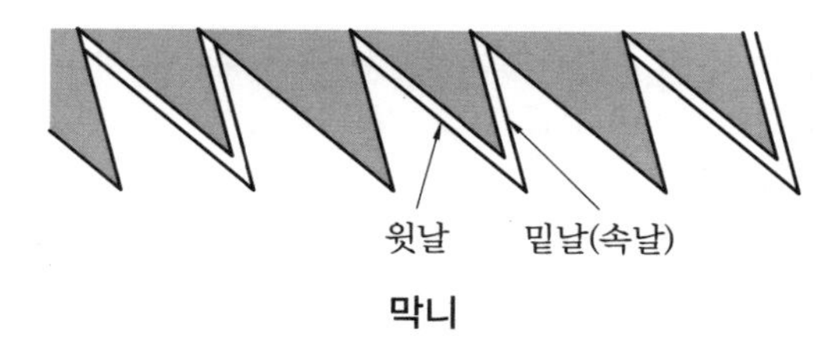

막니

4 톱의 사용 방법

(1) 톱니의 크기와 모양

① 톱니는 크기와 모양이 일정하고 이 끝이 평탄해야 한다.

② 톱니의 높이를 가장 작은 톱니만큼 줄로 갈아서 낮춘 후 톱니의 모양을 일정하게 만든다.

(2) 날어김 만들기

① 날어김은 톱니 높이의 1/3 부분부터 만든다.
② 목재의 끊긴 점이 변형되거나 톱몸과 끊긴 점 사이에 마찰저항이 발생하는 경우는 이를 방지하기 위해 톱니 끝의 좌우로 날을 경사지게 만든다.
③ 굳은 나무와 마른 나무는 날어김을 작게 하고, 무른 나무와 젖은 나무는 날어김을 크게 한다.
④ 일반적으로 날어김은 톱몸 두께의 1.3~1.8배 정도가 적당하다.

(3) 날 세우기

① 톱니가 마멸되었을 때는 줄을 사용하여 날을 세운다.
② 날을 세울 때는 톱몸잡이에 톱을 고정시킨 다음, 이의 모양과 각도를 정확하고 일정하게, 그리고 날카롭게 한다.

5 톱날의 모양에 따른 톱의 종류

(1) 켜는 톱

① 톱니의 끝은 날어김이 있어 줄을 2줄로 나열한 것과 같으며, 끊는 각과 날끝 각은 무른 나무일 때와 굳은 나무일 때에 따라 다르다.
② 톱니가 전진하면 톱 자체의 무게 및 날끝 각에 의해 목재를 홈 모양으로 깎아내고, 톱밥은 윗날과 밑날 사이에 끼어 있다가 밖으로 내보내진다. 이와 같은 작용을 반복하여 목재를 켠다.
③ 나뭇결 방향으로 톱질하는 톱이다.
④ 톱니는 켜는 톱니로 되어 있고 톱질의 저항이 작다.
⑤ 밑날과 윗날이 삼각형을 이루고 있다.
⑥ 이의 크기는 아래에서 점점 커져 머리 부분의 것은 아래의 약 2배가 된다(톱질의 저항을 작게 하기 위해).
⑦ 끌 형태를 띠며 결대로 끌질한다고 보면 이해하기 쉽다.

(2) 자르는 톱

① 나뭇결의 직각 방향으로 자를 때 사용하는 톱이다.
② 톱니의 끝이 칼끝 모양으로 되어 있다.
③ 자르는 데 저항이 크므로 윗눈을 두어 한 번에 많이 들어가는 것을 방지한다.
④ 톱니는 자르는 톱니로 되어 있다.

⑤ **세공용** : 24.24~27.27cm
⑥ **제재용** : 30.03~42.42cm
⑦ 구조는 밑날, 윗날, 윗눈날로 되어 있다.
⑧ 절단능률을 높이기 위해 켜는 톱니보다 톱니의 수가 많다.

(3) 막니 톱

① 켜는 톱니와 자르는 톱니의 중간형으로 날어김이 없다.
② 켜는 톱니의 밑날과 윗날의 측면에 자르는 톱니와 같은 측 날을 붙인 것이다.
③ 목재의 대각선이나 타원형 등 곡선을 자르거나 켤 수 있다.
④ 섬유 방향에 관계없이 대각선이나 곡선 가공에 적합한 톱니이다.
⑤ 자르는 톱니와 비슷하지만 날의 크기가 더 촘촘하다.
⑥ 정밀 작업에 주로 사용하며 가공 면이 깨끗하다.

(4) 양날 톱

① 작업 능률이 좋다.
② 켜는 톱니와 자르는 톱니의 날어김 폭이 같아야 한다.
③ 부재의 마름질 작업에 주로 사용한다.

5 용도에 따른 톱의 종류

(1) 등대기톱

① 톱니는 자르는 톱니로 되어 있으나 필요에 따라 켜는 톱니도 만들어 사용한다.
② 장부의 어깨 및 세공 작업에 사용한다.
③ 톱몸이 얇아 휘어지기 쉬우므로 톱몸에 철물이 보강되어 있다.
④ 등대기 철물의 보강으로 깊이 자를 수 없다.

(2) 붕어톱

① 톱니는 켜는 톱니와 자르는 톱니로 되어 있다.
② 톱날이 타원형으로 붕어 모양의 곡선을 이룬 톱니이다.
③ 합판의 안쪽에 홈을 낼 때 사용한다.

(3) 쥐꼬리톱

① 톱니는 막니로 되어 있으며 날어김이 없다.
② 톱몸의 폭이 좁고 원형이나 곡선을 오릴 때 사용한다.

(4) 플러그 톱

① 자르는 톱니로 되어 있으며 날어김이 없다.
② 주로 목심의 남는 부분이나 연귀 부분 등을 가공할 때 사용한다.
③ 가공 시 날어김이 없어 부재가 긁히거나 뜯기지 않는다.

(5) 실톱

① 톱니는 막니로 되어 있다.
② 정밀한 자개, 금속, 얇은 목재를 곡선으로 가공할 때 사용한다.
③ 톱니를 끼울 때 톱니의 방향이 아래쪽으로 향하도록 끼운다(부재를 바닥에 안착하기 위해).

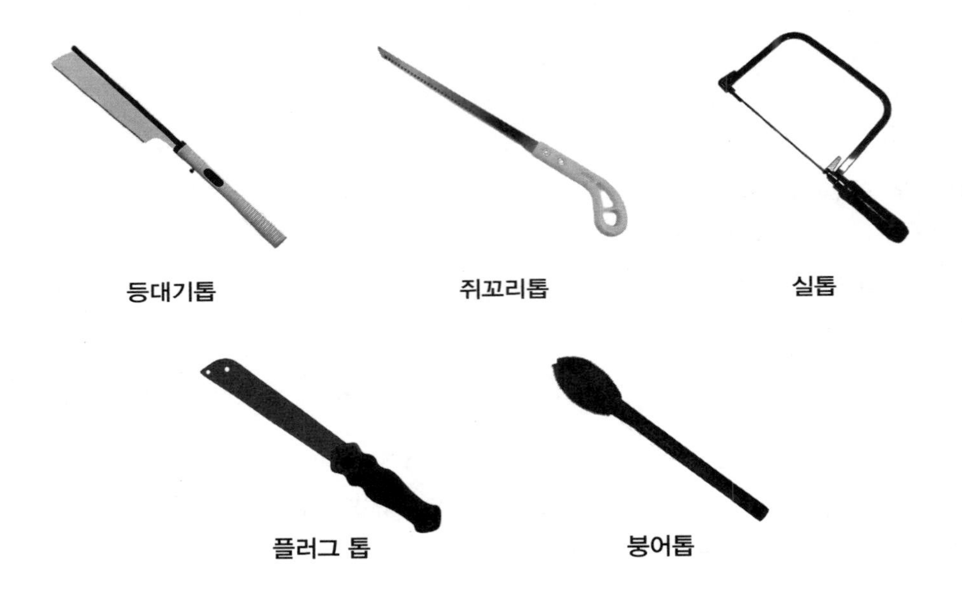

등대기톱 쥐꼬리톱 실톱

플러그 톱 붕어톱

예 | 상 | 문 | 제

1. 톱의 크기 기준을 정확하게 설명한 것은?

① 톱 전체의 길이
② 톱자루의 굵기
③ 톱몸의 폭과 두께
④ 톱몸의 길이

2. 쥐꼬리톱의 톱질 방법에 관한 설명으로 옳지 않은 것은?

① 짧고 빠르게 톱질을 해야 한다.
② 곡선이 완만할 때는 톱질 각도를 크게 한다.
③ 부재로 사용하지 않는 부분에 구멍을 뚫는다.
④ 잘라낸 다음 칼로 깨끗이 깎아낸다.

해설 곡선이 완만할 때는 톱질 각도를 작게 한다.

3. 다음 톱 중에서 톱니가 막니로 되어 있는 것은?

① 실톱
② 켜는 톱
③ 자르는 톱
④ 등대기톱

해설 쥐꼬리톱, 활톱, 실톱은 톱니가 막니로 되어 있다.

4. 판재를 보통 곡선으로 자를 때 사용하는 톱으로, 톱니가 막니로 구성되어 있는 것은?

① 양날톱
② 등대기톱
③ 붕어톱
④ 쥐꼬리톱

해설 쥐꼬리톱은 막니로 되어 있으며, 톱몸의 폭이 좁아 원형이나 곡선을 오리는 데 사용한다.

5. 톱니의 종류에 해당하지 않는 것은?

① 자르는 니
② 켜는 니
③ 막니
④ 오니

해설 오니는 더러운 흙 또는 오염 물질을 포함한 진흙을 말한다.

6. 톱니에 대한 설명 중 알맞지 않은 것은?

① 톱니의 종류에는 켜는 톱니, 자르는 톱니, 막니 등이 있다.
② 켜는 톱니의 날끝 각은 무른 나무용이 굳은 나무용보다 커야 한다.
③ 윗눈은 자르는 톱니에만 있다.
④ 막니는 곡선을 자르는 데 편리하다.

7. 다음 중 켜는 톱의 굳은 나무용 끊는 각으로 옳은 것은?

① 90°
② 80°
③ 70°
④ 60°

해설
- 켜는 톱의 무른 나무용 끊는 각 : 75~80°
- 켜는 톱의 굳은 나무용 끊는 각 : 90°
- 자르는 톱의 끊는 각 : 90°

8. 톱니의 날어김은 톱몸 두께의 몇 배로 하는 것이 가장 알맞은가?

정답 1. ④ 2. ② 3. ① 4. ④ 5. ④ 6. ② 7. ① 8. ②

① 0.5배 ② 1.3~1.8배
③ 2~2.5배 ④ 3~4배

해설 일반적으로 톱니의 날어김은 톱몸 두께의 1.3~1.8배이다.

9. 톱니의 날어김은 톱니 높이의 어느 부분부터 하는가?

① 1/2 부분부터
② 1/3 부분부터
③ 1/4 부분부터
④ 3/4 부분부터

10. 톱질 작업 시 톱질이 잘되지 않았을 때 가장 먼저 점검하는 일은?

① 톱 날어김 ② 톱날 세우기
③ 톱몸 바로잡기 ④ 톱니 고르기

해설 톱니 고르기
- 톱니는 크기와 모양이 일정하고 이 끝이 평탄해야 한다.
- 톱니의 높이를 가장 작은 톱니만큼 줄로 갈아서 낮춘 후 톱니 모양을 일정하게 만든다.

11. 톱날의 날어김을 하는 가장 큰 이유는?

① 목재를 직선으로 자르게 한다.
② 톱몸이 목재에 끼이지 않도록 한다.
③ 톱날을 곧게 만들어 준다.
④ 톱날을 오래 사용하도록 해 준다.

12. 자르는 톱니로, 정밀한 세공 및 장부 어깨를 자를 때 사용하는 톱은?

① 양날톱 ② 등대기톱
③ 붕어톱 ④ 쥐꼬리톱

해설 등개기톱은 자르는 톱니로 되어 있으며, 톱몸이 얇아 휘어지기 쉬우나 정밀한 세공이나 장부의 어깨를 자를 때 사용한다.

13. 톱질 방법 중 옳지 않은 것은?

① 부재를 정확히 고정시킨다.
② 왼발을 마름질 금과 나란하게 반 보 정도 내딛어 누른다.
③ 콧날, 먹금, 톱의 등과 날끝을 일치시킨다.
④ 톱질은 몸 전체가 아닌 손과 팔만으로 작업한다.

14. 다음 중 톱질 방법으로 잘못된 것은?

① 톱질은 당길 때 힘을 주고 밀 때는 힘을 주지 않는다.
② 톱에 무리한 힘을 주지 않는다.
③ 톱질을 할 때는 팔에만 힘을 주어 균형을 잃지 않아야 한다.
④ 톱질을 시작할 때나 끝낼 때는 가볍게 톱질한다.

해설 톱질 방법
- 톱질 각도가 작을수록 바르게 켜진다.
- 부재를 정확히 고정하고 자세를 바르게 하여 작업한다.
- 먹금을 살려서 켠다(먹금 중심 켜기, 15~30° 유지).
- 톱날이 엄지손톱에 살짝 닿게 하여 가볍게 왕복으로 안내 홈(0.5~1cm)을 낸 후 켠다.
- 콧날, 먹금, 톱의 등과 날끝을 일치시킨다.
- 톱에 갑자기 무리한 힘을 주지 않는다.
- 톱날의 일부만 사용하지 않고 톱날 전체를 사용한다.
- 부재가 두꺼울 때는 앞뒷면을 뒤집어 켠다.

15. 다음 중 나뭇결 방향으로 톱질하는 톱은?

① 켜는 톱 ② 자르는 톱
③ 둥근 톱 ④ 쇠톱

해설 켜는 톱은 나뭇결 방향으로, 자르는 톱은 나뭇결과 직각 방향으로 절단할 때 사용된다.

정답 9. ② 10. ④ 11. ② 12. ② 13. ④ 14. ③ 15. ①

16. 다음 중 톱질을 할 때 톱이 끼이는 원인이 아닌 것은?

① 당길 때 힘을 주지 않고 밀 때 힘을 주기 때문에
② 날어김이 적을 때
③ 목재에 수분이 많을 때
④ 톱에 무리한 힘을 가해 톱이 먹줄 밖으로 이탈했을 때

17. 다음 중 톱의 종류와 용도가 알맞게 짝지어진 것은?

① 자르기톱 – 나뭇결 방향으로 자를 때
② 실톱 – 홈을 파낼 때
③ 붕어톱 – 곡선을 자를 때
④ 등대기톱 – 자르는 톱니로 정밀한 세공을 할 때

해설 • 자르기톱 : 나뭇결에 직각 방향으로 자를 때
• 실톱 : 곡선을 자를 때
• 붕어톱 : 홈을 만들 때

18. 톱의 종류에 따른 사용 방법에 관한 설명 중 잘못된 것은?

① 켜는 톱은 목재를 섬유 방향으로 켤 때 사용한다.
② 실톱은 주로 넓은 판재를 켤 때 사용한다.
③ 등대기톱은 정밀한 세공 및 장부 어깨를 자를 때 사용한다.
④ 붕어톱은 주로 홈을 팔 때 사용한다.

해설 실톱은 얇은 판재를 곡선으로 자를 때 사용한다.

19. 다음 중 톱에 대한 설명을 나타낸 것으로 틀린 것은?

① 켜는 톱은 밑날과 윗날이 삼각형을 이루고 있다.
② 등대기톱의 톱날은 자르는 톱니로 이루어져 있다.
③ 양날톱은 양쪽 톱니의 날어김 폭이 같아야 한다.
④ 쥐꼬리톱의 날은 막니로 날어김이 되어 있다.

해설 쥐꼬리톱의 날은 막니로 날어김이 없다.

20. 톱에 대한 설명 중 틀린 것은?

① 날어김을 하는 방법은 켜는 톱니, 자르는 톱니, 막니 모두 같다.
② 무르고 젖은 나무는 자르는 톱의 날어김을 작게 한다.
③ 켜는 톱니는 나뭇결 방향으로 켤 때 사용한다.
④ 막니는 목재의 섬유질 방향과는 관계없이 자르며, 곡선을 자르는 데 편리하다.

해설 굳은 나무와 마른 나무는 날어김을 작게 하고, 무른 나무와 젖은 나무는 날어김을 크게 한다.

21. 톱의 부분 명칭이 아닌 것은?

① 톱머리 ② 목
③ 허리 ④ 갱기

해설 톱의 구조 : 톱머리, 허리, 갱기, 부리, 이음눈, 자루끝, 등대기 철물

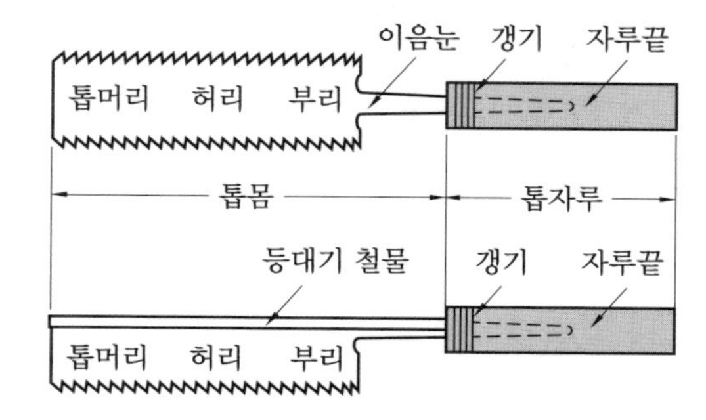

정답 16. ① 17. ④ 18. ② 19. ④ 20. ② 21. ②

5-2 끌과 조각칼

끌은 목공구 중 하나로 목재에 홈을 파거나 깎는 용도로 사용하는 도구이다. 톱이 목재 조직을 가로로 절단하는 도구라면 끌은 보통 세로로 많이 쓰는 편이다.

1 끌의 구조

① 끌은 자루, 끌목, 날(끌몸)의 세 부분으로 구성되어 있다.

② 무른 나무용일수록 앞날 각이 작고 굳은 나무용일수록 앞날 각이 크다. 일반적으로 끌의 앞날 각은 20~30°이다.

③ 끌날은 대팻날과는 달리 양쪽 귀가 직각이다.

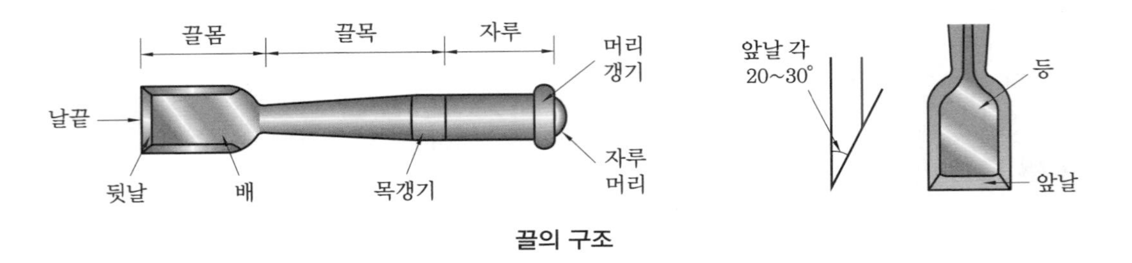

끌의 구조

2 끌날 갈기

① 끌의 날이 많이 빠졌을 경우에는 연삭기를 사용하여 갈고 뒷날 내기를 한 다음 초벌 갈기 → 두벌 갈기 → 마무리 갈기 순으로 한다.

② 앞날 각은 20~30°로 하고 마무리 깎음은 20°로 한다.

③ 다듬질 끌은 마지막에 뒷날 갈기로 끝낸다.

④ 끌날 갈기를 할 때 숫돌의 한 곳에서만 갈면 숫돌면이 오목하게 되므로 전면을 고루 이용하여 간다.

⑤ 일반적으로 끌만 가는 숫돌은 별도로 정하거나 숫돌의 옆면 또는 뒷면을 이용하는 것이 좋다.

참고

- 대팻집과 대팻날이 너무 빡빡하면 끌로 깎는다. 이때 끌은 앞날을 톱몸에 문질러 끌날이 뒤로 넘어가도록 하고, 대팻집의 대팻날이 물리는 경사면을 밀어서 깎는다.

3 끌의 종류

(1) 작업 방법에 따른 끌의 종류

① 끌의 작업 방법에는 밀기와 타격하기 2가지가 있다.

② 밀기는 손의 힘이나 작업자의 무게로 밀어서 목재를 파내는 것이며, 타격하기는 망치로 끌자루의 끝부분을 때리면서 그 힘으로 목재를 파내는 것이다.

(가) 구멍파기용 끌 : 길이가 짧고 머리에 갱기가 씌워져 있어 망치로 때려도 자루가 쪼개지지 않으며, 날도 두껍고 튼튼하다.

(나) 다듬질 끌 : 목재를 다듬기 편리하도록 자루가 길고 날이 얇다.

(2) 날의 모양에 따른 끌의 종류

① 날의 모양에 따라 일반 타격용 끌과 밀끌, 조각칼로 구분한다.

② 타격용 끌은 장부 구멍을 가공할 때 주로 사용한다.

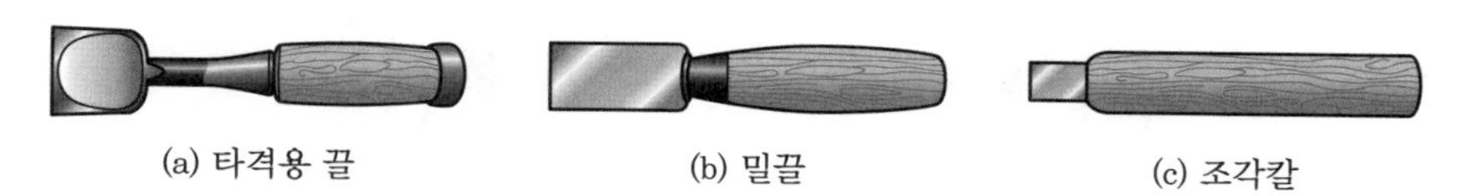

(a) 타격용 끌　　(b) 밀끌　　(c) 조각칼

날의 모양에 따른 끌의 종류

끌의 종류

종 류		날의 모양
평끌	평끌	날물이 평평하고 날끝이 일직선인 기본적인 끌
	창끌(사선끌)	도브테일 작업에서 일반 끌로는 어려운 모서리 면 작업에 용이한 끌
	도브테일 끌	짜맞춤에서 주먹장(도브테일) 작업에 용이한 끌
	장부끌	평끌보다 날이 좁고 두꺼워서 장부 구멍을 내는 데 사용되는 끌
삼각끌(세모끌)		날이 삼각형으로 되어 있는 끌
둥근끌(환끌)		날이 둥글게 휘어져 있어서 목재 파내기에 적합한 끌
인두끌		끌목이 인두처럼 구부러져 있는 끌

(3) 평끌의 종류와 특징

① 평끌

(가) 날의 모양에 따라 타격용 끌과 밀끌로 구분한다.

(나) 타격용 끌은 장부 구멍을 가공할 때 주로 사용한다.

② **창끌**

(가) 날끝이 한쪽으로 경사진 각도와 앞날의 경사각, 날몸의 모양과 날폭에 따라 사용 기능이 다르다.

(나) 단단한 나무를 깎아낼 때 경사각은 30°, 앞날의 경사각은 보통 35~40°가 적당하다.

(다) 무른 나무를 깎아낼 때 경사각은 50°, 앞날의 경사각은 보통 20° 정도가 적당하다.

(라) 용도에 따라 좌측용 끌과 우측용 끌로 제작하여 사용한다.

③ **도브테일 끌** : 도브테일 끌은 짜맞춤에서 주먹장 작업에 용이한 끌이다.

④ **장부끌** : 장부끌은 평끌보다 날이 좁고 두꺼워서 장부 구멍을 내는 데 사용되는 끌이다.

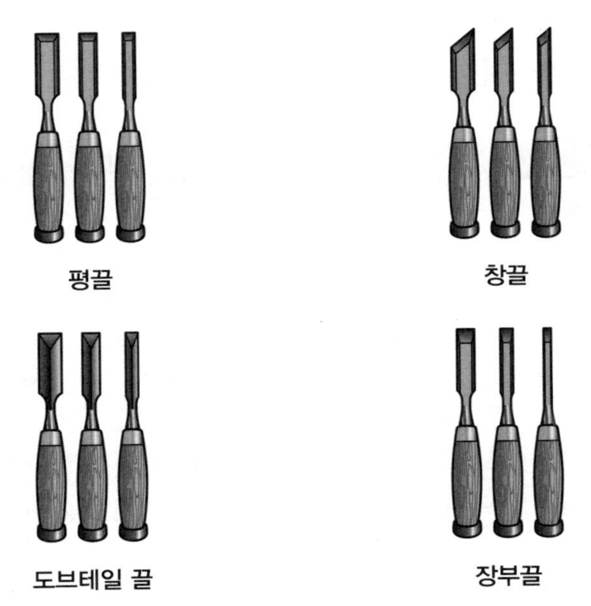

(4) 삼각끌의 특징

① 날끝 모양이 V형이며 V형의 각도(40°, 60°, 90°)로 구분한다.

② 앞날의 경사각은 보통 25~30°이다.

③ 장부 구멍의 다듬질, 마름모꼴의 구멍, 주먹장 장부 다듬질에 주로 사용된다.

(5) 둥근끌(환끌)의 특징

① U형 날끝의 모양과 호의 크기에 따라 평환도, 심환도, 굽은 평환도 등으로 구분한다.

② 곡면상에서 표면의 문양을 표현하거나 입체적인 형태를 대략적으로 표현할 때 사용하며, 둥근 원 모양의 구멍 파기에 주로 사용한다.
③ 앞날의 경사각은 일반적으로 25~30° 정도이다.

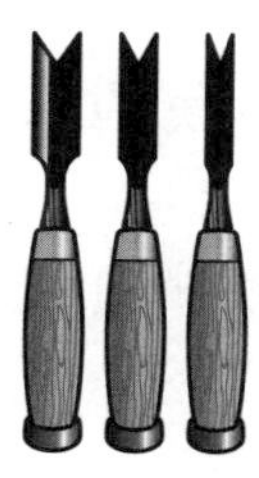
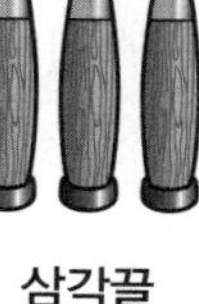

삼각끌

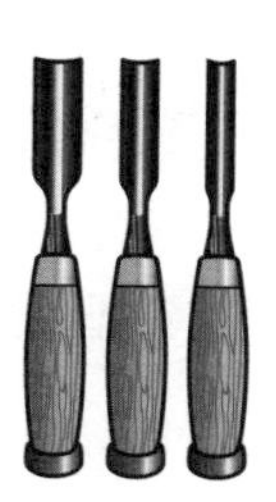

환끌

4 가공 형상에 따른 조각칼의 선택

가공 형상에 따른 조각칼의 선택

형 상	가공 형상	조각칼의 종류
선	직선 : 수직, 수평, 사선	삼각칼, 평칼
	곡선 : 자유곡선, 기하곡선	창칼, 삼각칼, 둥근칼(평환도, 심환도)
	불규칙한 곡선	창칼
면	직면, 곡면, 복곡면	평칼, 창칼, 둥근칼, 굽은 둥근칼, 굽은 평칼

5 조각칼 사용 방법

(1) 일반적인 사용법

① 조각칼이 나가는 방향에 반대쪽 손이 위치하지 않도록 주의한다.
② 중지로 칼몸을 받치고 엄지와 중지로 칼자루를 잡는다.
③ 반대쪽 손의 엄지로는 칼날의 방향을 조정하며, 나머지 손가락은 부재 위에 올려두고 움직이지 않도록 잡는다.
④ 조각하는 기물에 따라 조각칼을 잡는 방법이 다양하지만 안전에 유의하여 바른 자세를 잡고 사용한다.

(2) 나뭇결 방향을 고려한 사용법

① 나뭇결을 관찰한 다음 깎이는 면에 엇결이 일어나지 않도록 조각칼의 방향을 표시한다.

② 조각의 깊이가 깊어질수록 나뭇결에 따라 조각칼의 방향을 바꿔가면서 면 깎기를 한다.

③ 일반적으로 나뭇결이 만나게 되는 지점에서는 먼저 깎은 깊이와 폭이 일치되도록 면을 깎는다.

④ 나뭇결이 호의 방향에 따라 만나는 부분에서는 칼의 진행 속도를 천천히 하고, 깊이와 폭을 고려하여 경사면을 조절하며 깎는다.

⑤ 나뭇결 방향과 회전 방향에 알맞게 칼금을 넣고 면 낮추기를 한다.

나뭇결의 회전 방향 사용법

6 평칼

(1) 평칼의 구조

① 평칼은 부재의 면을 평면으로 가공하는 것이 주목적인 기본 칼이다.

② 날의 끝부분이 반듯하고 평탄하며 앞날의 경사각은 보통 25~30°이다.

③ 평칼의 구조는 칼몸과 칼자루로 구성되며, 칼몸의 앞면은 연강, 뒷면은 강한 공구강으로 맞붙여진 이중 구조로 되어 있다.

④ 앞날의 날 끝부분을 칼날이라 하며, 날끝은 공구강이다.

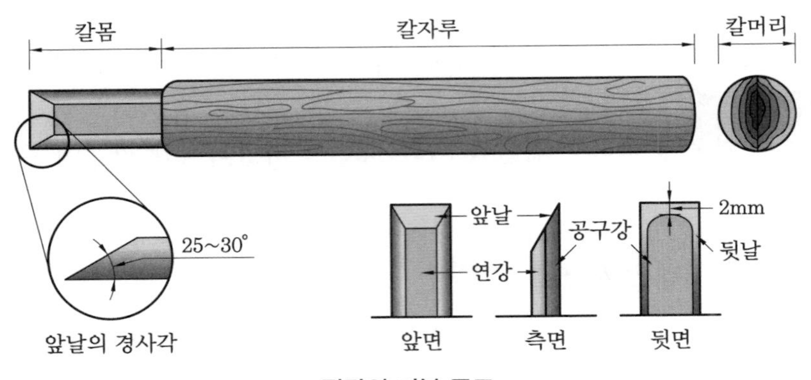

평칼의 기본 구조

(2) 평칼의 기능

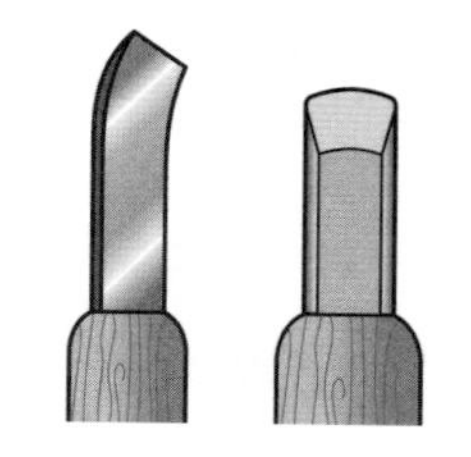
굽은 평칼과 둥근 평칼

① 평칼은 작업 대상물을 평면으로 가공하며, 조각하는 면의 평면 마무리나 직각인 면의 가공에 주로 사용한다.

② 칼은 칼몸의 생김새와 날끝의 모양으로 구분되는데, 칼몸이 직선인 것과 굽은 평칼이 있으며 형태에 따라 사용 기능이 구분된다.

③ 주로 기하학적인 직선 긋기, 선 찍기, 칼금 넣기 등에 사용하며, 작업 대상의 면을 깎아 낮추는 용도로 많이 사용한다.

④ 직선 긋기, 선 찍기 외에도 부조, 상감, 환조 등의 여러 가지 작업에 다양하게 사용한다.

(3) 앞날의 경사각에 따른 평칼의 용도

앞날의 경사각에 따른 평칼의 용도

경사각	용 도
20°	• 앞날의 경사각이 20°인 경우 오동나무와 같은 무른 나무를 조각할 때 적합하다.
25~30°	• 앞날의 경사각이 25~30°인 경우 피나무처럼 비교적 중간 연질의 나무를 조각할 때 적합하다.
35~40°	• 앞날의 경사각이 35~40°인 경우 장미목, 괴목 등과 같이 굳은 나무를 조각할 때 적합하다.

7 창칼

(1) 창칼의 구조

① 창칼의 종류는 날끝 한쪽으로 경사진 각도와 날몸의 모양, 날끝의 폭으로 결정된다.

② 앞날의 경사진 각도에 따라 굳은 나무용과 무른 나무용으로 구분되며, 오른쪽용과 왼쪽용이 있다.

③ 날끝의 경사각은 보통 40° 정도이며, 용도에 따라 다르다.

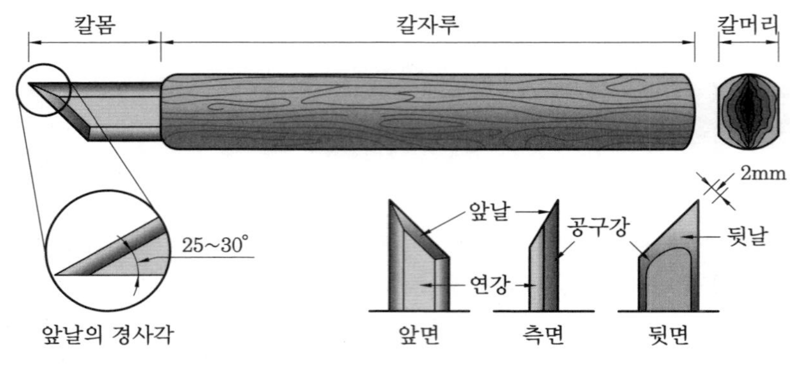

창칼의 기본 구조

(2) 창칼의 기능

① 창칼은 날끝이 뾰족하여 평칼이나 둥근칼로 표현할 수 없는 섬세한 선을 조각할 수 있다.
② 작은 선이나 글자 등을 작업할 때 많이 사용한다.
③ 투조와 같이 뚫어야 하는 부분을 작업할 경우에는 끝이 뾰족하고 긴 창칼이 적합하다.
④ 조각하는 면의 곡면 굴림, 선 가공, 곡면의 마무리에 주로 사용한다.
⑤ 나무의 결 또는 왼손잡이인지 오른손잡이인지에 따라 경사각이 반대인 칼들이 필요하다.

(3) 경사각에 따른 창칼의 용도

경사각에 따른 창칼의 용도

구 분	용 도
30°, 35~40°	• 날끝의 경사각이 30°, 앞날의 경사각이 35~40°인 경우 괴목과 같은 굳은 나무를 조각할 때 적합하다. • 날몸은 칼자루로부터 20~25mm 정도가 좋다.
50°, 20°	• 날끝의 경사각이 50°, 앞날의 경사각이 20°인 경우 오동나무와 같은 무른 나무를 조각할 때 적합하다. • 날몸은 칼자루로부터 30mm 정도가 좋다.
40°, 25~30°	• 날끝의 경사각이 40°, 앞날의 경사각 25~30°인 경우 일반적으로 널리 사용되는 각도이다. • 피나무나 마디카와 같은 연질의 나무를 조각할 때 적합하다.

8 둥근칼

(1) 둥근칼의 종류와 구조

① 둥근칼의 종류는 U자형의 구부러진 모양과 날끝 폭과 날몸의 생김새에 따라 평환도, 심환도, 굽은 평환도, 굽은 심환도 등으로 구분된다.
② 둥근칼의 크기는 칼날의 규격으로 결정한다.
③ 앞날의 경사진 각도에 따라 굳은 나무용, 무른 나무용으로 구분되며, 조각칼 중에서 가장 다양한 종류가 있다.
④ 앞날의 일반적인 경사각은 25~30°이다.

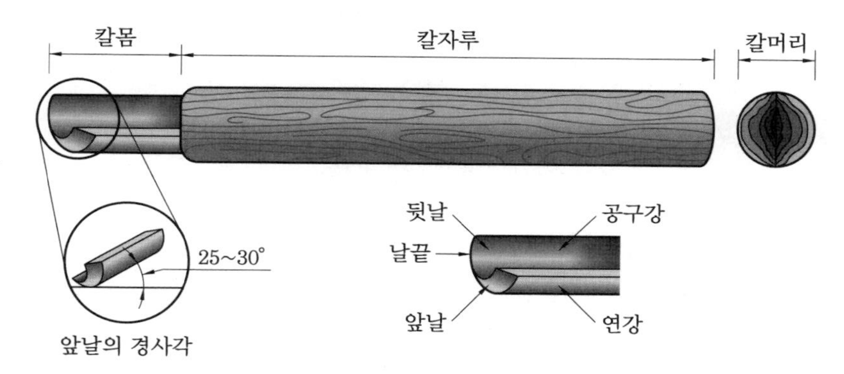

둥근칼의 기본 구조

(2) 둥근칼의 기능

① 둥근칼은 U자형의 호에 따라 깎인 모양이 다르다.
② 곡면상에서 표면에 문양을 표현할 때 또는 평면상에서 문양의 변화가 큰 입체적인 형상을 대략적으로 표현하는 용도로 사용한다.
③ 깊이가 큰 형태의 문양을 파낼 때도 많이 사용한다.

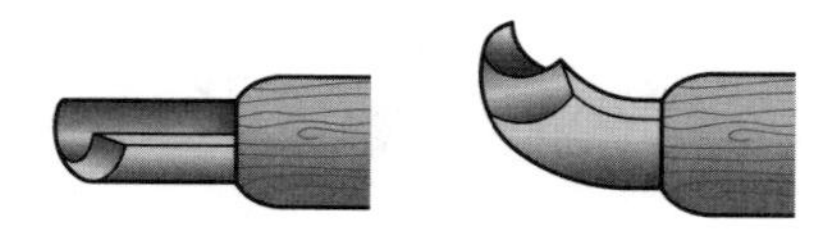

둥근칼과 굽은 둥근칼

9 삼각칼

(1) 삼각칼의 종류와 구조

① 삼각칼은 날몸의 생김새, 날폭, V자형의 각도에 따라 분류한다.

② 삼각칼의 구조는 2개의 평칼이 붙은 V자형 양 끝에 날 면을 가지고 있으며, 앞날의 경사각은 25~30° 정도이다.

③ V자형의 각도는 45°, 60°, 90°이며, 앞날의 경사각에 따라 굳은 나무용, 무른 나무용으로 용도가 달라진다.

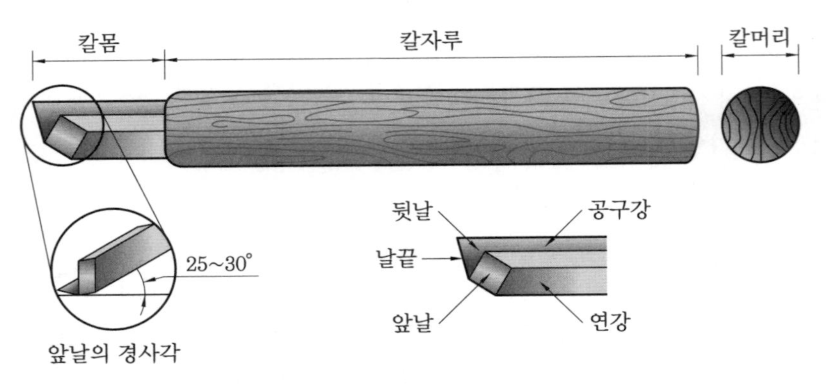

삼각칼의 기본 구조

(2) 삼각칼의 기능

① 삼각칼은 주로 평면이나 곡면에서 직선, 곡선 등의 선 문양을 새기는 데 사용된다.

② 크기와 넓이에 따라 날폭이나 각도에 따른 칼의 선택으로 섬세한 선까지 표현할 수 있다.

③ 굽은 삼각칼은 깊은 곡면에서 선 문양을 새길 때 적합하다.

예 | 상 | 문 | 제

끌과 조각칼 ◀

1. **다음 중 일반적인 끌의 구조에 해당되지 않는 것은?**

① 자루
② 끌목
③ 날
④ 이음눈

해설 끌은 자루, 끌목, 끌몸(날)의 세 부분으로 이루어져 있다.

2. **다음 중 끌 크기의 기준이 되는 것은?**

① 끌날의 앞날 폭
② 끌목의 길이
③ 끌의 무게
④ 끌의 길이

3. **다음 중 목공용 공구의 날 재질로 가장 많이 사용되는 것은?**

① 텅스텐 공구강
② 주강
③ 탄소 공구강
④ 초경질 합금

4. **다음은 끌 연마 방법을 설명한 것이다. 옳지 못한 것은?**

① 끌날의 양 귀가 직각이 되도록 간다.
② 끌의 앞날이 평면이 되도록 숫돌의 중앙 부분만 사용한다.
③ 끌만 가는 숫돌을 별도로 정해두는 것이 좋다.
④ 끌의 앞날 각은 20° 또는 25~30°로 간다.

해설 끌날 갈기를 할 때 숫돌의 한 곳에서만 갈면 숫돌면이 오목하게 되므로 숫돌의 전면을 고루 이용하여 간다.

5. **삼각칼 사용 시 직선 깎기를 할 때 알맞지 않은 설명은?**

① 삼각칼에서 V형의 끝부분이 1~2mm 조각 판재 속에 들어가도록 밀어 넣는다.
② 앞날의 경사각에 맞도록 각도를 조절한다.
③ 왼손 엄지로 삼각칼의 왼쪽 측면에 밀착시켜 방향과 각도 변화를 감지한다.
④ 처음 시작할 때와 끝날 때까지 힘의 분배를 40 : 60으로 하여 밀어낸다.

6. **삼각칼은 V형의 각도로 이루어졌다. 다음 중 V형의 각도의 종류로 알맞은 것은?**

① 45°, 60°, 90°
② 30°, 45°, 70°
③ 35°, 65°, 95°
④ 25°, 45°, 65°

해설 삼각칼에서 V형의 각도는 45°, 60°, 90° 등으로, 앞날의 경사각에 따라 굳은 나무용과 무른 나무용으로 구분된다.

7. **깊은 홈에 선 문양을 조각할 때 주로 쓰는 것은?**

① 평칼
② 창칼
③ 둥근칼
④ 삼각칼

해설 삼각칼 : 평면이나 곡면에 직선이나 곡선 문양을 새길 때 사용한다.

정답 1. ④ 2. ① 3. ③ 4. ② 5. ④ 6. ① 7. ④

8. 둥근칼에 대한 설명으로 틀린 것은?

① 날의 크기는 U형 곡선 길이로 결정한다.
② 앞날의 경사각은 25~30° 정도이다.
③ 앞날의 경사각에 따라 용도가 달라진다.
④ 평환도, 곡평환도, 곡환도 등 종류가 다양하다.

해설 날의 크기는 칼날의 규격으로 결정한다.

9. 느티나무와 같은 굳은 나무를 평칼로 조각할 때, 앞날의 경사각으로 가장 적합한 것은?

① 10~15° ② 15~20°
③ 20~30° ④ 35~40°

해설 굳은 나무는 칼몸이 보통 칼보다 두껍고 앞날의 경사각도 35~40°인 것이 가장 좋다.

10. 평칼에 대한 설명 중 틀린 것은?

① 앞날의 경사각에 따라 용도가 다르다.
② 굳은 나무를 조각할 때는 칼몸이 두꺼워야 한다.
③ 칼날은 오른쪽용과 왼쪽용이 있다.
④ 날끝의 폭에 따라 종류가 결정된다.

해설 칼날이 오른쪽용과 왼쪽용으로 구분되어 있는 것은 창칼이다.

11. 조각도에 관한 설명으로 잘못된 것은?

① 조각도는 예리한 날끝으로 되어 있으므로 손을 다치지 않도록 주의한다.
② 무딘 날은 자주 갈아 쓰고 날끝이 상하지 않도록 한다.
③ 조각도는 용도에 따라 적합한 것을 골라 사용한다.
④ 둥근 조각도는 곡면 숫돌에 사용하면 날 세우는 시간이 오래 걸린다.

12. 조각(부조)할 때 원호가 작은 문양을 넣기 위해 가장 적합한 조각칼은?

① 창칼
② 평칼
③ 삼각칼
④ 둥근칼

해설 둥근칼은 원호가 작은 문양을 넣거나 둥근 원 모양의 구멍 파기에 주로 사용한다.

13. 다음 중 목기의 안쪽을 다듬을 때 알맞은 조각칼은?

① 굽은 삼각칼
② 굽은 평칼
③ 굽은 둥근칼
④ 굽은 창칼

14. 다음 조각도 중 가장 많이 쓰이는 칼로, 파내거나 베는 데 쓰는 것은?

① 평도
② 환도
③ 삼각도
④ 인도

해설 창칼(인도) : 조각도 중 가장 많이 사용되는 칼로, 대개 날카로운 선이나 세밀한 부분을 파낼 때 사용한다.

15. 조각칼 앞날의 알맞은 표준 경사각은?

① 5~10°
② 15~20°
③ 25~30°
④ 35~50°

해설 일반적으로 조각칼의 앞날의 경사각은 25~30°가 적당하다.

정답 8. ① 9. ④ 10. ③ 11. ④ 12. ④ 13. ③ 14. ④ 15. ③

16. 다음 중 기본 조각도의 종류에 해당하지 않는 것은?

① 인도(창칼)
② 환도(둥근칼)
③ 평도(평면칼)
④ 사각도(사각칼)

해설 기본 조각도의 종류 : 평칼, 창칼, 삼각칼, 둥근칼

17. 조각도의 날을 그라인더에 갈아서 쓸 때 칼날이 뜨거워져 강도를 잃지 않도록 하기 위해 사용하는 액체는?

① 뜨거운 물이나 기름
② 미지근한 물이나 기름
③ 찬물이나 기름
④ 끓는 물이나 기름

18. 조각도에 대한 설명 중 틀린 것은?

① 조각도는 예리하게 갈아서 사용한다.
② 조각도를 연마할 때는 숫돌 눈매를 고운 것에서 굵고 거친 순서로 한다.
③ 조각도는 일반적으로 평칼, 둥근칼, 창칼, 삼각칼 등으로 나눈다.
④ 조각도의 날 각은 20~25°로 단단한 나무일수록 각도가 커진다.

해설 • 조각도를 연마할 때는 숫돌 눈매가 굵고 거친 것에서 고운 순서로 한다.
• 오동나무와 같은 무른 나무는 20° 정도, 나왕은 25~30°, 괴목과 같은 굳은 나무는 날각이 35~40°인 것이 가장 좋다.

19. 끌의 크기는 무엇으로 정하는가?

① 끊는 날의 폭
② 끌목의 길이
③ 끌의 길이
④ 손잡이의 길이

20. 끌을 숫돌에 갈려고 한다. 숫돌을 놓는 각도는 몇 도일 때 가장 적합한가?

① 10~15°
② 20~30°
③ 35~45°
④ 45~60°

21. 다음 중 끌의 구조에 대한 설명으로 알맞지 않은 것은?

① 끌은 자루, 끌목, 끌날의 세 부분으로 이루어져 있다.
② 일반적으로 끌의 앞날 각의 크기는 20~30°이다.
③ 끌은 무른 나무용일수록 앞날 각이 크고 굳은 나무용일수록 앞날 각이 작다.
④ 끌날은 대팻날과는 달리 양쪽 귀가 직각이다.

해설 • 끌은 무른 나무용일수록 앞날 각이 작고 굳은 나무용일수록 앞날 각이 크다.
• 일반적으로 앞날 각은 20~30°이다.

22. 마름질할 때 끌 공구에 대한 사용 방법이 아닌 것은?

① 끌 작업을 할 때 자세가 밀리지 않도록 부재를 보조대에 밀착시킨다.
② 가공하고자 하는 부재를 바닥에 깔고 앉아서 할 수도 있다.
③ 왼발 허벅지로 부재의 귀퉁이를 걸쳐서 깔고 앉는다.
④ 둥근 끌 머리가 나오지 않도록 잡고, 뒷날이 손등 쪽을 향하도록 자루를 잡는다.

정답 16. ④ 17. ③ 18. ② 19. ① 20. ② 21. ③ 22. ②

23. 다음 중 끌의 구멍 파기와 용도가 바르게 설명된 것은?

① 평끌 – 부분을 파내거나 곡면을 다듬을 때
② 둥근끌 – 촉을 파내거나 부분을 깎을 때
③ 세모끌 – 끌날이 삼각형으로 곡면을 다듬을 때
④ 홈끌 – 홈을 파내거나 얕고 넓은 구멍을 팔 때

해설 • 평끌 : 단면을 직각으로 파기, 면 다듬기
• 둥근끌 : 곡면이나 외형 또는 내부를 대략 깎을 때, 구멍을 뚫을 때
• 세모끌 : 주먹장 다듬기, 장부 구멍의 다듬질, 마름모꼴 구멍을 팔 때

24. 다음 중 주먹장 다듬기에 가장 적합한 끌은 어느 것인가?

① 얇은끌
② 세모끌
③ 인두끌
④ 밀어넣기끌

해설 세모끌은 장부 구멍의 다듬질, 마름모꼴의 구멍, 주먹장 장부 다듬질에 주로 사용한다.

25. 끌에 대한 용도 및 특징이 잘못된 것은?

① 홈끌 – 좁고 깊은 홈을 파는 데 사용
② 얇은끌 – 막깎기할 때 사용
③ 둥근끌 – 둥근 홈을 파거나 초벌 깎기할 때 사용
④ 인두끌 – 홈 바닥을 깎을 때 사용

해설 얇은끌은 좁은 홈 구멍 또는 장부 구멍과 같은 옆면의 다듬질에 사용한다.

26. 입체적인 인형을 대략 깎는 데 사용하며, 곡면을 깎아 다듬을 때 가장 적합한 끌은?

① 둥근끌
② 평끌
③ 홈끌
④ 세모끌

해설 둥근끌은 둥근 구멍 뚫기, 곡선 다듬기, 곡면을 깎아 다듬을 때 가장 적합하다.

27. 끌목이 구부러져 있어 깊은 홈 바닥, 긴 홈 바닥 등을 다듬질하는 데 적합한 끌은?

① 세모끌
② 홈끌
③ 인두끌
④ 밀어넣기끌

해설 인두끌 : 바닥면 다듬질용 끌로, 끌목이 인두처럼 구부러져 있어 깊은 홈 바닥, 긴 홈 바닥 등을 다듬질하는 데 사용된다.

정답 23. ④ 24. ② 25. ② 26. ① 27. ③

5-3 대패

1 대패의 구조

① 대패는 대팻집, 대팻날, 덧날로 구성되어 있으며, 두께 25~35mm, 길이 120~450mm, 너비 90~150mm 정도이다. 아랫면은 하단 또는 밑면이라 한다.

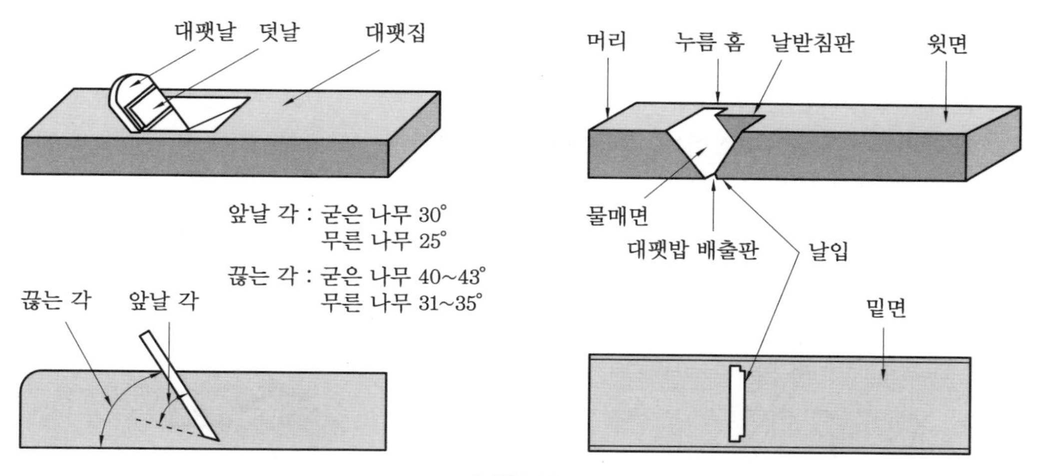

대패의 구조

② 대팻집은 보통 참나무나 느티나무 등 곧은결이며, 단단하고 변형이 적은 나무를 사용한다.

③ 대패를 잘 다루려면 어미날과 덧날을 맞추고 대팻집의 평면을 잘 맞춰야 한다.

④ 평대패의 경우 대팻날의 폭에 따라 단대패(45mm), 50mm 대패, 장대패(65mm)로 구분한다.

⑤ 대패의 물매면 각도는 38°이며, 물매면의 각도는 굳은 나무용일 때 40~45°, 무른 나무용일 때 31~35°이다.

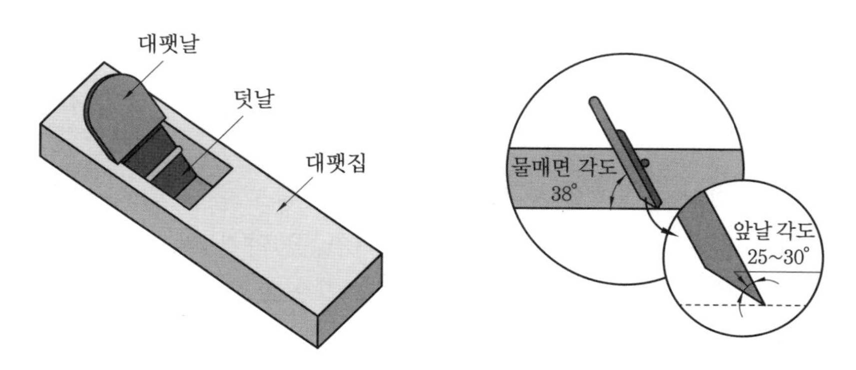

대패의 물매면 각도

⑥ 대팻날의 앞날의 각은 25~30°이며, 굳은 나무용일 때는 30~35°, 무른 나무용일 때는 20~25°로 연마하여 사용한다.

2 대팻날의 각도

① 대팻날은 목재를 가공하는 어미날과 표면의 뜯김이나 거스러미를 방지하는 덧날로 구성된다.

② 어미날의 앞날은 연강으로, 뒷날은 공구강으로 만든다. 이것은 사용할 때 진동을 흡수하고 연마를 쉽게 하기 위한 것이다.

③ 앞날의 각은 25~30°이며, 이보다 크면 고각용, 낮으면 저각용이다. 대팻날의 연마는 최대 35°를 넘기지 않아야 한다.

④ 대패의 끊는 각은 굳은 나무용일 때 40~45°, 무른 나무용일 때 31~35°이며, 일반적으로 보급용은 38°이다.

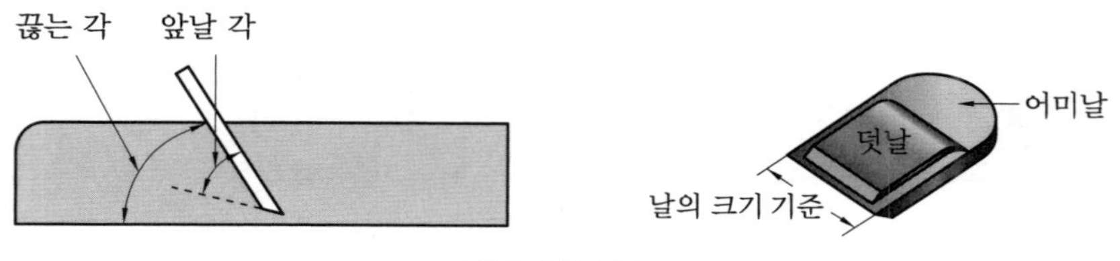

대팻날의 각도

3 대패의 사용 방법

① 왼손으로 대팻집을 잡고 대팻집 밑면을 위로 향하게 한 다음, 대팻날 머리 부분을 때려서 대팻날을 맞춘다.

② 날끝이 대팻집 밑면에 나오는 정도는 초벌 대패 0.5mm, 두벌 대패 0.2mm, 끝손질 대패 0.1mm 정도가 좋다.

③ 덧날 끝과 어미날 끝의 차는 초벌 대패 0.5~0.9mm, 두벌 대패 0.3~0.5mm, 끝손질 대패 0.3mm 이내가 좋다.

④ 거스러미가 많이 일어나거나 엇결의 나무, 옹이가 많은 나무일 때는 그 차이를 작게 한다.

⑤ 덧날 끝이 대팻날의 뒷날에 밀착되지 않으면 덧날도 뒷날 내기를 한다.

⑥ 양날대패로 부재의 마구리면을 깎을 때는 덧날을 약간 빼고 깎는 것이 좋다.

⑦ 대패를 사용하지 않을 때는 날을 약간 빼고 옆으로 세워놓는 것이 좋다.

⑧ 대팻날을 뺄 때는 왼손으로 대팻날과 대팻집을 같이 잡고, 대팻집 머리의 양 모서리를 때려서 빼는 것이 안전하고 좋다.

4 대팻날 갈기

(1) 어미날 갈기

① 목재를 가공할 때 평삭과 형삭의 역할을 하며, 목재의 종류와 작업의 상황에 따라 날의 연마각과 날의 형태를 달리 한다.
② 날이 많이 빠졌을 때 대팻날을 연삭기에 갈아준다. 이때 날의 과열을 방지하기 위해 날을 자주 찬물에 담근다.
③ 날끝의 앞날은 25~30°로 갈고 뒷날 내기를 한 다음 초벌 갈기 → 두벌 갈기 → 마무리 갈기 순으로 갈아준다.

(2) 뒷날 내기

① 어미날의 고정이나 목재를 가공할 때 목재 가공 시 발생하는 엇결을 감소시키는 역할을 한다.
② 어미날과 동일하게 연마하며, 2차 연마 과정에서 2단으로 각을 주고 연마한다. 이는 목재의 섬유질 분리과정에서 생겨나는 엇결을 최소화하기 위함이다.
③ 대팻집은 갈아주는 힘을 덜고 항상 정확한 뒷날을 유지하기 위해 윗날의 양쪽과 날끝 부분을 높게 해놓았는데, 대패를 많이 사용할수록 이 부분이 없어진다. 이때 뒷날 내기를 한다.
　(가) 연출법 : 숫돌 위에 금강사를 뿌린 후 물로 적시고 뒷날을 밀착하여 전후 이동시킨 다음, 뒷날이 거울처럼 얼굴이 비치도록 3mm 정도 나오게 갈아준다. 일반적으로 연출법을 많이 사용한다.
　(나) 타출법 : 뒷날을 쇠판에 밀착시켜서 망치로 고르게 때려준다.

(3) 덧날 갈기

① **덧날**
　(가) 덧날은 엇결이 생기는 것을 방지한다.
　(나) 대패질할 때 어미날의 떨림을 잡아주는 역할을 한다.
　(다) 엇결을 대패질할 때 목재 표면에 생기는 손상(뜯김)을 방지한다.
② **덧날 갈기**
　(가) 덧날 끝이 일직선이 되도록 하여 대팻날과 같이 뒷날 내기를 한다.
　(나) 덧날의 양쪽 귀 구부림이 서로 다르면 틈이 생겨 대팻밥이 끼이게 되므로 평평한 면에 놓고 움직이지 않도록 수정한다.

(다) 앞날의 각은 중간 숫돌에서 25° 내외로 갈고, 마무리 숫돌에서 날끝만 40° 정도 2단 갈기를 한다.

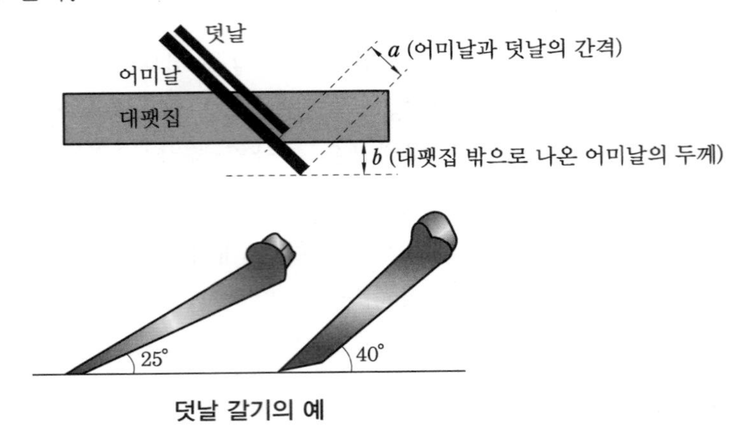

덧날 갈기의 예

5 대팻날 조정 및 사용법

나뭇결 반대 방향으로 대패질을 하면 엇결이 일어나게 되므로 대패질할 때는 다음과 같은 사항을 고려해야 한다.

① 깎을 부재에 엇결이 생기지 않는 방향을 표시한다.
② 나뭇결의 구분이 어려울 때는 마구리면의 나이테나 옆면의 나뭇결을 보고 대패질한다.
③ 손으로 만져 보았을 때 결이 거칠게 일어나지 않는 방향이 대패질의 방향이다.
④ 나뭇결이 고르지 않은 목재를 가공할 때는 대팻집의 날입을 좁게 하고 대팻날을 조금만 뺀다.
⑤ 대팻날을 맞출 때 어미날과 덧날 사이를 좁게 맞춘다.
⑥ 어미날의 간격을 조정하여 대패질 양을 조절한다.

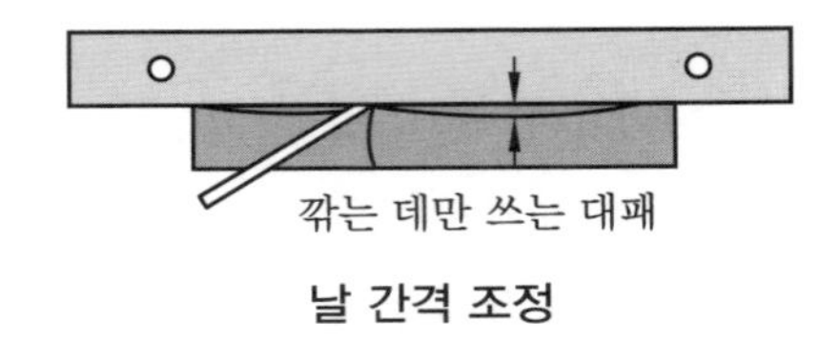

날 간격 조정

6 대팻집 조정

대팻집 밑바닥이 평면인지 점검하려면 다음과 같은 순서로 한다.

① 대팻집 밑면을 위로 하여 왼손으로 대팻집을 잡는다.

② 오른손으로 하단자를 대고 밝은 쪽으로 보았을 때 틈의 여부로 결정한다. 날끝이 아래의 왼쪽 그림과 같이 대팻집 밑면에 나오는 정도면 된다.
③ 초벌 대패 간격은 0.5mm, 두벌 대패는 0.2mm, 끝손질 대패는 0.1mm로 한다.
④ 덧날끝과 어미날 끝과의 차는 초벌 대패 0.5~0.9mm, 두벌 대패 0.3~0.5mm, 끝손질 대패 0.3mm 이내가 좋다.
⑤ 대팻집의 하단자의 위치는 다음 그림과 같이 한다.

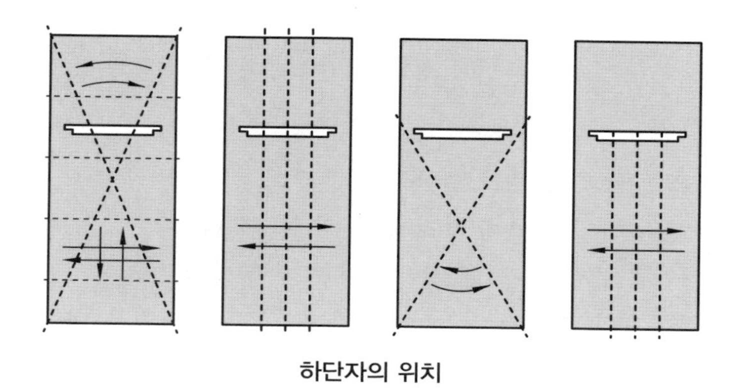

하단자의 위치

7 대패의 종류 및 용도

(1) 평대패

① 대팻집과 대팻날의 크기에 따라 규격이 다양하다.
② 일반적으로 장대패는 390mm, 단대패는 270mm로 구분한다.
③ 용도에 따라 초벌, 재벌, 마무리로 사용한다.
④ 판재나 각재를 평평하게 깎는 대패이며, 부재의 평면 가공이나 치수 가공, 직각면을 잡는 데 사용한다.

(2) 외날대패

① 덧날이 없는 대패이다.
② 거스러미가 일어나기 쉬워 무른 나무의 끝손질 깎기에 많이 사용한다.
③ 거스러미가 일어나지 않는 마구리면을 깎을 경우에도 많이 사용한다.

(3) 양날대패(덧날대패)

① 거스러미가 일어나지 않는다.
② 단단한 나무의 끝손질 대패용 또는 무른 나무의 초벌 대패용으로 사용한다.

(4) 턱대패

① 부재에 턱을 만들 때 사용하는 대패이다. 대팻날 바닥에 턱의 폭을 결정해 주는 자가 있다.
② 대팻집에 대팻날이 경사로 물려 있고 옆면에 곁날(옆에 붙어 있는 날)이 있다.
③ 대팻날을 경사지게 끼워서 한쪽 옆으로 나오게 하고, 곁날이 앞에서 째거나 끊어주며, 뒤에서 깎으므로 턱을 만들 수 있다.
④ 부재의 턱 맞추기, 제혀쪽매 맞추기, 함의 뚜껑 턱 맞추기 등에 사용한다.

(5) 홈대패

① 홈 가공할 폭의 날과 양쪽의 곁날로 가공된다.
② 홈 가공 위치는 대팻집 옆에 부착된 자로 결정된다.
③ 합판이나 판재를 홈에 끼울 때 사용하며 기계의 발달로 사용하지 않는 추세이다.
④ 너비가 일정하거나 그렇지 않은 홈을 파거나, 홈의 바닥을 다듬는 데 사용한다.
⑤ 창문틀 홈, 가구의 뒤판, 서랍의 바닥판 홈 가공에 주로 사용한다.

(6) 배대패

① 대팻집이 짧고 밑바닥 면이 둥글게 배 모양으로 되어 있다.
② 호가 작은 것 또는 큰 것 등 밑면의 원의 크기에 따라 규격이 다양하다.
③ 곡면과 곡면의 안쪽을 가공할 때 사용한다.

(7) 내원대패, 외원대패

① 부재를 둥글게 깎거나 둥근 홈을 팔 때 사용한다.
② 외형을 바깥쪽이나 안쪽으로 둥글게 가공할 때 사용한다.
③ 대팻집 바닥 면의 가장자리가 둥근 것은 외원대패이고, 안쪽으로 둥근 것은 내원대패이다.
④ 대팻집 원의 호의 크기에 따라 규격이 다양하다.

(8) 남경대패

① 대팻집이 좌우로 길어서 양손으로 잡고 대패질한다.
② 아랫면이 둥근 것과 평평한 것이 있다.
③ 배대패로 깎을 수 없는 심한 곡면이나 작은 부재의 불규칙한 면을 깎는 대패이다.
④ 부재의 내부나 외부의 곡면을 다듬을 때 사용한다.
⑤ 원의 크기에 따라 규격이 다양하다.

(9) 대팻집 고치기 대패

① 대팻집 밑면을 수정할 때 사용하는 외날대패로, 대팻날이 대팻집에 직각으로 고정되어 있다. 이때 날을 끼운 경사도가 직각이다.
② 목재 섬유에 직각으로 가로 깎기를 하며 단단한 나무의 다듬질용으로도 사용한다.
③ 대팻집이 짧고 대팻집 바닥 면을 고칠 때 사용한다.

(10) 모서리 대패(면접기대패)

① 부재의 모서리를 여러 가지 형태로 깎는 대패로, 주로 45° 면접기를 사용한다.
② 제품의 모양에 알맞게 여러 가지 형태로 만들어 사용한다.

(11) 옆대패

대팻날이 옆으로 나와서 옆면을 다듬는 데 편리하도록 되어 있다.

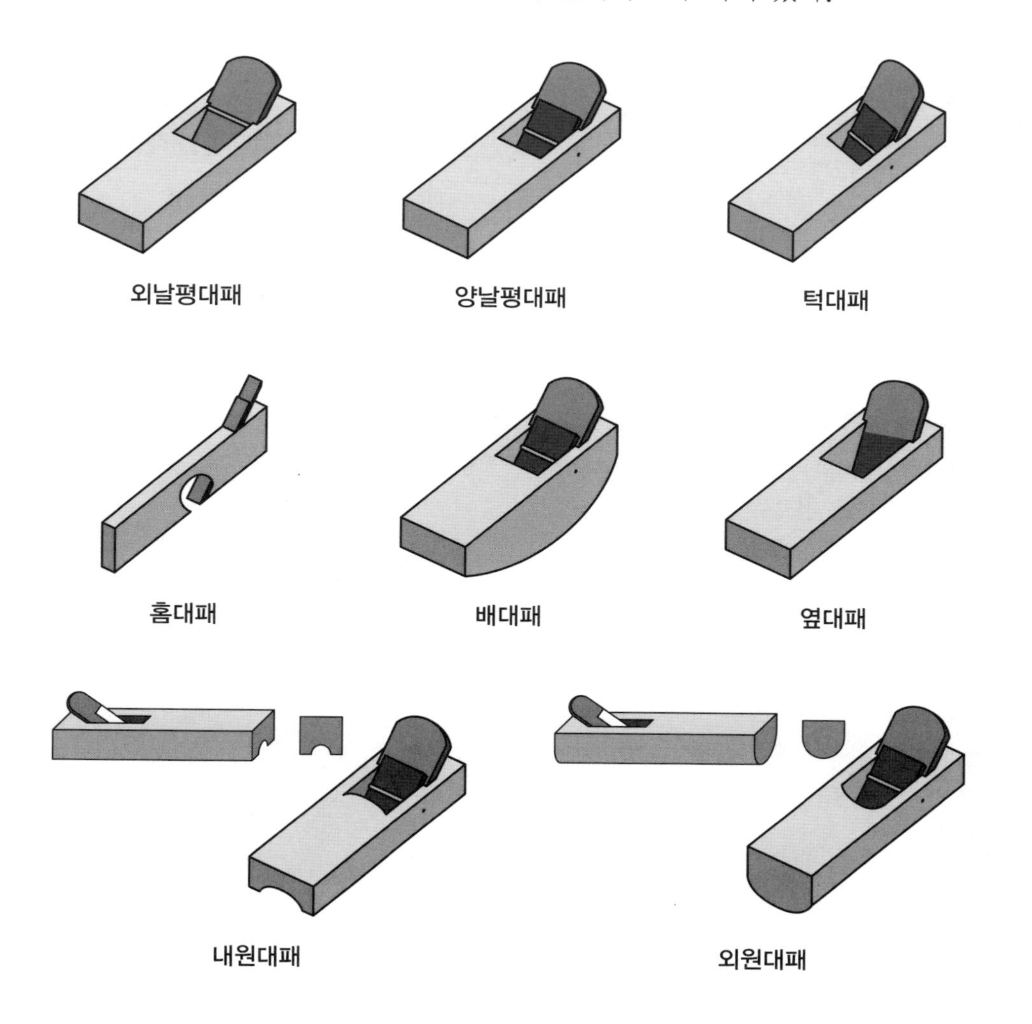

예 | 상 | 문 | 제

1. 대패의 덧날에 대한 설명으로 알맞지 않은 것은?

① 덧날은 엇결이 일어나는 것을 방지한다.
② 덧날의 양쪽 귀의 구부림은 되도록 낮은 편이 좋다.
③ 덧날은 뒷날 내기를 하여 대팻날과 일직선이 되도록 간다.
④ 덧날과 대팻날의 차이는 크게 할수록 좋다.

해설 대팻날과 덧날의 차를 크게 하면 거스러미가 일어난다.

2. 다음 그림의 화살표는 목재를 대패질하는 방향을 나타낸 것이다. 가장 옳은 방향은?

①
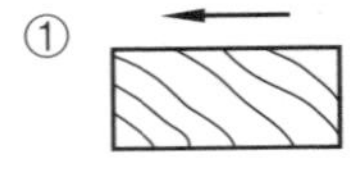
②
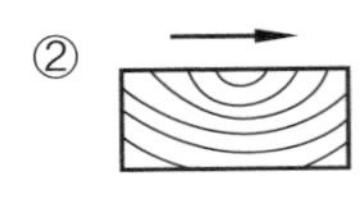
③

④
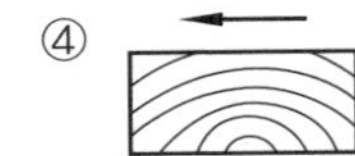

3. 부재를 대패질할 때의 유의점으로 옳지 않은 것은?

① 대패를 사용하지 않을 때는 날을 약간 빼놓거나 대패를 옆으로 세워놓는다.
② 휜 목재는 오목한 쪽을 먼저 깎는다.
③ 부재를 작업대 위에 놓고 뒤틀림 정도를 확인한다.
④ 끝손질할 여유를 약간 두고 초벌 대패로 먹줄선 근처까지 깎는다.

해설 휜 목재는 볼록한 부분부터 먼저 깎는다.

4. 대패질이 잘되지 않는 원인으로 알맞지 않은 것은?

① 대팻집 밑바닥이 고르지 못할 때
② 대팻날을 연삭기에 무리하게 갈아 날끝이 탔을 때
③ 뒷날 내기가 충분할 때
④ 날입이 넓을 때

해설 대패질이 잘되지 않는 원인
- 대팻날 갈기가 잘되지 않았을 때
- 대팻날을 연삭기에 무리하게 갈아 날끝이 탔을 때
- 뒷날 내기가 불충분할 때
- 덧날 만들기가 나쁘고 덧날과 대팻날 맞춤이 나쁠 때
- 날입이 넓거나 대팻집 밑바닥이 고르지 못할 때

5. 단단한 목재를 대패질할 때 알맞은 것은?

① 속도를 빠르게 한다.
② 속도를 천천히 한다.
③ 속도를 아주 느리게 한다.
④ 속도를 빠르게와 천천히를 반복한다.

해설 단단한 목재는 대패질을 천천히 한다.

6. 대패질 방법이 잘못된 것은?

① 엇결이 있어도 180cm는 한번에 깎는다.
② 휜 나무는 볼록한 면부터 깎는다.
③ 대패질 방향은 나뭇결과 나란히 한다.
④ 연한 나무일수록 대패질 속도를 늦춘다.

해설 연한 나무일수록 대패질을 빠르게 한다.

7. 대팻집에 대팻날을 끼우는 각(=절삭각)은 몇 도가 적당한가?

① 25°　② 30°
③ 38°　④ 50°

정답 1. ④ 2. ① 3. ② 4. ③ 5. ② 6. ④ 7. ③

8. 외날대패를 사용하는 것이 좋을 때는?

① 옹이가 있는 부분
② 단단한 나무
③ 오래된 나무
④ 마구리 부분

해설 외날대패는 거스러미가 일어나지 않는 마구리면을 깎을 때 많이 사용한다.

9. 평대패에서 대팻날을 끼우는 물매 또는 끊는날 각은 몇 도인가?

① 28°　② 38°
③ 48°　④ 58°

해설 • 대패의 물매면 각도는 38°이다.
• 대패의 끊는 각은 굳은 나무용일 때 40~45°, 무른 나무용일 때 31~35°이며, 일반적으로 보급용은 38°이다.

10. 문틀 홈의 너비를 넓히는 데 가장 적합한 대패는?

① 배대패
② 옆대패
③ 남경대패
④ 평대패

해설 옆대패 : 대팻날이 옆으로 나와서 옆면을 깎거나 다듬는 데 편리하도록 되어 있으며, 홈의 옆면을 늘리거나 다듬는 데 사용한다.

11. 다음 중 대팻집 밑바닥을 수정할 때 사용하는 자는?

① 하단자
② 줄자
③ 접자
④ 연귀자

해설 대팻집 밑바닥이 평면인지 점검하려면 대팻집 밑면을 위로 하여 왼손으로 대팻집을 잡고, 오른손으로 하단자를 대어 밝은 쪽으로 본 틈의 여부로 결정한다.

12. 대팻날의 뒷날 내기가 충분하지 않을 때 어떤 현상이 일어나는가?

① 대팻날과 덧날 사이에 틈이 생겨 대팻밥이 끼이게 된다.
② 덧날만 잘 연마되어 있다면 큰 문제는 없으나 약간의 거스러미가 생긴다.
③ 대팻날만 잘 연마되면 거스러미는 생기지 않지만 약간 힘이 든다.
④ 대팻날과 덧날 사이가 밀착되지 않아 대팻질한 면에 자국이 생긴다.

13. 대팻날 갈기에 있어서 날끝 각은 몇 도로 유지되게 갈아야 하는가?

① 15~20°　② 25~30°
③ 35~40°　④ 45~50°

14. 대팻날이 밑면에 돌출되는 정도를 표시하는 것으로 옳은 것은?

① 막대패 0.6mm, 중대패 0.4mm, 다듬질대패 0.2mm
② 막대패 0.7mm, 중대패 0.6mm, 다듬질대패 0.5mm
③ 막대패 0.8mm, 중대패 0.5mm, 다듬질대패 0.4mm
④ 막대패 0.5mm, 중대패 0.2mm, 다듬질대패 0.1mm

해설 날끝이 대팻집 밑면에 나오는 정도는 초벌 대패 0.5mm, 두벌 대패 0.2mm, 끝손질 대패 0.1mm 정도가 좋다.

정답 8. ④ 9. ② 10. ② 11. ① 12. ① 13. ② 14. ④

15. 대패 사용에 관한 설명 중 적당하지 않은 것은?

① 끊는날 각은 보통 38°가 적당하다.
② 날끝이 대팻집 밑면에 나오는 정도는 초벌 대패일 때 0.5mm가 좋다.
③ 덧날의 끝과 대팻날 끝과의 차는 초벌 대패일 때 0.3~0.4mm가 좋다.
④ 대패를 사용하지 않을 때는 날을 약간 빼고 옆으로 세워놓는 것이 좋다.

해설 덧날 끝과 어미날 끝과의 차는 초벌 대패 0.5~0.9mm, 두벌 대패 0.3~0.5mm, 끝손질 대패 0.3mm 이내로 하는 것이 좋다.

16. 막대패의 날은 대팻집에서 보통 어느 정도 내밀어 사용하는가?

① 1/2mm ② 1/3mm
③ 1/4mm ④ 1/5mm

해설 • 초벌 대패(막대패) : 0.5mm
• 두벌 대패(중대패) : 0.2mm
• 끝손질 대패(다듬질대패) : 0.1mm

17. 초벌 대패에서 대팻날 끝과 덧날 끝과의 차는 어느 정도가 가장 적당한가?

① 1.0~1.5mm
② 0.5~0.9mm
③ 0.3~0.5mm
④ 0.3mm 이하

해설 • 초벌 대패 : 0.5~0.9mm
• 두벌 대패 : 0.3~0.5mm
• 끝손질 대패 : 0.3mm 이내

18. 대팻날 앞날의 알맞은 표준 각도는?

① 25~30° ② 35~40°
③ 45~50° ④ 55~60°

해설 대팻날은 연강의 앞날에 공구강을 뒷날과 단합하여 만든 것으로, 앞날의 표준 각도는 25~30°이다.

19. 다음 작업 중 한 손으로 대패질해도 무방한 작업은?

① 짧은 부재를 깎을 때
② 원기둥을 깎을 때
③ 각재를 깎을 때
④ 판재를 깎을 때

해설 원기둥을 깎을 때는 상대적으로 작은 힘이 필요하고, 다른 작업에 비해 작업의 안정성도 높기 때문에 한 손으로 대패질이 가능하다.

20. 대패로 목재의 마구리면을 깎을 때에 관한 설명 중 잘못된 것은?

① 덧날을 어미날 끝으로부터 0.5mm 정도 나오게 하여 깎는다.
② 칼금을 맞춘 다음 오른손 바닥을 대패의 윗면 중앙에 댄다.
③ 깎을 치수만큼 부재를 마구릿대에서 조금씩 내고 깎는다.
④ 마구리가 끝나는 부분의 끝을 대패로 당길 때는 갈라지기 쉬우므로 깎기 전에 모서리를 따낸다.

해설 마구리면을 깎을 때는 덧날을 어미날 끝으로부터 0.3mm 이내로 약간 빼고 깎는다.

21. 대패에서 덧날의 가장 큰 역할은?

① 어미날 보호
② 어미날 고정
③ 대팻집 보호
④ 엇결 방지

정답 15. ③ 16. ① 17. ② 18. ① 19. ② 20. ① 21. ④

해설 덧날의 역할
- 엇결이 생기는 것을 방지
- 어미날의 떨림을 잡아주는 역할
- 엇결을 대패질할 때 목재 표면에 생기는 손상(뜯김) 방지

22. 대팻밥이 곧게 일직선으로 나오게 하려면 어떻게 해야 하는가?

① 덧날은 2단갈기를 한다.
② 대팻밥 배출면이 좁아야 한다.
③ 대패질 속도를 빨리 한다.
④ 대팻날 경사를 많이 주도록 한다.

23. 안쪽 곡면을 깎을 때 주로 쓰는 대패는?

① 턱대패 ② 배대패
③ 옆대패 ④ 홈대패

해설 배대패 : 밑면이 배 모양으로 되어 있어 호의 크기를 다양하게 만들어 곡면을 깎는 데 사용한다.

24. 다음 중 대팻날의 귀접이를 하는 이유에 대해 바르게 나타낸 것은??

① 날 갈기를 쉽게 하기 위해
② 대팻날의 강도를 표시하기 위해
③ 대팻밥이 끼이는 것을 방지하기 위해
④ 날이 넓으면 깎는 양이 많아져 힘이 많이 들기 때문에

해설 대팻밥이 끼이는 것을 방지하기 위해 모서리 부분을 갈아주는 것을 귀접이(모걷기)라고 한다.

25. 심한 곡면이나 작은 부재의 불규칙한 면을 깎는 대패는?

① 평대패
② 배대패
③ 둥근대패
④ 남경대패

해설 남경대패 : 배대패로 깎을 수 없는 심한 곡면이나 작은 부재의 불규칙한 면을 깎는다.

정답 22. ① 23. ② 24. ③ 25. ④

5-4 숫돌

숫돌은 칼과 같은 금속의 표면을 갈아내어 날카롭게 사용하기 위한 연마 도구로, 천연 숫돌과 인조 숫돌이 있다. 숫돌의 표면 거칠기에 따라 순서대로 사용하여 수공구를 연마한다.

1 천연 숫돌

원석을 채석하여 용도에 맞는 크기로 가공한 다음, 거칠기에 따라 초벌 연마, 중간 연마, 마무리 연마 숫돌로 구분한다.

① **막숫돌**

(가) 막숫돌은 입자가 거친 사암으로 제작된다.

(나) 날끝의 마모 정도가 심할 경우 초벌 연마용으로 사용한다.

② **중간 숫돌**

(가) 막숫돌보다 입자가 곱다.

(나) 절판암, 석영, 조면암 등으로 제작된다.

(다) 막숫돌로 연마한 다음, 거칠어진 면을 재벌 연마하여 스크래치를 곱게 하기 위한 용도로 사용한다.

③ **마무리 숫돌**

(가) 중간 연마 후, 면을 거울과 같이 깨끗하게 다듬고 날 세우기를 하기 위해 사용되는 숫돌이다.

(나) 입자가 극히 고운 절판암으로 제작된다.

(다) 재질이 단단한 것과 연한 것이 있다.

2 인조 숫돌

천연 숫돌과 달리 입자의 크기가 균일하여 조직이 세밀하고 재질이 단단하며, 마모가 적고 날을 빠르게 연마할 수 있다.

① **다이아몬드 숫돌**

(가) 철판 위에 다이아몬드 가루를 붙여서 만든 숫돌로 거칠기가 #400~1,000인 다이아몬드 숫돌을 많이 사용한다.

(나) #2,000 이상의 거칠기를 가진 숫돌은 인조 숫돌에 비해 품질이 고르지 못하여 잘 사용되지 않는다.

(다) 마모 정도가 심한 조각칼의 초벌 연마에 사용된다.

② **초벌 숫돌**

㈎ #600~800 정도의 거칠기를 가지고 있으며, 거친 면의 초벌 연마에 사용한다.

㈏ 금강사를 뭉쳐 만든 숫돌로 단단한 것이 특징이다.

③ **중간 숫돌**

㈎ #1000~1200 정도의 거칠기를 가지고 있으며, 초벌 숫돌 연마 후 거친 면을 곱게 하는 재벌 연마에 사용된다.

㈏ 장석, 점토 등을 원료로 하여 제작된 숫돌이다.

④ **마무리 숫돌**

㈎ #3000~6000 정도의 거칠기를 가지고 있다.

㈏ 가장 고운 숫돌로 중간 숫돌에서 연마한 면의 거칠기를 더 곱게 마무리하거나 날 세우기용에 사용된다.

㈐ 금강사와 같은 원형 미립자로 만든 것과 천연색의 분말로 만든 것이 있으며, 곱고 단단한 것이 특징이다.

인조 숫돌의 종류별 용도

종 류	숫돌 거칠기	용 도	비 교
다이아몬드 숫돌	#400~1,000	날끝의 이가 빠졌거나 많이 무뎌진 상태	초벌 연마용
초벌 숫돌	#600~800	앞날, 뒷날 상태가 불량할 때	초벌 연마용
재벌(중간) 숫돌	#800~1,200	날끝이 약간 무뎌졌거나 초벌 숫돌 후, 잔금을 정리할 때	재벌 연마용
마무리 숫돌	#3,000~6,000	날끝을 예리하게 연마할 때	날 세우기용

3 숫돌의 수공구 연마

(1) 숫돌 상태 점검하기

① 숫돌 평면을 확인한다.

② 숫돌 면이 파이거나 면이 고르지 못한 경우에는 유리판이나 평평한 판 위에 #80 연마지를 부착한 다음, 숫돌의 평면을 맞춘다.

③ 사용할 숫돌이 충분히 물기를 머금을 때까지 물에 담근 후 사용한다.

④ 숫돌을 물에 충분히 담그지 않으면 조각칼을 연마할 때 숫돌이 물과 연마된 쇳가루를 함께 흡수하게 되므로 조각칼이 숫돌 표면에서 미끄러져 연마하기가 어렵다.

⑤ 숫돌이 물을 충분히 머금으면 공기 방울이 올라오지 않는다.

(2) 조각칼의 날 상태 확인하기

① 조각칼의 날끝 상태를 확인한다.
② 뒷날의 상태를 확인한다. 이때 얼굴이 비칠 듯이 깨끗하고 평면인지 확인한다.
③ 조각칼의 상태에 따라 용도에 맞는 숫돌을 준비한다.

(3) 뒷날 연마하기

① 초벌 숫돌에 조각칼의 뒷날 면이 고르게 닿도록 밀착하여 균일한 힘과 속도로 연마한다.
② 중간 숫돌을 사용하여 뒷날 면이 반듯한 평면이 되도록 하고, 날끝 선에서 2~3mm가 될 때까지 연마한다.
③ 중간 숫돌에서 거칠기를 1차적으로 잡은 후 마무리 숫돌을 사용하여 유리와 같이 매끄럽게 마무리 연마한다.

(4) 앞날 연마하기

① 나무의 단단한 정도에 따라 날의 연마각을 확인한 다음, 앞날의 면의 상태를 확인한다.
② 초벌 숫돌에서 날의 각을 맞춘 다음, 한 손으로는 조각칼의 손잡이를 가볍게 잡고 다른 손으로는 두 번째와 세 번째 손가락으로 칼몸의 날 끝부분의 중심을 눌러주며 연마한다.
③ 중간 숫돌에서 거칠기를 1차적으로 잡은 다음, 날이 뒤로 넘어갔는지 확인한다.

(5) 날 세우기

① 마무리 숫돌을 사용하여 앞날을 약 70회 연마한다.
② 마무리 숫돌을 사용하여 뒷날을 약 30회 연마한다.
③ 앞날과 뒷날을 7 : 3 ~ 8 : 2 비율을 유지해가면서 연마 순서를 반복해가며 연마한다.
④ 마지막에는 1 : 1 비율로 반복 연마하여 마무리한다.
⑤ 연마된 면을 빛에 비춰보았을 때 흐트러짐이 없이 고르게 연마되어야 한다.
⑥ 연마를 마무리한 다음, 조각칼에 남아 있는 물기를 깨끗이 닦는다.
⑦ 사용한 숫돌은 표면을 깨끗이 씻고 그늘에서 수분이 없도록 완전히 건조한 후 보관한다.

4 접착제

목조각에서 일반적으로 사용하는 접착제는 다음과 같다.

① **순간접착제**

㈎ 건조 시간이 매우 짧다.

㈏ 면적이 좁은 에지 부분에 많이 사용한다.

② **목공용 접착제**

㈎ 건조 시간이 짧다.

㈏ 습기가 많지 않은 실내가구 제작에 주로 사용한다.

③ **아세트산비닐계 목공용 접착제**

㈎ 아세트산비닐계 접착제이다.

㈏ 건조 시간과 강도의 특성에 따라 201, 205 등이 있다.

㈐ 주로 인테리어 시공과 무늬목 작업 등에 많이 사용된다.

예 | 상 | 문 | 제

숫돌 ◀

1. 천연 숫돌 중에서 입자가 거친 사암으로 제작되며, 날끝의 마모 정도가 심할 경우 초벌 연마용으로 사용하는 것은?

① 막숫돌
② 중간 숫돌
③ 인조 숫돌
④ 마무리 숫돌

2. 숫돌에 대한 설명 중 틀린 것은?

① 숫돌의 표면 거칠기에 따라 순서대로 사용하여 수공구를 연마한다.
② 막숫돌은 대부분 입자가 거친 사암으로 제작된다.
③ 마무리 숫돌은 입자가 극히 고운 절판암으로 제작된다.
④ 마무리 숫돌은 막숫돌로 연마한 다음, 거칠어진 면을 재벌 연마하여 스크래치를 곱게 하기 위한 용도로 사용한다.

해설 막숫돌로 연마한 다음, 거칠어진 면을 재벌 연마하여 스크래치를 곱게 하기 위한 용도로 사용하는 것은 마무리 숫돌이다.

3. 숫돌의 상태를 점검하는 내용으로 알맞지 않은 것은?

① 숫돌 면이 파이거나 면이 고르지 않은 곳이 있는지 숫돌 평면을 확인한다.
② 숫돌 평면이 고르지 못하면 연마지를 부착해도 소용없다.
③ 사용할 숫돌이 충분히 물기를 머금을 때까지 물에 담근 후 사용한다.
④ 숫돌이 물을 충분히 머금으면 공기 방울이 올라오지 않는다.

해설 숫돌 평면이 고르지 못한 경우에는 유리판이나 평평한 판 위에 #80 연마지를 부착한 다음, 숫돌의 평면을 맞춘다.

4. 숫돌의 앞날과 뒷날을 연마하는 과정에서 틀린 설명은?

① 나무의 단단한 정도에 따라 날의 연마각을 확인한 다음, 앞날의 면의 상태를 확인한다.
② 중간 숫돌에서 거칠기를 1차적으로 잡은 다음, 앞날이 뒤로 넘어갔는지 확인한다.
③ 초벌 숫돌에 조각칼의 뒷날 면이 고르게 닿도록 밀착하여 균일한 힘과 속도로 연마한다.
④ 중간 숫돌을 사용하여 뒷날 면이 반듯한 평면이 되도록 하고, 날끝 선에서 2~3mm가 될 때까지 연마한다.

해설 중간 숫돌을 사용하여 뒷날 면이 반듯한 평면이 되도록 하고, 날끝 선에서 1mm 미만이 될 때까지 연마한다.

5. 목조각에서 일반적으로 사용하는 접착제에 대한 설명이 아닌 것은?

① 순간접착제는 건조 시간이 매우 짧다.
② 면적이 좁은 에지 부분에 순간접착제를 많이 사용한다.
③ 순간접착제는 습기가 많지 않은 실내가구 제작에 주로 사용한다.
④ 아세트산비닐계 목공용 접착제는 주로 인테리어 시공과 무늬목 작업 등에 많이 사용한다.

해설 습기가 많지 않은 실내가구 제작에는 주로 목공용 접착제를 사용한다.

정답 1. ① 2. ④ 3. ② 4. ④ 5. ③

가구제작 및
목공예기능사

제 6 편

도장과 접착제

출제기준 세부항목	
가구제작기능사	**목공예기능사**
2. 가구 재료 수립 ■ 기타 재료 • 도료의 종류 • 접착제의 종류 **11.** 가구 도장 작업 ■ 도료 **12.** 가구 조립 작업 ■ 접착제 사용	**1.** 목공예 재료 수립 ■ 기타 재료 • 연마제, 표백제, 착색제, 접착제, 도장재, 부자재의 종류 및 특성 **10.** 목공예품 도장 작업 ■ 착색 작업 ■ 도장 작업

제 1 장 도료

1-1 도료의 개요

1 도장의 목적

① **물체의 보호 :** 방청, 내후성, 내수성, 내약품성, 내열성, 내마모성, 내유성 등의 특성을 이용하여 물체를 보호한다.
② **미관 :** 환경과 관련된 색채로 물체를 도장하여 미관을 아름답게 한다.
③ **색채 조절 :** 기계, 건물 등의 색채를 계획하고 설계하여 인체 피로를 경감시키고 작업환경이나 생활공간을 개선한다.

2 도료의 개요

(1) 도료의 정의

도료는 물체의 표면에 피막을 형성하여 물체를 보호하고 미장의 기능을 가진 것으로, 종류에 따라 특수한 기능을 함께 가진 피막을 형성하는 재료이다.

(2) 도료의 사용 목적

① 물체의 표면을 보호하고 장식한다.
② 목재나 철재 등의 더러움과 부패를 방지한다.
③ 건물이나 기계 등이 약품에 침식되는 것을 방지한다.
④ 물체에 색상과 광택을 주어 외관을 아름답게 꾸미는 장식적인 효과를 준다.
⑤ 특수한 경우 방음, 단열, 절연 등의 성질을 준다.
⑥ 물체의 표면을 해치는 생물의 부착이나 번식을 방지한다.

(3) 도료의 특성

① 간단하고 자유로운 공정으로 물체의 표면에 시공할 수 있다.

② 붓칠 또는 기타 방법으로 물체의 면에 얇게 칠할 수 있다.
③ 자연 건조에 의해 얇은 피막을 형성하는 성질이 있다.
④ 얇게 칠해진 도료의 피막은 물체의 표면에 밀착성을 가지면서 건조되어 고체 상태의 피막이 되는 성질이 있다.
⑤ 형성된 도막은 강하고 안정하여 물체의 보호와 장식의 목적까지 만족시킨다.
⑥ 비교적 얇은 피막을 형성하므로 피도장물의 모양, 두께, 무게 등에는 거의 영향을 주지 않고 물체의 표면 상태만 변화시킨다.

3 도료의 구성

① 도료는 크게 안료, 전색제, 용제, 보조제의 성분을 혼합하여 용해 · 분산시킨 것으로, 각 성분이 가진 기능을 조합하여 도료의 성능을 발휘하도록 만든 것이다.
② 도료의 은폐력, 색상, 중량 효과를 나타내는 안료에는 무기 안료, 체질 안료 등이 있다.
③ 전색제는 도료의 주성분이 되는 것으로 보일드유, 아마인유 등의 액체와 천연수지, 합성수지, 셀룰로오스 유도체, 수용성 화합물 등의 고체가 사용된다.
④ 용제는 도료의 점도 상태를 조절하여 유용성을 주며 도장 작업을 향상시킨다.
⑤ 가소제, 건조제, 경화제, 침강 방지제 등의 첨가제(보조제)를 소량 첨가하여 도료의 성능을 향상시킬 수 있다.
⑥ 도막의 형성 요소를 용제로 용해한 것이 전색제이며, 여기에 안료를 넣지 않은 상태를 바니시 또는 클리어라 한다. 이것이 투명 도료이며, 여기에 안료를 첨가하면 유색 도료(에나멜)가 된다.

도료의 분류

분 류	종 류	
성분에 의한 분류	페인트	유성 페인트, 에나멜 래커, 수성 페인트, 에나멜 페인트
	바니시	천연수지 바니시, 합성수지 바니시, 유성 바니시, 섬유소 바니시
건조 과정에 의한 분류	자연 건조형	락니스, 에멀션 도료, 래커, 비닐수지 도료
	가열 건조형	아미노 알키드수지, 페놀수지, 에폭시수지
용도에 의한 분류	목재, 금속, 콘크리트용, 내 · 외부용, 내알칼리용, 방청용, 내산용, 절연용, 내열용, 발광용, 방화용	
도장 방법에 의한 분류	솔칠용, 정전 도장용, 뿜칠용, 에어리스 도장용	

4 도료의 전색제에 사용되는 유지와 수지

(1) 유지

① 유지는 도료의 주요 구성 요소 중 하나로, 도막 형성에 중요한 역할을 한다.
② 도료에서 유지는 상온에서 액체인 물질을 말한다.
③ 유지는 크게 동물성 유지(예 어유)와 식물성 유지(예 건성유, 반건성유, 불건성유)로 분류한다.
④ 반건성유에는 대두유, 채유, 어유 등이 있으며, 건조가 늦고 도막도 연하며 시일이 지남에 따라 연화되는 단점이 있다.
⑤ 건성유에는 아마인유, 동유(오동유) 등이 있다. 공기 중 산화하여 탄력성 있는 단단한 막을 만들지만 건조에 많은 시간이 걸리며, 기름에 건조제를 넣어 공기를 흡입하면서 100℃로 가열하여 보일드유를 만든다.
(가) 보일드유 : 여러 종류의 건성유를 가열 · 탈색하여 원유보다 엷게 만들고, 적당한 점도와 건조성을 갖도록 한 것이다. 주로 페인트 원료에 사용한다.
(나) 아마인유 : 도료용으로 가장 대표적인 건성유이다.
(다) 바닥칠용 보일드유 : 도막이 단단하고 목재 바탕에 깊이 침투하며 빠르게 건조되는 특징이 있다.
(라) 정제유 : 건성유에 2~3%의 산성 백토를 더하여 약 130℃로 가열 · 탈색한 후 떠오르는 기름을 여과하여 만든 것으로, 견련 페인트나 옅은 색 보일드유 제조에 사용된다.
(마) 스탠드유 : 공기를 차단하고 아마인유를 300℃로 장시간 가열한 것을 스탠드유라 한다. 도막은 광택이 있는 고급품이지만 건조는 보일드유보다 늦다.

(2) 수지

수지는 바니시, 에나멜의 주요 원료로서 용제에 녹이면 투명한 점성이 있는 액체가 되고, 건조하면 굳은 막을 만든다.

① **천연수지** : 송진, 다마르, 셸락, 코펄, 앰버 등이 있다.
② **합성수지**
(가) 열경화성 합성수지계에는 페놀수지, 요소수지, 알키드수지, 멜라민수지, 에폭시수지, 실리콘수지 등이 있다.
(나) 열가소성 합성수지계에는 아세트산비닐수지, 염화비닐수지, 아크릴수지 등이 있다. 이 밖에 래커의 원료가 되는 셀룰로오스 수지계가 있다.

도료의 분류 방법에 따른 합성수지의 종류

분류	종류
전색제에 의한 분류	유성 도료, 합성수지 도료, 프탈산수지 도료, 염화비닐수지 도료, 에폭시 수지 도료, 수성 도료
안료 종류에 의한 분류	광명단 페인트, 알루미늄 페인트, 징크 더스트 페인트, 그라파이트 페인트
도장 방법에 따른 분류	붓칠 도료, 분무 도료, 정전 도장용 도료, 전착 도료, 디핑 도료, 에어리스 도장용 도료
도료 상태에 의한 분류	조합 페인트, 에멀션 도료, 퍼티, 분체 도료, 2액형 도료
도막에 의한 분류	투명 도료, 무광 도료, 백색 페인트
도장 공정에 의한 분류	하도용 도료, 중도용 도료, 상도용 도료
용도에 의한 분류	건축용 도료, 자동차용 도료, 목재용 도료, 도로 표시용 도료, 선저 도료
건조 방법에 의한 분류	자연 건조 도료, 열경화용 도료, 가열경화 도료, 자외선 경화 도료
도료의 목적별 분류	방청 도료, 내산 도료, 방화 도료, 방부 도료, 내열 도료, 절연 도료
도료 무늬에 따른 분류	메탈릭 도료, 해머톤 도료, 형광 도료, 주름 도료

5 안료

(1) 안료의 정의

① 물, 알코올, 테레빈유 등의 용제에 녹지 않는 물질을 말한다.

② 안료는 도료에 색채를 주고 도막을 불투명하게 하여 표면을 은폐하는 것으로, 때로는 도막에 두께를 더해 주며, 철재의 방청용이나 발광용으로 사용된다.

(2) 안료의 종류

① **착색 안료** : 색상을 부여하며 은폐력, 착색력을 가진 안료이다. 밝은 색상과 밑색이 보이지 않는 은폐력, 내열성, 내후성이 좋아야 하며, 흡유량은 적어야 한다.

㈎ 백색 안료 : 아연화(아연백), 타이타늄백 등

㈏ 흑색 안료 : 카본 블랙

㈐ 적색 안료 : 산화철, 광명단(연단, 사산화 삼납)

② **방청 안료**

㈎ 철재 표면에 사용되는 안료이다.

㈏ 광명단, 산화철, 크롬산 아연, 아산화납 등이 있다.

③ **체질 안료**

㈎ 착색 역할은 하지 않고, 도막의 경도를 높이며 안료의 체질 증량용으로 사용된다.

㈏ 황산바륨, 탄산칼슘, 크레이, 진흙, 이산화규소(실리카) 등이 있다.

6 용제(희석제)

① 도료의 유동성을 조절하고 묽게 만들어 다루기 좋게 하며, 증발 속도를 조절하는 데 사용한다.

② **미네랄 스피릿** : 유성 페인트, 유성 바니시, 에나멜 등의 용제로 주로 사용한다.

③ **벤젤(벤졸), 알코올, 초산에스테르(아세트산 에스터) 등의 혼합물** : 래커의 용제로 사용한다.

7 건조제

① 건조제는 건성유의 건조를 촉진하기 위해 사용한다.

② 건조제를 과다하게 사용하면 도막의 겉만 마르거나 주름과 같은 결함이 발생하고 내구성이 저하되므로 지나친 사용은 피해야 한다.

8 도장의 공정 순서

(1) 눈메움

① 눈메움은 도장할 부분의 면을 고르게 하고, 칠 도료의 흡수 방지와 착색 효과를 높이는 작업이다.

② 눈메움 재료는 작업성과 건조성이 좋아야 하며, 재질을 손상시키거나 변형시키지 않아야 한다.

(2) 하도 도장

① 초벌 칠 도료는 나무 재질과 직접 접촉하므로 부착성이 좋아야 한다.

② 하도 도장은 목재의 수분 흡수로 인한 목재의 균열을 감소시켜 도막의 갈라짐을 적게 한다.

③ 착색제 또는 상도 도료 작업 중 번지는 것을 방지한다.

(3) 중도 도장

① 중도 도장은 마무리 칠에 필요한 평평한 면을 만드는 공정이다.

② 칠 오름성, 연마성이 좋아야 하며 평활한 도막이 형성되어야 한다.
③ 상도, 하도와의 부착성이 좋아야 하며 하도 도막을 침투해서는 안 된다.

(4) 상도 도장

① 상도 도장은 도장의 최종 마무리 공정이다.
② 광택, 색 등의 외관을 좋게 하고 도막의 성능을 고려한 도료를 선택하여 마무리 작업을 진행한다.

9 목제품 도장 방법의 종류 및 특징

(1) 붓칠

① 도료는 붓의 2/3 정도 묻혀서 사용한다.
② 긴 부재는 왼쪽에서부터 칠을 시작하여 오른쪽으로 칠한다.
③ 복잡한 것은 안쪽부터 칠하거나 잊어버리기 쉬운 부분부터 칠한다.

(2) 분무기칠(뿜칠) * 천연 도료의 손실이 커서 잘 사용하지 않는다.

① 분무기칠(뿜칠)은 압축공기와 스프레이건을 사용하여 피도장물에 분무 도장하는 방법이다.
② 분무 거리는 대형 스프레이건 20~25cm, 소형 스프레이건 15~20cm 정도 내에서 뿜칠한다.
③ 분무 속도는 30~60cm/s 전후가 가장 적합하다.
④ 도장 간격은 원형 패턴일 경우 1/2, 타원형 패턴일 경우 2/3, 직사각형 패턴일 경우 3/4을 겹쳐서 바른다.

(3) 솜뭉치칠

① 솜뭉치칠은 표백한 목면의 가운데 달걀 정도의 크기로 솜을 집어넣어 싼 뭉치에 도료를 묻혀 칠하는 것을 말한다.
② 투명 래커의 끝맺음칠을 하는 가장 알맞은 도장 방법이다.

예 | 상 | 문 | 제

도료의 개요 ◀

1. 다음 중 붓칠의 방법에 대한 설명으로 알맞지 않은 것은?

① 복잡한 것은 안쪽부터 칠한다.
② 잊어버리기 쉬운 부분부터 칠한다.
③ 긴 부재는 왼쪽에서 오른쪽으로 칠한다.
④ 넓은 면적은 왼쪽에서 시작하여 윗부분에서 끝낸다.

해설 면적이 넓을 때는 피도장물의 오른쪽부터 시작하여 아래쪽에서 끝나도록 한다.

2. 투명 래커의 끝맺음칠을 하는 가장 알맞은 도장 방법은?

① 붓칠 ② 뿜칠
③ 솜뭉치칠 ④ 정전 도장법

해설 솜뭉치칠
- 투명 래커의 끝맺음칠을 하는 가장 알맞은 도장 방법이다.
- 표백한 목면의 가운데 달걀 정도의 크기로 솜을 집어넣어 싼 뭉치에 도료를 묻혀 칠하는 것을 말한다.

3. 다음 중 피도장물의 붓칠 방법으로 옳지 않은 것은?

① 복잡한 것은 안쪽에서 바깥쪽으로 칠한다.
② 도료는 붓의 2/3 정도 묻혀서 사용한다.
③ 팔 전체를 움직여 칠하고 붓끝만 움직이지 않는다.
④ 긴 부분은 오른쪽에서 왼쪽으로 칠한다.

해설
- 복잡한 것은 안쪽부터 칠하거나 잊어버리기 쉬운 부분부터 칠한다.
- 긴 것은 왼쪽에서 오른쪽으로 칠한다.

4. 표백한 목면을 잘 씻어 물기를 빼고, 그 가운데 계란 정도의 크기로 솜을 집어넣어 싼 것에 도료를 묻혀 칠하는 것은?

① 붓칠
② 뿜칠
③ 솜뭉치칠
④ 분무기칠

5. 뿜칠에 대한 설명으로 잘못된 것은?

① 도면을 능률적으로 도장할 수 있다.
② 분무 속도가 빠르면 두꺼운 도막이 된다.
③ 도료의 손실이 커서 잘 사용하지 않는다.
④ 분무 거리는 대형 스프레이건 20~25cm, 소형 스프레이건 15~20cm 내에서 뿜칠한다.

해설
- 분무 속도가 빠르면 도막이 엷어지고, 느리면 두꺼운 도막이 된다.
- 분무 거리는 대형 스프레이건 20~25cm, 소형 15~20cm 내에서 뿜칠한다.

6. 하도 도료의 역할이 아닌 것은?

① 목섬유를 안정화시킨다.
② 나무털을 고정시켜 연마를 생략하게 한다.
③ 상도 도료의 침투를 감소시킨다.
④ 목재의 균열을 감소시킨다.

해설 하도 도료의 역할
- 목섬유를 굳게 안정화시킨다.
- 수분에 의한 변화를 감소시킨다.
- 상도 도료의 침투를 감소시킨다.
- 도막의 갈라짐을 적게 한다.
- 나무털을 고정시켜 연마에 의한 제거를 쉽게 한다.

정답 1. ④ 2. ③ 3. ④ 4. ③ 5. ② 6. ②

7. 다음 중 도막의 결성 성분은?

① 에스테르
② 코펄
③ 케톤
④ 알코올

해설 도막의 결성 성분은 고체로 코펄, 셸락, 다마르와 같은 천연수지와 합성수지가 있다.

8. 도막의 결성 성분을 용해하는 용제로 알맞지 않은 것은?

① 석유계
② 알코올계
③ 물
④ 동물성 기름

9. 피도장물의 붓칠 방법에 대한 설명으로 옳지 않은 것은?

① 잊어버리기 쉬운 곳부터 한다.
② 복잡한 것은 바깥쪽에서 안쪽으로 칠한다.
③ 팔 전체를 움직여서 칠한다.
④ 긴 부분은 왼쪽에서 시작하여 오른쪽으로 칠한다.

해설
- 붓은 손잡이의 중심이나 약간 위쪽을 쥐는 것이 좋다.
- 도료는 붓의 2/3 정도 묻혀서 사용한다.
- 도료의 용기 가장자리를 훑어주며 흐르지 않을 정도로 칠한다.
- 팔 전체를 움직여서 칠하고 붓끝만 움직여서는 안 된다.
- 긴 부재는 왼쪽에서 시작하여 오른쪽으로 칠한다.
- 복잡한 것은 안쪽부터 칠하거나 잊어버리기 쉬운 부분부터 칠한다.

10. 목재의 방화 성능을 위한 불연성 도료로 가장 많이 사용하는 것은?

① 규산나트륨
② 인산암모늄
③ 황산암모늄
④ 탄산나트륨

해설 목재의 방화 성능을 위한 불연성 도료인 방화 도료로 가장 많이 사용되는 것은 규산나트륨이다.

정답 7. ② 8. ④ 9. ② 10. ①

1-2 천연 도료와 전통 도료

1 목재 도료의 목적

① 기름, 충해, 스크래치 등으로부터 목재를 보호한다.
② 변형을 방지하고 곰팡이 생성을 방지하기 위해 수분의 흡수를 차단한다.
③ 목재 고유의 질감을 살리고 가구에 색채의 아름다움을 더해 주며, 목질 재료의 단점을 보완해 준다.

2 천연 도료와 천연수지

(1) 천연 도료

① 천연 도료는 유성 페인트, 유성 에나멜 등으로 도료의 한 종류이며, 도료의 최종 목적인 도막 형성의 주성분이 된다.
② 유성 페인트는 보일드유를 전색제로 하는 도료로, 보일드유의 원료인 건성유는 아마인유, 동유 등이 대표적이며 도료, 오일 바니시 등에 사용된다.

(2) 천연수지

① 화석화된 수지인 코펄, 고하구와 수목의 분비물에서 나온 송진(로진), 호박, 다마르 등이 있다.
② 동물의 분비물에서 나온 셸락이나 카세인이 있으며 성능도 각각 다르다.
③ 천연수지는 일반적으로 물에는 녹지 않고 알코올, 에테르 등 유기 용매에는 잘 녹는다.
④ 투명 또는 반투명이며 황색 또는 갈색을 띠는 것이 많다.
⑤ 니스의 제조, 비누의 혼화제, 의약품, 전기 절연체, 인쇄 잉크, 플라스틱 등으로 사용된다.
⑥ 천연수지 도료는 아마인유, 동유, 대두유 등의 액체와 셸락, 코펄 등의 주요 성분으로 사용한다.

3 천연수지의 종류

(1) 송진

① 소나무과의 나무가 손상을 입었을 때 분비되는 진액을 로진이라고 한다.
② 로진은 생송진을 가열 가공하여 수분과 기름(테레빈유)을 제거한 것으로, 노란색 또는 갈색의 투명한 것이 있다.

③ 용융점은 60~65℃이며 용제에 쉽게 용해된다.
④ 도료에서는 글리세린과 화합하여 에스테르 검을 석회로 중화시키고, 석회 로진을 다시 유용성 석탄산 수지로 변형시켜 사용한다.
⑤ 알파벳을 붙여 색상의 짙은 정도를 H로진에서 W로진으로 나타내며, H로진 쪽이 더 짙은 색상이다.
⑥ 용해된 송진은 주로 도료의 건조제, 인쇄 잉크, 비누, 살충제에 사용되며, 테레빈유는 주로 도료의 용제, 고무나 방수제의 용매로 사용된다.
⑦ 경화로진 또는 페놀수지를 제조할 때 유용성 수지를 만들기 위해 첨가하며, 건조제의 수지염 등에도 사용한다.

참고

- 생송진 또는 송진으로 되어 있는 것을 감로진이라 하며, 소나무를 자르거나 뿌리를 뽑아 얻은 것을 우드로진이라고 한다.

(2) 코펄

① 수지액이 땅속에 묻혀 오랜 세월이 지나 화석화된 천연수지를 말한다.
② 용융점에 따라 경질 코펄과 연질 코펄로 구분한다.
③ 천연산이므로 품질이 일정하지 않다.
④ 경질 코펄이 연질 코펄보다 건조성과 내후성이 우수하다.
⑤ 주로 니스 제조용으로 사용되며 래커, 인조 피혁 등에 사용한다.
⑥ 일반적으로 용융점이 높아 용제에 녹기 어렵다.

(3) 고하구

① 코펄과 같이 화석화된 수지이며 가장 경질이다.
② 용제에 녹지 않고 건성유와도 상용성이 없으므로 도료로 사용할 때는 고온처리하여 용융 고하구로 변성시켜야 한다.
③ 고하구는 경질이므로 니스로 만들면 내구성이 우수하다.

(4) 다마르

① 인도, 수마트라 등의 동남아시아에서 자라는 수목의 분비물로, 연한 노란색이며 덩어리 모양이다.
② 용융점은 약 85~100℃이다.
③ 탄화수소계 용제에 녹으며 알코올이나 에스테르 용제에는 녹지 않는다.

(5) 셸락

① 인도와 타이에 많이 사는 곤충의 분비물에서 얻는 수지이다.
② 제품에 따라 성질의 차이가 있으며 반투명, 투명, 황갈색, 엷은 황색 등이 있다. 색깔에 따라 엷은 노란색, 귤색, 빨간색, 레몬색, 귤색 등으로 구분하기도 한다.
③ 알코올, 케톤 등 알칼리성 수용액에 녹지만 물과 석유 계통제에는 녹지 않는다.
④ 염소 또는 하이포염소산나트륨 등으로 표백한 것을 표백 셸락 또는 흰락이라 한다.

(6) 발삼

① 침엽수에서 분비되는 액체이다.
② 니스, 래커, 향료, 약용 등으로 사용한다.
③ 물에 녹는 수지와 물에 녹지 않는 와니스 검이 있다.

(7) 에스테르 고무

① 로진과 글리세린의 화합물로 내수성과 내후성이 좋은 수지이다.
② 용융점은 120℃이며 산가는 10 이하이다.
③ 건성유와 함께 사용하며 유성 니스의 원료로 널리 사용된다.

(8) 디너

① 수목의 수액을 채취한 것이다.
② 용제에 비교적 가용성이다.
③ 색상이 양호하므로 용제로 용해시켜서 휘발성 바니시로 사용한다.

4 전통 도료

(1) 옻칠

① 옻나무에서 채취한 인체에 해가 없는 무공해 도료이다.
② 옻나무 표피에 상처를 내면 상처로부터 유회백색의 수지가 나오는데, 주성분은 우루시올(urushiol)이다.
③ 칠액의 주성분은 우루시올이라고 하는 불포화 결합기를 가진 페놀이며, 산화 효소가 함유되어 있다.
④ 옻칠은 생칠이라고도 하며, 옻칠 제품은 생칠을 정제하여 칠하는 것이다.
⑤ 옻칠은 건조할 때 25～30℃의 온도와 75～80%의 습도를 유지하여 10시간 이상 건조한다.

⑥ 표면에 옻칠을 하면 방부성과 방수성이 좋고 물이 스며들지 않아 썩지 않으며, 세균을 막아 주는 방충 작용을 한다.
⑦ 예로부터 일본에서 금속이나 목공 도장용으로 가장 소중히 여겨왔던 도료이다.
⑧ 최근에는 생산량이 적고 비싸기 때문에 주로 미술 공예품 등의 용도로 사용된다.
⑨ 도막의 경도, 부착성, 광택 등이 뛰어나지만 담색이 나오지 않으므로 안료의 종류에 따라 다양한 색을 조합하여 사용할 수 있다.

(2) 황칠

① 황칠은 황칠나무에서 채취한 담황색의 진한 액체로, 정유 성분이 주성분이다.
② 전통 칠의 종류이며 황금빛이 나는 천연 도료이다.
③ 건조성은 17～23℃의 온도에서 4시간 정도로 좋다.
④ 진정 및 안정 효과가 있는 물질이 들어 있어 상쾌한 향기가 나며 맛이 쓰다.
⑤ 알코올, 아세톤 등을 용제로 사용한다.
⑥ 부착성이 좋아 내열성, 내습성뿐만 아니라 침투력이 뛰어나므로 목재에 칠하면 투명도가 높다.
⑦ 예로부터 귀하게 취급되어 목재나 금속, 유리 등에 광범위하게 사용된다.

(3) 캐슈칠

① 캐슈 도료는 옻과 비슷한 성분을 가지고 있기 때문에 도막의 외관은 옻칠한 것과 거의 같다.
② 캐슈는 도막을 두껍게 올릴 수 있으므로 도막이 강하고 단단하며 탄력성이 좋다.
③ 물, 산, 알칼리, 약품, 열, 저온에 강하고 자연 건조 혹은 가열 건조가 가능하다.

5 천연 도료의 작업 설비

① 옻칠 건조장

㈎ 옻칠 건조장은 습도 유지는 물론 가습 효과가 있는 설비가 필요하다.
㈏ 단열이 잘 되는 건물 내에 나무 플로어링(마루를 까는 널빤지)으로 덧붙이거나 추가 설치하는 것이 좋다.

② 절삭기

㈎ 얇은 자개를 여러 겹 부착한 다음, 이를 한 번에 절삭 가공하는 기계로, 일반 띠톱과는 달리 인조 다이아몬드 가루를 접착시킨 톱날을 사용한다.
㈏ 톱날의 굵기에 따라 절단면의 두께가 결정된다.

③ **상사기**

㈎ 자개를 균일한 폭으로 절단하는 기계이다.

㈏ 윗니와 아랫니가 맞물리면서 닿는 면이 절단되며, 상사는 끊음질 기법의 기초 재료가 된다.

④ **분무기** : 칠이 건조될 때는 습도가 필요하므로 건조장 내의 습도를 조절하기 위해 분무기에 물을 넣어 건조장 내부에 뿌린다.

⑤ **정반** : 칠을 다루는 데 있어서 가장 기초적인 작업대이다.

⑥ **귀얄**

㈎ 귀얄은 옻을 칠할 때 사용하는 가장 중요한 도구이다.

㈏ 바탕에 천과 한지를 바를 때 사용되는 하도용 귀얄, 중칠에 사용되는 중도용 귀얄, 상칠에 사용되는 상도용 귀얄이 있다.

⑦ **주걱** : 주걱은 하지 배합과 바르기, 칠의 배합, 칠 떠내기, 귀얄 손질하기 등 칠 작업의 전 과정에 사용되는 도구이다.

⑧ **칼** : 칠공예 작업을 할 때 사용되는 칼은 주걱칼, 구두칼, 밤칼로 크게 세 종류가 있다.

⑨ **혼련기** : 안료의 입자를 미세하게 분쇄하여 칠과의 조합이 밀착되게 하는 자동기계이다.

6 천연 도료의 용제

용제는 도막의 형성 요소를 용해하고 희석시켜 점도를 조절함으로써 바르기 쉽게 만드는 것이다. 도료의 용해력이 양호하고 적당한 휘발 속도와 불휘발 성분이 없어야 하며, 무색 투명하고 독성과 악취가 없어야 한다.

① **테레빈유(송정유)** : 투명한 송진이나 소나무 뿌리 등을 증류하여 얻을 수 있으며, 송진에서 채집된 테레빈유는 특이한 냄새가 있다.

② **송근유** : 소나무 뿌리를 증류시켜 얻은 기름으로, 유지를 용해시키는 힘이 강하고 투명하게 잘 스며든다.

③ **장뇌유(편뇌유)** : 녹나무를 증류하여 얻은 기름에서 장뇌를 결정 · 생성하고 남은 기름이다.

④ **장뇌** : 장뇌유를 얻을 때 남는 무색투명의 결정체로, 방향성을 가지며 상온에서 기화하여 없어진다. 물에는 녹지 않고 알코올, 에테르에 잘 녹는다.

⑤ **휘발유** : 가솔린, 벤젠 등이 해당되며 유지, 수지의 용해력이 강하고 무색투명하다.

7 천연 도료의 연마제

① **숯** : 박탄(후박나무 숯), 정강탄, 로이로탄, 동백탄이 있다.

② **크리스털** : 부드러운 특징을 살려 고급 칠기 제작에 사용된다.

③ **연마지(사포)** : 종이 연마지, 면 연마지, 내수 연마지 등이 있으며 하칠용, 중칠용, 상칠용으로 만들어진 것도 있다.

④ **갈돌** : 일종의 숫돌로, 고래 갈기 작업을 할 때 고르게 갈거나 모서리 등의 부분을 조정하는 데 사용한다.

⑤ **목적(도구사)** : 식물의 목적(木賊)을 건조한 것으로, 하지의 세부적인 연마 또는 고래 바르기 작업 후 평면을 유지하는 데 사용한다.

⑥ **스틸 울** : 철 섬유라고도 하며 목재 또는 금속의 표면을 평활하게 만든다.

⑦ **광택제** : 광택제는 초벌 광과 마무리 광 내기로 구분한다.

예 | 상 | 문 | 제

천연 도료와 전통 도료 ◀

1. 옻칠을 건조할 때 가장 알맞은 습도는?

① 30~45%
② 45~60%
③ 60~75%
④ 75~80%

해설 옻칠은 온도와 습도에 까다로운 도료이다. 건조할 때 알맞은 온도는 25~30℃, 습도는 75~80%이다.

2. 페놀수지를 제조할 때 유용성 수지를 만들기 위해 첨가하는 수지는?

① 코펄 ② 송진
③ 다마르 ④ 셸락

해설 경화로진 또는 페놀수지를 제조할 때 유용성 수지를 만들기 위해 첨가한다.

3. 다음 수지 중 화석화된 수지는?

① 코펄
② 로진
③ 셸락
④ 다마르

4. 다음 도료 중 적당한 온도와 습기가 있어야 건조가 되는 것은?

① 보디 니스
② 폴리우레탄 래커
③ 유성 에나멜
④ 옻칠

해설 옻칠은 20~25℃의 온도와 75~80%의 습도를 유지하여 하룻밤 동안 건조한다(약 10시간).

정답 1. ④ 2. ② 3. ① 4. ④

1-3 친환경 도료

1 친환경 도료의 개요

무색 무취의 액체 및 기체 에틸렌글리콜(EG : ethylene glycol)은 페인트에 사용되는 유독성 용매(경화)제로, EG에 노출될 경우 과민 반응이나 알레르기 반응이 일어날 수 있다. 따라서 친환경 도료는 EG-free 제품을 사용하는 것이 좋다.

2 친환경 도료의 종류

(1) 우드스테인

① 우드스테인은 목재를 보호하고 아름답게 하기 위한 도료이다.
② 일반 페인트가 도막을 형성하여 목재의 표면을 보호하는 반면, 우드스테인은 목재 속으로 침투하여 목재에 색상을 내고 목재를 보호하는 효과가 있다.
③ 목재의 착색과 보호, 둘 다를 목적으로 하는 도장재로, 목재의 질감을 살리기 위해 도장 후 또는 건조 후에도 일반적으로 반투명한 외관을 갖는다.
④ 습기에 있어서 보호 기능이 있으며, 왁스나 바니시로 마감 처리를 해야 한다.
⑤ 전통적인 스테인은 일반 페인트에 비해 불휘발 고형분의 비율이 낮고 용제 비율은 높으므로 일반 페인트에 비해 건조 도막 두께가 얇다.

(2) 오일/왁스

① 오일은 목재에 깊숙하게 침투하여 목재 내부에 두터운 보호층을 형성함으로써 단단한 코팅층을 만들어 준다.
② 온도와 습도로 인한 변형과 곰팡이 발생을 방지한다.
③ UV 차단 효과가 있으며, 광택의 정도에 따라 부드러운 광택과 고광택 효과를 줄 수 있다.

(3) 바니시

① 오일과 달리 목재의 표면에 얇은 도막을 형성하는 목재 보호용 코팅제이다.
② 수성 바니시와 유성 바니시로 구분하며 무광, 저광, 고광의 효과를 줄 수 있다.

(4) 젯소

① 페인트를 칠하기 전 대상 물체의 표면에 밑바탕을 해주는 것을 말한다.
② 젯소는 페인트의 긁힘을 방지한다.

③ MDF, 석재, 플라스틱, 금속, 유리 등의 표면을 페인트가 착색되기 쉬운 표면으로 만들어 준다.
④ 하도제 역할을 하는 도료이다.

3 수성 페인트

(1) 특징

① 친환경 도료 수성 페인트는 가루이므로 취급이 간단하고 편리하다.
② 도료의 도막은 강도가 약하고 다공성이기 때문에 도장의 바탕과 바깥 범위를 격리시키지 못한다.
③ 교착제가 수용성이므로 도막의 흡수성이 강하여 내수성이 좋지 않다.
④ 저렴한 가격에 도장할 수 있으므로 자주 바꿔 칠하는 데 적합하다.

(2) 성분과 조정

① 안료 약 90%, 교착제 6~10%, 교착제의 용해를 돕기 위한 알칼리성 물질 및 방부제를 약간 배합한다.
② 도료의 농도를 높이기 위해 알킨산나트륨 등을 더할 수도 있다.
③ 알칼리성 물질로 석회, 붕산, 소다회(무수탄산나트륨), 인산나트륨 등이 사용된다.

참고

- 석회는 카세인을 불용화하는 특성이 있으며 붕산은 방부작용을 겸한다.
- 석회 자신도 공기 중의 이산화탄소를 흡수하여 불용성 탄산칼슘이 된다.

(3) 사용되는 안료

① 착색 안료로 산화아연을 주로 사용하며 타이타늄백, 리토폰 등을 사용하기도 한다.
② 수성 도료는 알칼리성 물질을 포함하고 있으므로 내알칼리성 안료를 사용한다.

(4) 첨가하는 물의 양

① 일반적으로 수성 도료 1kg에 물 1L를 첨가한다.
② 물을 절반 정도 부어 용해시킨 후 서서히 나머지 물을 넣어 녹이고, 잠시 두었다가 여과하여 도장에 사용한다.

(5) 수성 페인트의 종류

① **무기질 도료** : 석회류 도료는 하급의 벽 도료로 사용되며, 규산염 도료는 내화 도료로 사용된다.

② **에멀션 도료** : 최근에 광범위하게 사용되는 수성 도료이다.

(가) 에멀션 유성 페인트 : 내후성이 매우 약하기 때문에 대용 도료로 사용한다.

(나) 에멀션 니스 및 에멀션 에나멜 : 수지 니스, 인조수지 니스, 유성 니스 등으로 에멀션을 만들고, 여기에 안료를 혼합한 도료이다.

(다) 에멀션 래커 : 래커의 용제 대신 물을 사용하기 위해 에멀션화한 도료이다. 주로 종이, 천 등에 도장한다.

예 | 상 | 문 | 제

친환경 도료 ◀

1. 여러 가지 컬러로 나뭇결의 원목 느낌을 자연스럽게 살려주는 도료는?

① 젯소 ② 바니시
③ 왁스 ④ 우드스테인

해설 우드스테인
- 목재의 착색과 보호, 두 가지를 목적으로 하는 친환경 도료이다.
- 일반 페인트에 비해 건조 도막 두께가 얇다.
- 왁스나 바니시로 마감 처리를 해야 한다.

2. 바니시(vanish) 칠을 할 때의 순서로 옳은 것은?

ㄱ. 바탕 고르기	ㄴ. 연마하기
ㄷ. 바탕 착색하기	ㄹ. 결 메우기
ㅁ. 바니시 칠하기	

① ㄱ → ㄴ → ㄷ → ㄹ → ㅁ
② ㄱ → ㄷ → ㅁ → ㄹ → ㄴ
③ ㄴ → ㄹ → ㄷ → ㄱ → ㅁ
④ ㄴ → ㄱ → ㄹ → ㄷ → ㅁ

3. 페인트를 칠하기 전 대상 물체의 표면에 밑바탕을 해주는 도료는?

① 왁스
② 젯소
③ 바니시
④ 왁스

해설 젯소
- 하도제 역할을 하는 도료이다.
- 페인트를 칠하기 전 대상 물체 표면에 밑바탕을 해주는 것으로 페인트의 긁힘을 방지한다.

정답 1. ④ 2. ① 3. ②

1-4 합성수지 도료

1 프탈산(알키드)수지 도료

(1) 특징

① 바니시에 안료를 첨가하여 유용성이나 광택 등을 유기질 에나멜과 비슷하게 만든 도료이다.

② 알키드수지 속에 결합한 지방산의 비율이 크면 장유성 알키드, 작으면 단유성 알키드라고 한다.

③ 다른 수지와 잘 혼합되므로 다른 도료의 변성용 수지로 많이 사용된다.

(2) 종류

① **자연 건조용 프탈산 수지 도료**

(가) 프탈산수지 도료 중에서 가장 사용량이 많다.

(나) 주로 자연건조(10~24시간)하며 중차량, 교량, 기계 등에 사용한다.

(다) 광택이 온화하고 부착력이 좋아 가소성이 좋은 강인한 도막을 만든다.

② **구워붙임용 프탈산수지 도료**

(가) 비교적 저온(100~140℃)에서 구워붙임을 한다.

(나) 잘 변색되지 않고 단단하며 부착력, 내후성, 내수성이 우수하다.

③ **바닥칠용 프탈산수지 도료**

(가) 부착력이 좋고 단단하여 바닥칠용으로 사용한다.

(나) 상온 건조용, 구워붙임용, 저온 구워붙임용 등 여러 가지가 있다.

④ **스타이렌화 알키드수지 도료**

(가) 건조가 신속하여(경화 1~3시간) 내수성, 내유성, 내기후성이 좋다.

(나) 농기구, 가구, 건축물의 내외 부분에 사용하며 해머 마무리용으로 사용한다.

⑤ 이외에도 로진 변성 알키드수지 도료, 페놀 알키드수지 도료, 로진 변성 알키드 수지 도료 등이 있다.

2 아미노 알키드(알킷아민)수지 도료

(1) 특징

① 저온, 단시간에 소결되며 도막이 단단하고 광택이 우수하다.

② 변색이 잘되지 않고 내후성, 내약품성, 내마모성, 전기적 성질이 우수하며 난연성이다.

(2) 종류

① **요소수지 도료**

㈎ 상온 건조용 : 목공품의 상칠용으로 사용하며 도막에 광택과 경도를 주기 위해 사용한다.

㈏ 구워붙임용 : 140~150℃로 1시간 정도 굽는데, 경도가 높고 광택이 우수한 도막을 만든다.

② **멜라민수지 도료**

㈎ 무색투명한 수지로, 낮은 온도에서 경화하며 광범위한 용도로 사용되는 고급 도료이다.

㈏ 도막의 광택이 우수하다.

㈐ 내열성, 전기 절연성, 내수성, 내약품성이 우수하다.

㈑ 요소수지와 유사하나 경도가 크고 견고하며 착색이 자유롭다.

3 페놀수지 도료

(1) 특징

① 페놀수지는 합성수지 중 가장 오래된 것으로 베이클라이트라고도 한다.

② 페놀수지 도료의 도막은 내수성, 내약품성, 전기 전열성이 우수하지만 도막이 무르고 황변하기 쉬우며 내후성이 떨어진다.

③ 열에 강하며 고온에서도 안정적인 성질을 가진다.

(2) 종류

① **알코올 가용성 페놀수지 도료**

㈎ 셸락 대용품으로 사용된다.

㈏ 알코올에 녹여서 알코올 니스 제조에 사용한다.

② **열경화성 페놀수지 도료** : 알코올에 녹여서 구워붙임용 알코올 니스 또는 에나멜 제조에 사용한다.

③ **유용성 변형 페놀수지 도료**

㈎ 도료용 페놀수지 중 가장 많이 사용하며, 코펄 니스 대용으로도 사용한다.

㈏ 품질이 좋은 유성 니스나 유성 에나멜 제조에 사용한다.

④ **100% 페놀수지 도료**

㈎ 유동의 씨에서 짜낸 동유이며, 건성유의 중합을 촉진하는 성질이 있다.

㈏ 동유만으로 유성 니스를 만들 수 있다.

4 에폭시수지 도료

(1) 특징

① 최근에 만든 것으로 엷은 노란색이다.
② 접착력과 내구성이 뛰어난 수지로 항공기 부품, 조선 및 건설 산업, 산업 및 상업용 바닥재, 우주 및 항공 우주 영역 등 고품질 제품에 주로 사용한다.
③ 폴리에스테르(폴리에스터수지)보다 비싸지만 더 큰 강도를 제공하므로 즉각적인 적용이 가능하다.

(2) 종류

① **경화제를 쓰는 에폭시수지 도료**
(가) 금속, 목재, 콘크리트 등에 부착성이 좋다.
(나) 단번에 두꺼운 도막을 얻을 수 있으며, 구워붙임의 경우 견고한 도막을 얻을 수 있다.
② **페놀수지 또는 요소수지와 혼합하는 에폭시수지 도료**
(가) 200℃ 전후의 고온으로 몇 분 동안 구워붙임 건조를 한다.
(나) 경도와 내약품성이 강하다.
③ **에폭시수지 에스테르 도료**
(가) 프탈산수지와 성질이 비슷하다.
(나) 프탈산수지에 비해 속건성이며 내수성, 내약품성이 강하다.

5 불포화 폴리에스테르수지 도료

(1) 특징

① 휘발 성분 없이 도료의 구성 성분 전체가 도막이 되므로 1회 도장으로 두꺼운 도막을 얻을 수 있다.
② 표면의 경도가 높고 건조가 빠르다.
③ 목재의 눈매 등에 흡입되는 현상이 적고 FRP(fiberglass reinforced plastics)용에도 적합하다.
④ 내후성, 내수성, 내습성, 내유성, 내약품성과 전기 절연성이 좋고, 자외선에 강하며 온도에도 강하다.
⑤ 믿을 수 없을 정도로 강하고 가벼우며 내구성이 뛰어나 가장 많이 사용한다. 실제로 수지 시장의 약 75%를 점유하고 있다.
⑥ 상대적으로 사용하기 쉬울 뿐만 아니라 탄소 섬유보다 더 유연하다.

⑦ 경화하는 데 촉매가 필요하며 경화 시간은 약 12시간 정도 소요된다.
⑧ 기계적 · 화학적 안정성이 뛰어나며, 유리 섬유와 결합하여 복합 구조인 유리 섬유를 형성할 수 있다.
⑨ 경화 후 부피가 많이 수축되고 부착성이 불량하며, 도막의 유연성이 불량하다.
⑩ 공기와 접하는 도막의 표면에는 도막의 경화에 기여하는 단위체(모노머)의 라디칼이 공기 중의 산소와 반응하여 경화하더라도 점착성이 남아 있게 된다.
⑪ 다양한 색상과 마감처리가 가능하여 미적 요구를 충족시킬 수 있다.

(2) 종류

① 공기 경화성 수지

㈎ 공기 중 산소에 의해 경화반응이 떨어지므로 융점 50~60℃의 파라핀, 왁스 등을 0.02~0.5% 정도 녹여서 첨가한다.
㈏ 첨가된 왁스는 경화할 때 표면에 떠올라 공기를 차단해 주므로 표면이 경화되도록 도와준다.

② 왁스가 첨가된 수지

㈎ 왁스가 첨가된 수지는 표면 광택이 없으므로 왁스가 첨가되지 않은 수지를 도포하고, 셀로판 필름으로 공기를 차단하여 경화시키면 고광택 표면을 얻을 수 있다.
㈏ 합판과 같은 평판의 도장에서 도막 두께를 0.2~0.4mm 정도로 도장하며, 호마이카 가구에 많이 이용된다.

③ 공기 건조형 폴리에스테르수지(논왁스 타입 폴리에스테르수지)

㈎ 왁스를 사용하지 않고 제조한 공기 경화형 수지이다.
㈏ 복잡한 형태의 가구 도장, 철도 차량 등의 외판을 고르기 위한 퍼티 등에 유용하게 사용된다.

6 비닐수지 도료

① 아세트산비닐수지 도료

㈎ 도막이 무색투명하며 광선 및 열에 의해 황변되는 일이 적다.
㈏ 유연성은 있지만 내수성이 약하고 흡수성이 강하다.

② 초산비닐에멀션 도료

㈎ 목재, 종이, 천 등의 도장에 적합하다.
㈏ 약한 알칼리성에 견디기 때문에 콘크리트 도료로 적합하다.

7 아크릴수지 도료

(1) 특징

① 일반적으로 경도가 높고 건조가 빠르다.
② 부착력이 좋아서 알루미늄이나 경금속과 같은 금속에도 잘 부착된다.
③ 금속의 표면 도장에 사용된다.
④ 자연 건조형(열가소성, 래커계)과 가열 건조형(열경화성)이 있다.

(2) 종류

① 열경화성 아크릴수지 도료

(가) 아미노 알키드수지 도료와 비교하여 도막의 경도나 광택, 색 유지성, 내약품성, 내후성, 내오염성이 우수하다.
(나) 금속제 가구, 가전제품 등 다양한 분야에 사용된다.

② 열가소성 아크릴수지 도료

(가) 메탈 도장 작업에 적합한 특성이 있다.
(나) 도막의 경화는 래커와 동일한 용제의 증발로 인해 건조하므로 건조가 빠르고 광택이 좋다.
(다) 내후성, 경도, 내약품성, 굴절률 등이 좋다.
(라) 내후성, 물성 등이 우수한 반면, 물 등의 침투성이 높고 내산성, 내수성 등이 떨어지는 단점이 있다.

8 폴리우레탄수지 도료

(1) 폴리올 경화형(상온 경화, 2액형)

① 폴리올 경화형 도료는 대표적인 우레탄수지 도료이다.
② 폴리이소시아네이트 성분을 폴리에테르 폴리올, 피마자유, 글리콜 등과 같이 −OH기를 많이 가진 폴리올로 경화하는 2액형 도료이다.
③ 경화는 도료에 따라 다르며 2~24시간 정도이다.
④ 성능은 매우 우수하나 폴리올의 종류, 성분 비 등에 따라 조금씩 다르다.
⑤ 도막의 경도는 아주 강한 것부터 늘어나는 것까지 광범위하며, 이에 따라 용도가 다양하다.
⑥ 희석제로는 크실렌(자일렌), 톨루엔, 우레탄급 초산에스테르계 용제 등이 사용되며, 점도가 낮은 수지를 쓰면 무용제 도료도 가능하다.

(2) 종류

① 목재용 우레탄 도료

㈎ 일반 폴리올 또는 알키드수지(오일이 없는 오일프리 알키드 포함), −OH 잔류기가 많도록 설계된 알키드 폴리올을 경화제로 사용한 우레탄 도료이다.

㈏ 원래 목재의 OH 성분으로, 목재에 대한 접착력이 강하고 강인한 도막을 형성하기 때문에 오늘날 고급 목재 가구 도장은 물론 일반 가구, 악기, 완구 등에도 사용된다.

㈐ 경도, 유연성, 내마모성이 우수하여 체육관, 목재 마룻바닥 등의 도장에도 중요한 역할을 한다.

② 아크릴 우레탄 도료

㈎ 폴리올 성분으로 −OH기를 많이 가진 아크릴수지를 사용하면 물과 같이 맑은 색상의 아크릴 우레탄이 된다.

㈏ 아크릴 우레탄 도료는 특히 속건성이며, 상온에서 저온까지 다양한 온도에서 경화가 가능하다.

㈐ 플라스틱 도장, 목재, 철재, 차량 보수 도장 등에 사용된다.

예 | 상 | 문 | 제

합성수지 도료 ◀

1. 합성수지 중 도료용으로 현재 많이 사용하는 수지는?

① 페놀수지 ② 비닐수지
③ 규소수지 ④ 크레졸수지

해설 페놀수지는 도료용 페놀수지 중 가장 많이 사용하며, 코펄 니스 대용으로도 사용한다.

2. 셸락 대용으로 사용하는 페놀수지 도료는?

① 열경화성 페놀수지 도료
② 유용성 페놀수지 도료
③ 100% 페놀수지 도료
④ 알코올 가용성 페놀수지 도료

해설 알코올 가용성 페놀수지 도료는 셸락 대용품으로 사용되며, 알코올에 녹여서 알코올 니스 제조에 사용한다.

3. 도료용 페놀수지 중에서 가장 많이 쓰이는 것은?

① 열경화성 페놀수지 도료
② 알코올 가용성 페놀수지 도료
③ 유용성 변형 페놀수지 도료
④ 100% 페놀수지 도료

해설 유용성 변형 페놀수지 도료
- 도료용 페놀수지 중 가장 많이 사용하며, 코펄 니스 대용으로도 사용한다.
- 품질이 좋은 유성 니스나 유성 에나멜 제조에 사용한다.

4. 구워붙임용의 알코올 니스를 제조하는 페놀수지 도료는?

① 알코올 가용성 페놀수지 도료
② 열경화성 페놀수지 도료
③ 유용성 페놀수지 도료
④ 100% 페놀수지 도료

해설 열경화성 페놀수지 도료는 알코올에 녹여서 구워붙임용 알코올 니스나 에나멜 제조에 사용한다.

5. 구워붙임용 프탈산수지 도료는 몇 도에서 구워붙임을 하는가?

① 100~140℃ ② 150~160℃
③ 60~80℃ ④ 150~200℃

해설 구워붙임용 프탈산수지 도료
- 비교적 저온(100~140℃)에서 구워붙임을 한다.
- 잘 변색되지 않고 단단하며 부착력, 내후성, 내수성이 우수하다.

6. 다음 중 자연 건조용 프탈산수지 도료의 건조 시간은?

① 10~24시간 ② 5~8시간
③ 4~6시간 ④1~2시간

해설 자연 건조용 프탈산수지 도료
- 프탈산수지 도료 중에서 사용량이 가장 많다.
- 주로 자연 건조(10~24시간)하며 중차량, 교량, 기계 등에 사용한다.

7. 최근에 만들어진 것으로 엷은 노란색의 합성수지는?

① 아미노 알키드수지
② 페놀수지
③ 에폭시수지
④ 폴리에스테르수지

해설 에폭시수지 도료는 최근에 만든 것으로 엷은 노란색이며 접착력과 내구성이 뛰어나다.

정답 1. ① 2. ④ 3. ③ 4. ② 5. ① 6. ① 7. ③

1-5 유성 페인트

1 유지

① 유성 페인트의 원료이며, 아마인유와 같은 건성유의 피막이 건조 · 경화되는 성질을 이용한 도료를 말한다.

② 여러 종류의 건성유를 가열 · 탈색하여 원유보다 엷게 만들고, 적당한 점도와 건조성을 갖도록 한 것이다.

③ 보일드유, 아마인유, 바닥칠용 보일드유, 정제유가 페인트 원료에 주로 사용된다.

2 유성 페인트의 종류

① **견련 페인트 :** 단단한 풀 덩어리와 같은 페인트로 보일드유에 녹여서 사용하며, 목적에 따라 자유롭게 조합할 수 있다. 쉽게 변질되지 않고, 기후 풍토가 다른 곳에서도 조합하여 쓸 수 있다.

② **조합 페인트 :** 바로 도장할 수 있도록 만든 페인트로, 각각의 용도에 맞게 만들어진 것이 특징이다.

3 유성 니스

(1) 특징

목재부의 도장에 주로 사용되며, 단유성 니스가 장유성 니스보다 건조가 빠르다.

수지와 건성유의 배합 비율에 따른 분류

종 류	수지량	건성유량
단유성 니스	1	1/4~2/3
중유성 니스	1	2/3~2
장유성 니스	1	2~3

(2) 용도에 따른 분류

① **콜드사이즈 니스 :** 단유성 니스이며, 바닥칠용이나 목재의 눈메움재로 사용한다.

② **코펄 니스 :** 중유성 니스이며, 건조가 빠르고 가구, 건축, 차량 내부에 사용한다.

③ **보디 니스 :** 장유성 니스이며, 외부 상칠용으로 페인트나 에나멜 칠 위에 도장하여 광택을 얻을 수 있다.

④ **스파 니스 :** 장유성 니스이며, 에스테르고무와 동유로 제조한다. 외부 니스 도장의 상칠용으로 사용한다.
⑤ **페놀수지 유성 니스 :** 내부용은 단유성 니스로 도막이 단단하며, 외부용은 장유성 니스로 내후성이 우수하다.
⑥ **투명 구워붙임 니스 :** 고온 건조하며, 주로 양철판이나 기타 금속 제품의 보호 도장에 사용한다.
⑦ **수지 니스 :** 수지를 용제에만 녹인 니스로, 셸락 니스와 알코올 니스가 있다.
⑧ **흑니스**
(가) 휘발성 흑니스 : 주로 녹 방지용 내산, 내수 도장에 사용한다.
(나) 유성 흑니스 : 광택이 좋고 내후성이 좋은 도막을 만든다.
(다) 구워붙임 흑니스 : 150℃ 이상의 고온에서 굽고 8시간 이내에 건조된다. 자동차 팬더, 전기기계, 강철 등에 도장한다.

4 유성 에나멜

에나멜은 안료와 니스를 혼합하여 제조한 것을 말한다.
① **저급 에나멜 :** 수지 니스 또는 단유성 니스로 제조하며 농기구, 목공품 등을 간단히 칠할 수 있다.
② **내부용 고급 에나멜**
(가) 주로 장유성 니스를 쓰며, 수지는 코펄과 같은 경질의 고급 수지를 쓴다.
(나) 가구나 건축의 내부 또는 기계 · 기구의 고급 도장에 사용한다.
③ **외부용 에나멜**
(가) 스파 니스 또는 장유성 니스로 제조한다.
(나) 도막이 강하여 차량, 건축 등 외부 도장에 사용한다.
④ **무광 에나멜 :** 체질 안료를 많이 사용하여 용제를 다량으로 배합하고, 알루미늄 스테아레이트와 같은 무광제를 배합하여 만든다.
⑤ **페놀수지 에나멜**
(가) 건조가 빠른 특징이 있다.
(나) 내부용 에나멜은 단유성 또는 중유성 니스를 사용하며, 외부용 에나멜은 장유성 니스를 사용한다.
⑥ **구워붙임 에나멜**
(가) 고온으로 건조한 에나멜이다.
(나) 철재가구, 기계기구의 착색 도장에 사용한다.

예 | 상 | 문 | 제

유성 페인트 ◀

1. 유성 니스 중 가구나 건축, 차량 등 내부 상칠용으로 가장 적합한 니스는?

① 골드사이즈 니스 ② 보디 니스
③ 스파 니스 ④ 코펄 니스

해설 • 유성 니스 중 가구, 건축, 차량 등 내부 상칠용으로 가장 적합한 니스는 코펄 니스이다.
• 보디 니스나 스파 니스는 외부 상칠용이다.

2. 화장대 위에 물그릇을 놓았더니 흰 자국이 생겼다. 어떤 칠을 한 경우인가?

① 래커 ② 휘발성 에나멜
③ 휘발성 니스 ④ 유성 페인트

3. 조합 페인트가 견련 페인트보다 좋은 점을 고르면?

① 바로 도장할 수 있도록 되어 있다.
② 기후풍토가 다른 곳에서도 조합하여 사용할 수 있다.
③ 자유로운 조합이 어렵다.
④ 오래도록 저장해도 변질이 안 된다.

해설 조합 페인트는 바로 도장할 수 있도록 만든 페인트로, 각각의 용도에 적합하도록 만들어진 것이 특징이다.

4. 유성 니스로 토분과 반죽하여 목재의 눈메움제로 사용하는 것은?

① 코펄 니스 ② 골드 사이즈
③ 보디 니스 ④ 스파 니스

해설 골드사이즈 니스는 단유성 니스이며, 바닥칠용이나 목재의 눈메움재로 사용한다.

5. 다음 중 양철판이나 기타 금속 도장에 쓰이는 니스는?

① 페놀수지 유성 니스
② 보디 니스
③ 수지 니스
④ 투명 구워붙임 니스

해설 투명 구워붙임 니스 : 고온 건조하며, 주로 양철판이나 기타 금속 제품의 보호 도장에 사용한다.

6. 니스 중 자동차 팬더나 전기기계, 강철 기구 등에 사용되는 니스는?

① 휘발성 흑니스 ② 유성 흑니스
③ 구워붙임 흑니스 ④ 스파 니스

해설 구워붙임 흑니스
• 150℃ 이상의 고온에서 굽고 8시간 이내에 건조된다.
• 자동차 팬더, 전기기계, 강철 등에 도장한다.

7. 코펄과 같은 경질의 수지를 쓴 에나멜은?

① 저급 에나멜 ② 무광 에나멜
③ 외부용 에나멜 ④ 내부용 에나멜

해설 내부용 고급 에나멜
• 주로 장유성 니스를 사용하며, 수지는 코펄과 같은 경질의 고급 수지를 쓴다.
• 가구나 건축의 내부 또는 기계·기구의 고급 도장에 사용한다.

8. 목제품의 유성 니스 투명 도장 시 바닥칠을 하는 목적이 아닌 것은?

① 착색을 고착시키며 흡수를 방지한다.
② 눈메움 작업을 쉽게 할 수 있다.
③ 다음에 칠하는 도막의 부착력을 좋게 한다.
④ 상칠을 할 때 건조를 촉진시킨다.

정답 1. ④ 2. ③ 3. ① 4. ② 5. ④ 6. ③ 7. ④ 8. ④

1-6 섬유소계 도료

1 섬유소계 도료의 특징

① 셀룰로오스 유도체를 전색제의 주성분으로 하고, 여기에 천연수지 또는 합성수지 가소제 및 안료 등을 병용한 도료를 말한다.
② 나이트로셀룰로오스, 아세틸셀룰로오스, 벤질셀룰로오스와 같은 용제에 가용성 섬유소 유도체를 주성분으로 하는 도료이다.
③ 도막 형성의 기구가 유성 도료 또는 가열 건조형 도료와는 전혀 다르며, 용제의 휘발에 의해 도막을 형성한다.
④ 건조가 매우 빠르고 강한 도막을 만든다.
⑤ 종류에 따라 내자외선성, 내약품성, 난연성이 있고, 내후성 및 내유성이 강하다.
⑥ 섬유소계 도료의 종류는 크게 래커와 아세틸셀룰로오스 도료, 벤질셀룰로오스 도료로 구분할 수 있다.

2 섬유소계 도료의 종류

(1) 투명 래커

① **목재용 투명 래커 :** 목재, 가구, 건축, 차량 등의 내부에 있는 목부 투명 도장에 사용한다.
② **피니싱 래커 :** 래커 에나멜을 도장할 때 마지막에 상칠하는 에나멜에 첨가하여 배합한 것으로, 광택을 얻고 백태(chalking) 현상을 방지한다.
③ **메탈 래커 :** 금속용 래커로 놋쇠, 주석, 청동, 니켈 등의 금속 면에 칠하여 녹막이용으로 사용한다.

(2) 래커 에나멜

유색 불투명하며 차량 등의 외부 도장에 사용되지만 내부용으로도 사용된다.

(3) 특수 래커

① **붓칠용 래커**
㈎ 래커는 휘발이 빠르기 때문에 뿜칠을 하지만 붓칠용 래커는 붓으로 칠을 할 수 있게 만든 래커이다.
㈏ 건조를 늦추게 하는 간단한 끝맺음용 래커로 사용한다.

② **무광 래커**

㈎ 무광택 도면이 생성되는 래커이다.

㈏ 반무광 래커도 있으나 실제로는 마찰하면 광택을 일으키기 쉽다.

③ **크래킹 래커 :** 고른 면에 칠하면 도막에 균열이 생기는 래커 에나멜이다.

④ **가죽용 래커 :** 가죽의 착색 또는 장식용으로 도장하는 래커이며, 종이나 천 등의 도장에도 적합하다.

(4) 하이 솔리드 래커

① 래커의 특징인 속건성, 도막의 경도, 내유성, 내수성과 유성 도료의 특징인 내후성, 부착력, 도막의 두께 등의 장점을 살리기 위해 혼용한 도료이다.

② 구워붙임용도 있다.

(5) 핫 래커

① 소량의 용제로 고온에서 뿜칠을 하여 도장할 수 있게 만든 것이다.

② 래커의 온도가 70℃ 정도일 때 도장한다. 이 온도 이상으로 올리는 것은 점도 저하에 의미가 없다.

③ 두꺼운 도막이 형성되므로 도장 횟수를 줄일 수 있다.

예 | 상 | 문 | 제

섬유소계 도료 ◀

1. 래커 바탕칠에 관한 사항 중 틀린 것은?

① 프라이머(primer)는 바탕과의 부착이 잘 되게 한다.
② 퍼티(putty)는 프라이머 면에 바탕의 요철을 고르고, 건조 후 연마하여 평활하게 한다.
③ 서피서(surfacer)는 칠한 면을 평활하게 하는 것으로 흰색도 있다.
④ 희석제로 에나멜 시너를 약간 혼합하여 사용한다.

해설 • 프라이머 : 도료를 여러 번 칠하여 도막층을 만들 때 내식성과 부착성을 증가시키기 위해 밑바탕에 맨 처음 칠하는 도료이다.
• 퍼티 : 목공품의 균열을 막거나 못질 마무리에서 구멍을 채울 때 사용한다.
• 서피서 : 불규칙한 표면을 채우기 위한 것으로, 샌딩이 쉬운 페인트이다.

2. 일반적인 래커는 무엇을 주성분으로 하는가?

① 벤질 셀룰로오스
② 아세틸셀룰로오스
③ 나이트로셀룰로오스
④ 폴리에스테르수지

3. 핫 래커로 도장할 때 래커의 온도는?

① 약 70℃ ② 약 80℃
③ 약 90℃ ④ 약 100℃

해설 핫 래커는 고온에서 뿜칠을 할 수 있도록 만든 래커로, 래커의 온도가 70℃ 정도일 때 도장한다.

4. 다음 중 목재의 본무늬를 살리기 위한 도장 재료는?

① 클리어 래커
② 래커 에나멜
③ 연단 프라이머
④ 에나멜 페인트

해설 클리어 래커 : 안료를 가하지 않고 나이트로셀룰로오스, 수지, 가소제를 휘발성 용제로 녹인 래커로, 목재의 본무늬를 살리기 위한 도장 재료이다.

5. 목공예품 도장 재료로 알맞지 않은 도료는?

① 캐슈 ② 메탈 래커
③ 샌딩 실러 ④ 셸락 니스

해설 • 캐슈는 옻칠 대용이며, 샌딩 실러는 니스 작업 전 표면을 매끄럽게 하고, 셸락 니스는 가구나 건축에 가장 많이 사용하는 알코올 니스이다.
• 메탈 래커는 금속면에 칠하여 녹막이용으로 사용하는 투명 래커이다.

6. 다음 중 에나멜에 첨가하여 상칠할 때 사용하는 래커는?

① 메탈 래커 ② 래커 에나멜
③ 크래킹 래커 ④ 피니싱 래커

해설 피니싱 래커는 래커 에나멜을 도장할 때, 마지막에 상칠하는 에나멜에 첨가하여 배합한 것으로, 광택을 얻고 백태 현상을 방지한다.

정답 1. ④ 2. ③ 3. ① 4. ① 5. ② 6. ④

제 2 장 도막과 건조

2-1 도막 건조 방법

1 건조

피도물에 도료를 도포하면 용제가 증발하거나, 합성수지 도료에서 열 중합 또는 광 에너지나 전자에너지에 의해 도료가 중화되는 것을 건조라 한다.

2 도막 건조 방법

(1) 자연 건조법

① 대기 중에 피도물을 방치하여 자연히 건조시키는 방법이다.
② **건조 조건** : 20℃ 이상의 온도와 70% 이하의 습도, 그리고 통풍이 필요하다.
③ 대기의 오염이 없고 일정한 온도를 유지해야 한다.
④ **단점** : 넓은 장소와 환경의 제약, 긴 건조시간 등

(2) 가열 건조법

① 자연 건조법의 단점을 보완하고 생산성 향상과 품질의 안정성을 위한 방법이다.
② 열을 가하여 피도물 도막의 수분과 휘발 성분을 제거하는 방법이다.

2-2 건조로

1 형태에 의한 분류

① **밀폐형** : 피도물을 건조로 내부에 넣고 밀폐시켜 건조한 다음 꺼내는 방법이다. 주로 소규모에 사용한다.

② **터널형** : 컨베이어의 흐름에 의해 피도물을 건조로 내부로 통과시켜 가열 건조시키는 방법이다. 대규모, 대량 생산에 주로 사용한다.

2 용도에 의한 분류

용도에 따라 도장 건조로, 물 가름 건조로, 예열 건조로로 분류할 수 있다.

3 가열 방법에 의한 분류

① **복사식** : 복사열을 발생하는 전기 저항 발열체, 적외선 전구, 가스 적외선 히터 등을 사용하여 가열하는 방법이다.
② **대류식** : 열원에서 발생한 가열된 공기로 건조하는 방법이다.

4 열풍에 의한 분류

① **직접식** : 가열된 공기를 관을 통해 직접 건조실로 보내는 방법이다.
② **간접식** : 가열된 공기나 가스 등을 애몰핀 튜브 또는 핀이나 주름 등을 통해 열을 방출하는 방법이다.

2-3 건조 설비의 종류와 특징

1 적외선 건조 설비

(1) 특징

① 적외선에는 근적외선과 원적외선이 있다. 근적외선은 적외선 전구를 사용하고, 원적외선은 반사 소자를 열원으로 사용한다.
② 적외선 건조 설비는 열효율이 높고 건조 속도가 빠르며, 화재 위험이 적고 취급이 용이하여 소규모 공장에서 많이 사용한다.
③ 원리는 모두 복사선과 전자파로, 열원이 직접 물체에 도달 · 흡수되어 열에너지를 방출하면서 건조되는 방식이다.

(2) 종류

① **근적외선 건조로** : 긴 파장을 발생시키는 전구, 가스버너 등을 열원으로 한다.
② **원적외선 건조로** : 전기 에너지를 이용하여 내열 섬유나 철판 위에 특수 점토나 카본 등을 칠하고, 뒤에서 가열하는 것이 일반적이며 열효율이 높다.

③ **가스 적외선 건조로 :** 도장용 건조로는 연소량의 폭이 넓고 자동조절이 쉬운 로터리형을 사용한다.

2 자외선 건조 설비

① **품질 향상 :** 순간 경화가 이루어지며 동일 조건의 품질 생산을 보장할 수 있다. 안정된 구조로 인해 안정된 도장이 이루어진다.

② **무공해성 :** 용제의 배출이 없어 공해 대책이 완전하다.

③ **경비 절감 :** 같은 품질의 제품을 빠른 속도로 양산한다. 건조기에 적외선(IR)을 이용하여 전기를 절약할 수 있으며, 유지 보수가 간편하다.

3 열풍 대류 건조 설비

(1) 열풍 대류 건조로

① 열 공기를 매체로 하여 전도 및 대류 현상을 이용한 건조 장치이다.

② 가열 방식에 따라 크게 대류로(열풍로)와 복사로로 구분한다.

③ 대류로는 가열 기체의 가열 방식에 따라 직접형과 간접형으로 구분하며, 대류가 발생하는 방법에 따라 자연 대류형과 강제 대류형으로 분류할 때도 있다.

(2) 열풍 발생로(연소로)

① **직접형 :** 열원을 직접 순환 장치에 유입시켜 연료의 연소 가스가 직접 피도물에 접촉되는 방식이다.

② **간접형 :** 열 교환기를 사용하여 열원을 가열하는 방식이다.

(3) 건조로

① **자연 대류로 :** 건조로 내부 각 부분의 공기 온도를 일정하게 조절하기 어렵기 때문에 큰 피도물의 경우에는 소결 얼룩이 생길 수 있다.

(가) 직접형 : 노 내에서 가스체 연료를 직접 연소하는 형식으로, 가스 폭발의 위험성 등 안전성에 염려가 있다.

(나) 간접형 : 파이프 내에서 액체 연료 등을 연소하는 형식으로, 열 교환 효율이 불량하여 경제적인 면에서 효율성이 떨어진다.

② **강제 대류로 :** 가장 일반적으로 많이 사용하는 형식이며, 고도의 도막을 요구하는 대량 생산 체제에서 많이 사용한다.

예 | 상 | 문 | 제

도막과 건조 ◀

1. 도막 건조 방법 중에서 자연 건조법의 조건으로 알맞은 것은?

① 온도 20℃ 이하
② 습도 70% 이하
③ 습도 70% 이상
④ 환경의 제약이 없다.

해설 자연 건조법의 건조 조건
- 20℃ 이상의 온도
- 70% 이하의 습도
- 통풍이 필요하다.

2. 가열 건조법의 설명으로 틀린 것은?

① 자연 건조법의 단점을 보완한 방법이다.
② 생산성 향상과 품질의 안정성을 위한 방법이다.
③ 열을 가하여 피도물 도막의 수분과 휘발성분을 제거하는 방법이다.
④ 대기 중에 피도물을 방치하여 자연히 건조시키는 방법이다.

해설 대기 중에 피도물을 방치하여 자연히 건조시키는 방법은 자연 건조법이다.

3. 컨베이어를 사용하여 흐름에 따라 피도물을 건조로 내부로 통과시켜 가열 건조시키는 건조로는?

① 밀폐형 건조로 ② 예열 건조로
③ 터널형 건조로 ④ 물 가름 건조로

해설 터널형 건조로
- 컨베이어의 흐름에 따라 피도물을 건조로 내부로 통과시켜 가열 건조시킨다.
- 대규모, 대량 생산에 주로 사용한다.

4. 건조로를 용도에 따라 분류했을 때 해당 사항이 없는 것은?

① 도장 건조로 ② 직접식 건조로
③ 예열 건조로 ④ 물 가름 건조로

해설 용도에 따른 건조로의 분류
- 도장 건조로
- 예열 건조로
- 물 가름 건조로

5. 가열된 공기나 가스 등을 핀이나 주름 등을 통해 열을 방출하는 건조로는?

① 복사식 ② 직접식
③ 간접식 ④ 대류식

해설 간접식 건조로는 가열된 공기나 가스 등을 애몰핀 튜브 또는 핀이나 주름 등을 통해 열을 방출한다.

6. 열풍 대류 건조로에 대한 설명으로 옳지 않은 것은?

① 열 공기를 매체로 하여 전도 및 대류 현상을 이용한 건조 장치이다.
② 가열 방식에 따라 크게 대류로와 복사로로 구분한다.
③ 대류로는 가열 기체의 가열 방식에 따라 직접형과 간접형으로 구분한다.
④ 열원을 직접 순환 장치에 유입시켜 연료의 연소 가스가 직접 피도물에 접촉되는 장치이다.

해설 열원을 직접 순환 장치에 유입시켜 연료의 연소 가스가 직접 피도물에 접촉되는 장치는 직접형 열풍 발생로에 대한 설명이다.

정답 1. ② 2. ④ 3. ③ 4. ② 5. ③ 6. ④

제 3 장 착색제

3-1 착색제

1 착색

① 착색의 목적은 목재에 색채를 주고 바탕색을 개량하여 한층 아름답게 하는 데 있다. 눈메움의 색과 조화시킨다.
② 착색에는 여러 가지 염료나 안료가 사용되지만 안료는 불투명한 성질로 인해 탁한 느낌을 줄 수 있으므로 고급품에 사용할 때는 신중해야 한다.
③ 착색제는 대부분 아닐린 물감으로 만들어진다.

2 착색제의 종류

(1) 수성 착색제

① 수성 착색제는 수용성 염료를 물에 용해하여 솔 또는 스프레이로 착색하는 것을 말한다.
② 저렴한 비용으로 원하는 색조를 자유롭게 만들기 쉬우며, 쉽게 구할 수 있어 널리 사용되고 있다.
③ 아닐린 물감을 더운물에 녹여서 사용한다.
④ 더운물 1L에 10~15g의 염료를 녹이며 염료 : 더운물 = 1 : 8의 비율로 한다.
⑤ 2가지 색 이상의 염료를 혼합할 때는 동일 계통의 것을 사용한다.
⑥ 산성 염료, 염기성 염료 등이 있다.
⑦ 나뭇결을 고려하여 선택한다.
⑧ 사용법이 간단하고 저렴하며, 마무리칠 도료가 번질 염려가 적다.
⑨ 유리 항아리나 토기 그릇에도 사용할 수 있다.
⑩ 목재에 침투력이 약하여 퇴색하기 쉽고 재질을 거칠게 하는 단점이 있다.

(2) 유성 착색제(오일 스테인)

① 특징

㈎ 유용성 염료를 녹여서 골드 사이즈 니스와 보일드유를 혼합한 것이다.
㈏ 침투성이 좋고 나뭇결이 선명하며 표면에 광택이 있어서 아름답게 착색되기 때문에 고급품에 사용한다.
㈐ 건조가 늦고 번짐 현상(블리딩)이 일어나는 특징이 있다.
㈑ 재질에 따른 흡수의 차가 크기 때문에 얼룩이 생기기 쉽다.

② 종류

㈎ 침투형 유성 착색제 : 수지, 건성유, 니스 등을 5~10% 함유한 탄화수소 용제 속에 유용성 염료를 1~3% 녹인 것으로, 가구의 재도장에 사용한다.
㈏ 비침투형 유성 착색제 : 가구류, 악기류 등의 목공품 착색에 사용되며, 건축에서는 판벽, 창틀, 마루 등에 사용한다.

(3) 알코올성 착색제

① 알코올 용성 염료를 알코올에 용해한 착색제이다.
② 현재 알코올성 착색제의 주를 이루는 것은 내광성이 좋고 다른 용제와 잘 어우러지는 염료이다.

(4) NGR 스테인

① 투명성이 좋아 단독으로 사용하기 어려우며, 우레탄 투명 도장 시 혼합하여 사용한다.
② 작업 속도가 빠르고 작업이 용이하다.
③ 균일한 착색 면을 얻을 수 있다.
④ 목재의 표면에 깃털이 생기지 않고 목질이 거칠어지지 않는다.

(5) 천연 착색제

① 천연 식물성 건성유를 주성분으로 한 목재 보호용 방습, 방부, 방충 도료이다.
② 목재의 부패 및 열화에 직접, 간접적으로 원인이 되는 수분, 오염 변색균류, 곰팡이류 및 자외선으로부터 목재를 보호한다.
③ 천연 오일을 수용화하여 이를 주원료로 한 목재 전용 도료이다.
④ 다양한 색상으로 목재 내부에 깊이 침투하여 방부, 방수 효과가 우수하며, 항균성을 갖춘 착색제이다.

착색제의 종류 및 특성

종류	특징	단점
수성 착색제	• 작업성이 용이하다. • 내후성이 비교적 좋다. • 인화성이 없다. • 색을 자유롭게 만들 수 있다. • 가격이 저렴하다.	• 바탕을 팽창시킨다. • 부풀음이 일어난다. • 건조가 늦다. • 내수성, 내광성이 약간 떨어진다. • 침투성이 나쁘다.
유성 착색제	• 바탕을 팽창시키지 않는다. • 침투성이 좋다. • 투명하여 나뭇결이 선명하다. • 마무리칠 도료의 흡수가 적다. • 깊이 있는 착색을 얻을 수 있다. • 부풀음이 일어나지 않는다.	• 건조가 늦다. • 내열성, 내광성이 좋지 않다. • 얼룩이 생기기 쉽다. • 가격이 비싼 편이다.
알코올성 착색제	• 건조가 빠르다. • 침투성이 좋다. • 발색이 선명하다. • 스프레이 착색에 적합하며, 다른 방법은 곤란하다.	• 부풀음이 일어난다. • 얼룩이 생기기 쉽다. • 내광성이 나쁘다. • 가격이 비싸다.
NGR 스테인	• 바탕을 팽창시키지 않는다. • 부풀음이 일어나지 않는다. • 건조가 빠르다. • 침투성이 좋다.	• 솔로 칠하기 어렵다. • 가격이 비싸다.
안료 착색제	• 색의 내구성, 내광성, 내열성이 우수하다. • 얼룩이 생기지 않는다. • 번짐이 없다.	• 나뭇결이 선명하지 않다. • 침투성이 나쁘다. • 투명성이 부족하다.
약품 착색제	• 번짐이나 벗겨짐이 없다. • 거의 퇴색되지 않는다. • 색조에 은근한 멋이 있다.	• 목질에 따라 발색이 다르다. • 원하는 색이 나오기 어렵다. • 작업이 복잡하다. • 솔이나 용기류가 상하기 쉽다. • 바탕을 거칠게 한다.
스모크 착색제	• 약품 착색제와 비슷하다. • 심부까지 균일하게 착색된다.	• 강한 자극 냄새에 적응하고 처리하는 데 시간이 오래 걸린다.

3 이상적인 착색제의 조건

① 내광성이 좋을 것
② 투명도가 높을 것
③ 목재의 표면뿐만 아니라 속까지 염색될 것
④ 착색 방법이 간단할 것
⑤ 염착성이 우수할 것
⑥ 다음 공정에서 도료의 건조에 영향을 미치지 않고 변색되지 않을 것

3-2 조색 작업

1 조색

① 원색은 단일 안료를 사용한 도료를 말하며, 각종 원색을 사용하여 지정된 색을 배합하는 작업을 조색 또는 색배합이라 한다.
② 특수한 색을 제외하고는 적, 황, 청, 백, 흑의 다섯 가지 원색을 주로 사용한다.

2 조색 작업의 주의 사항

① 조색용 원색의 수량을 최소화하여 선명한 색상을 만든다.
② 많이 소요되는 색이나 밝은 색부터 혼합한다.
③ 도료의 양이 많아지는 것을 방지하기 위해서 칠할 양의 80% 정도만 조색한다.
④ 조색 작업 시 무게와 부피를 측정하여 혼합 비율에 따른 데이터를 만들어 둔다.
⑤ 계통이 다른 도료와의 혼용을 피한다.
⑥ 조색 시 사용하는 용기나 교반봉(혼합 막대) 등은 항상 청결하게 유지한다.

3-3 착색 작업

1 착색 작업 방법

(1) 사전 처리하기

① 바탕면은 기름, 손때를 묻히지 않고 흠이 없도록 연마하여 평탄하게 한다.
② 솔이나 압축 공기로 먼지를 충분히 제거한다.

(2) 수성 착색제 바르기

① 부재의 표면에 공구 자국, 오물, 기름 등이 제거되었는지 알아본다.
② 표면을 더운물에 약간 적신 후 나뭇결이 솟아오르도록 한 다음 12시간 동안 건조시킨다.
③ 솟아오른 나뭇결을 #180 연마지로 문질러 평활하게 하고, 연하게 착색시킨다.
④ 브러시의 2/3 정도를 적시고 나뭇결 방향으로 길게 칠한다.
⑤ 칠 가장자리가 마르기 전에 연속적으로 빨리 칠한다.
⑥ 공작물 또는 제품의 한 부분씩 차례로 칠해 나간다. 중요한 부분은 마지막에 칠 작업이 끝나도록 한다.
⑦ 마구리면은 스펀지로 엷은 착색제를 바르는 것이 좋다.
⑧ 수성 착색제를 칠한 후 깨끗하게 걸레질 및 솔질을 하여 색이 일정하게 한다.
⑨ 색이 연한 경우에는 완전 건조 후 또는 12시간 후에 두 번째 칠을 한다.
⑩ 한꺼번에 진하고 두껍게 칠하는 것보다 엷게 2~3번 칠하는 것이 좋다.
⑪ 칠이 끝나면 브러시는 더운물에 씻고 깨끗한 종이나 헝겊에 싸 둔다.

(3) 알코올 착색제 바르기

① 표면을 조정하고, 더운물로 목재의 표면을 적셔 나뭇결이 솟아오르도록 한다.
② 표면을 건조시킨 후 #180 연마지로 가볍게 문지른다.
③ 브러시는 2/3 정도를 적신다.
④ 나뭇결에 따라 칠을 하되, 건조가 빠르므로 최대한 빨리 칠한다.
⑤ 가장 작업하기 어려운 부분부터 칠한다.
⑥ 처음 칠한 색이 연하면 완전 건조 후 두 번째 칠을 한다.
⑦ 칠이 끝나면 알코올로 브러시를 깨끗하게 씻고 종이에 싸서 말린다.

(4) 유성 착색제 바르기

① 소량의 착색제를 준비한다.
② 금속 막대로 착색제를 충분히 저어가면서 침전된 물감이 잘 섞이도록 한다.
③ 착색제의 색이 너무 진하면 용제를 섞어 연하게 맞춘다.
④ 브러시의 2/3 정도를 착색제에 적시고 통 언저리를 가볍게 눌러 양을 조절한다.
⑤ 나뭇결에 따라 착색제를 평탄하고 빠르게 칠한다.
⑥ 안쪽 모서리를 칠할 때는 모서리에서 바깥쪽으로 칠하기 시작한다.
⑦ 수직인 면은 위에서 아래로 붓질하고 동시에 옆면 쪽으로 솔질한다.
⑧ 수평인 면은 나뭇결 방향으로 면 전체 길이에 펼쳐서 솔질한다.

⑨ 마구리면은 스펀지로 엷은 착색제를 바르는 것이 좋다.
⑩ 칠이 건조되기 시작하면 깨끗한 걸레로 칠한 면을 닦아서 색이 일정하게 한다.
⑪ 24시간 동안 건조시킨다.
⑫ 칠이 끝나면 브러시는 용제로 깨끗이 세척한다.

(5) 착색 후 관리하기

① 착색 후 먼지, 수분, 유분, 기타 불순물에 오염되지 않도록 관리한다.
② 전용 건조실이 있다면 건조 조건을 인위적으로 조절하여 맞춘다.
③ 자연상태에서 건조할 때는 환경을 조절하기 어려우므로 착색된 면이 오염되지 않도록 외부의 손이 닿지 않게 관리한다.

참고

- 흡입이 잘되는 목재는 뿜칠을 한다. 아교, 카세인, 셸락 등을 엷게 칠하여 흡입을 방지하고 착색하는 경우도 있다.
- 착색제 사용 시 물감이 완전히 녹지 않으면 색반점이 생기므로 완전히 녹여서 농도를 가감한다.

예 | 상 | 문 | 제

착색제 ◀

1. 목재의 착색제 중 유성 착색제(오일 스테인)의 장점에 해당하지 않는 것은?

① 침투성이 크다.
② 상칠 도료의 흡수가 적다.
③ 아교 접착에 좋고 재면을 보존시킨다.
④ 수성 착색제보다 건조가 빠르다.

해설 수성 착색제가 유성 착색제보다 건조가 빠르다.

2. 다음 중 알코올성 착색제의 희석제로 적합한 것은?

① 메탄올
② 테레빈유
③ 톨루엔
④ 크실렌

3. 가구의 밑바탕 착색 재료로 적합한 것은?

① 토분
② 안료
③ 오일 스테인
④ 신나

4. 수성 스테인에 대한 설명으로 알맞지 않은 것은?

① 잘 퇴색하지 않아 재질을 거칠게 하지 않는다.
② 마무리칠 도료가 번질 염려가 적다.
③ 유리 항아리나 토기 그릇에도 사용할 수 있다.
④ 사용법이 간단하고 저렴하다.

해설 목재에 침투력이 약하여 퇴색하기 쉽고 재질을 거칠게 하는 단점이 있다.

5. 가구 제작 시 사용하는 착색제에 대한 설명으로 틀린 것은?

① 수성 착색제는 비교적 퇴색하기 쉽고 목재에 침투력이 약하다.
② 알코올 착색제는 건조가 느리나 붓질하기 용이하다.
③ 안료 착색제는 불투명하게 되기 쉽고 짙은 색 염색이 곤란하다.
④ 유성 착색제는 유용성 염료 등을 벤젠, 솔벤트, 나프타 등에 용해한 것이다.

해설 알코올 착색제는 퇴색하거나 얼룩이 생기기 쉽지만 색이 선명하고 건조가 빠르다.

6. 다음 중 NGR 스테인에 대한 설명으로 틀린 것은?

① 투명성이 좋은 염료계로 단독 사용이 어렵다.
② 유기 안료를 사용하여 제조한 착색제로 우레탄 투명 도장 시 단독으로 사용한다.
③ 작업 속도가 빠르고 작업이 용이하다.
④ 목재 표면에 깃털이 생기지 않고 목질을 거칠게 하지 않는다.

해설 유기 안료를 사용하여 제조한 착색제로 우레탄 투명 도장 시 혼합하여 사용한다.

7. 착색 작업에 대한 설명 중 틀린 것은?

① 착색 액은 원칙적으로 약간 엷게 조합한다.
② 곧은결은 무늬결보다 착색 흡수가 느리다.
③ 그늘지고 통풍이 잘되는 곳에서 건조시킨다.
④ 칠 가장자리가 마르기 전에 연속적으로 빨리 칠한다.

정답 1. ④ 2. ① 3. ③ 4. ① 5. ② 6. ② 7. ②

해설 • 한꺼번에 진하고 두껍게 칠하는 것보다는 엷게 2~3회 칠하는 것이 좋다.
• 곧은결이 무늿결보다 착색 흡수가 빠르다.

8. 목재의 착색에 관한 설명으로 틀린 것은?

① 바탕 착색은 직접 목재에 착색하는 방법이다.
② 염료 착색은 투명도가 높아 재질감을 노출시킨다.
③ 바탕 착색은 눈메움 또는 중간 칠이 끝난 면에 피막을 만들어 착색하는 방법이다.
④ 안료 착색은 일반적으로 불투명성으로 재질감을 저하시킨다.

해설 • 도막의 착색은 착색 도료를 사용하여 눈메움 또는 중간 칠이 끝난 면에 피막을 만들어 착색하는 방법이다.
• 진하면 불투명하게 되어 재질감을 없애버리므로 바탕의 결함을 감추는 데는 좋다.

9. 칠하기 전 바탕면을 착색할 때의 설명으로 잘못된 것은?

① 착색한 후 직사광선에 건조시키면 안 된다.
② 염료는 완전히 녹인 다음에 농도를 가감한다.
③ 흡수가 많이 되도록 충분히 칠하는 것이 좋다.
④ 염료가 완전히 녹지 않으면 얼룩이 생기기 쉽다.

10. 목재의 착색 방법에는 생지 착색과 도막 착색이 있으며, 착색제로는 염료, 안료, 화공 약품 등이 많이 사용된다. 다음 중 착색제의 구비조건이 아닌 것은?

① 내광성이 양호할 것
② 투명성이 양호할 것
③ 작업성이 양호할 것
④ 운반성이 양호할 것

해설 착색제의 구비조건
• 내광성이 우수할 것
• 투명성이 양호할 것
• 작업성이 양호할 것
• 염착성이 우수할 것
• 용해성이 양호할 것

정답 8. ③ 9. ③ 10. ④

제 4 장 표백 작업

4-1 표백제

1 표백

① 목재를 엷은 색(담색)으로 만들어 명도를 향상시키는 화학적인 처리를 말한다.
② 수종에 따라 표백이 아니라 착색이 되기도 한다.

2 표백제의 종류

① **암모니아수** : 28%의 암모니아수와 38%의 과산화수소를 1 : 1로 혼합한 것
② 아염소산나트륨, 탄산나트륨, 과산화수소액

4-2 아염소산나트륨법

1 특징

① 표백 시 가열해야 하며 목재의 뒤틀림이 발생할 수 있다.
② 오동나무는 도부법 1~2회로, 너도밤나무 · 참나무 · 벚나무는 도부법 2~3회로 충분히 표백된다. 계수나무, 느티나무는 표백 효과가 거의 없다.
③ 무늬 단판이나 소형 목재에 적합하다.

2 종류

(1) 침지법

① 0.3% 탄산나트륨($NaCO_3$) 수용액으로 60~70℃에서 30분 정도 침지 후 꺼내어 물로 세척한다.

② 2% 아염소산나트륨($NaClO_2$) 수용액에 질산(HNO_3)을 소량 넣고 65~75℃에서 30~40분 정도 침지 후 꺼내어 물로 세척한다.

(2) 도부법

① 침지법보다 표백 효과가 떨어진다.
② 아염소산나트륨과 물의 3 : 100 수용액을 목재의 면에 붓으로 바른 다음, 질산과 물의 0.5 : 100 수용액을 바른다.
③ 60~70℃에서 건조한 후 가열한다.

4-3 과산화수소액법

1 특징

① No.1 용액과 No.2 용액 모두 각각 다른 붓과 용기를 사용한다.
② 붓은 식물성 섬유나 합성 섬유제의 것을 사용하며, 사용 후 반드시 씻어야 한다.
③ 금속 용기는 부적합하며 유리 제품을 사용한다.
④ 활엽수재의 경우 모든 수종에 대해 표백이 가능하다.
⑤ No.1액 : 소다회(무수탄산나트륨) 10g을 50℃의 온수 60mL에 용해한 것
⑥ No.2액 : 과산화수소(35%) 80mL에 물 20mL를 더하여 제조한 것

2 종류

(1) 침지법

① No.1액에 침지하여 액을 충분히 침투시킨 후 꺼내고, 표면에 묻어 있는 과도한 액을 걸레로 닦아낸 다음 No.2액에 침지시킨다.
② 표백 후 건조시켜 수조에 넣고 거품이 나오지 않을 때까지 계속 물로 씻는다.

(2) 도부법

① No.1액이 충분히 침투하도록 붓으로 균등하게 도부하고, 약 5분 후 목분을 사용하여 걸레로 닦아낸 다음 No.2액을 균등하게 도부하고 건조한다.
② No.2액을 도부하면 표백작용이 시작되며 거품이 발생한다. 3시간 이상 방치한 다음 물걸레로 닦아낸다.
③ 18~24시간 방치할 때 최적의 효과가 있다.

제 5 장 접합 재료와 접착제

5-1 접착제

1 접착제의 개요

(1) 접착제

① 접착제는 두 물체를 서로 붙이기 위해 사용하는 물질로, 접착하는 물체의 종류에 따라 많은 종류가 있다.

② 접착 온도에 따라 20~30℃에서 경화되는 상온 경화 접착제, 30℃ 이상에서 경화되는 가열 경화 접착제로 분류한다.

(2) 목재의 접착 조건

① 접착층은 0.06mm 정도의 막과 같은 모양을 이루는 상태가 가장 좋다.

② 목재의 비중이 클수록 활엽수재가 침엽수재보다 접착력이 강하다.

③ 물관이 크거나 많은 것은 접착제를 많이 흡수하여 접착력이 저하되는 편이다.

④ 목재의 함수율이 8~12%일 때 접착력이 가장 좋다.

⑤ 종단면이 횡단면(마구리면)보다 접착력이 좋다.

⑥ 접착면은 평활해야 하며, 접착면이 오염되면 알코올 등으로 닦거나 다시 깎아서 붙인다.

(3) 접착제의 조건

① 충분한 접착성과 유동성을 가져야 한다.

② 진동과 충격에 안정해야 한다.

③ 피접착물 분자와 접착제 분자 사이에 긴밀한 결합성이 있어야 한다.

④ 수축, 팽창에 수반하여 발생하는 내부 응력이 작아야 한다.

⑤ 내수성, 내열성, 내약품성 및 전기 절연성, 투명성, 속건성이 있어야 한다.

2 성질에 따른 접착제의 종류

① **천연 접착제 :** 녹말계, 단백질계(아교, 카세인), 수지계(송진, 셸락), 고무계(라텍스) 등이 있다.

② **핫멜트 접착제**

(가) 고무 계열, 폴리아마이드, 에틸렌초산비닐 아세테이트(EVA), 폴리우레탄의 재질 성분이 있다.

(나) 포장용, 목공 작업용 등 다양한 분야에 사용한다.

③ **수성 접착제**

(가) 폴리아세트산비닐 아세테이트(PVAc), 에틸렌초산비닐 아세테이트(EVA), 아크릴 재질의 성분이 있다.

(나) 목재 접착, PVC 시트 접착, PVC 바닥재 접착용으로 사용한다.

④ **유성 접착제**

(가) 고무 계열과 합성수지 계열, 우레탄 계열의 성분이 있다.

(나) 금속 접착, 고무 접착, PVC 시트 접착, 에지 접착, 멤브레임 시트 접착 등에 사용한다.

⑤ **실리콘 접착제**

(가) 초산 재질, 무초산 재질, 바이오형, 수성 아크릴 성분이 있다.

(나) 유효 기간은 일반적으로 1년이며, 이후 점성이 떨어진다.

(다) 건축 자재의 틈, 타일의 이음새, 유리 부착용 등으로 사용한다.

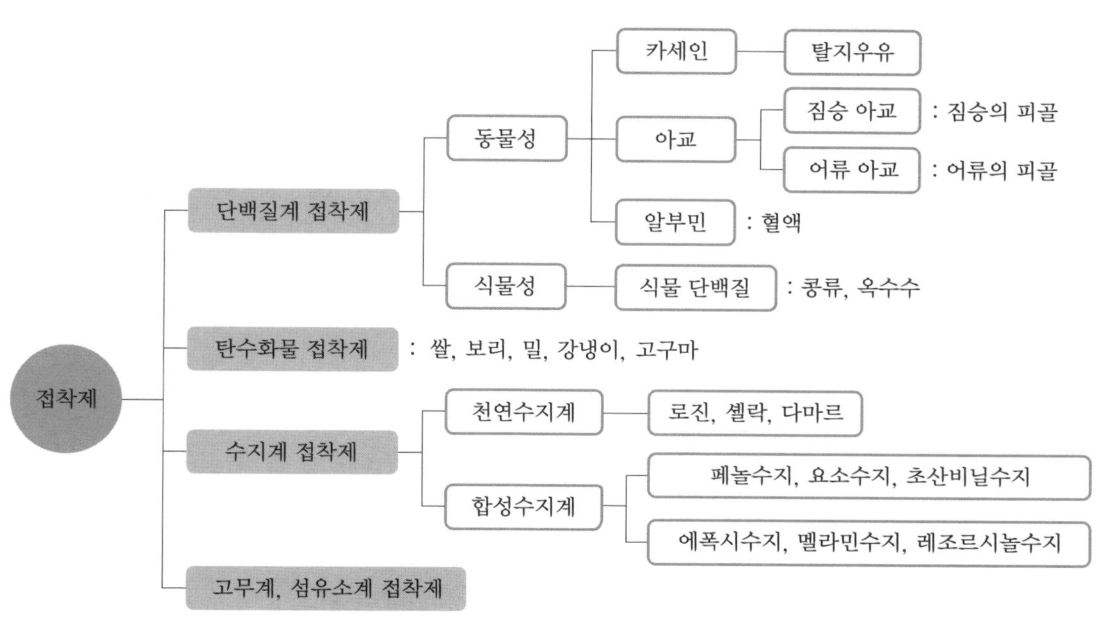

광범위한 접착제의 분류

3 고체화 방법에 따른 접착제의 종류

고체화(고화) 방법에 따른 접착제의 종류

종 류	유동을 주는 수단	고체화시키는 수단
용제 접착제	용제에 녹인다.	용제를 휘발시킨다.
압감 접착제	압력을 준다.	압력을 제거한다.
열감 접착제	온도를 높인다.	온도를 내린다.

4 자주 사용하는 접착제의 특징

(1) 아교

① 고착시간이 짧고 접착력이 강하며 사용이 간단하지만, 부패하기 쉽다.

② **아교를 녹이는 방법**

(가) 아교를 천에 싸서 깨끗한 물에 5~6시간 담갔다가 2~3시간 60~80℃의 온도를 유지하면서 녹인다.

(나) 2개의 통을 겹쳐서 외부의 큰 통에는 물을 넣고, 내부의 작은 통에는 아교를 넣어 가열한다.

(다) 아교액과 물의 중량 비는 1 : 1.5~2 정도로 한다.

(2) 카세인

열경화성 합성수지 접착제보다 고착시간이 늦지만 접착력은 우수하다.

(3) 페놀수지 접착제

① 가장 오래된 합성수지 접착제로 외장용 합판, 옥외용 집성재 등에 사용한다.

② 접착력, 내약품성이 우수하나 접착층이 착색되는 단점이 있다.

③ 유리나 금속의 접착에는 알맞지 않다.

(4) 요소수지 접착제

① 저렴하고 접착력이 우수하다.

② 상온에서 경화되어 합판, 집성재, 파티클보드, 가구 등에 널리 사용된다.

(5) 아세트산비닐수지계 접착제

* 용액형과 에멀션형의 2가지가 있다.

① 사용시간에 제한이 없으며 상온에서 단시간에 경화된다.

② 에멀션형은 아교나 카세인 대용품으로 많이 사용한다(본드).

(6) 에폭시수지 접착제

① 경화 수축이 일어나지 않는 열경화성 수지로, 현재 접착제 중 가장 우수하다.
② 압력을 가할 필요가 없고 상온에서 사용할 수 있다.
③ 내수성, 내산성, 내알칼리성, 내열성이 우수하다.

(7) 멜라민수지 접착제

① 외관상 요소수지와 비슷하며, 단독으로는 접착제로 사용하지 않는다.
② 내수성, 내약품성, 내열성이 우수하며 착색이 자유롭다.
③ 가격이 비싸고 저장 안전성이 좋지 않으며, 그 기간도 짧다.

(8) 레조르시놀수지 접착제

① 레조르시놀과 포르말린의 화합물로 적갈색의 점성이 있는 접착제이다.
② 내수성, 내약품성, 내균성이 우수하지만 값이 비싸고 착색이 되는 단점이 있다.
③ 내수 합판이나 옥외용 집성재 등에 사용한다.

5 합성수지계 접착제의 종류와 용도

합성수지계 접착제의 종류와 용도

구분	종류	용도
열경화성 수지 접착제	페놀수지	합판, 목제품, 금속, 유리, 열경화성 플라스틱
	레조르시놀수지	합판, 목제품, 금속, 나일론, 아크릴수지
	요소수지	합판, 목제품, 강화 목재
	멜라민수지	합판, 목제품
	폴리에스테르수지	고급 합판, 목제품, 적층판
	폴리우레탄수지	목재, 유리, 금속, 도기, 고무, 플라스틱
	에폭시수지	폴리에틸렌, 테플론, 연질 폴리염화비닐 및 부틸 고무를 제외한 거의 모든 접착
	실리콘수지	실리콘 고무, 실리콘 적층품, 금속
열가소성 수지 접착제	폴리아세트산비닐	금속, 유리, 도기, 목재, 가죽
	폴리비닐알코올	종이 제품, 셀로판
	폴리아크릴산 에스테르	금속, 종이, 섬유, 금속박
	나이트로셀룰로오스	가죽, 나무, 종이

5-2 접착기계

1 작업별 접착기계

접착 작업별 접착기계와 접착제

접착 작업	접착기계	접착제
판재와 판재의 접합	콜드프레스/스프레더	수성 PVAc
판재에 PVC 시트 접합	핫프레스	수성 EVA
판재에 PVC 타일 접합	콜드프레스	수성 PVAc
판재에 멤브레임 시트 접합	멤브레임 프레스	합성수지 유성 PVC
알루미늄에 PVC 시트 접합	핫프레스	우레탄 계열 유성
판재에 가죽, 섬유, 고무 접합	콜드프레스	고무 계열 유성
판재에 단판 에지 접합	에지 밴더	핫멜트 EVA
판재에 솔리드 에지 접합	에지 프레스	수성 PVAc

2 접착제의 반응 순서

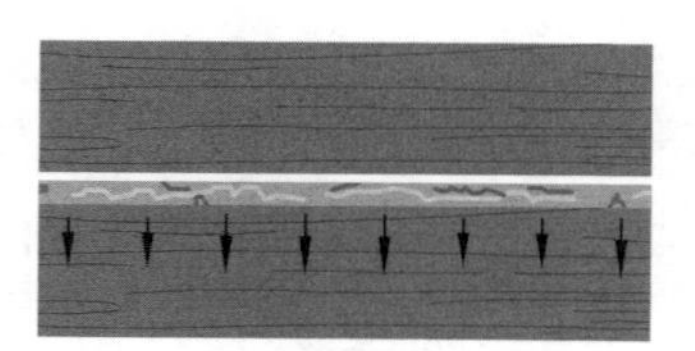
(a) 접착제 도포

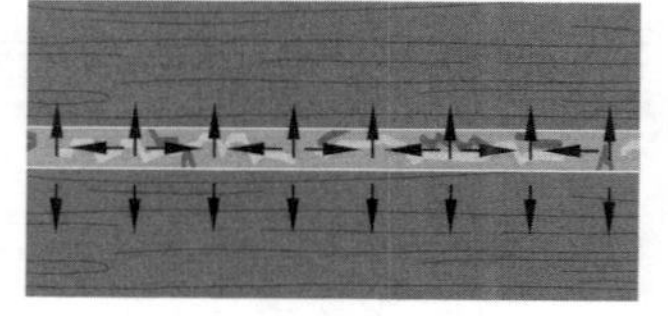
(b) 피도물 접촉

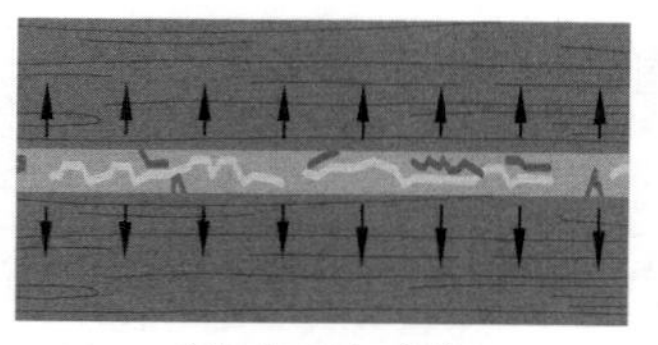
(c) 피도물 가압

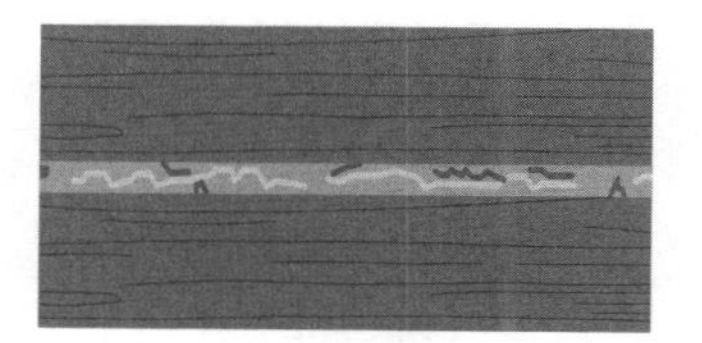
(d) 접착 완료

접착제의 반응 순서

예 | 상 | 문 | 제

접합 재료와 접착제 ◀

1. 목재의 접착 조건 중 틀린 것은?

① 활엽수가 침엽수보다 접착력이 강하다.
② 목재의 비중이 클수록 접착력이 강한 경우가 많다.
③ 목재의 함수율은 8~12%가 적당하다.
④ 마구리면이 종단면보다 접착력이 좋다.

해설 • 종단면이 횡단면(마구리면)보다 접착력이 좋다.
• 마구리면 접착 시 접착제에 분말을 혼합하여 기공을 메우면 접착제의 과잉 흡수를 방지할 수 있어서 좋다.

2. 목재의 접착에 관한 설명으로 옳은 것은?

① 가벼운 목재가 접착시키기 쉽다.
② 함수율이 높은 나무가 접착시키기 쉽다.
③ 굳은 나무가 접착시키기 쉽다.
④ 변재가 접착시키기 쉽다.

해설 • 가벼운 나무, 무른 나무, 함수율이 낮은 나무, 심재가 접착시키기 쉽다.
• 활엽수가 침엽수보다 접착시키기 쉽다.

3. 접착제에 의한 접합 시 이상적인 접착층의 두께는?

① 0.02mm
② 0.06mm
③ 0.6mm
④ 0.2mm

해설 목재의 접착층은 0.06mm 정도의 막과 같은 모양을 이루는 상태가 가장 좋다.

4. 목재의 접착에 관한 설명 중 틀린 것은?

① 마구리면은 무늿결면에 비해 2~3배 정도 접착력이 우수하다.
② 접착막이 너무 두꺼우면 결함이 생겨 접착력이 떨어진다.
③ 접착면은 평활해야 하며 지방질이나 수지류가 묻어 있으면 접착력이 떨어진다.
④ 생목이나 너무 건조된 목재는 접착 불량이 될 수 있다.

5. 일반적으로 접착력은 목재의 함수율이 몇 %일 때 가장 우수한가?

① 2~5% ② 8~12%
③ 15~20% ④ 20~25%

해설 목재의 함수율이 8~12%일 때 접착력이 가장 우수하다.

6. 가구 제작 시 접합부가 요구하는 성질에 대한 설명 중 틀린 것은?

① 일정한 강도 이상 유지되어야 한다.
② 적절한 강성을 지녀야 한다.
③ 어떤 힘에 대한 변위차가 커야 한다.
④ 가능한 미관이 좋아야 한다.

7. 목재의 접착제에 대한 조건으로 틀린 것은?

① 수축, 팽창에 수반하여 발생하는 내부응력이 클 것
② 충분한 접착성과 유동성을 가질 것
③ 내수, 내열, 내약품성 및 전기 절연성, 투명성, 속건성이 있을 것
④ 피접착물 분자와 접착제 분자간의 긴밀한 결합성이 있을 것

정답 1. ④ 2. ① 3. ② 4. ① 5. ② 6. ③ 7. ①

해설 목재의 접착제는 수축, 팽창에 수반하여 발생하는 내부 응력이 작은 것이 좋다.

8. 합성수지계 접착제가 아닌 것은?

① 비닐수지계 접착제
② 요소수지계 접착제
③ 실리콘수지 접착제
④ 알부민 접착제

해설 합성수지계 접착제 : 페놀수지, 요소수지, 아세트산비닐수지, 에폭시수지, 멜라민수지, 레조르시놀수지 접착제

9. 단백질계 접착제의 재료가 아닌 것은?

① 고구마 ② 카세인
③ 콩류 ④ 알부민

해설 • 동물성 단백질계 : 카세인, 아교, 알부민
• 식물성 단백질계 : 콩류, 옥수수
• 탄수화물계 : 밀, 쌀, 보리, 감자, 고구마

10. 동물성 유지로 만든 접착제는?

① 해초풀 ② 녹말 접착제
③ 합성수지 접착제 ④ 아교

11. 천연수지계 접착제의 종류가 아닌 것은?

① 로진 ② 셸락
③ 다마르 ④ 에폭시

해설 에폭시수지 접착제는 합성수지계 접착제이다.

12. 다음 중 목재의 접착제로 가장 활용도가 낮은 것은?

① 아교 ② 요소수지
③ 해초풀 ④ 멜라민수지

13. 다음 중 내수성이 가장 우수한 접착제는?

① 요소수지 접착제 ② 아교 접착제
③ 카세인 ④ 단백질 접착제

14. 내수성, 내열성이 우수하여 옥외에서 장기간 견디는 목재 접착, 특히 내수 합판, 옥외용 집성재 제조에 사용되는 접착제는?

① 레조르시놀수지 접착제
② 멜라민수지 접착제
③ 실리콘수지 접착제
④ 페놀수지 접착제

15. 목재 접합 때 접착제로 쓰지 않는 것은?

① 아교 ② 카세인
③ 멜라민수지풀 ④ 프라이머

해설 프라이머 : 바탕의 부착을 좋게 하거나 조정하기 위해 먼저 칠하는 도료이다.

16. 좋은 아교를 선별하는 방법으로 옳지 않은 것은?

① 반투명체이며 황색을 띤 흰색이어야 한다.
② 유리와 같은 광택이 있어야 한다.
③ 건조되고 단단한 것이어야 한다.
④ 잘린 단면이 규칙적인 것이어야 한다.

해설 잘린 단면이 불규칙한 것이어야 한다.

17. 목재 접합 때 접착제로 좋은 아교 선별법 중 옳지 않은 것은?

① 반투명체이며 황색을 띤 흰색이어야 한다.
② 건조되고 무른 것이어야 한다.
③ 유리 같은 광택이 있어야 한다.
④ 잘린 단면이 불규칙한 것이어야 한다.

해설 건조되고 단단한 것이어야 한다.

정답 8. ④ 9. ① 10. ④ 11. ④ 12. ③ 13. ① 14. ① 15. ④ 16. ④ 17. ②

18. 접착제인 아교의 사용법으로 틀린 것은?

① 접착할 면은 약간 따뜻하게 데워 붙인다.
② 사용하다 남은 것은 가능한 한 다시 사용하지 않도록 한다.
③ 녹인 아교는 일정 온도를 유지하도록 한다.
④ 붙이는 동작은 되도록 천천히 하는 것이 좋다.

해설 아교는 빨리 굳는 성질이 있으므로 빨리 붙이는 것이 좋다.

19. 아교의 접착에 관한 내용으로 틀린 것은?

① 아교는 이중으로 된 아교솥에 넣고 50℃ 정도의 더운물로 녹여 쓴다.
② 아교의 두께는 약 0.06mm 정도로 얇게 바른다.
③ 아교는 빨리 굳는 성질이 있다.
④ 녹인 아교액은 점성이 작고 악취가 없는 것을 사용한다.

해설 녹인 아교는 귀얄로 찍어 흐르는 정도에 따라 용도에 맞게 사용한다.

20. 내수 합판 접착제로 가장 우수한 것은?

① 에포킨수지 ② 페놀수지
③ 요소수지 ④ 실리콘수지

해설 페놀수지 : 접착력, 내수성, 내열성, 내한성이 우수하여 합판, 목공 제품, 금속, 바인더 등에 사용된다.

21. 목재, 합판 등의 접착제로 내수성과 내열성이 큰 합성수지계 접착제는?

① 폴리에스테르수지
② 아크릴계 수지
③ 멜라민수지
④ 요소수지

해설 멜라민수지 접착제는 내수성, 내약품성, 내열성이 우수하며 착색이 자유롭다.

22. 아교나 카세인의 대용품으로 목공예품에 널리 사용되는 접착제는?

① 에폭시수지 접착제
② 고무 접착제
③ 아세트산비닐수지 접착제
④ 아세트산섬유소계 접착제

해설 에멀션형 아세트산비닐수지 접착제(본드)는 아교나 카세인의 대용품으로, 목공예품에 널리 사용된다.

23. 접착제의 원료 중 합성 고분자인 것은?

① 황화규소 ② 활석
③ 카세인 ④ 젤라틴

해설 황화규소는 규소와 황을 높은 온도에서 직접 화합하여 만든 화합물이다.

24. 제조법이 간단하지만 부패하기 쉽고, 내수성이 좋지 않으며 종이, 천 등을 바르는 데 주로 사용되는 접착제는?

① 아교
② 녹말풀
③ 혈액 알부민
④ 멜라민수지

25. 알코올을 용제로 사용하기 때문에 작업 중 화기에 주의해야 할 접착제는?

① 아교 ② 카세인
③ 전분 ④ 천연수지

정답 18. ④ 19. ④ 20. ② 21. ③ 22. ③ 23. ① 24. ② 25. ④

26. 경화 수축이 일어나지 않는 열경화성 수지로 가장 우수한 접착제는?

① 페놀수지 접착제
② 에폭시수지 접착제
③ 요소수지 접착제
④ 아세트산비닐수지계 접착제

해설 에폭시수지 접착제는 경화 수축이 일어나지 않는 열경화성 수지로, 내수성 · 내산성 · 내알칼리성 · 내열성이 우수하며, 현재 접착제 중 가장 우수하다.

27. 아교에 대한 설명으로 틀린 것은?

① 아교는 반투명체이며 광택이 있어야 한다.
② 맑은 물에 4~24시간 동안 담가두었다가 사용한다.
③ 50℃ 정도의 더운물에 1~3시간 녹인다.
④ 아교의 붙는 힘은 20℃가 표준이다.

28. 동물성 아교의 성질에 관한 설명 중 거리가 먼 것은?

① 아교와 물의 배합은 1 : 2가 좋다.
② 알코올, 에테르에 잘 용해된다.
③ 50~60℃ 정도에서 용해된 것이 좋다.
④ 포르말린 수용액을 적용시키면 내수성이 증가한다.

해설 아교를 가열하는 통은 이중통으로, 큰 통에는 물을 넣고 작은 통에는 아교를 넣어 물을 가열한 후 간접적으로 용해한다.

29. 아교의 사용에 관한 설명 중 틀린 것은?

① 아교를 60℃의 저온에서 가열 중탕한다.
② 온도가 높거나 가열시간이 오래된 것은 접착력이 저하된다.
③ 아교가 굳는 시간은 16~24시간이다.
④ 아교를 사용할 때 접착면에 포르말린 수용액을 칠하면 접착력이 저하된다.

해설 아교를 사용할 때 접착면에 포르말린 수용액을 칠하면 내수성이 증가한다.

30. 목재의 접착 조건으로 잘못된 설명은?

① 종단면이 횡단면보다 접착력이 좋다.
② 접착면이 평활해야 접착력이 좋다.
③ 목재면이 오염되지 않아야 접착력이 좋다.
④ 수지류가 묻어 있으면 접착력이 더욱 좋다.

해설 지방질이나 수지류가 묻어 있으면 접착력이 떨어진다.

31. 다음 중 접착기계가 아닌 것을 고르면?

① 콜드프레스
② 핑거조인트
③ 스프레더
④ 핫프레스

해설 핑거조인트(finger joint) : 부재의 마구리를 서로 연결할 수 있도록 가공하는 성형기계이다.

정답 26. ② 27. ④ 28. ② 29. ④ 30. ④ 31. ②

가구 조립 작업

출제기준 세부항목	
가구제작기능사	**목공예기능사**
2. 가구 재료 수립 ■ 가구 부자재 ■ 용도별 가구 재료 선정 **5.** 가구 하드웨어 작업 ■ 경첩, 수대 조립 ■ 서랍런너, 미니픽스 조립 **10.** 가구 연마 작업 ■ 눈메움 **12.** 가구 조립 작업 ■ 가구 구조 ■ 가구 조립	**1.** 목공예 재료 수립 ■ 기타 재료 • 부자재의 종류 및 특성

제 1 장 목재의 결점 보수

1-1 목재의 결점

1 나무의 성장 과정에서 발생하는 결점

① **옹이** : 나무의 비대 생장으로 줄기나 나뭇가지가 목부에 파묻히는 것을 말하며, 나뭇가지와 줄기가 붙은 곳에 줄기 세포와 가지 세포가 교차되어 생긴다.

② **할렬(갈라짐)** : 나무 내부의 세포 변화나 수분의 영향, 외부의 힘에 의해 조직이 파괴되는 것으로 목구할, 수심할, 윤상할이 있다.

2 가공 과정에서 발생하는 결점

① **보링 홈 가공의 실수** : 작업자의 부주의, 치수 오류, 작업 미숙 등으로 발생한다.

② **목재의 뜯김** : 루터 작업에서 가공 방향이나 속도를 맞추지 못해 목재의 뜯김이 발생한다.

③ **짜맞춤의 틈** : 작업자의 숙련도와 결구 방법에 따라 다양한 형태의 틈이 발생하며, 가구의 견고성 및 완성도를 낮추는 주요 원인이 된다.

④ **모서리의 깨짐** : 목재 가공 시 작업자의 관리 부주의로 인해 발생하며, 가공 중 목재가 튀거나 목재를 떨어뜨려 충격에 의해 모서리가 깨진다.

1-2 결점의 보수 방법

1 눈메움

눈메움은 가구의 결점 부분을 보수하는 것으로, 목재 자체의 결점과 가공 시 발생하는 결점이 육안으로 보이지 않도록 제품의 완성도를 높이는 데 목적이 있다.

2 눈메움 사용 재료

① **목분** : 동일 수종의 나무 또는 유사한 색을 가진 나무를 톱, 연마기계, 연마지 등을 사용하여 필요한 양만큼 가루로 만들어 사용한다.

② **접착제**

(가) 가공 재료의 가는 실금, 바이스로 인해 발생하는 가는 실금에 사용하며, 옹이의 경우 5mm 미만의 작은 옹이에만 사용한다.

(나) 순간접착제, 목공용 접착제, 물풀 등이 있다.

③ **우드필러**

(가) 목재의 틈 등을 메우는 용도에 주로 사용한다.

(나) 색상은 월넛, 오크, 체리, 베이지, 연한 그레이, 화이트 등 다양하며, 색상에 따라 조색하여 사용할 수 있다.

④ **퍼티(putty)**

(가) 퍼티(레드 퍼티) : 얇은 면의 수정이나 접합 부위의 수정용으로 적합하다.

(나) 에폭시 퍼티(크리스탈 레진) : 원목 테이블 상판의 썩은 옹이, 목재의 자연스러운 부식 등 미적 가치를 위해 결점 부분에 경화제를 배합하여 사용한다.

(다) 폴리 퍼티(그린 퍼티) : 주제와 경화제를 섞어서 사용하는 것으로 경화시간은 빠르지만 냄새가 심하다.

⑤ **토분** : 넓은 면적의 바탕 조정을 필요로 하는 곳에 주로 사용하는 고운 흙으로, 배합은 목분과 같지만 상황에 따라 배합제의 성분을 고려하여 사용한다.

3 결점의 종류에 따른 보수 방법

(1) 옹이의 보수

① 면적이 크지 않기 때문에 순간접착제만으로 보수할 수 있다.

② 동일 수종의 목분을 접착제와 배합하여 옹이를 채우고, 경화된 후 연마하여 보수한다.

(2) 할렬의 보수

① 클램프, 바이스, 조임쇠 등을 사용하여 조였을 때 갈라진 흔적이 적게 보이면 흰색 목공용 접착제와 순간접착제를 사용하여 보수한다.

② 가늘고 길게 갈라진 할렬의 경우 틈의 안쪽까지 접착제가 들어갈 수 있도록 점도가 묽은 순간접착제를 사용하여 보수한다.

(3) 보링 홈 가공 실수로 인한 보수

① 보수할 부분이 정사각형 또는 원형이므로 목재의 색과 무늿결이 유사한 동일 수종의 목재를 사용한다.
② 결점이 눈에 잘 보이는 곳일 때는 가구의 뒷면, 바닥면 등으로 바꿀 수도 있다.
③ 각 끌날에 의한 홈 가공 실수는 메움재(메움 재료)를 만들어 보수할 수 있다.
④ 홈의 지름을 측정하여 지름에 맞는 목심 비트를 만들고 원형의 메움재를 만들어 보수한다.

(4) 목재 뜯김의 보수

① 등근톱을 사용하여 뜯긴 부분을 켜낸 다음, 동일 수종의 목재로 무늿결에 맞게 접착한다.
② 접착제는 목공용 접착제와 순간접착제 중에서 선택한다.
③ 보수에 사용되는 목재는 정치수보다 약간 크게 만들어 접착하고, 정치수로 재가공해야 한다.
④ 재가공할 경우 루터 날물의 가공 방향과 가공 속도를 조절하여 가공한다.

(5) 장부맞춤 시 틈의 보수

① 숫장부가 작거나 암장부가 크게 가공되면 틈이 발생한다.
② 숫장부의 단면의 색상과 결, 크기에 따라 쐐기와 같은 메움재를 만든다.
③ 틈보다 약간 크게 메움재를 만들고 목공용 접착제를 사용하여 보수한다.

(6) 연귀맞춤 시 틈의 보수

① **틈이 0.5mm 미만일 때** : 목분을 메움재로 사용한다. 메움재는 약간 수축되므로 반죽을 되게 하여 틈을 깊숙이 밀어 넣어야 한다.
② **틈이 0.5mm 이상일 때** : 쐐기형 메움재를 사용해야 한다.

(7) 연귀맞춤 시 모서리 깨짐의 보수

① 목공용 접착제 또는 순간접착제로 보수할 수 있다.
② 보수할 목재의 색이 밝을 때는 흰색 목공용 접착제를 사용하는 것이 좋다.
③ 순간접착제는 접착제와 목재의 색이 달라 흔적이 남게 되므로 접착제를 합리적으로 선택해야 한다.

(8) 각재 모서리 함몰의 보수

① 기계 재단 작업에서 켜기용 톱날로 재단하거나 재단 속도가 빠르면 가공재의 모서리가 떨어진다.

② 이때 분실된 면적, 목재의 색상, 결의 방향 등을 확인하고, 동일 수종의 목재를 찾아 메움재를 만들어 면의 일치 여부를 확인한다.

(9) 크리스탈 레진을 활용한 보수

① 레진이 세지 않게 막고, 주제와 경화제를 충분히 섞어 배합한 후 레진을 붓는다.

② 결점 부분을 채울 때 레진의 높이를 약 1cm로 하면 24시간 이내에 경화된다. 경화된 후 주제와 경화제를 배합하여 추가로 부어야 한다.

③ 레진이 충분히 경화되면 #100~220 연마지로 표면을 가공한다.

예 | 상 | 문 | 제

목재의 결점 보수 ◀

1. 경화시간이 빠르고 경화 후 수축이 거의 없지만 퍼티 중 가장 비싼 눈메움 재료는?

① 목분　② 레드 퍼티
③ 에폭시 퍼티　④ 폴리 퍼티

2. 결점에 따른 보수 방법으로 틀린 것은?

① 옹이는 면적이 크지 않기 때문에 순간접착제만으로 보수할 수 있다.
② 가늘고 길게 갈라진 할렬의 경우 점도가 진한 순간접착제를 사용하여 보수한다.
③ 보링 홈 가공 실수로 인해 결점 부분이 눈에 잘 보이는 곳일 때는 가구의 바닥면으로 바꿀 수 있다.
④ 연귀맞춤으로 생긴 틈이 0.5mm 미만일 때는 목분을 메움재로 사용한다.

해설 가늘고 길게 갈라진 할렬의 경우 묽은 순간접착제를 사용하여 보수해야 한다.

3. 보수 방법을 설명한 것 중 틀린 것은?

① 장부맞춤을 할 때 틈이 생기면 틈보다 약간 크게 메움재를 만든다.
② 크리스탈 레진으로 결점을 채울 때 레진 높이를 1cm로 하면 24시간 이내에 경화된다.
③ 연귀맞춤 시 깨진 모서리에 보수할 목재 색이 밝으면 흰색 목공용 접착제를 쓴다.
④ 목재 뜯김이 있을 때 보수에 사용되는 목재는 정치수와 딱 맞게 만들어 접착한다.

해설 목재 뜯김이 있을 때 보수에 사용되는 목재는 정치수보다 약간 크게 만들어 접착한다.

4. 가공 재료에 가는 실금이 생겼을 때 어떤 눈메움 재료를 사용하면 좋은가?

① 목분　② 접착제
③ 퍼티　④ 우드필러

정답 1. ③　2. ②　3. ④　4. ②

제 2 장 가구용 연결 철물과 부자재

2-1 연결용 접합 철물

1 못

① **둥근못(보통못)**

㈎ 머리 모양에 따라 납작머리, 둥근머리, 원기둥머리가 있으며, 납작머리못을 가장 많이 사용한다.

㈏ 못의 길이는 나무 두께의 2.5~3배, 마구리면은 3~3.5배 정도가 좋다.

② **지붕못** : 지붕의 개판을 박을 때 사용한다. * 개판 : 서까래 위에 까는 널판지

③ **슬레이트못** : 구리에 아연으로 도금한 못이다. 머리가 크고 둥글며, 고무 패킹과 와셔가 끼워져 있다.

④ **스테이플(거멀못)**

㈎ 벌어진 곳이나 벌어질 염려가 있는 곳에 거멀장처럼 겹쳐서 박는 못으로, 양 다리를 나란히 구부린 못이다.

㈏ 전선을 고정시킬 때 사용한다.

⑤ **뾰족못(양끝못)** : 양 끝이 모두 뾰족한 못으로 단면이 모진 것, 둥근 것 등이 있다.

⑥ **가시못** : 못의 지지력을 크게 하기 위해 못의 겉면에 가시를 붙인 못이다.

⑦ **파도못** : 판재를 서로 맞붙일 때 사용한다.

(a) 접시머리못 (b) 둥근머리못 (c) 납작머리못 (d) 슬레이트못 (e) 가시못 (f) 뾰족못 (g) 스테이플

못의 종류

2 나사못

(1) 특징

① 못보다 2배 가량의 지지력을 가지고 있으며, 인장을 받는 곳이나 분해할 수 있는 곳에 사용한다.

② 부재의 모서리 면이나 무른 나무에는 적합하지 못하다.

(2) 나사못의 종류

① 머리 모양에 따라 납작머리, 둥근머리, 반둥근머리, 접시머리 등이 있다.

② 머리에 파진 홈은 −형, +형, 사각형, 육각형 등이 있다.

③ 나사못의 크기는 길이나 번호로 표시한다.

④ 나사못의 상세 표시는 길이, 게이지, 머리 모양, 재료를 차례로 기입한다.

예 3.81cm(1½), No.8, 납작머리, 놋쇠 나사못

⑤ 나사못의 수량은 그로스(gross)로 표시한다.

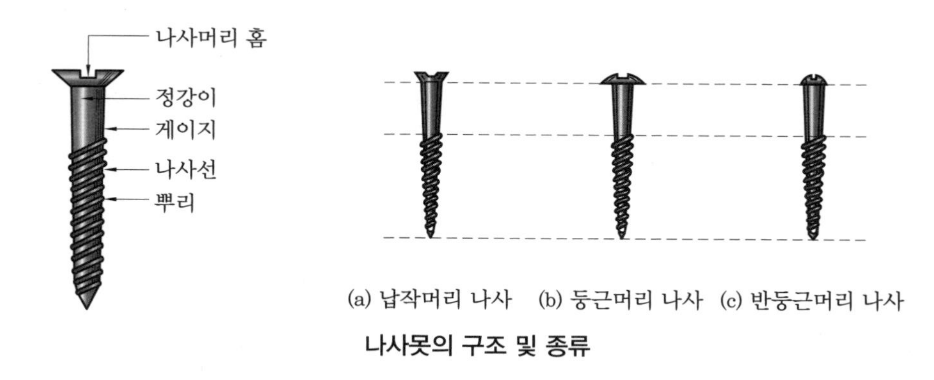

나사못의 구조 및 종류

> **참고**
> • 1그로스는 약 144개의 나사못을 말한다.

3 나무못

① 나사못을 대신하는 역할과 이중 드릴비트로 가공 후 피스 구멍의 자리를 메워주는 용도로 사용한다.

② 나무못의 굵기는 박을 구멍보다 약간 굵어야 한다.

③ 관통력은 없으나 지지력이 있고 외관이 좋다.

④ 종류는 지름 6, 8, 10mm짜리가 있다.

4 미니픽스

① 조립식 가구에 주로 사용하며 연결 볼트와 하우징으로 구성되어 있고, 외형상 디자인이 좋다.

② 접합력이 우수하며 부재간 90°로 연결된다.

③ 견고한 구조로 조립과 해체가 용이하며 대량 생산체제에 적합하다.

④ 연결 부재의 두께(15, 18, 25, 30mm)에 따라 연결 볼트와 하우징이 세트로 구성되어 있다.

5 라픽스

① 미니픽스처럼 연결 볼트와 하우징으로 구성되어 있다.

② 볼트와 하우징의 장착과 분리가 용이하고 강력한 구심력이 작용하며, 부재간 조립 및 해체가 비교적 간편하다.

③ 미니픽스는 부재에 하우징 구멍과 볼트 구멍을 각각 작업하지만, 라픽스는 하우징 구멍 작업만으로 부재의 연결이 가능하다.

④ 연결 볼트 방식에 따라 스크루형, 너트형, 꽂임축형, 볼트 너트형, 관통 너트형이 있다.

6 마이타 조인트

① 미니픽스가 부재간 90°로 연결하는 것과 달리, 마이타 조인트는 90~180° 연결이 가능하다. 일반적으로는 90°, 120°, 135° 각도가 있다.

② 수직, 수평적인 가구 디자인에 각도를 달리 하여 접합할 수 있도록 한 연결 철물이다.

③ 제품의 중앙 부분에 경사진 문짝이나 모서리 부분, 코너의 ㄱ자형에서 문짝을 서로 연결할 때 사용한다.

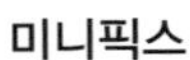

미니픽스

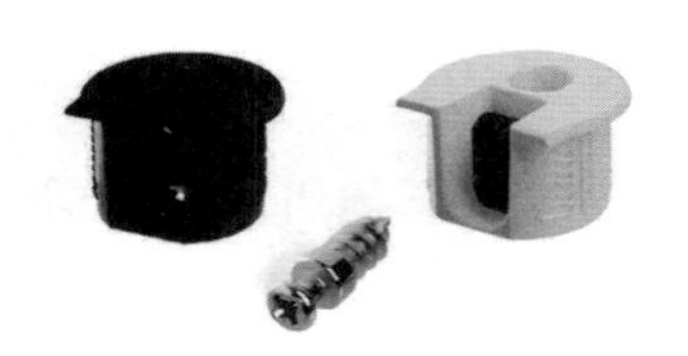

라픽스

마이타 조인트

7 선반용 연결 철물

① 하중이 많이 요구되는 선반에서 수평이 처진다거나 하우징이 빠질 수 있는 문제점을 개선하기 위해 고안되었다.
② 고정 선반용과 이동 선반용이 있다.
③ 볼트와 하우징의 장착과 분리가 자유로우며, 수직 하중에 대한 지지도가 강하고 부재 간의 조립과 해체가 간편하다.
④ 장롱의 연결에 필요한 연결 볼트, 볼트와 너트로 구성되며, 상판과 측판, 선반과 측판, 하판과 측판을 연결할 때 사용하는 짱구볼트가 있다.

8 꽂임촉

① **나무 꽂임촉(목심, 목다보)**
㈎ 나무 꽂임촉은 강도가 큰 황백색의 라민(ramin) 재질의 나무나 자작나무를 사용한다.
㈏ 다양한 크기가 있으므로 부재의 두께와 크기 등을 고려하여 선택할 수 있다.
② **선반 꽂임촉 :** 선반 꽂임촉은 각종 장식장 또는 테이블 등의 선반을 설치하는 데 사용된다.

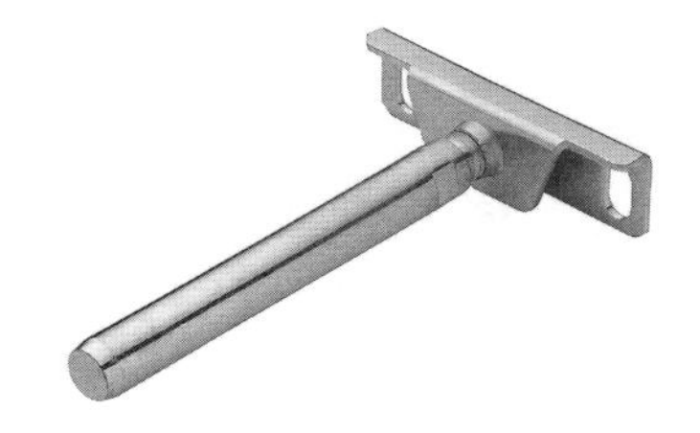
선반용 연결 철물

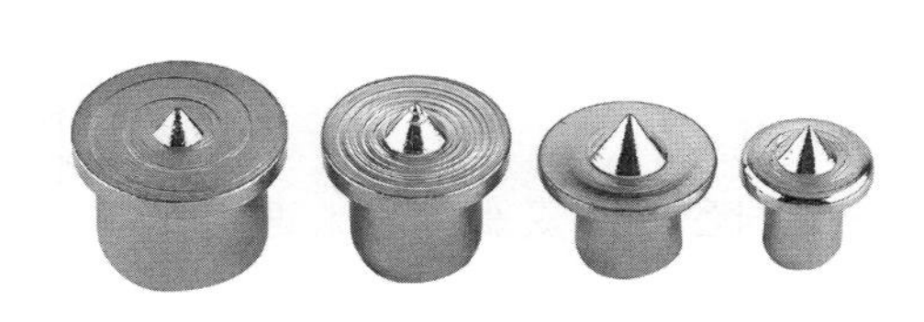
이동 선반용 꽂임촉

예 | 상 | 문 | 제

연결용 접합 철물 ◀

1. 마구리면에 판재를 대고 못을 박으려고 한다. 못의 길이는 판재 두께의 몇 배 정도가 좋은가?

① 3.5~4.0배
② 3.0~3.5배
③ 2.5~3.0배
④ 1.5~2.0배

해설 • 못의 길이는 박는 나무 두께의 2.5~3배가 좋다.
• 마구리면에 못을 박을 때는 못의 길이가 나무 두께의 3~3.5배가 되어야 한다.

2. 못을 박을 때 지지력에 영향을 주는 요인이 아닌 것은?

① 목재의 함수율
② 못의 길이
③ 못머리의 형태
④ 못의 굵기

해설 • 못 박은 재가 쪼개졌을 때, 마구리에 못을 박았을 때는 지지력이 60~70% 감소하고, 젖은 나무에 못을 박았을 때는 건조 후 지지력이 50%로 감소한다.
• 단단한 목재, 얇은 판재 등 쪼개지는 것을 방지하기 위해 못 길이의 1/2~1/3 정도 되도록 예비 구멍을 뚫는다.
• 못 길이는 박는 나무 두께의 2.5~3배 위치에 박아야 쪼개지지 않는다.
• 못의 지름은 박을 나무 두께의 1/6 이하인 것을 사용한다.

3. 오동나무 장롱 등 특별한 제품을 제작할 때 접합하는 가장 좋은 방법은?

① 접착제만 사용하여 제작한다.
② 못과 접착제를 같이 사용한다.
③ 나사못만 사용하여 제작한다.
④ 나무못, 대못, 접착제를 같이 사용하여 제작한다.

해설 오동나무와 같은 무른 나무로 제품을 만들 때는 나무못이나 대못(큰 못)을 사용한다.

4. 오동나무 판재 2개를 직각으로 고정시키는 방법으로 가장 이상적인 것은?

① 접착제를 바르고 대나무 못을 친다.
② 짧은 장부맞춤을 한다.
③ 나사못으로 조인다.
④ 무두못을 박는다.

5. 나무못 박기에 관한 내용 중 잘못된 것은?

① 나무못의 굵기는 박을 구멍보다 1.5배 이상 크게 한다.
② 네모송곳으로 나무못보다 약간 작고 길게 예비 구멍을 뚫는다.
③ 나무못의 끝을 약간 잘라 버리고 접착제를 발라 박는 것이 좋다.
④ 나무못을 박을 때 나무못이 밑바닥에 닿는 것 같으면 박는 것을 중단한다.

6. 나무못으로 가장 부적당한 재료는?

① 대나무
② 버드나무
③ 물참나무
④ 미송

해설 버드나무, 물참나무, 전나무, 대나무 등을 이용하여 육각 또는 팔각으로 만든다.

정답 1. ② 2. ③ 3. ④ 4. ① 5. ① 6. ④

7. 나사못으로 접합하는 방법을 나타내는 설명 중 틀린 것은?

① 나사못은 사용할 판재 두께의 2.5~3배 되는 것을 미리 준비해 놓는다.
② 송곳의 지름은 나사못의 지름보다 약간(1/2~1/3) 작은 것과 나사못의 지름보다 약간 큰 것이 좋다.
③ 접시송곳으로 나사못의 머리 두께에 맞추어 나사못 머리의 자리를 만든다.
④ 송곳을 사용하여 지름이 나사못 지름의 1/5~1/6 정도, 깊이가 나사못 길이의 1/10 정도인 예비 구멍을 뚫는다.

해설 • 나사못을 박을 때는 망치로 박으면 안 되며, 나사못을 잘 박으려면 예비 구멍을 뚫은 다음 나사를 조인다.
• 지름은 나사못 지름의 1/2~1/3 정도, 깊이는 나사못 길이의 2/3 정도 되도록 송곳으로 예비 구멍을 뚫는다.

8. 다음 못박기 중 가장 이상적인 것은?

① 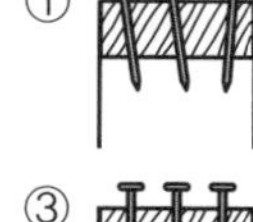
② 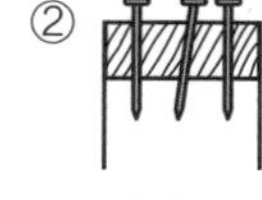
③ 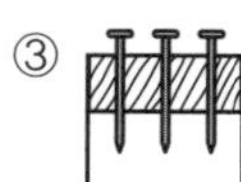
④ 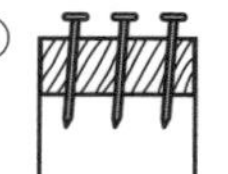

9. 나사못에 의한 접합 기법을 설명한 것으로 옳지 않은 것은?

① 섬유질이 약한 목재에는 적당하지 않다.
② 나사못을 박을 때는 망치로 박아서는 안 된다.
③ 드라이버는 머리 홈에 꼭 맞는 것을 사용한다.
④ 예비 구멍 없이 나사를 조이면 조임력이 우수하다.

해설 나사못의 길이는 일반 못의 경우와 같고, 나사못을 잘 박으려면 예비 구멍을 뚫은 후 나사를 조인다.

10. 다음 중 나사못 박기에 대한 설명으로 틀린 것은?

① 일반 못으로 접합이 어려울 때 쓴다.
② 분해할 필요가 있을 때 쓴다.
③ 부재를 튼튼히 접합할 때 쓴다.
④ MDF나 마구리 접합에 주로 쓴다.

해설 제품의 표면에 조립한 흔적이 보이므로 마구리면이나 무른 나무에는 적합하지 않다.

11. 일반적으로 못의 길이는 사용되는 나무판 두께의 몇 배가 표준인가?

① 1~2배　　② 2.5~3배
③ 3.5~5배　　④ 4 ~6배

해설 못의 길이는 박는 나무 두께의 2.5~3 배가 되어야 한다.

12. 나사못 1그로스(gross)는 몇 개인가?

① 100개　　② 120개
③ 144개　　④ 180개

13. 습기와 접촉되는 곳에서는 방습성이 좋은 나사못을 사용하는 것이 좋다. 다음 중 어느 못이 가장 적당한가?

① 강철 나사못　　② 놋쇠 나사못
③ 청동 나사못　　④ 연강 나사못

해설 황동(놋쇠)은 구리에 아연이 28~42% 혼합되어 이루어진 합금으로, 대기 중에서 내부식성이 있고 인장강도가 커서 장식품에 많이 사용된다.

정답 7. ④ 8. ① 9. ④ 10. ④ 11. ② 12. ③ 13. ②

14. 나사못은 둥근못보다 몇 배 정도의 지지력을 가지는가?

① 1배　② 2배
③ 4배　④ 8배

해설 나사못의 지지력은 둥근못의 약 2배이다.

15. 목재에 못박기를 할 때 마찰력이 가장 큰 못은?

① 가시못　② 뾰족못
③ 슬레이트못　④ 둥근머리못

해설 가시못은 못의 지지력을 크게 하기 위해 못의 겉면에 가시를 붙인 것으로 목재에 못박기를 할 때 마찰력이 크다.

16. 볼트의 장착과 분리가 자유롭고 접합력이 우수하며, 접합 각도가 90~180°까지 가능한 연결 철물은?

① 마이타 조인트
② 미니픽스
③ 라픽스
④ 모듈라 피팅

해설 마이타 조인트는 가구의 형태에 따라 원하는 각도를 얻을 수 있어 디자인이 다양하다.

17. 부재를 연결하는 라픽스의 종류가 아닌 것은?

① 스크루형　② 고정형
③ 볼트 너트형　④ 관통 너트형

해설 라픽스 : 연결 볼트 방식에 따라 스크루형, 너트형, 꽂임촉형, 볼트 너트형, 관통 너트형이 있다.

18. 연결 철물 라픽스의 특징 중 옳지 않은 것은?

① 볼트와 하우징의 장착과 분리가 자유롭다.
② 구심력의 작용으로 접합력이 우수하다.
③ 외관상 연결 부위가 보이지 않는다.
④ 부재 간의 조립과 해체가 간편하다.

해설 라픽스

- 부재 간의 조립과 해체가 간편하며, 볼트와 하우징의 장착과 분리가 자유롭다.
- 강력한 구심력이 작용하여 접합력이 우수하다.

19. 조립과 해체가 용이하며 접합력이 우수하고 대량 생산 체제에 적합한 연결 철물은?

① 꽂임촉
② 라픽스
③ 미니픽스
④ 마이타 조인트

해설 미니픽스

- 접합력이 우수하며 부재간 90°로 연결된다.
- 조립식 가구에 주로 사용하며 외형상 디자인이 좋다.
- 견고한 구조로 조립과 해체가 용이하며, 대량 생산 체제에 적합하다.

정답 14. ② 15. ① 16. ① 17. ② 18. ③ 19. ③

2-2 가구 부자재

1 경첩

① 경첩은 가구의 문짝 개폐용에 사용되는 부자재이다.

② 조립과 해체가 간단하고 문짝의 수평 · 수직 조절이 용이하며, 환원성이 좋고 문짝의 하중에 대한 지지도가 좋다.

③ 문짝의 크기에 따라 소형 경첩과 일반 경첩이 있으며, 열리는 각도에 따라 95°, 110°, 125°, 175° 등으로 다양하다.

④ 부착 방식에 따라 수평형과 수직형이 있으며, 소형 경첩용은 주로 수평형이다.

⑤ 경첩의 재질은 문짝의 무게에 따라 PVC, 스틸 경첩이 있다.

2 경첩의 종류

(1) 숨은 경첩(매립형 경첩)

① 문 안쪽에 부착하여 외부에서 보이지 않으므로 디자인에 영향을 주지 않는다.

② 문짝의 두께가 15mm 이상이어야 한다.

(2) 피벗 경첩

① 가구 본체의 상 · 하부의 내부에 플레이트를 고정하고, 문짝의 상 · 하부 면에 회전축을 고정한다.

② 유리문이나 거실장 등 소품의 문짝에 많이 사용한다.

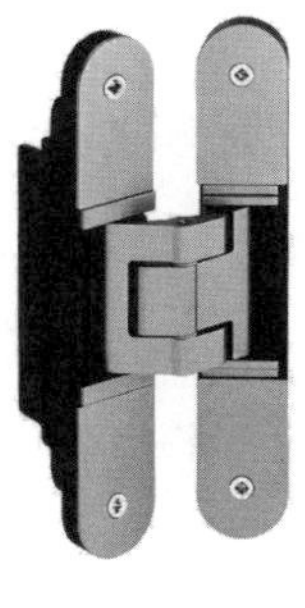

숨은 경첩

피벗 경첩

참고

- 마이타경첩 : 2개의 경첩이 서로 맞물려 있는 형태로, 각도가 있는 문짝을 개폐할 때 사용하는 경첩이다. 열림 각도는 90°, 120°, 135°가 있다.

(3) 유리문 경첩

① 마운틴 플레이트, 힌지, 힌지 캡 구조를 가지고 있으며 종류가 다양하다.

② 각도 조절용 유리문 경첩은 최대 92°까지 열리며, 유리의 두께는 4~6mm 이내를 장착할 수 있다.

③ 조절 볼트를 통해 임의로 0~45°까지 개폐 각도를 조절할 수 있다.

④ 별도의 마운틴 플레이트 없이 측판에 바로 장착할 수 있기 때문에 유격 조정이 쉽지 않다.

⑤ 유리문 경첩은 외관도 중요하지만 안정성을 강조한 경첩이다.

(4) 플랩 경첩

① 콘솔이나 장식장, 서랍장, 간이 테이블 연결 등 주로 접힌 부분을 평형하게 펴는 데 사용한다.

② 경첩으로서의 기능성과 내구성을 필요로 하는 부자재이다.

(5) 나비 경첩

① 외관상 전체가 보이는 경첩과 일부만 노출되는 경첩이 있으며, 문이 열리는 각도가 자유로운 나비 모양의 경첩이다.

② 전통 가구, 일반적인 수납 가구, 피아노 등 비교적 많은 가구에 다양하게 사용되고 있으며, 일반적으로 가장 많이 사용하는 경첩이다.

(6) 크랭크 경첩

① 측판에 한쪽 면을 고정한 축과 뒷면에 축과 연결되는 플레이트를 고정하여 문짝을 개폐하는 경첩이다.

② 하나의 경첩으로 양 방향에서 문짝을 개폐할 수 있도록 고안된 경첩이다.

유리문 경첩

플랩 경첩

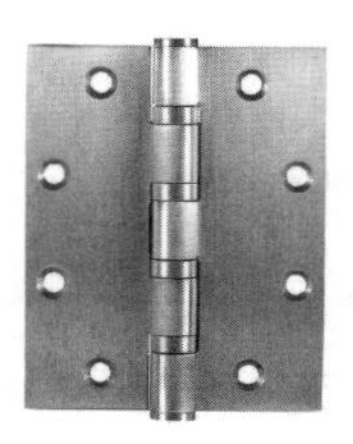
나비 경첩

크랭크 경첩

(7) 볼 베어링 경첩

① 부드럽게 움직이도록 마디의 각 이음새에 탄소 강구 10여개를 넣고 외부에서 띠쇠로 감아 만든 경첩이다.
② 부드럽고 마찰이 적은 움직임이 가능하다.
③ 볼 베어링 경첩은 무거운 문에 사용한다.

(8) 자유 경첩

마디 속에 스프링을 장착하여 문을 열면 감기고, 풀리는 힘으로 문이 자동적으로 닫히게 만든 경첩이다.

(9) 돌쩌귀 경첩

① 마디의 이음새가 1개로 만들어졌으며, 아래쪽 판에 있는 관에 위쪽의 핀을 꽂아 만든 경첩이다.
② 주로 한옥의 여닫이문에 연결하는 경첩이다.

볼 베어링 경첩　　자유 경첩　　돌쩌귀 경첩

3 서랍 러너

서랍 러너는 본체의 세로 판과 서랍의 측면에 부착하여 서랍의 개폐용으로 사용하며, 목재나 PVC, 스틸 등이 사용된다.

(1) 스틸 러너

① 크기가 작고 하중이 적게 나가는 서랍에 많이 사용한다.
② 가구 본체에 가이드 러너를, 서랍 좌우 판에는 롤러를 부착한다.
③ 비교적 조립이 간단하며 서랍의 깊이에 따라 250～500mm 레일을 사용한다.
④ 스틸 러너는 볼 러너에 비해 가격이 저렴한 편이다.

(2) 볼 러너

① 볼 베어링이 부착되어 서랍의 개폐가 자연스럽고 소음이 없으며, 동작이 부드러운 것이 특징이다.

② 하중이 많이 나가는 비교적 큰 서랍에 많이 활용되며, 안전장치가 있지만 조립이 다소 어렵다.

③ 2단, 3단으로 열리며 3단 볼 레일은 서랍 뒤쪽까지 열 수 있다.

스틸 러너　　　　볼 러너

4 수대

① 수대는 문짝에 부착하는 경첩의 부속 부자재로, 문짝을 일정 각도로 유지하게 하는 기능이 있다.

② 가구의 문짝을 상하로 여닫을 때 주로 사용하며, 가구의 안정성과 견고성에 도움을 준다.

③ 수대는 지지대와 미끄럼식 하우징으로 구성되어 있으며, 소품 가구에 많이 사용한다.

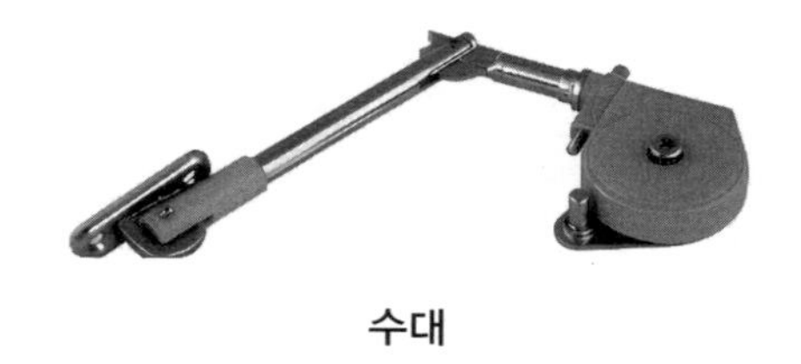

수대

5 손잡이

손잡이는 개폐의 용도를 가진 부자재로 가구의 형태에 따라 부착 방법, 시각적 효과 등을 고려하여 선택한다.

부착 방법에 따라 돌출 형태, 매립 형태, 끼움 형태 등으로 구분하며, 돌출 형태를 가장 많이 사용한다.

(1) 원형 손잡이

① 원형 손잡이는 문짝이 크지 않은 소형 가구에 주로 부착하며, 원형 또는 응용된 다양한 형태가 있다.
② 내구성이 다소 취약한 편이다.

(2) ㄷ자형 손잡이

① 가장 많이 사용하는 손잡이 중 하나이며, 문짝이나 서랍의 크기가 크거나 하중이 큰 곳에 주로 사용한다.
② 다양한 형태나 여러 가지 재료로 제작된 것들이 많다.

(3) 매립형 손잡이

① 가구 디자인의 형태 구성상 문짝이나 서랍의 손잡이가 돌출되지 않도록 하기 위해 부재의 전면을 음각한 후 손잡이를 매립한 형태이다.
② 가구 제작의 문짝, 서랍, 기타 용도로 다양하게 활용되고 있다.

(4) 고리형 손잡이

① 가구 디자인의 고전적이며 장식적인 효과를 높이기 위해 사용되는 손잡이이다.
② 다양한 재료로 제작된 것이 많고, 금속재로 제작된 손잡이가 가장 많은 편이다.

예 | 상 | 문 | 제

가구 부자재 ◀

1. **나비 형태이며, 몸체가 하나로 되어 있어 문짝과 측판에 고정하여 쓰는 경첩은?**

① 피벗 경첩
② 숨은 경첩
③ 나비 경첩
④ 플랩 경첩

해설 나비 경첩
- 장착했을 때 외관에 무리가 없고 문이 열리는 각도가 자유로운 나비 모양의 경첩이다.
- 일반적으로 가장 많이 사용하는 경첩이다.

2. **다음 중 나비 경첩을 부착하기 위해 사용하는 기계는?**

① 다축보링기 ② 우드밀링
③ 갱립소 ④ 몰더

해설 우드밀링(wood milling) : 나비 경첩을 부착하기 위해 각종 문짝과 측판에 철물의 홈을 내거나, 옷장 봉을 끼우기 위해 홈 가공을 하는 기계이다.

3. **다음 그림에서 경첩의 크기를 나타내는 것은 어느 것인가?**

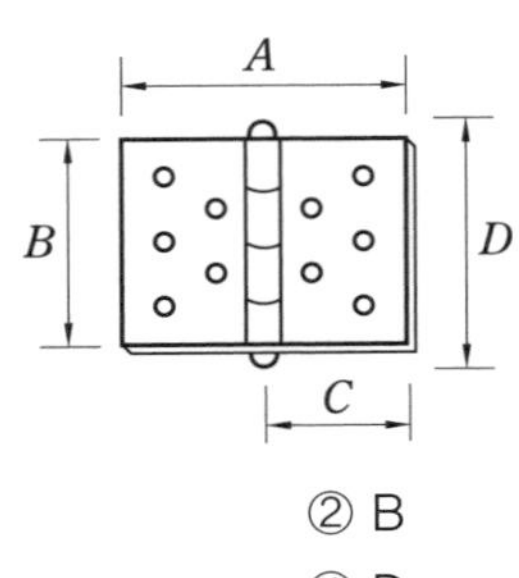

① A ② B
③ C ④ D

해설 경첩의 크기는 자재판의 길이로 나타내며, 그림에서 B에 해당한다.

4. **경첩 달기에 관한 설명 중 틀린 것은?**

① 경첩 자리를 팔 때 건축문에서는 양쪽에 파고 캐비닛 가구에서는 문만 판다.
② 경첩은 윗가로대 밑과 아랫가로대 위에 오게 한다. 작은 문에서는 경첩 자재판의 길이만큼 위아래를 띄워서 붙인다.
③ 경첩 자리를 팔 때 나사못 머리끼리 닿는 것을 방지하기 위해 안쪽으로 약간 깊게 판다.
④ 경첩자리 홈을 너무 깊이 파면 문을 닫았을 때 사이가 뜨고, 너무 얕게 파면 문을 닫았을 때 문이 열린다.

5. **하나의 경첩으로 양 방향에서 문짝을 개폐할 수 있도록 고안된 경첩은?**

① 크랭크 경첩
② 나비 경첩
③ 유리문 경첩
④ 숨은 경첩

해설 크랭크 경첩은 측판의 한쪽 면을 고정한 축과 뒷면의 축과 연결된 플레이트를 고정하여 문짝을 개폐하는 경첩이다.

6. **경첩의 크기를 바르게 표시한 것은?**

① 두께×너비 ② 높이×너비
③ 넓이×높이 ④ 폭×두께

7. **두 개의 경첩의 서로 맞물려 있는 형태로, 각도가 있는 문짝을 개폐할 때 사용하는 경첩은?**

① 코너 경첩 ② 마이타 경첩
③ 플랩 경첩 ④ 피벗 경첩

정답 1. ③ 2. ② 3. ② 4. ④ 5. ① 6. ② 7. ②

8. 양여닫이 장롱 문짝에 쓰이는 철물로 알맞지 않은 것은?

① 경첩
② 면붙임 자물쇠
③ 오르내리 꽂이쇠
④ 물림쇠(헛자물쇠)

해설 • 경첩 : 창문이나 출입문, 가구의 문짝을 달 때 쓰는 철물로, 두 쇳조각을 맞물려서 만든다.
• 오르내리 꽂이쇠 : 쌍여닫이문에 쓰는 철물로, 꽂이쇠를 위아래로 오르내리게 하여 문을 잠그는 철물이다.
• 물림쇠 : 문을 닫으면 꼭 끼이도록 물려서 조이는 철물이다.

9. 장식장이나 서랍장, 간이 테이블 연결 등 주로 접힌 부분을 평형하게 펴는 데 주로 사용하는 경첩은?

① 피벗 경첩
② 나비 경첩
③ 크랭크 경첩
④ 플랩 경첩

해설 플랩 경첩은 콘솔이나 장식장, 서랍장, 간이 테이블 연결 등 주로 접힌 부분을 평형하게 펴는 데 사용한다.

10. 본체의 세로 판과 서랍의 측면에 부착하여 서랍의 개폐용으로 사용하는 가구 부자재는?

① 수대
② 손잡이
③ 서랍 러너
④ 경첩

해설 서랍 러너는 본체의 세로 판과 서랍의 측면에 부착하여 서랍의 개폐용으로 사용하며, 목재나 PVC, 스틸 등이 사용된다.

11. 유리문 경첩에 대한 설명이 아닌 것은?

① 힌지, 마운틴 플레이트, 힌지 캡 구조를 가지고 있다.
② 각도 조절용 유리문 경첩은 최대 60°까지 열리며, 유리 두께는 5mm 이내로 장착할 수 있다. 조절 볼트를 통해 임의로 0~45°까지 개폐 각도를 조절할 수 있다.
③ 별도의 마운틴 플레이트 없이 측판에 바로 장착할 수 있기 때문에 유격 조정이 쉽지 않다.
④ 유리문 경첩은 외관도 중요하지만 안정성을 강조한 경첩이다.

해설 각도 조절용 유리문 경첩은 최대 92°까지 열리며, 유리의 두께는 4~6mm 이내를 장착할 수 있다.

정답 8. ② 9. ④ 10. ③ 11. ②

제 3 장 용도별 가구 재료

3-1 가정용 가구 재료

1 가정용 가구 구성의 특징

(1) 혼례용 가구

① 가정용 가구는 경제적 여건, 주거 상황, 디자인 등이 구매의 고려 조건이 된다.

② 혼례용 가구에는 장롱, 침대, 화장대, 서랍장, 주방용 식탁과 의자, 소파 등이 있다.

(2) 학생용 및 유아용 가구

① 유아용 가구에는 침대, 장식장, 의자 등이 있으며, 안정성과 유아 발육을 위한 디자인과 크기 등이 고려 조건이 된다.

② 초 · 중등학교 주니어용 학생 가구는 침대, 책상, 옷장, 책장 등이며 신체의 급속한 변화와 발달, 정서적 상황을 고려하여 가구의 형태, 디자인, 크기 등이 결정된다.

③ 청년기의 학생용 가구는 개인용품의 수납과 개인적인 독창성을 고려한 L자형 책상과 컴퓨터 관련 기기 사용에 편리한 구조를 선호하며, 가구도 소호(SOHO) 가구를 선호하는 경향이 있다.

(3) 거실용 가구

① 거실용 가구는 소재, 커튼, 벽지 등의 요소와 복합적으로 고려하여 공간 연출을 하는 것이 중요하다.

② 거실용 가구에는 거실장, 장식장, 소파, 테이블, 콘솔 등이 있다.

③ 개인의 사적 공간에는 침실용 가구와 드레스룸의 가구로 장롱과 침대, 소형 탁자, 화장대 등이 있다.

2 가정용 가구의 재료

(1) 원자재

① **목재**

㈎ 가정용 가구에 주로 사용되는 목재는 침엽수재보다는 활엽수재가 많다.

㈏ 침엽수재로는 소나무류, 활엽수재로는 자작나무, 느티나무, 오동나무, 물푸레나무, 호두나무, 참죽나무, 참나무, 티크, 마호가니, 라왕, 단풍나무, 너도밤나무 등이 사용된다.

② **목재질 재료**

㈎ 대표적인 목재질 재료에는 일반 합판, 자작나무 합판, 특수 합판(오브레이 합판, 프린트 합판, 도장 합판 등), 럼버코어 합판, 섬유판 등을 활용하며, 무늬목으로 원목의 질감을 대신한다.

㈏ 무게감을 줄이면서 경제적인 재료가 주를 이루고 있다.

참고

- 최근 가정용 가구의 원자재는 경제성이나 원자재의 특성 등을 고려하여 목재질 재료를 많이 선택한다.

(2) 부자재

① **부자재의 요구 조건** : 수납 공간을 늘리기 위한 회전식 철물일 것, 인출이 간편할 것, 문짝의 개폐 기능을 강화할 것, 각종 액세서리를 고급화할 것 등

② 대표적인 부자재에는 경첩, 러너, 손잡이, 연결 철물, 기타 액세서리 등이 있다.

③ 경첩은 큰 가구일 경우 그 하중을 견딜 수 있는 숨은 경첩을 사용하며, 문갑이나 수납장은 미니 경첩을 사용한다.

④ 붙박이장과 같은 가구는 슬라이딩 레일을 사용한다. 대형 가구는 문짝의 회전 반경이 넓기 때문에 슬라이딩 레일이 효과적이다.

⑤ 대형 가구의 하단부 서랍에는 스틸 러너, 볼 러너 등을 사용한다.

⑥ 서랍에는 스틸 러너가 많이 사용되며, 탈착이 용이한 분리형이 주로 사용된다.

⑦ 손잡이의 형태, 크기 등은 가구 디자인의 방향에 따라 비례한다.

⑧ 연결 철물은 대형 가구의 부재간의 역학적인 부분을 고려하여 짱구볼트와 미니픽스를 많이 사용한다.

⑨ 책장이나 장식장과 같이 선반과 본체의 연결에는 라픽스를 사용한다.

⑩ 기타 액세서리는 옷장의 문짝 뒷면에 넥타이 걸이, 다용도함, 거울 등을 부착할 수 있는 철물과 옷장의 활용도를 높이기 위한 유압식 행거, 회전식 철물 등 여러 가지 부자재를 사용한다.

3-2 사무용 가구 재료

1 사무용 가구 구성의 특징

① 작업 공간, 창조 공간, 정보처리 공간, 휴식이 공유되는 공간이다.

② 사무기기와 유기적인 시스템을 갖도록 하며 팀워크, 워크스테이션을 중심으로 한다.

③ 사무용 가구의 종류는 책상, 파일 서랍, 책장, 회의용 테이블, 장식장, 보조 테이블, 시스템 가구, 파티션, 소호 가구, 의자 등이 있다.

2 사무용 가구의 재료

(1) 원자재

사무용 가구의 원자재는 목재보다 목재질 재료를 많이 선택한다.

① **목재** : 국산 목재보다는 수입산 목재에 의존하는 비율이 높은 편이다.

② **목재질 재료**

(가) 대표적인 목재질 재료는 일반 합판, 자작나무 합판, 특수 합판, 럼버코어 합판, 섬유판 등이다.

(나) 표면재는 무늬목을 사용하며 그 외 섬유판(MDF), LPM, HPM을 접착하기도 한다.

(2) 부자재

① 목재질 재료를 주로 사용하는 특성상 피팅과 스크루를 사용하며, 규격화된 연결 철물과 경첩, 러너, 수대 등의 부자재는 상호 호환이 가능하다.

② 사무용 가구는 전기, 전자기기와 가구의 조화를 이루도록 설계되어야 한다. OA 업무에 필요한 각종 액세서리를 합리적으로 배치시킬 수 있어야 한다.

참고

- LPM(low pressure melamine) : 저압 멜라민 함침지로, 가성비가 좋고 친환경적이어서 가구 몸통이나 도어 표면으로 사용된다.
- HPM(high pressure melamine) : 고압 멜라민 함침지로, 강도와 내구성이 좋아 책상, 테이블 상판으로 사용된다.

3-3 부엌용 가구 재료

1 부엌용 가구 구성의 특징

① 산업화와 서구 문화로 인한 아파트의 생활상을 보면 부엌용 가구가 제2의 거실 역할을 한다.

② 우선 고려할 사항은 인테리어에 효율성과 합리성을 가진 기능이 강조되고 있는지에 관한 것이다.

③ 부엌용 가구의 종류는 주택의 구조에 따라 다소 차이가 있다.

④ 아파트의 시스템 가구는 상부장, 하부장, 기능장 등으로 구성되며 냉장고, 전자레인지, 세탁기, 정수기 등의 가전기기가 포함될 수 있다.

2 부엌용 가구의 재료

일반적으로 부엌용 가구의 재료는 원자재인 목재나 목재질 재료와 부자재인 도료, 접착제, 멤브레인(지정 칼라 PVC 시트 + MDF), 래핑(지정 칼라 PVC 시트 + MDF), UV 고광택 마감재, 그 외 철물 자재 등으로 분류할 수 있다.

(1) 원자재

부엌용 가구의 원자재는 목재와 목재질 재료로 나눌 수 있으나 특성상 주로 목재질 재료가 활용된다. 식생활과 관련된 공간이므로 부엌용 가구의 원자재는 모두 친환경 재료를 사용해야 한다.

① **목재** : 부엌용 가구의 원자재는 목재보다 목재질 재료를 사용하는 것이 합리적일 수 있다.

② **목재질 재료**

㈎ 대표적인 목재질 재료는 일반 합판, 자작나무 합판, 특수 합판, 럼버코어 합판, 섬유판 등을 활용한다.

㈏ 표면재는 무늬목으로 대신하며, 그 외에 섬유판(MDF), LPM, HPM을 접착하기도 한다.

㈐ 인공 소재, 유색 도장 방법, 유리 등 다양한 친환경적 소재로 경제적이며 효율적인 개발이 되고 있다.

(2) 부자재

① 목재질 재료를 주로 사용하는 부엌용 가구의 특성상 사무용 가구의 부자재와 같은 종류를 사용한다.

② 부엌용 가구 역시 공용화가 가능하므로 연결 철물과 경첩, 러너, 수대 등의 부자재는 상호 호환이 가능하다.

부엌용 가구에 사용되는 원자재와 부자재는 다음 표와 같다.

부엌용 가구의 원자재와 부자재

구 분	중급 이상	중급 이하
본체	• 무늬목과 PB 또는 MDF • 지정 LPM과 PB	• 지정 PVC 시트와 PB
문짝	• 원목 문짝 무늬목과 MDF • 집성목과 합판에 무늬목	• 멤브레인(지정 색상 PVC 시트에 MDF) • 래핑(지정 색상 PVC 시트에 MDF) • UV 고광택 마감 처리

참고

• 싱크대 문짝에 멤브레인을 하는 것은 얇은 막으로 마감 처리한 것을 의미하며, 일반적으로 얇은 비닐 시트로 방수 처리한 상태를 뜻한다.

예 | 상 | 문 | 제

용도별 가구 재료 ◀

1. 가정용 가구의 재료에 대한 설명 중 틀린 것은?

① 가정용 가구의 원자재는 크게 목재와 목재질 재료로 나눌 수 있다.
② 가정용 가구에 주로 사용되는 목재는 침엽수재가 많다.
③ 무게감을 줄이면서 경제적인 재료가 주를 이루고 있다.
④ 최근 가정용 가구의 원자재는 경제성이나 원자재의 특성 등을 고려하여 목재질 재료를 많이 선택한다.

해설 가정용 가구에 주로 사용되는 목재는 침엽수재보다는 활엽수재가 많다.

2. 가정용 가구의 부자재 요구 조건으로 알맞지 않은 것은?

① 인출이 간편할 것
② 문짝의 개폐 기능을 강화할 것
③ 각종 액세서리를 고급화할 것
④ 고정식 철물일 것

해설 가정용 가구 부자재의 요구 조건
- 인출이 간편할 것
- 문짝의 개폐 기능을 강화할 것
- 각종 액세서리를 고급화할 것
- 수납의 증대를 위한 회전식 철물일 것

3. 가정용 가구 재료 중 부자재에 대한 설명으로 옳은 것은?

① 대표적인 부자재에는 경첩, 러너, 손잡이, 연결 철물 등이 있다.
② 문갑, 수납장은 자유 경첩을 사용한다.
③ 경첩은 큰 가구일 경우 피벗 경첩을 사용한다.
④ 붙박이장에는 슬라이딩 레일을 사용하면 안 된다.

해설 • 문갑이나 수납장은 미니 경첩을 사용한다.
- 경첩은 큰 가구일 경우 하중을 견딜 수 있는 숨은 경첩을 사용한다.
- 붙박이장과 같은 가구는 슬라이딩 레일을 사용하며, 대형 가구는 문짝의 회전 반경이 넓으므로 슬라이딩 레일이 효과적이다.

4. 가정용 가구 재료 중 부자재에 대한 설명으로 틀린 것은?

① 손잡이의 형태, 크기 등은 가구 디자인의 방향에 따라 비례한다.
② 서랍은 스틸 러너가 많이 사용되며 탈착이 용이한 분리형이 주로 사용된다.
③ 책장이나 장식장과 같이 선반과 본체의 연결에는 꽂임촉을 사용한다.
④ 연결 철물은 대형 가구 부재끼리의 역학적인 부분을 고려하여 짱구볼트와 미니픽스를 많이 사용한다.

해설 책장이나 장식장과 같이 선반과 본체의 연결에는 라픽스를 사용한다.

5. 부엌용 가구 구성에 대한 특징으로 옳지 않은 것은?

① 부엌용 가구의 종류는 주택의 구조에 따라 다소 차이가 있다.
② 인테리어에 효율성과 합리성보다 디자인이 강조되고 있다.
③ 아파트의 시스템 가구는 상부장, 하부장, 기능장 등으로 구성된다.
④ 부엌은 식생활과 관련된 공간이므로 부엌용 가구는 친환경 재료를 사용해야 한다.

정답 1. ② 2. ④ 3. ① 4. ③ 5. ②

가구의 구조와 조립

4-1 가구의 구조

1 책상류 가구

(1) 책상의 구조

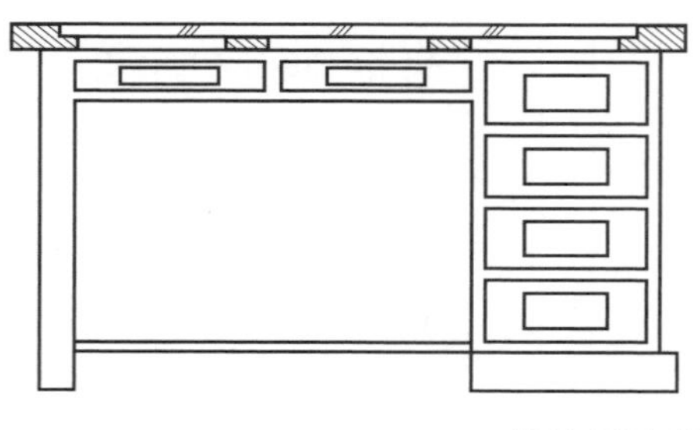
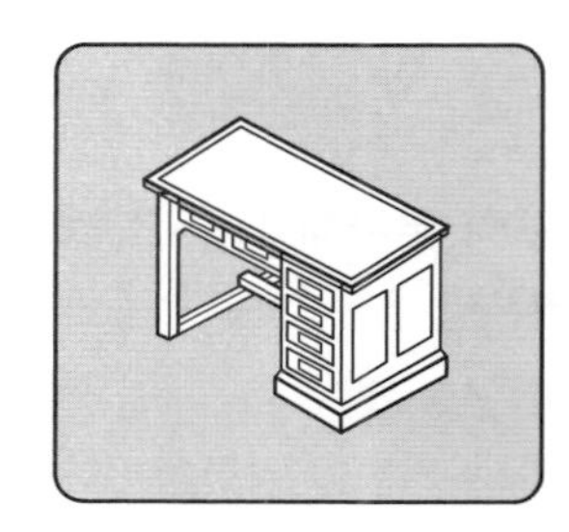

힌쪽 서랍 책상

(2) 책상의 부분 명칭과 제작 방법

① **천판 :** 천판과 막판 사이에 접착제를 바르고 천판 위에서 숨은 못치기를 한다.

② **다리 :** 서랍 하단 미끄럼재 및 꿸대, 막판에 장부맞춤한다.

③ **막판 :** 다리와 장부맞춤한다.

④ **상단 미끄럼재 :** 기둥과 장부맞춤한다.

⑤ **하단 미끄럼재 :** 기둥과 장부맞춤한다.

⑥ **서랍받이재 :** 서랍 흔들림 막기판을 하단 미끄럼재와 같은 높이로 막판과 미끄럼재 사이에 부착하여 못을 박는다.

⑦ **서랍 흔들림 막기판 :** 합판 또는 얇은 판재로 서랍받이재에 못을 박는다. 간격은 기둥과 기둥 사이에 맞춘다.

⑧ **통 세로틀 :** 홈을 파고 합판 또는 얇은 판재를 끼운다.

⑨ **통 가로틀 :** 통 세로틀과 장부맞춤하고 통 거울판을 끼울 수 있도록 홈을 판다.

⑩ **통 거울판 :** 합판 또는 얇은 판재로 통 세로틀과 가로틀의 홈에 끼운다.
⑪ **대테 :** 통 만들기 기둥 하단에 판재로 연귀맞춤하여 밑돌림을 한다.
⑫ **쮈대 :** 다리와 다리 사이를 연결하여 장부맞춤한다.
⑬ **발걸이 :** 쮈대와 대테 사이를 연결하며 쮈대에 못박기 및 반턱맞춤을 한다.
⑭ **서랍 옆판 :** 서랍받이재 위에 걸치며 밑판을 홈파기한다.

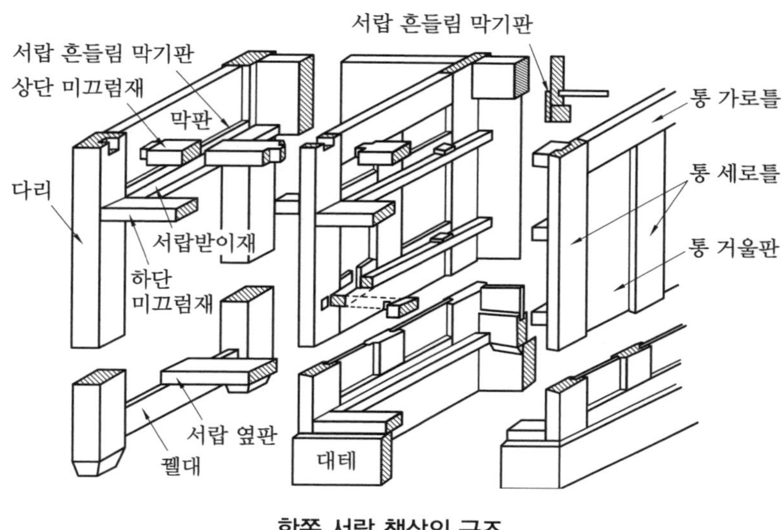

한쪽 서랍 책상의 구조

2 의자류 가구

(1) 의자의 구조

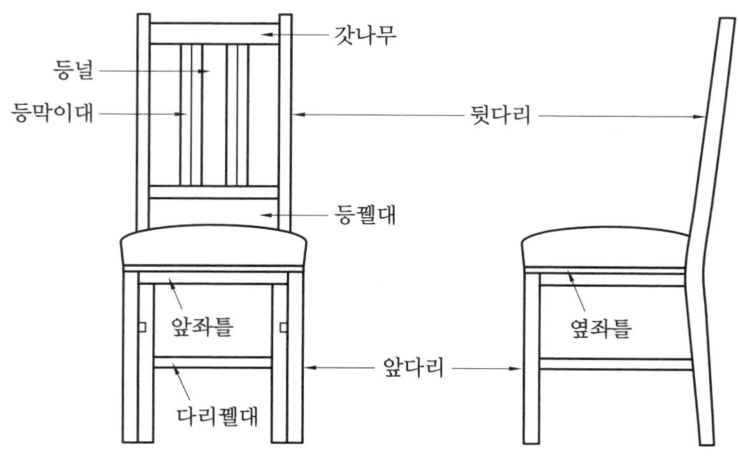

의자의 구조

(2) 의자의 부분 명칭과 제작 방법

① **좌틀 :** 각형, 원형으로 판재 깔기, 헝겊 씌우기, 가죽이나 비닐 씌우기

② **다리 :** 앞다리, 뒷다리 각 2개씩 좌틀에 맞춤으로 접합하고, 뒷다리는 갓나무와 등펠대를 접합하여 경사지게 제작한다.

③ **팔꿈치대 :** 좌틀에 세움대를 세워 팔꿈치대 판을 위에 대고 뒷다리에 장부맞춤한다.

④ **펠대 :** 다리와 다리 사이를 연결하여 앞면에 사용하면 발이 닿아 좋지 않고, 옆면과 뒷면의 펠대를 같은 위치에서 장부 구멍을 파면 약해지므로 좋지 않다.

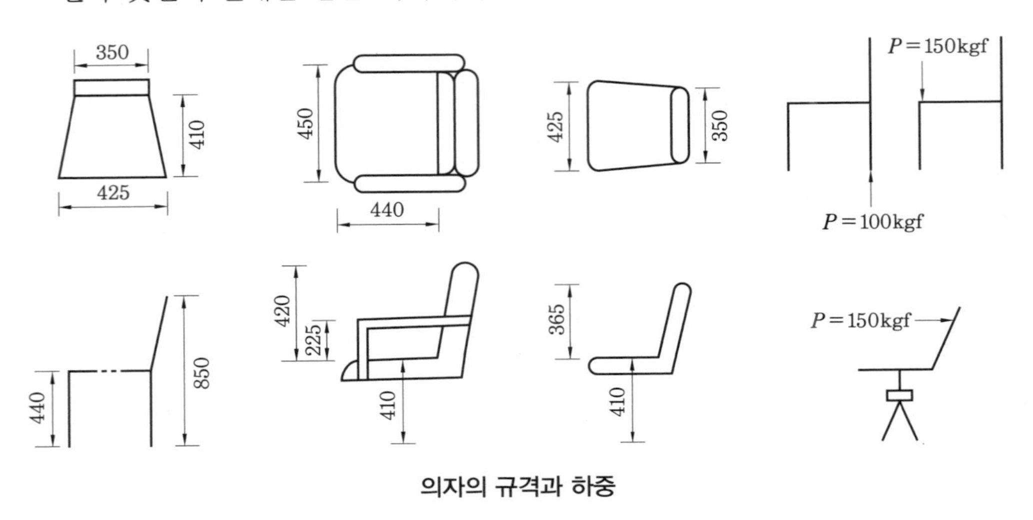

의자의 규격과 하중

3 장류 가구

(1) 장의 구조

① 몸통의 부분 명칭

(가) 측판 : 가구의 옆판

(나) 천판 : 가구의 윗판

(다) 지판 : 가구의 밑판

(라) 선반 : 가구 내부를 가로로 나누어주는 판

(마) 중간판 : 가구 내부를 세로로 나누어주는 판

(바) 뒤판 : 가구 뒷면을 막아주는 판

(사) 걸레받이 : 지판의 밑부분을 막아주는 판

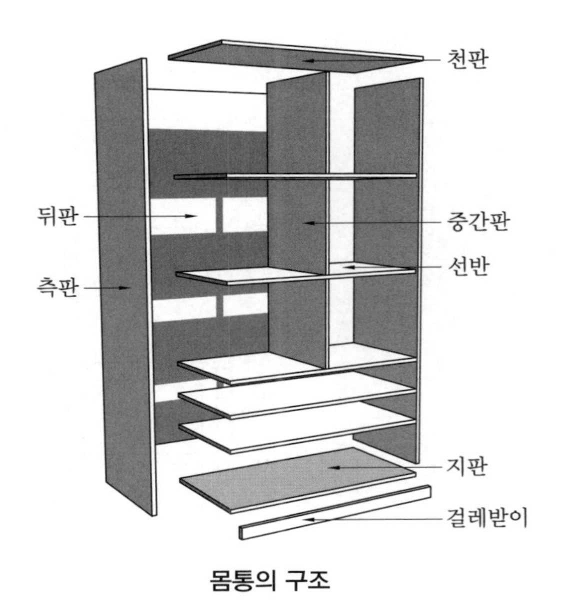

몸통의 구조

② **서랍의 부분 명칭**

㈎ 서랍 앞판 : 서랍의 전면부

㈏ 서랍 : 물건을 담을 수 있는 박스 형태

㈐ 밑판 : 서랍의 바닥판

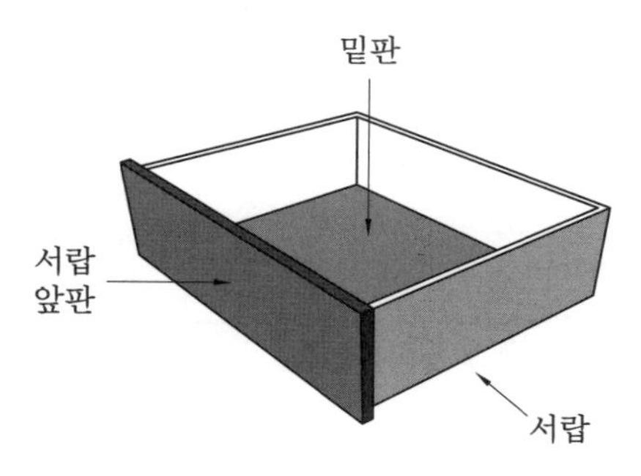

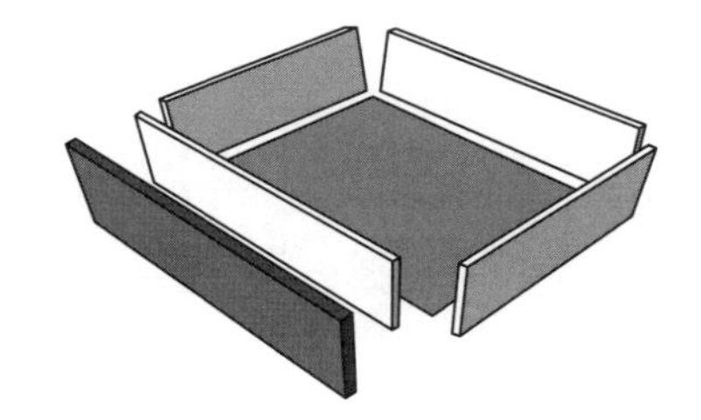

서랍의 구조

(2) 구성품 제작 방법

① **몸통**

㈎ 가구를 이루는 가장 큰 형태이다.

㈏ 조립 방법에 따라 세로형, 가로형, 주먹장부맞춤형, 연귀맞춤형이 있다.

② **서랍**

㈎ 서랍 러너를 사용하는 경우 : 서랍 몸통과 서랍 앞판을 따로 제작하여 사용한다.

㈏ 서랍 러너를 사용하지 않는 경우 : 서랍 몸통과 서랍 앞판을 같이 제작한다.

③ **도어**

㈎ 덧방형(풀오버레이형) : 가구의 측면을 완전히 얹히는 구조의 도어 형태

㈏ 인서트형(인도어형): 가구의 측면 안으로 도어가 들어가 있는 형태

㈐ 반덧방형(하프오버레이형) : 하나의 측판에 양쪽으로 2개의 도어를 설치할 때 사용하는 형태

(a) 덧방형

(b) 인서트형

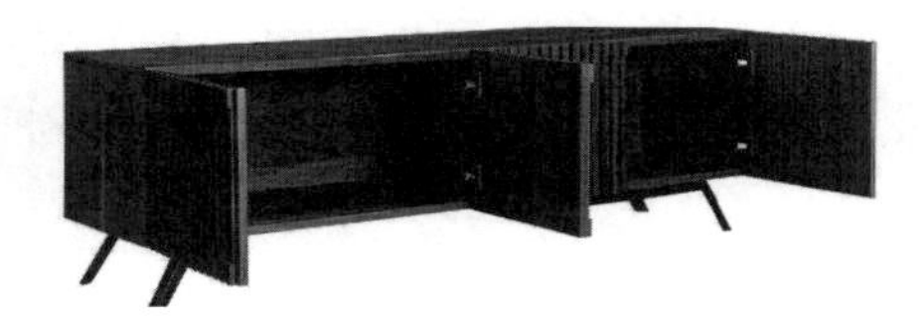

(c) 반덧방형

도어의 종류

4 부엌 가구

(1) 부엌 가구장의 구조

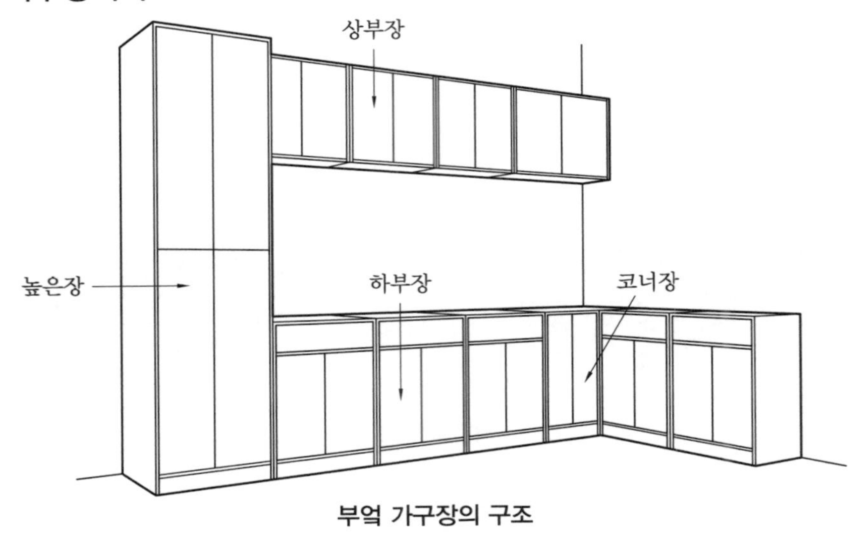

부엌 가구장의 구조

(2) 부엌 가구장의 부분 명칭

① **높은장 :** 높이가 2m 이상 되는 가구를 말하며 옷장, 붙박이장, 주방의 높은 선반장, 책장 등이 있다.

② **하부장 :** 바닥에 놓는 가구를 말하며 서랍장, 수납장, TV장 등이 있다.

③ **상부장 :** 벽에 붙어 공중에 떠 있는 가구를 말하며 수납장, 장식장 등이 있다.

④ **코너장 :** 벽 모서리에 놓는 가구를 말하며 콘솔, 주방의 코너장이 있다.

5 기능별 가구의 종류

(1) 주거용 가구

① 일반 가정생활에서 필요로 하는 가구로 장, 농, 침대, 소파, 책상, 의자 등이 있다.

② 주거용 가구는 기능성 이외에 장식성도 중요하게 생각한다.

(2) 공공용 가구

① 여러 사람들이 공동으로 사용하는 가구로 책상, 사물함, 작업대 등이 있다.

② 공공용 가구는 장식성보다 기능성을 우선시하며 견고함이 중요하다.

(3) 상업용 가구

① 영업을 목적으로 하는 장소에서 사용되는 가구로 카운터, 진열대 등이 있다.

② 상업용 가구는 기능성과 함께 영업 장소의 인상을 남길 수 있는 개성이 필요하다.

예 | 상 | 문 | 제

가구의 구조 ◀

1. 의자를 구성하는 부재가 아닌 것은?

① 좌틀 ② 천판
③ 다리 ④ 펠대

해설 천판은 책상, 상자나 장롱 따위의 위 표면이나 천장에 대는 널빤지를 말한다.

2. 책상의 부분 명칭과 제작 방법에 대한 설명으로 틀린 것은?

① 천판 : 천판과 막판 사이에 접착제를 바르고 천판 위에서 숨은 못치기를 한다.
② 막판 : 기둥과 장부맞춤한다.
③ 펠대 : 다리와 다리 사이를 연결하여 장부맞춤한다.
④ 서랍 흔들림 막기판 : 합판 또는 얇은 판재로 서랍받이재에 못을 박는다.

해설 막판 : 다리와 장부맞춤한다.

3. 다음 중 장류 가구의 몸통 부분의 명칭으로 옳은 것은?

① 천판 : 가구의 밑판
② 지판 : 가구 내부를 가로로 나누어 주는 판
③ 선반 : 지판 밑부분을 막아 주는 판
④ 중간판 : 가구 내부를 세로로 나누어 주는 판

해설 • 천판 : 가구의 윗판
• 지판 : 가구의 밑판
• 선반 : 가구 내부를 가로로 나누어 주는 판
• 걸레받이 : 지판의 밑부분을 막아 주는 판

4. 하나의 측판에 2개의 도어를 설치할 때 사용하는 도어의 형태는?

① 덧방형
② 인서트형
③ 반덧방형
④ 풀오버레이형

해설 반덧방형 : 하나의 측판에 양쪽으로 2개의 도어를 설치할 때 사용하는 형태로, 하프오버레이형이라고도 한다.

5. 부엌 가구장에서 높이가 2m 이상 되는 가구를 일컫는 명칭은?

① 높은장 ② 상부장
③ 하부장 ④ 코너장

해설 부엌 가구장의 부분 명칭
• 높은장 : 높이가 2m 이상 되는 가구
• 하부장 : 바닥에 놓는 가구
• 상부장 : 벽에 붙어 공중에 떠 있는 가구
• 코너장 : 벽 모서리에 놓는 가구

정답 1. ② 2. ② 3. ④ 4. ③ 5. ①

4-2 가구 제작 방법의 특징

1 책장

① 책의 높이, 선반의 두께와 수를 고려한다.
② 책을 꺼내고 넣기 편리하도록 책과 윗선반 사이의 간격을 약 15mm 더하여 정한다.
③ 안 길이는 책의 너비와 문 두께, 뒤판, 펠대 등의 두께를 생각하여 정한다.
④ 미닫이문인지 여닫이문인지를 고려하여 안 길이를 정한다.

2 신발장

① 신발장의 깊이는 신발 길이보다 여유있게 제작한다.
② 현관의 공간에 따라 문의 종류를 선택한다.
③ 사용하기 편리하도록 하고 청소하기 쉽게 제작한다.
④ 외관과 의장의 요소를 고려하여 제작한다.

3 옷장

① 옷장의 내측 높이는 가장 긴 외투의 길이를 고려하여 정한다.
② 깊이는 의복의 어깨너비를 고려하고, 폭은 의복의 수량과 놓는 장소의 공간을 고려한다.

4 서랍장

① 서랍은 두께 12mm 판재를, 서랍 바닥은 5mm 합판을 주로 사용한다.
② 서랍 앞면과 서랍 박스는 중간중간 접착제를 붙이고 스크루로 조인다.

5 이동 수납장

① 벽체 사이에 수납장을 설치할 때 빈 공간이 거의 보이지 않는 쪽에서 제작한다.
② 하부 지지대, 경첩, 손잡이 등은 견고하게 부착하여 흔들림이 없어야 한다.
③ 수납장의 문짝 경첩 및 손잡이 규격, 형상, 재질 등은 기능 및 내구성에 지장이 없는 범위 내에서 제품의 재료에 따른다.

6 합판 가구

합판에 의한 가구 제작 방법에는 세로형, 가로형, 덧방형, 혼합형 등이 있다.

(1) 세로형

① 천판, 지판, 선반이 측판 안에 연결되는 구조로, 위에서 측판의 두께 면이 노출된다.

② 옷장과 같은 가구 몸통 제작에 주로 사용한다.

(2) 가로형

① 천판, 지판이 측판 위로 연결되는 구조로, 천판과 지판의 두께 면이 노출된다.

② 지판이 바닥과 닫는 면적이 많아 수평 유지가 어렵고, 좌우 흔들림이 있는 가장 불안정한 구조이다.

(3) 덧방형

① 세로형에 천판을 한번 더 덧댄 구조로, 디자인이 좋고 매우 튼튼한 구조이다.

② 눈높이보다 낮은 크기의 가구 제작에 많이 사용된다.

(4) 혼합형 * 세로형과 가로형의 혼합형

① 천판이 측판 위에 연결되는 구조로, 가구 제작에 가장 많이 사용된다.

② 크기에 비해 튼튼하며 디자인이 좋고, 덧방형에 비해 경제적이다.

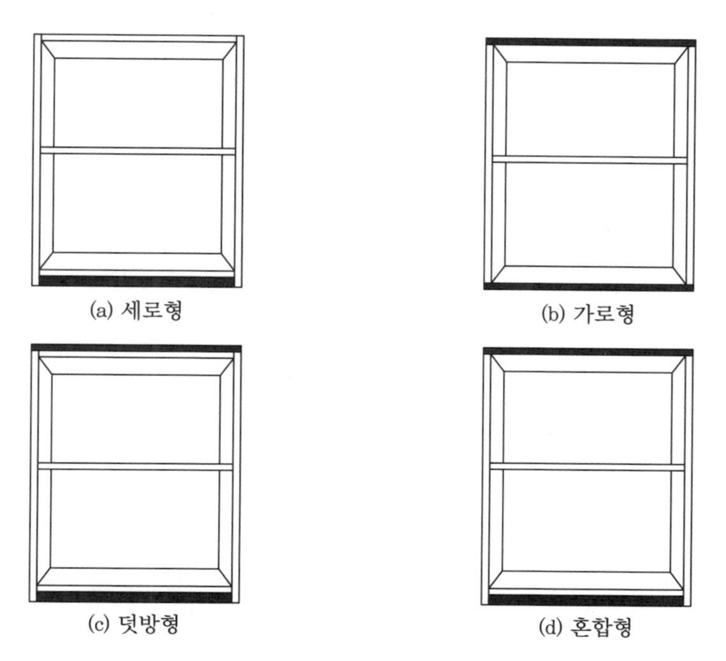
(a) 세로형 (b) 가로형 (c) 덧방형 (d) 혼합형

합판 가구의 조립

7 원목 가구

원목에 의한 가구 제작 방법에는 주먹장부형, 연귀맞춤형, 상부 연귀맞춤형, 혼합형 등이 있다.

(1) 주먹장부형

① 목재의 모서리에서 주먹홈(socket)과 주먹장부(pin)를 가공하여 연결하는 구조이다.
② 철물을 사용하지 않고 조립할 수 있으며 접합한 부분의 모양이 좋다.

(2) 연귀맞춤형

① 두 부재의 횡단면 또는 측면을 45°로 가공하여 연결하는 구조이다.
② 충격에 약하며 소품 가구 제작에 많이 사용한다.

(3) 상부 연귀맞춤형

① 천판과 측판 부분은 연귀맞춤형으로, 지판은 측판의 안쪽에 연결하는 구조이다.
② 중 · 소형 가구 제작에 많이 사용한다.

(4) 혼합형

① 천판은 측판 내부에 연결하고 지판은 측판 안쪽에 연결하는 구조로, 가장 일반적인 구조이다.
② 크기에 비해 튼튼한 구조이며 비교적 경제적이다.
③ 천판이 측판 위에 연결되어 천판의 두께 면이 노출된다.

예 | 상 | 문 | 제

가구 제작 방법의 특징 ◀

1. 문이 달린 책장을 설계할 때 특히 유의해야 할 사항은?

① 책의 두께　② 책의 높이
③ 책의 너비　④ 책의 수량

해설 책장을 설계할 때 책의 높이, 선반의 두께와 수를 고려한다.

2. 신발장을 설계할 때 잘못된 설명은?

① 수납 및 청소가 편리한 구조로 한다.
② 선반의 판은 신발의 크기에 따라 올리고 내리도록 한다.
③ 신발 치수를 기준으로 크기를 정한다.
④ 문은 면적을 적게 차지하기 위해 미닫이문보다 여닫이문으로 한다.

해설 신발장을 설계할 때 면적을 적게 차지하기 위해서는 여닫이문보다 옆으로 밀어서 열고 닫는 미닫이문이 좋다.

3. 합판에 의한 가구 제작 방법 중 눈높이보다 낮은 크기의 가구 제작에 많이 사용되는 형태는?

① 가로형　② 세로형
③ 덧방형　④ 혼합형

해설 덧방형
- 세로형에 천판을 한번 더 덧댄 구조로, 디자인이 좋고 매우 튼튼한 구조이다.
- 눈높이보다 낮은 크기의 가구 제작에 많이 사용된다.

4. 합판을 사용하여 가구를 제작할 때 옷장과 같은 가구 몸통 제작에 주로 많이 사용하는 형태는?

① 덧방형　② 세로형
③ 가로형　④ 혼합형

해설 세로형은 천판, 지판, 선반이 측판 안에 연결되는 구조로, 옷장과 같은 가구 몸통 제작에 주로 사용한다.

5. 다음 중 원목 가구의 제작 방법으로 알맞지 않은 것은?

① 반덧방형
② 연귀맞춤형
③ 주먹장부형
④ 상부 연귀맞춤형

해설 원목에 의한 가구 제작 방법에는 주먹장부형, 연귀맞춤형, 상부 연귀맞춤형, 혼합형 등이 있다.

6. 다음 중 가구 제작 방법에 대한 설명으로 옳은 것은?

① 신발장의 깊이는 신발 길이에 맞추어 제작한다.
② 이동 수납장은 하부 지지대, 경첩, 손잡이 등을 견고하게 부착하여 흔들림이 없어야 한다.
③ 책장은 책과 윗선반 사이의 간격을 약 5mm 더하여 제작한다.
④ 서랍장을 만들 때 서랍 바닥은 12mm 합판을 주로 사용한다.

해설
- 신발장의 깊이는 신발 길이보다 여유 있게 제작한다.
- 책장은 책과 윗선반 사이의 간격을 15mm 정도 더하여 제작한다.
- 서랍장을 만들 때 서랍은 두께 12mm 판재를, 서랍 바닥은 5mm 합판을 주로 사용한다.

정답 1. ② 2. ④ 3. ③ 4. ② 5. ① 6. ②

4-3 가구의 조립

1 가구의 조립 도구

(1) 전동 공구

① 전기를 이용하여 작동하는 공구로 전동 드릴, 비스킷 조이너, 도미노 조이너 등이 있다.

② 주로 몸통 및 서랍의 조립에 사용한다.

(2) 수공구

① 도어나 하드웨어 설치 및 조절에 사용한다.

② 드라이버, 나무망치, 고무망치, 마킹용 송곳 등이 있다.

(3) 측정 공구

① 부재의 두께, 길이 및 보링 위치를 확인할 때 사용한다.

② 줄자, 직각자, 버니어 캘리퍼스, 수평기 등이 있다.

2 지그를 사용한 가구 조립

(1) 지그

① 지그는 같은 작업을 반복적으로 하는 대량 생산 과정에서 제품의 품질을 높여주는 데 필요한 보조 장치이다.

② 부재를 가공할 때 전동 공구나 수공구를 안내하는 역할을 한다.

③ 하드웨어의 정확한 보링을 위해 많이 사용한다.

④ 상품화된 제품도 있으며, 상황에 적합하게 직접 제작하여 사용하는 경우도 있다.

(2) 지그를 사용하는 사례

① **몸통의 조립** : 몸통은 90° 유지를 위해 정확한 위치와 각도의 보링이 필요하다.

② **도어용 경첩의 조립** : 경첩의 경우는 도어의 뒷면에 2개 이상의 경첩를 조립해야 하므로 각각의 경첩이 수평을 이루어야 한다.

③ **서랍 러너의 조립**

(가) 서랍 레일은 롤러가 레일을 타고 움직여 개폐하는 방식으로 레일은 몸통에, 롤러는 서랍에 각각 연결해야 한다.

(나) 서랍 레일에는 슬라이딩 레일을 가장 많이 사용한다.
(다) 몸통에 부착하는 레일은 똑같은 위치에 수평으로 부착한다.

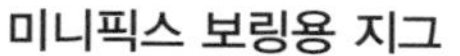

미니픽스 보링용 지그

힌지 보링용 지그

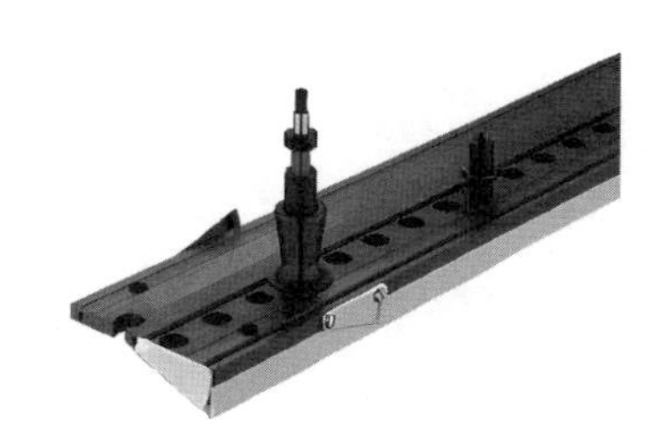

서랍 보링용 지그

3 나사못에 의한 가구 조립

① 전동 드릴이나 탁상용 드릴을 사용하여 나사못이 들어갈 곳을 미리 만든 다음, 전동 드라이버를 사용하여 나사못을 체결한다.
② 나사못을 사용하는 경우 사이즈에 맞는 드릴 비트를 사용하거나 이중으로 된 드릴비트를 사용한다.
③ 나사못으로 고정한 다음, 나사못이 보이지 않게 하기 위해 목심(목다보) 제조 비트를 사용하여 만든 다보를 사용한다.

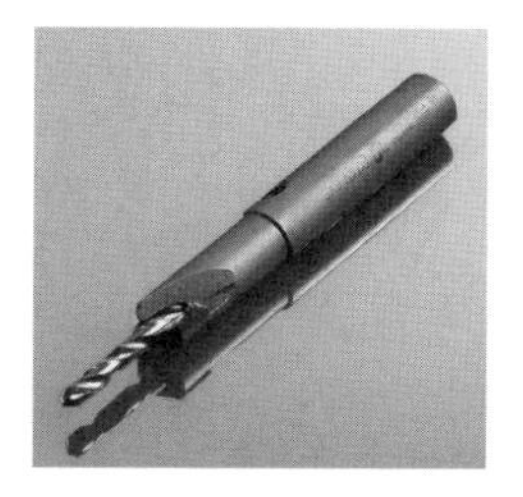

이중 드릴비트

목심 제조비트

4 가구의 조립 순서

부재별 조립은 측판을 기준으로 하여 수평 방향으로 조립한다.

① **가구의 문을 맞추는 순서**
문의 밑부분 → 경첩이 달리는 쪽 → 윗부분 → 손잡이가 달리는 쪽

② **가구를 조립하는 순서**
몸통 조립 → 도어 설치 → 서랍 설치

구조별 필요한 조립 도구

모 양	필요한 조립 도구	필요한 하드웨어	필요한 수공구	필요한 전동 공구
	주먹장부형		끌, 나무망치, 톱, 클램프	
	연귀맞춤형		클램프	도미노
	가로형	미니픽스	나사못, 클램프, 이중 드릴비트, 포스너비트	도미노, 전동 드릴
	세로형	미니픽스	나사못, 클램프, 이중 드릴비트, 포스너비트	전동 드릴
	서랍 러너를 사용하는 경우	서랍 러너	나사못, 클램프	전동 드릴
	서랍 러너를 사용하지 않는 경우		클램프	

5 조립 불량과 발생 원인

① **소통의 문제 :** 설계 도면 및 작업지시의 표기가 쌍방의 이해를 바탕으로 하지 않은 경우에는 현장에서 엉뚱한 작업을 시행하여 제품의 불량을 초래하는 경우가 많다.

② **설계의 문제 :** 설계자의 하드웨어에 대한 정보 부족과 가구의 구조적인 시행착오로 조립 불량이 발생하는 경우가 있다.

③ **조립도 문제** : 조립 방법을 설명하거나 표기할 때는 말이나 문자보다 이미지로 표현하는 것이 좋다. 조립도와 작업지시서는 누구나 파악할 수 있게 작성한다.

④ **작업자의 능력 문제** : 작업자의 조립 도구와 장비 사용 능력 부족으로 조립 불량이 발생할 수 있다.

⑤ **하드웨어 문제**

㈎ 하드웨어 사용법 미숙으로 제품의 오류가 많이 발생한다.

㈏ 하드웨어는 대량 생산에서 그 치수와 위치 등에 민감하게 작용하므로 약간의 오차만 있어도 제품에 심각한 문제가 발생한다.

⑥ **원자재의 문제**

㈎ 원자재의 품질과 조건에 따라 적합한 하드웨어를 사용해야 한다.

㈏ 경질 목재, 연질 목재, MDF, PB 등의 특성에 따라 보링의 크기, 위치, 하드웨어의 선택 등을 다르게 적용한다.

6 조립 불량에 대한 방지 대책

① 가구 조립의 불량 원인은 대부분 하드웨어의 설치 사양과 다르게 작업한 경우이며, 부분 보수가 불가능하면 모두 재제작을 해야 한다.

② 조립 철물을 사용하는 산업 가구는 그만큼 하드웨어에 대한 설치와 사용 방법에 대하여 숙지해야 한다.

조립 불량 원인별 보수 방법

구 분	불량 원인	문제점	보수 방법
수평	도어 수평	도어의 처짐, 도어가 닿는 소리	경첩 조정
	서랍 수평	서랍 개폐 시 소음, 안 열림	서랍 레일 조정
	선반 수평	선반의 처짐	보링 위치 조정
구조	흔들림	뒤판 유격, 하드웨어 연결 부정확	뒤판 재제작 및 재조립
	하드웨어 노출	사용 하드웨어 노출	위치 조정
	도어 균형	경첩 연결 시 수평 · 수직 불일치	경첩 위치 조정
	서랍 균형	서랍 레일의 수평 불일치	측판 서랍 레일 위치 조정
외관	보링 구멍 노출	외관상 보링 구멍 노출	마감 스티커 및 목심(목다보)
	에지 면 노출	부재간 연결 부위 오차	추가 작업
	부재의 휨	부재의 폭, 두께 차이	교체

예 | 상 | 문 | 제

가구의 조립 ◀

1. 서랍의 뒷널을 옆널과 가장 튼튼히 접합하는 방법으로 좋은 것은?

① 옆널 사이에 뒷널을 넣고 나사못으로 조인다.
② 주먹장맞춤을 하고 바닥판과 뒷널을 나사못으로 조인다.
③ 연귀맞춤을 한 후 접착제로 붙인다.
④ 뒷널과 바닥판은 접착제로 붙이고 옆널과는 무두못으로 연결한다.

2. 서랍을 끝까지 열었을 때 서랍의 탈락을 방지하기 위한 기능을 하는 것은?

① 레일
② 베어링
③ 스토퍼 장치
④ 케이싱

3. 상자나 서랍을 제작할 때 나뭇결을 어떻게 사용하는 것이 가장 좋은가?

① 수피 쪽이 밖으로 나오도록
② 무늿결이 밖으로 나오도록
③ 곧은결이 밖으로 나오도록
④ 수심 쪽이 밖으로 나오도록

4. 가구의 다리와 몸체의 조립 방법 중 옳지 않은 것은?

① 접착제로 붙이는 방법
② 이음하는 방법
③ 꽂임촉으로 맞추는 방법
④ 나사못이나 못을 박는 방법

5. 다음의 가구 문짝에서 양판(A)을 넣고 조립할 때의 설명 중 옳은 것은?

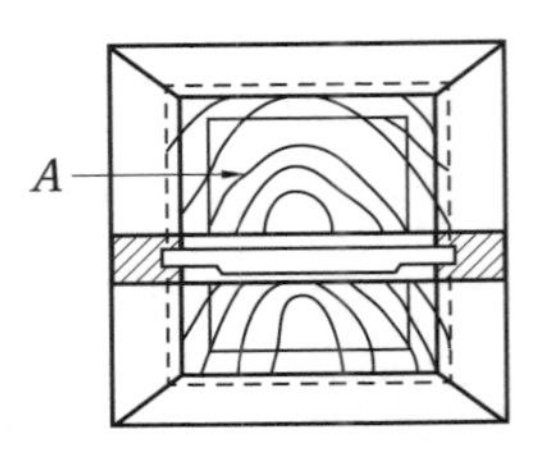

① 사방 홈에 접착제를 넣어 조립한다.
② 사방 홈에 접착제를 바르고 뒤쪽에서 숨은 못치기를 한다.
③ 홈에 접착제를 바르지 않고 양판이 움직임이 있게 한다.
④ 상, 하 부분만 접착제를 바르며 좌, 우는 바르지 않고 신축성에 대비한다.

6. 다음 중 가구의 문을 맞추는 순서를 바르게 나타낸 것은?

① 경첩이 달리는 쪽 – 윗부분 – 문의 밑부분 – 손잡이가 달리는 부분
② 문의 밑부분 – 경첩이 달리는 쪽 – 윗부분 – 손잡이가 달리는 쪽
③ 윗부분 – 문의 밑부분 – 손잡이가 달리는 부분 – 경첩이 달리는 쪽
④ 손잡이가 달리는 부분 – 경첩이 달리는 쪽 – 윗부분 – 문의 밑부분

7. 가구 제작에서 조립 후 바로 확인하지 않아도 되는 것은?

① 직각도
② 수평도
③ 면의 곱기 여부
④ 접착제 제거 여부

정답 1. ② 2. ③ 3. ④ 4. ② 5. ③ 6. ② 7. ④

가구제작 및
목공예기능사

부 록

▪ CBT 대비 실전문제

- 제1회 가구제작기능사
- 제2회 가구제작기능사
- 제3회 가구제작기능사
- 제1회 목공예기능사
- 제2회 목공예기능사
- 제3회 목공예기능사

▪ 실기 공개 도면

- 가구제작기능사 공개 도면 소형 수납장
- 목공예기능사 공개 도면 다용도 꽂이

가구제작
기능사

제 1 회 CBT 대비 실전문제

1과목 가구 설계

1. 도면에서 치수 보조선을 나타내는 선은?

① 파선
② 굵은 실선
③ 1점 쇄선
④ 가는 실선

해설 치수 보조선은 치수선을 2~3mm 지날 때까지 치수선에 직각이 되도록 가는 실선으로 그린다.

2. 제도 문자의 크기를 나타내는 것은?

① 문자의 폭
② 문자의 높이
③ 문자의 굵기
④ 문자의 간격

3. 축척 눈금을 제도용지에 옮기거나 도면 위의 선을 등분할 때 사용하는 제도 용구는?

① 빔 컴퍼스
② 디바이더
③ 삼각자
④ 먹줄펜

해설 빔 컴퍼스는 큰 원을 그릴 때, 먹줄펜은 제도 잉크로 선을 그릴 때 사용한다.

4. 그림에서 각 Ⓐ는 몇 도인가?

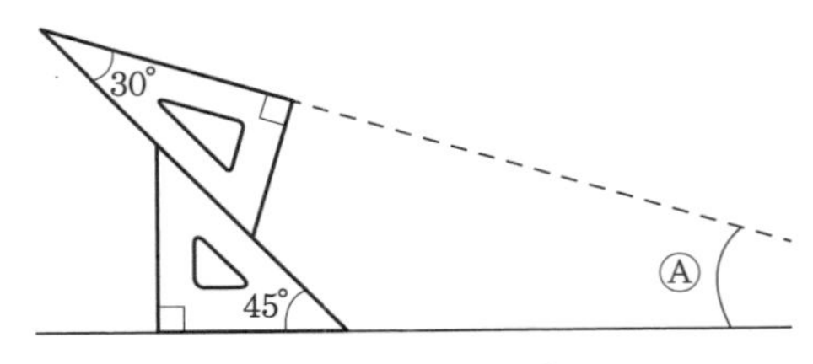

① 15° ② 30°
③ 45° ④ 60°

해설 180°− 45°=135°
∴ 각 Ⓐ=180° − 135° − 30°
=15°

5. 가구 제도에 사용하는 제도판의 재료는 보통 무절 판재를 사용한다. 알맞은 것은?

① 춘양목 ② 참나무
③ 단풍나무 ④ 느티나무

해설 제도판의 재료로는 춘양목, 전나무, 백송, 나왕, 벚나무 등이 적합하다.

6. 투시도의 작성법 중 구도를 결정할 때 시선의 각도는 몇 도 이내로 하는 것이 가장 자연스러운가?

① 15° ② 30°
③ 45° ④ 60°

해설 투시법상 시점을 정점으로 하고 시중심선을 축으로 하여 시선이 꼭지각 60°의 시야에 들어가는 것이 가장 자연스럽다.

정답 1. ④ 2. ② 3. ② 4. ① 5. ① 6. ④

7. 다음 중 물체의 정면도를 바르게 나타낸 것은? (단, 화살표 방향은 정면)

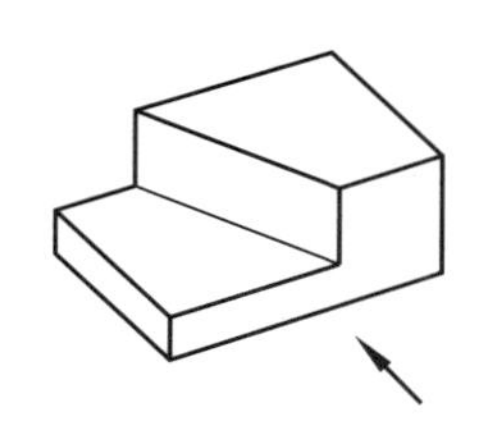

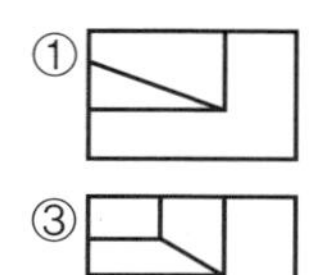

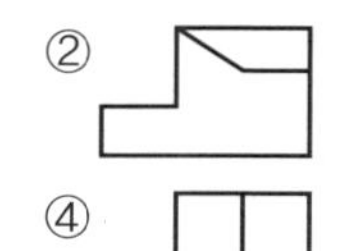

해설 정면도 : 물체의 가장 주된 면으로, 화살표 방향에서 보고 그린 그림이다.

8. 다음 중 의장의 원리에 해당하지 않는 것은?

① 통일(unity)
② 율동(rhythm)
③ 형태(form)
④ 균형(balance)

해설 의장(디자인)의 원리 : 통일, 율동, 균형, 조화이다.

9. 도면에서 표제란이 위치하는 곳은 다음 중 어디인가?

① 도면 오른쪽 위
② 도면 오른쪽 아래
③ 도면 왼쪽 아래
④ 도면 왼쪽 위

해설 표제란은 일반적으로 도면의 오른쪽 아래 모서리에 적당한 크기로 마련한다.

10. 창호 기호에서 스테인리스강의 문을 나타내는 재료 기호는?

① SD
② SW
③ SsD
④ SsW

해설 • Ss(stainless steel) : 스테인리스강
• D(door) : 문

11. 직선의 투상에 관한 설명 중 틀린 것은?

① 직선이 평화면에 수직일 때 평화면 위의 투상도는 직선이 된다.
② 직선이 입화면에 수직일 때 입화면 위의 투상도는 점이 된다.
③ 직선이 한 화면에 평행이고 다른 화면에 기울어지면 다른 투상도는 기선에 평행하고 길이가 짧아 보인다.
④ 직선이 두 화면과 모두 평행이 아니라면 투상도는 실제 길이 또는 각을 나타내지 않는다.

해설 • 직선이 평화면에 수직일 때 평화면 위의 투상도는 점이 되고, 투상면에 수직인 직선은 점이 된다.
• 투상면에 나란한 직선은 실제 길이를 표시하며, 투상면에 경사된 직선은 실제 길이보다 짧게 표시한다.

12. 기념물, 실내 투시도에 가장 많이 이용되는 투시도는?

① 1점 투시도
② 2점 투시도
③ 3점 투시도
④ 유각 투시도

해설 • 1점 투시도는 한쪽 면에 특징이 집중되어 있는 물체를 표현하기에 좋다.
• 기념물, 실내 투시도 등 실내 디자인에 가장 많이 이용된다.

정답 7. ④ 8. ③ 9. ② 10. ③ 11. ① 12. ①

13. 제품 시방서를 사용 목적에 따라 분류했을 때 알맞지 않은 것은?

① 개요 시방서
② 참조 시방서
③ 가이드 시방서
④ 자재 생산업자 시방서

해설 • 사용 목적에 따른 분류 : 개요 시방서, 가이드 시방서, 자재 생산업자 시방서
• 작성 방법에 따른 분류 : 서술 시방서, 성능 시방서, 참조 시방서

2과목 가구 재료

14. 통나무에서 수축률이 가장 큰 방향은?

① 길이 방향 ② 원둘레 방향
③ 부피 방향 ④ 지름 방향

해설 원둘레 방향 > 반지름 방향 > 섬유 방향

15. 다음 중 곧은결재의 특징은?

① 건조 수축률이 작다.
② 변형이나 균열이 가기 쉽다.
③ 폭이 넓은 것을 얻기 쉽다.
④ 특수 장식용으로 이용된다.

해설 ②, ③, ④는 무늿결재의 특징이다.

16. 목재 접합 시 접착제로 쓰지 않는 것은?

① 아교
② 카세인
③ 멜라민수지풀
④ 프라이머

해설 프라이머 : 바탕에 부착력을 좋게 하거나 조정하기 위해 먼저 칠하는 도료이다.

17. 목재의 방화 성능을 위한 불연성 도료로 가장 많이 사용되는 것은?

① 규산나트륨 ② 인산암모늄
③ 황산암모늄 ④ 탄산나트륨

해설 목재의 방화 성능을 위한 불연성 도료인 방화 도료로 가장 많이 사용되는 것은 규산나트륨이다.

18. 단백질계 접착제의 재료가 아닌 것은?

① 고구마 ② 카세인
③ 콩류 ④ 알부민

해설 • 동물성 단백질계 : 카세인, 아교, 알부민
• 식물성 단백질계 : 콩류, 옥수수
• 탄수화물계 : 밀, 쌀, 보리, 감자, 고구마

19. 나무못으로 가장 부적합한 재료는?

① 대나무 ② 버드나무
③ 물참나무 ④ 미송

해설 버드나무, 물참나무, 전나무, 대나무 등을 이용하여 육각 또는 팔각으로 만든다.

20. 목재가 화원에 접근하여 목질부에 불이 붙기 시작하는 온도는?

① 100℃ ② 150℃
③ 250℃ ④ 300℃

21. 부패균에 의한 목재의 부패를 방지하는 방법으로 틀린 것은?

① 온도를 4℃ 이하 또는 55℃ 이상으로 한다.
② 습도를 82% 정도로 조정한다.
③ 완전히 물속에 잠기도록 공기를 차단한다.
④ 도료로 표면을 피복한다.

정답 13. ② 14. ② 15. ① 16. ④ 17. ① 18. ① 19. ④ 20. ③ 21. ②

해설 • 4℃ 이하에서는 부패균이 발육하지 못하고, 70℃ 이상에서는 30~60분 방치하면 대부분 사멸한다.
• 부패균의 발육 가능한 최적의 습도는 80~85%이다.

22. **전건재를 옳게 설명한 것은?**

① 기건재가 더욱 건조되어 함수율이 0%가 된 것을 뜻한다.
② 전건재는 대기 중에 방치되어 함수율이 3%가 된 것을 뜻한다.
③ 기건재가 점점 증발하여 함수율이 10%가 된 것을 뜻한다.
④ 기건재는 대기 중에 방치되어 함수율이 5%가 된 것을 뜻한다.

해설 • 전건재 : 목재의 수분을 제거하여 함수율이 0%인 상태이다.
• 기건재 : 목재의 수분이 감소한 상태로 지속되어 함수율이 일정한 상태에 머물고, 더이상 감소하지 않아 평형상태에 도달한 상태이다.

23. **열경화성 수지의 특성이 아닌 것은?**

① 내열성이다.
② 밀도가 크고 딱딱하다.
③ 탄력성이 없고 부스러지기 쉽다.
④ 가열하면 유동성이 있고 냉각시키면 다시 굳는다.

해설 가열하면 가공이 쉽고 냉각하면 다시 굳어지는 합성수지는 열가소성 수지이다.

24. **알루미늄의 특성을 나타낸 것 중 옳지 않은 것은?**

① 공기 중에서 표면에 산화막이 생겨 내부를 보호하는 역할을 한다.
② 열이나 전기전도율이 높고 전성과 연성이 풍부하다.
③ 산, 알칼리에 강하므로 보통 콘크리트에 사용한다.
④ 알루미늄은 실내장식재, 가구와 창호, 커튼레일에 많이 사용한다.

해설 알루미늄은 산과 알칼리에 약하며 송전선, 전기 재료, 자동차, 항공기, 폭약 제조에 사용된다.

25. **다음 중 수액 제거법에 대한 설명 중 틀린 것은?**

① 1년 이상 방치하면 수액이 빠지고 건조가 빠르다.
② 목재는 수액을 제거해야 건조가 빠르다.
③ 강물에 띄워 반년쯤 물에 담가두면 수액은 제거되지만 건조가 늦어진다.
④ 목재를 끓는 물에 삶으면 수액이 빨리 제거되어 건조가 빨라진다.

해설 강물에 띄워 반년쯤 물에 담가두면 목재의 수액과 물이 바뀌어 건조가 빨라지며, 고온 건조에서도 변형이 적다.

26. **다음 중 합판의 단판 제조 방법이 아닌 것을 고르면?**

① 로터리 베니어(rotary veneer)
② 슬라이스드 베니어(sliced veneer)
③ 소드 베니어(sawed veneer)
④ 오버레이 베니어(overlay veneer)

해설 합판의 단판 제조 방법 : 로터리 베니어, 슬라이스드 베니어, 소드 베니어, 하프 라운드 베니어

27. **침엽수와 활엽수에 대한 설명으로 잘못된 것은?**

정답 22. ① 23. ④ 24. ③ 25. ③ 26. ④ 27. ④

① 활엽수가 침엽수보다 강도가 크다.
② 활엽수는 가구재로 많이 쓰인다.
③ 침엽수는 구조재로 많이 쓰인다.
④ 은행나무는 활엽수에 속하는 나무이다.

해설 은행나무는 잎이 넓지만 나무의 세포 모양이 침엽수와 비슷하고 한 종류밖에 없으므로 침엽수로 분류한다.

28. 다음 중 구리의 특성이 아닌 것은?

① 구리는 연성과 전성이 커서 선재나 판재로 만들기 쉽다.
② 열이나 전기의 전도율이 크다.
③ 습기를 받으면 이산화탄소의 작용으로 부식하여 녹청색을 띤다.
④ 암모니아 등의 알칼리성 용액에 침식이 잘 안 된다.

해설 구리는 고온의 진한 황산과 같은 산화력을 가진 산과 반응을 한다.

29. 집성재의 설명으로 옳은 것은?

① 두께 15~50mm의 판재를 여러 장 겹쳐서 접착시킨 것
② 톱밥, 대팻밥, 나무 부스러기 등을 원료로 한 것
③ 나무가 비교적 좁은 6~9cm 정도의 것
④ 너비 6cm 이상의 좁은 판재를 3~5장씩 옆으로 붙여댄 것

30. 활엽수의 구조 중 물관(도관)의 설명으로 옳은 것은?

① 영양물질이나 노폐물의 저장작용을 한다.
② 수종을 구별하는 데 중요한 역할을 한다.
③ 수액을 수평으로 이동하는 역할을 한다.
④ 수지의 분비, 이동, 저장 등의 작용을 한다.

31. 특정 합판에 있어서 무늬목 합판이라고도 하는 것은?

① 단판 화장 합판
② 멜라민 화장 합판
③ 폴리에스테르 화장 합판
④ 염화비닐 화장 합판

해설 단판 화장 합판은 무늬나 색깔이 좋은 단판을 섬유결 방향에 변화를 주어 아름답게 붙인 합판으로, 무늬목 합판이라고도 한다.

32. 원목을 1~2개월 물속에 담갔다가 수증기를 통과시키는 이유는?

① 목재의 흠을 없애기 위하여
② 목재의 수액을 빼기 위하여
③ 목재의 제재를 쉽게 하기 위하여
④ 목재를 청결하게 하기 위하여

해설 목재는 건조하기 전 수액의 농도를 낮춤으로써 건조를 용이하게 하며, 건조기간을 단축하고 변형을 적게 하기 위해 건조 전처리를 한다.

33. 수축률이 가장 큰 것부터 나열한 것은?

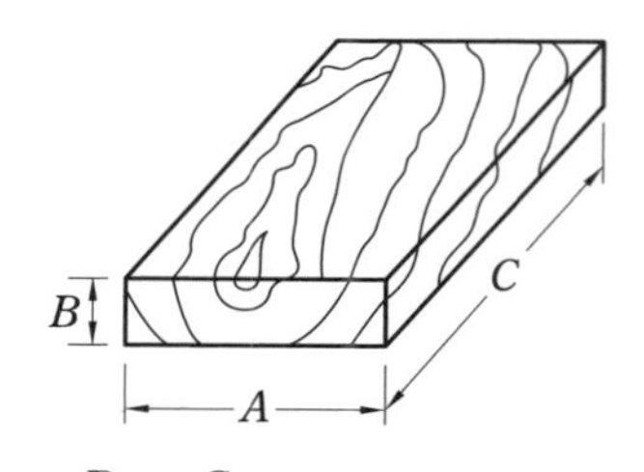

① $A \rightarrow B \rightarrow C$
② $B \rightarrow A \rightarrow C$
③ $C \rightarrow A \rightarrow B$
④ $A \rightarrow C \rightarrow B$

해설 • A : 원둘레의 방향
• B : 반지름의 방향
• C : 섬유 방향

정답 28. ④ 29. ① 30. ② 31. ① 32. ② 33. ①

34. 두께가 6cm, 너비가 9cm, 길이가 3.6m인 목재 10개는 몇 m^3인가?

① $0.1944m^3$
② $1.944m^3$
③ $0.324m^3$
④ $3.24m^3$

해설 cm를 m로 바꾸어 계산
$(0.06 \times 0.09 \times 3.6)m \times 10개 = 0.1944m^3$

3과목 제작 및 안전관리

35. 가공된 몰딩을 최종 샌딩하는 기계는?

① 스핀들 샌더
② 벨트 샌더
③ 몰딩 샌더
④ 나이프 연마기

해설 몰딩 샌더 : 가공된 몰딩을 최종 샌딩하는 기계로, 정교하고 복잡한 몰딩의 경우 몰더에서 1차 샌딩 처리된 것을 더욱 정교하고 순차적으로 마감하는 데 사용한다.

36. 다음 그림의 접합에 대한 명칭은?

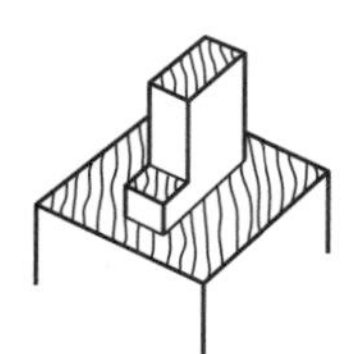

① 장부맞춤　② 턱솔 장부맞춤
③ 반턱맞춤　④ 주먹 장부맞춤

37. 막대패의 날은 대팻집에서 보통 어느 정도 내밀어 사용하는가?

① 1/2mm　② 1/3mm
③ 1/4mm　④ 1/5mm

해설 • 초벌 대패(막대패) : 0.5mm
• 두벌 대패(중대패) : 0.2mm
• 끝손질 대패(다듬질대패) : 0.1mm

38. 다음 중 루터기계 사용 시 주의할 사항이 아닌 것은?

① 작업 중에는 절대로 장갑을 끼지 않는다.
② 부재를 올려놓고 날이 회전하는 동안 테이블의 높이를 조정하거나 안내자의 이동을 할 수 있다.
③ 고속 회전하므로 스위치를 꺼도 관성에 의해 오래 회전하기 때문에 함부로 손을 대지 않는다.
④ 부재를 한 번에 무리하게 많이 깎아서는 안 된다.

39. 서랍짜기 방법으로 옳지 않은 것은?

① 연귀로 짜기는 가구의 서랍이나 공예품의 작은 서랍에 사용한다.
② 주먹장으로 짜기는 보통 가구에 사용하며 고급 장에는 사용하지 않는다.
③ 홈맞춤으로 짜기는 서랍의 구조상 앞널의 너비가 넓은 경우에 사용한다.
④ 꽂임촉으로 짜기는 비교적 강도와 내구성이 좋다.

40. 평장부 만들기에서 잘못된 것은?

① 톱질은 먹줄의 바깥쪽에 톱날을 대어 먹줄이 남아 있도록 한다.
② 장부를 만들 때는 자르기를 먼저 하고 켜기를 나중에 한다.
③ 내다지 장부는 구멍 깊이보다 조금 길게 한다.
④ 반다지 장부는 장부 구멍 깊이보다 3mm 정도 짧게 만든다.

정답 34. ① 35. ③ 36. ① 37. ① 38. ② 39. ② 40. ②

해설 장부를 만들 때는 켜기를 먼저 하고 어깨자르기를 나중에 한다.

41. 주먹장맞춤에서의 일반적인 주먹장 경사도는?

① 약 18° ② 약 28°
③ 약 38° ④ 약 48°

42. 오동나무 판재 2개를 직각으로 고정시키는 방법으로 가장 이상적인 것은?

① 접착제를 바르고 대나무 못을 친다.
② 짧은 장부맞춤을 한다.
③ 나사못으로 조인다.
④ 무두못을 박는다.

43. 쪽매 방법 중 가장 강도가 큰 것은?

① 빗쪽매 ② 반턱쪽매
③ 제혀쪽매 ④ 딴혀쪽매

해설 쪽매 중 가장 튼튼하고 견고하여 강도가 큰 것은 제혀쪽매이다.

44. 대팻날 갈기에 있어서 날끝 각은 몇 도로 유지되게 갈아야 하는가?

① 15~20°
② 25~30°
③ 35~40°
④ 45~50°

45. 판재에 숫주먹장 4개를 가공하려면 몇 등분을 해야 하는가?

① 4등분 ② 5등분
③ 8등분 ④ 9등분

46. 서랍을 다음 그림과 같이 만들 때 맞춤의 명칭으로 옳은 것은?

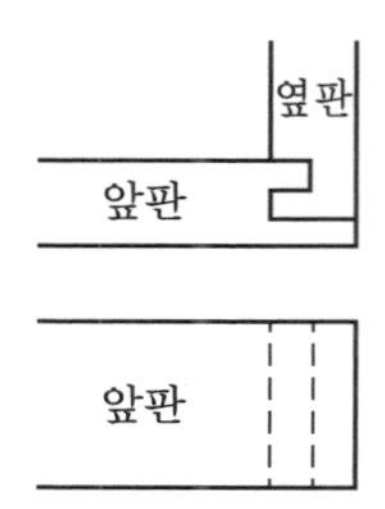

① 사개 통맞춤
② 외주먹장맞춤
③ 안촉연귀맞춤
④ 사개턱솔 통맞춤

47. 일면 대패와 이면 대패로 구분하며, 무한궤도장치에 의해 부재가 자동 송재되어 면을 다듬는 기계는?

① 자동 대패
② 면취기
③ 몰딩 샌더
④ 멤브레임 프레스

48. 다음 중 톱니에 대한 설명으로 알맞지 않은 것은?

① 톱니의 종류에는 켜는 톱니, 자르는 톱니, 막니 등이 있다.
② 켜는 톱니의 날끝 각은 무른 나무용이 굳은 나무용보다 커야 한다.
③ 윗눈은 자르는 톱니에만 있다.
④ 막니는 곡선을 자르는 데 편리하다.

49. 대팻집 밑바닥 수정 시 사용하는 자는?

① 하단자 ② 줄자
③ 접자 ④ 연귀자

정답 41. ① 42. ① 43. ③ 44. ② 45. ④ 46. ④ 47. ① 48. ② 49. ①

해설 대팻집 밑바닥이 평면인지 점검하려면 대팻집 밑면을 위로 하여 왼손으로 대팻집을 잡고, 오른손으로 하단자를 대어 밝은 쪽으로 본 틈의 여부로 결정한다.

50. 목재의 이음 및 맞춤에 관한 내용 중 옳지 않은 것은?

① 길이의 방향으로 잇는 방법을 이음이라 한다.
② 접합부에 흠이 생기지 않도록 한다.
③ 될 수 있는 한 복잡한 이음으로 하는 것이 안전하다.
④ 접합면의 이음, 맞춤은 정확히 밀착시킨다.

해설 공작이 간단한 것을 사용하며 모양에 치중하지 않는다.

51. 다음과 같은 목재의 가공기계 중 성형기계가 아닌 것은?

① 루터기계
② 보링기계
③ 면취기
④ 핑거조인트

해설 보링기계 : 부재와 부재를 연결하기 위해 사용하는 각종 연결 철물의 구멍 가공을 하는 기계이다.

52. 다음 그림과 같은 장부의 이름은?

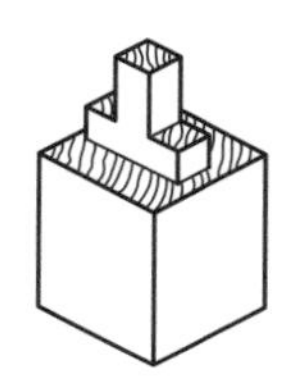

① 지옥장부 ② 부채장부
③ 턱솔턱장부 ④ 쌍턱장부

53. 다음 못박기 중 가장 이상적인 것은?

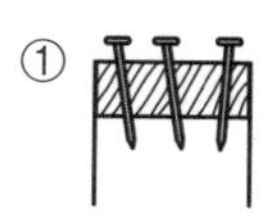

①
②
③
④

54. 둥근톱기계로 할 수 없는 작업은?

① 홈 파기 ② 턱 만들기
③ 경사켜기 ④ 곡선 오리기

해설 테이블 소(둥근톱기계)
- 길이 방향으로 재단하는 켜기 작업에 용이하다.
- 부재를 밀면서 절단(가로, 세로, 경사각)과 가공(부재의 홈 파기, 턱 만들기) 작업을 하는 기계이다.
- 오차 범위가 작고 가공 면이 매끄러워 자동화 기계에서 작업하기 어려운 소형 부재(230mm 이하)의 작업을 주로 한다.

55. 다음 중 재단 가공기계가 아닌 것은?

① 밴드 소
② 점핑 소
③ 횡절기
④ 면취기

해설 면취기는 주로 곡선 가공을 하는 성형 가공기계이다.

56. 다음 중 연귀맞춤을 이용하지 않는 것은?

① 상자 만들기
② 사진틀 만들기
③ 의자의 안장 짜기
④ 책상다리 만들기

정답 50. ③ 51. ② 52. ④ 53. ① 54. ④ 55. ④ 56. ④

해설 일반적으로 연귀맞춤은 상자 만들기, 사진틀 만들기, 의자의 안장 짜기, 책장 등의 윗널과 옆널의 맞춤 등에 사용된다.

57. **6각형 상자를 만들려고 한다. 마구릿대를 제작함에 있어 Ⓐ부분의 각도는?**

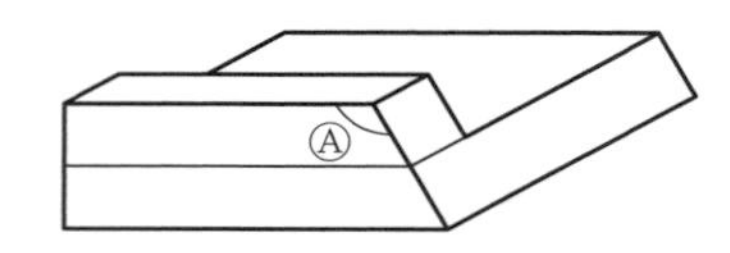

① 112.5° ② 120°
③ 135° ④ 138.5°

해설 마구릿대 각도
$=180-[\{180-(360\div n)\}\div 2]$, n은 각형 수
$=180-[\{180-(360\div 6)\}\div 2]=120°$

참고 • 4각일 때 : 135°
• 6각일 때 : 120°
• 8각일 때 : 112.5°

58. **합판과 같이 넓은 면적의 목재가 필요할 때 사용하는 결구법은?**

① 이음 ② 붙임
③ 맞춤 ④ 끼움

해설 붙임은 합판과 같이 넓은 면적의 목재가 필요할 때 사용하는 결구법으로, 작은 폭의 부재를 이어 붙이는 것을 말한다.

59. **무늬목을 붙이는 방법 중 틀린 것은?**

① 여러 장을 붙일 때는 겹쳐놓고 재단해야 무늬 맞추기에 좋다.
② 무늬목에 접착제를 바르지 않고 붙일 면에 접착제를 바른다.
③ 완전히 건조시킨 무늬목을 재단해야 접착력이 우수하다.
④ 무늬목 윗면에 습기가 제거된 후 이음 부분부터 다림질한다.

60. **가정용 가구 재료 중 부자재에 대한 설명으로 틀린 것은?**

① 손잡이의 형태, 크기 등은 가구 디자인의 방향에 따라 비례한다.
② 책장이나 장식장과 같이 선반과 본체의 연결에는 꽂임촉을 사용한다.
③ 서랍은 스틸 러너가 많이 사용되며 탈착이 용이한 분리형을 주로 사용한다.
④ 연결 철물은 대형 가구 부재끼리의 역학적인 부분을 고려하여 짱구볼트와 미니픽스를 많이 사용한다.

해설 책장이나 장식장과 같이 선반과 본체의 연결을 할 때는 라픽스를 사용한다.

정답 57. ② 58. ② 59. ③ 60. ②

가구제작 기능사

제 2 회 CBT 대비 실전문제

1과목 가구 설계

1. 제도판에 있어서 중판의 규격은?

① 600×450mm
② 900×600mm
③ 1000×750mm
④ 1200×900mm

해설 • 특대판 : 1200×900mm
• 대판 : 1060×760mm
• 중판 : 900×600mm(학생용)
• 소판 : 600×450mm

2. 제도용지 전지를 그림과 같이 등분했을 때 빗금친 부분의 크기는?

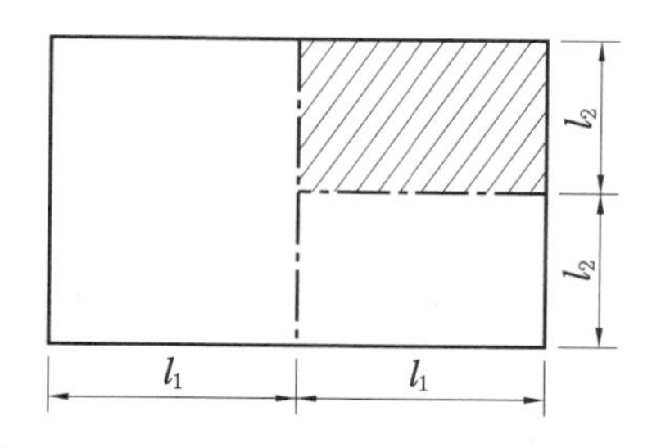

① A1 ② A2
③ A3 ④ A4

해설 A계열 제도용지

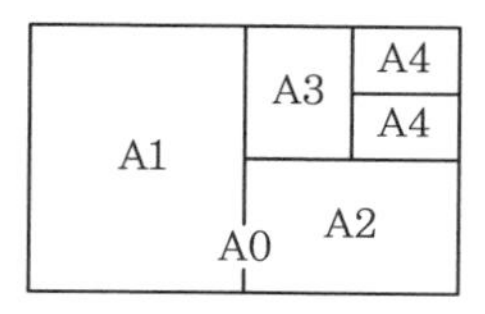

3. 다음 중 국제 표준화 기구를 나타내는 것은 어느 것인가?

① ISO ② BS
③ KS ④ ASA

해설 • BS : 영국 규격
• KS : 한국 산업 표준
• ASA : 필름 감도
• DIN : 독일 공업 규격
• JIS : 일본 공업 규격

4. 직선 A, B에서 점 B에 수선을 긋는 방법으로 옳지 않은 것은?

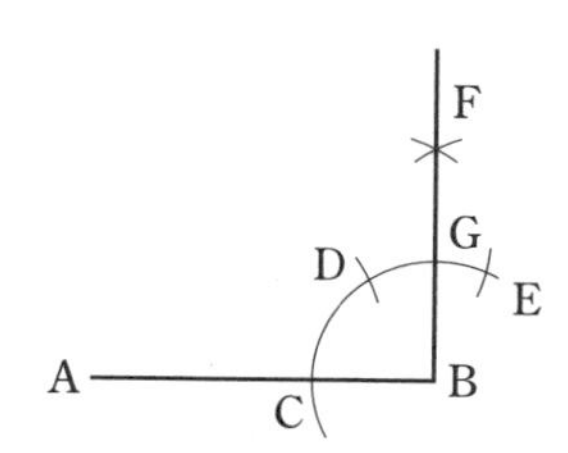

① $\overline{CB} = \overline{CD}$ ② $\overline{CD} = \overline{DE}$
③ $\overline{DF} = \overline{EF}$ ④ $\overline{BG} = \overline{FG}$

5. 다음 중 디바이더의 용도가 아닌 것은?

① 제도용지에 호를 그린다.
② 직선을 일정한 치수로 나눈다.
③ 도면 위의 길이를 재어 다른 곳에 옮긴다.
④ 원둘레를 등분한다.

해설 디바이더는 치수를 옮기거나 선과 원둘레를 같은 길이로 등분할 때 사용한다.

정답 1. ② 2. ② 3. ① 4. ④ 5. ①

6. 선을 긋는 방법으로 옳지 않은 것은?

① 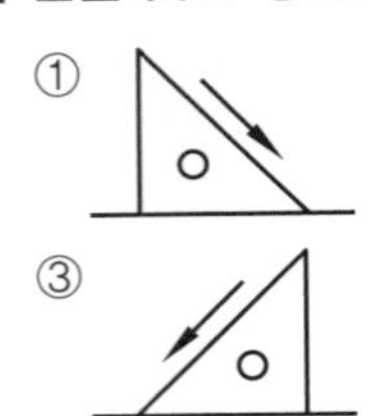
② 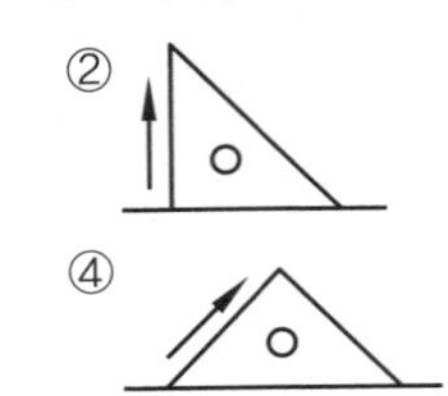
③
④

해설 일반적으로 선은 왼쪽에서 오른쪽으로, 아래에서 위로 긋는다.

7. 가구, 실내 장식물, 집기 등과 같이 안정되고 차분한 것을 요구하는 것에는 어느 조화가 적용되는가?

① 형상의 조화
② 대비성 조화
③ 농담의 조화
④ 유사성 조화

해설 유사적(유사성) 조화 : 한 가지 요소가 통일된 성질로 모여 아름다운 느낌을 갖게 되는 상태이다.

8. 단면 상세도를 그릴 때 표시하지 않아도 되는 것은?

① 각 실의 면적
② 1층 바닥의 높이
③ 지붕 물매
④ 창의 높이

해설 • 단면도는 대상물의 내부 형상을 나타내기 위해 대상물을 절단하고, 절단면의 앞쪽 부분을 제거하여 그린 투상도이다.
• 각 실의 면적을 나타내는 것은 평면도이다.
• 물매는 수평을 기준으로 한 경사도이다.

9. 배치도에 표시할 사항 중 틀린 것은?

① 축척　② 방위
③ 경계선　④ 각 실의 위치

해설 • 배치도는 대지 내에 있는 건축물의 위치를 나타내는 도면이다.
• 배치도에는 출입구, 진입 방향, 위치, 간격, 축척, 방위, 경계선 등을 표시한다.

10. 투시법에서 사용되는 용어 중 화면(picture plane)이란?

① 사람이 서 있는 면
② 물체와 시점 사이에 지면과 수직인 평면
③ 눈높이에 수평인 면
④ 관찰자의 눈의 위치

해설 화면 : 물체와 시점 사이에 지면과 수직인 평면으로 PP(picture plane)라고 한다.

11. 정육면체의 등각 투상도에서 3개의 축선 상호 간의 각도는 몇 도인가?

① 120°　② 90°
③ 60°　④ 45°

해설 등각 투상도는 수평선과의 경사가 좌우 각각 30°가 되도록 하여 물체의 세 모서리가 120°의 등각을 이루면서 세 면이 동시에 보이도록 그린 투상도이므로 항상 120°이다.

12. 정투상도의 정면도를 이용하여 직접 작도할 수 있는 투상법은?

① 사투상도
② 투시도
③ 등각 투상도
④ 부등각 투상도

해설 사투상도는 정면을 실제 모습과 같도록 정투상도의 정면도와 같은 크기로 그린다.

13. 다음 그림은 제3각법에 의한 투상도이다. 실제 물체의 모양으로 옳은 것은?

정답 6. ③ 7. ④ 8. ① 9. ④ 10. ② 11. ① 12. ① 13. ④

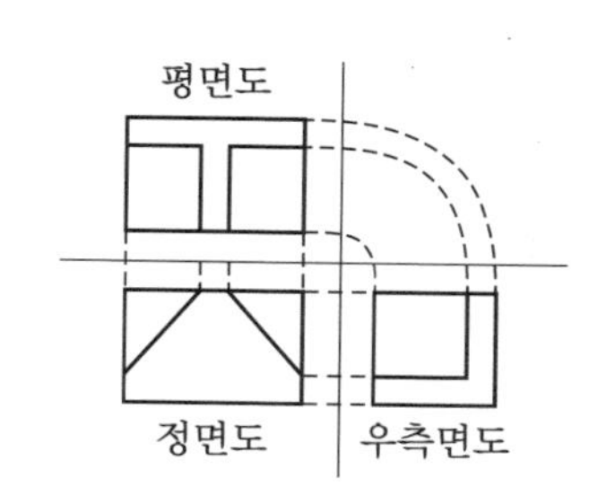

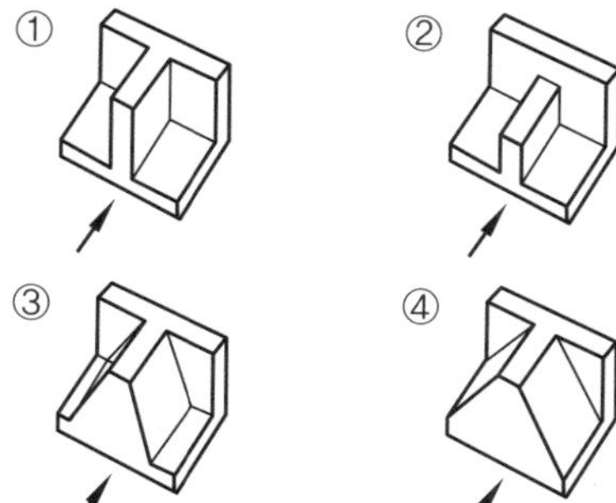

14. 제도를 할 때 주의사항으로 틀린 것은?

① 축척에 맞추어 그린 것이 아닐 때는 NS를 기입한다.
② 도면은 제3각법으로 그리는 것을 원칙으로 한다.
③ 복잡한 부분의 제도에서는 실척을 사용할 수 있다.
④ 축척의 종류에는 3가지가 있다.

해설 축척 : 지도나 설계도 등을 실물보다 축소해서 그릴 때 축소한 비를 말한다.

15. 다음 파단선의 표시 기호 중 파단되어 있는 것이 명백할 때 나타낸 기호는?

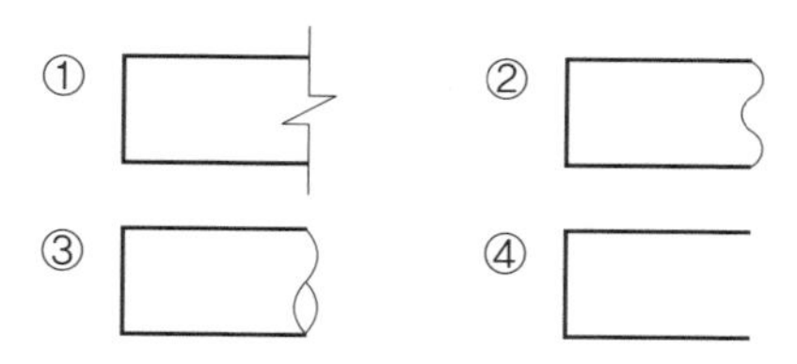

해설 파단선은 대상물의 일부를 떼어낸 경계를 표시한다.

16. 그림에서 표시선 Ⓐ가 나타내는 것은?

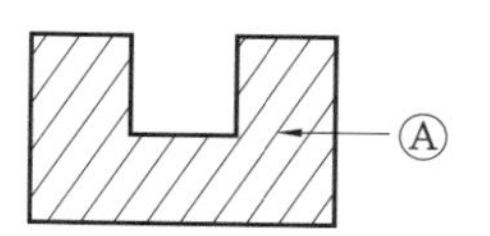

① 파단선　　② 경계선
③ 해칭선　　④ 가상선

해설 해칭선
- 도면에서 대상의 단면을 이해하기 쉽도록 빗금을 그어 표시한 선이다.
- 수직 또는 수평 중심선에 대하여 45°로 경사지게 긋는다.

17. 그림과 같은 등각 투상도의 우측면도는? (단, 화살표 방향은 정면)

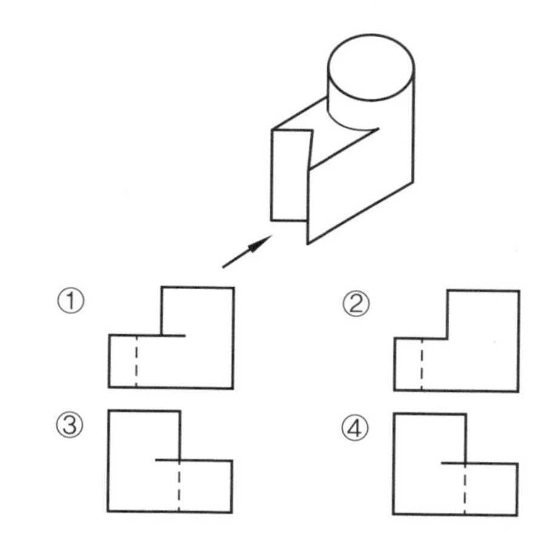

2과목 가구 재료

18. 침엽수와 활엽수에 대한 설명으로 틀린 것은?

① 활엽수는 가구재로 많이 쓰인다.
② 활엽수가 침엽수보다 강도가 크다.
③ 침엽수는 구조재로 많이 쓰인다.
④ 은행나무는 활엽수에 속하는 나무이다.

정답 14. ④ 15. ④ 16. ③ 17. ① 18. ④

해설 은행나무는 잎이 넓지만 나무의 세포 모양이 침엽수와 비슷하고 한 종류밖에 없으므로 침엽수로 분류한다.

19. 다음 중 비중이 가장 작은 것은?

① 떡갈나무
② 느티나무
③ 소나무
④ 오동나무

해설 • 떡갈나무 : 0.82
• 느티나무 : 0.68
• 소나무 : 0.54
• 오동나무 : 0.30

20. 목재의 풍화작용으로 인해 나타나는 최초의 색은?

① 검은색 ② 회색
③ 갈색 ④ 청색

21. 목재의 조직 중에서 결점으로 간주되지 않는 것은?

① 나이테 ② 갈래
③ 옹이 ④ 껍질박이

22. 알루미늄의 성질로 옳지 않은 것은?

① 전성 및 연성이 좋다.
② 강에 비해 비중이 작다.
③ 전기전도율이 철에 비해 큰 편이다.
④ 산, 알칼리에 침식되지 않는다.

해설 • 알루미늄은 무기산이나 염류에 침식되며 대기 중에서 안정한 산화 피막을 형성한다.
• 알루미늄의 비중은 철의 1/3 정도이며, 비중에 비해 강도가 크다.

23. 두께가 7cm, 너비가 8cm, 길이가 3.6m인 목재 10개는 몇 m^3인가?

① $0.1008m^3$
② $0.2016m^3$
③ $1.008m^3$
④ $2.016m^3$

해설 cm를 m로 바꾸어 계산
$(0.07 \times 0.08 \times 3.6)m \times 10$개$=0.2016m^3$

24. 다음 중 나이테가 없는 나무는?

① 감나무
② 나왕
③ 대나무
④ 참죽나무

해설 대나무는 나이테가 없다.

25. 목재의 함수율에 관한 사항 중 옳지 않은 것은?

① 함수율의 변동은 목재의 강도에 영향을 줄 수 있다.
② 함수율이 섬유 포화점 이상인 범위에서는 함수율의 증감에 따른 목재의 수축, 팽창이 거의 없다.
③ 함수율이 기건상태 이하로 되면 부패균의 번식이 왕성해진다.
④ 목재의 기건상태의 함수율은 약 15% 정도이다.

26. 흡수 팽창하지만 부러지지 않으며 실용적이지만 옥외 사용이 불가한 것은?

① 반경질비닐타일
② 경질비닐타일
③ 리노륨타일
④ 고무타일

정답 19. ④ 20. ② 21. ① 22. ④ 23. ② 24. ③ 25. ③ 26. ②

27. 다음 중 연결이 잘못된 것은?

① 가구재 – 제재 치수
② 구조재 – 제재 치수
③ 창호재 – 마무리 치수
④ 수장재 – 제재 치수

해설 치수의 종류
- 제재 치수 : 제재소에서 톱질한 치수(구조재, 수장재, 마감재)
- 마무리 치수 : 톱질과 대패질로 마무리한 치수(창호재, 가구재)

28. 피도장물의 붓칠 방법에 대한 설명으로 옳지 않은 것은?

① 잊어버리기 쉬운 곳부터 한다.
② 복잡한 것은 바깥쪽에서 안쪽으로 칠한다.
③ 팔 전체를 움직여서 칠한다.
④ 긴 부분은 왼쪽에서 시작하여 오른쪽으로 칠한다.

해설
- 붓은 손잡이의 중심이나 약간 위쪽을 쥐는 것이 좋다.
- 도료는 붓의 2/3 정도 묻혀서 사용한다.
- 도료의 용기 가장자리를 훑어주며 흐르지 않을 정도로 칠한다.
- 팔 전체를 움직여서 칠하고 붓끝만 움직여서는 안 된다.
- 긴 부재는 왼쪽에서 시작하여 오른쪽으로 칠한다.
- 복잡한 것은 안쪽부터 칠하거나 잊어버리기 쉬운 부분부터 칠한다.

29. 다음 중 합판을 만들기 위한 단판의 제법이 아닌 것은?

① 소드 베니어(sawed veneer)
② 슬라이스드 베니어(sliced veneer)
③ 로터리 베니어(rotary veneer)
④ 오버레이 베니어(overlay veneer)

해설 오버레이 베니어 : 합판의 표면에 수지를 입힌 것으로 외관이 아름답고 내수성, 내후성, 내약품성이 좋다.

30. 건조한 목재는 다음 중 어느 것이 클수록 단단한가?

① 넓이 ② 부피
③ 무게 ④ 비중

해설 일반적으로 비중과 강도는 정비례한다.

31. 원목의 낭비를 최대한 막을 수 있는 합판의 제법은?

① 소드 베니어
② 슬라이스드 베니어
③ 로터리 베니어
④ 반원 슬라이스드 베니어

해설 원목의 낭비를 최대한 막을 수 있는 합판의 제법으로, 90% 이상이 로터리 베니어 방법으로 단판을 만든다.

32. 목재의 강도는 나뭇결의 어느 방향으로 잡아당기는 것이 가장 약한가?

① 90° 방향
② 60° 방향
③ 45° 방향
④ 나뭇결과 평행 방향

해설 인장강도는 목재를 양쪽에서 잡아끄는 외력에 대한 저항을 말하며, 직각 방향일 때 가장 작다.

33. 목재의 팽창 및 수축률은 함수율이 어느 정도일 때의 길이를 기준으로 하는가?

① 5% ② 10%
③ 15% ④ 30%

정답 27. ① 28. ② 29. ④ 30. ④ 31. ③ 32. ① 33. ③

해설 목재의 기건상태의 함수율은 약 15% 정도이다.

34. **탄소강의 기계적 성질 중 상온, 아공석강 영역에서 탄소(C)량의 증가에 따라 낮아지는 성질은?**

① 인장강도
② 항복점
③ 경도
④ 연신율

해설 표준상태에서 탄소가 많을수록 인장강도, 경도, 항복점은 증가하다가 공석 조직에서 최대가 되지만 연신율, 단면수축률, 내충격값(인성), 연성은 감소한다.

35. **목재의 단기응력에 대한 허용강도는 장기응력에 대한 압축, 인장, 휨 또는 허용강도 값의 몇 배로 하는가?**

① 1.5배
② 2배
③ 3배 이상
④ 0.3~1.0배

36. **목재의 색에 대한 설명으로 틀린 것은?**

① 목재의 색소는 목질의 부패를 막는 효과가 있다.
② 목재의 색은 세포막에 함유된 화학물질에 의한 것이 아니라 구조상의 차이에 의한 것이다.
③ 목재에 자연 색채나 아름다운 느낌이 있는 것은 공예, 가구 등에 이용된다.
④ 목재는 착색성이 있으므로 착색제를 쓰면 질이 낮은 재가 고급재로 보이게 된다.

해설 목재의 색은 세포막에 함유된 화학물질에 의한 것이다.

37. **부패균이 목재 내부에 침입하여 섬유를 파괴시킴으로써 생긴 흠은?**

① 옹이구멍
② 껍질박이
③ 썩정이
④ 상처

해설 썩정이 : 부패균이 목재 내부에 침입하여 섬유를 파괴시킴으로써 목재 일부분이 썩어서 얼룩이 생기고 약해진 것을 말한다.

3과목 제작 및 안전관리

38. **볼트의 장착과 분리가 자유롭고 접합력이 우수하며, 접합 각도가 90~180°까지 가능한 연결 철물은?**

① 라픽스
② 미니픽스
③ 마이타 조인트
④ 모듈라피팅

해설 마이타 조인트는 가구의 형태에 따라 원하는 각도를 만들 수 있어 다양한 디자인이 가능하다.

39. **하나의 경첩으로 양 방향을 개폐할 수 있는 철물은?**

① 크랭크 경첩 ② 나비 경첩
③ 유리문 경첩 ④ 숨은 경첩

해설 크랭크 경첩은 측판의 한쪽 면을 고정한 축과 뒷면의 축과 연결된 플레이트를 고정하여 문짝을 개폐하는 경첩이다.

40. **부재의 폭을 일정한 간격으로 나누고자 할 때 어떤 방법이 가장 좋은가?**

정답 34. ④ 35. ② 36. ② 37. ③ 38. ③ 39. ① 40. ③

① 자를 부재에 직각이 되도록 하여 나눈다.
② 디바이더로 나눈다.
③ 자를 부재에 경사지게 놓고, 자의 눈을 같은 간격으로 나눈다.
④ 그무개로 하나씩 나눈다.

41. 서랍맞춤으로 가장 견고한 맞춤 방법은?

① 주먹장맞춤　② 통맞춤
③ 사개맞춤　④ 반턱맞춤

해설 주먹장맞춤
- 사개맞춤과 비슷하나 장부의 물매가 있어 튼튼하고 강한 인장력을 가진다.
- 서랍맞춤이나 상자맞춤에 주로 사용한다.

42. 다음 그림의 화살표는 목재를 대패질하는 방향을 나타낸 것이다. 가장 옳은 방향은?

43. 다음 중 사진틀 제작의 모서리 맞춤은 어느 것이 좋은가?

① 꽂임촉 연귀맞춤
② 장부맞춤
③ 끼움촉 연귀맞춤
④ 반턱맞춤

44. 다음 그림은 몇 장 사개맞춤인가?

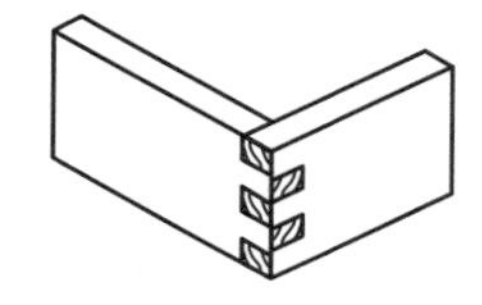

① 두 장 사개맞춤
② 석 장 사개맞춤
③ 다섯 장 사개맞춤
④ 열 장 사개맞춤

해설 사개맞춤 : 판재의 마구리에 암수 모양으로 가공하여 견고하게 맞물리도록 하는 맞춤으로 강도의 필요에 따라 2장, 3장, 5장 등을 만든다.

45. 목공기계 작업 시 가장 필요한 보호구는?

① 안전화　② 방진마스크
③ 안전모　④ 보안경

46. 다음과 같은 산업재해의 원인 중 교육적인 원인은?

① 안전수칙을 잘못 알고 있다.
② 구조 재료가 적합하지 않다.
③ 생산 방법이 적합하지 않다.
④ 점검, 정비, 보존 등이 불량하다.

47. 작은 부재를 이용하여 넓은 부재를 얻는 방법은?

① 쪽매맞춤　② 반턱맞춤
③ 통맞춤　④ 꽂임촉맞춤

해설 쪽매맞춤 : 부재의 한 면은 평면 또는 촉으로, 다른 한 면은 홈을 만들어 서로 맞댄 맞춤이다.

48. 다음 중 수공구와 목공기계가 잘못 짝지어진 것은?

① 띠톱기계 – 쥐꼬리톱
② 각끌기계 – 평끌
③ 루터기계 – 홈대패
④ 손밀이대패 – 배대패

정답 41. ① 42. ① 43. ③ 44. ③ 45. ② 46. ① 47. ① 48. ④

해설 • 곡면 가공 : 띠톱기계 – 쥐꼬리톱
• 장부 가공 : 각끌기계 – 평끌
• 홈 파기 : 루터기계 – 홈대패
• 평면 1면 깎기 : 손밀이대패
• 곡면 안쪽 대패질 : 배대패

49. 마구리면에 판재를 대고 못을 박을 때 못의 길이는 판재 두께의 몇 배 정도가 좋은가?

① 3.5～4.0배 ② 3.0～3.5배
③ 2.5～3.0배 ④ 1.5～2.0배

해설 • 못의 길이는 박는 나무 두께의 2.5～3배가 좋다.
• 마구리면에 못을 박을 때는 못의 길이가 나무 두께의 3～3.5배가 되어야 한다.

50. 다음 중 맞춤 공작의 기본사항에 해당하지 않는 것은?

① 평탄하게 깎을 것
② 반듯하게 켤 것
③ 바른 각도로 자를 것
④ 凸凹이 생기지 않도록 사포질을 할 것

해설 맞춤 공작의 기본사항
• 마름질을 정확하게 한다.
• 똑바로 자르고 켠다.
• 완전 평면에 가깝도록 깎는다.
• 바른 각도로 자른다.

51. 부재 옆이 서로 물려지도록 혀를 내고 옆에서 못질하여 못머리를 감추어 마루의 진동에도 못이 솟아 올라오지 않게 한 것은?

① 빗쪽매 ② 제혀쪽매
③ 반턱쪽매 ④ 맞댄쪽매

해설 제혀쪽매 : 부재의 혀를 다른 쪽 홈에 끼워놓는 방법으로, 혀를 내민 모양과 비슷하다. 밖으로 나온 혀가 몸통과 한 몸이다.

52. 장부 구멍파기를 할 때 유의사항으로 옳지 않은 것은?

① 끌의 폭은 구멍의 폭에 맞는 것을 사용하며 치수가 맞는 끌이 없을 때는 좁은 끌로 지그재그형으로 판다.
② 끌의 뒷날이 자신의 앞쪽을 향하게 하고, 똑바로 수직으로 끌질한다.
③ 한 부재에 팔 구멍이 큰 것과 작은 것이 있을 때는 큰 것을 먼저 판다.
④ 한 부재에 팔 구멍이 깊은 것과 얕은 것이 있을 때는 얕은 것을 먼저 판다.

해설 • 한 부재에 팔 구멍이 큰 것과 작은 것이 있을 때는 작은 것을 먼저 판다.
• 깊은 것과 얕은 것이 있을 때는 얕은 것을 먼저 판다.

53. 다음 그림과 같은 접합의 명칭은?

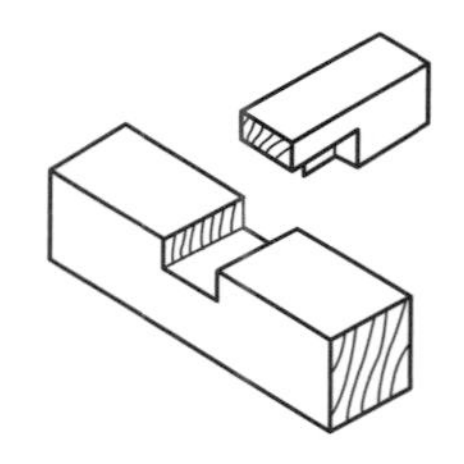

① 통넣은 주먹장맞춤
② 숨은 주먹장맞춤
③ 두겁 주먹장맞춤
④ 내림 주먹장맞춤

54. 가구 제작 단계를 순서대로 열거할 때 가장 처음에 나오는 것은?

① 대톱 작업
② 구멍뚫기 작업
③ 각끌기 작업
④ 마름질 작업

정답 49. ② 50. ④ 51. ② 52. ③ 53. ② 54. ④

55. 띠톱기계 작업상 주의사항으로 옳지 않은 것은?

① 띠톱을 조정할 때는 반드시 스위치를 끈다.
② 톱날의 긴장상태를 적절하게 조정하고 사용 후에는 톱날을 느슨하게 풀어준다.
③ 소매가 길거나 헐렁한 옷의 착용을 금하고 장갑을 착용한다.
④ 곡선 가공 시 무리하게 힘을 가하지 말고 천천히 밀어준다.

해설 소매가 길거나 헐렁한 옷 또는 장갑 착용을 금한다.

56. 마름질 작업에 대하여 가장 옳은 설명은?

① 작업의 마지막 단계인 끝내기 작업
② 절단하는 작업
③ 도면 치수대로 부재를 측정하여 그리는 작업
④ 구멍을 뚫고 다듬는 작업

해설 마름질 : 목재를 원하는 길이로 자르고 다듬는 작업이다.

57. 이음과 맞춤에서의 유의사항 중 옳지 않은 것은?

① 재료는 가급적 작게 깎아낸다.
② 공작이 간단한 것을 사용하며, 모양에 치중하지 않는다.
③ 이음, 맞춤은 응력이 집중하는 곳에 설치해야 효과가 높다.
④ 이음, 맞춤의 단면은 응력의 방향과 직각이 되게 한다.

해설 이음과 맞춤은 응력이 작은 곳에서 접합해야 한다.

58. 울거미판의 제작 순서로 옳은 것은?

① 심재재단 – 합판재단 – 심재조립 – 접착
② 합판재단 – 심재재단 – 심재조립 – 접착
③ 심재조립 – 심재재단 – 합판재단 – 접착
④ 합판재단 – 심재조립 – 심재재단 – 접착

59. 부재의 측면을 가공하며 선반류의 측면 가공이나 각재의 장부 가공에 사용하는 보링 기계는?

① 다축 보링기
② 멀티 보링기계
③ 사이드 보링기
④ 벤치 드릴링기계

해설 사이드 보링기
- 사이드 보링기는 가공 축이 측면에 위치한다.
- 부재의 측면을 가공하는 구조로 되어 있으며, 선반류의 측면 가공이나 각재의 장부 가공에 사용한다.

60. 못을 박을 때 지지력에 영향을 주는 요인이 아닌 것은?

① 목재의 함수율 ② 못의 길이
③ 못머리의 형태 ④ 못의 굵기

해설
- 못 박은 재가 쪼개졌을 때, 마구리에 못을 박았을 때는 지지력이 60~70% 감소하고, 젖은 나무에 못을 박았을 때는 건조 후 지지력이 50%로 감소한다.
- 단단한 목재, 얇은 판재 등 쪼개지는 것을 방지하기 위해 못 길이의 1/2~1/3 정도 되도록 예비 구멍을 뚫는다.
- 못 길이는 박는 나무 두께의 2.5~3배 위치에 박아야 쪼개지지 않는다.
- 못의 지름은 박을 나무 두께의 1/6 이하인 것을 사용한다.

정답 55. ③ 56. ② 57. ③ 58. ② 59. ③ 60. ③

가구제작 기능사

제 3 회 CBT 대비 실전문제

1과목 가구 설계

1. 디바이더의 사용법 중 틀린 것은?

① 치수를 도면에 옮길 때
② 작은 원을 그릴 때
③ 선을 일정한 간격으로 분할할 때
④ 도면의 길이를 다른 도면에 옮길 때

해설 원을 그릴 때는 컴퍼스를 사용한다.

2. 해칭선에 대한 설명으로 옳은 것은?

① 중심선 또는 분기선에 대하여 30°의 가는 실선을 긋는다.
② 같은 부품의 단면은 떨어져 있어도 해칭 방향과 간격을 같게 한다.
③ 서로 인접하는 단면의 해칭은 각도 및 간격을 같게 해서는 안 된다.
④ 해칭선은 45°의 굵은 직선을 사용한다.

해설 해칭선
- 해칭선은 같은 간격으로 세밀하게 그은 가는 실선으로, 도면에서 대상의 단면을 이해하기 쉽도록 45°로 빗금을 그어 표시한다.
- 서로 인접하는 단면의 해칭은 구분이 쉽도록 각도나 간격을 다르게 해야 한다.

3. 다음 선의 명칭 중에서 가장 굵게 그려야 하는 것은?

① 단면선 ② 치수선
③ 절단선 ④ 해칭선

해설 • 외형선, 단면선 : 0.3~0.8mm
- 파선 : 가는 선보다 굵게
- 중심선 : 0.2mm 이하
- 치수선, 치수 보조선, 절단선, 해칭선 : 가는 선, 0.18~0.35mm

4. 직각을 3등분한 그림이다. 틀린 것은?

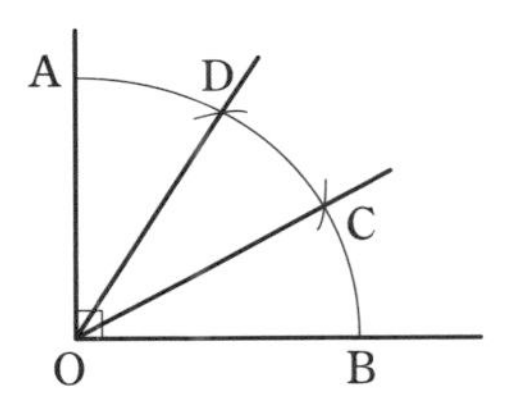

① $\overset{\frown}{AD} = \overset{\frown}{DC}$ ② $\overline{OA} = \overset{\frown}{AD}$
③ $\overset{\frown}{AD} = \overset{\frown}{BC}$ ④ $\overset{\frown}{DC} = \overset{\frown}{BC}$

해설 • $\overset{\frown}{AD} = \overset{\frown}{DC} = \overset{\frown}{BC}$
- $\overline{OA} = \overline{OD} = \overline{OC} = \overline{OB}$

5. 정투상법 중 제3각법의 표현은 기준이 눈으로부터 어떤 순서로 위치하는가?

① 화면 – 눈 – 물체
② 눈 – 물체 – 화면
③ 물체 – 눈 – 화면
④ 눈 – 화면 – 물체

해설 제3각법은 눈 → 화면 → 물체의 순서로 투상면의 뒤에 물체를 놓는다.

정답 1. ② 2. ② 3. ① 4. ② 5. ④

6. 입체의 각 면을 한 면 위에 펴서 그린 도면을 무엇이라 하는가?

① 투시도　② 상관체
③ 전개도　④ 음영도

해설 • 전개도는 각 실의 내부 의장을 명시하기 위해 작성한 도면이다.
• 전개도에는 개구부, 벽의 마감재, 가구, 벽체의 설치물 등을 표시한다.

7. 컴퓨터를 이용하여 도면을 작도할 때의 특징으로 틀린 것은?

① 도면의 수정이 용이하다.
② 도면의 작성시간이 절약된다.
③ 도면이 정확하다.
④ 도면의 표준화가 어렵다.

8. 물체의 보이지 않는 부분을 표시하는 선은?

① 실선　② 파선
③ 일점 쇄선　④ 선

해설 숨은선은 대상물의 보이지 않는 부분을 표시하며, 가는 파선 또는 굵은 파선으로 그린다.

9. 창호 기호 중 철재창을 표시한 것은?

① 1 / WW　② 1 / WD
③ 1 / SW　④ 1 / SD

해설 • 재료 기호 – A : 알루미늄, G : 유리, P : 플라스틱, S : 철재, Ss : 스테인리스강, W : 목재
• 창문 기호 – D(door) : 문, W(window) : 창, S(shutter) : 셔터

10. 3개의 축선이 서로 만나서 이루는 세 각 중에서 두 각은 같고 나머지 한 각은 다르게 그린 투상도는?

① 등각 투상도
② 부등각 투상도
③ 사투상도
④ 정투상도

해설 부등각 투상도 : 3개의 축선 중 2개는 같은 척도로 그리고, 나머지 1개는 3/4, 1/2, 1/3로 줄여서 그린 투상도이다.

11. 시점이 가장 높은 투시도는?

① 평행 투시도
② 조감 투시도
③ 유각 투시도
④ 입체 투시도

해설 조감 투시도는 위에서 내려다보듯이 눈높이를 대상물보다 높게 정하여 그린 투시도이다.

12. 투시도에서 물체를 보는 사람이 서 있는 위치를 칭하는 용어는?

① SP　② VP
③ PP　④ HL

해설 • SP(standing point, 입점/정점) : 관찰자가 서 있는 위치
• VP(vanishing point, 소실점) : 평행인 직선을 투시도상에서 멀리 연장했을 때 물체의 각 점이 수평선상에 하나로 만나는 점
• PP(picture plane, 화면) : 물체와 시점 사이에 지면(기면)과 수직인 평면으로, 지면에서 수직으로 세운 면
• HL(horizontal line, 수평선) : 눈높이와 같은 화면상의 지평선

정답 6. ③ 7. ④ 8. ② 9. ③ 10. ② 11. ② 12. ①

13. 보기와 같은 도형의 평면도를 나타낸 것으로 옳은 것은?

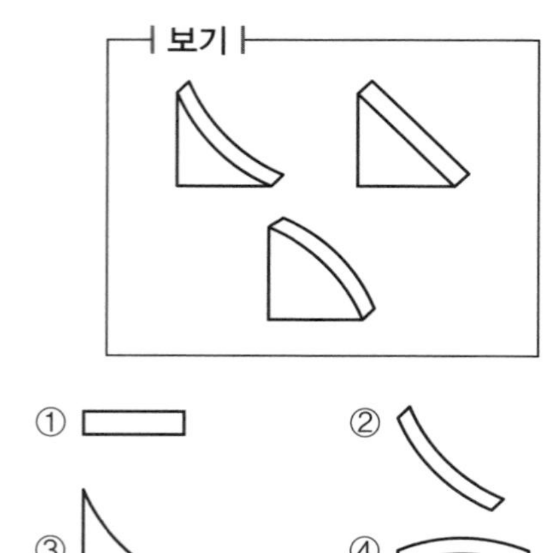

①
②
③
④

2과목 가구 재료

14. 목재의 성질과 변형에 관한 내용 중 틀린 것은?

① 일반적으로 비중이 작은 목재가 변형률이 작다.
② 심재가 변재보다 변형률이 크다.
③ 목재는 섬유 방향에 따라 건조 수축률이 다르다.
④ 목재는 자연건조보다 인공건조한 것이 변형률이 작다.

해설 함수율에 따른 수축은 심재보다 변재가 크다.

15. 목재의 흠이 적어 가구용 목재로 가장 적합한 것은?

① 육송 ② 낙엽송
③ 미송 ④ 나왕

16. 다음과 같은 창호 표시 기호가 나타내는 것은?

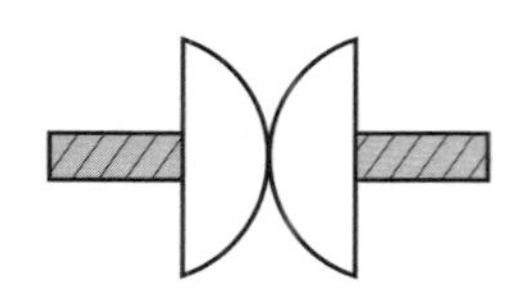

① 회전문 ② 쌍여닫이문
③ 자재문 ④ 빈지문

해설 문 표시 기호

17. 집성재에 대해 나타낸 설명으로 옳지 않은 것은?

① 강도를 자유롭게 조절할 수 있다.
② 응력에 따라 단면을 얻을 수 있다.
③ 필요에 따라 굽은 용재를 만들 수 있다.
④ 길고 단면이 큰 부재를 만들기 곤란하다.

해설 집성재는 작은 부재를 사용하여 길고 단면이 큰 부재를 만들 수 있다.

18. 다음과 같이 목재 마구리면에 제재 계획을 세웠다. 곧은 판재는 어느 것인가?

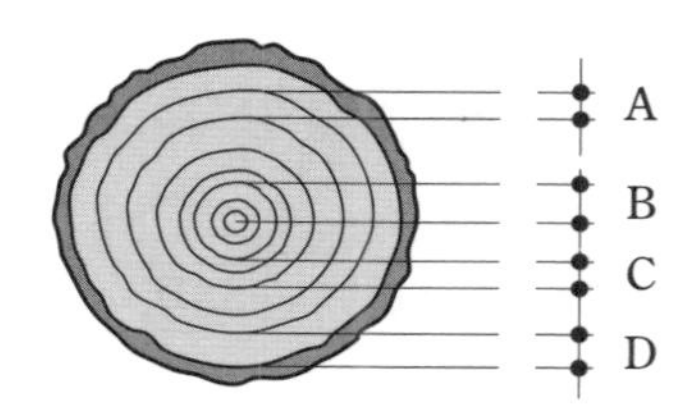

① A부분
② B부분
③ C부분
④ D부분

해설 곧은결 : 목재 줄기의 수심을 통과하여 나이테와 수직 방향으로 켠 종단면이다.

정답 13. ① 14. ② 15. ④ 16. ③ 17. ④ 18. ②

19. 강당이나 극장 등의 내부 벽에 음향 조절용으로 쓰는 제품은?

① 플로어링 블록(flooring block)
② 인슐레이션 보드(insulation board)
③ 파티클 보드(particle board)
④ 코펜하겐 리브(copenhagen rib)

해설 코펜하겐 리브
- 강당이나 극장 내부의 벽에 음향 조절용으로 사용한 제품이다.
- 지금은 음향 효과와 관계없이 장식용으로 사용하는 제품이다.

20. 다음 중 알루미늄에 대한 설명으로 알맞지 않은 것은?

① 비중은 철의 1/3 정도이다.
② 내식성이 우수하며 가공성도 양호하다.
③ 용해 주조도가 좋고 내화성이 우수하다.
④ 건축디자인상으로 우수한 재료이다.

해설 알루미늄은 내식성이 우수하지만 내화성이 약하다.

21. 섬유판 중에서 비중이 가장 큰 것은?

① 연질 섬유판
② 코르크판
③ 경질 섬유판
④ 파티클 보드

해설
- 연질 섬유판(저밀도 섬유판) : 비중 0.35 미만으로 방음, 보온재로 사용
- 경질 섬유판(고밀도 섬유판) : 비중 0.85 이상으로 고열, 고압 성형한 것
- 파티클 보드 : 목재의 절삭편(chip)을 접착제로 성형한 것
- 코르크판 : 코르크나무 껍질의 코르크층은 무수히 작은 세포로 되어 있고, 그 속은 기포로 채워져 있는데 이것이 탄력작용을 한다.

22. 합판의 제법에서 원목을 얇게 톱으로 자른 단판(veneer)으로 아름다운 나뭇결을 얻을 수 있는 베니어는?

① 로터리 베니어
② 소드 베니어
③ 슬라이스드 베니어
④ 반원 슬라이스드 베니어

23. 다음 중 인공건조에 대하여 나타낸 설명이 아닌 것은?

① 목재의 수분을 빨리 제거하기 위한 방법이다.
② 건조 시 목재 중의 수분 차이를 크게 하지 않도록 한다.
③ 건조 시 가열 장치에 습도를 조절하기 위한 보습 장치가 필요하다.
④ 넓은 장소가 필요하며 파손이나 손실될 우려가 있다.

해설 넓은 장소가 필요하며 파손이나 손실될 우려가 있는 것은 자연건조의 단점을 설명한 것이다.

24. 다음 중 집성재의 특징에 대한 설명으로 틀린 것은?

① 구조재 및 장식용으로 쓰인다.
② MDF와 같이 판의 개수가 홀수로만 구성되어 있다.
③ 건조 균열 및 변형을 피할 수 있다.
④ 경골 구조로서 완곡재를 만들어 큰 스팬 구조에 사용한다.

해설
- 집성재는 판재를 섬유 방향에 평행하게 붙이되, 붙이는 매수가 홀수가 아니어도 된다.
- 얇은 판이 아니라 보나 기둥에 사용할 수 있는 큰 단면으로 만들 수 있다는 점이 합판과 다르다.

정답 19. ④ 20. ③ 21. ③ 22. ③ 23. ④ 24. ②

25. 다음 중 합성수지계 접착제가 아닌 것은?

① 비닐수지계 접착제
② 요소수지계 접착제
③ 에폭시수지 접착제
④ 알부민 접착제

해설 합성수지계 접착제 : 페놀수지, 요소수지, 아세트산비닐수지, 에폭시수지, 멜라민수지, 레조르시놀수지 접착제

26. 나이테가 확실히 나타나는 나무의 예로 알맞은 것은?

① 단풍나무
② 버드나무
③ 소나무
④ 마호가니

해설 소나무, 전나무, 잣나무, 은행나무 등과 같은 침엽수는 대체로 나이테가 확실히 나타난다.

27. 추재에 대한 설명이 아닌 것은?

① 원형질이 적게 들어 있다.
② 세포막이 두껍다.
③ 암색을 띤다.
④ 목질이 연하다.

해설 추재의 특징

- 세포막이 견고하고 암색을 띤다.
- 원형질이 적게 들어 있다.
- 목질이 치밀하고 단단하다.

28. 규격이 90×180cm인 1개의 합판으로 20×35cm 규격의 작은 판을 최대 몇 개까지 만들 수 있는가? (단, 톱날의 두께는 고려하지 않는다.)

① 18개 ② 20개
③ 23개 ④ 25개

해설
- 90cm=35+35+20cm로 절단하면 35×180cm 2개, 20×180cm 1개의 판재를 얻을 수 있다.
- 35×180cm : 35×20cm 9개 → 18개
  20×180cm : 20×35cm 5개 → 5개

∴ 18+5=23개

29. 침엽수와 활엽수를 가장 쉽게 구분할 수 있는 방법은?

① 잎이 생긴 모양을 보고 구분한다.
② 지질의 경도 상태를 보고 구분한다.
③ 나이테의 모양을 보고 구분한다.
④ 나무 크기와 성장 모양을 보고 구분한다.

30. 활엽수에만 있으며 줄기 방향으로 배치되어 주로 양분과 수분의 통로가 되는 것은?

① 헛물관 ② 물관
③ 수선 ④ 수지관

해설 물관(도관)

- 활엽수에만 있으며 줄기 방향으로 배치되어 주로 양분과 수분의 통로가 된다.
- 변재에서는 수액의 운반 역할을 한다.
- 심재에서는 기능 없이 수지나 광물질로 채워진 경우가 많다.

31. 섬유판 중 고열, 고압으로 만들고, 비중이 0.85 이상인 섬유판은?

① 경질 섬유판
② 반경질 섬유판
③ 연질 섬유판
④ 반연질 섬유판

해설 경질 섬유판(고밀도 섬유판) : 비중 0.85 이상으로 고열, 고압 성형한 것으로, 섬유판 중에서 비중이 가장 크다.

정답 25. ④ 26. ③ 27. ④ 28. ③ 29. ① 30. ② 31. ①

32. **베니어 제조법에서 로터리 베니어에 관한 설명으로 틀린 것은?**

① 나이테에 따라 두루마리를 펴듯이 연속적으로 벗기는 것이다.
② 넓은 단판을 얻을 수 있다.
③ 생산능률이 높아 합판 제조의 80~90%가 이 방식에 따라 제조한다.
④ 합판 표면에 곧은결 등의 아름다운 결을 장식적으로 이용할 때 쓰인다.

해설 로터리 베니어는 곧은결 무늬를 얻을 수 없으며, 신축에 의한 변형이 크고 갈라지기 쉽다.

33. **착색이 자유롭고 견고하며 내열성, 전기 절연성이 우수하여 실내장식 및 가구 재료로 사용되는 합성수지는?**

① 멜라민수지
② 푸란수지
③ 알킬수지
④ 실리콘수지

해설 멜라민수지 : 요소수지와 유사하나 경도가 크고 내수성이 우수하다.

34. **목재의 제재 계획에 있어 침엽수의 취재율은 어느 정도인가?**

① 30% 이상
② 40% 이상
③ 50% 이상
④ 70% 이상

해설 침엽수의 취득률(취재율) : 60~90%

35. **목재의 함수율의 변화에 따라 일어나는 현상 중 옳지 않은 것은?**

① 형태의 변화가 생긴다.
② 비중의 변화가 생긴다.
③ 열전도율의 변화가 생긴다.
④ 압축강도의 변화가 크게 나타난다.

해설
- 함수율이 섬유 포화점에 도달한 시점부터 건조 수축이 발생하며, 함수율이 낮아질수록 건조 수축이 많다.
- 함수율이 섬유 포화점 이상일 때는 강도의 변화가 없고, 이하일 때는 증가한다.
- 비중은 함수율의 정도에 따라 다르다.
- 함수율이 높을수록 열전도율이 높다.

36. **목재의 건조 속도에 대한 설명 중 알맞지 않은 것은?**

① 기온이 높을수록 건조 속도가 빠르다.
② 비중이 클수록 건조 속도가 빠르다.
③ 풍속이 빠를수록 건조 속도가 빠르다.
④ 두께가 두꺼울수록 건조 속도가 느리다.

해설 목재의 건조 속도는 온도가 높을수록, 풍속이 빠를수록, 목재의 두께가 얇을수록 빠르다.

37. **죽재의 벌채 시기로 좋은 달은?**

① 2월~4월　② 5월~7월
③ 7월~9월　④ 12월~2월

해설 죽재의 벌채 시기는 12월부터 2월 사이가 가장 좋다.

38. **활엽수의 설명으로 옳지 않은 것은?**

① 잎이 넓적한 나무로 화려한 무늬가 있다.
② 나무에 따라 무늿결의 고유한 특성이 있다.
③ 가구 제작과 실내 장식용으로 많이 쓴다.
④ 연하고 탄력성이 있기 때문에 건축재로 많이 쓴다.

정답 32. ④ 33. ① 34. ④ 35. ④ 36. ② 37. ④ 38. ④

해설 연하고 탄력성이 있어 구조재, 가설재, 장식재로 많이 쓰는 것은 침엽수이다.

39. 다음 중 목재의 공극률을 나타낸 식으로 옳은 것은? (단, W=전건비중, V=목재의 공극률(%))

① $V=(1-\frac{W}{1.54})\times 100$

② $V=(1-\frac{1.54}{W})\times 100$

③ $V=(1+\frac{W}{1.54})\times 100$

④ $V=(1+\frac{1.54}{W})\times 100$

해설 목재의 공극률 : 목재 내부에 존재하는 공극(빈 공간)의 비율로, 목재의 전체 부피 중에서 공극이 차지하는 부피의 비율을 말한다.

40. 다음 중 못의 지지력이 가장 좋은 재료는 어느 것인가?

① 합판 ② 미송
③ 나왕 ④ 섬유판

해설 합판은 보통 판에 비해 못박기가 곤란하지만 못의 지지력은 1.1~3.7배 정도 강한 특징이 있다.

41. 목재의 자연건조에 관한 설명으로 옳지 않은 것은?

① 넓은 장소가 필요하다.
② 건조시간이 많이 걸린다.
③ 기건 함수율 이하로 건조할 수 없다.
④ 동시에 많은 목재를 건조할 수 없다.

해설 목재를 자연건조하면 넓은 장소가 필요하긴 하지만 동시에 많은 양을 건조할 수 있다.

3과목 제작 및 안전관리

42. 나비 형태이며, 몸체가 하나로 되어 있어 문짝과 측판에 고정하여 쓰는 경첩은?

① 피벗 경첩 ② 숨은 경첩
③ 나비 경첩 ④ 플랩 경첩

해설 나비 경첩 : 장착했을 때 외관에 무리가 없고 문이 열리는 각도가 자유로운 나비 모양의 경첩이다.

43. 둥근톱기계 작동부의 사고 예방으로 알맞은 조치법은?

① 동력저항 설치
② 중간방책 설치
③ 상향날 설치
④ 절단날 설치

해설 중간방책 : 톱날 주변에 보호 장치를 설치하여 작업자가 톱날에 접근하지 못하도록 하는 안전장치를 말한다.

44. 대팻날의 뒷날 내기가 충분하지 않을 때 어떤 현상이 일어나는가?

① 대팻날과 덧날 사이에 틈이 생겨 대팻밥이 끼이게 된다.
② 덧날만 잘 연마되어 있다면 큰 문제는 없으나 약간의 거스러미가 생긴다.
③ 대팻날만 잘 연마되면 거스러미는 생기지 않지만 약간 힘이 든다.
④ 대팻날과 덧날 사이가 밀착되지 않아 대팻질한 면에 자국이 생긴다.

45. 다음 중 가구의 문을 맞추는 순서를 바르게 나타낸 것은?

정답 39. ① 40. ① 41. ④ 42. ③ 43. ② 44. ① 45. ②

① 경첩이 달리는 쪽 – 윗부분 – 문의 밑부분 – 손잡이가 달리는 부분
② 문의 밑부분 – 경첩이 달리는 쪽 – 윗부분 – 손잡이가 달리는 쪽
③ 윗부분 – 문의 밑부분 – 손잡이가 달리는 부분 – 경첩이 달리는 쪽
④ 손잡이가 달리는 부분 – 경첩이 달리는 쪽 – 윗부분 – 문의 밑부분

46. 다음 그림과 같이 나타낸 맞춤을 무엇이라 하는가?

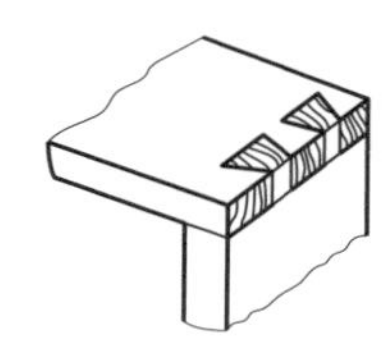

① 주먹장맞춤
② 반턱맞춤
③ 끼움촉맞춤
④ 통맞춤

47. 목재 표면을 끝손질할 때의 주의사항으로 옳은 것은?

① 끝손질 대패의 날입은 가능한 넓게 한다.
② 대패의 하단 면은 기름걸레로 기름을 발라서 사용한다.
③ 끝손질은 사포를 사용하여 작품의 성격에 맞도록 깨끗하게 한다.
④ 가공할 때 생긴 흠은 물을 축이지 말고 그대로 깨끗하게 깎는다.

해설 목재 표면을 끝손질할 때의 주의사항
- 끝손질 대패의 날입은 가능한 좁게 한다.
- 가공할 때 생긴 흠은 젖은 천으로 적셔서 팽창시킨 후 깎는다.

48. 대팻날이 밑면에 돌출되는 정도를 표시하는 것으로 옳은 것은?

① 막대패 0.6mm, 중대패 0.4mm, 다듬질 대패 0.2mm
② 막대패 0.7mm, 중대패 0.6mm, 다듬질 대패 0.5mm
③ 막대패 0.8mm, 중대패 0.5mm, 다듬질 대패 0.4mm
④ 막대패 0.5mm, 중대패 0.2mm, 다듬질 대패 0.1mm

해설 날끝이 대팻집 밑면에 나오는 정도는 초벌 대패 0.5mm, 두벌 대패 0.2mm, 끝손질 대패 0.1mm 정도가 좋다.

49. 다음 중 인장력이 가장 약한 맞춤은?

① 지옥장부
② 내다지장부
③ 쌍장부
④ 짧은 장부

해설 짧은 장부는 장부의 길이가 짧아 접합 면적이 좁아지므로 인장력이 가장 약하다.

50. 8각 상자를 제작하기 위해 마구릿대를 만들었다. A부분의 알맞은 각도는?

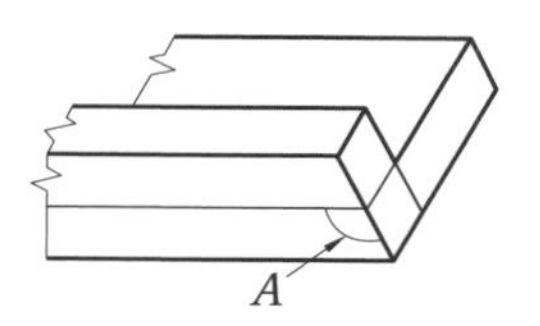

① 112.5°　② 121.5°
③ 135.5°　④ 153.5°

해설 마구릿대 각도
$=180-[\{180-(360\div n)\}\div 2]$, n은 각형 수
$=180-[\{180-(360\div 8)\}\div 2]$
$=112.5°$

정답 46. ① 47. ③ 48. ④ 49. ④ 50. ①

51. 장부맞춤의 순서로 옳은 것은?

① 마름질하기 – 장부 구멍파기 – 장부켜기 – 어깨자르기 – 조립하기
② 마름질하기 – 어깨자르기 – 장부켜기 – 장부 구멍파기 – 조립하기
③ 마름질하기 – 장부켜기 – 어깨자르기 – 장부 구멍파기 – 조립하기
④ 마름질하기 – 장부 구멍파기 – 어깨자르기 – 장부켜기 – 조립하기

해설 장부맞춤의 순서
마름질하기 → 장부 구멍파기 → 장부 만들기(장부켜기 → 어깨자르기) → 조립하기

52. 둥근톱기계 사용 시 안내자 면과 둥근톱 사이에서 앞쪽이 좁으면 어떠한 현상이 일어나는가?

① 톱질된 목재가 톱날과 안내자 사이에 끼워지는 상태로 반발하므로 위험하다.
② 일정한 너비로 켜기가 잘된다.
③ 가공한 재료의 너비가 고르지 못하다.
④ 톱질된 목재가 톱날과 안내자 사이에 끼워져 기계의 회전이 멈추게 된다.

해설
- 앞쪽이 좁으면 재료를 켤 때 가공한 너비가 고르지 못하다.
- 뒤쪽이 좁으면 톱질된 목재가 톱날과 안내자 사이에 끼워지는 상태로 반발하므로 위험하다.

53. 곡면(몰딩)을 가공할 때 적당한 목공기계는 어느 것인가?

① 띠톱
② 둥근톱
③ 보링기계
④ 루터기계

해설 루터기계 : 홈 가공, 면치기, 몰드 가공을 할 수 있다.

54. 다음 중 외날대패를 사용하는 것이 좋은 경우는?

① 옹이가 있는 부분
② 단단한 나무
③ 오래된 나무
④ 마구리 부분

해설 외날대패는 거스러미가 일어나지 않는 마구리면을 깎을 때 많이 사용한다.

55. 짧은 장부맞춤 가공 시 장부 길이와 장부 구멍 깊이의 관계는?

① 장부 길이와 장부 구멍의 깊이를 똑같이 가공한다.
② 장부 구멍의 깊이를 1~2mm 더 판다.
③ 장부 길이를 1~2mm 더 길게 한다.
④ 장부 구멍의 깊이를 5mm 더 판다.

56. 다음 톱 중에서 톱니가 막니로 되어 있는 것은?

① 실톱
② 켜는 톱
③ 자르는 톱
④ 등대기톱

해설 쥐꼬리톱, 활톱, 실톱은 톱니가 막니로 되어 있다.

57. 싱글 에지 밴더의 작업 공정 과정을 바르게 나열한 것은?

정답 51. ① 52. ③ 53. ④ 54. ④ 55. ② 56. ① 57. ①

① 부재 투입 – 본드 도포 – 접착 – 에지 절단 – 프레스 – 트리밍 – 수작업
② 부재 투입 – 에지 절단 – 본드 도포 – 접착 – 트리밍 – 프레스 – 수작업
③ 부재 투입 – 트리밍 – 에지 절단 – 본드 도포 – 접착 – 프레스 – 수작업
④ 부재 투입 – 프레스 – 본드 도포 – 접착 – 트리밍 – 에지 절단 – 수작업

해설 싱글 에지 밴더 : 테노너(tenoner)로부터 정재단된 부재에 본드가 도포된 에지재를 한 면만 접착하여 트리밍하는 기계이다.

58. 무늬목 제작 방법 중 직선 방향의 무늬목을 켜는 데 사용하는 방법은?

① 로터리식
② 쿼터식
③ 평행식
④ 하프라운드식

해설 • 로터리식 : 원목을 회전시키며 얇게 벗겨내는 방식으로, 나무의 결이 곡선 모양으로 나타난다.
• 쿼터식 : 나무를 4등분하여 직선 방향으로 자르는 방법으로, 직선 무늬를 얻을 수 있다.
• 평행식 : 나무를 평행하게 자르는 방법으로, 무늬가 나무의 자연 결을 따르기 때문에 직선 무늬와는 다르다.
• 하프라운드식 : 원목을 반원 형태로 자르는 방법으로, 직선 무늬보다는 곡선이나 파동 무늬가 나타난다.

59. 가구 제작에서 조립 후 바로 확인하지 않아도 되는 것은?

① 직각도
② 수평도
③ 면의 곱기 여부
④ 접착제 제거 여부

해설 • 직각도 : 조립된 각 부분이 정확히 직각을 이루고 있는지는 가구의 안정성과 균형에 직접적인 영향을 미친다.
• 수평도 : 가구의 수평이 맞지 않으면 가구가 기울어져 기능에 문제가 생길 수 있다.
• 면의 곱기 여부 : 조립된 면이 정확히 맞물려 있지 않으면 가구의 내구성과 외관에 문제가 생길 수 있다.
• 접착제 제거 여부 : 구조적 안정성이나 기능에 즉시 영향을 미치지는 않으므로 조립 직후 즉시 확인하지 않더라도 큰 문제가 없다.

60. 장부맞춤의 작업 공정에 대한 설명 중 옳지 않은 것은?

① 장부 어깨를 먼저 자르고 장부켜기를 나중에 한다.
② 장부의 끝은 면을 약간 접어야 구멍에 잘 들어간다.
③ 작업순서는 구멍파기, 장부 만들기, 조립의 순서로 한다.
④ 장부 두께는 부재의 1/3 정도로 한다.

해설 장부켜기를 먼저 하고 장부 어깨를 나중에 자른다.

정답 58. ② 59. ④ 60. ①

목공예 기능사

제 1 회 CBT 대비 실전문제

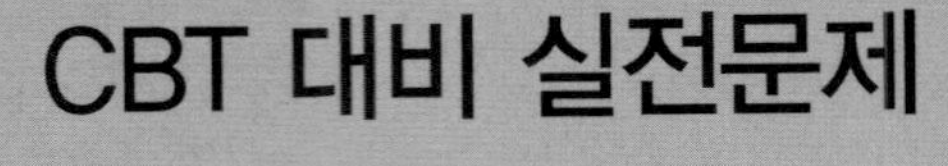

1과목 목제품 디자인

1. 의장의 원리 중 율동미와 관계가 가장 먼 것은?

① 연속의 원리　　② 점층의 원리
③ 반복의 원리　　④ 대칭의 원리

해설 대칭의 원리 : 균형

2. 조형의 요소인 선과 형, 색채 등이 하나의 질서를 가지고 반복될 때 느껴지는 감각을 무엇이라 하는가?

① 균제
② 균형
③ 율동
④ 대조

해설 율동은 유사한 디자인 요소가 규칙적이거나 주기적으로 반복될 때 나타난다.

3. 도면에서 평면도, 배치도 등은 원칙적으로 어느 방향을 위로 하여 제도하는가?

① 동　　② 서
③ 남　　④ 북

4. 디자인 요소 중 통일과 가장 관계가 있는 것은?

① 집중　　② 대비
③ 불협화　　④ 전이

해설 통일은 실내디자인의 여러 요소를 서로 같거나 일치되게 구성하여 공통점이 있도록 느껴지게 하는 것이다.

5. 다음 중 대비의 종류가 다른 것은?

①
②

③
④

6. 산업안전표지판 색상을 정할 때 색이 가지는 광선의 반사율과 주변과의 대비색을 고려하여 결정한 사항으로 관계가 없는 것은?

① 노란색 바탕 – 검은색
② 검은색 바탕 – 노란색
③ 흰색 바탕 – 빨간색
④ 녹색 바탕 – 검은색

해설 녹색 바탕 – 빨간색

7. 평면 구성을 할 경우 일정한 길이의 선이나 형태가 규칙적으로 반복되었을 때 나타나는 효과는?

① 율동감　　② 균형감
③ 재질감　　④ 변화감

정답 1. ④　2. ③　3. ④　4. ①　5. ④　6. ④　7. ①

8. 디자인에서 율동감을 나타내려고 할 때의 형식은 어떤 것들이 있는가?

① 단순, 변화, 강조
② 종속, 우세
③ 대비, 대조, 조화
④ 강조, 반복, 점층

9. 다음 그림과 같이 주어진 직선 AB를 수직 2등분할 때 옳지 않은 것은?

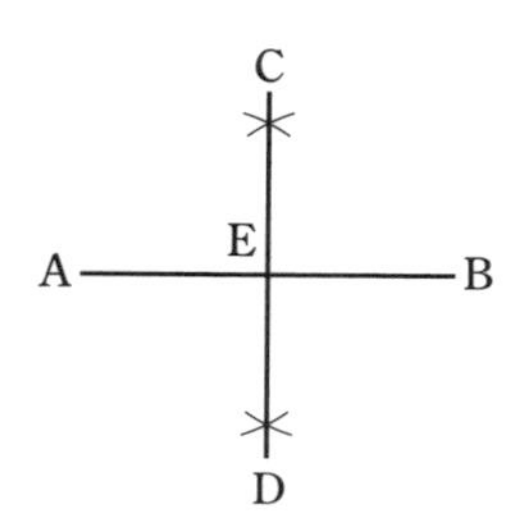

① $\overline{AE} = \overline{BE}$　② $\overline{AC} = \overline{BC}$
③ $\overline{AE} = \overline{CE}$　④ $\overline{CD} \perp \overline{AB}$

10. 순색 빨강에 검은색을 혼합했을 때 가장 가까운 색은?

① 중간 채도의 빨간색
② 저채도의 밝은 빨간색
③ 저채도의 탁한 빨간색
④ 저채도의 어두운 빨간색

11. 순색에 검은색을 혼합하면 명도와 채도는 어떻게 되는가?

① 채도는 낮아지고 명도는 높아진다.
② 채도는 높아지고 명도는 낮아진다.
③ 채도와 명도가 높아진다.
④ 채도와 명도가 낮아진다.

12. 다음 중 도면의 표제란에 표기하지 않아도 되는 것은?

① 재료 명칭
② 도면 번호
③ 도면 이름
④ 작성연월일

해설 표제란에는 도면 번호, 도면 이름, 공사 명칭, 축척, 책임자의 서명, 설계자의 서명, 도면 작성연월일 등을 기입한다.

13. 500×100의 넓이를 가진 널빤지를 제작하기 위해 10/1의 비로 도면을 그렸다. 기입해야 할 치수는?

① 5×1
② 50×10
③ 500×100
④ 5000×1000

해설 척도는 표제란에 기입하며, 도면에 기입하는 치수는 모두 실제 치수로 기입한다.

14. 가장 따뜻한 느낌을 주는 배색은?

① 파랑과 노랑
② 빨강과 파랑
③ 노랑과 빨강
④ 황록과 파랑

해설 따뜻한 색(난색) : 빨강, 다홍, 황색, 귤색, 노랑

15. 색의 진출성, 후퇴성에 대한 설명 중 잘못된 것은?

① 난색계는 한색계보다 진출성이 있다.
② 명도가 높은 색은 팽창성이 있고 낮은 색은 수축성이 있다.
③ 채도가 높은 것에 비해 낮은 것이 진출성이 있다.
④ 배경색과 명도 차가 큰 밝은색은 진출성이 있다.

정답 8. ④ 9. ③ 10. ④ 11. ④ 12. ① 13. ③ 14. ③ 15. ③

해설 • 채도가 높은 것이 낮은 것에 비해 진출성이 있다.
• 진출해 보이는 색 : 고명도의 색, 따뜻한 색(난색), 고채도의 색, 유채색

16. 실내디자인, 건축디자인, 디스플레이디자인 등에 해당하는 디자인 분야는?

① 공예디자인
② 환경디자인
③ 시각디자인
④ 산업디자인

해설 환경디자인 : 인간이 생활하는 주변 요소에 대한 디자인으로 공원, 광장, 도로 등과 부속 설비로 이루어지는 외부 환경디자인을 지칭하기도 한다.

17. 다음 중 감산 혼합이 아닌 것은?

① 빨강 + 파랑 = 보라
② 빨강 + 녹색 = 노랑
③ 빨강 + 노랑 = 주황
④ 노랑 + 파랑 = 녹색

해설 감산 혼합(색료 혼합)
• 빨강 + 녹색 + 파랑 = 검은색
가산 혼합(빛의 혼합, 색광 혼합)
• 빨강 + 녹색 = 노랑
• 녹색 + 파랑 = 청록
• 파랑 + 빨강 = 자주
• 빨강 + 녹색 + 파랑 = 흰색

18. 새로운 예술이라는 뜻으로 19세기 말과 20세기 초에 걸쳐 프랑스를 중심으로 전 유럽에서 유행한 장식적인 양식은?

① 큐비즘 ② 아르데코
③ 다다이즘 ④ 아르누보

19. 의도적으로 구상하여 손으로 그리거나 도구로 표현할 수 있으며, 매우 규칙적이거나 불규칙적일 수도 있는 것은?

① 기계적 질감
② 촉각적 질감
③ 장식적 질감
④ 자연적 질감

20. 현대 디자인은 미적 감각 이외에 어떤 것을 크게 요구하는가?

① 장식 ② 취미
③ 기능 ④ 유행

해설 현대 디자인에서는 아름다움뿐만 아니라 실용성과 사용자의 편의성을 중요하게 여긴다.

21. 평행 투시도에서 소실점의 수는?

① 1개 ② 2개
③ 3개 ④ 없음

해설 평행 투시도는 화면에 육면체의 한 면이 평행하게 놓인 경우로 소실점이 1개이다.

22. 색상이 다른 두 색을 동시에 대비시켰을 때 서로 반대 방향의 색으로 기울어져 보이는 현상은?

① 명도 대비
② 계속 대비
③ 색상 대비
④ 채도 대비

해설 색상 대비 : 어떤 색을 같이 놓았을 때 두 색이 서로의 영향으로 색상의 차이가 크게 보이는 현상이다.

정답 16. ② 17. ② 18. ④ 19. ③ 20. ③ 21. ① 22. ③

2과목 목공예 재료

23. 다음 중 목재의 방부법으로 가장 많이 사용되는 것은?

① 일광 직사법
② 침지법
③ 표면 탄화법
④ 표면 피복법

해설 • 일광 직사법 : 목재를 30시간 이상 햇빛에 노출시키는 방법
• 침지법 : 목재를 상온의 크레오소트에 몇 시간 또는 며칠 담가두는 방법
• 표면 탄화법 : 목재의 표면을 살짝 태워 살균하는 방법
• 표면 피복법 : 목재의 표면을 다른 재료로 감싸는 것으로, 가장 많이 사용하는 방법

24. 경화 수축이 일어나지 않는 열경화성 수지로 가장 우수한 접착제는?

① 페놀수지 접착제
② 에폭시수지 접착제
③ 요소수지 접착제
④ 아세트산비닐수지계 접착제

해설 에폭시수지 접착제
• 경화 수축이 일어나지 않는 열경화성 수지로, 현재 접착제 중 가장 우수하다.
• 상온에서 사용할 수 있으며, 내수성 · 내산성 · 내알칼리성 · 내열성 등이 우수하다.

25. 목재의 인공건조법이 아닌 것은?

① 압연법 ② 증기법
③ 진공법 ④ 열기법

해설 압연법 : 회전하는 압연기의 롤 사이에 가열한 쇠붙이를 넣어 막대 모양이나 판 모양으로 만드는 방법이다.

26. 내수 합판 접착제로 가장 우수한 합성수지계 접착제는?

① 페놀수지 ② 에포킨수지
③ 요소수지 ④ 실리콘수지

27. 무늬목을 사용하는 목적에 대한 설명으로 알맞지 않은 것은?

① 무늬가 없는 목재에 아름다운 무늬를 만들어준다.
② 합판에 붙여 뒤틀림을 방지하고 아름다움을 더해준다.
③ 무늬가 좋은 목재를 무늬목으로 널리 이용한다.
④ 구조물을 튼튼하게 해준다.

해설 무늬목은 뒤틀림을 방지하고 아름다움을 더해주기 위한 것으로 구조물을 튼튼하게 하는 것과는 관련이 없다.

28. 건조의 3대 조건과 가장 관련 없는 것은?

① 온도 ② 습도
③ 통풍 ④ 방향

해설 • 기온이 높을수록, 습도가 낮을수록 건조 속도가 빨라진다.
• 풍속이 빠를수록 건조 속도가 빠르지만 큰 차이는 없다.

29. 나이테에 관한 설명으로 옳은 것은?

① 열대산 목재는 나이테가 전혀 없다.
② 춘재가 추재보다 짙고 단단하다.
③ 활엽수의 나이테가 침엽수보다 명료하다.
④ 나이테의 폭은 침엽수보다 활엽수가 넓다.

해설 • 침엽수의 나이테가 활엽수보다 명료하며, 추재가 춘재보다 짙고 단단하다.
• 열대지역은 나이테의 구분이 불명확하다.

정답 23. ④ 24. ② 25. ① 26. ① 27. ④ 28. ④ 29. ④

30. 폐재를 이용한 코어(core) 합판은?

① 베니어 코어 합판
② 파티클 보드 코어 합판
③ 허니 코어 합판
④ 럼버 코어 합판

해설 파티클 보드(PB, 칩보드)는 목재의 절삭편(chip) 또는 톱밥을 접착제로 성형한 것으로, 휨강도가 커서 합판의 대용으로 사용한다.

31. 변재와 심재에 대한 설명 중 옳은 것은?

① 심재가 변재보다 재질이 무르고 내구성이 작다.
② 심재가 변재보다 신축성이 작다.
③ 변재보다 심재가 수분이 많다.
④ 변재보다 심재의 강도가 약하다.

해설 심재는 수분이 적어 부패되지 않는 양질의 목재로, 변재보다 함수율과 신축성은 작고 강도나 내구성은 크다.

32. 목재의 분류 중 잎이 넓고 잎맥이 그물 모양인 식물은?

① 나자식물
② 외떡잎식물
③ 겉씨식물
④ 쌍떡잎식물

해설 • 외떡잎식물 : 잎이 좁고 평행한 잎맥인 대나무, 백합, 벼, 야자나무
• 쌍떡잎식물 : 잎이 넓고 잎맥은 그물 모양인 밤나무, 벚나무, 오동나무

33. 목재의 장점에 해당하지 않는 것은?

① 중량에 비해 강도가 크다.
② 가공이 용이하다.
③ 열과 전기의 전도율이 높다.
④ 나뭇결이 아름답다.

해설 목재는 열전도율과 열팽창률이 낮다.

34. 옻칠을 건조할 때 가장 알맞은 습도는?

① 30~45%
② 45~60%
③ 60~75%
④ 75~80%

해설 옻칠을 건조할 때 알맞은 온도는 20~25℃이고 알맞은 습도는 75~80%이다.

35. 목재의 갈라짐에서 윤상할이란?

① 심재부가 방사상으로 갈라지는 것
② 껍질 쪽에서 수심 쪽으로 갈라지는 것
③ 변재와 심재의 경계선 부분이 반달형으로 갈라지는 것
④ 목재의 중간에서 섬유 방향이 끊어지는 것

36. 도막의 결성성분에 해당하는 것은?

① 에스테르 ② 코펄
③ 케톤 ④ 알코올

해설 도막 결성성분은 고체로 코펄, 셀락, 다마르와 같은 천연수지와 합성수지가 있다.

37. 목조각용 목재로 연하면서 가장 많이 사용되는 재료들은?

① 마디카, 피나무, 은행나무
② 향나무, 괴목, 장미나무
③ 박달, 배나무, 참죽나무
④ 티크, 전나무, 삼나무

38. 목재를 구성하는 유기 성분으로 제지, 인견 등의 원료로 쓰이는 화학적 성분은?

① 셀룰로오스 ② 헤미셀룰로오스
③ 리그닌 ④ 회분

정답 30. ② 31. ② 32. ④ 33. ③ 34. ④ 35. ③ 36. ② 37. ① 38. ①

39. MDF의 특징이 아닌 것은?

① 밀도가 높기 때문에 대패질이나 부조가 가능하다.
② 목재의 재질과 같이 무늬결도 성형되어 있다.
③ 나사못이나 못을 박을 때 갈라지지 않는다.
④ 부드러운 섬유질로 되어 있어 표면이 매우 평활하다.

해설 MDF는 나무 섬유를 압축해서 만든 판재로 자연 목재와 달리 무늬결이 없다.

3과목 목공예

40. 런닝 소와 유사한 작업을 하며, 주로 합판이나 보드류 절단에 사용되는 기계는?

① 테노너 ② 갱립 소
③ 패널 소 ④ 트리플 소

해설 패널 소 : 합판, MDF, 집성 판재 등과 같이 부피가 큰(넓은) 판재 재단에 용이하다.

41. 조각칼에 관한 설명으로 잘못된 것은?

① 무딘 날은 자주 갈아 쓰고 날끝이 상하지 않도록 한다.
② 조각칼은 예리한 날끝으로 되어 있으므로 손을 다치지 않도록 주의한다.
③ 조각칼은 용도에 따라 적합한 것을 골라 사용한다.
④ 둥근 조각칼은 곡면 숫돌에 사용하면 날 세우는 시간이 오래 걸린다.

해설 곡면 숫돌은 둥근 조각칼의 곡선을 따라가면서 날을 고르게 갈아줄 수 있기 때문에 둥근 조각칼은 곡면 숫돌을 사용해서 날을 세우는 것이 적합하다.

42. 형상에 따라 조각하려는 내용 중에서 필요 없는 부분을 실톱이나 실톱기계를 사용하여 뚫어내는 조각 기법은?

① 음각 ② 양각
③ 투각 ④ 부조

43. 대패로 목재의 마구리면을 깎을 때에 관한 설명 중 잘못된 것은?

① 덧날을 어미날 끝으로부터 0.5mm 이상 나오게 하여 깎는다.
② 칼금을 맞춘 다음 오른손 바닥을 대패의 윗면 중앙에 댄다.
③ 깎을 치수만큼 부재를 마구릿대에서 조금씩 내고 깎는다.
④ 마구리가 끝나는 부분의 끝을 대패로 당길 때는 갈라지기 쉬우므로 깎기 전에 모서리를 따낸다.

44. 인장력을 받는 곳에 가장 많이 사용되는 맞춤 방법은?

① 촉맞춤 ② 반턱맞춤
③ 주먹장맞춤 ④ 숨은 장부맞춤

해설 장부의 물매가 있어 튼튼하고 강한 인장력을 가지므로 인장력을 받는 곳에 가장 많이 사용되는 것은 주먹장맞춤이다.

45. 띠톱기계 사용에 관한 설명 중 잘못된 것은 어느 것인가?

① 띠톱날은 톱니 방향을 맞추어 먼저 아래 바퀴에 걸고 윗바퀴에 건다.
② 윗바퀴 오르내림 핸들을 오른쪽으로 돌려 톱날을 알맞게 당긴다.
③ 띠톱날 안내바퀴와 띠톱날 등과의 간격은 1~3mm 정도로 조정한다.
④ 오려내기가 끝날 무렵에는 목재를 세게 누르지 말고 오려간다.

정답 39. ② 40. ③ 41. ④ 42. ③ 43. ① 44. ③ 45. ④

해설 오려내기가 끝날 무렵에는 목재를 세게 누르고 천천히 오려간다.

46. 조각도 앞날의 알맞은 표준 경사각은?

① 5~10°　② 15~20°
③ 25~30°　④ 35~50°

47. 기계 작업 중 손가락이 절단되는 상해를 입었을 때 가장 먼저 취해야 할 일은?

① 기계 스위치를 끈다.
② 지혈시킨다.
③ 다른 사람에게 사고를 알린다.
④ 병원에 속히 후송한다.

48. 쥐꼬리톱의 톱질 방법에 관한 설명으로 옳지 않은 것은?

① 곡선이 완만할 때는 톱질 각도를 크게 한다.
② 짧고 빠른 톱 운동을 해야 한다.
③ 부재로 사용하지 않는 부분에 구멍을 뚫는다.
④ 잘라낸 다음 칼로 깨끗이 깎아낸다.

해설 곡선이 완만할 때는 톱질 각도를 작게 한다.

49. 대패에서 덧날의 가장 큰 역할은?

① 어미날 보호
② 어미날 고정
③ 대팻집 보호
④ 엇결 방지

해설 덧날의 역할
- 엇결이 생기는 것을 방지
- 어미날의 떨림을 잡아주는 역할
- 엇결을 대패질할 때 목재 표면에 생기는 손상(뜯김) 방지

50. 죔쇠의 종류 중 가장 큰 구조물을 조일 수 있는 것은?

① 평행 죔쇠
② C 클램프
③ 핸드 스크루
④ 스틸 바

해설 스틸 바(스틸 바 클램프)는 길이가 길어서 평행 죔쇠, C 클램프, 핸드 스크루에 비해 큰 구조물을 조일 수 있는 작업에 탁월하다.

51. 자르는 톱니로, 정밀한 세공 및 장부 어깨를 자를 때 사용하는 톱은?

① 양날톱　② 등대기톱
③ 붕어톱　④ 쥐꼬리톱

해설 등개기톱은 자르는 톱니로 되어 있으며, 톱몸이 얇아 휘어지기 쉬우나 정밀한 세공이나 장부의 어깨를 자를 때 사용한다.

52. 다음 중 밴드 소에 대한 설명으로 옳지 않은 것은?

① 주로 완만한 곡선 가공에 적합한 재단기계이다.
② 정밀도가 좋아 가재단보다는 정재단 용도로 사용한다.
③ 폭이 넓은 톱날은 부재를 얇은 판재로 가공하는 리소잉 작업을 할 수 있다.
④ 직선, 곡선 작업을 병행할 수 있지만 주로 곡선의 바깥지름 재단 작업에 사용한다.

해설 정밀도가 떨어져 재단 면이 거칠기 때문에 정재단보다 가재단 용도로 사용한다.

53. 관리책임자의 주관하에 실시하는 비정기적인 점검은?

① 임시점검　② 정기점검
③ 수시점검　④ 일상점검

정답 46. ③ 47. ② 48. ① 49. ④ 50. ④ 51. ② 52. ② 53. ③

해설 수시점검 : 경영책임자 또는 관리책임자, 제일선의 감독자의 주관에 의해 실시되는 비정기적인 안전점검이다.

54. 판재 옆을 곱게 대패질해서 서로 맞대어 깔고, 그 위에서 못질하여 만든 쪽매는?

① 맞댄쪽매 ② 빗쪽매
③ 반턱쪽매 ④ 제혀쪽매

55. 다음 중 끌의 구멍 파기와 용도가 바르게 설명된 것은?

① 평끌 – 부분을 파내거나 곡면을 다듬을 때
② 둥근끌 – 촉을 파내거나 부분을 깎을 때
③ 세모끌 – 끌날이 삼각형으로 곡면을 다듬을 때
④ 홈끌 – 홈을 파내거나 얕고 넓은 구멍을 팔 때

해설
- 평끌 : 단면을 직각으로 파기 또는 면 다듬기
- 둥근끌 : 곡면이나 외형 또는 내부를 대략 깎을 때, 구멍을 뚫을 때
- 세모끌 : 주먹장 다듬기, 장부 구멍의 다듬질, 마름모꼴 구멍을 팔 때

56. 다음 중 주먹장 다듬기에 가장 적합한 끌은 어느 것인가?

① 얇은끌 ② 세모끌
③ 인두끌 ④ 밀어넣기끌

해설 세모끌은 장부 구멍의 다듬질, 마름모꼴의 구멍, 주먹장 장부 다듬질에 주로 사용한다.

57. 마름질 치수에 대한 설명 중 가장 올바른 것은?

① 도면 치수에 톱질할 치수만 포함한 것이다.
② 도면 치수에 톱질과 대패질할 치수를 포함한 것이다.
③ 도면에 표기된 치수대로 톱질하는 것을 말한다.
④ 도면 치수에 도장 두께를 포함한 것이다.

58. 긴 부재를 잴 때 오차가 적은 자는?

① 직각자
② 곧은자
③ 곱자
④ 접자 또는 줄자

해설 직각자, 곧은자, 곱자는 주로 짧은 거리나 특정 각도를 재는 데 사용된다.

59. 끌을 숫돌에 갈려고 한다. 숫돌을 놓는 각도는 몇 도일 때 가장 적합한가?

① 10~15°
② 20~30°
③ 35~45°
④ 45~60°

60. 칠하기 전 바탕면 착색하기에 관한 설명 중 잘못된 것은?

① 착색한 후 직사광선에 건조시키면 안 된다.
② 염료는 완전히 녹인 다음에 농도를 가감한다.
③ 흡수가 많이 되도록 충분히 칠하는 것이 좋다.
④ 염료가 완전히 녹지 않으면 얼룩이 생기기 쉽다.

해설 착색할 때 너무 많이 칠하면 얼룩이 생기거나 색이 고르지 않게 나올 수 있으므로 적당한 양을 칠하고, 필요에 따라 여러 번 얇게 겹쳐 칠하는 것이 좋다.

정답 54. ① 55. ④ 56. ② 57. ② 58. ④ 59. ② 60. ③

목공예
기능사

제 2 회 CBT 대비 실전문제

1과목 목제품 디자인

1. 다음 중 상쾌한 느낌이나 고요하고 조용한 느낌이 주로 나타나는 것은?

① 율동 ② 조화
③ 대비 ④ 균형

해설 조화는 디자인 요소들이 서로 잘 어울려 일체감을 주고 시각적으로 안정된 느낌을 주기 때문에 상쾌하고 고요한 느낌을 주는 데 효과적이다.

2. 사투상도에 대한 설명으로 틀린 것은?

① 정면 모서리 길이와 경사축의 길이의 비가 1:1인 사투상도는 중세 때 축성 제도에 이용되었다.
② 정면 모서리 길이와 경사축의 길이의 비가 1:1/2인 사투상도는 주로 가구 제작에 이용된다.
③ 사투상도에서 경사축의 경사각은 보통 수평선에 대하여 30°, 45°, 60°이다.
④ 길이가 긴 물체의 사투상도는 짧은 축을 수평으로 놓고 그리는 것이 좋다.

해설 사투상도에서는 길이가 긴 물체를 그릴 때 일반적으로 긴 축을 수평으로 놓고 그리는 것이 더 적절하다.

3. 다음 중 조형 요소가 아닌 것을 고르면?

① 빛 ② 바람
③ 색 ④ 재질

해설 조형 요소에는 머리가 이해하는 점, 선, 면, 입체와 눈이 지각하는 형, 크기, 색채, 명암, 질감, 양감, 이 요소들이 어울려서 나타내는 방향, 위치, 공간감, 중량감이 있다.

4. 여러 개의 형태 사이에 강 · 중 · 약 또는 주 · 객 · 종이라 하여 강조하는 구성법은?

① 반복 구성 ② 억양 구성
③ 비례 구성 ④ 대칭 구성

해설 억양 구성은 형태들 간의 우선 순위를 두어 강조하는 구성법이다.

5. 빨강, 녹색, 파란색 광이 혼합되었을 때의 색광은?

① 검정 ② 회색
③ 연두 ④ 흰색

해설 두 색광 이상을 혼합하여 명도가 높아지고, 결국 하얗게 되는 것을 가산 혼합이라고 한다.

6. T자와 삼각자의 사용법에 대하여 바르게 설명한 것은?

① 수평선은 우측에서 좌측으로 선을 긋는다.
② 수직선은 위에서 아래로 긋는다.
③ 경사선은 T자를 경사로 놓고 긋는다.
④ 수평선과 수직선을 긋는 데 사용한다.

정답 1. ② 2. ④ 3. ② 4. ② 5. ④ 6. ④

해설 수평선은 왼쪽에서 오른쪽으로, 수직선은 아래에서 위로 긋는다.

7. 녹색 바탕에 크고 작은 빨간색 꽃무늬가 나타나는 배색의 느낌은?

① 침착하다. ② 우울하다.
③ 조용하다. ④ 화려하다.

8. 다음 그림과 같은 투상도는?

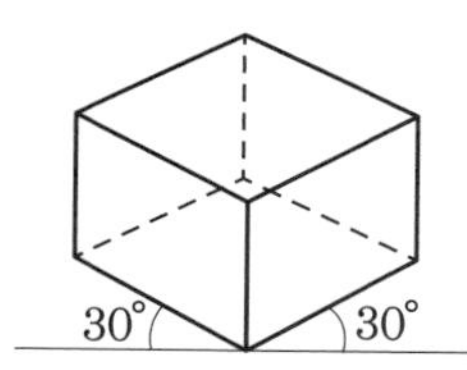

① 투상도 ② 사투상도
③ 등각 투상도 ④ 부등각 투상도

해설 밑면의 경사가 지면과 30°가 되도록 물체의 세 모서리가 120°의 등각을 이루면서 세 면이 동시에 보이도록 그린 투상도이므로 등각 투상도이다.

9. 한 변이 주어진 정오각형 작도 그림에서 $\overline{DE}$의 길이는?

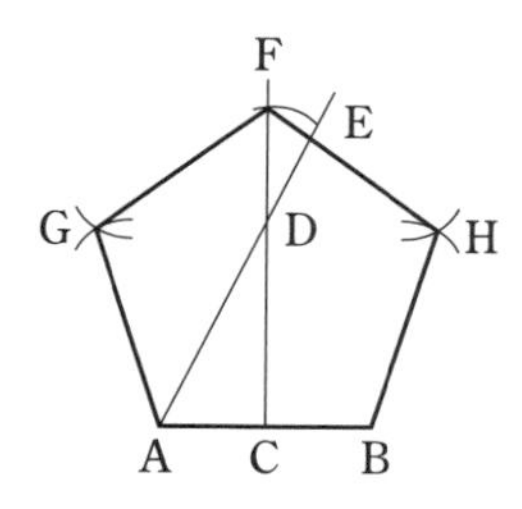

① $\overline{AD}/2$ ② $\overline{AD}/3$
③ $\overline{AB}/2$ ④ $\overline{CF}/4$

해설 • $\overline{AB}=\overline{CD}=\overline{AG}=\overline{GF}=\overline{FH}=\overline{HB}\neq\overline{AD}$
• $\overline{AC}=\overline{CB}=\overline{DE}\neq\overline{DF}$
• $\overline{AE}=\overline{AF}\neq\overline{CF}$

10. 도안의 구성미의 표현에 있어 변화를 주기 위해 많이 적용하고 활용해야 하는 것은?

① 조화(harmony) ② 대조(contrast)
③ 균형(balance) ④ 통일(unity)

11. 다음 그림과 같은 소용돌이선에서 얻을 수 있는 가장 큰 느낌은?

① 부드러움 ② 고상함
③ 점잖음 ④ 불명료

12. 다음 배색 중 채도의 차가 가장 큰 것은?

① 빨강, 회색 ② 녹색, 노랑
③ 파랑, 자주 ④ 주황, 연두

해설 • 빨강 14, 회색 0, 녹색 8, 노랑 14, 파랑 8, 자주 12, 주황 12, 연두 10
• 회색은 흰색과 검은색 사이의 무채색이며, 무채색은 혼합해도 색상의 종류가 없고 명도의 변화만 있다.

13. 다음은 $\overline{AB}$를 한 변으로 하는 정육각형을 그리는 작도이다. 순서상 가장 먼저 구해야 할 점은?

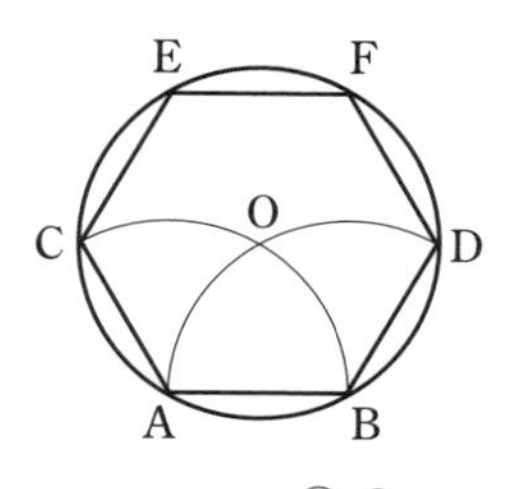

① C ② O
③ D ④ E

정답 7. ④ 8. ③ 9. ③ 10. ② 11. ④ 12. ① 13. ②

14. 텍스처(texture)에 관한 설명 중 잘못된 것은?

① 물체가 차다, 부드럽다, 거칠다 등의 느낌을 받는다.
② 물체의 질감을 뜻한다.
③ 시각적으로도 느낄 수 있다.
④ 프로덕트 디자인에서만 느낄 수 있다.

해설 프로덕트 디자인 : 각종 디자인 가운데 제품 생산과 관련된 디자인을 뜻한다. 생산 방식은 수공업과 기계 공업으로 구분하며, 좁은 뜻의 인더스트리얼 디자인뿐만 아니라 그래픽 디자인도 포함한다.

15. 다음 중 파장이 가장 긴 색은?

① 연두
② 파랑
③ 빨강
④ 보라

해설 파장의 길이는 빨간색, 주황색, 노란색, 초록색, 파란색, 남색, 보라색 순으로 길다.

16. 대체로 명쾌한 성격을 가지는 것이 특징인 형태는?

① 유기적 형태
② 우연적 형태
③ 불규칙 형태
④ 기하학적 형태

해설 기하학적 형태는 직선형, 곡선형 등 대체로 명쾌한 특성을 가진다.

17. 명시도가 가장 높은 배색을 얻기 위한 방법으로 알맞은 것은?

① 명도 차가 큰 색을 이웃하여 쓴다.
② 색상이 다른 원색을 이웃하여 쓴다.
③ 색상이 다르고 채도가 같은 색을 이웃하여 쓴다.
④ 채도가 다르고 색상이 같은 색을 이웃하여 쓴다.

해설 명시도를 높이는 데는 색의 3속성의 차를 크게 해야 하며, 특히 명도 차이를 크게 하는 것이 결정적인 조건이다.

18. 아르누보(art nouveau) 양식의 특징은?

① 유동적인 곡선
② 연한 색채
③ 단순한 직선
④ 온화한 색채

해설 아르누보 양식 : 새로운 예술 양식, 즉 공예상의 자연주의로, 식물의 모양에 의한 곡선 장식의 가치를 강조한 유동적인 형식이 많이 사용되었다.

19. 고대의 유물 중 목재로 만들어진 공예품이 발굴되지 않는 가장 큰 이유는?

① 고대인은 목제품을 만들지 않았기 때문이다.
② 목제품을 많이 만들어 사용하였으나 쉽게 부패했기 때문이다.
③ 목제품은 극히 소량만 만들어 사용했기 때문이다.
④ 목제품을 만들 수 있는 도구가 없었기 때문이다.

20. 낙랑 문화의 특징으로 대표적인 것은?

① 유교 사상이 표현된 채화칠협
② 굽이 높은 고배형의 토기
③ 다채로운 문양의 금동 불상
④ 누금 세공법에 의한 순금 공예

정답 14. ④ 15. ③ 16. ④ 17. ① 18. ① 19. ② 20. ①

해설 채화칠협 : 서기 1~2세기 낙랑 시대 무덤인 채협총에서 출토된 약 40cm 길이의 대나무 광주리이다.

21. 다음 중 조선 시대 목 · 죽공예의 독특한 공예미는?

① 귀족적이고 화려함
② 세련되고 매끄러움
③ 건실한 구조와 실용성
④ 모방적 꾸밈성

22. 신문지나 색종이, 헝겊 등 각각 다른 재질감을 이용하는 디자인 제작 기법은?

① 마블링
② 콜라주
③ 포토 몽타주
④ 배수법

해설 콜라주 : 화면에 종이 · 인쇄물 · 사진 등을 오려 붙이고, 일부를 가필하여 작품을 만드는 디자인 제작 기법으로 광고, 포스터 등에 많이 이용한다.

2과목 목공예 재료

23. 건조한 목재를 수증기 중에 방치하면 수분이 세포막에 흡수되는데, 이때 더 이상 흡수할 수 없는 한계에 이를 때의 함수율을 무엇이라 하는가?

① 섬유 포화점
② 기건 함수율
③ 섬유 한계점
④ 전건상태

24. 단판에 대한 설명으로 옳은 것은?

① 두께가 약 5mm 이하인 얇은 판이다.
② 얇게 켠 나무를 교차시켜 접착한 것이다.
③ 판재 표면을 가공하여 미려하게 한 것이다.
④ 목재를 세편화하여 성형한 것이다.

25. 목재의 장점에 관한 설명이 아닌 것은?

① 가공이 쉽다.
② 구하기 쉽다.
③ 열, 전기적으로 부도체이다.
④ 재질이 균일하다.

26. 목재의 인공건조법 중에서 가장 널리 쓰이는 것은?

① 훈연건조　② 증기건조
③ 전기건조　④ 자비건조

해설 증기건조는 목재를 증기로 가열하여 건조시키는 방법으로, 목재의 수분을 효과적으로 제거할 수 있어 널리 사용된다.

27. 목재의 횡단면에서 춘재부와 추재부로 인해 나타난 동심원 형태의 조직은?

① 수선　② 나이테
③ 곧은결　④ 무늿결

28. 수액이 가장 적고 건조가 빠르며 목질도 견고하여 벌채하기 가장 좋은 시기는?

① 봄, 여름
② 여름, 가을
③ 가을, 겨울
④ 겨울, 봄

해설 운반이 쉽고 임금이 저렴한 늦가을에서 겨울이 벌채하기 좋은 시기이다.

정답 21.③ 22.② 23.① 24.① 25.④ 26.② 27.② 28.③

29. 도막의 결성성분을 용해하는 용제로 알맞지 않은 것은?

① 석유계
② 알코올계
③ 물
④ 동물성 기름

해설 • 일반적으로 유기용제를 사용하며 알코올, 탄화수소, 에스테르, 에테르, 아세톤, 벤젠, 테레빈유 등이 있다.
• 수성 도료의 경우 물을 사용한다.

30. 접착제에 의한 접합 시 이상적인 접착층의 두께는?

① 0.02mm ② 0.06mm
③ 0.6mm ④ 0.2mm

해설 목재의 접착층은 0.06mm 정도의 막과 같은 모양을 이루는 상태가 가장 좋다.

31. 다음 중 래커 바탕칠에 관한 사항 중 틀린 것은?

① 희석제로 에나멜 시너를 약간 혼합하여 사용한다.
② 퍼티(putty)는 프라이머 면에 바탕의 요철을 고르고, 건조 후 연마하여 평활하게 한다.
③ 서피서(surfacer)는 칠한 면을 평활하게 하는 것으로 흰색도 있다.
④ 프라이머(primer)는 바탕과의 부착이 잘 되게 한다.

해설 • 퍼티 : 목공품의 균열을 막거나 못질 마무리에서 구멍을 채울 때 사용한다.
• 서피서 : 불규칙한 표면을 채우기 위한 것으로, 샌딩이 쉬운 페인트이다.
• 프라이머 : 도료를 여러 번 칠하여 도막층을 만들 때 내식성과 부착성을 증가시키기 위해 밑바탕에 맨 처음 칠하는 도료이다.

32. 심재의 특성이 아닌 것은?

① 변재에 비해 비중이 높다.
② 변재에 비해 내구성이 높다.
③ 변재에 비해 탄력성이 높다.
④ 변재에 비해 갈라지기 쉽다.

해설 심재는 수분이 적어 수축 변형이 작고 단단하므로 탄력성이 낮다.

33. 목재의 제재계획에서 침엽수의 취재율로 적당한 것은?

① 30% 이상
② 40% 이상
③ 50% 이상
④ 70% 이상

해설 침엽수의 취득률(취재율) : 60~90%

3과목 목공예

34. 다음 중 안쪽 곡면을 깎을 때 주로 사용하는 대패는?

① 턱대패 ② 배대패
③ 옆대패 ④ 홈대패

해설 배대패 : 밑면이 배 모양으로 되어 있어 호의 크기를 다양하게 만들어 곡면을 깎는 데 사용한다.

35. 아주 작은 구멍을 뚫는 데 사용되며, 송곳날의 굵기가 길이에 비례하는 송곳은?

① 반달송곳
② 세모송곳
③ 쥐이빨송곳
④ 네모송곳

정답 29. ④ 30. ② 31. ① 32. ③ 33. ④ 34. ② 35. ③

해설 • 반달송곳 : 둥근 열쇠 구멍이나 나사 구멍을 뚫을 때
• 세모송곳 : 대나무못의 예비 구멍이나 정삼각형 모양의 깊은 구멍을 뚫을 때
• 네모송곳 : 네모난 구멍을 뚫을 때

36. 다음 중 맞춤과 용도가 서로 잘못 짝지어진 것은?

① 구형 반턱맞춤 – 고급 공예품
② 통맞춤 서랍 – 사다리, 층계맞춤
③ 주먹 장롱맞춤 – 가구공작, 서랍제작
④ 십자형 반턱맞춤 – 가구, 문, 창, 문틀

해설 구형 반턱맞춤 : 철판틀, 문틀, 거울과 액자의 틀에 사용하며, 고급 제품에는 사용하지 않는다.

37. 그무개의 용도에 해당하지 않는 것은?

① 쪼개기
② 직각선 그리기
③ 평행선 긋기
④ 장부의 두께 표시

해설 • 줄 그무개 : 기준면에 평행선 긋기
• 쪼개기 그무개 : 기준면과 나란히 쪼개기
• 장부 그무개 : 장부의 두께 표시

38. 다음 중 톱에 대한 설명을 나타낸 것으로 틀린 것은?

① 켜는 톱은 밑날과 윗날이 삼각형을 이루고 있다.
② 등대기톱의 톱날은 자르는 톱니로 이루어져 있다.
③ 양날톱은 양쪽 톱니의 날어김 폭이 같아야 한다.
④ 쥐꼬리톱의 날은 막니로 날어김이 되어 있다.

해설 쥐꼬리톱의 날은 막니로 날어김이 없다.

39. 톱날의 날어김을 하는 가장 큰 이유는?

① 목재를 직선으로 자르게 한다.
② 톱몸이 목재에 끼이지 않도록 한다.
③ 톱날을 곧게 만들어 준다.
④ 톱날을 오래 사용하도록 해 준다.

해설 톱날의 날어김 : 목재의 끊긴 점이 변형되거나 톱몸과 끊긴 점 사이에 마찰저항이 발생할 때, 이를 방지하기 위해 톱니 끝의 좌우로 날을 경사지게 만든다.

40. 둥근칼에 대한 설명으로 틀린 것은?

① 날의 크기는 U형 곡선의 길이로 결정된다.
② 앞날의 경사각은 25~30° 정도이다.
③ 앞날의 경사각에 따라 용도가 달라진다.
④ 평환도, 곡평환도, 곡환도 등 종류가 다양하다.

해설 둥근칼의 날 크기는 칼날의 규격으로 결정된다.

41. 다음 조각도 중 가장 많이 쓰이는 칼로, 파내거나 베는 데 쓰는 것은?

① 평도
② 환도
③ 삼각도
④ 인도

해설 창칼(인도) : 조각도 중 가장 많이 사용되는 칼로, 대개 날카로운 선이나 세밀한 부분을 파낼 때 사용한다.

42. 다음 중 연귀맞춤 방법을 주로 이용하지 않는 것은?

① 사진틀 만들기
② 상자 만들기
③ 의자의 안장 짜기
④ 책상다리 만들기

정답 36. ① 37. ② 38. ④ 39. ② 40. ① 41. ④ 42. ④

해설 상자 만들기, 사진틀 짜기, 의자의 안장 짜기, 책장 등의 윗널과 옆널의 맞춤 등에 연귀맞춤 방법을 주로 이용한다.

43. **다음 중 띠톱기계(band saw)와 둥근톱기계(circular saw)를 사용하여 톱날 가까이까지 목재를 밀어 넣을 때 안전한 방법은?**

① 손으로 직접 밀어 넣는다.
② 장갑을 끼고 밀어 넣는다.
③ 보조막대로 밀어 넣는다.
④ 톱날의 회전 속도를 줄인다.

44. **목재에 홈을 파고 턱을 만들며 성형 절삭을 할 수 있는 기계는?**

① 휴대용 전동 대패
② 휴대용 둥근톱
③ 휴대용 루터
④ 에지포머

해설 • 휴대용 전동 대패 : 평면이나 직각면을 만들 수 있다.
• 휴대용 둥근톱 : 목재를 자르거나 켤 수 있으며, 목재에 홈을 팔 수 있다.
• 휴대용 루터 : 홈을 파거나 턱을 만들 수 있으며, 성형 절삭할 수 있다.

45. **아교에 대한 설명으로 틀린 것은?**

① 아교는 반투명체이며 황색이고, 광택이 있어야 한다.
② 맑은 물에 4~24시간 동안 담가두었다가 사용한다.
③ 50℃ 정도의 더운물에 1~3시간 녹인다.
④ 아교의 붙는 힘은 20℃가 표준이다.

해설 아교의 접착력은 온도에 따라 달라지며, 50℃ 정도의 더운물에서 녹여 사용하는 것이 일반적이다.

46. **느티나무와 같은 굳은 나무를 평칼로 조각할 때, 앞날의 경사각으로 가장 적합한 것은?**

① 10~15°
② 15~20°
③ 20~30°
④ 35~40°

해설 굳은 나무는 칼몸이 보통 칼보다 두껍고 앞날의 경사각이 35~40°인 것이 가장 좋다.

47. **안전점검을 하는 가장 큰 목적은?**

① 기준에 위배되는지 조사하는 데 있다.
② 위험한 부분을 발견하여 미리 시험하는 데 있다.
③ 장비의 안전 설계를 조사하는 데 있다.
④ 안전의 생활화를 꾀하는 데 있다.

해설 안전점검은 잠재 위험을 사전에 발견하여 재해를 예방하기 위해 필요하다.

48. **건조에 따른 목재의 변형을 방지하고 넓은 판재를 얻을 수 있는 맞춤 방법은?**

① 주먹장맞춤
② 쪽매맞춤
③ 반턱맞춤
④ 홈맞춤

해설 쪽매맞춤 : 판재의 한 면을 평면 또는 촉으로, 다른 한 면은 홈을 만들어 서로 맞대고 건조에 따른 변형을 방지하여 넓은 판재를 얻을 수 있도록 하는 맞춤이다.

49. **투명 래커의 끝맺음칠을 하는 가장 알맞은 도장 방법은?**

① 붓칠 ② 뿜칠
③ 솜뭉치칠 ④ 정전도장법

정답 43. ③ 44. ③ 45. ④ 46. ④ 47. ② 48. ② 49. ③

50. 심한 곡면이나 작은 부재의 불규칙한 면을 깎는 대패는?

① 평대패
② 배대패
③ 둥근대패
④ 남경대패

해설 남경대패 : 배대패로 깎을 수 없는 심한 곡면이나 작은 부재의 불규칙한 면을 깎는다.

51. 띠톱기계 사용 시 지켜야 할 사항 중 잘못 설명한 것은?

① 작동 전 톱날의 이상 유무를 살핀다.
② 발은 어깨너비로 벌리며, 두 손으로 부재를 잡고 머리를 숙이지 않는다.
③ 급한 곡선일수록 넓은 톱날을 사용한다.
④ 잘려진 나무토막은 보조막대를 이용하여 치우도록 한다.

해설 급한 곡선일수록 좁은 톱날을 사용한다.

52. 톱의 부분 명칭이 아닌 것은?

① 톱머리 ② 목
③ 허리 ④ 갱기

해설 톱의 구조 : 톱머리, 허리, 갱기, 부리, 이음눈, 자루끝, 등대기 철물

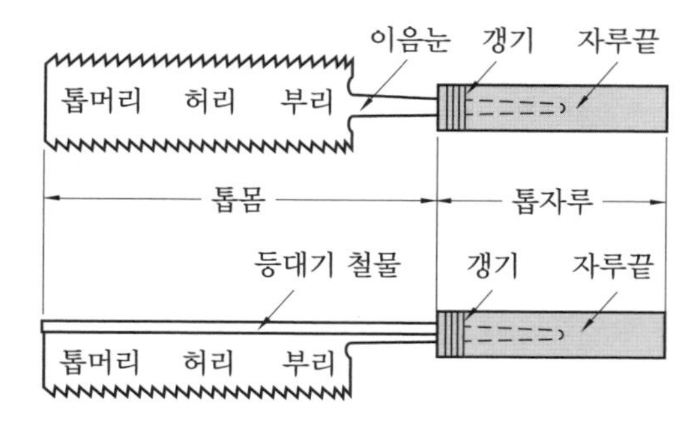

53. 부조의 조각 기법 중 두드러진 모양의 높이에 따라 구분하는 방법이 아닌 것은?

① 고부조 ② 철부조
③ 중부조 ④ 저부조

해설 두드러진 깊이와 형상의 높이에 따라 저부조, 중부조, 고부조의 3가지로 구분된다.

54. 조각도에 대한 설명 중 틀린 것은?

① 조각도는 예리하게 갈아서 사용한다.
② 조각도를 연마할 때는 숫돌 눈매를 고운 것에서 굵고 거친 순서로 연마한다.
③ 조각도는 일반적으로 평칼, 둥근칼, 창칼, 삼각칼 등으로 나눈다.
④ 조각도 날의 각은 20~25°로 단단한 나무일수록 각도가 커진다.

해설
- 조각도를 연마할 때는 숫돌 눈매가 굵고 거친 것에서 고운 순서로 한다.
- 오동나무와 같은 무른 나무는 20° 정도, 나왕은 25~30°, 괴목과 같은 굳은 나무는 날각이 35~40°인 것이 가장 좋다.

55. 다음 중 송곳의 종류에 대한 중 사용 용도로 틀린 것은?

① 세모송곳은 깊은 구멍을 뚫을 때 사용한다.
② 반달송곳은 둥근 모양의 나사 구멍을 뚫을 때 사용한다.
③ 네모송곳은 단단한 나무, 대나무의 정확한 구멍을 뚫을 때 사용한다.
④ 돌보송곳은 돌보에 의해 회전시켜 구멍을 뚫을 때 사용한다.

56. 투조 작업에 많이 사용하는 기계는?

① 띠톱기계
② 각끌기계
③ 실톱기계
④ 조각기계

정답 50. ④ 51. ③ 52. ② 53. ② 54. ② 55. ③ 56. ③

해설 실톱기계 : 투조 또는 섬세한 문양을 오리거나 켜기, 자르기, 여러 모양을 뚫는 작업에 많이 사용한다.

57. 목재의 이음과 맞춤에 관한 내용 중 옳지 않은 것은?

① 모양에 치중하지 않는 것이 좋다.
② 안전을 위해 될 수 있는 한 복잡한 이음으로 하는 것이 좋다.
③ 접합부에 흠이 생기지 않도록 한다.
④ 접합면의 이음, 맞춤은 정확히 밀착시킨다.

해설 공작이 간단한 것을 사용하며 모양에 치중하지 않는다.

58. 다음 중 원둘레 측정이 가능하도록 제작된 측정기구는?

① 조합자
② 버니어 캘리퍼스
③ 곱자
④ 접자

해설 곱자의 용도
- 직각 검사
- 원둘레 측정
- 직선 및 근사곡선 그리기
- 정사각형에서 정팔각형 그리기

59. 중복되는 부재를 마름질할 때 올바른 작업 방법은?

① 그무개로 하나씩 금긋기한다.
② 부재의 마구리면을 맞추고 죔쇠로 조인 후 금긋기한다.
③ 조합자로 직각 금긋기를 한다.
④ 직각자로 자유롭게 금긋기를 한다.

해설 부재의 마구리면을 맞추고 죔쇠로 조인 후 금긋기하면 부재들이 정확하게 동일한 위치에서 절단될 수 있다.

60. 평대패에서 대팻날을 끼우는 물매 또는 끊는날의 각도는 몇 도인가?

① 28° ② 38°
③ 48° ④ 58°

정답 57. ② 58. ③ 59. ② 60. ②

목공예 기능사

제 3 회 CBT 대비 실전문제

1과목 목제품 디자인

1. 원의 반지름으로 원주를 끊고, 그 끊은 점과 점을 연결하여 만들어진 원에 접하는 다각형은?

① 정사각형 ② 정오각형
③ 정육각형 ④ 정팔각형

해설 원주를 원의 반지름으로 6등분하면 각 점을 연결하여 정육각형을 만들 수 있다.

2. 유각 투시도는 소실점이 몇 개인가?

① 1개 ② 2개
③ 3개 ④ 4개

해설 유각 투시도는 화면에 물체와 수직인 면들이 일정한 각도를 유지하고 위아래 면이 수평인 투시도로, 소실점이 2개이다.

3. 다음 그림에서 선 Ⓐ의 명칭으로 옳은 것은 어느 것인가?

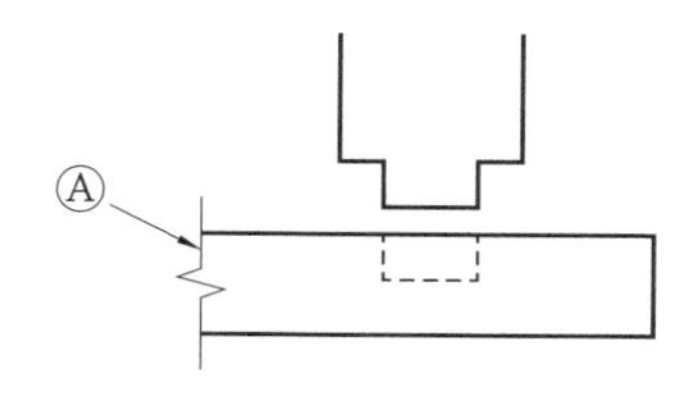

① 파단선 ② 단면선
③ 절단선 ④ 가상선

4. 명시도에 대한 설명 중 틀린 것은?

① 고유 특성에 의한 것보다 배경과 관계에 의해 결정된다.
② 검은색 배경에는 황색이나 주황색이 명시도가 높다.
③ 명시도를 높이는 결정적인 조건은 채도이다.
④ 황색이나 주황색 바탕에는 청색이나 자색이 명시도가 높다.

해설 명시도를 높이는 결정적인 조건은 채도가 아니라 명도이다.

5. 도안의 기초를 마련하기 위해 확대 관찰이 필요한 것은?

① 유리창의 성애 ② 얼룩말의 무늬
③ 고목 ④ 나뭇결

6. 장축과 단축이 주어진 타원을 그릴 때의 작도 조건이 아닌 것은?

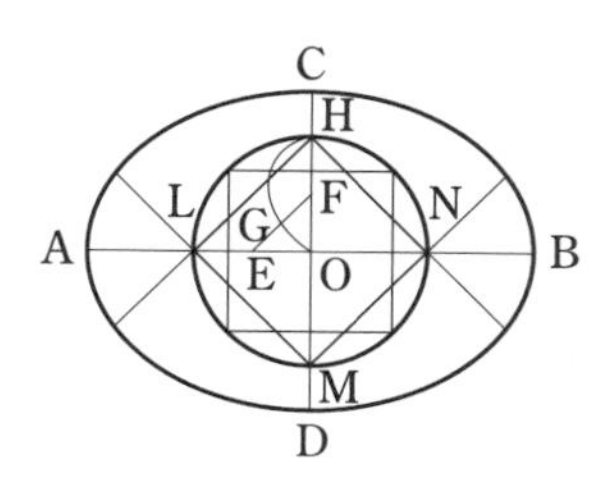

① $\frac{1}{2}\overline{EF} = G$ ② $\overline{FH} = \overline{OF}$
③ $\overline{AE} = \overline{CO}$ ④ $\overline{OE} = \overline{OF}$

정답 1. ③ 2. ② 3. ① 4. ③ 5. ① 6. ②

7. 삼각스케일에 대한 설명으로 틀린 것은?

① 임의의 축척으로 도면을 그릴 때 사용한다.
② 1/100, 1/200, 1/300, 1/400, 1/500, 1/600의 6가지 축척 눈금이 있다.
③ 1/10, 1/20, 1/30 등의 도면을 작도할 때 사용한다.
④ 길이를 재거나 길이를 줄여 그릴 때 사용한다.

해설 삼각스케일은 1/100, 1/200, 1/300, 1/400, 1/500, 1/600의 6가지 축척 눈금이 있다.

8. 다음 중 텍스처에 대한 표현에 해당하지 않는 것은?

① 차다. ② 따뜻하다.
③ 부드럽다. ④ 크다.

해설 텍스처는 시각적 · 촉각적으로 느껴지는 물체 표면의 결이나 소재의 표면 효과를 말하므로 크기와는 관련이 없다.

9. 색의 3속성에 대한 설명 중 옳은 것은?

① 사람의 눈은 색의 3속성 중 명도에 가장 예민하다.
② 어떤 색상의 순색에 무채색의 포함량이 많을수록 채도가 높아진다.
③ 어떤 색이 다른 색과 구별되는 성질을 명도라 한다.
④ 낮은 채도일수록 명도가 높다.

해설
- 어떤 색상의 순색에 무채색의 포함량이 많을수록 채도는 낮아진다.
- 어떤 색이 다른 색과 구별되는 성질은 색상(hue)이라 한다.
- 낮은 채도는 색이 회색에 가까워지는 것을 의미하므로 반드시 낮은 채도가 높은 명도를 의미하지는 않는다.

10. 조선 시대 공예품 중 가장 간결하고 소박하며 합리적인 것은?

① 목공예품
② 나전칠기
③ 화청자
④ 화각장

11. 원과 같은 넓이의 정사각형을 작도할 때, 각각 어느 점을 중심으로 하여 AB를 반지름으로 호를 그리면 되는가?

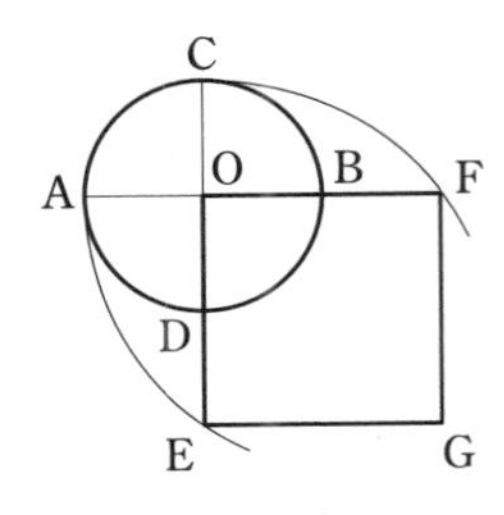

① A, B ② C, D
③ E, F ④ B, D

12. 오스트발트 표색계에 따르면 기본적으로 몇 개의 주요 색상으로 나뉘는가?

① 4개 ② 6개
③ 8개 ④ 10개

해설 오스트발트 표색계는 색상환을 8개의 주요 색상으로 나누고, 8가지 기본 색을 다시 3가지 색으로 나누어 24색상환으로 완성한 것이다.

13. 다음 그림과 같은 투상도는?

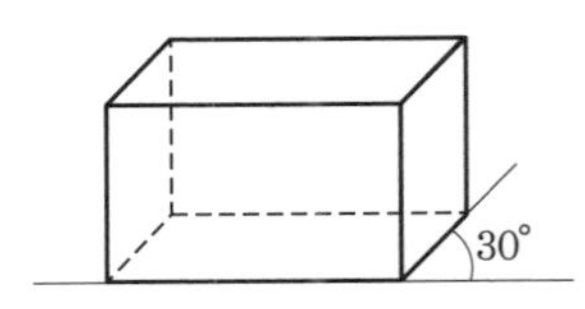

① 사투상도 ② 1점 투시도
③ 등각 투상도 ④ 부등각 투상도

정답 7. ① 8. ④ 9. ① 10. ① 11. ④ 12. ③ 13. ①

해설 사투상도

- 사투상도에서 정면은 정투상도의 정면도와 같은 크기로 그린다.
- 윗면과 옆면은 수평선과 30°, 45°, 60° 경사지게 그린다.

14. 공예 제도에 관한 설명 중 틀린 것은?

① 도면은 될 수 있는 대로 간단명료하게 그리는 것이 좋다.
② 외형은 굵은 실선으로 표시한다.
③ 치수는 모두 cm 단위를 사용하는 것이 원칙이다.
④ 치수는 반드시 실제 치수를 기입한다.

해설 치수는 모두 mm 단위를 사용하는 것이 원칙이다.

15. 괴목의 아름다운 목리를 잘 살리기 위해 되도록 복잡한 조각을 피하여 단순하고 매끄럽게 작품을 만들려고 한다면 어떤 점에 가장 유의해야 하는가?

① 공간감 ② 양감
③ 추상형 ④ 질감

16. 두 가지 색으로 회전 혼합했을 때 무채색이 되었다면 두 색의 관계는?

① 유사색 ② 보색
③ 탁색 ④ 명색

해설 보색은 색상의 차가 가장 크고 서로 반대되는 색으로, 섞으면 무채색이 된다.

17. 다음 중 현대 공예의 정의를 가장 잘 설명한 것은?

① 기능의 결함 없이 미적 질서를 갖는 실용 예술
② 장식적인 미를 위주로 하는 감상 예술
③ 개인적인 기호나 취향을 표현한 시각 예술
④ 정신적인 욕구 충족 표현의 감각 예술

18. 주로 거실(응접실)용 목공예품에 해당하는 것은?

① 서랍장 ② 화장대
③ 책장 ④ 장식장

2과목 목공예 재료

19. 습기와 접촉되는 곳에서는 방습성이 좋은 나사못을 사용하는 것이 좋다. 다음 중 어느 못이 가장 적당한가?

① 강철 나사못
② 놋쇠 나사못
③ 청동 나사못
④ 연강 나사못

해설 황동(놋쇠)은 구리에 아연이 28~42% 혼합되어 이루어진 합금으로, 대기 중에서 내부식성이 있고 인장강도가 커서 장식품에 많이 사용된다.

20. 소리가 목재에 닿으면 일부는 흡수되고 일부는 통과하며, 일부는 반사한다. 이러한 목재의 성질을 이용한 것은?

① 조각 재료
② 선박 재료
③ 악기 재료
④ 가구 재료

정답 14. ③ 15. ④ 16. ② 17. ① 18. ④ 19. ② 20. ③

21. 거멍쇠라고 불리는 장식에 대한 설명으로 옳은 것은?

① 무쇠에 들기름을 바른 다음 불에 검게 그을려 착색한 시우쇠 장식
② 초벌구이를 한 후 유약을 바른 금속 장식
③ 금속에 유리를 녹여 붙인 스테인드 글라스식 금속 장식
④ 쇠를 검게 태워 무늬를 넣은 장식

22. 다음 중 목재의 바탕 조정법에 해당하지 않는 것은?

① 수지분 제거하기
② 갈라짐, 벌레 구멍, 틈 메우기
③ 칼과 대패질 자국 삭제하기
④ 부러진 부분 붙이기

23. 목재의 흠이라고 볼 수 없는 것은?

① 옹이 ② 입피
③ 목재의 색 ④ 목재의 갈라짐

24. 목재를 잡아끄는 외력에 대한 저항으로, 섬유 방향이 목재의 강도 중 가장 크며 직각 방향이 가장 작은 강도는?

① 휨강도 ② 인장강도
③ 전단강도 ④ 압축강도

25. 목재, 합판 등의 접착제로 내수성과 내열성이 큰 합성수지계 접착제는?

① 폴리에스테르수지
② 아크릴계 수지
③ 멜라민수지
④ 요소수지

해설 멜라민수지 접착제는 내수성, 내약품성, 내열성이 우수하며 착색이 자유롭다.

26. 도장을 중지해야 하는 경우가 아닌 것은?

① 습도가 80% 이상일 때
② 온도가 5℃ 이하일 때
③ 심한 바람이 부는 날
④ 도장의 바탕 함수율이 15% 이하인 목재

27. 벌채 적령기로 가장 적합한 것은?

① 유목기
② 장목기
③ 청목기
④ 노목기

해설 • 벌채 적령기로 장목기가 좋다.
• 껍질을 벗겨 통나무로 쓰거나 구부려 사용할 때는 유목기가 좋을 때도 있다.

28. 다음 중 목재의 인장강도에 대한 설명 중 옳은 것은?

① 섬유결 방향이 일정하고 모든 방향에서 인장강도가 같다.
② 섬유결 방향이 가장 크고 직각 방향이 가장 작다.
③ 섬유결 방향이나 직각 방향이 똑같다.
④ 목재에 따라 섬유결 방향이 클 수도 있고 작을 수도 있다.

29. 활엽수에만 육안으로 잘 보이며, 목재의 결에 점으로 나타나는 조직은?

① 가도관 ② 수선
③ 수지구 ④ 물관

해설 수선
• 양분을 저장, 분배하고 수액을 수평 이동하는 통로 역할을 한다.
• 침엽수에서는 가늘어서 보이지 않지만 활엽수에서는 은색이나 어두운 얼룩무늬, 광택이 있는 아름다운 무늬로 나타난다.

정답 21. ① 22. ④ 23. ③ 24. ② 25. ③ 26. ④ 27. ② 28. ② 29. ②

30. 목재에 묻은 더러운 기름 얼룩을 제거하는 데 가장 좋은 것은?

① 더운물 ② 셸락
③ 니스 ④ 휘발유

31. 심재에 대한 설명으로 틀린 것은?

① 목질이 단단하다.
② 기름기가 있다.
③ 건조해도 변화가 적다.
④ 색채 광택이 변재에 비해 적다.

32. 다음 중 목재를 건조시키는 목적과 거리가 먼 것은?

① 각 부재의 수축이나 변형을 방지한다.
② 아름다운 무늬목을 얻기 위함이다.
③ 부식을 방지하고 내구성을 높인다.
④ 중량 감소로 가공, 취급, 운반이 용이하다.

33. 다음 중 캐슈(cashew) 눈메움제로 알맞지 않은 것은?

① 토분 ② 차분
③ 호분 ④ 카세인

해설 • 토분 : 거친 쌀을 찧어 깨끗이 할 때 섞는 희고 고운 흙
• 호분 : 여자들이 얼굴을 단장할 때 바르는 흰 가루
• 카세인 : 동물의 유즙 속에 있는 인을 함유한 단백질

34. 페인트칠을 하려고 할 때 목재의 바탕 조정은 어떻게 하는 것이 좋은가?

① 목재의 건조상태는 고려하지 않아도 좋다.
② 기름류, 오물은 물로 닦아낸다.
③ 거칠게 일어난 결은 사포로 고르게 한다.
④ 틈이 난 구멍은 접착제로 메운다.

35. 목재의 수축과 팽창에 관한 설명 중 맞는 것은?

① 활엽수보다 침엽수가 크다.
② 변재보다 심재가 크다.
③ 섬유 방향이 가장 작고 무늬결 방향이 가장 크다.
④ 비중이 큰 재보다 작은 재가 수축량이 크다.

36. 다음 중 목재의 수축에 영향을 주는 요소가 아닌 것은?

① 목재의 비중
② 목리(결) 방향
③ 목재의 색
④ 목재의 응력

37. 알코올을 용제로 사용하기 때문에 작업 중 화기에 주의해야 할 접착제는?

① 아교 ② 카세인
③ 전분 ④ 천연수지

3과목 목공예

38. 측정기구의 용도에 대한 설명으로 잘못된 것은?

① 그무개 : 부재의 표면과 옆면에 평행선을 그을 때
② 직각자 : 가공 재료 및 제품의 안과 밖 직각을 점검하고 금을 그을 때
③ 연귀자 : 35° 금을 긋거나 톱질할 때
④ 하단자 : 제품의 평면 및 직선상태를 점검하거나 직선을 그을 때

해설 연귀자 : 45° 선을 그을 때, 45°로 톱질할 때 안내자로 사용한다.

정답 30. ④ 31. ④ 32. ② 33. ② 34. ③ 35. ③ 36. ③ 37. ④ 38. ③

39. 띠톱기계 사용 시 톱날 안내뭉치를 어떻게 조정하는 것이 가장 적합한가?

① 부재의 두께에 맞도록 안내뭉치를 내린다.
② 부재의 두께보다 0.5~1cm 높게 되도록 조정한다.
③ 정반 부재의 두께보다 3~4cm 높게 되도록 조정한다.
④ 정반의 높이보다 5~6cm 높게 되도록 조정한다.

40. 액자틀을 만드는 데 가장 많이 사용하는 맞춤 방법은?

① 연귀맞춤 ② 주먹장맞춤
③ 장부맞춤 ④ 사개맞춤

해설 연귀맞춤 : 액자틀처럼 모서리 부분을 45°로 하는 맞춤으로 문짝, 널벽의 두겁대, 걸레받이 등에 사용한다.

41. 다음 중 장부맞춤의 순서를 바르게 나타낸 것은?

① 마름질 – 장부 구멍 파기 – 장부 만들기 – 조립 – 접착제 칠하기 – 재조립
② 장부 만들기 – 장부 구멍 파기 – 마름질 – 조립 – 접착제 칠하기 – 재조립
③ 마름질 – 장부 구멍 파기 – 조립 – 장부 만들기 – 접착제 칠하기 – 재조립
④ 장부 만들기 – 마름질 – 장부 구멍 파기 – 조립 – 접착제 칠하기 – 재조립

42. 톱니의 날어김은 톱니 높이의 어느 부분부터 하는가?

① 1/2 부분 ② 1/3 부분
③ 1/4 부분 ④ 3/4 부분

43. 대패질 방법이 잘못된 것은?

① 엇결이 있어도 180cm는 한번에 깎는다.
② 휜 나무는 볼록한 면부터 깎는다.
③ 대패질 방향은 나뭇결과 나란히 한다.
④ 연한 나무일수록 대패질 속도를 늦춘다.

해설 연한 나무일수록 대패질을 빠르게 한다.

44. 다음 중 일반적인 끌의 구조에 해당되지 않는 것은?

① 자루 ② 끌목
③ 끌날 ④ 이음눈

해설 끌은 자루, 끌목, 끌몸(끌날)의 세 부분으로 이루어져 있다.

45. 그무개의 용도에 대한 설명으로 옳지 않은 것은?

① 평행선 긋기 ② 얇은 판재 절단
③ 끌 구멍 표시 ④ 주먹장 선긋기

46. 다음 중 톱의 종류와 용도가 알맞게 짝지어진 것은?

① 자르기톱 – 나뭇결 방향으로 자를 때
② 실톱 – 홈을 파낼 때
③ 붕어톱 – 곡선을 자를 때
④ 등대기톱 – 자르는 톱니로 정밀한 세공을 할 때

해설 • 자르기톱 : 나뭇결에 직각 방향으로 자를 때
• 실톱 : 곡선을 자를 때
• 붕어톱 : 홈을 만들 때

47. 가구 내에 작용하는 힘의 관계에서 주먹장맞춤이 꼭 필요한 경우는?

정답 39. ② 40. ① 41. ① 42. ② 43. ④ 44. ④ 45. ② 46. ④

① 압축력이 요구될 때
② 경도가 요구될 때
③ 전단력이 요구될 때
④ 인장력이 요구될 때

해설 주먹장맞춤은 판재의 맞춤 작업이나 서랍 제작과 같이 강한 인장력을 요구하는 결합에 많이 사용된다.

48. 상감할 자리를 가장 옳게 판 것은?

① 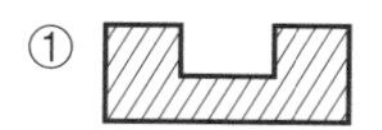
② 
③ 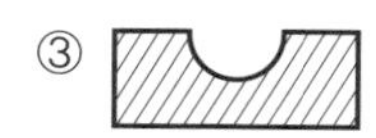
④ 

49. 다음 중 나뭇결 방향으로 톱질하는 톱은?

① 켜는 톱 ② 자르는 톱
③ 둥근 톱 ④ 쇠톱

해설 켜는 톱은 나뭇결 방향으로, 자르는 톱은 나뭇결과 직각 방향으로 절단할 때 사용된다.

50. 종류에 따른 톱의 사용법으로 틀린 것은?

① 켜는 톱은 목재를 섬유 방향으로 켤 때 사용한다.
② 실톱은 주로 넓은 판재를 켤 때 사용한다.
③ 등대기톱은 정밀한 세공 및 장부 어깨를 자를 때 사용한다.
④ 붕어톱은 주로 홈을 팔 때 사용한다.

해설 실톱은 얇은 판재를 곡선으로 자를 때 사용한다.

51. 삼각칼은 V형의 각도로 이루어졌다. 다음 중 V형의 각도의 종류로 알맞은 것은?

① 45°, 60°, 90°
② 30°, 45°, 70°
③ 35°, 65°, 95°
④ 25°, 45°, 65°

해설 삼각칼에서 V형의 각도는 45°, 60°, 90° 등으로, 앞날의 경사각에 따라 굳은 나무용과 무른 나무용으로 구분된다.

52. 상감에 대한 설명 중 틀린 것은?

① 상감은 문양이 큰 형태 순으로 한다.
② 상감재와 바탕재의 결 방향은 45°가 되도록 하는 것이 가장 좋다.
③ 상감한 면을 깎을 때는 마무리대패를 사용한다.
④ 곡선을 상감할 때는 상감재부터 만들어야 한다.

해설 상감은 원칙적으로 바탕재의 나뭇결 방향과 일치시키는 것이 바람직하며, 상감재의 형태에 따라 결 방향이 달라져야 한다.

53. 다음 중 목기의 안쪽을 다듬을 때 알맞은 조각칼은?

① 굽은 삼각칼
② 굽은 평칼
③ 굽은 둥근칼
④ 굽은 창칼

54. 다음 그림과 같은 쪽매 중 딴혀쪽매는?

① 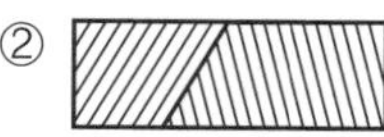
②
③ 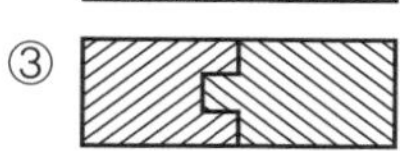
④ 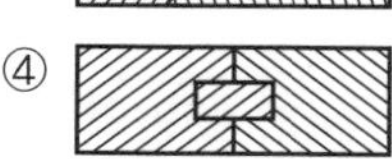

해설 ① 맞댄쪽매 ② 빗쪽매
③ 제혀쪽매 ④ 딴혀쪽매

55. 조각도의 날을 그라인더에 갈아서 쓸 때

정답 47. ④ 48. ② 49. ① 50. ② 51. ① 52. ② 53. ③ 54. ④

칼날이 뜨거워져 강도를 잃지 않도록 하기 위해 사용하는 액체는?

① 뜨거운 물이나 기름
② 미지근한 물이나 기름
③ 찬물이나 기름
④ 끓는 물이나 기름

56. 다음 중 기본 조각도의 종류에 해당하지 않는 것은?

① 인도(창칼) ② 환도(둥근칼)
③ 평도(평면칼) ④ 사각도(사각칼)

해설 기본 조각도의 종류 : 평칼, 창칼, 삼각칼, 둥근칼

57. 라우터 사용 시 안전에 주의할 내용으로 가장 적절한 것은?

① 라우터 작동 중에는 날을 손으로 만져 상태를 확인한다.
② 라우터 사용 시 작업물을 단단히 고정하고 두 손으로 라우터를 잡는다.
③ 작업 도중에 라우터 날이 멈추면 즉시 손으로 라우터를 들어 올린다.
④ 작업 중에 발생하는 먼지와 톱밥은 수시로 손으로 털어낸다.

해설 라우터 사용 시 두 손으로 라우터를 잡아야 안정적으로 작업을 수행할 수 있으며, 기계의 갑작스러운 움직임으로 인한 사고를 예방할 수 있다.

58. 목기 표면의 문양을 凹凸이 없게 표현하려 할 때 가장 좋은 기법은?

① 저부조 ② 평면부조
③ 심조 ④ 상감

해설 상감 기법은 목기 표면에 패턴이나 문양을 만들기 위해 홈을 파내고 그 안에 다른 재료를 채워 넣는 방식이므로 표면에 凸凹를 만들지 않으면서도 문양을 선명하게 표현할 수 있다.

59. 톱에 대한 설명 중 틀린 것은?

① 날어김을 하는 방법은 켜는 톱니, 자르는 톱니, 막니 모두 같다.
② 무르고 젖은 나무는 자르는 톱의 날어김을 작게 한다.
③ 켜는 톱니는 나뭇결 방향으로 켤 때 사용한다.
④ 막니는 목재의 섬유질 방향과는 관계없이 자르며, 곡선을 자르는 데 편리하다.

해설 굳은 나무와 마른 나무는 날어김을 작게 하고, 무른 나무와 젖은 나무는 날어김을 크게 한다.

60. 도미노 조이너와 기능이 비슷하며 주로 판재와 각재, 판재와 판재, 알판 홈 가공 등에 사용되는 전동 공구는?

① 루터 ② 트리머
③ 에어 샌더 ④ 비스킷 조이너

해설 비스킷 조이너
- 도미노 조이너와 함께 가장 많이 사용되는 맞춤 공구이다.
- 합판, MDF, 집성 판재, 원목 등에 모두 사용 가능하지만 얇은 판재 가공에 적합하여 주로 알판 홈 가공이나 집성에 사용한다.

정답 55. ③ 56. ④ 57. ② 58. ④ 59. ② 60. ④

자격 종목	가구제작기능사	과제명	소형 수납장	척도	NS

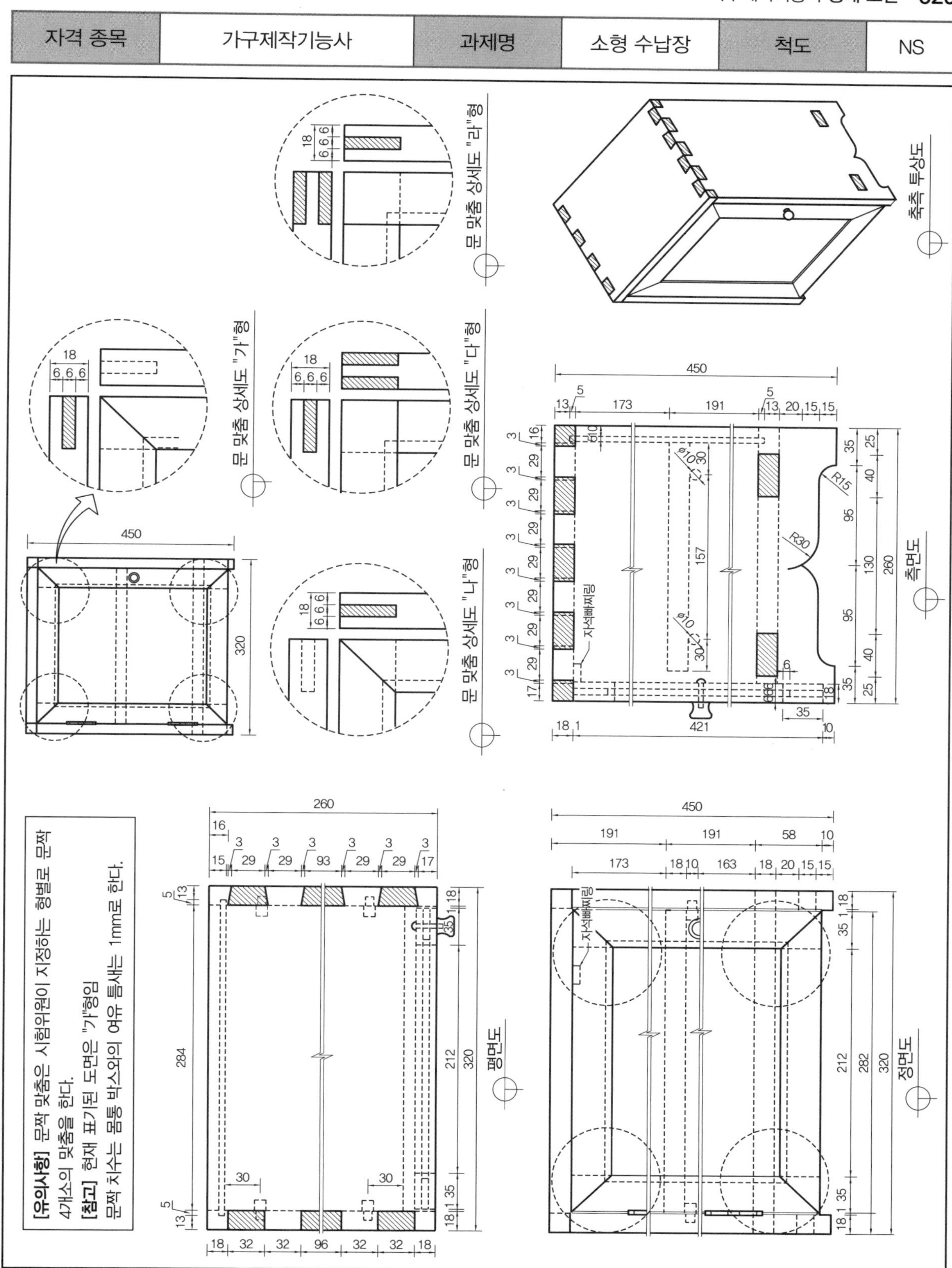

※ 실제 출제되는 문제 내용은 공개한 문제에서 일부 변형될 수 있습니다. Q-net을 참고하시기 바랍니다.

자격 종목	목공예기능사	과제명	다용도 꽂이	척도	NS

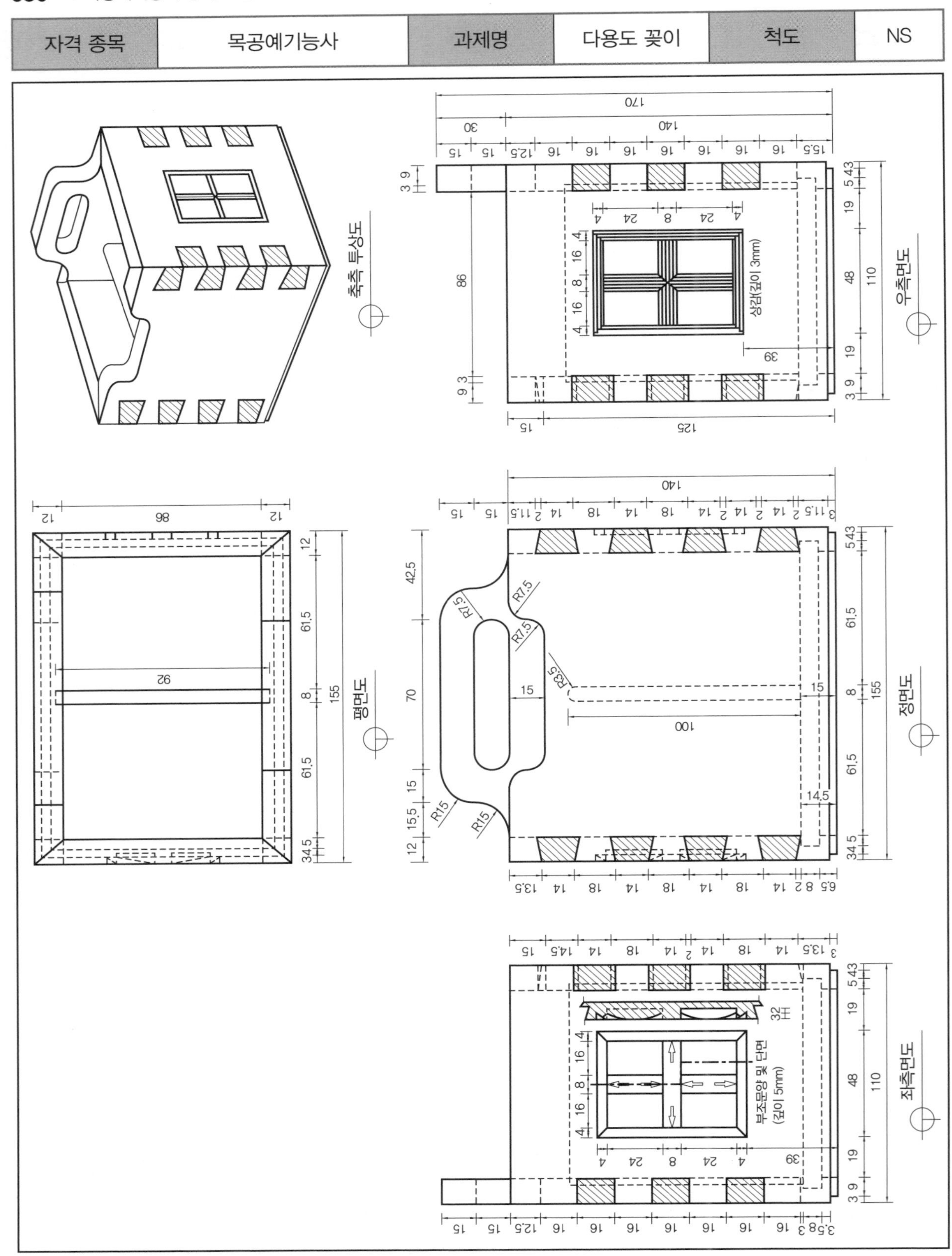

※ 실제 출제되는 문제 내용은 공개한 문제에서 일부 변형될 수 있습니다. Q-net을 참고하시기 바랍니다.

가구제작 및 목공예
기능사 필기

2023년 1월 10일 1판 1쇄
2025년 1월 10일 2판 1쇄

저자 : DIY시험연구회
펴낸이 : 이정일

펴낸곳 : 도서출판 **일진사**
www.iljinsa.com

04317 서울시 용산구 효창원로 64길 6
대표전화 : 704-1616, 팩스 : 715-3536
이메일 : webmaster@iljinsa.com
등록번호 : 제1979-000009호(1979.4.2)

값 35,000원

ISBN : 978-89-429-1950-5